Margit Enke • Anja Geigenmüller
Alexander Leischnig
(Hrsg.)

Commodity Marketing

Grundlagen – Besonderheiten – Erfahrungen

3., aktualisierte und erweiterte Auflage

Herausgeber
Prof. Dr. Margit Enke
Fakultät für Wirtschaftswissenschaften,
insbesondere Internationale
Ressourcenwirtschaft
Technische Universität
Bergakademie Freiberg
Freiberg
Deutschland

Prof. Dr. Alexander Leischnig
Fakultät Sozial- und Wirtschaftswissenschaften
Otto-Friedrich-Universität Bamberg
Bamberg
Deutschland

Prof. Dr. Anja Geigenmüller
Fakultät für Wirtschaftswissenschaften
und Medien, Technische Universität Ilmenau
Ilmenau
Deutschland

ISBN 978-3-658-02924-1
DOI 10.1007/978-3-658-02925-8

ISBN 978-3-658-02925-8 (eBook)

Die Deutsche Nationalbibliothek verzeichnet diese Publikation in der Deutschen Nationalbibliografie; detaillierte bibliografische Daten sind im Internet über http://dnb.d-nb.de abrufbar.

Springer Gabler
© Springer Fachmedien Wiesbaden 2005, 2011, 2014

Lektorat: Barbara Roscher, Jutta Hinrichsen

Gedruckt auf säurefreiem und chlorfrei gebleichtem Papier

Springer Gabler ist eine Marke von Springer DE. Springer DE ist Teil der Fachverlagsgruppe Springer Science+Business Media
www.springer-gabler.de

Vorwort zur dritten Auflage

Die Commoditisierung von Leistungen ist für Unternehmen in vielen verschiedenen Branchen und Industrien eine Herausforderung von besonderer Relevanz. Durch den Verlust von Differenzierungsmerkmalen gegenüber Wettbewerberangeboten können über Jahre getätigte Investitionen in den Aufbau und die erfolgreiche Etablierung von Produkten und Dienstleistungen am Markt leicht zunichtegemacht werden. Für Anbieter von Leistungen, die sich in dieser „Commodity-Falle" befinden, stellt sich die Frage, welche Strategien und Maßnahmen zu ergreifen sind, um der Commoditisierung ihrer Leistungen zu begegnen. Dieser und weiterer Fragestellungen wird in der dritten Auflage des Herausgeberbands „Commodity Marketing" nachgegangen.

Die dritte Auflage des Buchs beinhaltet eine umfassende Aktualisierung und Erweiterung des vorhandenen Wissensstands zum Thema Commodity Marketing. Bisherige Erkenntnisse zum Commodity Marketing wurden um neue Ergebnisse ergänzt und bilden somit den „State of the Art" zu diesem Themengebiet ab. Die inhaltlichen Überarbeitungen umfassen vor allem vertiefte Auseinandersetzungen mit fachbezogenen Fragestellungen, Aktualisierungen von Zahlenmaterial sowie die umfangreiche Einarbeitung aktueller Literatur. Darüber hinaus wurde die in der zweiten Auflage des Buchs (hrsg. von Margit Enke und Anja Geigenmüller) etablierte Gliederung in Grundlagen – Besonderheiten – Erfahrungen um eine weitere Perspektive ergänzt. In der dritten Auflage des Buchs wird das Commodity Marketing auch aus einer internationalen Perspektive beleuchtet.

Die grundlegende Struktur des Herausgeberbands versucht, Lesern Antworten auf Basisfragen zum Commodity Marketing zu geben und auf diese Weise eine Verständnisgrundlage für wesentliche Phänomene und Prozesse zu schaffen. Darüber hinaus widmet sich das Buch einer detaillierten Auseinandersetzung mit Strategien, Ansätzen und Maßnahmen, die dem Prozess der Commoditisierung entgegenwirken und somit zur Decommoditisierung von Leistungen beitragen können. Die theoretische Diskussion wird ergänzt durch Beiträge, die sich einer branchenspezifischen Umsetzung des Commodity Marketing widmen. Anhand von Beispielen aus verschiedenen Industrien wird auf diese Weise ersichtlich, wie Unternehmen sich den Herausforderungen des Marketings von Commoditygütern und -dienstleistungen stellen. Die in der dritten Auflage des Buches neu aufgenommene vierte Sektion verknüpft schließlich Gedanken des Internationalen

Marketings mit Herausforderungen des Commodity Marketings und beantwortet somit zentrale Fragestellungen des Commodity Marketings im Kontext internationaler Märkte.

Der Herausgeberband versteht sich zum einen als Grundlagenlektüre für Studierende, die sich im Fachgebiet Marketing spezialisieren möchten. Zum anderen richtet sich das Buch an Entscheidungsträger in Industrie-, Konsumgüter- und Dienstleistungsunternehmen, deren Leistungen von Commoditisierung gekennzeichnet bzw. betroffen sind. Ihnen soll der Herausgeberband als Nachschlagewerk dienen, das als Ratgeber Antworten auf drängende Fragen parat hält.

Die umfassende Neubearbeitung des Buches wäre ohne die Unterstützung vieler verschiedener Personen nicht möglich gewesen. Wir danken allen Autorinnen und Autoren, die mit der Einreichung ihrer Beiträge diese Neuauflage ermöglicht haben. Darüber hinaus danken wir besonders Frau M. Sc. Jasmin Schindler und Frau cand. rer. pol. Katharina Beger für ihre Unterstützung bei der redaktionellen und technischen Erstellung des Buches.

Wir hoffen, dass die Erkenntnisse dieser dritten Auflage die wissenschaftliche Diskussion sowie den Wissenstransfer zwischen Theorie und Praxis weiter anregen. Wir freuen uns über Kommentare und Ideen, um den Dialog in diesem Themenfeld mit Ihnen auch in Zukunft weiterzuführen.

Freiberg, Ilmenau und Bamberg, März 2014   Margit Enke
                                                         Anja Geigenmüller
                                                        Alexander Leischnig

Vorwort zur zweiten Auflage

Die erste Auflage des Herausgeberbandes „Commodity Marketing" (herausgegeben von Margit Enke und Martin Reimann, Wiesbaden, 2005) widmete sich schwerpunktmäßig der Erfassung des Phänomens Commodity in der unternehmerischen Praxis und der Diskussion ausgewählter Strategien und Maßnahmen, um in Commodity-Märkten bestehen zu können. Ziel war es, eine erste Analyse dieses Forschungsfeldes zu erarbeiten und praktische Belange in die wissenschaftliche Diskussion zu tragen.

Die zweite Auflage stellt eine umfassende Überarbeitung und Erweiterung des ersten Bandes dar. Insbesondere rückt die Neubearbeitung des Themas die notwendige wissenschaftliche Fundierung von Commodities als Zustand bzw. der Commoditisierung als Prozess in den Vordergrund. Die nunmehr vorliegende Systematisierung erlaubt eine differenziertere Betrachtung von Zustand und Prozess und gestattet es, in einer strukturierten Art und Weise relevante Ansätze einer Differenzierung von Commodities bzw. einer gezielten De-Commoditisierung herauszuarbeiten.

Neben dieser stärker theoretischen Orientierung beinhaltet diese Neuauflage außerdem eine deutlich erweiterte und systematische Auseinandersetzung mit Ansätzen einer De-Commoditisierung. Die einzelnen Beiträge diskutieren Möglichkeiten einer Differenzierung auf verschiedenen Ebenen, angefangen von Markenstrategien für Commodities über Fragen der Preisgestaltung bis hin zum Kundenbindungsmanagement und dem Vertriebsmanagement. Damit reflektiert diese neue Auflage die aktuelle wissenschaftliche Diskussion und weist sowohl aus Kunden- als auch Unternehmenssicht Perspektiven auf, einer Commoditisierung erfolgreich zu begegnen.

Schließlich enthält die zweite Auflage einen gesonderten Teil, der Einblicke in eine branchenspezifische Umsetzung von De-Commoditisierungsansätzen gewährt. Neben traditionellen Commodity-Industrien verweisen die Beiträge auf Bereiche, die sich einer zunehmenden Erosion von Differenzierungsvorteilen durch Commoditisierung ausgesetzt sehen. Die Neubearbeitung des Themas schließt diese Industrien bewusst mit ein und zeigt Beispiele für Maßnahmen auf, um einer Commoditisierung erfolgreich begegnen können.

Unser Dank gilt allen Autorinnen und Autoren, die diese umfassende Neubearbeitung ermöglicht haben. Darüber hinaus danken wir besonders Frau Dipl.-Wirtsch.-Ing. Stefanie Lohmann für ihre exzellente Unterstützung bei der redaktionellen und technischen Erstellung des Buches.

Wir hoffen, dass die Erkenntnisse, die in dieser zweiten Auflage präsentiert werden, zur wissenschaftlichen Diskussion sowie dem Wissenstransfer zwischen Theorie und Praxis beitragen. Wir freuen uns über Anregungen, Kommentare und Ideen, um den Dialog in diesem Themenfeld mit Ihnen auch in Zukunft weiterzuführen.

Freiberg, September 2010   Margit Enke
                                                              Anja Geigenmüller

Vorwort zur ersten Auflage

Begriffe wie „Commodity" bzw. „Commodity Marketing" oder gar der „Commoditisierung" tauchen zunehmend in der Diskussion im Marketing in Wissenschaft und Praxis auf. Vor dem Hintergrund einer allgemeinen Auseinandersetzung mit der theoretischen Fundierung des Marketing stellt sich die Frage, ob es sich dabei um Modeerscheinungen oder aber relevante Tendenzen für die Entwicklung des Marketing handelt.

Commodities bedeuten ursprünglich Güter oder Waren. Im allgemeinen Sprachgebrauch und in der heutigen Auffassung des Phänomens werden unter Commodities jedoch häufig Güter und Dienstleistungen verstanden, deren Leistungsmerkmale schwer unterscheidbar sind. Galt der Commodity-Begriff früher als Güterklassifikation und dabei vornehmlich für Agrargüter, umfassen Commodities heute ausdrücklich Konsum- wie Industriegüter, Agrargüter und Dienstleistungen. Gleichzeitig bezeichnet das Phänomen der Commoditisierung eine zunehmende Homogenisierung in vielen Marketingbereichen, so dass Anlass besteht, über unser derzeitiges Marketingverständnis bzw. vorhandene Strategien und Instrumente noch einmal gründlich nachzudenken.

Vor diesem Hintergrund haben wir uns die Aufgabe gestellt, dem Phänomen der Commoditisierung nachzugehen. Dabei sind keine fertigen Lösungen zu erwarten, vielmehr versteht sich dieser Herausgeberband als Anstoß für eine breitere Diskussion in Forschung und Praxis. Wir haben namhafte Wissenschaftler und Praktiker aus ganz verschiedenen Bereichen angesprochen, dieses Thema aus ihrer Perspektive zu beleuchten.

Der nun vorliegende Herausgeberband zeigt im Rahmen verschiedener Ansätze und Studien, welche Vielfalt die Problemstellung aufweist und welche Strategien und Maßnahmen Unternehmen derzeit ergreifen, um ihre schwer differenzierbaren Leistungen zu vermarkten.

Der erste Teil des Herausgeberbands – Grundlagen – analysiert die begriffliche Entwicklung des Commodity, diskutiert das Phänomen der Commoditisierung, zeigt aktuelle Tendenzen in Bezug auf Konsum- und Industriegüter sowie Dienstleistungen auf und umreißt eine Arbeitsdefinition zu Commodities, Commodity Marketing und Commoditisierung (Enke/Reimann/Geigenmüller). Darüber hinaus werden im Rahmen einer Studie die Erfolgsfaktoren des Commodity Marketing analysiert (Bestvater).

Der zweite Teil – Besonderheiten – beschreibt, welche Strategien und Maßnahmen ergriffen werden sollten, um in Commodity-Märkten bestehen zu können. Ein Beitrag analysiert beispielsweise Dienstleistungen vor dem Hintergrund des Commoditisierungs-phänomens (Bruhn). Ein weiterer Beitrag beschreibt die Marke als erfolgsrelevantes Differenzierungskriterium für Commodities (Wiedmann/Ludewig). Zusammengenommen wird ein erstes Bild der Besonderheiten des Commodity Marketing geschaffen.

Mit dem Herausgeberband „Commodity Marketing: Grundlagen und Besonderheiten" liegt nun eine erste Analyse dieses Forschungsfeldes vor. Die Intention der Herausgeber ist es, praktische Belange in die wissenschaftliche Diskussion zu tragen und damit interessierte Wissenschaftler und Praktiker zur Diskussion, zur Auseinandersetzung mit den hier vorgestellten Ansätzen und Ideen einzuladen. Die Publikation wendet sich damit nicht nur an Wissenschaftler und Studierende, sondern auch an Praktiker in Organisationen und an die interessierte Öffentlichkeit.

Wir danken allen Autoren, die unserer Einladung zur Erarbeitung dieses Herausgeber-bandes gefolgt sind. Dank gilt darüber hinaus einer Vielzahl von Diskussionspartnern aus ganz unterschiedlichen Bereichen, mit denen wir unsere Gedanken und Ideen gemeinsam entwickeln konnten. Die Erstellung dieses Herausgeberbands erfolgte mit tatkräftiger Unterstützung vieler. Auf Seiten des Gabler Verlags ist vor allem Jutta Hinrichsen zu nennen. Herrn Alexander Leischnig danken wir für die Hilfe im Rahmen der Umsetzung der druckreifen Version dieser Publikation.

Wir wünschen dem Herausgeberband eine weite Verbreitung in Wissenschaft und Praxis. Und natürlich freuen wir uns auf die Resonanz zu einer Thematik, die noch einiges an Spannung verspricht und die wir weiter verfolgen werden.

Margit Enke
Martin Reimann

Inhaltsverzeichnis

Teil I
Grundlagen des Commodity Marketing

Commodity Marketing – Eine Einführung

Margit Enke, Anja Geigenmüller und Alexander Leischnig

Inhaltsverzeichnis

M. Enke (✉)
Lehrstuhl für Marketing und Internationalen Handel, Fakultät für Wirtschaftswissenschaften, insbesondere Internationale Ressourcenwirtschaft, Technische Universität Bergakademie Freiberg, Lessingstr. 45, 09599 Freiberg, Deutschland
E-Mail: margit.enke@bwl.tu-freiberg.de

A. Geigenmüller
Fachgebiet Marketing, Fakultät für Wirtschaftswissenschaften und Medien, Technische Universität Ilmenau, Helmholtzplatz 3 (Oeconomicum), 98693 Ilmenau, Deutschland
E-Mail: anja.geigenmueller@tu-ilmenau.de

A. Leischnig
Juniorprofessur für Betriebswirtschaftslehre, insbesondere Marketing Intelligence, Fakultät Sozial- und Wirtschaftswissenschaften, Otto-Friedrich-Universität Bamberg, Feldkirchenstraße 21, 96052 Bamberg, Deutschland
E-Mail: alexander.leischnig@uni-bamberg.de

M. Enke et al. (Hrsg.), *Commodity Marketing,*   3
DOI 10.1007/978-3-658-02925-8_1, © Springer Fachmedien Wiesbaden 2014

Zusammenfassung

Die erfolgreiche Vermarktung von Commodities und die Verhinderung der Commoditisierung etablierter Leistungsangebote stellen für Unternehmen wichtige Aufgaben, aber auch große Herausforderungen dar. Aufbauend auf einer klaren terminologischen Abgrenzung zentraler Begrifflichkeiten des Commodity Marketings zeigt der vorliegende Beitrag auf, welche Faktoren die Commoditisierung von Leistungen begünstigen können. Hierbei werden sowohl unternehmensbezogene als auch kundenbezogene, leistungsbezogene und marktbezogene Größen beleuchtet. Ferner widmet sich der Beitrag Strategien und Maßnahmen, mittels derer Unternehmen der Commoditisierung ihrer Leistungen entgegenwirken können. Diese als De-Commoditisierungsansätze bezeichneten Maßnahmen lassen sich in preisbezogene und nicht-preisbezogene Strategien untergliedern. Der Beitrag schließt mit einer Diskussion von Implikationen für die Wissenschaft und die Unternehmenspraxis.

1   Einleitung

Die Differenzierung von Angeboten im Wettbewerb sowie die Profilierung der eigenen Leistungen gegenüber Kunden sind grundlegende Aufgaben des Marketings. In diesem Zusammenhang stellt insbesondere eine Leistungskategorie Unternehmen vor besondere Herausforderungen: So genannte „Commodities". Unter Commodities werden gemeinhin undifferenzierte und weitgehend als homogen wahrgenommene Leistungen verstanden. Typische Beispiele für Commodities finden sich sowohl im Konsumgüterbereich (z. B. Papiertaschentücher, Tomaten, Bananen) als auch im Industriegüterbereich (z. B. Chemikalien, Schüttgut). Neben den aufgezeigten Produkten sind Commodities aber ebenso im Dienstleistungsbereich anzutreffen. Typische Beispiele für Commodity Services sind Transportdienstleistungen, Autovermietungen oder Telefonservices. Auf Grund ihrer spezifischen Charakteristika stellen gerade Commodities Management- und Marketingverantwortliche in Unternehmen vor die Problematik, für Kunden relevante und für das Unternehmen umsetzbare Alleinstellungsmerkmale zu definieren und sie durch den Einsatz von Marketinginstrumenten erfolgreich zu untersetzen.

Neben der Herausforderung, Commodities erfolgreich zu vermarkten, ist ein weiterer Problemkreis Gegenstand aktueller Diskussionen: Die „Commoditisierung". Commoditisierung kann als ein Prozess aufgefasst werden, bei dem Produkte und Dienstleistungen mit einem ursprünglich hohen Differenzierungsgrad in eine „Commoditisierungsfalle" geraten. In der Wahrnehmung der Nachfrager verlieren konkurrierende Leistungen an eigenständigen, differenzierenden Merkmalen. Sie werden folglich aus Sicht der Nachfrager austauschbar. Für Unternehmen stellt dieses Phänomen eine ganz besondere Herausforderung dar. Durch die Commoditisierung von Leistungen drohen der Verlust von Wettbewerbsvorteilen und die Gefahr eines Preiswettbewerbs.

Der Vielfalt von Herausforderungen und Problemen im Umgang mit Commodities und Commoditisierung steht bisher nur eine begrenzte Auseinandersetzung in der wissenschaftlichen Literatur gegenüber. Wenige und oft ungenaue Begriffsbestimmungen resultieren in einem eher fragmentartigen Bild zu Ursachen der Commoditisierung und Möglichkeiten, diesem Phänomen erfolgversprechend zu begegnen. Vor diesem Hintergrund widmet sich der vorliegende Beitrag der Beantwortung drei zentraler Fragestellungen:

1. Was ist unter den Begriffen „Commodity", „Commoditisierung" und „De-Commoditisierung" zu verstehen?
2. Welche Faktoren führen zu einer Commoditisierung von Leistungen?
3. Wie kann der Commoditisierung von Leistungen begegnet werden?

Aufbauend auf den genannten Fragestellungen, welche unserem Beitrag zugrunde liegen, kann die Zielstellung dieser Arbeit in drei Teilziele untergliedert werden. Während sich das erste Teilziel auf die Definition der Begriffe „Commodity", „Commoditisierung" und „De-Commoditisierung" bezieht, umfasst das zweite Teilziel die Identifikation und Systematisierung von Determinanten der Commoditisierung. Das dritte Teilziel dieses Beitrags bezieht sich schließlich auf die Darstellung verschiedener Ansätze, mit Hilfe derer Unternehmen der Commoditisierung von Leistungen begegnen können.

Mit dem vorliegenden Beitrag möchten wir auf verschiedene Weise einen Beitrag zur bestehenden Diskussion leisten. Erstens wird eine terminologische Abgrenzung grundlegender Begrifflichkeiten vorgenommen und damit eine Verständnisgrundlage für zukünftige Arbeiten innerhalb dieses Themenfelds erarbeitet. Zweitens zeigt der vorliegende Beitrag auf, dass die Commoditisierung von Leistungen von einer Vielzahl verschiedener Faktoren beeinflusst wird, welche in vier Kategorien unterteilt werden können: Leistungsbezogene, kundenbezogene, unternehmensbezogene und marktbezogene Determinanten der Commoditisierung. Drittens verweist der Beitrag auf verschiedene Ansätze, mit Hilfe derer Unternehmen der Commoditisierung von Leistungen begegnen können. Wir zeigen dabei, dass vor allem nicht-preisbezogene Differenzierungsmaßnahmen einen erfolgversprechenden Ansatzpunkt zur De-Commoditisierung von Leistungen darstellen.

Der Beitrag gliedert sich wie folgt: Ausgehend von einem kurzen historischen Abriss zur Begriffsentstehung wird im Folgenden auf eine Verständnisgrundlage für die zentralen Begrifflichkeiten „Commodity", „Commoditisierung" und „De-Commoditisierung" hingearbeitet. Hieran anschließend widmen wir uns den Determinanten der Commoditisierung. Im Anschluss daran erfolgt eine Auseinandersetzung mit Ansätzen zur De-Commoditisierung von Leistungen. Der Beitrag endet mit einer Zusammenfassung und einem Ausblick auf wichtige Forschungsfragen und Implikationen für die Praxis.

2 Begriffsbestimmungen

2.1 Der Begriff Commodity

Seit seiner erstmaligen Erwähnung zu Beginn des vergangenen Jahrhunderts hat sich das Verständnis des Begriffs „Commodity" mehrfach verändert. Ausgehend von ihrer ursprünglichen Bedeutung im Englischen wurden unter Commodities zunächst generell „Güter" als Objekte von Marktaktivitäten von Unternehmen verstanden (Winzar 1992; vgl. dazu auch Sheth et al. 1988). Auf Grund einer zunehmenden Fokussierung auf eine differenziertere Betrachtung von Eigenschaften und Unterschieden zwischen verschiedenen Gütern entwickelte sich hieran anknüpfend in den 1940er-Jahren der Commodity-Ansatz als eine Typologisierung von Produkten in Konsum-, Industrie- und Agrargüter (Black 1949; Cahen 1949; Crowder 1949; Engle 1940; Galbraith 1949). Während sich Konsum- und Industriegüter als eigenständige Güterklassen mit entsprechend spezifischen Marketingansätzen etablierten, konzentrierte sich ab Ende der 1950er-Jahre der Begriff Commodity vornehmlich auf Agrargüter. Folglich leitete man spezielle Anforderungen an das Marketing von Commodities im Sinne eines „Agrarmarketing" ab. Die Kritik an dieser relativ engen Sichtweise und die Erkenntnis, dass auch andere Güterklassen durch einen hohen Homogenitätsgrad gekennzeichnet sind, führten zu einer Loslösung des Commodity-Begriffs von seinem ursprünglichen Ansatz als Güterklassifikation. Stattdessen bezeichneten Commodities nun Produkte und Dienstleistungen, deren Position im Produktlebenszyklus den Grad ihrer Differenzierbarkeit bestimmte (Lurie und Kohli 2002). „Steadily and deliberately as the market transforms into a commodity, many buyers begin to perceive the product and its suppliers to be homogeneous, and price becomes the predominant buying criterion" (Rangan und Bowman 1992, S. 217). Der Commodity-Begriff wandelte sich damit zu einer Kennzeichnung von Gütern und Dienstleistungen, die als zunehmend undifferenziert wahrgenommen und hauptsächlich über den Preis unterschieden werden (Chafin und Hoepner 2002; Fackler und Livingston 2002; Hayenga und Schrader 1980; Lurie und Kohli 2002; Varangis und Larson 1996; Wolfe 1977).

Kennzeichnend für die historische Entwicklung des Begriffs Commodity ist die Dominanz einer unternehmensbezogenen Perspektive. Das bis dato vorliegende Verständnis des Commodity-Begriffs wurde maßgeblich durch die Sicht des Anbieters auf die Charakteristik seiner Leistung und die damit verbundenen Konsequenzen für das Marketing geprägt. Dieser Vorgehensweise bei der Begriffsbestimmung ist entgegenzuhalten, dass hinsichtlich der Unterscheidbarkeit von Produkten und Dienstleistungen nicht nur die Wahrnehmung der Anbieter von Leistungen, sondern vielmehr auch die Wahrnehmung der Nachfrager berücksichtigt werden muss (Chamberlin 1965; Garvin 1988; Steenkamp 1989).

Die Kaufentscheidung von Nachfragern richtet sich nach der Eignung einer Leistung zur Befriedigung von Bedürfnissen (Garvin 1988). Je geeigneter das Leistungsangebot eines Anbieters im Vergleich zu Leistungen von Wettbewerbern zur Bedürfnisbefriedigung erscheint, desto eher werden Nachfrager diese Leistung alternativen Angeboten vorziehen (Chamberlin 1965; Dickson und Ginter 1987). Die Eignung eines Kaufobjekts wird

Abb. 1 Zusammenhang
zwischen objektiv vorhandener
und subjektiv wahrgenom-
mener Differenzierung einer
Leistung

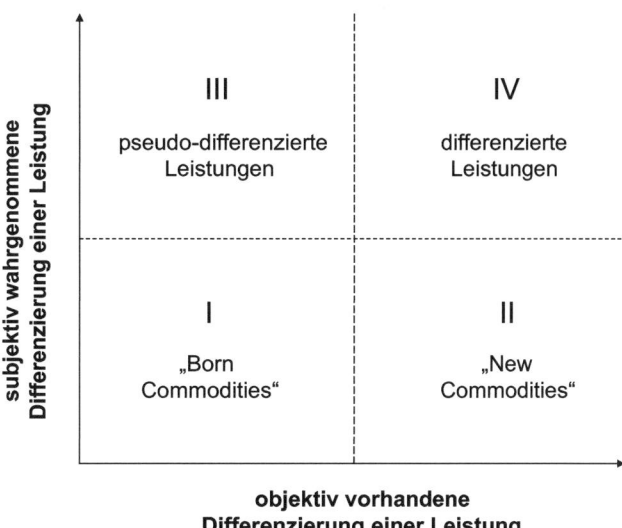

dabei maßgeblich durch den empfundenen Nutzen bestimmt, den eine Leistung aufgrund ihrer spezifischen Leistungsmerkmale bietet. Je stärker sich eine Leistung aufgrund ihrer Merkmale aus Nachfragersicht im Wettbewerb differenzieren kann, d. h. je weniger sie gegen konkurrierende Leistungen substituierbar ist (Caves und Williamson 1985), desto größer ist die Wahrscheinlichkeit, dass sie zur Bedürfnisbefriedigung in Betracht gezogen wird (Dickson und Ginter 1987). Entscheidend ist in diesem Zusammenhang die nachfragerseitige Wahrnehmung relevanter Leistungsmerkmale. So kann eine Leistung trotz objektiv vorhandener Unterschiede zu Wettbewerberangeboten als austauschbar betrachtet werden, wenn die sie differenzierenden Leistungsmerkmale von Nachfragern nicht wahrgenommen werden. Hieraus folgt, dass zur Definition des Commodity-Begriffs eine nachfragerbezogene Perspektive berücksichtigt werden muss.

Vor diesem Hintergrund definieren wir den Begriff Commodities wie folgt:

▶   **Commodities** bezeichnen Leistungen, d. h. Produkte und Dienstleistungen,
    die trotz mehr oder weniger vorhandener, objektiv differenzierender Leistungs-
    merkmale von der überwiegenden Mehrheit der Nachfrager als austauschbar
    wahrgenommen werden.

Der Zusammenhang zwischen objektiv vorhandener und subjektiv wahrgenommener Differenzierung einer Leistung ist in Abb. 1 grafisch dargestellt. Die Berücksichtigung dieser beiden Dimensionen führt zu einer Kategorisierung von Leistungen, welche in Form von vier Quadranten ausgedrückt ist. Commodities umfassen dabei Leistungen in den Quadranten I und II. Sie lassen sich in „Born Commodities" und „New Commodities" unterscheiden.

- „Born Commodities" (Quadrant I): Produkte und Dienstleistungen, die ein objektiv geringes Differenzierungspotenzial aufweisen und von Nachfragern als nahezu vollständig homogen wahrgenommen werden, können als „Born Commodities" verstanden werden. Dabei handelt es sich um Leistungen innerhalb einer Leistungskategorie, die von Natur aus sehr ähnlich beschaffen sind bzw. nur wenige Merkmale besitzen, durch die eine Unterscheidbarkeit tatsächlich hergestellt werden könnte. Typische Beispiele für solche „Born Commodities" sind u. a. Gas, Wasser, Rohstoffe, Baumaterialien oder Agrarprodukte wie z. B. Kaffee, Zucker oder Früchte.
- „New Commodities" (Quadrant II): In dieser Kategorie befinden sich Produkte und Dienstleistungen, deren Beschaffenheit eine Differenzierung prinzipiell ermöglicht. In der Wahrnehmung der Nachfrager jedoch besteht zwischen verschiedenen Angeboten ein hohes Maß an Austauschbarkeit. Diese Kategorie erfasst eine Vielzahl von Konsumgütern, Industriegütern und Dienstleistungen, die durch eine geringe bzw. nachlassende Differenzierungskraft gekennzeichnet sind.
- Pseudo-differenzierte Leistungen (Quadrant III): Darunter werden Produkte und Dienstleistungen verstanden, die sich in ihrer Beschaffenheit sehr ähnlich sind und dennoch als unterscheidbar wahrgenommen werden. Allerdings ist eine Differenzierung lediglich aufgrund „imaginärer" Leistungsmerkmale, ohne die Existenz realer Unterschiede, langfristig nicht haltbar und führt zu einer Pseudodifferenzierung (Dickson und Ginter 1987; Lancaster 1979). Die Kreation von Produktmarken erlaubt zunächst eine imagebasierte differenzierte Wahrnehmung. Langfristig jedoch wird diese Position aufgrund fehlender tatsächlicher Unterscheidungsmerkmale und einer zunehmenden Erfahrung von Nachfragern mit der Leistung erodieren (Lancaster 1979; Saunders und Watt 1979).
- Differenzierte Leistungen (Quadrant IV): Produkte und Dienstleistungen dieser Kategorie sind dadurch gekennzeichnet, dass objektiv vorhandene Leistungsmerkmale erfolgreich an relevante Nachfragersegmente kommuniziert wurden und diese in ihrer subjektiven Wahrnehmung Unterschiede in Leistungsmerkmalen zwischen Angeboten verschiedener Anbieter innerhalb einer Leistungskategorie wahrnehmen. Die Angebote eines Anbieters differenzierter Leistungen werden von Nachfragern folglich als einzigartig empfunden, woraus sich zahlreiche positive Konsequenzen für das Unternehmen generieren lassen, wie z. B. eine hohe Zahlungsbereitschaft oder Kundenloyalität (Aaker 1996; Keller 1993).

2.2 Prozesse der Commoditisierung und De-Commoditisierung

Während der Begriff Commodity als eine Charakterisierung des Zustands oder Status einer Leistung verstanden werden kann, verkörpert Commoditisierung eine prozessuale Sichtweise auf das Phänomen. Der Prozess Commoditisierung kann dabei als ursächlich für den Commodity-Status eines Produkts oder einer Dienstleistung angesehen werden. Wir definieren Commoditisierung wie folgt:

▶ **Commoditisierung** ist ein Prozess, durch den eine Leistung, d. h. ein Produkt
   oder eine Dienstleistung, den Status eines Commodity erlangt und damit trotz
   mehr oder weniger vorhandener, objektiv differenzierender Leistungsmerkmale von der überwiegenden Mehrheit der Nachfrager als austauschbar wahrgenommen wird.

Ausgehend von Abb. 1 sind vor allem Leistungen innerhalb der Quadranten III (pseudo-differenzierte Leistungen) und IV (differenzierte Leistungen) durch den Prozess der
Commoditisierung bedroht. Diese Leistungen können aus Sicht der Nachfrager an Differenzierungskraft verlieren, z. B. durch das Aufkommen von Nachahmerprodukten oder
eine zunehmende Erfahrung von Nachfragern mit einer Leistung. In der hier dargestellten
Typologie entspricht dies einer Verschiebung hin zu Quadrant II („New Commodities“):
Leistungen verschiedener Anbieter werden zunehmend als austauschbar wahrgenommen,
unabhängig von ihren objektiv vorhandenen differenzierenden Leistungsmerkmalen (Anderson und Narus 2004; DeBruicker und Summe 1985; Mathur 1984). Mit steigendem
Grad der Commoditisierung einer Leistung verringert sich die wahrgenommene Vorteilhaftigkeit dieser Leistung gegenüber Wettbewerberangeboten. Dieser Verlust der Differenzierung gefährdet den ökonomischen Markterfolg von Unternehmen, insbesondere
durch eine höhere Preissensibilität, geringere wahrgenommene Wechselkosten und eine
nachlassende Loyalität von Kunden (Mudambi 2002; Reimann et al. 2010a; Stanko und
Olleros 2013; Weil 1996). Dieser Entwicklung versuchen Unternehmen daher durch De-
Commoditisierung zu begegnen.

Beide Prozesse – Commoditisierung und De-Commoditisierung – sind miteinander
verbunden. Mehrere Autoren verweisen sogar auf einen wiederkehrenden Kreislauf von
Differenzierung, Commoditisierung, Preiswettbewerb und De-Commoditisierung, den
Produkte und Dienstleistungen während ihres Lebenszyklus durchlaufen (DeBruicker
und Summe 1985; Mathur 1988). In frühen Phasen des Lebenszyklus können sich Leistungen mit einem hohen Differenzierungsgrad etablieren, die unter zunehmendem Einfluss
von Wettbewerbskräften ihre Differenzierung verlieren. Die Reduzierung auf den Preis als
Unterscheidungskriterium gilt als Ausgangspunkt einer angestrebten De-Commoditisierung, um eine Differenzierung wiederzuerlangen. Wir definieren De-Commoditisierung
wie folgt:

▶ **De-Commoditisierung** ist ein Prozess, durch den eine Leistung, d. h. ein Produkt oder eine Dienstleistung, im Vergleich zu Wettbewerberangeboten in der
   Wahrnehmung der Nachfrager als differenziert und/oder einzigartig wahrgenommen wird.

Mit Rückgriff auf Abb. 1 wird ersichtlich, dass Maßnahmen der De-Commoditisierung
insbesondere für Leistungen in den Quadranten I („Born Commodities“) und II („New
Commodities“) von Bedeutung sind. Im Zusammenhang mit den „New Commodities“
verweist die Literatur dabei häufig auf eine Wiederherstellung der Unterscheidbarkeit, in-

dem ausgewählte Leistungsmerkmale in ihrer Struktur (z. B. durch ein verändertes Produktdesign) oder in ihrer Wahrnehmung (z. B. durch Kommunikationsmaßnahmen) verändert werden (Dickson und Ginter 1987; Matthyssens und Vandenbempt 2008). „Born Commodities" sind hingegen durch ein hohes Maß an Homogenität ihrer objektiven Leistungsmerkmale und damit einem per se geringeren Differenzierungspotenzial gekennzeichnet. Folglich umfasst eine De-Commoditisierung für diese Art von Leistungen häufig den Aufbau zusätzlicher Merkmale als Ergänzung einer (relativ homogenen) Kernleistung um differenzierende Zusatzleistungen (Araujo und Spring 2006; Saunders und Watt 1979; Stanton und Herbst 2005).

Auf Basis dieser begrifflichen Auseinandersetzung wenden wir uns nun den Prozessen der Commoditisierung bzw. De-Commoditisierung zu. Zunächst sollen dabei Determinanten einer Commoditisierung im Mittelpunkt stehen.

3 Determinanten der Commoditisierung

3.1 Überblick über die Determinanten der Commoditisierung

Die Literatur verweist auf eine Vielzahl von Faktoren, welche die Commoditisierung von Produkten und Dienstleistungen auslösen und verstärken. Abbildung 2 gibt einen Überblick über diese Determinanten der Commoditisierung. Wir unterscheiden dabei zwischen vier verschiedenen Kategorien von Commoditisierungs-Treibern: Leistungsbezogenen, kundenbezogenen, unternehmensbezogenen und marktbezogenen Determinanten.

In den folgenden Abschnitten widmen wir uns jeder dieser Kategorien im Detail. Wir zeigen dabei auf, welchen Einfluss die in Abb. 2 ersichtlichen Größen auf die Commoditisierung von Leistungen ausüben.

3.2 Leistungsbezogene Determinanten der Commoditisierung

Auf Leistungsebene bestimmen vor allem das Alter einer Leistung, Leistungsunsicherheit und Leistungskomplexität den Grad der Commoditisierung. Mit zunehmendem **Alter eines Produkts bzw. einer Dienstleistung**, d. h. mit Fortschreiten des Lebenszyklus, nähern sich konkurrierende Leistungen in ihrem Qualitätsniveau einander an (Day 1981; Lambkin und Day 1981). Eine wesentliche Ursache dafür ist die Verbreitung des Wissens zur Erstellung einer Leistung und der Angleichung von Erstellungsprozessen. Daraus resultiert eine Homogenisierung der am Markt angebotenen Produkte und Dienstleistungen (Homburg et al. 2009). Wir folgern daraus: Mit steigendem Alter einer Leistung erhöht sich der Grad der Commoditisierung von Leistungen.

Leistungsunsicherheit kennzeichnet das Ausmaß, in dem ein Produkt bzw. eine Dienstleistung z. B. durch Qualitätsschwankungen möglicherweise negative Konsequenzen für den Nachfrager provoziert (Brown und Gentry 1975). Je wahrscheinlicher es ist,

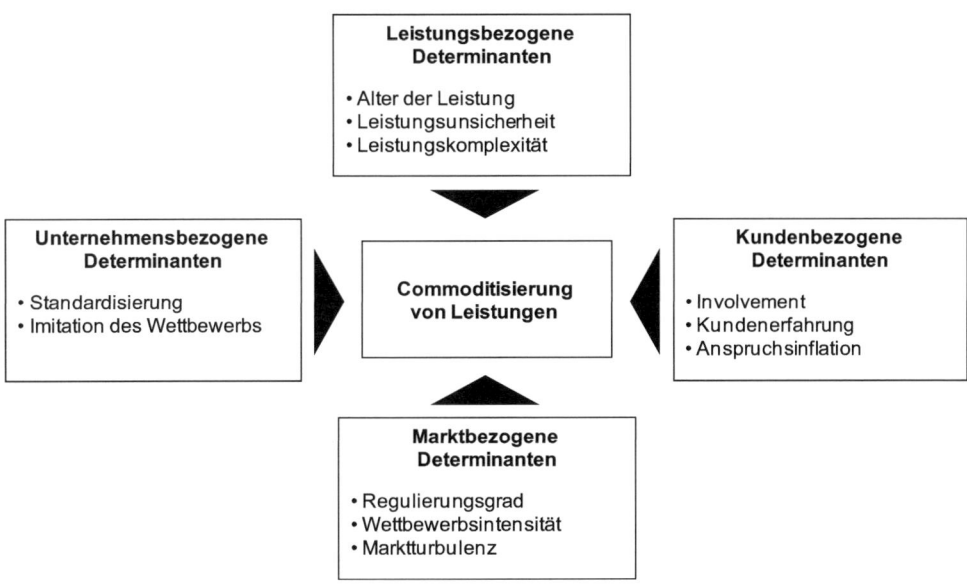

Abb. 2 Determinanten der Commoditisierung

dass ein Produkt durch Qualitätsunterschiede oder Fehlfunktionen Schäden verursacht, desto relevanter sind Unterschiede zwischen konkurrierenden Leistungen. Folglich besteht im Fall einer hohen Leistungsunsicherheit ein hohes Differenzierungspotenzial über das Kriterium der Zuverlässigkeit (Homburg et al. 2009). Im Gegensatz dazu führt eine geringe Leistungsunsicherheit zu einem geringeren Differenzierungspotenzial und damit der Gefahr einer hohen wahrgenommenen Homogenität. Wir schließen daraus: Je geringer die Unsicherheit einer Leistung ist, desto höher ist der Grad einer Commoditisierung dieser Leistung.

Leistungskomplexität drückt sich in der Zahl der in einer Leistung involvierten Komponenten bzw. Technologien (Diversität), ihrer Unterschiedlichkeit (Heterogenität) und in der gegenseitigen Abhängigkeit zwischen diesen Komponenten/Technologien aus (Homburg und Werner 1998). Eine hohe Komplexität bedeutet häufig eine hohe Unsicherheit bezüglich der Funktionalität der Leistung, ihrer Qualität oder Lebensdauer. Je niedriger die Komplexität jedoch ist, desto weniger Unsicherheit besteht bezüglich Art, Zahl, Unterschiedlichkeit oder Interdependenz zwischen Bestandteilen. Konkurrierende Leistungen werden vergleichbar (Upah 1983). Wir schlussfolgern daraus: Je geringer die Komplexität eines Produkts bzw. einer Dienstleistung ist, desto höher ist der Grad der Commoditisierung dieses Produktes bzw. der Dienstleistung.

3.3 Kundenbezogene Determinanten der Commoditisierung

Aus der Perspektive des Kunden beeinflussen das Kundeninvolvement, die individuelle Produkterfahrung sowie eine Anspruchsinflation die Commoditisierung. **Involvement** bezeichnet den Grad des Interesses, das Kunden einem Produkt oder einer Dienstleistung entgegenbringen (Hoyer und MacInnis 2010). Je größer dieses Interesse ist, desto bereitwilliger setzen sich Nachfrager mit einer Leistung und ihren Eigenschaften auseinander. Geringes Involvement führt dagegen zu einer eingeschränkten Bereitschaft, sich mit Eigenschaften einer Leistung tiefer gehend auseinanderzusetzen (Kroeber-Riel und Gröppel-Klein 2013). Je geringer das Interesse für eine Leistungskategorie ist, desto eher neigen Kunden zu einem passiven Informationsverhalten. In der Wahrnehmung des Kunden konvergieren verfügbare Alternativen und verlieren ihre Differenzierung vom Wettbewerb. Es wird postuliert: Je geringer das Involvement von Nachfragern ist, desto höher ist der Grad der Commoditisierung von Leistungen.

Eine weitere kundenbezogene Determinante der Commoditisierung ist die **kundenseitige Erfahrung mit einer Leistung** (Hill 1990; Mathur 1988). Mit steigender Zahl von Käufen erweitern Nachfrager ihre Kenntnisse über ein Produkt oder eine Dienstleistung und nutzen im Vergleich zu weniger erfahrenen Kunden andere Referenzmerkmale, um konkurrierende Angebote miteinander zu vergleichen (Söderlund 2002). Während unerfahrene Kunden umfassende Leistungsbündel eines Anbieters zunächst als vorteilhaft und damit als Differenzierungskriterium wahrnehmen, verlieren diese Leistungen für erfahrene Kunden ihre Wertigkeit und damit ihre differenzierende Wirkung (Albert 2003; DeBruicker und Summe 1985; Hill 1990; Mathur 1984, 1988). Vor diesem Hintergrund wird angenommen: Je mehr Erfahrungen Kunden mit einer Leistung besitzen, desto stärker ist die Leistung einer Commoditisierung ausgesetzt.

Eine Folge zunehmender Kundenerfahrung ist eine **Anspruchsinflation**. Mit einer wachsenden Zahl an Transaktionen mit einem Anbieter entwickeln Kunden immer höhere Erwartungen an den Nutzen einer Leistung (Homburg et al. 2009). Vorhandene Leistungsmerkmale, die anfangs eine differenzierende Wirkung erzielten, erhalten zunehmend den Charakter von Basisfaktoren. D. h., sie werden von Kunden als selbstverständlich hingenommen, ohne jedoch die Leistung ausreichend zu differenzieren (Homburg und Stock 2011). Wir unterstellen daher einen positiven Zusammenhang zwischen dem Anstieg von Kundenansprüchen an eine Leistung und der Commoditisierung einer Leistung.

3.4 Unternehmensbezogene Determinanten der Commoditisierung

Aus Unternehmensperspektive stellen Standardisierungsbestrebungen sowie die Imitation von Wettbewerbern relevante Determinanten einer Commoditisierung dar. Eine **Standardisierung** von Leistungen, Leistungsbestandteilen und Prozessen zielt auf die Erreichung von Kostenvorteilen und Economies of Scale (Baldwin und Clark 2000; Perera et al. 1999; St. John et al. 2003). Motivation für eine Leistungsstandardisierung ist u. a. eine hohe Effizienz, ohne zwangsläufig auf die Vorteile kundenindividueller Lösungen zu verzichten. Standardisierte Komponenten können von mehreren Anbietern bereitgestellt und gemäß individueller Kundenanforderungen kombiniert werden. Allerdings führt eine Standardisierung zur Homogenisierung von Leistungskernen und zu einer Angleichung konkurrierender Leistungen (Christensen et al. 2002; Mathur 1984; Reimann et al. 2010a). Deshalb wird postuliert: Es besteht ein positiver Zusammenhang zwischen einer hohen Leistungsstandardisierung und einer Commoditisierung von Leistungen.

Weiterhin beeinflusst die **Imitation des Wettbewerbs** den Grad der Commoditisierung von Leistungen. Mit wachsendem Reifegrad eines Markts sehen sich marktführende Unternehmen einer Nachahmung ihrer Produkte und Prozesse ausgesetzt (Me-Too-Strategien) (Hax 2005; Lieberman und Montgomery 1998; St. John et al. 2003). Dies kann zu einem Verlust der Differenzierung von Leistungen führen. Außerdem ist häufig zu beobachten, dass Folger im Rahmen ihres Markteintritts den Weg einer Anpassung an den Marktführer wählen, um Unsicherheiten bezüglich strategischer Entscheidungen zu reduzieren. Die Imitation vermutlich erfolgreicher Strategien kann ebenfalls eine Homogenisierung konkurrierender Angebote provozieren und verschärft damit für den Imitator die Gefahr einer Commoditisierung (Lieberman und Asaba 2006). Daher wird ein positiver Zusammenhang zwischen der Verfolgung von Imitationsstrategien und der Commoditisierung von Leistungen unterstellt.

3.5 Marktbezogene Determinanten der Commoditisierung

Schließlich beeinflussen Marktcharakteristika, wie der Grad der Regulierung, die Wettbewerbsintensität und die Marktturbulenz, eine Commoditisierung von Leistungen. In Märkten mit einem hohen **Regulierungsgrad** kommen Vorgaben, Normen und Standards zur Anwendung, die eine Vereinheitlichung von Leistungen beschleunigen. Die Anpassung von Produkten und Produktbestandteilen an übergreifende Standards reduziert das Potenzial einer Differenzierung. Standards signalisieren Nachfragern ein mehr oder weniger homogenes Leistungsniveau und verstärken damit die wahrgenommene Austauschbarkeit zwischen konkurrierenden Leistungen. Folglich gehen wir davon aus, dass sich mit steigendem Grad der Regulierung auch die Commoditisierung von Leistungen erhöht.

Das Phänomen der Commoditisierung ist typisch für Märkte mit **geringer Wettbewerbsintensität**. In diesen Märkten existieren für etablierte Wettbewerber vergleichsweise geringe Anreize, Konkurrenten durch innovative Produkte und Dienstleistungen mit relevantem Differenzierungspotenzial herauszufordern (Homburg et al. 2009). Dies trifft vor allem auf reife bzw. stagnierende Märkte zu, in denen relativ stabile Wettbewerbsverhältnisse vorherrschen (Reimann et al. 2010a). Veränderungen in der Wettbewerbsstruktur ergeben sich lediglich durch Marktaustritte einzelner Akteure (Day und Wensley 1983; Homburg 2000). Die Folge geringer Wettbewerbsintensität ist eine Vernachlässigung wirksamer Differenzierungsstrategien, die zu einer Homogenisierung konkurrierender Leistungen führt. Wir postulieren daher folgenden Zusammenhang: Je geringer die Wettbewerbsintensität in einem Markt ist, desto höher ist der Grad der Commoditisierung von Leistungen.

Zudem treten Commoditisierungstendenzen im Zusammenhang mit einer hohen **Marktturbulenz** auf. Marktturbulenz drückt sich in einem häufigen und rapiden Wechsel des für Marktakteure relevanten Wissens (bzw. relevanter Technologien) aus (Glazer 1991). Beispielsweise sind technologieintensive Märkte, wie z. B. bei Informations- und Kommunikationstechnologien, Computerhard- und -software oder Unterhaltungselektronik, häufig davon betroffen (Christensen und Raynor 2003; Glazer 1991; Kampas 2003). Marktturbulenz führt zu einer hohen Unsicherheit bezüglich der Entwicklung des Marktes, der Nachfrage und von Wettbewerbsstrukturen (Glazer und Weiss 1993). Durch abrupte Wechsel gültiger Standards oder Technologien verwischen in der Wahrnehmung von Nachfragern Unterscheidungsmerkmale zwischen konkurrierenden Leistungen. Ungeachtet eines objektiv vorhandenen Differenzierungspotenzials werden Leistungen als homogen wahrgenommen (Rangan und Bowman 1992). Daraus folgt: Je höher der Grad der Marktturbulenz ist, desto höher ist der Grad der Commoditisierung von Leistungen.

4 Ansätze zur De-Commoditisierung

4.1 Überblick über Ansätze zur De-Commoditisierung

Ausgehend von einer umfassenden Literaturbasis zu Differenzierungsstrategien (u. a. Buzzell und Gale 1987; Hinterhuber 1990; Mintzberg 1988; Porter 1980, 1985) ergeben sich drei grundsätzliche Ansatzpunkte für eine De-Commoditisierung, welche in Abb. 3 zusammengefasst sind. Eine Differenzierung kann preisorientiert durch ein überlegenes Preis-Leistungs-Verhältnis erreicht werden bzw. nicht-preisbezogen auf Basis überlegener Leistungen und überlegener Kundenbeziehungen (Matthyssens und Vandenbempt 2008).

Eine **Differenzierung durch ein überlegenes Preis-Leistungs-Verhältnis** basiert auf effizienten Kostenstrukturen eines Unternehmens, die ein Angebot von Leistungen zu einem niedrigen Preis ermöglichen (Homburg 2012). Allerdings ist sie nur für Unternehmen erfolgversprechend, deren Geschäftsmodell konsequent auf eine hohe Kosteneffizienz ausgelegt ist (Matthyssens und Vandenbempt 2008). Je weniger Unternehmen jedoch über Spielräume für Kostensenkungen und Effizienzsteigerungen verfügen, desto dringlicher stellt sich die Frage nach der Generierung eines relevanten (und nicht ausschließlich preisbezogenen) Kundennutzens (Porter 1996).

Eine **Differenzierung auf Basis überlegener Leistungen** zielt darauf, Merkmale einer Leistung so zu gestalten, dass diese von Nachfragern als überlegen bzw. einzigartig wahrgenommen wird. Dabei ist zu unterscheiden, ob eine Leistung in der Wahrnehmung der Nachfrager verändert oder aber die Wahrnehmung der Nachfrager selbst beeinflusst werden soll (Homburg 2012). Im ersten Fall werden Marketinginstrumente eingesetzt, um eine Leistung existierenden Kundenbedürfnissen und -erwartungen besser anzunähern. Dies kann zum Beispiel durch Ergänzung bzw. Modifikation von Kernleistungen (z. B. Leistung, Funktionalität, Zuverlässigkeit) bzw. durch eine Leistung umgebende Attribute (Verpackung, Design, Marke) erreicht werden (s. Kapitel „Commodity Differenzierung – Ein branchenübergreifender Ansatz", S. 27ff.). Alternativ suchen Anbieter Wege, die Wahrnehmung von Nachfragern und zugrunde liegende Idealvorstellungen über ein Produkt

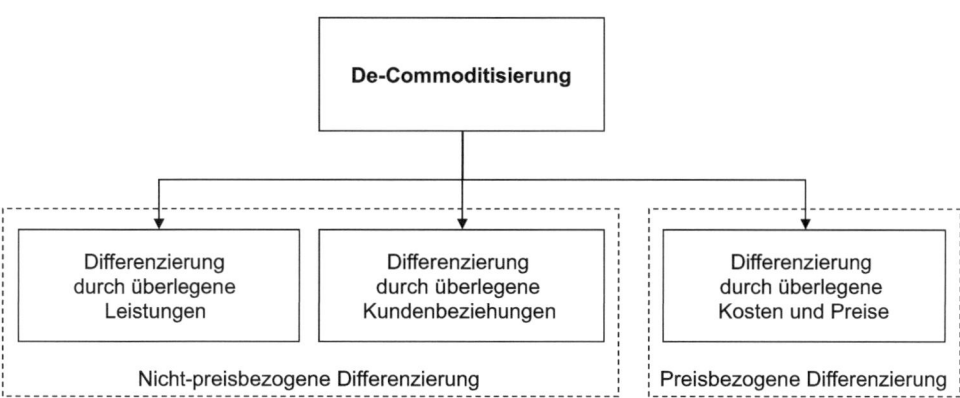

Abb. 3 Ansätze zur De-Commoditisierung

oder eine Leistung zu beeinflussen. Dazu werden häufig Kommunikationsmaßnahmen eingesetzt, um die Relevanz bestimmter Kriterien für eine Differenzierung zu verändern (Dickson und Ginter 1987).

Eine **Differenzierung durch überlegene Kundenbeziehungen** beruht auf einer hohen Loyalität von Kunden gegenüber einem Anbieter und einer folglich geringeren Bereitschaft zu einem Anbieterwechsel. Stabile Kundenbeziehungen unterstützen die markterfolgsbezogenen Ziele eines Unternehmens u. a. durch ein höheres Umsatzpotenzial und geringere Transaktionskosten (Cannon und Homburg 2001; Rindfleisch und Moorman 2003). Wesentlich für eine solche Differenzierungsstrategie ist ein hohes Maß an Individualisierung nicht nur der Leistungen, sondern auch der Ansprache von Kunden und der Kommunikation mit ihnen. Dies wiederum setzt die Kenntnis und ein sehr genaues Verständnis der Bedürfnisse und Erwartungen von Nachfragern an eine Leistungserstellung sowie Leistungsergebnisse voraus (Homburg 2012).

4.2   De-Commoditisierung durch überlegene Kosten und Preise

Für eine Differenzierung durch überlegene Kosten und Preise bieten sich grundsätzlich zwei Ansatzpunkte. Erstens eröffnen technologische Innovationen das Potenzial für **Kostensenkungen in der Herstellung** von Produkten und Dienstleistungen. Niedrigere Herstellungskosten ermöglichen eine vorübergehende oder auch dauerhafte Preissenkung für Kunden bzw. die Gestaltung von Preisnachlässen innerhalb eines Konditionensystems (Homburg 2012). Anbieter von Commodities können auf diese Weise eine preisliche Differenzierung vom Wettbewerb realisieren. Besonders in High-Tech-Märkten, in denen sich das Verhältnis von Produktleistungen und Preisen oft rapide ändert, lassen sich geringere Preise auf Basis reduzierter Herstellungskosten erreichen (Rangan und Bowman 1992). In Abhängigkeit ihrer individuellen Verhandlungsmacht können Unternehmen zudem durch die Durchsetzung niedrigerer Einkaufspreise und ein effizienteres Beschaffungsmanagement Optionen für Kostensenkungen wahrnehmen (Homburg et al. 1997).

Alternativ führt die **Einschränkung der Leistungsgestaltung** zu überlegenen Kosten und Preisen. Eine Analyse von Zahlungsbereitschaften ist Grundlage der Identifikation von Produkt- und Dienstleistungsbestandteilen, die mangels Zahlungsbereitschaft von Kunden nicht ertragsrelevant sind. Die Einschränkung bzw. Eliminierung dieser Bestandteile reduziert die Kosten für eine Herstellung solcher Komponenten (bzw. die Bereitstellung entsprechender Dienstleistungen) und ermöglicht ein Leistungsangebot zu niedrigeren Preisen (Rangan und Bowman 1992). Für Anbieter commoditisierender Leistungen bedeutet dies einen bewussten Verzicht auf zusätzliche, differenzierende Merkmale zugunsten einer hohen Preisorientierung.

Beide strategische Ansätze bergen ein nennenswertes Risiko. Zwar können preisbezogene Differenzierungen kurzfristig wirksam werden, allerdings vermögen sie es oft nicht, die Entstehung von Wettbewerbsvorteilen dauerhaft zu verhindern. Im Gegenteil besteht die Gefahr, dass eine Abwanderung (profitabler) Kunden und eine Beschleunigung des Commoditisierungsprozesses in Kauf genommen werden müssen (Rangan und Bowman 1992). Daher empfiehlt es sich vor allem für Anbieter von Commodities, sich nicht allein auf eine preisbezogene Differenzierung zu stützen, sondern Vorteile einer preisbezogenen mit denen einer nicht-preisbezogenen Differenzierung zu kombinieren (Homburg et al. 2009).

4.3   De-Commoditisierung durch überlegene Leistungen

Commodities verfügen hinsichtlich ihres Produktkerns bzw. möglicher Produktanreicherungen über ein nur eingeschränktes Differenzierungspotenzial. Daher richtet sich die Aufmerksamkeit vor allem auf eine Differenzierung durch Zusatzdienstleistungen und auf die Verfolgung einer Markenstrategie.

Eine Erweiterung von Produkten und Leistungen um **Zusatzdienstleistungen** birgt erhebliches Differenzierungspotenzial für Commodities (Mathur 1984; McCune 1998; Oliva und Kallenberg 2003; Rangan und Bowman 1992; Rust und Chung 2006). Solche wertsteigernden Zusatzleistungen („value-added services") umfassen ein weites Spektrum, angefangen von Informations-, Vermittlungs- und Beratungsdienstleistungen bis hin zu Design- und Entwicklungsleistungen, logistischen Dienstleistungen, technischem Support, Kundenschulungen oder After-Sales-Services (Engelhardt und Reckenfelderbäumer 2006; Parasuraman 1998; Sashi und Stern 1995). Ihnen ist gemein, dass sie einer im Kern homogenen Leistung Differenzierungspotenzial hinzufügen. Ihre individuelle Ausgestaltung erhöht die Eignung dieser Leistungen zur Befriedigung von Kundenbedürfnissen. Daraus entsteht ein zusätzlicher Kundennutzen, der es Anbietern ermöglicht, eine Differenzierung in der Wahrnehmung von Nachfragern zu erreichen und die Leistungen somit der Commoditisierung zu entziehen (Engelhardt und Reckenfelderbäumer 2006). Wertsteigernde Zusatzleistungen beschränken sich dabei nicht nur auf erweiterte Leistungen für den Kunden, sondern umfassen auch die Art und Weise, in der sich Zusatzleistungen in die Wertschöpfungsaktivitäten des Kunden integrieren. Vor allem in organisationalen

Geschäftsbeziehungen bieten zusätzliche Dienstleistungen (z. B. Liefer-, Wartungs- oder Reparaturleistungen, Designleistungen, Schulungen) vor allem dann Differenzierungspotenzial, wenn sie sich „nahtlos" in technische Abläufe bzw. Produktionsprozesse des Kunden einfügen und diese Prozesse effizienter bzw. effektiver gestalten. Gerade im Industriegüterbereich spielen „Kundenlösungen" eine herausragende Rolle, die technische Prozesse des Kunden optimieren (Homburg et al. 2002; Matthyssens und Vandenbempt 2008).

Ein weiterer wichtiger Ansatz zur Differenzierung ist die Verfolgung einer **Markenstrategie** für Commodities (Dumlupinar 2006; McQuiston 2004; Stanton und Herbst 2005). Als Vorstellungsbilder in den Köpfen von Nachfragern können Marken Präferenzen und damit die Kaufentscheidung von Nachfragern steuern. Sie ermöglichen die Durchsetzung eines Preispremiums am Markt sowie eine effektive Bindung von Kunden an einen Anbieter und dessen Leistungen (Homburg et al. 2006; Webster und Keller 2004). Dies gilt nicht nur für den (vergleichsweise ausführlich thematisierten) Bereich der Konsumgüter, sondern auch für Markttransaktionen zwischen Unternehmen (Mudambi 2002).

Grundsätzlich ist eine Markenstrategie für Commodities auf der Leistungs- und auf der Unternehmensebene anwendbar. Eine wesentliche Erfolgsbedingung für eine Markendifferenzierung auf Leistungsebene ist die Verbindung der Markenbezeichnung mit einem konkreten und für eine Leistungskategorie überdurchschnittlichen Nutzenversprechen (Michell et al. 2001; Sinclair und Seward 1988). Dabei stellt die Wahl des Namens ein wesentliches Element einer Markenstrategie dar. Als Ankerpunkt zur Identifikation und Wiedererkennung der Marke sowie zu ihrer Abgrenzung gegenüber generischen Leistungen erfüllt ein Markenname als Signal eines Nutzenversprechens (und nicht nur als lediglich technische Bezeichnung) eine bedeutende Funktion (Saunders und Watt 1979; Shipley und Howard 1993). Eine wirksame Markenstrategie verlangt zudem ein differenzierendes Markenimage. Dies kann zum einen durch eine bewusste, markenorientierte Gestaltung tangibler Elemente der Marke (z. B. Design, Verpackung) geschaffen werden. Zum anderen dienen Kommunikationsinstrumente zur Vermittlung relevanter Assoziationen und zur Bildung positiver Einstellungen und Verhaltensweisen gegenüber der Marke (Aaker 1996; Betts 1994).

Besonders im Investitionsgüterbereich erweisen sich Markenstrategien als erfolgreich, wenn sie ein Versprechen über die reine Funktionalität einer Leistung hinaus anbieten. Zusätzlich zu technisch-funktionalen Eigenschaften sind eine bezüglich Menge, Qualität und Zeit bedarfsgerechte Bereitstellung einer Leistung für den Kunden sowie ein umfassender Kundenservice entscheidend. Markenstrategien sind daher für Commodities besonders relevant, wenn sie Fähigkeiten und die Bereitschaft eines Anbieters zu einer ganzheitlichen und kundenorientierten Problemlösung signalisieren (McQuiston 2004; Stanton und Herbst 2005). In diesem Zusammenhang kommt der Unternehmensmarke eine besondere Rolle zu. Gerade in commoditisierten Märkten können Marke, Image und Reputation eines Unternehmens eine hohe Differenzierungskraft entfalten. Sie wirken als Wechselbarrieren und ermöglichen es, einem auf den Preis reduzierten Wettbewerb zu entgehen (Michell et al. 2001; Mudambi 2002). Folglich sind Maßnahmen zur Stärkung der Unternehmensmarke nach außen, aber auch nach innen im Sinne einer hohen Markenorientierung der Mitarbeiter eines Unternehmens, von besonderer Relevanz (Stanton und Herbst 2005).

4.4 De-Commoditisierung durch überlegene Kundenbeziehungen

Einer wahrgenommenen Homogenität von Leistungen kann durch die zielgerichtete Gestaltung und Pflege vertrauensvoller und als vorteilhaft empfundener Kundenbeziehungen begegnet werden. Dies gilt nicht nur für commoditisierende Leistungen in einem zunehmend gesättigten Markt. Auch so genannte „Born Commodities" können durch eine entsprechende Kunden- und Beziehungsorientierung eine Differenzierung erreichen (Blois 1997; Johnson et al. 2006; Reimann et al. 2010b). Untersuchungen in der Grundstoffindustrie als typische Commodity-Industrie identifizieren mehrere Beispiele für stabile und langjährige Geschäftsbeziehungen zwischen Anbietern von reinen Commodities (z. B. Holzprodukte, chemische Grundstoffen, Baustoffe) und Nachfragern, in denen der Preis *ein*, aber nicht *das* entscheidende Kaufkriterium darstellt (Alajoutsijärvi et al. 2001; Albert 2003; Lewin und Johnston 1997; McQuiston 2004).

Ausgangspunkt einer Differenzierung von Commodities durch überlegene Kundenbeziehungen ist das Verständnis der Geschäftsprozesse von Kunden und eine Identifikation von Aktivitäten des Anbieters, diese Geschäftsprozesse im Interesse des Kunden zu unterstützen (Anderson und Narus 1990). Neben der Bereitstellung qualitativ hochwertiger Produkte und Dienstleistungen zählen Kompetenz und Verlässlichkeit des Anbieters zu zentralen Determinanten erfolgreicher Kundenbeziehungen gerade in typischen Commodity-Industrien (Blois 1997; Lewin und Johnston 1997). Eine enge Abstimmung von Abläufen und eine weitgehende Integration von Prozessen des Anbieters in die Geschäftsprozesse des Nachfragers helfen dem nachfragenden Unternehmen, Transaktionskosten zu senken. Damit kann sich der Anbieter eines Commodity über den Kundennutzen dieser Beziehung vom Wettbewerb differenzieren (Matthyssens und Vandenbempt 2008; Robinson et al. 2002).

Voraussetzung dafür ist eine funktionsübergreifende Durchsetzung einer hohen **Kundenorientierung**. Um profitable Kundenbeziehungen zu etablieren, bedarf es eines grundsätzlichen Verständnisses der Anforderungen direkter und – spezifisch in organisationalen Geschäftsbeziehungen – indirekter Kunden in nachgelagerten Wertschöpfungsstufen (Matthyssens und Vandenbempt 2008). Das Selbstverständnis eines Unternehmens als „Produzent" ist in dieser Situation oft nicht mehr tragfähig. Ein Wandel hin zu einem „Dienstleister" beinhaltet umfassende Neu-Definitionen von Normen, Prinzipien und Prozessen im Unternehmen über alle Funktionsbereiche und alle Mitarbeiterebenen (Engelhardt und Reckenfelderbäumer 2006; Kampas 2003).

Die Umsetzung einer hohen Kundenorientierung in Produkten und Prozessen beruht auf einem effizienten **Customer-Relationship-Management**. Die systematische Erfassung, Analyse und zielgerichtete Vermittlung von Informationen über Kunden und Kundenbedürfnisse ist eine wesentliche Basis, Leistungsangebote exakt auf Kundenbedürfnisse und damit verbundene Zahlungsbereitschaften auszurichten. Grundlage dafür ist eine **Marktsegmentierung.** Ziel ist es, Kundensegmente zu identifizieren, die eine hinreichende Zahlungsbereitschaft für solche erweiterte Leistungsbündel aufweisen (Lurie und Kohli 2002; McCune 1998). Wesentliches Segmentierungskriterium ist dabei der wahrgenommene Nutzen eines Produkts oder einer Leistung für den Kunden. Die Bereitschaft von Kunden, ein Preispremium zu zahlen, hängt davon ab, inwiefern angebotene (Zusatz-)Leistungen individuelle Kundenbedürfnisse auf überlegene Weise befriedigen. Eine Zusammenführung relevanter Kundenbedürfnisse und Zahlungsbereitschaften erlaubt den Rückschluss auf erlösrelevante Kombinationen von Produkten und Dienstleistungen, die zu einer wirkungsvollen Differenzierung führen (Forsyth et al. 2000). Auf diese Weise wird eine ökonomisch sinnvolle Marktbearbeitung durch die Priorisierung von Kunden und ihre Ansprache entsprechend ihrer wirtschaftlichen Attraktivität für den Anbieter erreicht (Homburg et al. 2012). Ein effektives Customer-Relationship-Management fördert dabei die Kundenzufriedenheit und unterstützt gleichzeitig die Erreichung der notwendigen Kosteneffizienz durch eine zielführende Ressourcenallokation (Reimann et al. 2010b).

Die Umsetzung einer Differenzierungsstrategie auf Basis überlegener Kundenbeziehungen beruht im Besonderen auf einem zielgerichteten **Vertriebsmanagement.** Zum einen sind Vertriebsmitarbeiter durch ihren direkten Kundenkontakt dazu prädestiniert, Commoditisierungstendenzen zu erkennen und entsprechende Gegensteuerungsmaßnahmen zu initiieren (Palmatier et al. 2008). Vertriebsmitarbeiter fungieren als Promotoren einer Kundenbeziehung und stehen in direkter Interaktion mit dem Kunden. Zum anderen ist es eine wesentliche Aufgabe des Vertriebs, die Strategie des Unternehmens gegenüber dem Kunden zu vertreten. Daher müssen Vertriebsmitarbeiter in der Lage sein, sowohl Bedürfnisse ihrer Kunden zu erfassen und zu verstehen als auch entsprechend der Ziele und Inhalte der Differenzierungsstrategie zu handeln (Homburg et al. 2009).

Schließlich ist eine De-Commoditisierung und die damit verbundene Wiedererlangung einer Differenzierung durch überlegene Kundenbeziehung für ein einzelnes Unternehmen häufig schwer durchzusetzen. Einer **Kooperation mit Partnern** kommt daher gerade in Commodity-Industrien eine große Bedeutung zu: „De-commoditization thus becomes an industry challenge" (Matthyssens und Vandenbempt 2008, S. 327). Eine solche Kooperation basiert maßgeblich auf einem kontinuierlichen Dialog, der gemeinsamen Nutzung von Informationen bis hin zu einer abgestimmten Planung, Steuerung und Kontrolle von Prozessen und Ergebnissen innerhalb und zwischen verschiedenen Wertschöpfungsstufen (Hingley 2001; Matthyssens und Vandenbempt 2008).

5 Fazit

In jüngster Zeit werden die Begriffe „Commodity", „Commoditisierung" bzw. „Commodity Marketing" in Wissenschaft und Praxis diskutiert. Hieraus resultiert sowohl aus Unternehmens- als auch aus Kundenperspektive eine Reihe von Fragestellungen, die den Ausgangspunkt für den vorliegenden Beitrag bilden. Dieser hatte das Ziel, erstens für eine solche Diskussion zu einer begrifflichen Klärung beizutragen. Zweitens zielte er auf die Bestimmung von Determinanten der Commoditisierung sowie drittens auf die Beschreibung von Ansätzen einer De-Commoditisierung ab.

Die ursprüngliche Bedeutung des Commodity als Güterklassifikation kann nach derzeitigem Kenntnisstand als obsolet betrachtet werden. Heute versteht man unter Commodities Produkte und Dienstleistungen, die trotz mehr oder weniger vorhandener, objektiver Differenzierungsmerkmale in der Wahrnehmung von Nachfragern als austauschbare Leistungen innerhalb einer Leistungskategorie angesehen werden. Im engeren Sinn trifft dies vor allem auf Produkte wie Schüttgut oder chemische Materialien bzw. auf Agrargüter zu. Im weiteren Sinne lassen sich aber auch Konsumgüter und Dienstleistungen darunter fassen, die einer Commoditisierung unterliegen und damit einer zunehmenden Homogenisierung und dem Verlust von Differenzierung in der Wahrnehmung von Nachfragern ausgesetzt sind. Hieraus kann abgeleitet werden, dass Commodity Marketing zwei Ebenen beinhaltet. Im engeren Sinn bezieht sich Commodity Marketing auf die Erarbeitung und Umsetzung von Strategien und Instrumenten, die homogene Leistungen vor allem im Bereich von Industrie- und Agrargütern (so genannten „Born Commodities") differenzieren. Im weiteren Sinn handelt es sich um ein marktorientiertes Entscheidungsverhalten bezüglich Leistungen, die aufgrund von Commoditisierung dem Verlust differenzierender Leistungsmerkmale ausgesetzt sind und damit in der Wahrnehmung von Nachfragern als austauschbar angesehen werden (so genannte „New Commodities"). Auf Basis von Strategien und Instrumenten soll die Differenzierung dieser Leistungen wiederhergestellt werden. Aus den Erkenntnissen des Beitrags können **Implikationen** sowohl für die Wissenschaft als auch für die Praxis abgeleitet werden.

Für die **Wissenschaft** ergeben sich Ansatzpunkte in der empirischen Untersuchung von Treibern der Commoditisierung und der Wirksamkeit von Maßnahmen zur De-Commoditisierung. Der Beitrag identifiziert mehrere Determinanten des Commoditisierungsprozesses, die in der bisherigen Forschung diskutiert werden und in leistungsbezogene, kundenbezogene, unternehmensbezogene und marktbezogene Einflussfaktoren unterteilt werden können. Die systematische, empirisch untersetzte Untersuchung der Einflussfaktoren der Commoditisierung stellt eine zentrale Herausforderung zukünftiger Forschungsarbeiten dar. Eine eingehende Analyse dieser Größen hinsichtlich ihrer Effektstärke unter Berücksichtigung verschiedener Leistungskategorien würde dazu beitragen, das Phänomen Commoditisierung noch tiefer zu durchdringen. Empirisch gestützte Erkenntnisse zu Symptomen einer Commoditisierung können zudem wesentlich dazu beitragen, dass Unternehmen Tendenzen der Commoditisierung von Leistungen rechtzeitig erkennen und geeignete Gegenmaßnahmen ergreifen. In diesem Zusammenhang stellt die Analyse von Ansätzen der De-Commoditisierung einen weiteren Bereich zukünftiger Forschung dar. Besondere Aufmerksamkeit sollte dabei Fragen nach der Relevanz von Markenstrategien bzw. eines Kundenbeziehungsmanagements für Anbieter von Commodities gewidmet werden. Angesichts erheblicher Investitionen, die eine Verfolgung dieser

Strategien mit sich bringen würde, sind empirische Befunde zur Wirkung dieser Strategien auf potenzialbezogene, markterfolgsbezogene- und ökonomische Zielgrößen von Unternehmen von hohem Interesse. Außerdem ist die Frage relevant, inwiefern sich hier oftmals separat betrachtete Strategien wirkungsvoll kombinieren lassen. Um dem speziellen Charakter von Commodities gerecht zu werden, erscheint es sinnvoll, nicht-preisbezogene Differenzierungsstrategien mit Ansätzen zur Steigerung der internen Effizienz zu kombinieren und empirisch zu untersuchen.

Zudem bleiben in der bisherigen Forschung Dienstleistungen als Commodities weitgehend unberücksichtigt. Sie werden derzeit lediglich im Rahmen einer (leistungsbasierten) Differenzierung thematisiert. Vor allem Dienstleistungen, die am Objekt des Kunden erbracht werden und durch einen hohen Standardisierungsgrad sowie eine geringe persönliche Interaktion charakterisiert sind (z. B. Instandhaltung, Remote Services etc.), unterliegen der Gefahr, von Nachfragern als austauschbar wahrgenommen zu werden. Angesichts der wachsenden Bedeutung von Dienstleistungen in Konsum- und in Industriegütermärkten sehen wir in diesem Bereich einen erheblichen Forschungsbedarf.

Aus der Sicht der **Praxis** ergeben sich ebenfalls mehrere relevante Aspekte. Zum einen zeigt sich, dass Commoditisierung nicht auf per se homogene Güter beschränkt ist, sondern ein übergreifendes Problem in verschiedenen Industrien darstellt. Hieraus kann als eine erste wichtige Erkenntnis die Notwendigkeit zur Sensibilität von Managementverantwortlichen in Unternehmen für Anzeichen einer möglichen Commoditisierung abgeleitet werden. Klassische Markenindustrien, wie z. B. Luxusgüter oder Unterhaltungselektronik, müssen sich der Gefahr einer Commoditisierung bewusst werden. Eine zweite wichtige Erkenntnis aus Praxissicht bezieht sich auf die Analyse des eigenen Leistungsportfolios von Unternehmen hinsichtlich des Commodity-Status von Leistungen. Die Anwendung von Marktforschungsinstrumenten kann dabei Antworten auf die Frage geben, ob Kunden die Angebote eines Unternehmens tatsächlich als einzigartig im Vergleich zu Wettbewerberangeboten wahrnehmen. In diesem Zusammenhang kann als eine dritte Erkenntnis die Notwendigkeit zur Erarbeitung von Strategien zur De-Commoditisierung von durch Commoditisierung betroffenen Leistungen abgeleitet werden. Diese Strategien sind durch geeignete Instrumente im Rahmen des operativen Marketings zu untersetzen, zu implementieren und schließlich auf ihre Wirksamkeit hin zu überprüfen.

Zusammenfassend kann festgehalten werden, dass die Thematik Commodity Marketing eine erhebliche Relevanz sowohl für die Wissenschaft als auch für die Praxis aufweist. Wir hoffen, mit dem vorliegenden Beitrag sowohl einen Anstoß als auch einen Ansatzpunkt für zukünftige Arbeiten auf diesem Themengebiet zu geben.

Literatur

Aaker, D. A. (1996). *Building strong brands*. New York: Free Press.
Alajoutsijärvi, K., Klint, M. B., & Tikkanen, H. (2001). Customer relationship strategies and the smoothing of industry-specific business cycles. *Industrial Marketing Management, 30*, 487–497.

Alba, J. W., & Hutchinson, J. W. (1987). Dimensions of consumer expertise. *Journal of Consumer Research, 13,* 411–454.

Albert, T. C. (2003). Need-based segmentation and customized communication strategies in a complex-commodity industry: A supply chain study. *Industrial Marketing Management, 32,* 281–290.

Anderson, C., & Narus, J. A. (1990). A model of distributor firm and manufacturer firm working relationships. *Journal of Marketing, 54,* 42–58.

Anderson, C., & Narus, J. A. (2004). *Business market management.* Upper Saddle River: Prentice Hall.

Araujo, L., & Spring, M. (2006). Services, products, and the institutional structure of production. *Industrial Marketing Management, 35,* 797–805.

Baldwin, C. Y., & Clark, K. B. (2000). *Design rules: The power of modularity.* Cambridge: The MIT Press.

Betts, P. (1994). Brand development: Commodity markets and manufacturer-retailer relationships. *Marketing Intelligence and Planning, 12,* 18–23.

Black, J. D. (1949). Commodity marketing – going where? *American Economic Review, 3,* 415–423.

Blois, K. (1997). Are business-to-business relationships inherently unstable? *Journal of Marketing Management, 13,* 367–382.

Brown, T. L., & Gentry, J. W. (1975). Analysis of risk and risk-reduction strategies – A multiple product case. *Journal of the Academy of Marketing Science, 3,* 148–160.

Buzzell, R. D., & Gale, B. T. (1987). *The PIMS principles: Linking strategy to performance.* New York: Free Press.

Cahen, A. (1949). Merchandising flow survey on men's clothing. *American Economic Review, 39,* 416–418.

Cannon, S. P., & Homburg, C. (2001). Buyer-supplier relationships and customer firm costs. *Journal of Marketing, 65,* 29–43.

Caves, R. E., & Williamson, P. J. (1985). What is product differentiation, really? *Journal of Industrial Economics, 34,* 113–132.

Chafin, D. G., & Hoepner, P. H. (2002). *Commodity marketing from a producer's perspective* (2. Aufl.). Danville: Interstate Publishers.

Chamberlin, E. H. (1965). *The theory of monopolistic competition* (7. Aufl.). Cambridge: Harvard University Press.

Christensen, C. M., & Raynor, M. E. (2003). *The innovator's solution: Creating and sustaining successful growth.* Cambridge: Harvard Business Press.

Christensen, C. M., Verlinden, M., & Westerman, G. (2002). Disruption, disintegration and the dissipation of differentiability. *Industrial and Corporate Change, 11,* 955–993.

Crowder, W. F. (1949). Market outlook for machines and equipment. *American Economic Review, 39,* 420–421.

Day, G. S. (1981). The product life cycle: Analysis and applications issues. *Journal of Marketing, 45,* 60–67.

Day, G. S., & Wensley, R. (1983). Marketing theory with a strategic orientation. *Journal of Marketing, 47,* 79–89.

DeBruicker, F. S., & Summe, G. L. (1985). Customer experience: A key to marketing success. *The McKinsey Quarterly, 1,* 26–37.

Dickson, P. R., & Ginter, J. L. (1987). Market segmentation, product differentiation, and marketing strategy. *Journal of Marketing, 51,* 1–10.

Dumlupinar, B. (2006). Market commoditization of products and services. *Review of Social, Economic and Business Studies, 9,* 101–114.

Engelhardt, W. H., & Reckenfelderbäumer, M. (2006). Industrielles Service-Management. In M. Kleinaltenkamp, W. Plinke, F. Jacob, & A. Söllner (Hrsg.), *Markt- und Produktmanagement. Die Instrumente des Business-to-Business-Marketing* (S. 209–318) (2. Aufl.). Wiesbaden: Gabler.

Engle, N. H. (1940). Gaps in marketing research. *Journal of Marketing, 6*, 345–353.

Fackler, P. L., & Livingston, M. J. (2002). Optimal storage by crop producers. *American Journal of Agricultural Economics, 84*, 645–660.

Forsyth, J. E., Gupta, A., Haldar, S., & Marn, M. V. (2000). Shedding the commodity mind set. *McKinsey Quarterly, 4*, 79–85.

Galbraith, J. K. (1949). Appraisal of marketing research. *American Economic Review, 39*, 415–416.

Garvin, D. A. (1988). *Managing quality: The strategic and competitive edge.* New York: Free Press.

Glazer, R. (1991). Marketing in an information-intensive environment: Strategic implications of knowledge as an asset. *Journal of Marketing, 55*, 1–19.

Glazer, R., & Weiss, A. M. (1993). Marketing in turbulent environments: Decision processes and the time-sensitivity of information. *Journal of Marketing Research, 30*, 509–521.

Hax, A. C. (2005). Overcome the dangers of commoditization. *Strategic Finance, 87*, 19–20, u. 59–61.

Hayenga, M. L., & Schrader, L. F. (1980). Formula pricing in five commodity marketing systems. *American Agricultural Economics Association, 62*, 753–759.

Hill, N. (1990). Commodity products and stalemate industries: Is there a role for marketing? *Journal of Marketing Management, 5*, 259–281.

Hingley, M. (2001). Relationship management in the supply chain. *International Journal of Logistics Management, 12*, 57–71.

Hinterhuber, H. H. (1990). *Wettbewerbsstrategien* (2. Aufl.). Berlin u. a: De Gruyter.

Homburg, C. (2000). *Quantitative Betriebswirtschaftslehre: Entscheidungsunterstützung durch Modelle: Mit Beispielaufgaben, Übungen und Lösungen* (3. Aufl.). Wiesbaden: Gabler.

Homburg, C. (2012). *Marketingmanagement: Strategie - Instrumente - Umsetzung - Unternehmensführung* (4. Aufl.). Wiesbaden: Springer Gabler.

Homburg, C., & Werner, H. (1998). Situative Determinanten relationalen Beschaffungsverhaltens. *Zeitschrift für betriebswirtschaftliche Forschung, 50*, 979–1009.

Homburg, C., & Stock, R.-M. (2011). Theoretische Perspektiven zur Kundenzufriedenheit. In C. Homburg (Hrsg.), *Kundenzufriedenheit: Konzepte – Methoden – Erfahrungen* (8. Aufl., S. 17–51). Wiesbaden: Gabler.

Homburg, C., Werner, H., & Englisch, M. (1997). Kennzahlengestütztes Benchmarking im Beschaffungsbereich: Konzeptionelle Aspekte und empirische Befunde. *Die Betriebswirtschaft, 57*, 48–64.

Homburg, C., Workman, J. P., & Jensen, O. (2002). A configurational perspective on key account management. *Journal of Marketing, 66*, 38–60.

Homburg, C., Jensen, O., & Richter, M. (2006). Die Kaufverhaltensrelevanz von Marken im Industriegüterbereich. *Die Unternehmung, 60*, 281–296.

Homburg, C., Staritz, M., & Bingemer, S. (2009). Wege aus der Commodity-Falle: Der Product Differentiation Excellence-Ansatz. Arbeitspapier Nr. M112. Institut für Marktorientierte Unternehmensführung. Mannheim.

Homburg, C., Schäfer, H., & Schneider, J. (2012). *Sales Excellence: Vertriebsmanagement mit System* (7. Aufl.). Wiesbaden: Springer Gabler.

Hoyer, W. D., & MacInnis, D. J. (2010). *Consumer behavior* (5. Aufl.). Melbourne: South-Western.

Johnson, M., Herrmann, A., & Huber, F. (2006). The evolution of loyalty intentions. *Journal of Marketing, 70*, 122–132.

Kampas, P. J. (2003). Shifting cultural gears in technology-driven industries. *MIT Sloan Management Review, 44*, 41–48.

Keller, K. L. (1993). Conceptualizing, measuring, managing customer-based brand equity. *Journal of Marketing, 57*, 1–22.

Kroeber-Riel, W., & Gröppel-Klein, A. (2013). *Konsumentenverhalten* (10. Aufl.). München: Vahlen.

Lambkin, M., & Day, G. S. (1981). Evolutionary processes in competitive markets: Beyond the product life cycle. *Journal of Marketing, 53*, 4–20.

Lancaster, K. (1979). *Variety, equity, and efficiency*. New York: Columbia University Press.

Lewin, J. E., & Johnston, W. J. (1997). Relationship marketing theory in practice: A case study. *Journal of Business Research, 38,* 199–209.

Lieberman, M. B., & Asaba, S. (2006). Why do firms imitate each other? *Academy of Management Review, 31,* 366–385.

Lieberman, M. B., & Montgomery, D. B. (1998). First-mover (dis)advantages: Retrospective and link with the resource-based view. *Strategic Management Journal, 19,* 1111–1125.

Lurie, R. S., & Kohli, A. (2002). A smarter way to sell commodities. *Harvard Business Review, 80,* 24–26.

Mathur, S. S. (1984). Competitive industrial marketing strategies. *Long Range Planning, 17,* 102–109.

Mathur, S. S. (1988). How firms compete: A new classification of generic strategies. *Journal of General Management, 14,* 30–57.

Matthyssens, P., & Vandenbempt, K. (2008). Moving from basic offerings to value-added solutions: Strategies, barriers and alignment. *Industrial Marketing Management, 37,* 316–328.

McCune, J. C. (1998). Tough sell: Commodity products. *Management Review, 87,* 45–50.

McQuiston, D. H. (2004). Successful branding of a commodity product: The case of RAEX LASER steel. *Industrial Marketing Management, 33,* 345–354.

Michell, P., King, J., & Reast, J. (2001). Brand values related to industrial products. *Industrial Marketing Management, 30,* 415–425.

Mintzberg, H. (1988). Generic strategies: Toward a comprehensive framework. In R. Lamb & P. Shrivastava (Hrsg.), *Advances in strategic management* (5. Aufl., S. 1–68). Greenwich: Jai Press.

Mudambi, S. (2002). Branding importance in business-to-business markets: Three buyer clusters. *Industrial Marketing Management, 31,* 525–533.

Oliva, R., & Kallenberg, R. (2003). Managing the transition from products to services. *International Journal of Service Industry Management, 14,* 160–172.

Palmatier, R. W., Scheer, L. K., Evans, K. R., & Arnold, T. J. (2008). Achieving relationship marketing effectiveness in business-to-business exchanges. *Journal of the Academy of Marketing Science, 36,* 174–190.

Parasuraman, A. (1998). Customer service in business-to-business markets: An agenda for research. *Journal of Business and Industrial Marketing, 13,* 309–321.

Perera, H. S. C., Nagarur, N., & Tabucanon. M. T. (1999). Component part standardization: A way to reduce the life-cycle costs of products. *International Journal of Production Economics, 60/61,* 109–116.

Porter, M. E. (1980). *Competitive strategy: Techniques for analyzing industries and competitors*. New York: Free Press.

Porter, M. E. (1985). *Competitive advantage: Creating and sustaining superior performance*. New York: A Division of Macmillan.

Porter, M. E. (1996). From competitive advantage to corporate strategy. In M. Goold & K. Sommers Luchs (Hrsg.), *Managing the multibusiness company: Strategic issues for diversified groups* (S. 285–314). London: Routledge.

Rangan, V. K., & Bowman, G. T. (1992). Beating the commodity magnet. *Industrial Marketing Management, 21,* 215–224.

Reimann, M., Schilke, O., & Thomas, J. S. (2010a). Toward an understanding of industry commoditization: Its nature and role in evolving marketing competition. *International Journal of Research in Marketing, 27,* 188–197.

Reimann, M., Schilke, O., & Thomas, J. S. (2010b). Customer relationship management and firm performance: The mediating role of business strategy. *Journal of the Academy of Marketing Science, 38,* 326–346.

Rindfleisch, A., & Moorman, C. (2003). Interfirm cooperation and customer orientation. *Journal of Marketing Research, 40,* 421–436.

Robinson, T., Clarke-Hill, C. M., & Clarkson, R. (2002). Differentiation through service: A perspective from the commodity chemicals sector. *Service Industries Journal, 22,* 149–166.

Rust, R. T., & Chung, T. S. (2006). Marketing models of service and relationships. *Marketing Science, 25,* 560–580.

Sashi, C. M., & Stern, L. W. (1995). Product differentiation and market performance in producer goods industries. *Journal of Business Research, 33,* 115–127.

Saunders, J. A., & Watt, F. A. W. (1979). Do brand names differentiate identical industrial products? *Industrial Marketing Management, 8,* 114–123.

Sheth, J. N., Gardner, D. M., & Garrett, D. (1988). *Marketing theory: Evolution and evaluation.* New York: Wiley.

Shipley, D., & Howard, P. (1993). Brand-naming industrial products. *Industrial Marketing Management, 22,* 59–66.

Sinclair, S. A., & Seward, K. E. (1988). Effectiveness of branding a commodity product. *Industrial Marketing Management, 17,* 23–33.

Söderlund, M. (2002). Customer familiarity and its effects on satisfaction and behavioral intentions. *Psychology & Marketing, 19,* 861–879.

St. John, C. H., Pouder, R. W., & Cannon, A. R. (2003). Environmental uncertainty and product-process life cycles: A multi-level interpretation of change over time. *Journal of Management Studies, 40,* 513–541.

Stanko, M. A., & Olleros, X. (2013). Industry growth and the knowledge spillover regime: Does outsourcing harm innovativeness but help profit? *Journal of Business Research, 66,* 2007–2016.

Stanton, J. L., & Herbst, K. C. (2005). Commodities must begin to act like branded companies: Some perspectives from the United States. *Journal of Marketing Management, 21,* 7–18.

Steenkamp, J.-B. E. M. (1989). *Product quality: An investigation into the concept and how it is perceived by consumers.* Assen u. a.: Van Gorcum.

Upah, G. D. (1983). Product complexity effects on information preference by retail buyers. *Journal of Business Research, 11,* 107–126.

Varangis, P., & Larson, D. F. (1996). Dealing with commodity price uncertainty. World Bank Policy Research Working Paper No. 1667. Washington.

Webster, F. E., & Keller, K. L. (2004). A roadmap for branding in industrial markets. *Journal of Brand Management, 11,* 388–402.

Weil, H. B. (1996). Commoditization of technology-based products and services: A generic model of market dynamics. MIT Sloan Working Paper No. 144–96. Cambridge.

Winzar, H. F. (1992). Product classifications and marketing strategy. *Journal of Marketing Management, 8,* 259–268.

Wolfe, A. R. (1977). Commodity marketing and generic promotion. *European Journal of Marketing, 11,* 532–547.

Enke, Margit
Lehrstuhl für Marketing und Internationalen Handel, Fakultät für Wirtschaftswissenschaften, insbesondere Internationale Ressourcenwirtschaft, Technische Universität Bergakademie Freiberg, Lessingstr. 45, 09599 Freiberg, Deutschland
E-Mail: margit.enke@bwl.tu-freiberg.de

Geigenmüller, Anja
Fachgebiet Marketing, Fakultät für Wirtschaftswissenschaften und Medien, Technische Universität Ilmenau, Helmholtzplatz 3 (Oeconomicum), 98693 Ilmenau, Deutschland
E-Mail: anja.geigenmueller@tu-ilmenau.de

Leischnig Alexander
Juniorprofessur für Betriebswirtschaftslehre, insbesondere Marketing Intelligence, Fakultät Sozial- und Wirtschaftswissenschaften, Otto-Friedrich-Universität Bamberg, Feldkirchenstraße 21, 96052 Bamberg, Deutschland
E-Mail: alexander.leischnig@uni-bamberg.de

Commodity-Differenzierung – Ein branchenübergreifender Ansatz

Christian Homburg, Matthias Staritz und Stephan Bingemer

Inhaltsverzeichnis

C. Homburg (✉)
Lehrstuhl für ABWL und Marketing I, Fakultät für Betriebswirtschaftslehre,
Universität Mannheim, L5, 1, 68131 Mannheim, Deutschland
E-Mail: homburg@bwl.uni-mannheim.de

M. Staritz
Homburg & Partner, Harrlachweg 3, 68163 Mannheim, Deutschland
E-Mail: matthias.staritz@homburg-partner.com

S. Bingemer
Lufthansa Lignes Aériennes Allemandes PAR GP/M, 30, Avenue des Fruitiers, 93210 La Plaine
Saint-Denis, Frankreich
E-Mail: stephan.bingemer@dlh.de

M. Enke et al. (Hrsg.), *Commodity Marketing*,
DOI 10.1007/978-3-658-02925-8_2, © Springer Fachmedien Wiesbaden 2014

Zusammenfassung

Branchenübergreifend gleichen sich die Angebote konkurrierender Anbieter zunehmend an. Unterschiede schwinden und Kunden nehmen die Angebote als zunehmend austauschbar wahr. Dieses Phänomen wird als Commoditisierung bezeichnet.

Auf Basis einer empirischen Studie wurde ermittelt, wie man diesem Phänomen entgegenwirken kann. Diese zeigt, dass Unternehmen, die ein systematisches und integratives Produktdifferenzierungsmanagement betreiben, sich gerade auch in Commodity-Märkten erfolgreich behaupten können. Die zentralen Ergebnisse wurden im Product-Differentiation-Excellence-Ansatz zusammengefasst. Hohe Product Differentiation Excellence (PDE) bringt sowohl starke markt- als auch profitabilitätsbezogene Vorteile mit sich.

Manager können den PDE-Ansatz in vielfältiger Weise einsetzen. Er ist eine ideale Strukturierungshilfe und sensibilisiert für die wesentlichen Treiber, die positive Erfolgsauswirkungen im Rahmen einer Produktdifferenzierungsstrategie haben. Außerdem ermöglicht er eine systematische Bewertung der Stärken und Schwächen der eigenen Produktdifferenzierung. Hierzu können Checklisten eingesetzt werden, die für jede Dimension auf Basis der empirischen Studie vordefiniert wurden.

1   Einleitung

Die Automobilzuliefer-Industrie sitzt in der Commodity-Falle. Unternehmen wie Bosch Automotive, Continental oder Saint-Gobain Sekurit sehen sich einem Markt gegenüber, in dem Innovationen immer schneller imitiert werden und Produkte immer austauschbarer werden. Aber dieses Phänomen trifft auch auf andere Branchen zu. Egal, ob im Maschinenbau- oder Chemiesektor, im Konsumgüterbereich, im Pharma- oder Finanzdienstleistungsbereich: Die Angebote konkurrierender Anbieter gleichen sich zunehmend an. Unterschiede schwinden und Kunden nehmen die Angebote als zunehmend austauschbar wahr. Dieser Ansicht sind über 70 % der Manager, die wir im Rahmen einer Studie am Institut für Marktorientierte Unternehmensführung der Universität Mannheim befragt haben.

Die Konsequenzen dieses Phänomens, das in Wissenschaft und Praxis als Commoditisierung bezeichnet wird, sind zunehmender Wettbewerb, sinkende Preise und Margen. Was können Unternehmen tun? Ist Commoditisierung ein unausweichliches Schicksal? – Unsere Studie jedenfalls unterstützt diese Annahme nicht. Sie zeigt, dass Unternehmen, die ein systematisches und integratives Produktdifferenzierungsmanagement betreiben – und somit hohe Product Differentiation Excellence erreichen – sich gerade auch in Commodity-Märkten erfolgreich behaupten können. Diese Überzeugung beruht auf einer branchenübergreifenden schriftlichen Befragung von rund 350 Führungskräften aus Marketing und Vertrieb, die den aktuellen Stand des Produktdifferenzierungsmanagements in der Praxis erhebt. Besondere Aussagekraft erhält diese Studie durch ihre außergewöhnliche Datengrundlage. So ist es gelungen, für über 100 der beteiligten Unternehmen zusätzlich zur Befragung der Marketing- bzw. Vertriebsleiter eine Auswahl typischer Kunden zu befragen. Diese einzigartige Datengrundlage erlaubt erst eine ganzheitliche Betrachtung des Themenkomplexes Produktdifferenzierung.

Doch wie genau sollen Unternehmen vorgehen? Welche Möglichkeiten stehen ihnen offen? Was sind die zentralen Stellhebel? Produktdifferenzierung ist komplex: Managern steht eine kaum überschaubare Auswahl an Differenzierungsinstrumenten zur Verfügung: Fokussierung auf bestimmte Produkteigenschaften oder das Produktdesign, Gestaltung von Verpackung und Produktumfeld, Angebot von Servicedienstleistungen (Value Added Services), Aufbau und Pflege von Marke und Reputation sowie die Ausgestaltung der Kundenbeziehung sind Beispiele hierfür. Zahllose Arbeiten aus den Bereichen Volkswirtschaftslehre, Strategisches Management und Strategisches Marketing beschäftigen sich bereits auf einer übergeordneten und konzeptionellen Ebene mit dem Thema Differenzierung. Daneben gibt es ein vielfältiges Angebot praxisnaher Literatur mit Tipps und Tricks zur erfolgreichen Produktdifferenzierung – diese behandelt in der Regel nur einzelne Instrumente und Facetten des Themenkomplexes. Doch bei der Frage, wie ein integratives Differenzierungsmanagement konzeptioniert und umgesetzt werden soll, lässt dieser Fundus an Büchern und Artikeln vielbeschäftigte Manager allein. Im Rahmen unserer Studie haben wir viele Gespräche mit Führungskräften im Marketing und Vertrieb geführt. Immer wieder haben wir rhetorische Fragen oder Aussagen gehört wie: „Wann soll ich das alles lesen? Was wir brauchen ist etwas Verständliches, Greifbares und Pragmatisches!" Genau das ist der Ansatzpunkt der vorliegenden Studie. Auf Basis einer umfangreichen empirischen Erhebung und der Durchführung einer Vielzahl von Analysen haben wir daher einen dreidimensionalen Product-Differentiation-Excellence-Ansatz abgeleitet, der Managern hilft, einen Weg durch das Dickicht der Produktdifferenzierung zu bahnen. Diesen Ansatz, den Product-Differentiation-Excellence-Ansatz (PDE-Ansatz), stellen wir im Folgenden vor.

2 Der Product-Differentiation-Excellence-Ansatz im Überblick

2.1 Was ist der Product-Differentiation-Excellence-Ansatz?

Unsere Studie zeigt: Unternehmen, die mit ihrem Differenzierungsmanagement überdurchschnittlich erfolgreich sind, gehen das Thema Produktdifferenzierung integrativ an und nehmen Abstand von der unabhängigen Optimierung einzelner Differenzierungsinstrumente. In verschiedenen Analysen haben sich immer wieder einige zentrale Aspekte herauskristallisiert, die sich in drei grundlegende Bereiche einordnen lassen: Einsatz von Differenzierungsinstrumenten, angemessene Ausrichtung der Marktbearbeitung sowie

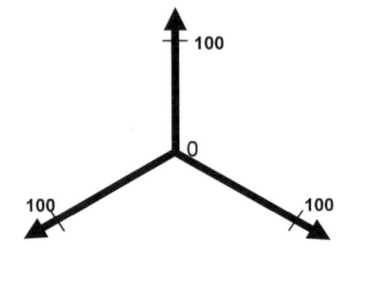

Differenzierungsinstrumente
Was kann man am Produkt selbst machen?

Interne Voraussetzungen
Welche Rolle spielen
Top management und
Unternehmenskultur, Systematik
und Koordination?

Marktbearbeitung
Was ist bei der markt-
bezogenen Umsetzung der
Differenzierungs strategie zu
beachten?

Abb. 1 Der Product-Differentiation-Excellence-Ansatz im Überblick

Gewährleistung geeigneter interner Voraussetzung – diese drei Bereiche bilden die drei Dimensionen unseres PDE-Ansatzes (vgl. hierzu Abb. 1).

Die Dimension der **Differenzierungsinstrumente** steht für die Intensität des produktbezogenen Differenzierungsmanagements. Es geht also darum, was und wie viel am Produkt selbst gemacht wird. Allerdings reichen Produktmodifikationen alleine nicht aus. Das Differenzierungsmanagement ist nur dann erfolgreich, wenn sowohl geeignete interne Voraussetzungen geschaffen werden als auch die Marktbearbeitung optimiert wird, d. h. an den Zielen der Differenzierungsstrategie ausgerichtet wird. Die Dimension der **Marktbearbeitung** fokussiert daher auf die Anwendung von Marktsegmentierung (und -priorisierung) sowie einer angemessenen Ausgestaltung der Marketingmix-Instrumente. Die Dimension der **internen Voraussetzungen** beschäftigt sich mit Aspekten wie Topmanagement-Commitment, Unternehmenskultur, Systematik und Koordination. Auf diesem umfassenden Verständnis basiert unser Product-Differentiation-Excellence-Ansatz.

Eine gegenüberstellende Auswertung der Umsatzrenditen von Unternehmen, die ihr Differenzierungsmanagement gesamtheitlich angehen und dementsprechend relativ gleichmäßige Ausprägungen entlang der drei Dimensionen aufweisen und solcher Unternehmen, die ein unausgewogenes Profil aufweisen, zeigt klare Performanceunterschiede: Die Gruppe der Gleichmäßigen war unabhängig vom Niveau ihrer Product Differentiation Excellence um 40 % erfolgreicher (bezogen auf die Umsatzrendite) als die andere Gruppe. Dies zeigt deutlich, dass es keineswegs sinnvoll ist, bei ein oder zwei Dimensionen Perfektion anzustreben und eine andere zu vernachlässigen.

2.2   Was bringt Product Differentiation Excellence?

Es gibt keinen einzelnen „magischen" Stellhebel zur Erreichung einer hohen Product Differentiation Excellence und damit zum Unternehmenserfolg. Hohe Product Differentiation Excellence zu erreichen, bedeutet für die meisten Unternehmen vielmehr einen durchaus

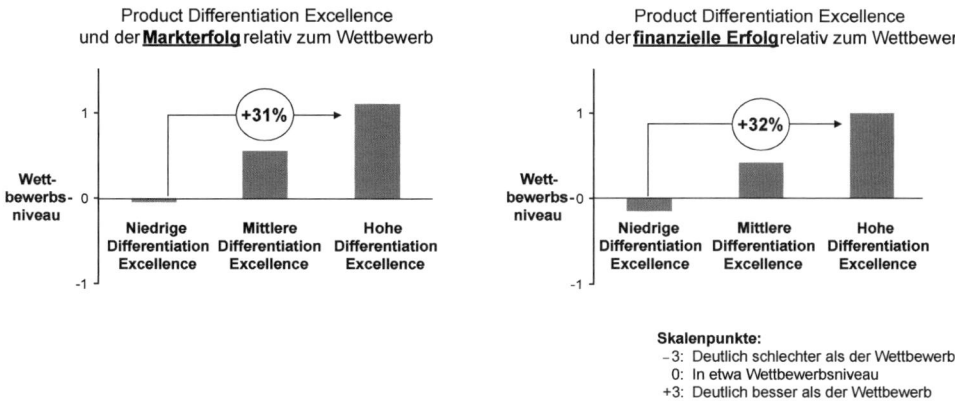

Abb. 2 Erfolgsauswirkungen der Product Differentiation Excellence

aufwändigen Prozess der Veränderung an verschiedenen Stellen. Es stellt sich daher die Frage: Lohnt sich der Aufwand der Optimierung des Produktdifferenzierungsmanagements für Unternehmen überhaupt? Welche Erfolgsauswirkungen hat das systematische Management der Produktdifferenzierung? Wir haben daher Unternehmen mit niedriger, mittlerer und hoher Product Differentiation Excellence hinsichtlich zweier unterschiedlicher Erfolgsmaße miteinander verglichen (vgl. hierzu Abb. 2).

Das erste Erfolgsmaß ist der **Markterfolg**. Der Markterfolg misst die Leistung des Unter-nehmens in kunden- und marktbezogener Hinsicht im direkten Wettbewerbsvergleich über die vergangenen drei Jahre. Hierbei vereint das Erfolgsmaß vier wesentliche Erfolgsdimensionen: eine beziehungsbezogene, eine preisbezogene, eine mengenbezogene und eine strategische Dimension. Im Bereich der beziehungsbezogenen Dimension geht es z. B. um Fragen der Kundenzufriedenheit und der Kundenloyalität. Im Bereich der preisbezogenen Erfolgsdimension haben wir die Preisbereitschaft der Kunden gemessen. Die mengenbezogene Dimension misst, ob das Absatzziel erreicht wurde. Die strategische Dimension deckt z. B. Fragen nach der Stärke des Produktes im Markt ab. Wie man sieht, schlägt sich eine hohe Product Differentiation Excellence in einem höheren Markterfolg nieder. Das zweite Erfolgsmaß ist der **finanzielle Erfolg** des Unternehmens, dargestellt anhand der in den letzten drei Jahren durchschnittlich erzielten Umsatzrendite. Da die absolute Höhe der Umsatzrendite branchenspezifisch stark variiert, sind die in Abb. 2 angegebenen Werte der Unternehmen jeweils im Vergleich zu den Wettbewerbern abgefragt worden. Es zeigt sich, dass eine höhere Systematik des Produktdifferenzierungsmanagements sowohl starke markt- als auch profitabilitätsbezogene Vorteile mit sich bringt. Die dargestellten Mittelwertunterschiede sind statistisch signifikant.

2.3 Wie lässt sich der PDE-Ansatz im Unternehmen nutzen?

Manager können den PDE-Ansatz in vielfältiger Weise einsetzen. Er ist eine ideale Strukturierungshilfe und sensibilisiert für die wesentlichen Treiber, die positive Erfolgsauswirkungen im Rahmen einer Produktdifferenzierungsstrategie haben. Außerdem ermöglicht er eine systematische Bewertung der Stärken und Schwächen der eigenen Produktdifferenzierung. Hierzu können die Checklisten eingesetzt werden, die am Ende der Darstellung jeder Dimension vorgestellt werden.

Die Bewertung der verschiedenen Dimensionen erfolgt durch die Vergabe von Punktwerten für die Erfüllung der definierten Excellence-Kriterien auf einer Skala von 0 („trifft überhaupt nicht zu") bis 100 („trifft voll und ganz zu"). Die Bewertung sollte dabei stets durch entsprechende Belege untermauert werden. Der Gesamtwert für eine Dimension ergibt sich durch die Bildung des (gewichteten) Durchschnitts über die Einzelwerte der betrachteten Kriterien. Eine Gewichtung kann insbesondere dann sinnvoll sein, wenn bestimmte Kriterien für ein Unternehmen nicht zutreffen. Im Anschluss an die Bewertung erfolgt die Aufstellung des Differentiation Excellence-Profils, das einen ersten Eindruck über die Stärken und Schwächen des Produktdifferenzierungsmanagements gibt. Zu diesem Zweck werden die Gesamtwerte, die für jede der drei Dimensionen errechnet wurden, in einem Koordinatensystem abgetragen. Die einzelnen Werte werden anschließend miteinander verbunden.

In diesem Zusammenhang stellt sich die Frage, ab welchem genauen Punktwert ein Unternehmen auf einer Dimension als „exzellent" gelten kann. Ein Unternehmen, das die volle Punktzahl (Hundert) erreicht, gibt es kaum. Nach unserer Erfahrung können Unternehmen bei einer (selbst-)kritischen Bewertung bereits ab einem Wert von ca. 80 Punkten auf einer Dimension als exzellent bezeichnet werden.

3 Dimension „Differenzierungsinstrumente"

3.1 Grundsätzliche Möglichkeiten der Produktdifferenzierung

Welche Möglichkeiten zur Produktdifferenzierung bieten sich überhaupt? In der Praxis wird dieser grundlegenden Frage zu wenig Beachtung geschenkt. Aus unseren Expertengesprächen und unserer Beratungspraxis wissen wir, dass Manager sich viel zu selten systematisch Gedanken darüber machen, welche Differenzierungsinstrumente in welcher Intensität im eigenen Unternehmen zum Einsatz kommen sollten. Oft bleiben daher interessante Ansatzpunkte unberücksichtigt. Um die Vielzahl der Differenzierungsinstrumente zu strukturieren und sicherzustellen, dass kein Ansatz „vergessen" wird, hat sich das Denken in einem „**Schalenmodell**" bewährt (vgl. hierzu auch Homburg 2012 und Levitt 1980). In diesem Bild besteht ein Produkt aus einem Produktkern und verschiedenen Schalen, die – ähnlich wie Zwiebelschalen – um diesen Kern angeordnet sind (vgl. Abb. 3).

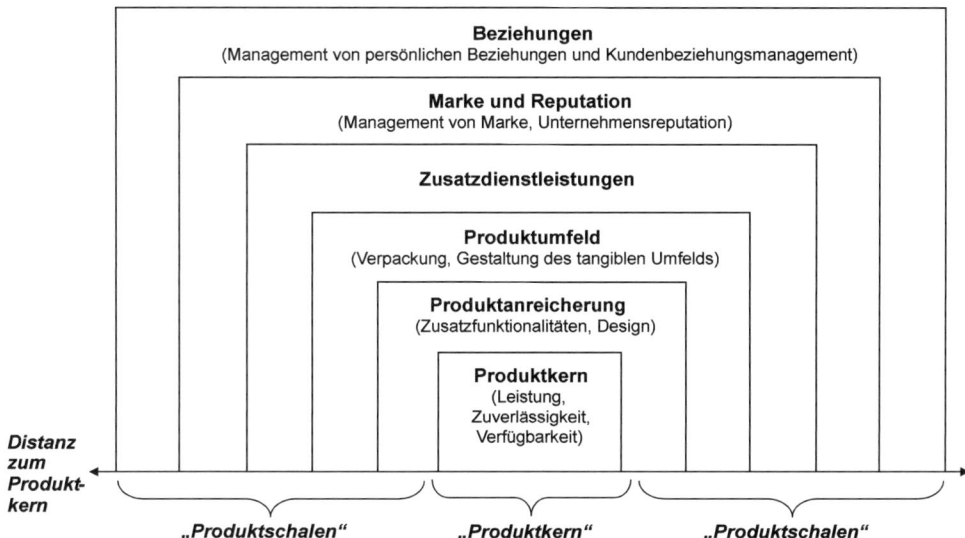

Abb. 3 Produktmodell mit Produktkern und Produktschalen

Der **Produktkern** steht dabei für diejenigen Eigenschaften oder Bestandteile eines Produktes, die zur Befriedigung der funktionalen Kundenbedürfnisse grundsätzlich notwendig sind. Bei einem Sportwagen sind das z. B. bestimmte Fahreigenschaften wie Beschleunigungs- und Kurvenverhalten. Bei einem Flug wäre das z. B. der reine Transport von A nach B. Bezogen auf eine Packung Milch im Supermarkt wäre das z. B. nur die Milch. Die Schalen reichern diesen Produktkern an. Hier steht eine Fülle von Differenzierungsinstrumenten zur Auswahl, wie z. B. Produktanreicherung durch besonderes Design oder Zusatzeigenschaften, die Gestaltung des Produktumfeldes durch besondere Verpackungen oder die Gestaltung der physischen Umgebung, in der das Produkt angeboten wird. Dienstleistungen sind eine weitere Möglichkeit, Produkte zu differenzieren. Daneben bieten sich noch Produkt- und Unternehmensmarken sowie die Qualität der Kundenbeziehungen an. Tabelle 1 gibt einen Überblick über typische Ansätze und Beispiele für ihren Einsatz in der Praxis.

3.2 Kombinationen von Differenzierungsinstrumenten

In der Praxis treten die verschiedensten Kombinationen der Differenzierungsansätze auf. Wir haben daher in einer Clusteranalyse typische Muster bzw. grundsätzliche Ansätze im Umgang mit dem Thema Produktdifferenzierung erhoben. Vereinfacht dargestellt gibt es fünf grundsätzliche Typen oder Ansätze, die regelmäßig auftreten:

Tab. 1 Beispiele für Produktdifferenzierung in der Unternehmenspraxis

Differerenzierungsinstrument	Beispielhafte Aspekte	Beispiele aus der Unternehmenspraxis
Produktkern	Basiseigenschaften Zuverlässigkeit Verfügbarkeit	Bosch setzt TQM-Techniken ein, um die Kerneigenschaften seiner Produkte nachhaltig zu verbessern Carl Zeiss Jena ist für seine hochwertige Produktqualität im Bereich optischer Instrumente am Markt etabliert
Produktanreicherung	Zusatzfunktionalitäten (z. B. Eigenschaften mit Leistungs- oder Nutzensteigerung) Irrelevante Attribute (d. h. Eigenschaften, die Nutzen lediglich suggerieren) Design (z. B. Form, Farbe, Melodie, Geschmack, Geruch) Ergonomie (z. B. leichte Bedienbarkeit, Gesundheitsgerechtigkeit)	Minolta hat durch die Einführung des Autofokus den Kameramarkt grundlegend geprägt Automobilhersteller wie Daimler und BMW nutzen neue Features, um sich von der Konkurrenz zu differenzieren Shampoohersteller, wie L'Oréal oder Procter & Gamble, setzen auf irrelevante Attribute wie Seiden- oder Perlenextrakte als Zusatzstoffe in ihren Produkten
Gestaltung des Produktumfelds	Gestaltung der Produktverpackung (z. B. optische Gestaltung, Formgebung) Ergonomie der Verpackung (z. B. Transportgerechtigkeit, transportoptimale Losgröße) Gestaltung von Firmengebäuden, Produktionsstätten und Repräsentationsräumen Gestaltung des Point of Sale Gestaltung der Firmenfahrzeuge Uniformen	Die gläserne Manufaktur von VW nutzt gezielt das Umfeld der Leistungserstellung zur Differenzierung Die Deutsche Bank bietet in ihrer Filiale der Zukunft ein verpacktes Girokonto in einer Metalldose an McDonalds, BurgerKing und StarBucks nutzen z. B. Uniformen, um das Produktumfeld zu gestalten Konsumgüterhersteller wie Procter & Gamble nutzen die Verpackungsgestaltung gezielt zur Differenzierung

Tab. 1 Fortsetzung

Differerenzierungsinstrument	Beispielhafte Aspekte	Beispiele aus der Unternehmenspraxis
Dienstleistungen	Beratungsdienstleistungen Betreiberdienstleistungen Convenience-Dienstleistungen Entwicklungsdienstleistungen Finanzierungsdienstleistungen Garantiedienstleistungen Individualisierungsdienstleistungen Informationsdienstleistungen Logistikdienstleistungen Marketing- und Vertriebsunterstützung Personaldienstleistungen Reparatur-, Instandhaltungs- und Installationsdienstleistungen Schulungsdienstleistungen	Fahrzeuganbieter wie BMW, Daimler und Renault bieten auf eine Fahrzeuganschaffung abgestimmte Finanzierungskonzepte an Logistikdienstleister wie Kühne & Nagel, oder Gefco bieten eine Reihe von Zusatzdienstleistungen an, um ihr Basisprodukt anzureichern Die Deutsche Telekom bietet Geschäftskunden spezifische Betreiberdienstleistungen an
Marke und Reputation	Gestaltung des Markenauftritts (z. B. Markenzeichen) Gestaltung des Image der Produktmarke (z. B. „innovativ") Aufbau von Unternehmensreputation	Unternehmen wie Procter & Gamble, Freudenberg und Nestlé nutzen Produktmarken zur Differenzierung BASF und Cognis stellen bei ihrer Imagewerbung auf die Unternehmensreputation in Verbindung mit ihren Kernkompetenzen ab Der Garagentorhersteller Novoferm nutzt Imagewerbung, um seine Reputation in der Branche gezielt auszubauen
Beziehungen	Schaffung persönlicher Beziehungen (z. B. Persönlicher Vertrieb, „One-Face-to-the-Customer") Professionelles Kundenbeziehungsmanagement (z. B. Erreichbarkeit, Beschwerdemanagement, persönlicher Ansprechpartner, definierte Kommunikationsabläufe)	Bei Unternehmen wie Trumpf oder Würth spielt der persönliche Vertrieb eine wesentliche Rolle Unternehmen wie die Deutsche Bahn oder die Lufthansa nutzen spezielle Kundenbindungsprogramme

- **Keine Differenzierung**: Bei diesem Ansatz sind alle Differenzierungsinstrumente niedrig ausgeprägt. Der Fokus dieser Strategie ist die Einsparung von Kosten. Dieser Differenzierungsansatz wird vor allem von Anbietern von Rohstoffen, Versorgern, aber auch in der Low-End-Finanzdienstleistungsbranche angewandt.

- **Produkt-fokussierte Differenzierung**: Bei diesem Ansatz steht das Produkt klar im Mittelpunkt: Qualitätsmanagement und Produktanreicherung sind stark ausgeprägt, während der Einsatz anderer Differenzierungsinstrumente eher niedrig ausgeprägt ist. Im Bereich der Produktanreicherung erreicht dieser Ansatz eine extrem hohe Ausprägung: Unternehmen, die diesen Ansatz anwenden, grenzen sich über interessante Produktfeatures und originelles Design ab. Dieser Ansatz wird häufig im Bereich der Konsumgüter angewendet, findet sich aber bspw. auch bei einem Hersteller von Sägemaschinen für den professionellen Bereich.

- **Schalen-Differenzierung**: Dieser Differenzierungsansatz zeigt hohe Ausprägungen bei sämtlichen „Schalen". Unternehmen, die diesem Ansatz folgen, streben eine möglichst breite Abdeckung aller Differenzierungsinstrumente mit Ausnahme des Produktkerns an. Diesen Ansatz verfolgen insbesondere Unternehmen aus den Branchen Elektrotechnik und Elektronik. Beispielhafte Unternehmen finden sich aber natürlich auch in anderen Bereichen. Zu nennen sind z. B. ein Hersteller von Industriegarnen sowie ein Hersteller von Folien für den Baubereich.

- **Service-Differenzierung**: Dieser Differenzierungsansatz stützt sich auf das Angebot von „soften" Differenzierungsinstrumenten wie Dienstleistungen und Beziehungen. Typische Unternehmen, die diesen Differenzierungsansatz anwenden, sind beispielsweise ein Hersteller von Heizungsboilern und eine Bank (Gehaltskonto).

- **Volle Differenzierung**: Dieser Ansatz nutzt das gesamte Spektrum von Differenzierungsmöglichkeiten (also Produktkern und Schalen) in hohem Ausmaß. Typische Vertreter sind im High-Tech-Bereich zu finden, etwa ein Anbieter von High-Tech-Spektrometern und ein Produzent von hochpräzisen 2D-Laserschneidern.

Wann ist welcher Ansatz nun sinnvoll? Wir haben die verschiedenen Gruppen anhand ihres Erfolgs (Umsatzrendite) verglichen, außerdem haben wir sie im Hinblick auf weitere Variablen, insbesondere den Commoditisierungsgrad ausgewertet. Folgende Aussagen lassen sich auf Basis dieser Analysen treffen:

- Differenzierung ist grundsätzlich sinnvoll! Während die Gruppe der Unternehmen, die eine Differenzierungsstrategie betreiben, Umsatzrenditen von über sieben Prozent erwirtschaften, schneidet die Gruppe der „Nichtdifferenzierer" mit Abstand am schlechtesten ab (0,5 % Umsatzrendite).

- Unternehmen sollten prinzipiell sowohl den Produktkern als auch zusätzliche Differenzierungsinstrumente („Schalen") nutzen. Weitergehende Analysen haben gezeigt, dass beide Ansätze in jeder Situation grundsätzlich geeignet sind, um überlegenen Kundennutzen zu schaffen.

- Keinesfalls ist daher eine rein produkt-fokussierte Differenzierung zu empfehlen – diese „verpufft" häufig. Während Unternehmen, die im Rahmen ihrer Differenzierungsstrategie auch auf zusätzliche Differenzierungsinstrumente („Schalen") setzen, Umsatzrenditen von über fünf Prozent erzielen, liegt die Gruppe der produkt-fokussierten bei einer nur halb so hohen Rendite. Statt sich zu sehr auf das Produkt an sich zu fokussieren, sollten Anbieter sehr ausgereifter Produkte daher weitere Differenzierungsmöglichkeiten vor allem im Bereich der „weichen" Differenzierungsinstrumente suchen.
- Außerdem ist festzuhalten: Differenzierung ist eine Erfolg versprechende Strategie unabhängig vom Commoditisierungsgrad der Branche. Diese Aussage ließ sich auch durch weitere Analysen validieren, die zeigen, dass sogar insbesondere im Commodity-Bereich eine Differenzierung über die „Schalen" besonders wirkungsvoll ist. Diese Erkenntnis widerspricht der allgemeinen Annahme, bei Commoditisierung käme nur eine Kostenminimierungsstrategie in Frage.
- Bei hohem Commoditisierungsgrad scheinen insbesondere Ansätze, die auf „weiche" Differenzierungsinstrumente wie Dienstleistungen und Beziehungen setzen, besonders geeignet zu sein. Dies erscheint vor allem auch daher sinnvoll, da hier Differenzierungsmöglichkeiten sowohl im Bereich des Produktkerns als auch im Bereich produktnaher Differenzierungsinstrumente wie beispielsweise eine Differenzierung durch Zusatzeigenschaften weitgehend ausgereizt sind.

Tabelle 2 zeigt die Exzellenzkriterien zur Dimension „Differenzierungsinstrumente".

4   Dimension „Marktbearbeitung"

Die Art und Weise der Marktbearbeitung spielt für die Produktdifferenzierungsstrategie eine entscheidende Rolle. Erfolgreiche Differenzierung lebt von der differenzierten Ansprache von Kunden bzw. Kundensegmenten gemäß ihrer Bedürfnisse sowie von einer wertorientierten Ausrichtung der Marketingmix-Elemente. Übergreifendes Ziel der Marktbearbeitung im Rahmen einer Differenzierungsstrategie muss es sein, das eigene Produktangebot in den Augen der Kunden als wertvoll und überlegen zu verankern und diesen wahrgenommenen Wert auch in ein Preispremium zu verwandeln.

4.1   Marktsegmentierung – Den Markt differenziert bearbeiten

Bei der Marktbearbeitung zeigen sich im Rahmen unserer Studie große Unterschiede zwischen erfolgreichen und weniger erfolgreichen Unternehmen. Viele Unternehmen behandeln (noch immer) alle Kunden gleich. Tatsächlich schätzen Kunden jedoch unterschiedliche Aspekte, haben dementsprechend unterschiedliche Ansprüche und weisen auch unterschiedliche Zahlungsbereitschaften auf (vgl. hierzu auch Calori und Ardisson 1988). Ein „one-size-fits-it-all-Ansatz" der Marktbearbeitung „mit der Gießkanne" ist daher weder

Tab. 2 Exzellenzkriterien zur Dimension „Differenzierungsinstrumente"

	trifft voll und ganz zu (100)	trifft im Wesentli chen zu (75)	trifft teilweise zu (50)	trifft in gerin- gem Maße zu (25)	trifft über- haupt nicht zu (0)
Kennen wir die wesentlichen Grundlagen?					
Wir kennen den Unterschied zwischen Produktkern und Produktschalen und können dieses Konzept auf unser Produkt anwenden.	❑	❑	❑	❑	❑
Wir kennen die Differenzierungsinstrumente des Produktmodells und können sie auf unser Produkt anwenden.	❑	❑	❑	❑	❑
Welche Differenzierungsinstrumente nutzen wir?					
Wir differenzieren unsere Produkte optimal mit Blick auf die Basisanforderungen der Kunden, die Zuverlässigkeit und die Verfügbarkeit unserer Produkte.	❑	❑	❑	❑	❑
Wir nutzen zusätzliche Funktionalitäten und Eigenschaften, um uns zu differenzieren.	❑	❑	❑	❑	❑
Wir differenzieren unsere Produkte mit einem ästhetisch ansprechenden oder funktionalen Design.	❑	❑	❑	❑	❑
Wir gestalten bewusst die Verpackung unserer Produkte.	❑	❑	❑	❑	❑
Das tangible Umfeld wird mit Blick auf sein Differenzierungspotenzial gezielt gestaltet.	❑	❑	❑	❑	❑
Wir bieten unseren Kunden gezielt Zusatzdienstleistungen an.	❑	❑	❑	❑	❑
Wir gestalten die Marke unseres Produkts gezielt und versuchen, Unternehmensreputation auf Gebieten zu erlangen, die der Kunde schätzt.	❑	❑	❑	❑	❑
Der Optimierung persönlicher Kontakte widmen wir im Kontext der Differenzierung ein besonderes Augenmerk.	❑	❑	❑	❑	❑
Unser Kundenbeziehungsmanagement ist auf die Erzielung von Differenzierungsvorteilen abgestellt.	❑	❑	❑	❑	❑
Kombinieren wir die Differenzierungsinstrumente sinnvoll?					
Wir kombinieren die Differenzierungsinstrumente systematisch nach reiflicher Überlegung.	❑	❑	❑	❑	❑
Wir achten auf den Einsatz „weicher Differenzierungsinstrumente".	❑	❑	❑	❑	❑
Wir wägen genau ab, ob wir eine der erfolgversprechenden Kombinationen anwenden können.	❑	❑	❑	❑	❑
Wir scheuen uns auch als Commodity-Anbieter nicht, uns gezielt zu differenzieren.	❑	❑	❑	❑	❑
Wir vermeiden eine Überbetonung der Produktanreicherung und der damit verbundenen Kosten.	❑	❑	❑	❑	❑
Wir vermeiden es, zu sehr auf harte Fakten abzustellen.	❑	❑	❑	❑	❑

effektiv noch effizient. Für ein erfolgreiches **Differenzierungsmanagement** müssen solche Unterschiede erkannt und bei der Ausgestaltung des Differenzierungsmanagements explizit berücksichtig werden. Für Unternehmen ist es deshalb wichtig, in einem ersten Schritt die Heterogenität ihrer Kundenbasis zu erkennen und sie z. B. nach ihren Bedürfnissen in Kundengruppen mit ähnlichen Charakteristika zu segmentieren (Freter 1983;

Freter und Obermeier 2000; Krafft und Albers 2000, 2003). Während fast 80 % der erfolgreichen Unternehmen dies verstanden haben, sind es bei den Unerfolgreichen erst etwas mehr als die Hälfte. In einem zweiten Schritt geht es dann darum, diese Kundensegmente zu priorisieren und diese entsprechend ihrer Bedürfnisse zu bearbeiten und Zahlungsbereitschaften abzuschöpfen (vgl. hierzu auch ausführlich Homburg et al. 2012). Hierbei geht es insbesondere um die Fragestellung, wie viel im Rahmen der Marktberatung für die einzelnen Kunden(-gruppen) investiert werden soll. Grundsätzlich sollte dabei das Ausmaß der eingesetzten Ressourcen der Bedeutung der jeweiligen Kunden(-gruppe) entsprechen. Im Bereich der Priorisierung tun sich Unternehmen noch schwer. Selbst bei den Erfolgreichen sind es erst 60 %, die diesen zweiten Schritt auch umsetzen. Gleichzeitig ist hier der Unterschied zwischen Erfolgreichen und weniger Erfolgreichen noch viel größer: Bei letzteren wagen sich erst etwas mehr als 30 % an eine Kundenpriorisierung heran.

Eine differenzierte Marktbearbeitung ist jedoch auf jeden Fall lohnend; dies zeigt ein Beispiel auf dem Zementmarkt (Jacques 2007): Lafarge, der weltgrößte Zementhersteller, konnte seine Ergebnissituation durch eine Marktsegmentierung signifikant verbessern. Eine Analyse der bis dahin als homogen angenommenen Kundenbasis zeigte überraschenderweise drei klar voneinander abgrenzbare Segmente: die Preisgetriebenen, die Beziehungsgetriebenen und die Performancegetriebenen. Betrachtet man das Einsatzspektrum des Produkts Zement genauer, werden diese unterschiedlichen Nutzenstrukturen verständlich: In der Kundenbasis von Lafarge finden sich ebenso Bauunternehmen, die Material für kleinere Umbauarbeiten an Einfamilienhäusern brauchen, wie auch große Hochbauunternehmen, die z. B. gewaltige Brückenkonstruktionen umsetzen. Auf Grundlage dieser Erkenntnisse konnte Lafarge die Marktbearbeitung optimieren und die Kunden mit zielgerichteteren Angeboten ansprechen.

4.2 Kommunikation wertorientiert gestalten – Den Produktnutzen herausstellen

Nutzen ist die zentrale Zielgröße auf Kundenseite: Ein Marketing- und Vertriebsleiter eines führenden Maschinenbauunternehmens bemerkt in diesem Kontext: „Auch wenn es unsere Ingenieure nicht wahrhaben wollen: Unsere Kunden kaufen unsere Produkte nicht wegen ihrer technischen Eigenschaften, sondern wegen des Nutzens, den sie stiften – die meisten unserer Kunden verstehen die vielen technischen Spielereien unserer Produkte nicht einmal ansatzweise… Wenn wir eine neue Maschine in den Markt bringen wollen, lege ich meinen Leuten daher immer wieder ans Herz, bloß nicht zu sehr auf technische Daten und technische Details abzustellen, sondern dem Kunden klar zu zeigen, was ihm das Gerät nützt. – Das ist mein Mantra!" Bezogen auf eine Maschine besteht der Kundennutzen z. B. nicht in Eigenschaften wie Durchsatz, Energieaufnahme oder Präzision, sondern vielmehr in Kategorien wie Kosteneffizienz, Ausfallsicherheit oder Erhöhung der Qualität der damit produzierten Produkte. Ein besonderer Kundennutzen von Produkten der Firma Caterpillar, dem weltweit führenden Hersteller von Bau- und Untertagebaumaschinen, Diesel- und Erdgasmotoren sowie Industriegasturbinen, besteht zum Bespiel in der Garantie für eine 24h-Ersatzteillieferung weltweit. Dieser Service bedeutet für den Kunden eine Reduktion des Risikos von Stillstandszeiten in der Produktion und damit einen potenziellen Ertragsgewinn.

Im Mittelpunkt der Kommunikation sollte also die Vermittlung des Produktnutzens stehen (vgl. hierzu Homburg et al. 2012; sowie Futrell 2005). Bei einer nutzenorientierten Argumentationsweise wird dem Kunden unmittelbar vor Augen geführt, welchen Nutzen ihm das Produkt bietet. Eine Quantifizierung des Kundennutzens kann bei diesem so genannten Benefit Selling besonders unterstützen. Vertriebsmitarbeiter erfolgreicher Unternehmen rechnen dem Kunden vor, wie er durch die Produkte und Services des Anbieters seinen Gewinn steigern kann (vgl. hierzu ausführlich Homburg et al. 2004). Ein Vertriebsleiter eines Herstellers von Ventilen meint dazu: „Dazu muss man sich als Vertriebler in die Ergebnisrechnung des Kunden ‚hineindenken' und versuchen, den genauen Wert der Produkte und Leistungen aus Kundensicht zu quantifizieren. Nur so können wir unseren Kunden zeigen, wie sie durch die Verwendung unserer hochwertigen Ventile bei ihren Kunden höhere Preise für ihre Endprodukte durchsetzen können – und das ist alles, was zählt."

Im Rahmen unserer Studie hat sich gezeigt, dass schon über 80 % der Erfolgreichen die Bedeutung nutzenorientierter Kommunikation verstanden haben, bei den Unerfolgreichen setzen dagegen erst etwas mehr als die Hälfte dieses Instrument bewusst ein.

4.3 Preise wertorientiert gestalten – Leistungsorientierung als Schlüssel

Auch wenn es ein Unternehmen geschafft hat, durch die Produktpolitik, d. h. einen angemessenen Einsatz verschiedener Differenzierungsinstrumente sowie entsprechende Vertriebs- und Kommunikationsmaßnahmen eine überlegene Nutzenwahrnehmung beim Kunden zu erzeugen, so hat es erst die erste Hürde genommen. Diese Nutzenwahrnehmung muss in wirtschaftlichen Erfolg umgewandelt werden. Ein besonders wichtiger Stellhebel ist hierbei der Preis. Preisänderungen haben einen weit größeren Einfluss auf den Unternehmensgewinn als Verkaufsmengensteigerungen oder Kostensenkungen (Marn und Rosiello 1993). Umso erstaunlicher ist es, dass in der Praxis Preise noch immer viel zu selten strategisch gemanagt werden. Von zentraler Bedeutung ist in diesem Zusammenhang das **Preis- und Konditionensystem**. Viele Unternehmen haben zwar ein Preis- und Konditionensystem, dieses ist jedoch oft historisch gewachsen und unterliegt somit keiner stringenten Systematik. Hinzu kommt vielmals eine gewisse „Neigung" des Vertriebs, lieber im Preis nachzulassen als einen Auftrag zu verlieren.

Zwei Aspekte sind daher besonders relevant, wenn es darum geht, Kundennutzen auch in wirtschaftlichen Erfolg umzuwandeln: die inhaltliche Ausgestaltung sowie die konsequente Nutzung des Preis- und Konditionensystems im Tagesgeschäft (siehe hierzu ausführlich Homburg et al. 2004, 2005b): Im Hinblick auf die inhaltliche Ausgestaltung muss als Paradigma gelten: „Keine Leistung ohne Gegenleistung". Solche Gegenleistungen der Kunden für Preisnachlässe können zum Beispiel die Abnahme großer Mengen, eine elektronische Bestellung, gemeinsame Marktaktionen, frühere Zahlungstermine oder sogar Vorauszahlungen sein. Hieraus ergeben sich für den Anbieter Kostenersparnisse, die die Preisnachlässe teilweise kompensieren. Ein positiver Nebeneffekt eines leistungsorientierten Preis- und Konditionensystems für den Vertrieb liegt zudem darin, dass es Transparenz schafft und damit dem Vertrieb hilft, Preisunterschiede zwischen Kunden zu rechtfertigen. Eine klare organisatorische Verankerung der Preiskompetenz unterstützt die konsequente Anwendung der Konditionenregeln im Tagesgeschäft. Dies ist eine wichtige Grundlage, um die Kunden auch tatsächlich zur Gegenleistung zu motivieren.

Unsere Studie zeigt, dass Unternehmen durch die Bank im Bereich Preis- und Konditionensystem noch große „Baustellen" haben. Trotzdem ist auch hier eine klare Richtung erkennbar: Immerhin 50 % der erfolgreichen Unternehmen hat bereits ein leistungsorientiertes Preis- und Konditionensystem etabliert, bei den Unerfolgreichen sind es dahingegen gerade einmal drei Prozent.

4.4 Vertrieb wertorientiert gestalten – Dem Kunden zur Seite stehen

Der Vertrieb spielt eine zentrale Rolle im Rahmen der Marktbearbeitung. Für das Gelingen der Produktdifferenzierungsstrategie ist er in zweifacher Hinsicht relevant: Als Schnittstelle des Unternehmens zum Kunden hat er natürlich die Aufgabe, die Preis- und Konditionenpolitik sowie zum Teil auch die Kommunikationspolitik umzusetzen. Auf diese Weise unterstützt er den Erfolg der verschiedenen Differenzierungsinstrumente beim Kunden. Daneben hat der Vertrieb jedoch auch eine originär wertschaffende Funktion: Vertriebsmitarbeiter, die sowohl das Produktangebot des eigenen Unternehmens, den Markt als auch das Geschäft ihrer Kunden genauestens kennen, können durch ein maßgeschneidertes Leistungsangebot erheblichen Mehrwert für den Kunden schaffen, indem sie einen möglichst hohen Fit zwischen Kundenanforderungen und Produkteigenschaften herstellen (vgl. hierzu DeVincentis und Rackham 1998 oder auch Arbeiten zu „Adaptive Selling": z. B. Spiro und Weitz 1990; Weitz et al. 1986, und „Customer Oriented Selling": z. B. Saxe und Weitz 1982).

Ein hervorragendes Beispiel für einen solch kundenorientierten Vertrieb bietet die Heidelberger Volksbank im Bereich der Vermögensberatung. Hier werden von einem kleinen exzellent ausgebildeten Team Kunden ganzheitlich betreut. Besonders hervorzuheben ist hierbei, dass die Berater – anders als es sonst in diesem Bereich üblich ist – an keine bestimmten Produkte (z. B. aus dem Genossenschaftsverbund) gebunden sind und vor allem auch keine Quoten für den Vertrieb bestimmter Produkte erfüllen müssen. Der Bedarf des Kunden steht also im Vordergrund. Aufbauend auf einer gründlichen und systematischen Analyse werden dem Kunden Finanzlösungen maßgeschneidert. Im Rahmen der Terminvereinbarung zeigt sich die Bank dabei sehr flexibel und orientiert sich maximal an den

Wünschen der Kunden. Mit diesem Ansatz bietet die Heidelberger Volksbank Privatbank-feeling bereits für kleinere Vermögen.

Auch in anderen Bereichen gibt es Beispiele für wertschaffenden Vertrieb: Insbesondere in der Automobilzulieferindustrie, die immer stärker von Systemlieferanten geprägt ist, kommt es darauf an, die Rolle des Produkts im Wertschöpfungsprozess des Kunden zu verstehen und mit den Kunden gemeinsam zu entwickeln, was genau gebraucht wird. Der Erfolg von Unternehmen wie Bosch Power Tools oder Procter & Gamble basiert ebenfalls zu einem großen Teil darauf, dass sie die Bedeutung eines kundenorientierten Vertriebs erkannt haben. Durch die Etablierung eines leistungsstarken Key Account Managements stehen diese Unternehmen in engem Kontakt mit ihren Handelspartnern. Über die Zeit erwachsen so starke und fruchtbare Geschäftsbeziehungen, in denen beide Partner gemeinschaftlich ihr Geschäft weiterentwickeln.

Im Rahmen unserer Studie haben wir die relative Bedeutung von produkt- und vertriebsbezogenen Aktivitäten des Unternehmens im Hinblick auf die Schaffung einer überlegenen Nutzenwahrnehmung beim Kunden untersucht. Unsere Analysen zeigen, dass zwar das Produkt an sich der wichtigere Hebel ist; der Einfluss des Vertriebs ist jedoch beträchtlich: Ein Drittel der Nutzenwahrnehmung des Kunden ist auf vertriebsbezogene Aktivitäten zurückzuführen.

Tabelle 3 zeigt die Exzellenzkriterien zur Dimension „Marktbearbeitung".

5 Dimension „Interne Voraussetzungen"

Unsere Studie hat gezeigt, dass drei unternehmensinterne Aspekte besonders relevant sind, wenn es darum geht, eine Produktdifferenzierungsstrategie erfolgreich umzusetzen und zu verankern: das Mindset des Unternehmens, Systematik und Koordination.

5.1 Topmanagement-Commitment und Unternehmenskultur – Das Mindset auf Differenzierung einstimmen

Das Mindset muss stimmen! Differenzierung kann nur glaubhaft vermittelt werden, wenn die Organisation selbst an ihre Einzigartigkeit und an ihren Erfolg glaubt. Viele Unternehmen stellen sich selbst in die „Commodity-Ecke" und sehen ihre undifferenzierte Position als Schicksal an. Oft haben wir gehört: „Differenzierung geht bei uns nicht – wir sind im Commodity Business". So leugnen viele Unternehmen ihre Möglichkeiten zur Differenzierung und berufen sich darauf, dass die Kunden nur noch auf den Preis schauen. Tatsächlich wissen wir aus zahlreichen Beratungsprojekten, dass selbst in sehr stark commoditisierten Märkten, in denen der Preis zweifelsohne einen hohen Stellenwert hat, trotzdem der Großteil der Kaufkriterien vom Preis unabhängig ist (vgl. für einen Beleg in der Literatur z. B. Bestvater 2005). Oft sind Produkte oder Geschäftsmodelle tatsächlich über einen langen Zeitraum quasi undifferenziert, aber schließlich findet doch ein findiger

Tab. 3 Exzellenzkriterien zur Dimension „Marktbearbeitung"

	trifft voll und ganz zu (100)	trifft im Wesentlichen zu (75)	trifft teilweise zu (50)	trifft in geringem Maße zu (25)	trifft überhaupt nicht zu (0)
Marktsegmentierung					
Wir haben ein präzises Verständnis von den grundlegenden Bedürfnissen unserer Kunden.	❑	❑	❑	❑	❑
Wir haben klar definiert, welchen Nutzen wir für unsere Kunden schaffen wollen.	❑	❑	❑	❑	❑
Wir haben eine greifbare Kundensegmentierung für das Produkt entwickelt, die Gruppen aufzeigt, die sich im Verhalten klar unterscheiden.	❑	❑	❑	❑	❑
Wir richteten unsere Marktbearbeitung differenziert auf die Bedürfnisse der verschiedenen Segmente aus.	❑	❑	❑	❑	❑
Wir haben die Attraktivität der verschiedenen Segmente bestimmt.	❑	❑	❑	❑	❑
Wir orientieren uns hinsichtlich des Einsatzes der Ressourcen für die Marktbearbeitung an der Attraktivität der verschiedenen Segmente.	❑	❑	❑	❑	❑
Wir haben eindeutig definiert, welche Instrumente/Ressourcen zur Bindung welcher Kunden eingesetzt werden sollen.	❑	❑	❑	❑	❑
Wir betreiben Kundenbindungsmanagement auf der Basis von klaren Wirtschaftlichkeitsbetrachtungen.	❑	❑	❑	❑	❑
Preismanagement					
Wir verwenden leistungsbezogene Konditionen (z. B. Mengenrabatt, Selbstabholerrabatt oder Umsatzsteigerungsbonus) statt einfacher Konditionen (z. B. Grundrabatt oder Grundbonus).	❑	❑	❑	❑	❑
Wir vergeben Sonderpreise nur, wenn der Kunde dafür eine Gegenleistung erbringt.	❑	❑	❑	❑	❑
Wir stellen durch die Konditionensystematik sicher, dass weniger attraktive Kunden weniger gute Konditionen bekommen als attraktive Kunden.	❑	❑	❑	❑	❑
Wir vergeben Sonderpreise/Sonderrabatte nur für besonders hohe Auftragswerte/Abnahmemengen und nicht schon bei kleineren Aufträgen.	❑	❑	❑	❑	❑
Wir haben die „Spielregeln" für die Vergabe von indirekten Konditionen klar geregelt.	❑	❑	❑	❑	❑
Wir legen Preise und Konditionen zentral fest.	❑	❑	❑	❑	❑
Wir haben genau festgelegt, welche Kundenklassen mit welchem Ziel Sonderkonditionen erhalten sollen.	❑	❑	❑	❑	❑
Wir gehen mit indirekten Konditionen wie Boni oder Gutschriften restriktiv um.	❑	❑	❑	❑	❑

Tab. 3 Fortsetzung

	trifft voll und ganz zu (100)	trifft im Wesentli chen zu (75)	trifft teilweise zu (50)	trifft in gerin- gem Maße zu (25)	trifft über- haupt nicht zu (0)
Kommunikation					
Wir kennen den Wert der eigenen Produkte aus Kundensicht.	❑	❑	❑	❑	❑
Wir können den Nutzen der eigenen Leistungen im Vergleich zum Wettbewerb quantifizieren.	❑	❑	❑	❑	❑
Wir können dem Kunden die ökonomischen Vorteile der Produkte vorrechnen (z. B. Nutzenrechner).	❑	❑	❑	❑	❑
Wir verteidigen Preise über Prozesskosteneinsparungen, die beim Kunden erzielt werden können.	❑	❑	❑	❑	❑
Wir haben Argumentationsleitfäden zur Behandlung von möglichen Einwänden der Kunden im Preisgespräch entwickelt.	❑	❑	❑	❑	❑
Wir lenken Verhandlungen mit Kunden auf gemeinsame Wertschöpfung und weg von reinen Preisdiskussionen.	❑	❑	❑	❑	❑
Wir entwickeln bei den Mitarbeitern gezielt Fähigkeiten zur Durchsetzung von Preisen (z. B. durch Trainings).	❑	❑	❑	❑	❑
Vertrieb					
Unser Vertrieb versteht die Bedeutung und die Inhalte unserer Differenzierungsstrategie.	❑	❑	❑	❑	❑
Unser Vertrieb sieht die Differenzierung vom Wettbewerb als ein Kernziel an.	❑	❑	❑	❑	❑
Unser Vertrieb überschaut das Produktspektrum des Unternehmens.	❑	❑	❑	❑	❑
Unser Vertrieb kennt Merkmale und Leistungsfähigkeit der einzelnen Produkte.	❑	❑	❑	❑	❑
Unser Vertrieb ist in der Lage, aus einzelnen Produkten umfassende Problemlösungen für den Kunden zu bilden.	❑	❑	❑	❑	❑
Unser Vertrieb kennt sich auch mit Produkten des Wettbewerbs aus.	❑	❑	❑	❑	❑
Unser Vertrieb weiß, wofür und wie der Kunde das Pro- dukt nutzt.	❑	❑	❑	❑	❑
Unser Vertrieb kennt den Wertschöpfungsprozess des Kunden und durchschaut, welche Bedeutung die eigenen Produkte in diesem Prozess haben.	❑	❑	❑	❑	❑
Unser Vertrieb kennt die maßgeblichen Entscheidungsträger beim Kunden sowie deren - kriterien.	❑	❑	❑	❑	❑
Unser Vertrieb kennt die Märkte, auf denen der Kunde aktiv ist.	❑	❑	❑	❑	❑
Unser Vertrieb kennt die Strategien und Ziele des Kunden.	❑	❑	❑	❑	❑

Unternehmer einen Ausweg aus der vermeintlichen Sackgasse. Wer hätte beispielsweise vor 20 Jahren gedacht, dass man an deutschen Tankstellen eines Tages seinen Wochen-endeinkauf erledigen könnte? Um solche Chancen zu erkennen, eine sinnvolle Strategie zu konzipieren und diese dann umzusetzen, ist das Mindset von zentraler Bedeutung.

In diesem Zusammenhang sagt der Marketingleiter eines Baustoffherstellers: „Der erste Weg zu einer vom Kunden wahrgenommenen Differenzierung war geschafft, als wir selbst den Glauben an die Unterschiedlichkeit unseres Produkts wiedergewonnen haben. Dazu mussten wir verstehen lernen, dass das Produkt eben mehr ist, als ‚nur' Glaswolle". Sowohl das Topmanagement, aber auch das Unternehmen in seiner Gesamtheit spielen hier eine wichtige Rolle.

Rolle des Topmanagements Das Topmanagement hat im Rahmen der Differenzierung zwei wichtige Funktionen. In erster Linie muss es glaubhaft verkörpern, dass es hinter der Produktdifferenzierungsstrategie steht und an deren Erfolg glaubt. Gerade in schwierigen Zeiten, wie z. B. zu Beginn der Implementierungsphase einer Differenzierungsstrategie, ist es wichtig, dass das Topmanagement „feldherrengleich" voran geht und die Mannschaft motiviert. In zweiter Linie geht es aber auch darum, die Strategie zu unterstützen, indem geeignete Rahmenbedingungen geschaffen werden. Insbesondere die Bereitstellung finanzieller und personeller Ressourcen ist von entscheidender Bedeutung. So kann das Topmanagement dazu beitragen, dass die ihm unterstellten Mitarbeiter die Differenzierungsstrategie leben und ausreichend Freiräume zu ihrer Umsetzung haben. Bei den erfolgreichen Unternehmen in unserer Stichprobe gaben über 90 % an, dass das Topmanagement großes Commitment gegenüber der Differenzierungsstrategie zeigt. Erstaunlicher ist das Bild, das die unerfolgreichen Unternehmen abgeben: Hier zeigt das Topmanagement nur in 40 % der Fälle Commitment zur Differenzierungsstrategie – zehn Prozent der Unternehmen gaben sogar explizit an, dass das Topmanagement kein Interesse für die Differenzierungsstrategie zeigt. Festzuhalten ist also: Eine erfolgreiche Produktdifferenzierungsstrategie kann nicht allein aus der Marketingabteilung heraus gesteuert werden.

Rolle der Unternehmenskultur Die Organisation als Ganzes muss ebenfalls die Vision tragen. In diesem Zusammenhang ist die Unternehmenskultur von großer Bedeutung. Zahlreiche Unternehmensbeispiele zeigen: Zum einen ist es der Wille, in den Bereichen Technologie und Innovation führend zu sein. Auf diese Weise ist es möglich, den Kunden vom technologischen Fortschritt zeitnah profitieren zu lassen. Zum anderen ist es die konsequente Ausrichtung am Kunden. Nur so ist gewährleistet, dass kontinuierlich Kundenbedürfnisse in die Unternehmung getragen werden und dort auch an ihrer Befriedigung gearbeitet wird. Besonders deutlich wird dies am Beispiel großer Konzerne, die sich im Laufe der letzten Jahrzehnte ständig gewandelt und immer wieder neu definiert haben: IBM hat sich über die Jahre von einem Produktanbieter hin zu einem Lösungsanbieter entwickelt, der innovative Lösungskonzepte für seine Kunden anbietet. Auch Siemens ist ein Musterbeispiel für das Ausrichten des eigenen Angebots an den Bedürfnissen der Kunden in Verbindung mit stetiger Innovation. In der Ausprägung dieser beiden Charakteristika der Unternehmenskultur unterscheiden sich auch im Rahmen der Studie die Erfolgreichen von den Unerfolgreichen: Verglichen mit den Unerfolgreichen geben die Erfolgreichen im Hinblick auf beide Aspekte jeweils drei Mal so häufig an, dass diese fest in der Unternehmenskultur verwurzelt sind.

5.2   Systematik – Maßnahmen klar formulieren und umsetzen

„Viel hilft viel" ist kein Motto, das zu einer erfolgreichen Produktdifferenzierung führt; vielmehr ist Systematik gefragt. Drei Gedanken sollen das beispielhaft verdeutlichen: So ist z. B. die Höhe der Investitionen in Produktdifferenzierung noch lange kein Indiz dafür, dass auch unmittelbar Wert für den Kunden geschaffen wird. Werden Produkte wie beispielsweise im Bereich Consumer Electronics mit zusätzlichen Features überfrachtet, können sie eher den Kunden verwirren als zusätzlichen Nutzen stiften. Nicht in allen Situationen sind alle Differenzierungsinstrumente gleichermaßen gefragt: Kundenbindungsmaßnahmen haben z. B. wenig Sinn bei Kunden, die eher an anonymen Transaktionen interessiert sind. Schließlich ist es wichtig zu betonen, dass nur nachhaltige Anstrengungen sich auszahlen. Das wird besonders deutlich am Beispiel des Markenmanagements. Viele gescheiterte Markenprojekte z. B. im Bereich der Energieversorger zeigen klar: Produkte mit einem Markennamen zu versehen ist noch kein Markenaufbau.

Damit sich die vielfältigen Bemühungen des Unternehmens im Hinblick auf das Produkt auch in einen wahrgenommen Kundennutzen verwandeln, ist also Systematik wichtig. Hiermit meinen wir eine zielgerichtete, reflektierte und nachhaltige Vorgehensweise zur Umsetzung der Differenzierungsstrategie: Erfolgreiche Unternehmen kennen ihre Kunden und deren Bedürfnisse genau. Hierzu setzen sie auf solide Marktforschung und sorgfältige Analysen. Aufbauend auf ein solches Fundament formulieren sie die Differenzierungsstrategie. Dies garantiert, dass der Einsatz der Differenzierungsinstrumente an den tatsächlichen Kundenbedürfnissen ausgerichtet ist. Im Hinblick auf die Umsetzung der Produktdifferenzierungsstrategie werden klare Ziele und konkrete Maßnahmen formuliert. Im Verlauf der Umsetzung werden dann regelmäßige Erfolgskontrollen durchgeführt und, wenn nötig, die Strategie überarbeitet. Dieses „lehrbuchgerechte" Vorgehen ist noch nicht die Norm in der Unternehmenspraxis. Unser State of Practice zeichnet ein ernüchterndes Bild: Während immerhin ca. 80 % der Erfolgreichen ähnliche Prozesse etabliert hat, ist mehr als die Hälfte der unerfolgreichen Unternehmen noch weit entfernt davon, diese Ratschläge umzusetzen.

5.3   Koordination – Organisatorische Bermuda-Dreiecke vermeiden

Product Differentiation Excellence kann nicht durch einige losgelöste Aktionen oder durch das Drehen an einigen wenigen Stellhebeln erreicht werden. Wie unsere Studie zeigt, sind vielmehr umfangreiche Bemühungen und ggf. auch tiefgreifende Veränderungen in allen beteiligten Unternehmensbereichen nötig. Daher spielt Koordination eine wesentliche Rolle. Nur wenn alle an einem Strang ziehen, kann die Produktdifferenzierungsstrategie erfolgreich sein. Erfolgreiche Differenzierer definieren klare Prozesse und Informationsroutinen. Außerdem fördern sie die Interaktion der verschiedenen Bereiche, z. B. durch übergreifende Projekt- und Arbeitsgruppen. So stellen sie reibungslose Informationsflüsse und ein konzertiertes Vorgehen sicher. Dieses scheinbar selbstverständliche Vorgehen wird von über 70 % der erfolgreichen Unternehmen auch so praktiziert – erschreckend ist das Bild bei den Unerfolgreichen: Hier findet erst bei geringfügig mehr als zehn Prozent der Unternehmen eine intensive Interaktion zwischen den beteiligten Funktionsbereichen statt.

Besonders hervorzuheben ist in diesem Zusammenhang die Bedeutung der **Zusammenarbeit von Marketing und Vertrieb** (s. hierzu ausführlich Homburg et al. 2005a). Der Vertrieb kann seiner Verantwortung als Repräsentant des Unternehmens an der Schnittstelle zum Kunden nur gerecht werden, wenn er alle das Produkt betreffenden Informationen (z. B. Produktmodifikationen, Qualitätsprobleme, Liefersituation) zu jedem Zeitpunkt zur Hand hat. Der Informationsfluss muss aber auch in die andere Richtung funktionieren: Nur wenn der Vertrieb Kundenkritik und eventuelle Anregungen an das Produktmanagement weitergibt, können die Produkte verbessert werden.

Ein Positivbeispiel für die Koordination verschiedener Bereiche bietet der kontinuierliche Abstimmungsprozess zwischen Produktmarketing und Produktmanagement bei Trumpf, dem Weltmarkt- und Technologieführer im Bereich industrieller Laser und Lasersysteme aus dem schwäbischen Ditzingen. Die marktbezogene Weiterentwicklung des Trumpf Produktportfolios basiert auf dem engen Zusammenspiel zwischen dem Produktmarketing und Produktmanagement. Dabei haben die beiden Funktionen unterschiedliche Aufgaben: Das Produktmarketing stellt die Schnittstelle zum Vertrieb und Kunden dar und sorgt dafür, dass Marktbedürfnisse und aktuelle Themen ins Unternehmen getragen werden und schließlich in neue Produkte münden. Die Informationssammlung erfolgt über Kundenbesuche und Abfragen. Das Produktmarketing ist für die Formulierung der Lasten von Produkten verantwortlich. Zudem erstellt das Produktmarketing kundennutzenorientierte Vertriebsunterlagen. Damit ist eine Durchgängigkeit in Produktdefinition und Nutzenargumentation gewährleistet. Das Produktmanagement auf der anderen Seite treibt Technologiethemen voran und sorgt somit dafür, dass die Innovations- und Technologieführerschaft von Trumpf gesichert wird. Hier werden auf Basis der Lasten die Pflichtenhefte formuliert. Beide Bereiche (Produktmarketing und Produktmanagement) arbeiten kontinuierlich sehr eng zusammen und sorgen damit dafür, dass kontinuierlich sowohl Markt- als auch Technologiethemen Beachtung finden. Beide Bereiche, Produktmarketing und -management, berichten unmittelbar an die Geschäftsführung. Durch diese kurzen Informations- und Entscheidungswege werden schnelle Maßnahmen ermöglicht und eine marktnahe Steuerung des Produktportfolios gewährleistet. Neben den kontinuierlichen Sitzungen finden im jährlichen Planungszyklus zwei aufeinander aufbauende Veranstaltungen statt, die eine marktnahe Formulierung der Entwicklungs-Roadmap fördern: Bei der ersten Veranstaltung, dem Marktsymposium, werden systematisch Kundenbedürfnisse erhoben und diskutiert. „Es erfolgt zudem ein Abgleich mit den Entwicklungsthemen, um jederzeit sicherzustellen, dass Lösungen für existente Kundenbedürfnisse entwickelt werden. Bei der darauf folgenden Strategiewerkstatt werden Entwicklungsthemen priorisiert und damit die Grundlage für die Roadmap geschaffen".

Tabelle 4 und Tab. 5 zeigen die Exzellenzkriterien zur Dimension „Interne Voraussetzungen".

Tab. 4 Exzellenzkriterien zur Dimension „Interne Voraussetzungen"

	trifft voll und ganz zu (100)	trifft im Wesentli chen zu (75)	trifft teilweise zu (50)	trifft in gerin- gem Maße zu (25)	trifft über- haupt nicht zu (0)
Topmanagement					
Das Topmanagement findet es wichtig, dass sich das Produkt vom Wettbewerb positiv abhebt.	❑	❑	❑	❑	❑
Das Topmanagement glaubt an den Erfolg der Differenzierungsstrategie.	❑	❑	❑	❑	❑
Das Topmanagementzeigt hohes Commitment zur Differenzierungsstrategie.	❑	❑	❑	❑	❑
Das Topmanagement stellt die zur Umsetzung der Differenzierungsstrategie notwendigen Ressourcen bereit.	❑	❑	❑	❑	❑
Das Topmanagement schafft ein positives Umfeld für die Umsetzung der Differenzierungsstrategie.	❑	❑	❑	❑	❑
Unternehmenskultur					
Unsere Unternehmenskultur ist stärker technologieorientiert als die unserer Wettbewerber.	❑	❑	❑	❑	❑
Unsere Unternehmenskultur sieht Technologieführerschaft als einen wichtigen Wert.	❑	❑	❑	❑	❑
Unsere Unternehmenskultur zeichnet sich durch eine Kultur der Innovation aus.	❑	❑	❑	❑	❑
Unsere Unternehmenskultur sieht technologische Überlegenheit als einen Schlüssel zur Erreichung von Kundenzufriedenheit.	❑	❑	❑	❑	❑
Unsere Unternehmenskultur sieht Kundenzufriedenheit als einen wichtigen Wert.	❑	❑	❑	❑	❑
Unsere Unternehmenskultur zeichnet sich durch eine Kultur der Kundenorientierung aus.	❑	❑	❑	❑	❑
Unsere Unternehmenskultur stellt den Kunden ins Zentrum des Denkens und Handelns.	❑	❑	❑	❑	❑
Unsere Unternehmenskultur sieht Flexibilität gegenüber Kundenwünschen als einen hohen Wert.	❑	❑	❑	❑	❑

6 Fazit

Gerade in Zeiten zunehmender Commoditisierung kommt einem effektiven (und effizienten) Differenzierungsmanagement besondere Bedeutung zu. Wie unsere Studie zeigt, können viele Unternehmen die Ausgestaltung ihrer Produktdifferenzierungsstrategie noch
verbessern. Der Erfolg einer Produktdifferenzierungsstrategie stellt sich in der Regel nicht
über eine oder zwei zentrale Maßnahmen ein, sondern ist das Ergebnis eines umfassenden
und systematischen Vorgehens. Wirklich erfolgreich ist ein Differenzierungsmanagement
nur, wenn es integrativ und systematisch angegangen wird.

Tab. 5 Exzellenzkriterien zur Dimension Interne Voraussetzungen (Fortsetzung von Tab. 4)

	trifft voll und ganz zu (100)	trifft im Wesentli chen zu (75)	trifft teilweise zu (50)	trifft in gerin- gem Maße zu (25)	trifft über- haupt nicht zu (0)
Systematik					
Das Unternehmen analysiert die Kundenbedürfnisse im Hinblick auf die Differenzierungsinstrumente.	❏	❏	❏	❏	❏
Das Unternehmen verfolgt klare Ziele mit dem Einsatz der Differenzierungsinstrumente.	❏	❏	❏	❏	❏
Das Unternehmen misst den Erfolg des Einsatzes der Differenzierungsinstrumente.	❏	❏	❏	❏	❏
Das Unternehmen analysiert die Wirtschaftlichkeit des Einsatzes der Differenzierungsinstrumente.	❏	❏	❏	❏	❏
Koordination					
Im Unternehmen findet zur Koordination der Umsetzung der Differenzierungsstrategie eine intensive Interaktion zwischen den beteiligten Funktionsbereichen statt.	❏	❏	❏	❏	❏
Im Unternehmen werden zur Erfüllung der Ziele der Differenzierungsstrategie relevante Informationen zwischen den Beteiligten regelmäßig ausgetauscht.	❏	❏	❏	❏	❏
Im Unternehmen sind für die Umsetzung unserer Differenzierungsstrategie abteilungsübergreifende Prozesse definiert.	❏	❏	❏	❏	❏
Im Unternehmen erfolgt die kollegiale Zusammenarbeit der beteiligten Funktionsbereiche reibungslos.	❏	❏	❏	❏	❏

Literatur

Bestvater, T. (2005). Erfolgsfaktoren im Commodity-Geschäft. In M. Enke & M. Reimann (Hrsg.), *Commodity Marketing: Grundlagen und Besonderheiten* (S. 35–59). Wiesbaden: Gabler.

Calori, R., & Ardisson, J. M. (1988). Differentiation strategies in ‚stalemate industries'. *Strategic Management Journal, 9,* 255–269.

DeVincentis, J. R., & Rackham, N. (1998). Breadth of a salesman. *The McKinsey Quarterly, 4,* 32–43.

Freter, H. (1983). *Marktsegmentierung.* Stuttgart: Kohlhammer.

Freter, H., & Obermeier, O. (2000). Marktsegmentierung. In A. Herrmann & C. Homburg (Hrsg.), *Marktforschung: Methoden, Anwendungen, Praxisbeispiele* (2. Aufl., S. 739–764). Wiesbaden: Gabler.

Futrell, C. (2005). *Fundamentals of selling: Customers for life through service* (9. Aufl.). Burr Ridge: McGraw-Hill/Irwin.

Homburg, C. (2012). *Marketingmanagement: Strategie – Instrumente – Umsetzung – Unternehmensführung* (4. Aufl.). Wiesbaden: Springer Gabler.

Homburg, C., Jensen, O., & Schuppar, B. (2004). Pricing Excellence – Wegweiser für professionelles Preismanagement. Management Know-how Papier M90. Institut für Marktorientierte Unternehmensführung (IMU). Universität Mannheim.

Homburg, C., Jensen, O., & Klarmann, M. (2005a). Die Zusammenarbeit zwischen Marketing und Vertrieb: Eine vernachlässigte Schnittstelle. Management Know-how Papier M86. Institut für Marktorientierte Unternehmensführung (IMU). Universität Mannheim.

Homburg, C., Jensen, O., & Schuppar, B. (2005b). Preismanagement im B2B-Bereich: Was Pricing Profis anders machen. Management Know-how Papier M97. Institut für Marktorientierte Unternehmensführung (IMU). Universität Mannheim.

Homburg, C., Schäfer, H., & Schneider, J. (2012). *Sales Excellence: Vertriebsmanagement mit System* (7. Aufl.). Wiesbaden: Springer Gabler.

Jacques, F. (2007). Even commodities have customers. *Harvard Business Review, 85,* 110–119.

Krafft, M., & Albers, S. (2000). Ansätze zur Segmentierung von Kunden – Wie geeignet sind herkömmliche Konzepte? *Zeitschrift für betriebswirtschaftliche Forschung, 52,* 515–536.

Krafft, M., & Albers, S. (2003). Optimale Segmentierung von Kunden: Verfahren, Bewertung und Umsetzung. In S. Albers, V. Hassmann, & T. Tomczak (Hrsg.), *Verkauf: Kundenmanagement, Vertriebssteuerung, E-Commerce* (S. 1–25). Düsseldorf: Symposion.

Levitt, T. (1980). Marketing success through differentiation - of anything. *Harvard Business Review, 58,* 83–91.

Marn, M. V., & Rosiello, R. L. (1993). Balanceakt auf der Preistreppe. *Harvard Business Manager, 15,* 46–57.

Saxe, R., & Weitz, B. A. (1982). The SOCO scale: A measure of the customer orientation of salespeople. *Journal of Marketing Research, 19,* 343–351.

Spiro, R., & Weitz, B. (1990). Adaptive selling: Conceptualization, measurement, and nomological validity. *Journal of Marketing Research, 27,* 61–69.

Weitz, B., Sujan, H., & Sujan, M. (1986). Knowledge, motivation, and adaptive behavior: A framework for improving selling effectiveness. *Journal of Marketing, 50,* 174–191.

Homburg, Christian
Lehrstuhl für ABWL und Marketing I, Fakultät für Betriebswirtschaftslehre,
Universität Mannheim, L5, 1, 68131 Mannheim, Deutschland
E-Mail: homburg@bwl.uni-mannheim.de

Staritz, Matthias
Homburg & Partner, Harrlachweg 3, 68163 Mannheim, Deutschland
E-Mail: matthias.staritz@homburg-partner.com

Bingemer, Stephan
Lufthansa Lignes Aériennes Allemandes PAR GP/M, 30, Avenue des Fruitiers, 93210 La Plaine Saint-Denis, Frankreich
E-Mail: stephan.bingemer@dlh.de

Commodities im Dienstleistungsbereich

Besonderheiten und Implikationen für das Marketing

Manfred Bruhn

Inhaltsverzeichnis

Zusammenfassung

Die zunehmende Standardisierung von Produkten, die als „Commoditisierung" bezeichnet wird, hat in den letzten Jahren spürbar zugenommen. Jedoch liegt der Fokus in der bisherigen Diskussion vor allem auf der Commoditisierung von Produkten. Eine Übertragung und Erweiterung der Erkenntnisse auf den Bereich der Dienstleistungen erscheint sinnvoll – besonders in Anbetracht des zunehmenden Angebots von Com-

M. Bruhn (✉)
Lehrstuhl für Marketing und Unternehmensführung, Wirtschaftswissenschaftliche Fakultät,
Universität Basel, Peter Merian-Weg 6,
4002 Basel, Schweiz
E-Mail: manfred.bruhn@unibas.ch

M. Enke et al. (Hrsg.), *Commodity Marketing*,
DOI 10.1007/978-3-658-02925-8_3, © Springer Fachmedien Wiesbaden 2014

modity Services. Daher besteht das Ziel des vorliegenden Beitrags in der strukturierten Einordnung und Diskussion des Commodity-Konzepts im Dienstleistungsbereich. Neben der Darstellung der Begriffsdefinition und der zentralen Charakteristika von Commodity Services werden auch die sich ergebenden Besonderheiten des Konsumentenverhaltens im Kontext dieser Dienstleistungen beleuchtet und schließlich die strategische Umsetzung diskutiert.

1 Bedeutung von Commodity Services im Dienstleistungsbereich

Die zunehmende Angleichung von Leistungsangeboten ist ein in zahlreichen Branchen beobachtbares Phänomen, das in der wissenschaftlichen Diskussion als so genannte **Homogenisierungsthese** bekannt geworden ist (Hansen et al. 2001). Demnach liegen insbesondere im Hinblick auf die Kernleistung nur eingeschränkte Möglichkeiten der Variation bzw. Differenzierung vor, d. h. der Kernnutzen einer Leistung kann kaum verändert werden und ist daher über verschiedene Anbieter hinweg weitgehend homogen.

Diese anbieterübergreifende Homogenität ist wesentliches Merkmal der als Commodities bezeichneten Leistungsangebote. Der Commodity-Begriff wurde ursprünglich auf Agrar- und Industriegüter angewandt, zunehmend aber auch auf andere Bereiche, wie z. B. Konsumgüterbranchen, ausgedehnt (s. Kapitel „Commodity Marketing – Eine Einführung", S. 3ff.). Eine dienstleistungsbezogene Betrachtung von Commodities wurde bisher jedoch vernachlässigt.

Es stellt sich in diesem Zusammenhang grundsätzlich die Frage, ob die Thematik der Commodities für das Dienstleistungsmarketing überhaupt eine Relevanz aufweist. Durch die Besonderheiten von Dienstleistungen, insbesondere die Individualität der Leistungen sowie die Integration des externen Faktors in die Prozesse der Leistungserbringung, entsteht häufig der Eindruck, dass es sich bei Dienstleistungen um „einmalig" erbrachte Leistungen handelt. Außerdem zielen die meisten der propagierten Marketingstrategien darauf ab, nach Differenzierungsmerkmalen zu suchen, um sich aus der Austauschbarkeit der Leistungen – und damit aus dem Preiswettbewerb – herauszuheben.

Jedoch ist auch im Dienstleistungsgewerbe seit einigen Jahren das Vordringen so genannter „Billig-(Discount-)Anbieter" zu beobachten, die hochgradig standardisierte und einfach gehaltene Dienstleistungen anbieten und etablierten Anbietern mit niedrigen Preisen Konkurrenz machen, so etwa in den Bereichen Flugreisen, Energieversorgung, Werbeagenturen, Logistik u. a. m. Durch die Standardisierung und Vereinfachung entsteht eine Angleichung der Dienstleistungen, die in den betroffenen Branchen zunehmend zu einer undifferenzierten Massenware werden und die Merkmale klassischer Commodity-Produkte aufweisen. Es liegt deshalb die Vermutung nahe, dass sich auch im tertiären Sektor bestimmte Dienstleistungen zunehmend zu Commodities entwickeln, die einer entsprechenden Behandlung im Marketing bedürfen. In dem vorliegenden Beitrag soll der Frage nachgegangen werden, welche Relevanz diese Commodities im Dienstleistungsbereich aufweisen und welche Ansatzpunkte für eine Marktbearbeitung bestehen.

Eine „Commoditisierung" im Dienstleistungsbereich zeigt sich beispielsweise in jenen Branchen, die durch Informationstechnologien einen Wandel durchlaufen haben: Dienstleistungen lassen sich vermehrt automatisiert erstellen, vereinfachen oder an den Kunden übertragen. Da Unternehmen die jeweiligen Technologien adaptieren, um wettbewerbsfähig zu bleiben, werden diese Leistungen vom Kunden als Basis- bzw. Muss-Leistungen vorausgesetzt. So ist es etwa selbstverständlich geworden, dass Aktienkäufe sich über das Internet in Echtzeit durchführen lassen, sich der Status eines versendeten Pakets online verfolgen lässt, oder dass nahezu jede Person jederzeit und an jedem Ort per Mobiltelefon erreichbar ist.

In Folge der zunehmenden Homogenität von Dienstleistungen zeigen sich in der Unternehmenspraxis zwei **strategische Alternativen** im Umgang mit Commodities. Zum einen konzentrieren sich Unternehmen auf die Erlangung von Wettbewerbsvorteilen durch Differenzierung im Hinblick auf über den Kernnutzen hinausgehende Aspekte. Beispielsweise sind die Etablierung von Marken und das Angebot von Value Added Services potenzielle Ansatzpunkte einer solchen Differenzierungsstrategie. Zum anderen ist die Strategie einer Preisführerschaft möglich, die an der zentralen Eigenschaft von Commodities ansetzt, dass die Leistungen verschiedener Anbieter austauschbar sind und die Kaufentscheidung ausschließlich über den Preis getroffen wird (Shapiro und Varian 1999). Ein in diese Richtung gehendes Konzept sind die so genannten „No Frills"-Leistungen, bei denen nur die Kernleistung angeboten wird, um sich hauptsächlich durch einen niedrigen Preis im Markt zu behaupten. Eine starke Ausprägung dieser Commoditisierung findet sich derzeit beispielsweise im europäischen Luftverkehrsmarkt mit zahlreichen „Billig"-Fluglinien (z. B. Easyjet, Ryanair, Germanwings).

Vor diesem Hintergrund sind mehrere Fragestellungen von Interesse. Insbesondere ist zu erörtern, wodurch sich Commodities im Dienstleistungsbereich auszeichnen (vgl. Abschn. 2). Da die Einordnung einer Dienstleistung als Commodity immer aus der Perspektive des Kunden stattfindet, spielt zudem das Konsumentenverhalten und die konsumentenseitige Wahrnehmung von Dienstleistungen eine wichtige Rolle (vgl. Abschn. 3). Schließlich sind Überlegungen darüber anzustellen, wann eine Strategie der Preisführerschaft sinnvoll ist und wann Differenzierungsstrategien geeignet sind. In diesem Zusammenhang sind die unterschiedlichen einsetzbaren Marketinginstrumente sowie die Entwicklungspotenziale von Dienstleistungen im Hinblick auf die Möglichkeit einer Commoditisierung zu berücksichtigen (Abschn. 4).

2 Begriff und Formen von Commodity Services

2.1 Begriffliche Grundlagen von Commodity Services

Zur Bestimmung des Begriffs „Commodity Services" sind eine typologische Einordnung von Commodities im Allgemeinen sowie eine Abgrenzung von Commodity Services gegenüber Dienstleistungen im Speziellen erforderlich.

▶   Als **Commodities** im klassischen Sinne werden Produkte bezeichnet, die in
     einem hohen Maß standardisiert und unabhängig vom Hersteller homogen,
     d. h. funktional und qualitativ gleichwertig sind (Backhaus und Voeth 2010).
     Im Sachgüterbereich zählen hierzu in erster Linie Produkte, die nach objek-
     tiven Standards erstellt bzw. klassifiziert werden und bei denen keine unter-
     nehmensbezogenen Differenzierungsmerkmale existieren. Dies können z. B.
     landwirtschaftliche Roherzeugnisse und Produkte der verarbeitenden Industrie
     wie Mehl, Papier oder Stahl sein.

Als Commodities im erweiterten Sinne sind ferner solche Produkte zu betrachten, die
zwar nach objektiven Maßstäben heterogen sind, aber dennoch vom Kunden als homogen
wahrgenommen werden (Buss und Wittke 1996; s. Kapitel „Commodity Marketing – Eine
Einführung", S. 3ff.; Olemotz 1995). Dies können z. B. Nahrungsmittel unterschiedlicher
Güteklassen sein, die vom Konsumenten undifferenziert wahrgenommen werden, sowie
auch (niedrigpreisige) Elektronikartikel, deren Qualität der Kunde nicht beurteilen kann.
   In Verbindung mit Dienstleistungen hat der Commodity-Begriff bislang keine nen-
nenswerte Berücksichtigung erfahren. Eine dienstleistungsspezifische Betrachtung von
Commodities hat insbesondere die Charakteristika von Dienstleistungen zu berücksich-
tigen. Diese sind gegenüber Sachgütern durch drei konstitutive Merkmale gekennzeichnet
(Hilke 1989; Meffert und Bruhn 2012):

*   Notwendigkeit der Bereitstellung von Leistungspotenzialen (Potenzialdimension),
*   Integration des externen Faktors (z. B. Kunden) in den Prozess der Leistungserstellung
    (Prozessdimension),
*   Hoher Immaterialitätsgrad des Leistungsergebnisses (Ergebnisdimension).

Aus diesen Merkmalen ergeben sich bei Dienstleistungen einige Besonderheiten, die zunächst nicht mit dem Wesen von Commodities vereinbar erscheinen, da sie der für Commodity-Produkte typischen undifferenzierten Wahrnehmung entgegenwirken. Daher sind
die Ursachen der undifferenzierten Wahrnehmung von Dienstleistungen – als Commodities – zu betrachten. Abbildung 1 zeigt die Einordnung von Commodities im Produkt- und
Dienstleistungsbereich sowie deren Besonderheiten auf.
   Aufgrund der Simultaneität von Erstellung und Konsumtion ist bei Dienstleistungen
eine kontinuierliche Bereitstellung von Leistungspotenzialen notwendig, die bei Bedarf
vom Kunden genutzt werden können. Die Beurteilung der Dienstleistung ist dem Kunden jedoch nur sehr eingeschränkt vor der Inanspruchnahme möglich. Um ihm über das
Dienstleistungsergebnis hinausgehend Hilfestellung bei der Beurteilung zu leisten, ist daher eine Dokumentation und Kommunikation der Fähigkeitspotenziale sinnvoll. Voraussetzung hierfür ist jedoch, dass der Konsument an solchen Informationen interessiert ist.
Die geringe Informationsneigung der Konsumenten in Bezug auf Commodities lässt dies
allerdings nicht vermuten.

	Sachgüter	Dienstleistungen
Bezugsobjekte der Wahrnehmung	• Produkt	• Leistungspotenzial • Leistungsprozess • Leistungsergebnis
Gründe der Commoditisierung	• Homogenisierung der Produkte	• Homogenisierung der Leistungen • Anspruchsinflation
Kaufverhaltensrelevante Faktoren	• Produkteigenschaften • Preis • Convenience	• Preis • Convenience • Interaktion • Individualität • Integration

Abb. 1 Einordnung von Commodities im Sachgüter- und Dienstleistungsbereich

Die Integration des externen Faktors in den Prozess der Leistungserstellung bedeutet des Weiteren für den Kunden einen tendenziell höheren Zeitaufwand als bei Sachgütern. Zusätzlich ist eine Interaktion mit dem Dienstleistungsanbieter notwendig, wodurch die Intensität der Auseinandersetzung mit der Dienstleistung zwangsläufig höher ausfällt. Es ist daher anzunehmen, dass das Differenzierungspotenzial und damit auch die differenzierte kundenseitige Wahrnehmung von Dienstleistungen deutlich höher liegen als bei Sachgütern.

Die wahrgenommene Homogenität zwischen Produkten kann weiterhin darin begründet sein, dass objektive Vergleichsmaßstäbe oder Standards für die Qualität eines Produkts existieren. Bei Dienstleistungen besteht aufgrund der hohen Immaterialität des Ergebnisses jedoch das Problem, dass eine objektive Beurteilung des Leistungsergebnisses schwierig ist und daher ein objektiv definierter Standard, der zur undifferenzierten Wahrnehmung des Kunden führt, hier im Allgemeinen nicht gegeben ist.

Im Dienstleistungsbereich fallen unter den Begriff der Commodities z. B. Strom-, Wasser- und Gasversorgung, aber auch Internetservices wie z. B. Online-Banking, Informationsdienste und Webmails. Eine Differenzierung und letztlich die Kaufentscheidung findet hier aufgrund der sich angleichenden undifferenzierten Wahrnehmung ebenfalls vermehrt über den Preis statt. Die so genannte „Commoditisierung" hat in diesen Bereichen vor allem dadurch stattgefunden, dass die Verfügbarkeit der Dienstleistungen als selbstverständlich wahrgenommen wird.

Im Folgenden werden die für Commodities im Produktbereich charakteristischen Merkmale auf Dienstleistungen übertragen. In diesem Sinne können Commodity Services wie folgt definiert werden:

▶ **Commodity Services** sind Dienstleistungen, die vom Kunden als homogen wahrgenommen werden und bei denen keine auf Leistungseigenschaften beruhende Präferenz für einen Anbieter besteht.

Auf die Besonderheiten von Dienstleistungen bezogen bedeutet dies, dass sowohl das Potenzial als auch der Prozess und das Ergebnis der Dienstleistung aus Kundensicht austauschbar sind. Die Antwort auf die Frage, inwieweit der Begriff des Commodity von Sachgütern auf Dienstleistungen übertragen werden kann, erfordert jedoch eine genauere Betrachtung der Dienstleistungsbesonderheiten.

2.2 Merkmale von Commodity Services

Eine zunehmende Homogenisierung der Angebote unterschiedlicher Unternehmen aus Sicht des Kunden wurde bereits für zahlreiche Dienstleistungen nachgewiesen (Copernicus 2000). So werden Kreditkarten, Telefonservices, Fast-Food-Ketten, Kaufhäuser und Autovermietungen zu einem hohen Anteil als undifferenziert wahrgenommen. Spezifische Merkmale, die zu einer Wahrnehmung der Produkte und Leistungen als Commodities bzw. Commodity Services führen, werden hierbei allerdings nicht genannt.

Zur Unterscheidung und detaillierteren Charakterisierung verschiedener Dienstleistungen lassen sich die so genannten „drei I's" heranziehen: Anhand der Dimensionen **Integrationsgrad, Interaktionsgrad** (der zu einem hohen Anteil mit Verhaltensunsicherheiten verbunden ist) und **Individualitätsgrad** können Dienstleistungen typologisiert werden. An diesen Dimensionen kann aufgezeigt werden, welche Dienstleistungen dem Bereich der Commodity Services zuzuordnen sind und bei welchen dies kaum möglich ist. Abbildung 2 zeigt eine entsprechende Einordnung von Dienstleistungstypen.

Es zeigt sich, dass der Bereich für Commodities zunächst hauptsächlich in jenem Oktanten angesiedelt ist, der bei allen drei Dimensionen nur geringe Ausprägungen aufweist. Eine Commoditisierung ist im Dienstleistungssektor insbesondere dann wahrscheinlich, wenn eine Standardisierung der Leistungen möglich ist, die Leistungen autonom – d. h. ohne die Integration des Kunden in die Leistungserstellungsprozesse – erstellt werden und entsprechend die Interaktion zwischen Kunde und Dienstleistungsunternehmen gering ausfällt und daher keine oder nur eine geringe Verhaltensunsicherheit besteht.

Diese klassifikatorische Beschreibung von Commodity Services kann durch die Einbeziehung der **Kundenperspektive** erweitert werden. Um die kennzeichnenden Merkmale in der Wahrnehmung der Kunden zu erfassen, wurde an der Universität Basel eine explorative Studie durchgeführt. Im Rahmen dieser Studie wurden 39 Personen (Teilnehmer von Weiterbildungskursen) schriftlich zu 13 ausgesuchten Dienstleistungen mit unterschiedlichem Integrations-, Interaktions- und Individualisierungsgrad nach verschiedenen Merkmalen befragt, die in der Literatur als Commodity-Eigenschaften behandelt werden. Als „Außenkriterium" diente die Homogenität bzw. Austauschbarkeit der Leistungen zwischen den Anbietern (siehe Definition in Abschn. 2.1). Die Probanden wurden gebeten, folgende Merkmale auf einer 5er-Skala zu bewerten:

- Wahrgenommenes Risiko bei der Kaufentscheidung,
- Angebotsvergleiche vor der Kaufentscheidung,
- Preis als kaufentscheidendes Kriterium,
- Standardisierungsgrad,

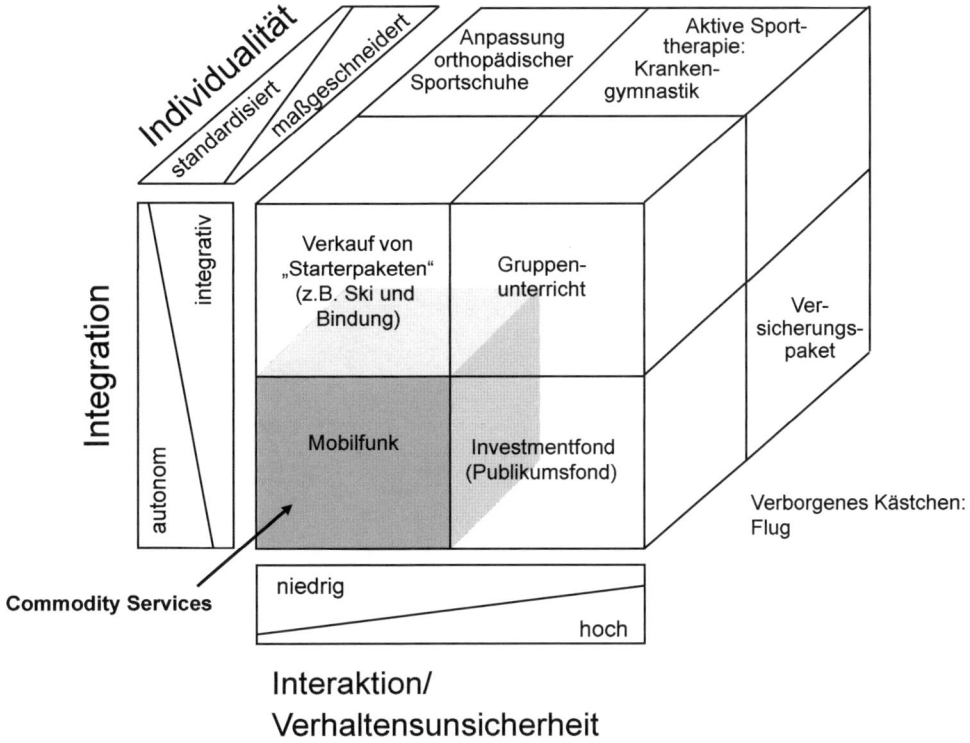

Abb. 2 Informationsökonomische Einordnung von Dienstleistungen. (Quelle: In Anlehnung an Woratschek 2001, S. 265)

- Wahrgenommene Qualitätsunterschiede zwischen den Anbietern,
- Wahrnehmung von Mitarbeitern verschiedener Anbieter,
- Verbundenheit mit dem Anbieter aus Image- oder Sympathiegründen,
- Involvement,
- Aufwand bei der Kaufentscheidung.

Die explorative Studie ergab, dass die Merkmale, die den untersuchten Dienstleistungen zugeschrieben werden, in unterschiedlichem Maße zur Charakterisierung eines Commodity Service beitragen.

Aufgrund dieser Aussagen konnten zunächst Mittelwerte gebildet werden, die eine Aussage über die Kategorisierung der einzelnen Dienstleistungen als Commodity Service zuließen. Dabei zeigte sich, dass von den Befragten als typische Branchen neben Strom als klassischem Commodity Service auch E-Mail-Dienste, Versanddienste, Reiseversicherungen, Fastfood-Restaurants, Billigflüge, Mobilfunk- und Reinigungsdienste überwiegend als Commodity Services wahrgenommen werden. Reisebuchungen im Internet wurden ebenfalls zu einem hohen Grad als Commodity Services eingeschätzt.

Für diese als Commodity Services eingeordneten Dienstleistungen wurde untersucht, welchen Einfluss die Merkmale auf die Einordnung haben. Hierbei ergaben die durchgeführten Analysen, dass ein hoher wahrgenommener Commoditisierungsgrad in erster

Linie darauf zurückzuführen ist, dass keine Marke vorhanden bzw. diese nicht kaufent-
scheidend ist und entsprechend keine emotionale Bindung existiert. Darüber hinaus ist
für die Einordnung relevant, dass es bei Commodity Services keine Bedeutung hat, von
welchem Mitarbeiter die Leistung erstellt wird. Insbesondere bei Internetdiensten (z. B. E-
Mail) und -Dienstleistungen (z. B. Online-Reisebüros) ist dies der Fall. Jedoch spielt dieses
Merkmal auch bei anderen als Commodities einzuordnenden Dienstleistungen eine Rolle.

Eine weitere Ursache für die Einstufung einer Dienstleistung als Commodity Service
besteht darin, dass keine Qualitätsunterschiede zwischen den Anbietern wahrgenommen
werden. Dies ist z. B. eine mögliche Erklärung dafür, dass im Mobilfunkbereich Anbieter
im Niedrigpreissegment (z. B. Aldi, Tchibo) starken Zulauf erhalten.

Schließlich ist es für die Einordnung einer Dienstleistung als Commodity Service kennzeichnend, dass die Leistung mit einem hohen Standardisierungsgrad wahrgenommen
wird und die Kaufentscheidung auf Basis des geringstmöglichen Aufwands getroffen wird.

Für das Commodity Marketing bei Dienstleistungen spielen diese charakteristischen
Merkmale eine Rolle, da sie Aufschluss darüber geben, über welche Hebel die Wahrnehmung als differenzierte Dienstleistung oder als Commodity Service gesteuert werden
kann. Zusätzlich ist festzuhalten, dass die relevanten Merkmale zwischen den betrachteten
Commodity Services differieren. Hier ist eine weitere Untersuchung unter Verwendung
einer größeren Stichprobe sowie die Berücksichtigung weiterer Dienstleistungen sinnvoll, um genauere Aussagen über die für das Marketing relevanten Steuerungsgrößen von
Commodity Services treffen zu können.

2.3 Gründe für eine Commoditisierung im Dienstleistungsbereich

Die Wahrnehmung von Dienstleistungen als Commodity Services ist nicht statisch, sondern verändert sich aufgrund unterschiedlicher Entwicklungen. Besonders durch die Angleichung der Angebote verschiedener Dienstleistungsunternehmen in vielen Märkten
und durch den Einsatz von Technologien, die der Standardisierung und Automatisierung
des Dienstleistungserstellungsprozesses dienen, kommt es zu einer zunehmenden Commoditisierung im Dienstleistungsbereich. Hinsichtlich der jeweiligen Dienstleistungs-
eigenschaften lassen sich die **Gründe für eine Commoditisierung** weiter präzisieren.

Abbildung 3 zeigt beispielhaft Dienstleistungstypen, bei denen aufgrund der nachfolgend beschriebenen Entwicklungen eine Commoditisierung beobachtet werden kann.

Der **Interaktionsgrad** ist vor allem mit der Ausprägung der Verhaltensunsicherheit verbunden (vgl. Abschn. 3). Ein hoher Interaktionsgrad liegt vor allem bei Dienstleistungen
vor, die erklärungsbedürftig sind. Durch eine Verlagerung (Externalisierung) zahlreicher
Prozessschritte auf den Kunden (z. B. bei einer Reisebuchung die individuelle Leistungszu-
sammenstellung aus modularen Reisebestandteilen, die Eingabe persönlicher Daten, das
Ausdrucken von Fahrkarten und Buchungsbestätigungen usw.) verringert sich der persönliche Interaktionsgrad. Aus Unternehmensperspektive bietet dies zwar hohe Kostensen-
kungspotenziale. Die Homogenisierung, d. h. die Commoditisierung der Dienstleistung,
nimmt hierdurch jedoch zu, da der Mitarbeiter, der über persönliche Kommunikation und

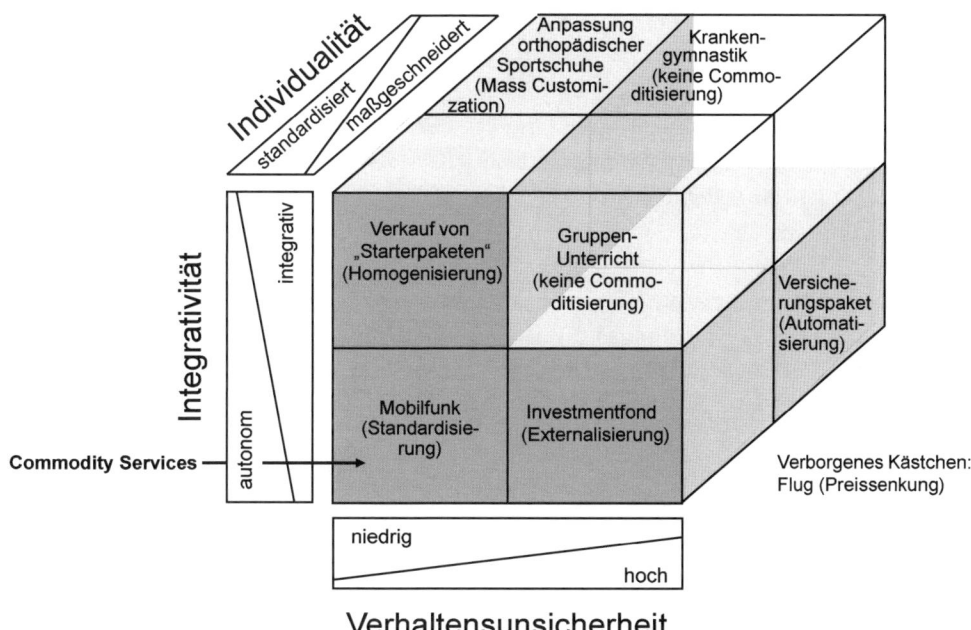

Abb. 3 Gründe für die Commoditisierung von Dienstleistungen. (Quelle: In Anlehnung an Worat-schek 2001, S. 265)

Interaktion zu einem großen Teil für eine differenzierte Wahrnehmung von Dienstleistungen verantwortlich ist, in den Hintergrund gerät.

Bei einem hohen **Integrationsgrad** ist eine Commoditisierung wenig wahrscheinlich, da entweder die Leistung individuell erstellt wird, die Anwesenheit des Kunden erforderlich ist oder dieser zumindest an der Auswahl der Dienstleistung beteiligt ist, wodurch das Differenzierungspotenzial wächst. Bei Commodity Services ist daher grundsätzlich von einem geringen Integrationsgrad auszugehen. Es besteht jedoch auch hier die Möglichkeit, dass der Kunde einen großen Teil der Leistungserstellung selbst übernimmt (Externalisierung), der Anbieter lediglich die Voraussetzungen dafür schafft (z. B. Online-Banking) und dabei ein hohes Maß an Standardisierung erfolgt. Der Integrationsgrad ist hierbei zwar weiterhin hoch, lässt aber trotzdem in Bezug auf den Kontakt zwischen Kunde und Anbieter eine große Distanz zu, so dass eine Commoditisierung möglich wird. Weiterhin ist denkbar, dass Unternehmen die Commoditisierung selbst dadurch vorantreiben, dass sie im Zuge von Kostensenkungsmaßnahmen Dienstleistungen standardisieren (Böhmann und Krcmar 2006; Corsten 1985). So können z. B. Service Hotlines an professionelle spezialisierte Anbieter ausgelagert werden, die mehrere Dienstleistungsunternehmen bedienen. In diesem Fall spielt es keine Rolle mehr, von welchem Anbieter die Kernleistung bezogen wurde, da bei der Hotline faktisch keine Differenzierung mehr möglich ist. Ein weiteres Beispiel der Commoditisierung von Anbieterseite sind Flüge, die durch extreme Automatisierung sowie die Kürzung (oder preisliche Trennung) von Zusatzservices von der reinen Kernleistung auf einem sehr niedrigen Preisniveau angeboten werden. Damit fällt das Differenzierungspotenzial weg.

Ein hoher **Individualitätsgrad** geht prinzipiell ebenfalls mit einem hohen Differenzierungspotenzial und einer entsprechend geringen Tendenz zur Commoditisierung einher. Durch „Mass Customization" (kundenindividuelle Massenfertigung) sind allerdings auch in dieser Dimension Möglichkeiten zur individuellen, aber gleichzeitig automatisierten Dienstleistungserstellung gegeben (wenn z. B. alle notwendigen Daten des Kunden mit geringem zeitlichem Aufwand verfügbar gemacht und an einen Anbieter übertragen werden können und so individualisierte Leistungen – bei einem von vielen Anbietern, die alle über gleichwertige Technologien verfügen – bezogen werden können) (Büttgen und Ludwig 1997; Lee 2002; Piller und Meier 2001; Pine et al. 1995; Salvador et al. 2009). In diesem Fall besteht auch hier durch die Homogenität des Angebots die Gefahr einer Commoditisierung.

In vielen Fällen – sowohl bei der Interaktion und Integration als auch bei der Individualität – findet eine Commoditisierung nicht zuletzt aufgrund technologischer Fortschritte statt. Während z. B. in der Entstehungsphase des Mobilfunkmarktes allein die Möglichkeit eine Besonderheit darstellte, an verschiedenen Orten mit einem Mobiltelefon kommunizieren zu können, standen später die vollständige Netzabdeckung, dann unter anderem die Sprachqualität und schließlich zahlreiche Zusatzservices, wie z. B. Verfügbarkeit, Geschwindigkeit und integrierte Datenmenge des mobilen Internets im Vordergrund. Die eigentliche Kernleistung, an jedem Ort erreichbar zu sein und nahezu jede gewünschte Person erreichen zu können, ist inzwischen zu einer Standarddienstleistung mit Commodity-Charakter geworden.

Grundlegend für eine Commoditisierung ist aber neben dienstleistungsspezifischen Entwicklungen vor allem das Konsumentenverhalten, dabei insbesondere die kundenseitige Informationsverarbeitung und die Wahrnehmung von Dienstleistungen. Da diese wiederum durch Marketingmaßnahmen beeinflusst werden kann, ist eine detaillierte Betrachtung notwendig.

3 Besonderheiten des Konsumentenverhaltens bei der Inanspruchnahme von Commodity Services

3.1 Auswirkungen des Informationsverhaltens auf den Kaufentscheidungsprozess

Zur Erarbeitung einer Marketingstrategie für Commodity Services ist insbesondere das Informationsverhalten der Kunden, das schließlich zur Kaufentscheidung führt, von Bedeutung. Abbildung 4 zeigt verschiedene Einflussfaktoren der kundenseitigen Wahrnehmung von Dienstleistungen als Commodity Services. Bei einer Einordnung hinsichtlich des Kaufentscheidungsverhaltens sind Commodity Services den limitierten bzw. bei Wiederholungskäufen den habitualisierten Käufen zuzuordnen.

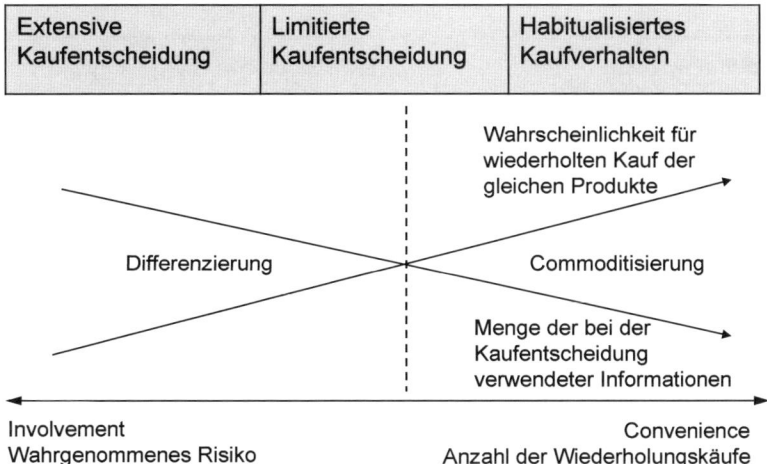

Abb. 4 Einflussfaktoren der kundenseitigen Wahrnehmung von Dienstleistungen als Commodity Services

Die undifferenzierte Wahrnehmung zwischen den Anbietern ist auf ein **geringes Involvement** hinsichtlich der Produkte zurückzuführen. Bei „typischen" Commodity Services besteht aufgrund des geringen Interesses an der Dienstleistung eine passive Informationsaufnahme und eine geringe Informationsverarbeitungstiefe mit nur wenigen beachteten Leistungsmerkmalen. Markentreue existiert nur durch Gewohnheit (Cushing und Douglas-Tate 1985; Kroeber-Riel et al. 2013). Da das Ziel des Kaufs bei Commodity Services weniger darin besteht, eine Veränderung herbeizuführen, als den Status Quo zu erhalten, findet eine Bewertung allenfalls nach dem Kauf statt (Trommsdorff und Teichert 2011).

Hinzu kommt eine **geringe Verhaltensunsicherheit** beim Kauf von Commodity Services, d. h. die Konsequenzen einer „falschen" Kaufentscheidung werden nicht als gravierend angesehen (Wiedmann et al. 2001). Dieses geringe wahrgenommene Risiko ist vor allem auf einen niedrigen Preis zurückzuführen.

Weiterhin spielt die **Anzahl der Wiederholungskäufe** eine Rolle (Kroeber-Riel et al. 2013). Je häufiger eine Dienstleistung bei demselben Anbieter in Anspruch genommen wird, desto geringer fallen die Anstrengungen bezüglich der Informationssuche und Alternativenbewertung aus. Im Zeitverlauf findet daher eine Habitualisierung statt, die durch niedriges Involvement und ein geringes wahrgenommenes Risiko zusätzlich begünstigt wird.

Die Anzahl der Wiederholungskäufe führt zu einer weiteren Fragestellung hinsichtlich der Segmentierungsstrategie und der Marketingstrategie im Allgemeinen. Diese betrifft das Wechselverhalten und die Kundenbindung bei Commodity Services.

3.2 Wechselverhalten und Kundenbindung bei Commodity Services

Hinsichtlich der Kundenbindung ist zusätzlich eine Differenzierung von Wechselbereitschaft, Wechselabsicht und Wechselverhalten erforderlich. Bei einigen Commodity Services bestehen zeitlich befristete Verträge mit einem Anbieter (z. B. Mobilfunk). Diese Verträge kommen vor allem dem jeweiligen Anbieter (aber auch dem Kunden) entgegen, da er relativ genau seine Kapazitäten planen und zukünftige Umsätze abschätzen kann. Der Kunde vermeidet zwar den Aufwand bei der wiederholten Inanspruchnahme der Dienstleistung, kann jedoch auch bei vorliegender Wechselabsicht nicht zu einem anderen Anbieter wechseln. Für Wettbewerber ergibt sich hierdurch eine Markteintrittsbarriere, da das Wechselverhalten der Kunden beeinträchtigt wird.

Da Kaufentscheidungen bei Commodities mit nur geringem kognitivem und affektivem Aufwand getroffen werden, ist anzunehmen, dass Anbieterwechsel – soweit eine Wahlfreiheit besteht – aus verschiedenen Gründen in Erwägung gezogen werden können. Hier sind vor allem folgende Aspekte zu erwähnen:

- Bequemlichkeit,
- Preisvorteile,
- „Ent-Commoditisierung" durch äußere Impulse,
- Unzufriedenheit mit dem aktuellen Anbieter.

Bequemlichkeit (Convenience) ist bei zahlreichen Commodity Services ein Faktor, der negativ auf die Wechselbereitschaft wirkt. Hierbei spielt folglich primär der Habitualisierungsprozess eine Rolle. Für Commodity Services ist die Habitualisierung von besonderer Bedeutung gegenüber Commodities im Sachgüterbereich, weil sie zumindest einmal (bei Vertragsabschluss) eine Interaktion erfordert, die mit der Individualisierung (z. B. Auswahl eines bestimmten Mobilfunktarifs) und Integration des externen Faktors (z. B. Angabe persönlicher Informationen) verbunden ist. Sobald ein Anbieter gewählt wurde und diesem alle notwendigen persönlichen Daten, Bankverbindungen usw. übermittelt wurden, lässt sich der Aufwand bei der nächsten Inanspruchnahme der Dienstleistung durch die wiederholte Wahl des gleichen Anbieters vermeiden (z. B. die Vertragsverlängerung beim bestehenden Anbieter). Dies gilt auch für viele Internet-Shops. Bei einigen Commodity Services bestehen des Weiteren Verträge auf unbestimmte Zeit bzw. diese verlängern sich automatisch (z. B. Strom, Gas, Wasser oder Telekommunikation). Hier besteht möglicherweise eine Wechselbereitschaft, aber aufgrund der als gering eingestuften Vorteile bei einem anderen Anbieter oder aus Bequemlichkeit besteht dennoch keine Wechselabsicht.

Preisvorteile wirken bei Commodity Services positiv auf die Wechselbereitschaft. Sobald diese nicht nur die Transaktionskosten des höheren Aufwands (s. o.) überkompensieren, sondern zusätzlich das Involvement so steigern, dass die Trägheit (vorübergehend) überwunden wird, ist mit einem Anbieterwechsel zu rechnen. Bei Commodities im Sachgüterbereich spielen die mit dem Anbieterwechsel verbundenen Transaktionskosten dagegen meist keine Rolle, da der Aufwand des Wechsels sehr gering ist (z. B. die Suche nach einer Lebensmittelkonserve mit dem niedrigsten Preis im Sortiment eines gut sortierten Einzelhändlers).

Faktoren, die die **„Ent-Commoditisierung"** eines Commodity Service herbeiführen können, wirken tendenziell ebenfalls positiv auf die Wechselbereitschaft. Sie können eine

Sensibilisierung für einzelne Servicekomponenten oder auch eine Präferenzbildung für bestimmte Unternehmen oder Marken zur Folge haben. Mögliche Einflussfaktoren werden im Rahmen der Marketinginstrumente in Abschn. 4 erläutert.

Die **Unzufriedenheit mit dem aktuellen Anbieter** wirkt in derselben Weise wie eine „Ent-Commoditisierung" und trägt dazu bei, ein Qualitätsbewusstsein für die Dienstleistung zu schaffen. Da bei Commodity Services im Allgemeinen nur Basisanforderungen, jedoch keine Begeisterungsanforderungen an die Leistung erfüllt werden (Bruhn und Hadwich 2006), fallen grundsätzlich nur Mängel bei der Leistungserstellung auf, eine ordnungsgemäß gelieferte Leistung jedoch nicht (z. B. verschmutzte Kleidung bei Abholung aus der Reinigung, schlechter Empfang beim Telefonieren mit dem Handy). Hier kann ein habitualisiertes Kaufverhalten also durch negative Erfahrungen durchbrochen werden und zu einem (vorübergehend) höheren Involvement mit der Leistung führen.

Aus der kundenseitigen Informationsverarbeitung und dem Kaufverhalten ergeben sich mehrere Strategieoptionen mit jeweils unterschiedlich einzusetzenden Instrumenten. Diese hängen allerdings auch von der konkret angebotenen Dienstleistung und den Märkten ab, in denen das Unternehmen tätig ist.

4 Ansatzpunkte zur Marktbearbeitung für Commodity Services

4.1 Strategierichtungen für das Marketing von Commodity Services

In zahlreichen Dienstleistungsbranchen existieren zwei Strategierichtungen, denen unterschiedliche Annahmen über das Konsumentenverhalten und Möglichkeiten zu dessen Beeinflussung zugrunde liegen. Die eine Strategierichtung geht davon aus, dass der Preis als kaufentscheidender Faktor den alleinigen Erfolgsfaktor im Wettbewerb darstellt. Die zweite Strategierichtung beruht auf der Annahme, dass Kunden bei homogenen Produkten nach Differenzierungsmerkmalen suchen, anstatt die Kaufentscheidung allein anhand des Preises zu treffen. Die Marketingstrategie zielt folglich darauf ab, die angebotene Kernleistung durch Zusatzleistungen oder andere Differenzierungsmerkmale vom reinen Preiswettbewerb abzuheben.

Die unterschiedlichen Annahmen können sich allerdings auch auf – voneinander getrennte – Teilmärkte beziehen. Dies bedeutet, dass für einen Teil der Kunden nur die Kernleistung bedeutsam ist, bei einem anderen Teil Zusatzleistungen erwünscht sind. Die beiden Strategien fokussieren aus dieser Perspektive folglich verschiedene Kundensegmente mit unterschiedlichen Interessen beim Kauf der Dienstleistung.

Fraglich ist beim zweiten Ansatzpunkt allerdings, wie sich die Teilmärkte im Zeitverlauf entwickeln. Es ist beispielsweise anzunehmen, dass sich ein Anbieter, der sich durch Zusatzleistungen von der Konkurrenz abgrenzt, im Erfolgsfall bald mit Wettbewerbern konfrontiert sieht, die durch eine Imitationsstrategie versuchen, Marktanteile zurückzugewinnen. Langfristig ist daher wiederum eine Homogenisierung der angebotenen Dienstleistungen zu erwarten, die zu der erwähnten Anspruchsinflation führt.

Die grundsätzlichen Optionen bei der Entscheidung über die Strategierichtung eines Commodity Service sind somit wie bei Sachgütern die der **Preisvorteils**- und die einer **Differenzierungsstrategie** (d. h. der Distanzierung vom Commodity Service). Hier besteht die Gefahr eines „Stuck in the Middle" zwischen den beiden strategischen Optionen, wenn die Leistung relativ undifferenziert angeboten und entsprechend als Commodity Service wahrgenommen wird, sie dabei jedoch preislich zu hoch positioniert ist, als dass ein rein vom Preisvorteil getriebener Kunde beim Unternehmen bleibt oder gar zugunsten des Unternehmens seinen Anbieter wechselt. Über die geeignete Strategie und die entsprechenden Marketinginstrumente ist unter Berücksichtigung der Dienstleistungsbesonderheiten, der Commodity-Eigenschaften und des Konsumentenverhaltens zu entscheiden.

4.2 Marketinginstrumente für Commodity Services

Als Strategien und Instrumente für das Marketing von Commodity Services stehen folgende Möglichkeiten zur Wahl, die den **Einsatz spezifischer Maßnahmen** erfordern:

* Preisvorteilsmaßnahmen,
* Kundenbindungsinstrumente,
* Leistungsmodifikationen,
* Value Added Services,
* Markenkommunikation.

Die beiden erstgenannten Instrumente zielen dabei auf eine weitere Etablierung der Dienstleistung als Commodity Service ab, während mit den letztgenannten eine Differenzierung angestrebt wird.

Commodity Services zeichnen sich wie Commodities im Sachgüterbereich durch eine hohe Preistransparenz aus, da die Preise aufgrund der als austauschbar wahrgenommenen Leistungen (zum Beispiel Telekommunikation, chemische Reinigung, Strom, Gütertransport, Autowäsche) problemlos miteinander verglichen werden können (Diller 2008; Simon und Fassnacht 2009). Bei **Preisvorteilsmaßnahmen** ist es folglich das oberste Ziel, im bearbeiteten Markt die Kostenführerschaft zu erreichen. Werden weitere kaufverhaltensrelevante Transaktionskosten berücksichtigt, kann für diese Preismaßnahmen auch die Convenience durch die Vereinfachung des Dienstleistungsprozesses erhöht werden. Besonders bei Commodity Services, die aufgrund des Prozesscharakters grundsätzlich mit höherem zeitlichem Aufwand verbunden sind, kann die Convenience von Bedeutung sein. Bei Commodity Services ist anzunehmen, dass Kunden aus Bequemlichkeit den Anbieter wählen, bei dem die Durchführung der Transaktion mit dem geringsten Aufwand verbunden ist. Ein Ziel kann es zudem sein, die Preistransparenz durch Einheitspreise (zum Beispiel Wegfall der Grundgebühr bei Telefonanbietern) und Kommunikation (zum Beispiel Tarifansage am Telefon) zusätzlich zu fördern.

Eine weitere Möglichkeit unter Beibehaltung des Status als Commodity Service ist der Einsatz von **Kundenbindungsinstrumenten** zum Aufbau von Wechselbarrieren (Homburg und Bruhn 2013). Zum einen können dies klassische Instrumente wie vertragliche (zum Beispiel Handyvertrag) oder technische Bindungen (zum Beispiel Bindung an eigenen Service durch Inkompatibilitäten mit anderen Systemen) sein. Darüber hinaus kann eine psychologische Bindung erfolgen, indem habitualisiertes Verhalten gefördert wird. Dies wird vor allem durch eine hohe Wiederholungsfrequenz in der Kommunikation und die Wahl von Absatzkanälen erreicht, die zur Erhöhung der Verfügbarkeit (Multi-Channel-Strategie) führt (Ahlert und Hesse 2003).

Als erste Option einer Differenzierungsstrategie können **Leistungsmodifikationen** durchgeführt werden. Hier stehen Leistungsmodifikationen durch Veränderungen der Potenziale, des Prozesses der Dienstleistungserstellung und Veränderungen des Leistungsergebnisses zur Wahl (Haller 2012). Das bedeutet, unter Leistungsmodifikationen fallen auch Modifikationen, die die Leistung nur in der Wahrnehmung des Kunden verändern. Eine Modifikation der Potenziale kann so der Befriedigung von Bedürfnissen dienen, die nicht in direktem Zusammenhang mit der Kernleistung stehen. Ein Beispiel einer solchen Modifikation ist das Angebot von „Öko-Strom", z. B. Windkraftwerke (Wüstenhagen 2004). Über die Ansprache des Umweltbewusstseins erfolgt eine Differenzierung, die das Produkt vom normalen Strom abhebt. Eine Differenzierung über den Leistungsprozess kann unter anderem ebenfalls über den Einsatz neuer Technologien erfolgen (z. B. Ultraschall- statt chemischer Reinigung). Eine Veränderung der Leistungsergebnisse beinhaltet insbesondere Qualitätsstrategien. So ist zum Beispiel bei Telekommunikationsanbietern denkbar, dass die Sprachqualität und die Netzverfügbarkeit erhöht werden und sich so das Dienstleistungsergebnis in der Wahrnehmung des Kunden differenziert.

Die zweite Option einer Differenzierungsstrategie ist das Angebot von **Value Added Services** (Laakmann 1995; Meyer und Blümelhuber 2000). In ähnlicher Weise wie bei den Leistungsmodifikationen besteht das Ziel in der Generierung eines Zusatznutzens. Während die Kernleistung hier jedoch unverändert bleibt, führen Value Added Services zu einer tatsächlichen Erweiterung der Leistung. So bieten Logistikunternehmen heute vielfach an, den Status eines Pakets online abzurufen. Im Mobilfunk ist ein Beispiel die automatische Anpassung der Tarife auf das jeweils optimale Tarifmodell. Derartige Zusatzleistungen dienen – wie die Leistungsmodifikationen – einer De-Habitualisierung in Bezug auf das Konsumentenverhalten bzw. einer „Ent-Commoditisierung" in Bezug auf die Wahrnehmung der Dienstleistung.

Schließlich besteht die Möglichkeit zur Differenzierung über Maßnahmen der **Markenkommunikation**. Gegenüber der reinen Darstellung von Leistungspotenzialen zur Herausstellung einer hohen Qualität ist das Ziel hierbei, einen emotionalen Nutzen der Dienstleistung zu generieren und ein entsprechendes Image zu kommunizieren, über das die Dienstleistung zum Beispiel als „jung", „high tech", „high class" bzw. allgemein als „in" positioniert wird (Kroeber-Riel et al. 2013). Eine solche Differenzierung erfordert einen hohen kommunikativen Aufwand, da ein emotionaler, d. h. psychologischer Zusatznutzen in der Wahrnehmung der Kunden verankert werden muss, der sich nicht durch materielle Leistungskomponenten objektivieren lässt.

4.3   Self Services als Beispiel für Commodities im Dienstleistungsbereich

Der zunehmende Einsatz von Self Services in Unternehmen stellt ein Beispiel für eine „Commoditisierung" im Dienstleistungsbereich dar. Durch den Einsatz von Self Services werden die individuellen Mitarbeiter-Konsumenten-Beziehungen standardisiert, indem die Kunden mittels Self Service-Technologien den Serviceprozess selbst gestalten. In Anlehnung an Salomann (2008) werden Self Services als eine Dienstleistung definiert, die durch „eine verstärkte Mitwirkung, Einbindung und Integration des Leistungsabnehmers in den Erstellungs- und Produktionsprozess" gekennzeichnet ist. Zudem gilt für die Austauschbeziehungen bei Self Services, dass „auf Seiten des Erstellers keine persönlichen Interaktionen vorhanden" sind. Die Interaktion zwischen Mitarbeitern und Kunden wird demnach durch die Interaktion zwischen Kunden und Self Service-Technologien ersetzt und führt zu einer aktiven Beteiligung der Kunden am Produktionsprozess. Dies impliziert zugleich, dass der nicht vorhandene persönliche Austausch zu einer geringen Individualisierung und somit einer hohen Standardisierung der Dienstleistung führt. Als Beispiele für Self Services können Geldautomaten, Bezahlterminals an Tankstellen, Online Banking-Angebote, Touch Screens in Kaufhäusern, Self-Scanning oder Self-Checkouts in Supermärkten angeführt werden (Curran und Meuter 2005; Dabholker und Bagozzi 2002).

Besonders im Bereich der (mobilen) internetbasierten Self Services ist ein rasantes Wachstum der Angebote zu konstatieren, da diese Self Service-Technologien den Unternehmen vor allem eine Möglichkeit bieten, die zunehmende Forderung der Kunden nach ständiger Verfügbarkeit der Leistung zu erfüllen. In diesem Kontext gewinnen insbesondere mobile Self Services an Bedeutung. Hier hat der Kunde jederzeit die Möglichkeit, über sein mobiles Endgerät Self Service-Anwendungen zu nutzen. So bietet die Sparkasse ihren Kunden die mobile Applikation „S-Finanzstatus" an. Dieser Self Service ermöglicht es den Kunden, via Smartphone den Kontostand abzurufen und auch Überweisungen zu tätigen.

Die zunehmende Verbreitung von Self Service-Technologien ist sowohl auf anbieter- als auch auf kundenseitige Einflussfaktoren zurückzuführen. Im Vordergrund stehen dabei die Nutzenpotenziale, die sich für den Anbieter (Umsatz-, Kosten- und Gewinneffekte) und den Nachfrager (Effekte durch einen vereinfachten Kaufentscheidungsprozess) ergeben. Diese Nutzenpotenziale sind im Prinzip Treiber, die die Einführung von Self Services im Markt beschleunigen. Eine Auswahl der zentralen Treiber, die in der Literatur diskutiert werden, ist in Abb. 5 dargestellt.

Neben den Vorteilen von Self Services sind jedoch auch die Risiken des Angebots von Self Service-Leistungen zu beachten und in die Entscheidung mit einzubeziehen. Obwohl die Einführung von Self Services in der Regel zu Kosteneinsparungen führt, ist zu beachten, dass sowohl die Installation als auch die Instandhaltung von Self Services zusätzliche Kosten verursachen. Diese Kosten gilt es, den Einsparungen, die mittels Self Services erzielt werden können, gegenüberzustellen. Weiterhin führen Self Services in Form von Internetvergleichsportalen zu einer steigenden Transparenz der Produkte unterschiedlicher Anbieter. Diese erhöhte Transparenz der Anbieterangebote auf Produktvergleichsportalen im Internet kann zu einem gesteigerten Kostendruck auf die Anbieter führen.

Anbieter	Nachfrager
• **Erzielung von Kosteneinsparungen** z. B. durch Einsparungen von Personalkosten, Verkürzung der Durchlaufzeiten usw.	• **Realisierung von Kosten- und Leistungsvorteilen** z. B. durch Geldersparnisse beim Online-Abschluss von Versicherungen, Handyverträgen usw.
• **Erhöhung der Kundenzufriedenheit und -loyalität** z. B. durch eine erhöhte Verfügbarkeit der Dienstleistungen.	• **Steigerung der Convenience der Transaktionen** z. B. durch die Möglichkeit, Transaktionen von überall und zu jeder Zeit durchzuführen.
• **Erschließung neuer Kundensegmente** z. B. durch die Gewinnung bzw. Erreichung einer jüngeren Zielgruppe mittels Online-Self-Services.	• **Schaffung von Transparenz und Ausübung von Marktmacht** z. B. durch Internetvergleichsportale, die Kunden einen verbesserten Zugang zu Produkten ermöglichen.

Abb. 5 Anbieter- und nachfragerseitige Treiber der Einführung von Self Services. (Quellen: In Anlehnung an Collier und Kimes 2012, S. 103 f.; Dabholkar und Bagozzi 2002, S. 184; Salomann 2008, S. 30 ff.)

Darüber hinaus können unzureichend geplante Self Service-Strategien zu einem Kostenanstieg führen, wenn beispielsweise aufgrund einer nicht benutzerfreundlichen Gestaltung von Self Services kontinuierlich eine Vielzahl an Kundenanfragen an das Unternehmen gestellt werden, die durch die Mitarbeiter zu beantworten sind (Salomann 2008). Außerdem wird im Kontext der Einführung von Self Service-Technologien das Verlangen der Konsumenten nach menschlicher Interaktion („Need for Human Interaction") als ein kritischer Faktor für die Akzeptanz der Technologie betont (Collier und Kimes 2012). Daher ist es für Unternehmen von großer Bedeutung, die Zufriedenheit der Kunden mit den Self Services sicherzustellen, da diese das Verlangen nach menschlicher Interaktion verringern wird (Collier und Kimes 2012).

Abschließend bleibt festzuhalten, dass Self Services in den letzten Jahren immer stärker an Bedeutung gewonnen haben und die Kundenwahrnehmung der Dienstleistung und somit des Unternehmens zunehmend beeinflussen. Die Standardisierung oder „Commoditisierung" der Dienstleistungen durch Self Services wird vor allem durch eine vergleichende Betrachtung der Faktoren deutlich, die die Servicequalität aus Sicht der Kunden prägen. Während es im Rahmen des persönlichen Kundenkontakts vielmehr die Expertise, die Freundlichkeit oder die Empathiefähigkeit des Mitarbeiters sind, stellen im Falle der Self Services Faktoren wie die Benutzerfreundlichkeit und die Zeitersparnis relevante Faktoren der Servicequalität aus Kundensicht dar (Detecon 2010; ServiceXRG 2008).

5 Zusammenfassung und Ausblick

Mit der allgemeinen Tendenz zur Homogenisierung der Leistungen unterschiedlicher Anbieter sind zunehmend auch Dienstleistungsunternehmen konfrontiert. Aufgrund eines hohen Immaterialitätsgrads und der Integration des Kunden sind die Individualisierung sowie das wahrgenommene Risiko der meisten Dienstleistungen zwar höher als bei Sachgütern, jedoch tragen mehrere Faktoren zu einer Commoditisierung bei. Angebotsseitig nähern sich die Leistungen der Dienstleistungsanbieter im Verdrängungswettbewerb um den höchsten Marktanteil einander an, da nur Unternehmen, die sich technologisch auf dem aktuellen Stand befinden, im Wettbewerb bestehen. Damit einher geht eine Anspruchsinflation auf Kundenseite. Innovationen und Zusatzleistungen werden schnell zum allgemeinen Standard, der von den Kunden als selbstverständlich wahrgenommen wird. Bei Dienstleistungen sind hierbei insbesondere die Individualisierungsmöglichkeiten bei gleichzeitig hohem Automatisierungsgrad zu nennen. Die Folge ist eine zunehmende Wechselneigung der Konsumenten. Diese wird durch die größere Distanz zu einzelnen Mitarbeitern des Unternehmens gefördert, da die – kostenintensiven – zwischenmenschlichen Kontakte durch die Automatisierung, beispielsweise im Internet, seltener werden.

In der durchgeführten explorativen Studie konnte festgestellt werden, dass mehrere Dienstleistungstypen, die traditionell über einen geringen Integrations-, Interaktions- und/oder Individualisierungsgrad verfügen, heute eher undifferenziert, d. h. als Commodity Services wahrgenommen werden. Besonders eine fehlende oder aus Kundensicht unbedeutende Markierung sowie nicht wahrgenommene Qualitätsunterschiede und die mitarbeiterunabhängige Leistungserstellung führen zur Wahrnehmung von Dienstleistungen als Commodity Services, die relevanten Merkmale für diese Wahrnehmung unterscheiden sich jedoch zwischen einzelnen Dienstleistungen. Eine Implikation solcher unterschiedlich relevanter Merkmale ist, dass möglicherweise hinsichtlich spezifischer Dienstleistungen unterschiedliche Strategien für das Marketing heranzuziehen sind, um sich entweder vom Wettbewerb zu differenzieren oder aber ein effizientes „Commodity Marketing" zu betreiben.

Strategische Überlegungen zum Marketing von Commodity Services gewinnen durch Entwicklungstendenzen hin zu einer Commoditisierung an Bedeutung. Hierbei stehen mit Preisvorteilsmaßnahmen, Kundenbindungsinstrumenten, Leistungsmodifikationen, Value Added Services und Markenkommunikation verschiedene Maßnahmen zur Verfügung. Bei diesen ist grundsätzlich zu entscheiden, ob gegebenenfalls einer Commoditisierungs-Tendenz entgegenzusteuern ist oder die Marketingstrategie, d. h. Überlegungen hinsichtlich Leistung, Preis, Vertrieb und Kommunikation, einer solchen Entwicklung anzupassen ist. Differenzierungsstrategien wird in der Literatur oftmals eine größere Erfolgschance eingeräumt, da in einem reinen Preiskampf zwangsläufig nur wenige Wettbewerber bestehen können. Da jedoch besonders die in der Praxis zu beobachtenden Commoditisierungen die Vermutung nahe legen, dass Commodity Services zukünftig eine große Bedeutung zukommt, ist es fraglich, ob solche Differenzierungsstrategien der Akzeptanz des Commodity-Status und der darauf aufbauenden Entwicklung von Maßnahmen, die diesen Status unterstützen, überlegen sind. In vielen Fällen wird hinsichtlich der konkreten Dienstleistung zu entscheiden sein, ob die kundenseitige Wahrnehmung einer Dienstleistung als Commodity durch aufwändige Marketingmaßnahmen im Sinne einer Differenzierungsstrategie verändert werden kann.

Zusammen mit den Potenzialen der „Mass Customization" ist anzunehmen, dass sich die wahrgenommene Homogenisierung von Dienstleistungen weiter fortsetzen wird. Unternehmen mit reinen Differenzierungsstrategien werden sich daher gezwungen sehen, ihre Marktbearbeitung auf zunehmend kleinere Nischen zu fokussieren, wenn sie sich dem Preiskampf im Wettbewerb entziehen wollen.

Literatur

Ahlert, D., & Hesse, J. (2003). Das Multikanalphänomen – viele Wege führen zum Kunden. In D. Ahlert, J. Hesse, J. Jullens, & P. Smend (Hrsg.), *Multikanalstrategien: Konzepte, Methoden und Erfahrungen* (S. 3–32). Wiesbaden: Gabler.

Backhaus, K., & Voeth, M. (2010). *Industriegütermarketing* (9. Aufl.). München: Vahlen.

Böhmann, T., & Krcmar, H. (2006). Modulare Servicearchitekturen. In H.-J. Bullinger & A.-W. Scheer (Hrsg.), *Service Engineering: Entwicklung und Gestaltung innovativer Dienstleistungen* (2. Aufl., S. 377–402). Berlin: Springer.

Bruhn, M., & Hadwich, K. (2006). *Produkt- und Servicemanagement: Konzepte – Methoden – Prozesse*. München: Vahlen.

Buss, K. P., & Wittke, V. (1996). Organisation von Innovationsprozessen in der US-Halbleiterindustrie – Zur Veränderung von Unternehmensstrategien und Innovationskonzepten seit Mitte der 80er Jahre. *SOFI-Mitteilungen, 23,* 45–67.

Büttgen, M., & Ludwig, M. (1997). Mass-Customization von Dienstleistungen. Arbeitspapier des Instituts für Markt- und Distributionsforschung der Universität zu Köln.

Collier, J. E., & Kimes, S. E. (2012). Only if it is convenient: How convenience influences self-service technology evaluation. *Journal of Service Research, 16,* 39–51.

Copernicus (2000). The commoditization of brands and its implications for marketers. http://contentmarketingpedia.com/Marketing-Library/Branding/InterBrand_Papers/BrandsBecomming-Commodities.pdf. Zugegriffen: 8. März 2013.

Corsten, H. (1985). Rationalisierungsmöglichkeiten von Dienstleistungen. *Jahrbuch der Absatz- und Verbrauchsforschung, 31,* 23–48.

Curran, J. M., & Meuter, M. L. (2005). Self-service technology adoption: Comparing three technologies. *Journal of Service Research, 19,* 103–113.

Cushing, P., & Douglas-Tate, M. (1985). The effect of people/product relationships on advertising processing. In L. F. Alwitt & A. A. Mitchell (Hrsg.), *Psychological processes and advertising effects: Theory, research, and applications* (S. 241–260). Hillsdale: Erlbaum.

Dabholkar, P. A., & Bagozzi, R. P. (2002). An attitudinal model of technology-based self-service: Moderating effects of consumer traits and situational factors. *Journal of the Academy of Marketing Science, 30,* 184–201.

Detecon (2010). Kundenservice der Zukunft: Mit Social Media und Self Services zur neuen Autonomie des Kunden. Bonn.

Diller, H. (2008). *Preispolitik* (4. Aufl.). Stuttgart: Kohlhammer.

Haller, S. (2012). *Dienstleistungsmanagement: Grundlagen – Konzepte – Instrumente* (5. Aufl.). Wiesbaden: Springer Gabler.

Hansen, U., Henning-Thurau, T., & Schrader, U. (2001). *Produktpolitik: Ein kunden- und gesellschaftsorientierter Ansatz* (3. Aufl.). Stuttgart: Schäffer-Poeschel.

Hilke, W. (1989). Grundprobleme und Entwicklungstendenzen des Dienstleistungs-Marketing. In W. Hilke (Hrsg.), *Dienstleistungs-Marketing: Banken und Versicherungen – Freie Berufe – Handel und Transport – Nicht erwerbswirtschaftlich orientierte Organisationen* (S. 5–44). Wiesbaden: Gabler.

Homburg, C., & Bruhn, M. (2013). Kundenbindungsmanagement – Eine Einführung in die theoretischen und praktischen Problemstellungen. In M. Bruhn & C. Homburg (Hrsg.), *Handbuch Kun-*

denbindungsmanagement: Strategien und Instrumente für ein erfolgreiches CRM (8. Aufl., S. 3–39). Wiesbaden: Gabler.

Kroeber-Riel, W., Weinberg, P., & Gröppel-Klein, A. (2013). *Konsumentenverhalten* (10. Aufl.). München: Vahlen.

Laakmann, K. (1995). *Value-Added Services als Profilierungsinstrument im Wettbewerb: Analyse, Generierung und Bewertung*. Frankfurt a. M.: Lang.

Lee, J. (2002). A key to marketing financial services: The right mix of products, services, channels and customers. *Journal of Services Marketing, 16,* 238–258.

Meyer, A., & Blümelhuber, C. (2000). Kundenbindung durch Services. In M. Bruhn & C. Homburg (Hrsg.), *Handbuch Kundenbindungsmanagement: Grundlagen – Konzepte – Erfahrungen* (3. Aufl., S. 269–292). Wiesbaden: Gabler.

Meffert, H., & Bruhn, M. (2012). *Dienstleistungsmarketing: Grundlagen – Konzepte – Methoden* (7. Aufl.). Wiesbaden: Springer Gabler.

Meuter, M. L., Ostrom, A., Roundtree, R. I., & Bitner, M. J. (2000). Self-service technologies: Understanding customer satisfaction with technology-based service encounters. *Journal of Marketing, 64,* 50–64.

Olemotz, T. (1995). *Strategische Wettbewerbsvorteile durch industrielle Dienstleistungen*. Frankfurt a. M.: Lang.

Piller, F., & Meier, R. (2001). Strategien zur effizienten Individualisierung von Dienstleistungen. *Industrie-Management, 17,* 13–17.

Pine, B. J., Peppers, D., & Rogers, M. (1995). Do you want to keep your customers forever? *Harvard Business Review, 73,* 103–114.

Salomann, H. (2008). *Internet Self-Service in Kundenbeziehungen: Gestaltungselemente, Prozessarchitektur und Fallstudien aus der Finanzdienstleistungsbranche*. Wiesbaden: Gabler.

Salvador, F., de Holan, P. M., & Piller, F. (2009). Cracking the code of mass customization. *MIT Sloan Management Review, 50,* 71–78.

ServiceXRG. (2008). Influencing the online experience. Maintaining customer mindshare and loyalty through superior web-based service, S. 9.

Shapiro, C., & Varian, H. R. (1999). *Information rules: A strategic guide to the network economy*. Cambridge: Harvard Business School Press.

Simon, H., & Fassnacht, M. (2009). *Preismanagement: Strategie – Analyse – Entscheidung – Umsetzung* (3. Aufl.). Wiesbaden: Gabler.

Trommsdorff, V., & Teichert, T. (2011). *Konsumentenverhalten* (8. Aufl.). Stuttgart: Kohlhammer.

Wiedmann, K.-P., Walsh, G., & Klee, A. (2001). Konsumentenverwirrtheit: Konstrukt und marketingpolitische Implikationen. *Marketing. Zeitschrift für Forschung und Praxis, 23,* 83–99.

Woratschek, H. (2001). Zum Stand einer „Theorie des Dienstleistungsmarketing". *Die Unternehmung, 55,* 261–278.

Wüstenhagen, R. (2004). Umweltverträgliche Stromprodukte in Europa: Status und Schlüsselfaktoren der Marktentwicklung. *Zeitschrift für Energiewirtschaft, 28,* 17–26.

Bruhn, Manfred
Lehrstuhl für Marketing und Unternehmensführung, Wirtschaftswissenschaftliche Fakultät,
Universität Basel, Peter Merian-Weg 6,
4002 Basel, Schweiz
E-Mail: manfred.bruhn@unibas.ch

Commodity Branding

Skizzen zu einem markenwert-zentrierten Ansatz
und empirische Hinweise zu dessen erfolgreicher
Umsetzung

Klaus-Peter Wiedmann und Dirk Ludewig

Inhaltsverzeichnis

K.-P. Wiedmann (✉)
Institut für Marketing und Management, Fakultät Wirtschaftswissenschaften, Institut für Marketing
und Management, Gottfried Wilhelm Leibniz Universität Hannover, Königsworther Platz 1,
30167 Hannover, Deutschland
E-Mail: wiedmann@m2.uni-hannover.de

D. Ludewig
Fachbereich Wirtschaft, Fachhochschule Flensburg (University of Applied Sciences),
Kanzleistraße 91–93, 24943 Flensburg, Deutschland
E-Mail: dirk.ludewig@fh-flensburg.de

M. Enke et al. (Hrsg.), *Commodity Marketing*,   73
DOI 10.1007/978-3-658-02925-8_4, © Springer Fachmedien Wiesbaden 2014

Zusammenfassung

Der vorliegende Beitrag beschäftigt sich mit dem „Commodity Branding" als imagebildende Differenzierungs- und Profilierungsstrategie, um Homogenisierungstendenzen des Angebots, also Gleichartigkeit und Austauschbarkeit der Produkte, entgegenzuwirken. Ausgehend von der Grundproblematik eines allein am Preis orientierten Commodity Marketing wird verdeutlicht, dass es auch bei vordergründigen Commodities durchaus Ansatzpunkte für Profilierungs- und Differenzierungsstrategien gibt, die im Kern die Schaffung und Absicherung eines hohen Markenwerts und in letzter Konsequenz dann auch des Unternehmenswerts beinhalten. Dies erfolgt mit einem „markenwert-zentrierten Branding-Prozess" und seinen Bausteinen. Nach einer Verdeutlichung grundlegender Zusammenhänge zwischen Markenassoziationen, Markenwert und letztlich relevanten Unternehmenserfolgsgrößen werden in dem Beitrag vor allem geeignete Bezugspunkte eines „Commodity Branding" akzentuiert und verschiedene Prozessstufen zumindest grundlegend verdeutlicht, über die ein „markenwert-zentriertes Commodity Branding" verwirklicht werden sollte. Um die Relevanz des vorgestellten Ansatzes zu unterstreichen und vor allem auch die Möglichkeiten einer konkreten Ausgestaltung einzelner Prozessstufen eines „Commodity Branding" zu illustrieren, wird ein Fallbeispiel im Energiemarkt vorgestellt. In diesem wird gezeigt, dass es durch ein solches Konzept auch im Commodity-Sektor möglich sein kann, einem extremen Preisdruck auszuweichen oder zumindest weitere Argumente ins Spiel zu bringen, um sich im Wettbewerb zu profilieren.

1   Problemstellung

Papier, Weizen und industrielle Chemikalien, Zement, Schrauben, Nägel – dies sind typische Produkte, an die gedacht wird, wenn von Commodities die Rede ist. Im Allgemeinen werden unter diesem Begriff **Low-Involvement-Produkte** verstanden, die sich durch einen hohen Grad an Gleichartigkeit und Austauschbarkeit auszeichnen (z. B. Yann 1996). Einige Autoren machen den Commodity-Begriff nicht allein am jeweiligen Produkt fest, sondern beziehen auch die Kundendimension mit ein (Pelham 1997; Sheth 1985). Demnach liegen bei Commodities sowohl ein hohes Maß an Gleichartigkeit und Austauschbarkeit als auch ein geringes Niveau an Kundendifferenzierung vor.

Ohne an dieser Stelle tiefer in eine differenzierte Kennzeichnung von Commodities einzusteigen (hierzu sei auf andere Beiträge dieses Gesamtwerks verwiesen), lässt sich feststellen, dass der Commodity-Status eines Guts nicht natur- oder gottgegeben ist, sondern in hohem Maße gerade auch die Geschäftsstrategien in entsprechenden Branchen widerspiegelt. Diese Geschäftsstrategien im Commodity-Bereich sind in aller Regel auf die Erlangung von Kostenvorteilen auf der Basis von „Economies of Scale"-Effekten und auf einen starken Preiswettbewerb ausgerichtet (z. B. o. V. 1999; Sheth 1985; Wiedmann et al. 2004c; Yann 1996). Über eine solche strategische Stoßrichtung werden die sowohl auf der

Nachfrage- als auch auf der Angebotsseite bestehenden Homogenisierungstendenzen lediglich verstärkt, jedoch in keinem Fall konterkariert.

Im Zentrum des vorliegenden Beitrags steht die Frage, in welcher Weise solchen Homogenisierungstendenzen mit Hilfe zielgerichteter Differenzierungs- und Profilierungsstrategien und daran anschließenden imagebildenden Maßnahmen im Rahmen eines professionellen „Commodity Branding" entgegengewirkt werden kann. In einem ersten Schritt sei dazu noch einmal kurz die grundsätzliche Problematik eines allein am Preis orientierten Commodity Marketings herausgearbeitet und vor allem noch einmal verdeutlicht, dass es auch bei solchen Produkten, die vordergründig als Commodities eingestuft werden, durchaus Ansatzpunkte für Profilierungs- und Differenzierungsstrategien gibt. Das Leitbild solcher Profilierungs- und Differenzierungsstrategien besteht letztlich in der Schaffung und Absicherung eines hohen Markenwerts und in letzter Konsequenz dann auch des Unternehmenswerts. In einem weiteren Schritt werden daher zentrale Bausteine eines „markenwert-zentrierten Branding" kurz herausgestellt, die eine tragfähige Grundlage für eine zukunftsgerichtete Ausgestaltung eines Commodity Branding bilden können. Nach einer Verdeutlichung grundlegender Zusammenhänge zwischen Markenassoziationen, Markenwert und letztlich relevanten Unternehmenserfolgsgrößen werden dabei vor allem geeignete Bezugspunkte eines Commodity Branding akzentuiert und verschiedene Prozessstufen zumindest grundlegend verdeutlicht, über die ein markenwert-zentriertes Commodity Branding verwirklicht werden sollte. Um die Relevanz des vorgestellten Ansatzes zu unterstreichen und vor allem auch die Möglichkeiten einer konkreten Ausgestaltung einzelner Prozessstufen eines Commodity Branding zu illustrieren, stellen wir schließlich noch ein Fallbeispiel vor. Dieses Fallbeispiel bezieht sich auf die Anwendung unseres Ansatzes eines markenwert-zentrierten Branding im Energiemarkt.

2 Commodity Marketing: Ist allein der Preis entscheidend oder „darf es nicht doch ein bisschen mehr sein"?

Ein flüchtiger Blick in die unternehmerische Praxis lässt in der Tat vermuten, dass preis-/ mengenzentrierte Wettbewerbskonzeptionen, die im Kern auf Kostenvorteile abzielen und diese insbesondere durch das gezielte Ausschöpfen von „Economies of Scale"-Effekten zu verwirklichen versuchen, das dominante Strategiemuster im Commodity-Bereich bilden (z. B. o. V. 1999; Sheth 1985; Wiedmann et al. 2004c; Yann 1996).

Die Beschränkung auf ausschließlich **preis-/mengenzentrierte Wettbewerbskonzeptionen** birgt bei näherer Betrachtung vielfältige Nachteile. Bei einer solchen Marketingkonzeption können über die Zeit die relevanten Qualitätsdimensionen des Angebots aus dem Blickfeld der Kunden und gegebenenfalls auch weiterer Stakeholder (Absatzmittler, aber auch Investoren, Analysten, Journalisten etc.) geraten und mithin die „wahrgenommene Wertigkeit" der Angebotsleistung immer weiter zurückgehen. In der Folge davon wird somit eine Differenzierung vom Wettbewerb in der Tat immer schwieriger. Nicht zuletzt für kleine(re) Unternehmen, die in Commodity-Märkten operieren, sind indessen entsprechende Differenzierungsansätze überlebenswichtig, da sie aufgrund ihrer Größe nur ein geringes Potential für Niedrigkostenstrategien auf Basis von „Economies of Scale" aufweisen (Day und Wensley 1983).

Grundsätzlich müssen auch **Anspruchsanpassungseffekte** Beachtung finden, die etwa bei den Kunden dazu führen können, dass zur Gewährleistung eines hohen Zufriedenheitsniveaus immer wieder weitere Preissenkungen notwendig werden. Nachdem die Produkte – nicht zuletzt auch infolge eines entsprechenden Commodity Marketings – nun tatsächlich als gleichwertig und austauschbar erlebt werden, bleibt ja eigentlich nur noch der Preis als relevante Gratifikationsdimension. Es entsteht eine „Preissenkungsspirale", deren Anpassungsdruck nach unten nur noch durch ein striktes Parallelverhalten der Wettbewerber konterkariert werden kann – sei es nun auf der Basis von rechtlich problematischen Preisabsprachen oder weil der Rationalisierungswettbewerb über Anpassungsmaßnahmen sowie gegebenenfalls auch über Marktaustritte zu einem einheitlichen Grenzkostenniveau geführt hat.

Eine Möglichkeit, dem Preiswettbewerb in Commodity-Märkten zu entkommen bzw. Märkte erst gar nicht zu „festgefahrenen" Commodity-Märkten werden zu lassen, besteht in der Schaffung und/oder Bewusstmachung von relevanten Nutzendimensionen im Rahmen einer professionellen Präferenzstrategie. Mögliche Stellhebel zur Generierung von Value-to-Customer sind dabei im gesamten Marketingmix sowie darüber hinaus auch auf der Ebene der gesamten Unternehmensidentität zu suchen (Wiedmann 1994; Wiedmann et al. 2003a). Das Spezifische eines Unternehmens im Vergleich zu seinen Wettbewerbern mag in einzelnen Fällen auch im Wesentlichen allein darin bestehen, dass es „von hier" ist – sei es aus unserer Kommune, Region oder aus unserem Land (Head 1992; Müller 1990). Vor allem der „Country of Origin"-Effekt wurde im Kontext eines internationalen Marketing bereits in zahlreichen Forschungsarbeiten beleuchtet (Askegaard und Ger 1998; Papadopoulos und Heslop 1993, 2003).

Der Versuch, relevante Nutzendimensionen aufzuspüren und diese im Wege einer Markierungs- bzw. Markenstrategie sehr professionell und wirkungsvoll herauszustellen und letztlich im Kopf und Herzen der relevanten Zielgruppen zu verankern, lässt sich nun allenthalben nachvollziehen. So stellt sich etwa die Frage, ob und inwieweit es sich bei Papiertaschentüchern, Dübeln und Schrauben, Bananen, Kaffee, Tee etc. tatsächlich um „geborene" oder nicht doch viel mehr um „gechorene" Markengüter handelt. Letztlich geht es immer um die Frage, wie gut oder schlecht, wie nachhaltig oder vordergründig es gelingt, Produkte und Dienstleistungen und/oder die diese anbietenden Unternehmen mit wettbewerbsrelevanten Markenassoziationen zu versehen und diese dann auch möglichst langfristig abzusichern.

Zumindest die etwas Älteren unter uns erinnern sich vielleicht noch gut daran, dass es früher noch hübsch verpackte Orangen gab und manche Menschen das Sammeln solcher Orangenverpackungen zu ihrem Hobby machten. Misst man heute auf einer Commodity-Skala den Grad wahrgenommener Differenzierung und Markenwertigkeit, so kann man feststellen, dass inzwischen Orangen nicht mehr so differenziert und „markenwertig" er-

lebt werden. Dies obwohl gelegentlich noch immer entsprechende Markierungsansätze
eingesetzt werden. Entsprechende Markenperzeptionen existieren demgegenüber gegen-
wärtig beispielsweise bei Kiwis (Beverland 2001) und sehr viel mehr bei Bananen. So ist
beispielsweise Chiquita tatsächlich zu einer starken Marke geworden, die in jüngerer Zeit
über Bananen hinaus auch auf Ananas zu übertragen versucht wird. Eine andere Produkt-
gattung, bei der in den letzten Jahren der Grad wahrgenommener Differenzierung und
Markenwertigkeit deutlich ausgebaut werden konnte, ist die der Mineralwasser (vor allem
in Gestalt der „stillen Wasser").

Historisch gesehen haben wir es mit mehr oder weniger dynamisch verlaufenden Ent-
wicklungslinien zu tun, deren Verlauf wesentlich davon abhängt, in welcher Weise und
mit welchem Geschick in einzelnen Branchen entsprechende Markenstrategien eingesetzt
werden. Dabei gilt es, dem ständig bestehenden Risiko entgegenzuwirken, die Aufmerksamkeit für möglicherweise faktisch oder auch nur in der Wahrnehmung des Zielpubli-
kums bestehende Unterschiede und mithin auch die Grundlage für deren Würdigung zu
verlieren. Dieses Risiko verschärft sich nach unserem Eindruck dann ganz dramatisch,
wenn in Ermangelung kreativerer Ansätze allein Preisargumente in den Vordergrund gestellt werden und ausdifferenzierte Ansätze einer Markenführung zu kurz kommen. Es
stellt sich hier sogar die Frage, ob derartige Profilierungskonzepte wie „Geiz ist geil" nicht
in ganz erheblichem Umfang dazu beitragen, dass ganze Produktgattungen in den Commodity-Sektor abrutschen (Wiedmann und Siebels 2004). Neben der so genannten „Brau-
nen Ware" und auch der „Weißen Ware", die zurzeit von diesem Entwicklungstrend sehr
stark betroffen sind, trifft es eines Tages vielleicht auch noch den Automobilmarkt – zumindest dann, wenn sich hier einzelne Entwicklungen weiter fortsetzen, wie beispielsweise
die Neuregelung der Gruppenfreistellungsverordnung für Vertriebs- und Kundendienst-
vereinbarungen im Kraftfahrzeugbereich und erste eher fragwürdige Vermarktungsansätze (zum Beispiel Angebot einer Fiat Stilo limited TCM Edition zusammen mit Tchibo).
Dass Automobile irgendwann einmal zu Commodities degenerieren, ist aus deutscher
Sicht freilich nur schwer vorstellbar. Wenn man sich aber das Automobilkaufverhalten im
weltweiten Maßstab anschaut, erscheint eine solche – gerade aus deutscher Sicht – „Schre-
ckensvision" schon nicht mehr ganz so utopisch.

Im vorliegenden Beitrag soll nun allerdings nicht der Ansatz eines Risikomanagements
als Element einer strategischen Markenführung weiter ausgearbeitet werden (Wiedmann
und Siebels 2004). Im Zentrum steht vielmehr der Versuch, aus dem Blickwickel klassischer Commodities zu verdeutlichen, welche Möglichkeiten ein professionelles Markenmanagement zur Profilierung im Wettbewerb bieten kann. Die Bandbreite eines solchen
„Commodity Branding" bewegt sich dabei zwischen den beiden Polen:

1. aus einem Commodity-Produkt eine angesehene **„High-Involvement-Marke"** zu
   machen oder zumindest
2. im kleineren Umfang eine inhaltliche Differenzierung von Wettbewerbsangeboten
   zu erreichen und immerhin eine gewisse **„wahrgenommene Markenwertigkeit"** zu
   gewährleisten, um eine grundsätzliche Leistungsakzeptanz abzusichern.

Inwieweit dann entsprechend eingeschlagene Stoßrichtungen zu den gewünschten Erfolgen führen und wie stabil unter Umständen erreichte Markenpositionen über die Zeit sind, hängt freilich von einer Fülle von Einflüssen ab, die nur zum Teil von den einzelnen Unternehmen kontrolliert bzw. im Rahmen eines entsprechenden Markenmanagements dieser Unternehmen gesteuert werden können. Die Frage, ob es einem Unternehmen gelingt, aus einem Mineralwasser eine angesehene „High-Involvement-Marke" zu machen, hängt beispielsweise davon ab, welche Markenkonzepte die Wettbewerber verfolgen und wie glaubwürdig in diesem Lichte vor allem auch die akzentuierten Qualitätsunterschiede erscheinen, wie sich Lebensstile und Wertsysteme weiter entwickeln (etwa im Blick auf die Fitness- und Gesundheitsorientierung) und wie sich die ökonomischen Lebensbedingungen auf das Kaufverhalten auswirken.

Im vorliegenden Zusammenhang erscheint es auch von Bedeutung, dem zuvor kurz erwähnten, auf Sheth (1985) zurückgehenden Ansatz einer Charakterisierung von Commodities besondere Aufmerksamkeit zu schenken, bei dem nicht allein auf einzelne Produkteigenschaften rekurriert, sondern zugleich ein Bezug zu den Kunden hergestellt wird. So mögen beispielsweise Tapeten aus dem Blickwinkel des „Otto-Normalverbrauchers" eindeutig ein Commodity-Produkt darstellen, während diesem Produkt von einem versierten Malermeister ein völlig anderer Stellenwert zugeschrieben wird. Im Auf und Ab der „Do-it-yourself-Welle" mag es dann wiederum in mehr oder weniger großem Umfang gelingen, auch im Sektor der privaten Haushalte Kundensegmente zu identifizieren, die offen für einen sehr differenzierten Zugang zu diesem Produkt sind (zu Differenzierungsstrategien im Tapetenmarkt vgl. Betts 1994). Oder greifen wir noch einmal das Beispiel der Früchte auf (vgl. auch Beverland 2001), so spielt es auch hier im Blick auf mögliche Differenzierungs- und Profilierungsstrategien etwa eine zentrale Rolle, welche Bedeutung Früchte oder generell Ernährungsgewohnheiten bei den Verbrauchern haben. Und auch in diesem Fall kommt wiederum den Prozessen des gesellschaftlichen Wandels, Lebensstil- und Wertewandels im Blick auf die Frage, wie groß und ausdifferenziert entsprechende Kundensegmente sind, eine wichtige Bedeutung zu.

Insgesamt wird es also darum gehen, im Lichte einer **strategischen Situationsanalyse** entlang von Umfeldtrends, Branchen- und Marktentwicklungen sowie speziellen Entwicklungsmustern im Kundenverhalten relevante Chancen und Risiken sowie Stärken und Schwächen hinsichtlich der Verwirklichung ertrags- und vor allem wertsteigernder Differenzierungs- und Profilierungsstrategien im Rahmen eines Commodity Branding zu bestimmen und dann konsequent auszuschöpfen. Im Folgenden seien nun zumindest einige zentrale Bausteine eines markenwert-zentrierten Commodity Branding herausgearbeitet. Die Entfaltung eines umfassenden strategischen Managementansatzes für ein Commodity Marketing würde den Rahmen des vorliegenden Beitrags sprengen.

3 Zentrale Bausteine eines markenwert-zentrierten Commodity Branding

3.1 Markenwert als Leitziel eines Commodity Branding

Der Markenwert wird in jüngerer Zeit verstärkt als zentrale Steuerungsgröße eines strategischen Markenmanagements propagiert. Er gilt inzwischen als zentrale Beurteilungsgrundlage für eine professionelle Maßnahmen- und Programmplanung (Barwise 1993) der Markenführung und steht aufgrund seines zentralen Stellenwerts auch im Mittelpunkt einer Vielzahl von Studien (z. B. Agrarwal und Rao 1996; Crimmins 1992; Keller 1993; Krishnan 1996; Rangaswamy et al. 1993; Simon und Sullivan 1993).

Abbildung 1 zeigt in einer vereinfachten Weise die Wirkungskette von den Einflussfaktoren der Markenführung über die Markenwertebenen bis zu den Unternehmenszielen auf. Entlang der einzelnen Elemente dieser Wirkungskette seien zunächst noch einmal kurz die wichtigsten Aspekte der Markenwertdiskussion akzentuiert, um darin dann unsere Überlegungen zu einem markenwert-zentrierten Commodity Branding einbetten zu können.

Stellhebel der Markenführung Zurückgehend auf den Artikel von Keller (1993) besteht in der Markenwertliteratur heute weitestgehend Übereinstimmung darüber, dass der Markenwert durch Wissensstrukturen über die Marke (**Markenwissen**) beeinflusst wird, die im Gedächtnis gespeichert werden (Kapferer 1992; Keller 1993; Richards et al. 1998). Dieses Markenwissen kann in die beiden Hauptkomponenten **Markenbekanntheit** und **Markenimage** unterteilt werden.

Die Markenbekanntheit zeigt, wie stark das Wissen über die Marke im Gedächtnis verankert ist. Sie ist Voraussetzung für die Bildung eines klaren Images. Man unterscheidet **Markenrecall** (Erinnerung an eine Marke bei vorgegebener Produktkategorie) und **Markenrecognition** (Wiedererkennung bei Vorlage der Marke) als mögliche Verfahrenskonzepte, um Markenbekanntheit messen und mithin empirisch nachvollziehen zu können.

Das Markenimage beschreibt die Wahrnehmung und Verarbeitung von Markenimpulsen, die sich in entsprechenden Assoziationsmustern manifestiert und als die inhaltliche Komponente des Markenwissens aufgefasst werden kann. Die einzelnen Markenassoziationen werden jeweils anhand ihrer **Art** (Eigenschaften, Nutzen und Einstellungen) klassifiziert und unterscheiden sich jeweils in Bezug auf ihre **Vorteilhaftigkeit** (positive oder negative Assoziationen), **Stärke** (Stärke der Verbindung von Assoziationen und Marke) und **Einzigartigkeit** (Ausmaß der Übereinstimmung der Assoziationen bezüglich der Marke mit den Assoziationen in Bezug auf Konkurrenzprodukte) (Keller 1993).

Der Markenwertaufbau bzw. die Markenwerterhöhung durch Unternehmen erfordert letztlich also eine Steigerung der Markenbekanntheit und die Formung eines positiven Markenimages (z. B. Pitta und Katsanis 1995). Da das Markenimage, wie dargestellt, im Wesentlichen auf einem Netzwerk von Markenassoziationen in den Köpfen – z. B. der

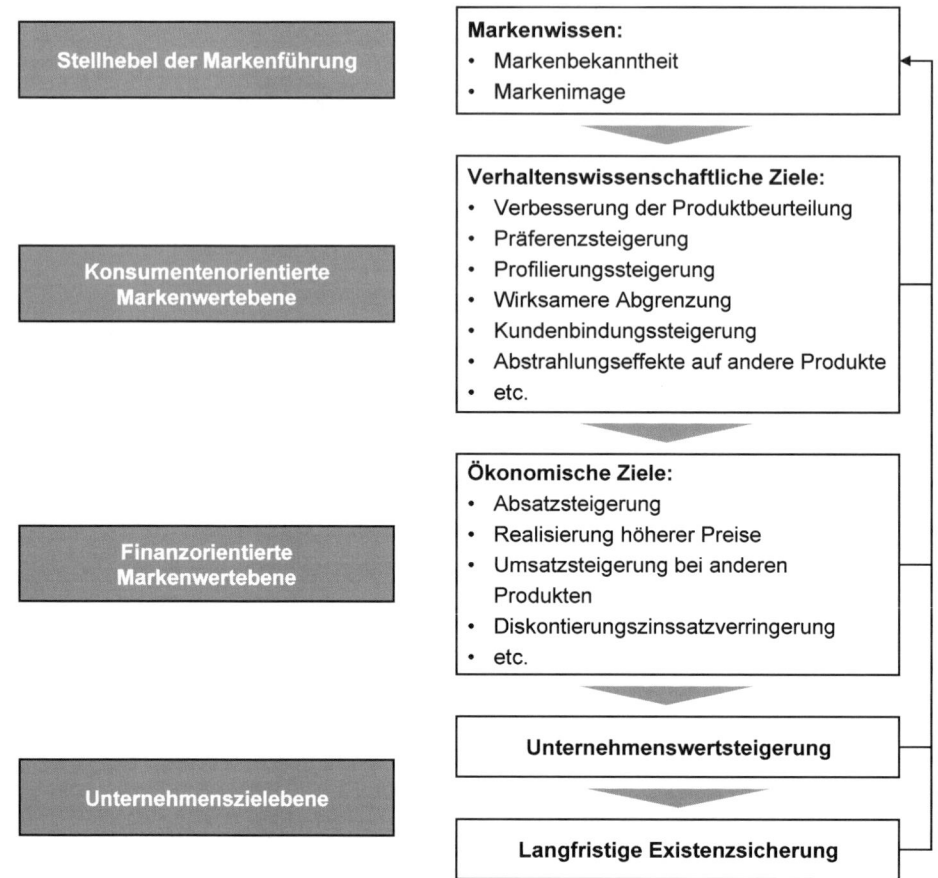

Abb. 1 Wirkungskette der Markenführung

Kunden – basiert, setzt der Aufbau von starken Marken ein tiefes Verständnis der Marken-assoziationen voraus (Chen 2001). Ein Unternehmen muss in diesem Sinne versuchen, die „richtigen" Inhalte im Rahmen des Markenwertaufbaus zu bestimmen und dann konse-quent zu nutzen.

Im Commodity-Bereich besteht die Herausforderung nun im Kern darin, dass nicht im Sinne eines adaptiven Marketings an bestehenden Assoziationsmustern angesetzt werden kann, die etwa mit Hilfe der Analyse kognitiver Netzwerkstrukturen empirisch beim je-weiligen Zielpublikum zu erheben sind (Bekmeier-Feuerhahn 2001). Die Netzwerkstruk-turen der bestehenden Markenassoziationen sind unter Umständen schon so verkümmert und/oder ins Unterbewusstsein abgerutscht und weitestgehend habitualisiert, dass eine auch noch so feine Analyse wenige Ankerpunkte für einen Markenaufbau ergibt. Geeigne-te Assoziationsmuster müssen hier im Sinne eines strukturverändernden Marketings erst einmal sukzessive aufgebaut werden, bevor diese dann im Rahmen eines professionellen Markenmanagements instrumentalisiert werden können. Entsprechende Wissenselemente sind hierbei dann sowohl im Sinne von Suchinformationen als auch Bewertungsinformationen zu vermitteln. Der Käufer von Orangen, Mineralwasser, Tapeten, Dübeln und Schrauben etc. muss beispielsweise erst einmal wissen, dass diese Produkte spezifische Eigenschaften aufweisen, hinsichtlich derer es relevante Unterschiede geben kann, und dann müssen diese Unterschiede für den Käufer auch noch eine Bedeutung bzw. signifikante Valenz aufweisen. Bei Nahrungsmitteln ist es in den letzten Jahren etwa bei größeren Käuferschichten gelungen, Eigenschaften wie Herkunft (Fisch aus stark belasteten oder kaum belasteten Gewässern) oder Anbauart (biologischer Anbau) als Differenzierungsmerkmale zu verankern und diesen eine signifikante Valenz zuweisen zu lassen.

Im vorliegenden Zusammenhang besteht bereits eine sehr enge Verbindung zu verhaltenswissenschaftlichen Zielgrößen, die im Kontext einer kunden- oder speziell konsumentenorientierten Markenwertbetrachtung an besonderer Bedeutung gewinnen.

Verhaltenswissenschaftliche Zielgrößen und konsumentenorientierter Markenwert
Die Steigerung der Bekanntheit und die gezielte Ausgestaltung des Markenimages sollen letztendlich zur Erreichung der Unternehmensziele beitragen. Diese Wirkung vollzieht sich jedoch nicht direkt sondern vielmehr im Rahmen einer Wirkungskette (vgl. Abb. 1). So beeinflussen eine gesteigerte Bekanntheit und ein verbessertes Markenimage über die Erfüllung von **Funktionen beim Kunden** zuerst **verhaltenswissenschaftliche Zielgrößen**. In Bezug auf die Funktionen, die starke Marken für den Kunden ausüben, sind beispielsweise die Komplexitätsreduktionsfunktion, die Vertrauensfunktion und die Prestigefunktion zu nennen. Marken haben Schlüsselinformationscharakter (Burmann et al. 2005; Kroeber-Riel et al. 2009). Diese Funktionen führen unter anderem zu positiven Auswirkungen in der Form einer verbesserten Produktbeurteilung, einer gesteigerten Präferenz und Profilierung, einer wirksameren Abgrenzung (Differenzierung) der eigenen Produkte, einer gesteigerten Kundenbindung und einer erhöhten Aufmerksamkeit und schnelleren Akzeptanz für andere (neue) Produkte unter der Marke (Burmann et al. 2005; Bruhn 1992; Henning-Bodewig und Kur 1988).

Der konsumentenorientierte Markenwert, der am Kunden bzw. genauer an den Köpfen der Kunden ansetzt, fasst diese Wirkungen zusammen (Kapferer 1992). „Customer-based brand equity is defined as the differential effect of brand knowledge on consumer response to the marketing of the brand. …a brand is said to have positive (negative) customer-based brand equity if consumers react more (less) favorably to the product, price, promotion, or distribution of the brand than they do to the same marketing mix element when it is attributed to a fictitiously named or unnamed version of the product or service" (Keller 1993, S. 8).

Verschiedene Vorstellungen des Konsumenten bezüglich zweier Marken bewirken also, dass identische Maßnahmen unterschiedlich wahrgenommen werden und führen daher zu unterschiedlichen Reaktionen. Diese variierenden Vorstellungen resultieren aus unterschiedlichen Ausprägungen des Markenwissens (also der Markenbekanntheit und des Markenimages) in den Köpfen der Konsumenten.

Das Spektrum verhaltenswissenschaftlicher Zielgrößen, deren Verwirklichung letztlich zu einer Steigerung des Markenwerts beiträgt, ist freilich außerordentlich breit und bunt.

Zu beachten ist dabei, dass es im Blick auf eine erfolgreiche Markenführung jeweils ergebnisorientierte Zielhierarchien zu entwickeln gilt, an deren Spitze nicht allein bestimmte Präferenzen und positive Einstellungen stehen, sondern ganz konkrete Verhaltensbereitschaften – etwa die Marke immer wieder nachzufragen und sogar den Händler zu wechseln, sollte diese nicht vorrätig sein, etwas mehr für die Marke zu bezahlen sowie die Bereitschaft, anderen diese Marke aktiv weiterzuempfehlen. Der Wert unserer „Bio-Marke" ist freilich dann deutlich höher, wenn nicht nur viele Kunden unser Angebot gut finden, sondern dieses kaufen, weiterempfehlen etc. Bei Kaufbereitschaft, Preisbereitschaft, Kundentreue etc. handelt es um verhaltenswissenschaftliche Zielgrößen, die unmittelbar an der Nahtstelle zu den so genannten ökonomischen Zielgrößen sitzen, die im Zentrum des finanzorientierten Markenwerts stehen.

Ökonomische Zielgrößen und finanzorientierter Markenwert Im Rahmen unserer Wirkungskette der Markenführung (vgl. Abb. 1) üben also die verhaltenswissenschaftlichen Effekte Wirkungen auf **ökonomische Zielgrößen** der Markenführung aus. So können starke Marken beispielsweise eine Erhöhung der Absatzmenge oder die Durchsetzung von höheren Preisen bei gleicher Menge oder eine Verbindung beider Auswirkungen bewirken (Farquhar 1989). Gleichzeitig kann durch positive Erfahrungen der Kunden mit bestimmten Produkten unter der Marke über eine gesteigerte Aufmerksamkeit für alle Produkte unter der Marke der Umsatz auch bei anderen Produkten erhöht werden. Schließlich führt die durch die gesteigerte Kundenbindung resultierende geringere Volatilität des Absatzes zu einer Risikoreduktion, die geringere Diskontierungszinssätze zukünftiger Einzahlungsüberschüsse bewirkt (Burmann et al. 2005).

Bei der Ermittlung des finanzorientierten Markenwerts müssen z. B. über die konkrete Bereitschaft, mehr für die Marke zu bezahlen, letztlich alle potentiellen und faktischen geldwerten Vorteile einer Marken identifiziert und bewertet werden. In welcher Höhe können etwa die Akquisitionskosten dadurch gesenkt werden, dass die Kundenbindung um x Prozent erhöht wurde und sich unsere Stammkunden aktiv als „Markenbotschafter" einbringen? Insofern wäre dann der Wert einer Marke als „die Summe der auf den gegenwärtigen Zeitpunkt diskontierten Zusatzgewinne zu interpretieren" (Kern 1962, S. 26).[1]

Unternehmensziel und Unternehmenswert Der finanzorientierte Markenwert, der auf einen zu berechnenden Geldwert hinausläuft, steht im engen Zusammenhang mit dem Shareholder-Value-Konzept. Im Rahmen unserer Wirkungskette der Markenführung (vgl. Abb. 1) ergibt sich an dieser Stelle die Verbindung von der Markenwert- zur Unternehmenswertebene. Über die verbesserten ökonomischen Leistungsparameter wird der Cash Flow ausgedehnt und beschleunigt und über die Risikoreduktion werden die zukünftigen

---

[1] Definitionen des Markenwerts werden typischerweise in die beiden Kategorien finanzorientierter und konsumentenorientierter Markenwert eingeteilt (Drees 1999; Pitta und Katsanis 1995). Daneben schlagen manche Autoren eine integrative Sichtweise als dritte Kategorie vor, die sowohl konsumentenorientierte als auch finanzorientierte Gesichtspunkte enthält (Franzen et al. 1994; Riedel 1996).

Cash Flows zudem vermindert abgezinst. Das Resultat ist ein verbesserter **Shareholder-Value** bzw. **Unternehmenswert** (Burmann et al. 2005; Srivastava et al. 1998).

Diese Steigerung des Unternehmenswerts durch die Instrumente der Markenführung unterstützt die **Globalziele der Unternehmung,** da auf Unternehmensebene in den meisten Fällen die langfristige Existenzsicherung durch den Erhalt und die Steigerung des Unternehmenswerts angesiedelt wird (Hahn und Hungenberg 2001; Wiedmann und Heckemüller 2003).

Aufs Ganze gesehen lässt sich über die verschiedenen Stufen unserer Wertkette der Markenführung sehr gut erkennen, wie entsprechende Gestaltungsansätze eines Markenmanagements im Allgemeinen, eines Commodity Branding im Besonderen auszurichten und miteinander zu verzahnen sind. In letzter Konsequenz muss insofern auch und gerade ein Commodity Branding zu einer Steigerung des Unternehmenswerts und als Vorstufe dahin gerade eben des Markenwerts beitragen. Mit Hilfe eines differenzierten Controllingsystems ist dementsprechend darauf hinzuwirken, dass alle Aktivitäten innerhalb einer strategischen Konzeption des Commodity Branding tatsächlich wertorientiert ausgerichtet sind. Aber auch umgekehrt gilt es sicherzustellen, dass aus dem Blickwinkel kurzsichtiger Wettbewerbsstrategien und sehr kurzfristiger Gewinnerzielungsabsichten keine Markenwerte und mithin Unternehmenswerte zerstört werden, wie es gerade in den letzten Jahren in zahlreichen Märkten der Fall war und noch immer ist. Ein sehr gutes Beispiel zur Veranschaulichung solcher Risiken ist gerade der Energiemarkt, auf den wir später noch etwas näher eingehen wollen.

3.2 Ansatzpunkte eines markenwert-zentrierten Commodity Branding

Um ein markenwert-zentriertes Commodity Branding in der Unternehmenspraxis zur vollen Entfaltung zu bringen, bedarf eines **umfassenden integrierten Managementansatzes,** der auf den unterschiedlichsten Managementebenen (normatives, strategisches und operatives Management) sowie eingebunden in leistungsfähige Managementsysteme (Informations- und Steuerungssysteme, Controllingsysteme) zu differenzieren ist (z. B. Wiedmann 1994; mit Bezug zum Marketing von EVUs Wiedmann 2004c). Auf der Ebene eines normativen Managements kommt es etwa darauf an, das Leitbild eines markenwert-zentrierten Branding innerhalb der Unternehmensphilosophie und darüber hinaus auch Unternehmenskultur zu verankern sowie in diesem Zusammenhang beispielsweise für eine motivationsstarke Unternehmensvision, ein zukunftsgerichtetes „Defining the Business" und „Defining the Business Mission" etc. Sorge zu tragen. Entsprechende Zielvorstellungen und globale strategische Stoßrichtungen sind dann auf der Ebene eines strategischen Managements in konkrete Strategieprogramme zu übersetzen. Auszuarbeiten sind hier etwa tragfähige Markenbildungs-, Positionierungs- sowie Segmentierungsstrategien, aber zum Beispiel auch Kooperationsstrategien (etwa mit anderen Anbietern oder dem Handel). Mit dem Strategieprogramm wird dann jeweils die Richtung vorgeben, in die sich das operative Management etwa bei der Planung des Marketingmix aber auch darüber hinausgehender Maßnahmenprogramme einer Markenwertschaffung (z. B. umfassende Ansatzpunkte eines Reputationsmanagement) zu bewegen hat.

Im vorliegenden Beitrag müssen wir uns indessen damit begnügen, einige zentrale Elemente eines Bezugsrahmens einer strategischen Markenführung im Commodity-Bereich zu skizzieren. In diesem Sinne zeigen wir zunächst die wichtigsten Prozessstufen einer solchen strategischen Markenführung auf – ohne dabei die Schnittstellen zum normativen und operativen Management eingehender zu akzentuieren. Im Anschluss daran beschäftigen wir uns zumindest knapp etwas näher mit den Bezugspunkten eines Commodity Branding, die es letztlich bei der Definition strategischer Stoßrichtungen eines Commodity Branding in besonderer Weise zu beachten gilt.

Da das im vierten Kapitel vorgestellte Fallbeispiel entlang der wichtigsten Stufen des Prozessmodells eines markenwert-zentrierten Commodity Branding aufgebaut ist, mag im Folgenden zunächst eine kurz gefasste Überblicksskizze genügen.

3.2.1   Skizze eines Prozessmodells des markenwert-zentrierten Commodity Branding

Angesichts der besonderen Herausforderungen des Commodity Branding ist auf allen Managementebenen ein strukturiertes Vorgehen dringend erforderlich. Konzentrieren wir uns einmal auf die Gestaltungsprobleme auf der Ebene eines strategischen Managements, so lassen sich vor allem die in Abb. 2 aufgezeigten Phasen unterscheiden.

Strategische Situationsanalyse: Analyse der Rahmenbedingungen sowie vor allem der relevanten Chancen/Risiken sowie Stärken/Schwächen Den Ausgangspunkt hat zunächst eine strategische Situationsanalyse zu bilden, die in der Identifikation der relevanten Chancen/Risiken sowie Stärken/Schwächen (SWOT-Analyse) mündet. Wichtig ist dabei, dass auf der normativen Ebene entsprechende Voraussetzungen hierfür geschaffen wurden, um etwa zu vermeiden, dass eine solche Situationsanalyse zu sehr vor dem Hintergrund bisheriger Überzeugungen, Sichtweisen und Erfahrungen erfolgt. Gerade im Kontext eines markenwert-zentrierten Commodity Branding muss eine strategische Situationsanalyse bestehende „Branchen- und Betriebsblindheiten" überwinden und muss offen für neue Erkenntnisse, für alternative Zukunftsszenarien, ebenso wie für neue und auch ungewöhnliche Handlungsoptionen sein. In Branchen, deren Angebote traditionell dem Commodity-Sektor zugerechnet werden, muss die Überwindung einer verengten Sichtweise und die kreativ-innovative Bestimmung von möglichen und bislang vielleicht sogar unmöglich erscheinenden Differenzierungs- und Profilierungsmöglichkeiten den Ausgangspunkt bilden, um dann insbesondere im Lichte solcher neuen Handlungsoptionen gezielt nach Chancen/Risiken sowie Stärken/Schwächen forschen zu können. Nur auf dieser Basis macht eine SWOT-Analyse dann auch tatsächlich Sinn.

Im zweiten Kapitel unseres Beitrags hatten wir bereits einige Vorarbeiten hinsichtlich eines besseren Verständnisses jener Analyseaufgaben geleistet, die es im Rahmen der strategischen Situationsanalyse anzugehen gilt. Insofern mag es auch genügen, an dieser Stelle lediglich einige zentrale Analyseaufgaben stichpunktartig anzureißen bzw. anzustrukturieren:

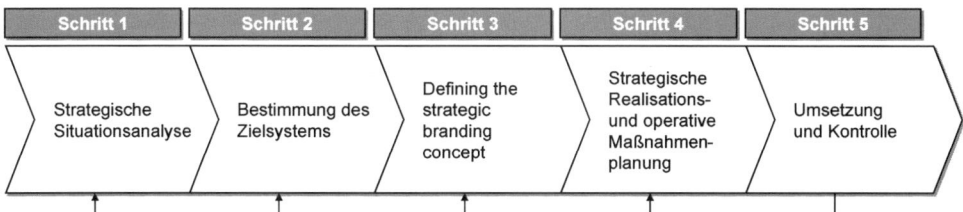

Abb. 2 Prozess des markenwert-zentrierten Commodity Branding

- Gibt es auf der Ebene des gesellschaftlichen Wandels, des Wandels von Wertsystemen und Lebensstilen neue Trends, in deren Kontext unser Leistungsangebot gegebenenfalls eine Neueinschätzung bzw. eine neue Wertschätzung erfährt bzw. auf deren Basis entsprechende Beeinflussungskonzepte Anwendung erfahren könnten?
- Welche Voraussetzungen sind zu erfüllen, um von diesen Trends im Sinne einer Differenzierung profitieren zu können?
- Welche Wettbewerber gibt es zurzeit und inwiefern können deren Strategien die Erfolgswahrscheinlichkeit bzw. Ausgestaltung einer eigenen Commodity-Branding-Strategie beeinflussen?
- etc.

Im vorliegenden Zusammenhang bilden dann etwa Markenwert-Modelle einen geeigneten Hintergrund, um die Situationsanalyse und vor allem konkrete Marktforschungsstudien inhaltlich gezielt auf die Kernfragestellungen im Rahmen des Commodity Branding auszurichten.

Bestimmung eines Zielsystems für die Konzeption eines Commodity Branding Je differenzierter die Situationsanalyse angelegt ist, umso konkreter und operationaler können relevante Ziele eines Commodity Branding sowie die zwischen ihnen bestehenden Beziehungen bestimmt werden. Wichtig ist dabei zum einen, dass entlang der gesamten Wertkette der Markenführung (vgl. nochmals Abb. 1) möglichst operationale, also etwa nach Inhalt, Ausmaß und zeitlichem Bezug konkretisierte Ziele herausgearbeitet und zu einem schlüssigen Steuerungssystem vernetzt werden. Zum anderen müssen aber darüber hinaus auch entsprechende interne und externe Voraussetzungen einer Zielerreichung ausgeleuchtet und ausgehend davon im Sinne einer Ziel-Mittel-Kette als entsprechende Unterziele formuliert und in ein entsprechendes Kennzahlensystem eingepflegt werden (zum Konzept einer Brand Scorecard vgl. Wiedmann et al. 2004b). Welchen Stand des Markenwissens streben wir bei unseren Zielkunden an? In welchem Umfang muss es dazu gelingen, im Umfeld unserer Zielkunden entsprechende Absatzmittler, Meinungsführer und Market Mavens zu aktivieren, um eine solche Wissensvermittlung in einem bestimmten Zeitraum verwirklichen zu können? In welchem Ausmaß muss hierzu der Bekanntheitsgrad unserer Marke bei diesen Personen bzw. Institutionen erhöht werden und in inwieweit müssen hier bestehende Einstellungen verändert und Akzeptanzen geschaffen werden?

Defining the Strategic Branding Concept: Bestimmung der strategischen Stoßrichtungen der Markenkonzeption und Ausarbeitung der Markenstrategie Hand in Hand mit der Ausdifferenzierung eines operationalen Zielsystems müssen im Kontext der Erarbeitung geeigneter Ziel-Mittel-Ketten die strategischen Stoßrichtungen der Markenkonzeption bestimmt und in Gestalt konkreter Strategieprogramme systematisch ausdifferenziert werden. Zentraler Ausgangspunkt bildet hierbei die Bestimmung der zu fokussierenden Bezugspunkte eines Commodity Branding. Lässt sich etwa am Produkt, an Dienstleistungen oder an Eigenschaften des Unternehmens ansetzen und welche Markenassoziationen erweisen sich dabei jeweils als besonders zugkräftig, um entsprechende Ziele verwirklichen zu können? Soll insofern eine Produkt- oder Unternehmensmarkenstrategie oder eine differenzierte Markenportfolio-Strategie gewählt werden? Eine Ausdifferenzierung dieser „strategischen Branding-Konzeption" hat dann beispielsweise im Sinne konkreter Segmentierungs-, Positionierungs-, Wettbewerbs- und partnergerichteten Strategien (zum Beispiel handelsgerichtete Strategien) etc. zu erfolgen. Ein wichtiges Strategiekonzept bilden im vorliegenden Zusammenhang etwa auch Markenkooperationen, mit deren Hilfe ein erweiterter Ansatz eines Markenidentitätsaufbaus realisiert werden kann (zum Beispiel Strategien des Kompetenzaufbaus, Strategien zur Unterstreichung von Glaubwürdigkeit u. v. a. m.) (Wiedmann et al. 2003b).

Die Ansatzpunkte zur Bestimmung einer strategischen Markenkonzeption (Defining the Strategic Branding Concept) erscheint uns gerade im Kontext eines Commodity Branding so wichtig, dass wir hierauf weiter unten noch etwas näher eingehen wollen.

Strategische Realisationsplanung und operative Maßnahmenplanung Auf der Basis eines operationalen Zielsystems und einer Erfolg versprechenden Strategiekonzeption müssen dann die Umsetzungsschritte konkret geplant und vor allem die Strategieansätze in konkrete Maßnahmenprogramme übersetzt werden. Die strategische Realisationsplanung umfasst Fragen wie: Welche Ressourcen müssen für welche Zwecke zur Verfügung gestellt und erst aufgebaut werden? Welche Budgets sind beispielsweise zur Verfügung zu stellen und wie sieht hierfür der Finanzplan aus? In welchem Umfang werden Mitarbeiter- und auch Händlerschulungen benötigt? Müssen Prozesse des organisationalen Wandels eingeleitet werden? Aufbauend auf eine systematische Beantwortung dieser Fragen ist dann letztlich ein strategischer Netzplan zu erstellen und ein professionelles Projektmanagement einzurichten, um ein hohes Maß an Effizienz und Effektivität sicherzustellen.

Im Mittelpunkt der Maßnahmenplanung steht freilich die Planung des absatzmarktgerichteten Marketingmix. Es darf aber nicht übersehen werden, dass parallel dazu immer auch unternehmensinterne Maßnahmenprogramme sowie Marketingprogramme gegenüber anderen Stakeholdergruppen (Investoren, Öffentlichkeit etc.) geplant und mit dem Absatzmarketing systematisch verzahnt werden müssen.

Umsetzung und Kontrolle Selbstverständlich bildet die anschließende Phase der Umsetzung und Kontrolle ebenfalls ein wichtiges Aufgabenfeld. Wichtig erscheint vor allem, dass die Umsetzung eines gegebenenfalls sehr anspruchsvollen strategischen Markenkonzepts in ausreichend robusten Schritten erfolgt und diese durch eine systematische Kontrolle mit einer entsprechend differenzierten Abweichungsanalyse flankiert wird, um bereits im Prozess der Umsetzung gegebenenfalls nötige Anpassungen und Korrekturen vornehmen zu können – und zwar bis hin zu den grundlegenden Zielen und Strategien des Commodity-Branding-Konzepts. Die Basis hierfür hat ein leistungsfähiges Tracking zu bilden, das auf einem markenwert-zentrierten Kennzahlensystem aufbaut, wie es zuvor schon einmal kurz angesprochen wurde. In diesem Sinne finden verhaltenswissenschaftliche und/oder ökonomische markenwert-zentrierte Zielgrößen Anwendung, auf deren Grundlage die Zielerreichungsgrade ermittelt werden, die im Sinne eines zielgerichteten Feedbacks Anpassungen des Commodity-Branding-Konzepts nach sich ziehen.

Während die Gestaltungsansätze in den verschiedenen Prozessstufen im Wesentlichen auf klassischen Vorstellungen eines professionellen Managements oder speziell auch Marken-Managements (als Überblick vgl. neuerdings vor allem Bruhn 2004) aufbauen, stellt der Ansatz der Bestimmung einer strategischen Markenkonzeption einen Aufgabenbereich dar, bei dem zum Teil auch neue Wege beschritten werden müssen. Insofern soll dieses Themenfeld an dieser Stelle noch kurz etwas differenzierter aufgegriffen werden.

3.2.2 Bestimmung relevanter Bezugspunkte eines markenwert-zentrierten Commodity Branding – Defining the Strategic Branding Concept als zentrale Herausforderung

Im Kontext der Überlegungen hinsichtlich eines effizienten Commodity Marketings taucht immer wieder die Frage auf, in welcher Weise sich bei relativ gleichartigen und gleichwertig wahrgenommenen Gütern wirklich **nachhaltige Wettbewerbsvorteile** aufbauen lassen (z. B. O'Keeffe und Fearne 2002). Derartige Ansatzpunkte müssen systematisiert und dann im Hinblick auf die Frage untersucht werden, ob sich einzelne Ansatzpunkte als Argumente für entsprechende Kommunikationsmaßnahmen oder sogar als Bezugspunkte für ein Commodity Branding eignen. Letzteres würde bedeuten, dass diese in ganz besonderer Weise akzentuiert werden und als Markenkern gewissermaßen den Dreh- und Angelpunkt aller identitätsbildenden Maßnahmen bilden würden. Ein entsprechender Planungsansatz wurde bereits an anderer Stelle etwas differenzierter ausgearbeitet (Wiedmann 1994, 2001, 2004a, b). Im Folgenden seien lediglich einige ausgewählte Aspekte dieses Ansatzes für die Aufgabenstellung eines Commodity Branding kurz angerissen.

In Abb. 3 sind zugleich einige relevante Analyse- und Planungsschritte angedeutet, die nunmehr entlang der unterschiedlichen Bezugspunkte in Angriff zu nehmen sind.

In Schritt 1 gilt es zunächst, jene Bezugspunkte herauszuarbeiten, die im konkreten Fall prinzipiell zur Verfügung stehen. Die Bandbreite ist in aller Regel sehr breit und bunt: Sie erstreckt sich etwa – wie zuvor schon anhand einzelner Beispiele verdeutlicht – vom Produkt selbst bzw. den unterschiedlichen Produkteigenschaften über produktbegleitende Dienstleistungen, spezifische Ansätze der Distribution bis hin zu Merkmalen des bzw. der anbietenden Unternehmen (und sei es auch nur in Gestalt der Tatsache, dass sie „von hier" sind).

Schritt 2 bildet dabei die kreativ innovative Identifikation möglicher Eigenschaftsmerkmale entlang der unterschiedlichen Bezugspunkte, die jeweils aus Sicht der relevanten Zielgruppen von Bedeutung sind bzw. sein können.

In einem weiteren Schritt sind dann jeweils die verschiedenen Merkmale im Dienste der Erstellung einer **Wettbewerbsvorteils-Matrix** einer kritischen Analyse hinsichtlich der Frage zu unterwerfen,

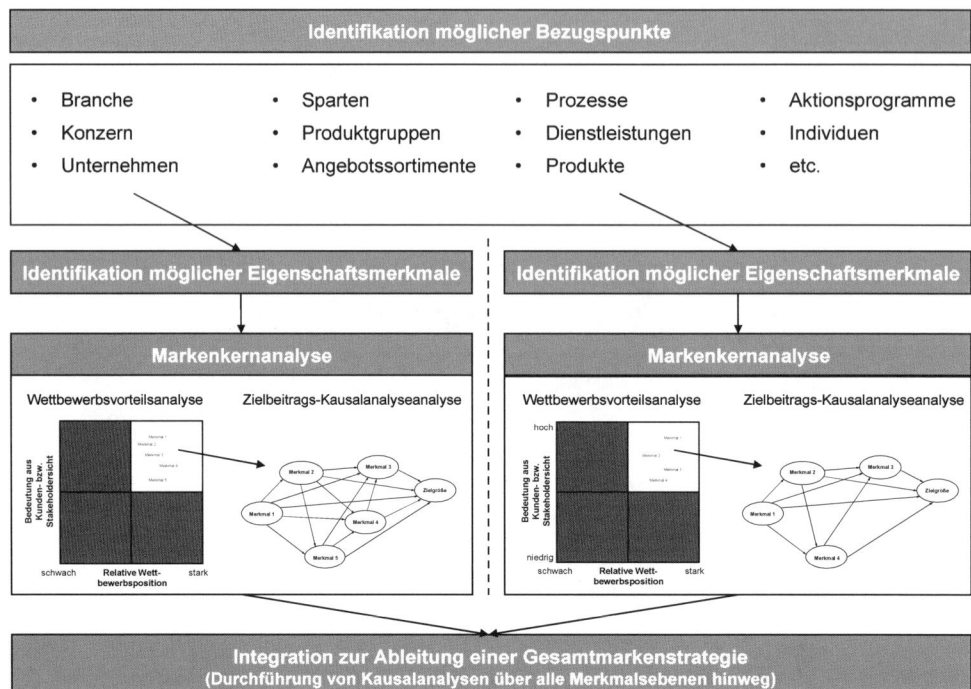

Abb. 3 Bestimmung eines strategischen Markierungskonzepts

a. welche Bedeutung die verschiedenen Merkmale aus Sicht der Zielkunden aufweisen bzw. bei realistischer Einschätzung bestehender Beeinflussungspotentiale aufweisen können,
b. welche Wettbewerbsvorteile konkret im Vergleich zum Wettbewerb bestehen bzw. im Lichte einer realistischen Einschätzung vorhandener Stärken und Schwächen und der hier bestehenden Entwicklungsmöglichkeiten auf- oder ausbaubar sind.

Jene Merkmalsdimensionen, bei denen eine hohe Wichtigkeit aus Kundensicht sowie hohe Wettbewerbsvorteile gegeben sind oder zumindest erreichbar erscheinen, bilden dann Anwärter für einen möglichen Markenkern, der im Rahmen des Commodity Branding professionell herausgestellt werden würde. Um zu einer Entscheidung gelangen zu können, welche dieser Anwärter wie stark und in welcher Kombination mit anderen Merkmalsdimensionen markentechnisch akzentuiert werden sollen, müssen dann die Zielbeiträge unterschiedlicher Merkmale bzw. Merkmalskombinationen entlang der zentralen Markenwertziele analysiert werden. Bildet beispielsweise die Sicherstellung einer hohen Kundenbindung in einem konkreten Fall das wichtigste Verhaltensziel, so sind eben genau jene Merkmale bzw. Merkmalskombinationen herauszufinden, die hier im Sinne von Markenassoziationen den höchsten Erfolgsbeitrag leisten.

Werden parallel mehrere Markenwertziele als besonders bedeutend definiert, ist zu prüfen, ob einzelne Markenassoziationen entsprechend hohe Synergie-Effekte im Blick auf die

Zielerreichung aufweisen oder inwieweit das Konzept einer Mehrmarkenstrategie verfolgt werden muss. Letzteres könnte etwa bedeuten, dass ein effizientes Zusammenspiel von Produkt-, Prozess- und Unternehmensmarken im Rahmen eines Marken-Portfolios systematisch organisiert wird.[2] Gleichzeitig können dabei etwa auch unterschiedliche Schwerpunkte in der Markenwertbildung bei verschiedenen Zielgruppen Beachtung finden. Für den Handel und technisch interessierte Kunden mag es etwa sinnvoll sein, ein bestimmtes Logistiksystem, das ein hohes Maß an Frische und Verlässlichkeit garantiert, markentechnisch herauszustellen. Im Blick auf andere Kundengruppen kann es etwa besonders effizient sein, auf den bio-dynamischen Anbau und die sich hieraus ergebende besondere Produktqualität abzustellen. Im Bereich der markentechnischen Umsetzung gibt es in diesem Zusammenhang verschiedene Möglichkeiten, die von einer eigenen Markierung mit einer Produkt- oder Unternehmensmarke bis hin zu Gemeinschaftsmarken oder Qualitätssiegeln reichen (Wiedmann 2001, 2004b). Ein Beispiel für eine Gemeinschaftsmarke entlang der Wertschöpfungskette ist Demeter. Demeter ist ein Markenzeichen für Produkte aus biologisch-dynamischer Wirtschaftsweise. Nur streng kontrollierte Vertragspartner dürfen das Demeter-Zeichen nutzen. Dabei wird eine lückenlose Überprüfung vom Anbau, über die Verarbeitung bis zur Ladentheke anhand der Richtlinien des Demeter-Verbandes propagiert.

Teilweise reichen aber auch schon Umsetzungsalternativen, die sich allein auf eine Bezugsebene konzentrieren, um entsprechende Markterfolge zu erzielen. Folgende Beispiele lassen sich hier etwa im Hinblick auf verschiedene Bezugspunkte anführen:

- Im Rahmen des Produktbranding wird eine Differenzierung durch den Aufbau einer Identität und eines Images auf der Ebene von einzelnen (eng gefassten) Produkten angestrebt. Beispiele im Commodity-Bereich umfassen Markierungen in der Früchteindustrie, im Tapetenmarkt oder im Zulieferermarkt von Restaurants (Betts 1994; Beverland 2001; o. V. 1995).
- Eine Erweiterung des Branding-Bezugspunkts ergibt sich beim Angebots(sortiment)-Branding. Die Markierung wird hier auf ein erweitertes Produktangebot bezogen. So lässt sich das Angebot von Industriechemikalien beispielsweise um Service- und Beratungsleistungen für den Kunden erweitern. Eine andere Möglichkeit besteht im Angebot eines Produkt-Bundles aus Industrie- und Spezialchemikalien. In beiden Fällen wird das Commodity-Produkt um weitere Angebotsdimensionen erweitert, die im Rahmen des Branding markiert werden.
- Eine Differenzierung lässt sich ebenfalls auf der Unternehmensebene durchführen (Corporate Branding). „Corporate Branding manifestiert sich im Kern darin, dass die spezifische Identität eines Unternehmens im Rahmen der Positionierung und Profilierung gegenüber allen relevanten Austauschpartnern ins Zentrum gerückt wird"

---

[2] Im Markt anspruchsvoller Gebrauchsgüter konnten wir so etwa feststellen, dass Produktmarken vor allem einen Beitrag zum Aufbau einer Hardware-Kompetenz leisten, während Unternehmensmarken in der Tendenz eher dazu geeignet sind, so etwas wie eine Software- und Brainware- bzw. Erlebniskompetenz zu vermitteln (Wiedmann und Schmidt 1999).

(Wiedmann 2004b, S. 1413). So steht z. B. die Unternehmensmarke Readymix bei den Hauptprodukten mineralische Rohstoffe, Zement, Transportbeton und Betonbauteile für Hochwertigkeit, Vielfältigkeit und intelligente Dienstleistungen.

Bei der Umsetzung des skizzierten Ansatzes erscheint es besonders wichtig, in robusten Schritten vorzugehen und in einem ersten Schritt vielleicht erst einmal mit einem einfacheren Lösungsansatz zu starten, bei dem im Lichte einer Analyse bestehender Herausforderungen einige zentrale Merkmalsdimensionen des Leistungsangebots sowie des Unternehmens ausgewählt werden, um diese dann hinsichtlich ihres Beitrags zur Verwirklichung von Markenwertzielen zu analysieren. Konkret würde dies bedeuten, dass etwa auf die in Abb. 3 angedeuteten Kausalanalysen auf der Zwischenebene der Analysen aus dem Blickwinkel einzelner Bezugspunkte eines Branding verzichtet wird und unmittelbar auf einer aggregierten Betrachtungsebene entsprechende Analysen durchgeführt werden.

Eine solche, etwas robustere Vorgehensweise soll im Folgenden am Beispiel des Energiemarkts bzw. konkret des Strom-Markts demonstriert werden. Hier wird im Rahmen eines Commodity-Branding-Ansatzes auf einen leistungsfähigen Ansatz der Kausalanalyse zurückgegriffen, um den Erfolgsbeitrag möglicher Markenassoziationen zu bestimmen. Die einzelnen in Abschn. 3.2.1 skizzierten Prozessschritte werden hierbei allerdings nur teilweise und in verkürzter Form durchlaufen (z. B. wird Schritt 4 ganz ausgeblendet). Den Ausgangspunkt bildet eine knappe Kennzeichnung der aktuellen Bedingungen auf dem Energiemarkt bzw. speziell Strom-Markt.

4 Commodity Branding im Energiesektor – Ein Anwendungsbeispiel

4.1 Analyse der Ausgangssituation

In Bezug auf den Energiemarkt fokussiert sich die Diskussion der letzten Jahre vor allem auf die beiden Produkte Strom und Gas. Dies steht nicht zuletzt im Zusammenhang mit der Liberalisierung dieser Märkte.

Mit der Formulierung der Binnenmarktrichtlinie Strom im Jahre 1997 und der Binnenmarktrichtlinie Gas im Jahre 1998 wurde dem Wettbewerb auf den Energiemärkten der Weg geebnet, auch wenn die Umsetzung der Mitgliedsstaaten in nationales Recht mit unterschiedlichem Tempo erfolgt (Thomas und Schiereck 2003). Vor allem beim Strom handelt es sich um ein im hohen Maße homogenes Gut: Es liegen keine offensichtlich wahrnehmbaren Unterscheidungsmerkmale in der Verwendung und in der Qualität vor. Unterschiede bestehen lediglich in der Phase der Stromerzeugung (zum Beispiel Atomstrom vs. Ökostrom) oder Stromzulieferung und -abrechnung. Neben der Gleichartigkeit ist auch das zweite Merkmal von Commodities, das geringe Involvement der Kunden, in aller Regel stark ausgeprägt (Laker und Tillmann 2000; von Maltzahn 1999; Wiedmann et al. 2002a).

In Bezug auf die Wirksamkeit der Marke im Commodity-Markt Energie konstatiert eine Untersuchung von Meffert et al. (2002) für die Strombranche eine geringe Kaufrelevanz. Sind Investitionen in die Marke im Energiemarkt daher Verschwendung? Diese Schlussfolgerung muss sehr kritisch hinterfragt werden, um nicht vorschnell eine der wenigen zur Verfügung stehenden und unter Umständen Erfolg versprechenden Differenzierungsdimensionen zu verwerfen. Zum einen ist eine hohe Markenbekanntheit wesentlich, um ins Evoked Set zu gelangen, wenn sich der Nachfrager für einen Anbieterwechsel entscheiden sollte. Zum anderen reicht es nicht aus, pauschal nach der Relevanz von Marken zu fragen. Eine Markenstrategie ist nicht per se erfolgreich oder nicht. Dies vernachlässigt die Qualitätsdimension im Rahmen der Markenstrategie und positive Einzelbeispiele innerhalb der Branche. Die Frage lautet daher nicht, ob die Marke im Energiebereich eine Relevanz an sich besitzt, sondern vielmehr, ob eine Markenstrategie Erfolg versprechend ist, die auf die richtigen Inhalte setzt und richtig umgesetzt wird.

So konnten wir etwa in verschiedenen Fällen mit dem zuvor skizzierten Ansatz dazu beitragen, dass sehr erfolgreiche Markenstrategien im Energiesektor realisiert werden konnten (Wiedmann 2000, 2004d; Wiedmann und Böcker 2001; Wiedmann et al. 2002b).

Nach der Liberalisierung des Energiemarkts stellte sich für die „etablierten" Energieversorgungsunternehmen (EVUs) in Deutschland vor allem die Herausforderung, eine Abwanderung der bestehenden Kunden zu verhindern und mithin die Angriffe seitens der „neuen" Wettbewerber abzuwehren. Die erste aggressive Strom-Marke, die sogar von einem der „Big Player" auf dem Energiemarkt mit einem sehr hohen Aufwand etabliert wurde, war Yello. Später folgten weitere. Damit begann vor allem im Strommarkt ein heftiger Preiskampf. Die anderen Anbieter reduzierten ihre Preise ebenfalls mit dem Ziel, möglichst keine Kunden an Yello oder an andere neue Anbieter zu verlieren.

Bei den Marktreaktionen kristallisierten sich dann verschiedene strategische Gruppen heraus. Zum einen solche, die sich auf einen Preiskampf einließen und teilweise versucht haben, die neuen „Preis-Marken" sogar noch zu unterbieten. Zum anderen gab es aber auch eine Reihen von Unternehmen, die sich nicht oder nur zum Teil auf einen Preiskampf eingelassen haben. In diesem Lager waren wiederum zwei Lager zu identifizieren: Die erste Gruppe reduzierte ihre Preise nur unwesentlich und versuchte über eine „Preis Face Lifting"-Strategie zum Erfolg zu kommen, z. B. in der Form des Angebots von einzelnen neuen Tarifen für neue (bzw. neu betitelte) Produkte. Die zweite Gruppe im Lager derer, die sich nicht auf einen aggressiven Preiswettbewerb einlassen wollten, verwirklichte ein Value-added-Konzept mit dem Fokus auf ein starkes Branding. Zur Überraschung aller war der Verlust an Kunden in beiden Gruppen sehr überschaubar. In vielen Fällen handelte es sich bei den verlorenen Kunden um Verlustkunden, d. h. Kunden mit denen die EVUs vorher Verluste realisierten. Die höchste Kundenbindung konnte bei jenen Unternehmen festgestellt werden, die in Gestalt eines Value-added-Konzepts einen echten strategischen Ansatz zu verwirklichen versuchten.

4.2 Bestimmung der Ziele

Im Lichte der zuvor skizzierten Herausforderungen und speziell angesichts des sich verschärfenden Wettbewerbs sollte für ein Stadtwerk eine Markenstrategie für den Gewerbekundenmarkt abgeleitet werden.[3] Dabei war in unserem Fall und ist auch noch heute bei den etablierten EVUs die Kundenbindung als herausragendes Ziel zu betrachten (zur Kundenbindung z. B. DeSouza 1992; Reichheld 1996; Rosenberg und Czepiel 1984; Wiedmann und Walsh 2002). Kundenbindung ist dabei nicht allein von Bedeutung, um entsprechende Angriffe seitens der neuen Wettbewerber abzuwehren, es handelt sich hier vielmehr auch ganz grundsätzlich um eine wesentliche Grundlage für eine Reduzierung der Kosten und für eine Steigerung des Umsatzes bzw. des Gewinns (Ahmad und Buttle 2002). Im Vergleich zu anderen Branchen war das Ziel der Kundenbindung für Unternehmen in der Energiewirtschaft speziell in der ersten Phase der Liberalisierung von höchster Relevanz, bedenkt man, dass erste Prognosen nach der Liberalisierung ein regelrechtes Sterben von Stadtwerken voraussagten. In manchen Quellen war von einer Reduzierung von 900 auf 100 Stadtwerke die Rede. Inzwischen haben sich hier die Gemüter wieder etwas beruhigt, da man erkennen kann, dass sich entsprechend extreme Konzentrationsprozesse nicht oder zumindest nicht so rasch vollziehen werden. Dennoch ist inzwischen die mögliche Abwanderung seitens der Kunden als ein zentrales Risiko einzustufen – sei es nun, weil sich diese aus eigenem Antrieb umorientieren und aus ihrer Sicht attraktivere Angebote wahrnehmen wollen und/oder sei es, weil sich Wettbewerber mit immer professionelleren Strategien im Energiemarkt etablieren. Um entsprechenden Risiken vorzubeugen und mithin einem, durch das Abwandern von Kunden provozierten Verlust des Unternehmenswerts entgegenzuwirken, gewinnt aus dem Blickwinkel der etablierten EVUs eine starke Marke, von der eine sehr starke Kundenbindungskraft ausgeht, an besonderer Bedeutung.

4.3   Bestimmung des Markenkonzepts

Entsprechend der Grundidee unseres markenwert-zentrierten Ansatzes gilt es nun vor allem, solche Markenassoziationen herauszufinden, die professionell markentechnisch umgesetzt eine hohe Kundenbindung zu bewirken in der Lage sind (ausführlicher dazu Wiedmann 2004d). Im vorliegenden Fallbeispiel wurde dabei ein sehr einfacher, also im zuvor erwähnten Sinne robuster Ansatz gewählt. Zum einen mussten freilich die klassischen und von vielen Wettbewerbern bereits intensiv genutzten Argumente abgebildet werden, um deren Einfluss untersuchen zu können. In diesem Sinne hatten wir einerseits unmittelbar angebotsbezogen das Preisargument berücksichtigt, andererseits mit einem stärkeren Bezug zu einer Unternehmensprofilierung die Argumente Versorgungssicherheit und Kompetenz. Darüber hinaus deuteten unsere Erfahrungen sowie zahlreiche Expertengespräche darauf hin, dass vor allem zwei weitere Faktoren Berücksichtigung finden sollten. Dies waren zum einen die Kundenorientierung, die im Lichte der gedanklichen Verarbeitung vergangener „Monopolzeiten" immer wieder als besonderer Engpass herausgestellt wurde

---

[3] Gewerbekunden stellen eine der wichtigsten Kundengruppen von Energieversorgungsunternehmen dar, da sie im Vergleich zu den Industriekunden einen höheren Erfolgsbeitrag liefern und im Vergleich zu Haushaltskunden eine höhere Wechselbereitschaft aufweisen.

und zum anderen die lokale Relevanz.[4] Stadtwerke haben sich in der Vergangenheit stets durch ihre (räumliche) Nähe zum Kunden ausgezeichnet. Darüber hinaus wurden Stadtwerke als öffentliche Unternehmen auch mit der Finanzierung von sozialen Projekten assoziiert, die den Bürgern einer Stadt ohne die Wirtschaftskraft des jeweiligen Stadtwerks nicht hätten zur Verfügung gestellt werden können. Stadtwerke standen also und stehen zum Teil auch heute noch für ein ausgeprägtes soziales Engagement.

Zwar können auch preisaggressive Anbieter, die in das Versorgungsgebiet eines Stadtwerks eindringen wollen, im Kontext ihres Reputationsmanagements entsprechende CSR-Projekte (Corporate Social Responsibility) akzentuieren. Letztlich jedoch nicht in dieser sehr authentischen und vor allen insofern glaubwürdigen Form, als entsprechende Leistungen ja schon traditionell erbracht wurden und nicht erst seit die „CSR-Welle" modern geworden ist (z. B. Wiedmann et al. 2004a). Diese aus dem besonderen Blickwinkel kommunaler Unternehmen besondere Profilierungschance hat uns auch dazu bewogen, bei unserer sehr pragmatischen Operationalisierung eines Local Branding-Ansatzes speziell auf den Gedanken der lokalen Relevanz abzustellen und weniger auf den der lokalen Nähe, aus dem sich etwa konkrete Betreuungsvorteile im Sinne einer besseren Kenntnis der Probleme vor Ort oder eine hohe Versorgungssicherheit ableiten lassen. Derartige konkrete Aspekte sind indessen bereits über die anderen von uns betrachteten Dimensionen erfasst.

Abbildung 4 zeigt die Operationalisierung der von uns berücksichtigten Merkmalsdimensionen sowie der in Gestaltung der Kundenbindung definierten Zielgröße.

Insgesamt sei noch einmal betont, dass selbstverständlich weitere Markenassoziationen hätten betrachtet und diese sowie die von uns herangezogenen sehr viel differenzierter hätten operationalisiert werden können. Gerade in der Praxis ist es indessen jedoch häufig nötig, entsprechende Zugeständnisse an das Marktforschungsbudget zu machen. Dies nicht zuletzt auch, um eine immer wiederkehrende Erhebung entsprechender Daten im Sinne eines Tracking zu ermöglichen, über das letztlich auch nur ein effizientes Controlling gewährleistet werden kann. Im vorliegenden Fall glauben wir sogar, dass die zugunsten einer Reduktion der Marktforschungskosten in Kauf genommenen Beschränkungen – zumindest aus dem Blickwinkel einer praxisrelevanten Strategieplanung – keinen nicht durchaus verschmerzbaren Informationsverlust nach sich zogen.

Um ausgehend von den identifizierten und dann operationalisierten Merkmalsdimensionen konkrete Wirkungsmuster mit Bezug auf die Gewährleistung einer hohen Kunden-

---

[4] Diese Vermutung korrespondiert gleichzeitig mit der Marketingliteratur zum Ursprungsort von Produkten. Kunden zeigen Tendenzen und Motivationen, welche zu einer stärkeren Präferenz eigener Produkte führt. Dies sind Produkte, die in der eigenen Region bzw. der eigenen Stadt produziert oder angebaut werden oder die einfach daher kommen (Head 1992; Müller 1990). Der Ursprungsort eines Produktes übt einen komplexen Einfluss auf das Konsumentenverhalten aus (Askegaard und Ger 1998; Papadopoulos und Heslop 1993). Es liegen mehr als 600 Studien zu Country-of-Origin-Effekten vor, die sich dieser Problematik auf der nationalen Ebene widmen (Papadopoulos und Heslop 2003). Nichtsdestotrotz kann ein ähnlicher Effekt in Bezug auf einen lokaleren Fokus des Produktursprungsortes vermutet werden. Nicht nur das Land, aus dem ein Produkt kommt, sondern auch dessen Region, Stadt oder sogar Nachbarschaft können eine wichtige Rolle im Kaufprozess spielen.

Faktor (Name im Modell)	Gemessen durch ...*
Lokale Relevanz (Lokale Relevanz)	... eine Frage: · wahrgenommener Status der Stadtwerke für die Stadt
Energiekompetenz (Kompetenz)	... eine Frage: · wahrgenommene Kompetenz der Stadtwerke im Energiemarkt
Wahrgenommene Kundenorientierung (Kundenorientierung)	... eine Frage: · Ausmaß der Kundenorientierung der Stadtwerke
Versorgungssicherheit (Versorgungssicherheit)	... eine Frage: · Bewertung der Stadtwerke als ein verlässlicher Versorger
Angemessenheit des Preises (Preis)	... zwei Fragen: · anderer Versorger kann gleiche Leistung viel billiger erbringen Preisbewertung als "sehr positiv/positiv/negativ/sehr negativ"
Kundenbindung (Kundenbindung)	... zwei Fragen: · würden Sie die Stadtwerke weiterempfehlen (emotionaler Aspekt) · würden Sie ihren Anbieter wechseln (konativer Aspekt)

* An dieser Stelle präsentieren wir nur kurze Versionen der Fragen

Abb. 4 Operationalisierung der Einflussfaktoren und der Zielgröße

bindung feststellen zu können, wurde eine Erhebung im Zielsegment der Gewerbekunden vorgenommen (in sechs Städten jeweils ca. 250 Gewerbekunden) und die so gewonnenen Daten mit Hilfe einer anspruchsvollen, zugleich aber auch schon bewährten Methodik der Kausalanalyse ausgewertet (vgl. im Einzelnen zum Untersuchungsaufbau Wiedmann 2004d). Der Einsatz anspruchsvollerer Verfahren der Kausalanalyse ist insofern wichtig, als diese, wie z. B. der LISREL-Ansatz der Kausalanalyse (Bagozzi 1982; Jöreskog 1978; Jöreskog und Sörbom 1982), in der Lage sind, neben der Betrachtung der isolierten Wirkungen einzelner Markenassoziationen auf die Kundenbindung zugleich das sehr komplexe Zusammenspiel verschiedener Markenassoziationsfaktoren zu berücksichtigen. Die Kenntnis des Zusammenspiels unterschiedlicher Faktoren ist gerade im Hinblick auf die Planung und Kontrolle von Markenstrategien von herausragender Bedeutung. Insbesondere dann, wenn man im Rahmen eines Commodity Branding nicht allein auf das Preisargument abstellen möchte, wird es in aller Regel erforderlich sein, verschiedene Argumente ins Feld zu führen, um die Kunden von preisaggressiven Wettbewerbern abzulenken bzw. eine Abwanderung zu solchen Wettbewerbern verhindern zu können.

Angesichts der überschaubaren Anzahl an Merkmalsdimensionen und unter Berücksichtigt der Tatsache, dass sich mögliche Beziehungsmuster zwischen diesen noch sehr gut gedanklich durchdringen und begründen lassen, konnte in Gestalt des LISREL-Ansatzes auch ein Ansatz der konfirmatorischen Kausalanalyse gewählt werden. Bei diesem Ansatz müssen die zu erwartenden Ursache-Wirkungsbeziehungen zunächst theoretisch im Sinne eines Hypothesensystems definiert und dann mit der Realität konfrontiert werden, um zu erfahren, ob das erstellte Kausalmodell empirisch bestätigt werden kann oder verworfen werden muss.[5] An dieser Stelle sei auf eine detaillierte Begründung des von uns entwickelten Kausalmodells verzichtet (vgl. dazu Wiedmann 2004d). Folgendes sei nur sehr knapp erläutert.

In dem Modell zur Erklärung der Kundenbindung wurden alle fünf Faktoren auf ihren Erklärungsgehalt in Bezug auf die Kundenbindung untersucht. Die wahrgenommene lokale Relevanz der Stadtwerke bildete die Schlüsselvariable. Im Hinblick auf die Wahrnehmungstheorie wurde die Hypothese aufgestellt, dass eine hohe wahrgenommene lokale Relevanz nicht nur direkt die Kundenbindung positiv beeinflusst, sondern gleichzeitig auch bei allen anderen Faktoren eine positivere Einschätzung bewirkt. Je lokal relevanter ein Stadtwerk ist, desto besser beurteilt der Kunde also etwa die Kundenorientierung, die Versorgungssicherheit, die Energiekompetenz und die Angemessenheit des Preises. Gleichzeitig wurde postuliert, dass die Kundenorientierung einen positiven Einfluss auf die Beurteilung der Versorgungssicherheit, der Energiekompetenz und der Preisangemessenheit aufweist. Schließlich wurde die Preiswahrnehmung in dem Modell positiv durch die wahrgenommene Energiekompetenz und Versorgungssicherheit beeinflusst und die Energiekompetenz durch die Versorgungssicherheit.

Das entwickelte Kausalmodell ist in Abb. 5 dargestellt. In dieser Grafik wurden zugleich die im Wege unserer empirischen Kausalanalyse identifizierten Pfadkoeffizienten eingetragen, die die Stärke der jeweiligen Beeinflussungsbeziehung angeben.

Der Test der von uns zunächst aufgestellten Hypothesen wurde mit LISREL 8.30 (z. B. Kelloway 1998) durchgeführt. Der Modelltest war erfolgreich. Alle Gütekriterien für das Modell wiesen auf einen guten Erklärungsgehalt hin und es gab keine Hinweise auf Spezifizierungsfehler des Modells (Chi-Square = 25,62; df = 9; P-value = 0,00235; RMSEA = 0,056). Die Varianz der Zielgröße Kundenbindung wurde zu 80 % erklärt. Die einbezogenen Variablen sind insofern als sehr wichtig zu bezeichnen.

In Bezug auf den direkten Einfluss der Faktoren auf die Kundenbindung hatte der Preis, wie erwartet, die höchste Bedeutung. Mit einem Wert des Korrelationskoeffizienten von 0,57 bestand jedoch Raum für die anderen Faktoren. Diese hatten einzeln gesehen einen deutlich geringeren Einfluss auf die Kundenbindung. Die Kundenorientierung hatte den zweithöchsten Einfluss, gefolgt von der Versorgungssicherheit. Die lokale Relevanz und die Energiekompetenz hatten den kleinsten Einfluss. Bereits bei der Analyse der direkten Einflüsse blieb festzuhalten, dass alle anderen Faktoren zusammen eine ungefähr gleich starke Wirkung aufwiesen wie der Preis.

Die Analyse der isolierten direkten Einflüsse der einzelnen Faktoren zeigt jedoch lediglich die halbe Wahrheit. Wichtiger ist vielmehr die gesamte Wirkung der Faktoren. So sind beispielsweise neben dem direkten Einfluss, den die lokale Relevanz auf die Kundenbindung ausübt, darüber hinaus die indirekten Einflüsse mit einzubeziehen, die über den Umweg der positiven Einflüsse auf die anderen Faktoren letztendlich auf die Kundenbin-

---

[5] Bei komplexeren Aufgabenstellungen würde es sich demgegenüber anbieten, etwa rekurrierend auf neuronale Netze eine exploratorische Kausalanalyse durchzuführen, bei der relevante Beziehungsmuster erst einmal aufgespürt werden (Buckler 2003).

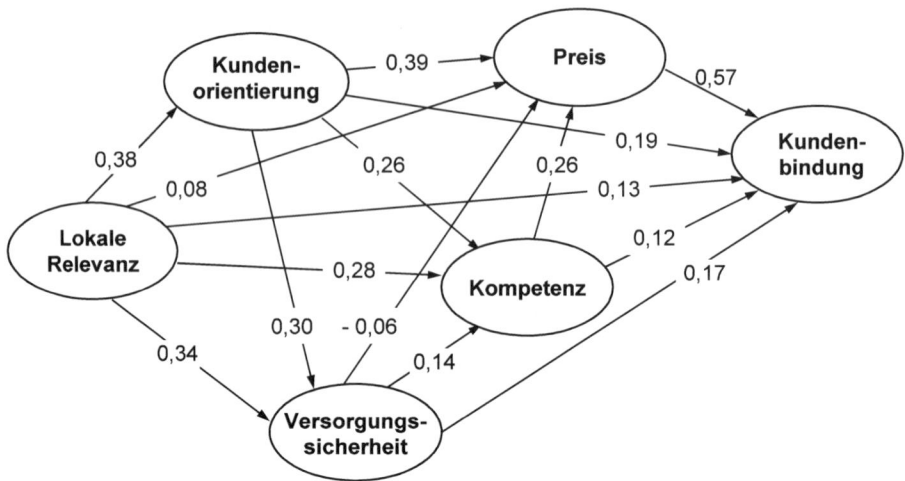

Abb. 5 Kausalstruktur und Ergebnisse der LISREL-Analyse

dung wirken. Abbildung 6 stellt sowohl den direkten als auch den gesamten Einfluss der Faktoren dar.

Im Hinblick auf den gesamten Einfluss der Faktoren stellte sich die Situation anders dar. Die Bedeutung des Preises als zentraler Faktor zur Erklärung der Kundenbindung wurde insofern relativiert, als dass die Kundenorientierung und lokale Relevanz eine gleichgroße Wirkung ausübten. Die Versorgungssicherheit und die Energiekompetenz waren in ihrer Wichtigkeit geringer einzuschätzen.

Auf Basis der Ergebnisse der empirischen Untersuchung wurde die Entscheidung getroffen, sich im Rahmen einer „**Corporate Branding Story**" nicht zentral auf die Inhalte Energiekompetenz und Versorgungssicherheit zu konzentrieren, wie es viele Stadtwerke noch heute tun. Diese Inhalte waren zwar wichtig, aber im Vergleich zu den Inhalten lokale Relevanz und Kundenorientierung in geringerem Maße (vgl. Abb. 6). Im Rahmen der vor dem Hintergrund strategischer Erwägungen erarbeiteten „Corporate Branding Story" war es ebenfalls bedeutsam, sich nicht isoliert auf den Inhalt lokale Relevanz (und damit allein auf den direkten Einfluss der lokalen Relevanz) zu konzentrieren. Vielmehr war es das Ziel, bei der Verfolgung eines Konzepts des „Local Branding" gleichzeitig eine überzeugende Kundenorientierung in die Markenstrategie zu integrieren. Entgegen ihrer geringeren Bedeutung sollten zudem auch die anderen beiden Faktoren Energiekompetenz und Versorgungssicherheit im Rahmen dieses integrierten Konzepts nicht vollständig vernachlässigt werden, da beispielsweise die Energiekompetenz (selbst positiv beeinflusst durch die lokale Relevanz, Kundenorientierung und Versorgungssicherheit) einen positiven Einfluss auf die Preiswahrnehmung aufwies (vgl. Abb. 5).

4.4 Umsetzung und Kontrolle

Im Anschluss an die Entscheidung bezüglich der zu verwendenden Markenassoziationen gilt es in einem weiteren Schritt, die erarbeitete Markenstrategie operativ über alle relevan-

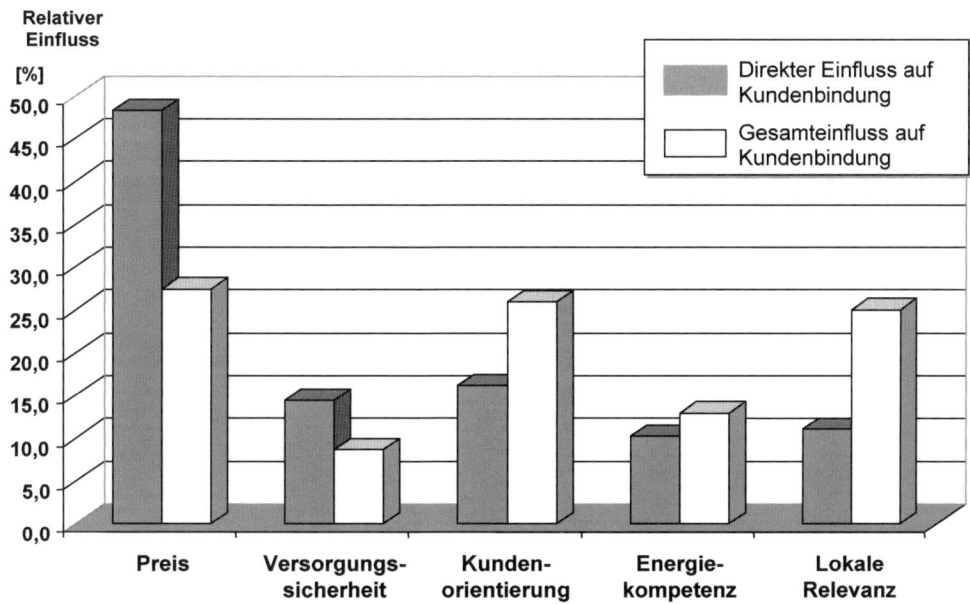

Abb. 6 Einfluss der Faktoren auf die Kundenbindung

ten Handlungsfelder (etwa über den gesamten Marketingmix) hinweg auszuarbeiten und dann zu implementieren. Auf die Diskussion der hier relevanten Ansatzpunkte sei in diesem Beitrag verzichtet. Lediglich sei sehr selektiv folgendes angemerkt: Die Markenkommunikation hat im vorliegenden Zusammenhang das zentrale Ziel, den Markenwert aufzubauen bzw. zu erweitern, um so die Ziele der Markenführung zu verwirklichen. Runtergebrochen auf die beiden Determinanten des Markenwerts gilt es, die Markenbekanntheit in den Zielgruppen zu steigern und das Markenimage in Richtung Zielmarkenimage zu formen (Keller 2013). Im Sinne eines umfassenden Ansatzes sollte die Kommunikationsstrategie in Einklang mit dem gesamten Marketinginstrumentarium gebracht werden. So sind im Rahmen der Abstimmung beispielsweise die Bereiche Preispolitik, Vertriebspolitik und teilweise auch die Produktgestaltung von Bedeutung (Diller 2004; Koppelmann 2004; Swoboda und Giersch 2004).

Im Rahmen der **Implementierung der Markenstrategie** des betrachteten Stadtwerks war so ein umfassender Ansatz von besonderer Bedeutung, da das Corporate Branding ja gerade die spezifische Identität eines Unternehmens im Rahmen der Positionierung und Profilierung gegenüber allen relevanten Austauschpartnern ins Zentrum rückt (Wiedmann 2004b). Dies bedeutete, dass das Markenmanagement und die Markenkommunikation nicht nur in der Verantwortung von individuellen Produkt- und PR-Managern lagen, sondern vielmehr bei allen relevanten Unternehmensteilen (Wiedmann 2004a). Es reichte nicht, bestimmte Inhalte nur zu kommunizieren. Die lokale Relevanz, Kundenorientierung und die Energiekompetenz mussten sich auch in konkreten Handlungen und Leistungen niederschlagen, an denen viele Unternehmensbereiche beteiligt waren.

Die ersten Jahre nach der Liberalisierung haben nicht nur für das in unserem Fallbeispiel betrachtete Stadtwerk gezeigt, dass ein Corporate Branding mit der Positionierung als lokaler Energielieferant eine sehr effiziente und effektive Strategie darstellt, um im Wettbewerb mit den großen EVUs und den preisaggressiven Marken zu bestehen. Diesen Vorteil der Stadtwerke haben indes auch die Großen der Energiebranche erkannt, die durch Fusionen, Beteiligungen und Käufe von Stadtwerken gezielt versuchen, vom lokalen Image im Rahmen ihres Markenportfolios bzw. im Rahmen von Markenkooperationen zu profitieren (Wiedmann 2004b).

Hervorzuheben bleibt noch, dass Umsetzung und Kontrolle immer auch in ein leistungsfähiges **Marken-Controllingsystem** einzubetten sind. Zum einen hat es hier vor allem darum zu gehen, vor dem Hintergrund differenzierter Soll-Ist- sowie Abweichungsanalysen ganz konkret herauszuarbeiten, wo und in welchem Umfang entsprechende Anpassungen der Markenstrategie vorzunehmen sind und hierauf aufbauend effiziente Lernprozesse sicherzustellen. Zum anderen bedarf es aber immer auch einer nachhaltigen Chancen-Analyse, bei der sehr konsequent der Frage nachgegangen wird, welche Gestaltungsoptionen mit der gewählten Markenstrategie eröffnet werden. In unserem Fallbeispiel konnte etwa im Wege zusätzlicher Conjoint-Analysen festgestellt werden, dass die Kunden bereit waren, beim lokalen Versorger einen um 15 bis 20 % höheren Preis zu akzeptieren. An dieser Stelle sei nun nicht behauptet, dass der Markenwert eines lokalen und kundenorientierten Stadtwerks ausreicht, um einen Kundenverlust vor dem Hintergrund eines 15 bis 20 % höheren Preisen zu verhindern. Abgesehen davon, dass hier sehr viel differenziertere Analysen nötig wären, manifestiert sich ein solcher Markenwert in praxi auch in einem Beeinflussungspotential, das es mit Verve und vor allem mit viel Geschick voll auszuschöpfen gilt. Gerade im Sektor des Commodity Branding „fallen entsprechende Erfolge nicht vom Himmel, sondern müssen sehr hart und geduldig erarbeitet werden".

5 Fazit

Im vorliegenden Beitrag wurde ein Prozessmodell des Commodity Branding vorgestellt, das in wesentlichen Zügen auf dem Gedanken eines konsequent am Markenwert orientierten Markenmanagements basiert. Die Vermutung, dass es durch ein solches Konzept auch im Commodity-Sektor möglich sein kann, einem extremen Preisdruck auszuweichen oder zumindest weitere Argumente ins Spiel zu bringen, um sich im Wettbewerb zu profilieren, wurde dann an einem Fallbeispiel als durchaus berechtigt zu qualifizieren versucht.

Da sich gezielte Investitionen in die Marke auch im Commodity-Bereich zu lohnen scheinen, macht es Sinn, gerade auch in diesem Feld die Forschungsanstrengungen noch deutlich zu verstärken. Sinn nicht zuletzt deshalb, weil es auch aus dem Blickwinkel gesellschaftlicher Verantwortung betrachtet der unsäglichen „Preissenkungs-Arbeitsplatzvernichtungs-Spirale" zu entkommen gilt. „Geiz ist eben nicht nur geil, sondern auch in hohem Maße unsozial"!

Literatur

Agarwal, M. K., & Rao, V. R. (1996). An empirical comparison of consumer-based measures of brand equity. *Marketing Letters, 7,* 237–247.

Ahmad, R., & Buttle, F. (2002). Customer retention management: A reflection of theory and practice. *Marketing Intelligence & Planning, 20,* 149–161.

Askegaard, S., & Ger, G. (1998). Product-country images: Toward a contextualized approach. In B. Englis & A. Olofsson (Hrsg.), *European advances in consumer research* (S. 50–58). Provo: Association for Consumer Research.

Bagozzi, R. P. (1982). Introduction to special issues on causal modelling. *Journal of Marketing Research, 19,* 403.

Barwise, P. (1993). Brand equity: Snark or boojum? *International Journal of Research in Marketing, 10,* 93–104.

Bekmeier-Feuerhahn, S. (2001). Messung von Markenvorstellungen. In F.-R. Esch (Hrsg.), *Moderne Markenführung: Grundlagen – innovative Ansätze – praktische Umsetzungen* (3. Aufl., S. 1105–1122). Wiesbaden: Gabler.

Betts, P. (1994). Brand development: Commodity markets and manufacturer-retailer relationships. *Marketing Intelligence & Planning, 12,* 18–23.

Beverland, M. (2001). Creating value through brands: The ZESPRI™ kiwi fruit case. *British Food Journal, 103,* 383–399.

Bruhn, M. (1992). Markenartikel. In H. Diller (Hrsg.), *Vahlens großes Marketinglexikon* (S. 640–641). München: Beck & Vahlen.

Bruhn, M. (Hrsg.). (2004). Handbuch Markenführung: Kompendium zum erfolgreichen Markenmanagement: Strategien – Instrumente – Erfahrungen (2. Aufl., Bd. 1–3). Wiesbaden: Gabler.

Buckler, F. (2003). NEUSREL: Mit neuronalen Netzen kausale Zusammenhänge aufdecken und verständlich darstellen. In K.-P. Wiedmann & F. Buckler (Hrsg.), *Neuronale Netze im Marketing-Management: Einführung in modernes Data Mining* (2. Aufl., S. 103–128). Wiesbaden: Gabler.

Burmann, C., Meffert, H., & Koers, M. (2005). Stellenwert und Gegenstand des Markenmanagements. In H. Meffert, C. Burmann, & M. Koers (Hrsg.), *Markenmanagement: Identitätsorientierte Markenführung und praktische Umsetzung* (2. Aufl., S. 3–17). Wiesbaden: Gabler.

Chen, A. C.-H. (2001). Using free association to examine the relationship between the characteristics of brand associations and brand equity. *Journal of Product and Brand Management, 10,* 439–451.

Crimmins, J. C. (1992). Better management and measurement of brand value. *Journal of Advertising Research, 32,* 11–19.

Day, G. S., & Wensley, R. (1983). Marketing theory with a strategic orientation. *Journal of Marketing, 47,* 79–89.

DeSouza, G. (1992). Designing a customer retention plan. *Journal of Business Strategy, 13,* 24–28.

Diller, H. (2004). Preismanagement in der Markenartikelindustrie. In M. Bruhn (Hrsg.), *Handbuch Markenführung: Kompendium zum erfolgreichen Markenmanagement: Strategien – Instrumente – Erfahrungen* (2. Aufl., Bd. 2, S. 1647–1677). Wiesbaden: Gabler.

Drees, N. (1999). Markenbewertung. *Erfurter Hefte zum angewandten Marketing 6.*

Farquhar, P. H. (1989). Managing brand equity. *Marketing Research, 1,* 24–33.

Franzen, O., Trommsdorff, V., & Riedel, F. (1994). Ansätze der Markenbewertung und Markenbilanz. In M. Bruhn (Hrsg.), *Handbuch Markenartikel: Anforderungen an die Markenpolitik aus Sicht von Wissenschaft und Praxis* (Bd. 2, S. 1373–1401). Stuttgart: Schäffer-Poeschel.

Hahn, D., & Hungenberg, H. (2001). *PuK: Planung und Kontrolle, Planungs- und Kontrollsysteme, Planungs- und Kontrollrechnung: Wertorientierte Controllingkonzepte* (6. Aufl.). Wiesbaden: Gabler.

Head, D. (1992). *Made in Germany: The corporate identity of a nation.* London: Hodder & Stoughton.

Henning-Bodewig, F., & Kur, A. (1988). *Marke und Verbraucher: Funktionen der Marke in der Markt-wirtschaft: Grundlagen* (Bd. 1). Weinheim: Wiley-VCH.

Jöreskog, K. G. (1978). Structural analysis of covariance and correlation matrices. *Psychometrica, 43*, 443–477.

Jöreskog, K. G., & Sörbom, D. (1982). Recent developments in structural equation modeling. *Journal of Marketing Research, 19*, 404–416.

Kapferer, J.-N. (1992). *Die Marke: Kapital des Unternehmens*. Landsberg am Lech: Moderne Industrie.

Keller, K. L. (1993). Conceptualizing, measuring, and managing customer-based brand equity. *Journal of Marketing, 57*, 1–22.

Keller, K. L. (2013). *Strategic brand management: Building, measuring, and managing brand equity* (4. Aufl.). Boston: Pearson.

Kelloway, E. K. (1998). *Using LISREL for structural equation modeling: A researcher's guide*. Thousand Oaks: Sage.

Kern, W. (1962). Bewertung von Warenzeichen. *Betriebswirtschaftliche Forschung und Praxis, 14*, 17–31.

Koppelmann, U. (2004). Physische Produktgestaltung und Markenpolitik. In M. Bruhn (Hrsg.), *Handbuch Markenführung: Kompendium zum erfolgreichen Markenmanagement: Strategien – Instrumente – Erfahrungen* (2. Aufl., Bd. 2, S. 1385–1409). Wiesbaden: Gabler.

Krishnan, H. S. (1996). Characteristics of memory associations: A consumer-based brand equity perspective. *International Journal of Research in Marketing, 13*, 389–405.

Kroeber-Riel, W., Weinberg, P., & Gröppel-Klein, A. (2009). *Konsumentenverhalten* (9. Aufl.). München: Vahlen.

Laker, M., & Tillmann, D. (2000). Wettbewerbsstrategien. In M. Laker (Hrsg.), *Marketing für Energieversorger: Kunden binden und gewinnen im Wettbewerb* (S. 65–92). Wien: Ueberreuter.

von Maltzahn, A. (1999). Technische und wirtschaftliche Aspekte der Gasdurchleitung – Verbändevereinbarung. *BEB Mosaik, 3*, 20–28.

Meffert, H., Schröder, J., & Perrey, J. (2002). B2C-Märkte: Lohnt sich Ihre Investition in die Marke? *Absatzwirtschaft, 45*, 28–35.

Müller, R. (1990). Das Image eines Landes wird auch durch Produkt- und Firmenmarken geprägt. *Markenartikel, 52*, 335.

O'Keeffe, M., & Fearne, A. (2002). From commodity marketing to category management: Insights from the Waitrose category leadership program in fresh produce. *Supply Chain Management: An International Journal, 7*, 296–301.

o. V. (1995). Commodity „branding". *Restaurant Business*, 44–45.

o. V. (1999). Commodities get big. *The Economist, 352*(8134), 47–48.

Papadopoulos, N., & Heslop, L. A. (1993). *Product-country images: Impact and role in international marketing*. New York: International Business Press.

Papadopoulos, N., & Heslop, L. A. (2003). Country of equity and product-country images: State of the art in research and implications. *Handbook of Research in International Marketing*, 402–433.

Pelham, A. M. (1997). Market orientation and performance: The moderating effects of product and customer differentiation. *Journal of Business & Industrial Marketing, 12*, 276–296.

Pitta, D. A., & Katsanis, L. P. (1995). Understanding brand equity for successful brand extension. *Journal of Consumer Marketing, 12*, 51–64.

Rangaswamy, A., Burke, R. R., & Oliva, T. A. (1993). Brand equity and the extendibility of brand names. *International Journal of Research in Marketing, 10*, 61–75.

Reichheld, F. F. (1996). *The loyalty effect: The hidden force behind growth, profits, and lasting value*. Boston: Harvard Business School Press.

Richards, I., Foster, D., & Morgan, R. (1998). Brand knowledge management: Growing brand equity. *Journal of Knowledge Management, 2*, 47–54.

Riedel, F. (1996). *Die Markenwertmessung als Grundlage strategischer Markenführung*. Heidelberg: Physica.

Rosenberg, L., & Czepiel, J. (1984). A marketing approach to consumer retention. *Journal of Consumer Marketing, 1*, 45–51.

Sheth, J. N. (1985). New determinants of competitive structures in industrial markets. In R. E. Spekman & D. T. Wilson (Hrsg.), *A strategic approach to business marketing* (S. 1–8). Chicago: American Marketing Association.

Simon, C. J., & Sullivan, M. W. (1993). The measurement and determinants of brand equity: A financial approach. *Marketing Science, 12*, 28–52.

Srivastava, R. K., Shervani, T. A., & Fahey, L. (1998). Market-based assets and shareholder value: A framework for analysis. *Journal of Marketing, 62*, 2–18.

Swoboda, B., & Giersch, J. (2004). Markenführung und Vertriebspolitik. In M. Bruhn (Hrsg.), *Handbuch Markenführung: Kompendium zum erfolgreichen Markenmanagement: Strategien – Instrumente – Erfahrungen* (2. Aufl., Bd. 2, S. 1707–1732). Wiesbaden: Gabler.

Thomas, T. W., & Schiereck, D. (2003). M & A-Strategien in der europäischen Energiewirt-schaft. *M & A Review, 5*, 219–224.

Wiedmann, K.-P. (1994). Markenpolitik und Corporate Identity. In M. Bruhn (Hrsg.), *Handbuch Markenartikel: Anforderungen an die Markenpolitik aus Sicht von Wissenschaft und Praxis* (Bd. 2, S. 1033–1054). Stuttgart: Schäffer-Poeschel.

Wiedmann, K.-P. (2000). Brand and corporate identity: The presentation of a strategic management tool. Paper presented at the 4th International Conference on Corporate Reputation, Image & Competitiveness. Copenhagen, Denmark. 18. – 20. Mai 2000.

Wiedmann, K.-P. (2001). Corporate Identity und Corporate Branding – Skizzen zu einem integrierten Managementkonzept. *Thexis, 4*, 17–22.

Wiedmann, K.-P. (2004a). Managing a company's brand leadership activities: Framework and discussion. *Journal of International Business and Entrepreneurship Development, 2*, 64–77.

Wiedmann, K.-P. (2004b). Markenführung und Corporate Identity. In M. Bruhn (Hrsg.), *Handbuch Markenführung: Kompendium zum erfolgreichen Markenmanagement: Strategien – Instrumente – Erfahrungen* (2. Aufl., Bd. 2, S. 1410–1439). Wiesbaden: Gabler.

Wiedmann, K.-P. (2004c). *Marketing-Management kommunaler Energieversorgungsunternehmen*. Schriftenreihe Marketing Management. Universität Hannover.

Wiedmann, K.-P. (2004d). Measuring brand equity for organising brand management in the energy sector: A research proposal and first empirical hints: Part 1: The development of a theoretical concept and a research programme. *Brand Management, 12*, 124–139.

Wiedmann, K.-P., & Schmidt, H. (1999). *Erfolgsfaktoren des Markenmanagement*. Schriftenreihe Marketing Management. Universität Hannover.

Wiedmann, K.-P., & Böcker, C. (2001). *Wege aus der Preisspirale – Erfolgsfaktoren der Kundenbindung für kommunale und regionale Energieversorger*. Schriftenreihe Marketing Management. Universität Hannover.

Wiedmann, K.-P., & Walsh, G. (2002). *Steigert Zufriedenheit die Kundenbindung? Ergebnisse einer empirischen Untersuchung am Beispiel eines Energieversorgers*. Schriftenreihe Marketing Management. Hannover.

Wiedmann, K.-P., & Heckemüller, C. (2003). Corporate Finance Management – ein Orientierungsrahmen. In K.-P. Wiedmann & C. Heckemüller (Hrsg.), *Ganzheitliches Corporate Finance Management: Konzept – Anwendungsfelder – Praxisbeispiele* (S. 3–42). Wiesbaden: Gabler.

Wiedmann, K.-P., & Siebels, A. (2004). *„Geiz ist geil" oder führt er nicht doch zu einem problematischen Wertezerfall? Aktuelle Tendenzen in den Konsumstilen und Skizze zentraler Problemstellungen eines markenwert-zentrierten Risikomanagement*. Schriftenreihe Marketing Management. Universität Hannover.

Wiedmann, K.-P., Kilian, T., Duvenhorst, C., & Walsh, G. (2002a). *Ansatzpunkte eines Marketing auf liberalisierten Märkten: Was können GVU vom Strommarkt lernen?* Schriftenreihe Marketing Management. Universität Hannover.

Wiedmann, K.-P., Buckler, F., & Ludewig, D. (2003a). Integrierte Preis- und Produktpolitik für Finanzdienstleistungen. In K.-P. Wiedmann, A. Klee, H. Buxel, & F. Buckler (Hrsg.), *Ertragsorientiertes Zielkundenmanagement für Finanzdienstleister: Innovative Strategien – Konzepte – Tools* (S. 417–448). Wiesbaden: Gabler.

Wiedmann, K.-P., Trautmann, K.-H., & Peuser, M.-M. (2003b). Markenkooperationen in der Energiewirtschaft – Kooperatives Markenmanagement als Erfolgschance für EVU. *Energiewirtschaftliche Tagesfragen, 53,* 780–783.

Wiedmann, K.-P., Fritz, W., & Abel, B. (Hrsg.). (2004a). *Management mit Vision und Verantwortung: Eine Herausforderung an Wissenschaft und Praxis.* Wiesbaden: Gabler.

Wiedmann, K.-P., Ivanov, D., & Klee, A. (2004b). *Die Brand Scorecard als Instrument des Markencontrolling im Finanzdienstleistungssektor: Das Anwendungsbeispiel Bausparkassen.* Schriftenreihe Marketing Management. Universität Hannover.

Wiedmann, K.-P., Peuser, M.-M., & Ludewig, D. (2004c). Brand-new: Fortführen oder eliminieren? *Energie & Management, 21,* 6.

Wiedmann, K.-P., Trautmann, K.-H., & Böcker, C. (2002d). *Local importance branding – A competitive edge in the energy market.* Schriftenreihe Marketing Management. Universität Hannover.

Yann, A. A. (1996). A non-commodity approach in a commodity industry. *Direct Marketing, 59,* 52–55.

Wiedmann, Klaus-Peter
Institut für Marketing und Management, Fakultät Wirtschaftswissenschaften, Institut für Marketing und Management, Gottfried Wilhelm Leibniz Universität Hannover, Königsworther Platz 1, 30167 Hannover, Deutschland
E-Mail: wiedmann@m2.uni-hannover.de

Ludewig, Dirk
Fachbereich Wirtschaft, Fachhochschule Flensburg (University of Applied Sciences), Kanzleistraße 91–93, 24943 Flensburg, Deutschland
E-Mail: dirk.ludewig@fh-flensburg.de

Wie wichtig sind Marken bei Commodities? Eine konzeptionelle Analyse

Alexander Leischnig und Anja Geigenmüller

Inhaltsverzeichnis

Zusammenfassung

Die Differenzierung des eigenen Leistungsangebots von Wettbewerberangeboten stellt für Anbieter von Commodities eine zentrale Herausforderung dar. Der vorliegende Beitrag geht der Frage nach, wie mit Hilfe von Marken einer Commoditisierung von Leistungen entgegengewirkt werden kann. Der zentrale Untersuchungsgegenstand ist

A. Leischnig (✉)
Juniorprofessur für Betriebswirtschaftslehre, insbesondere Marketing Intelligence, Fakultät Sozial- und Wirtschaftswissenschaften, Otto-Friedrich-Universität Bamberg, Feldkirchenstraße 21, 96052 Bamberg, Deutschland
E-Mail: alexander.leischnig@uni-bamberg.de

A. Geigenmüller
Fachgebiet Marketing, Fakultät für Wirtschaftswissenschaften und Medien,
Technische Universität Ilmenau, Helmholtzplatz 3 (Oeconomicum),
98693 Ilmenau, Deutschland
E-Mail: anja.geigenmueller@tu-ilmenau.de

M. Enke et al. (Hrsg.), *Commodity Marketing*,
DOI 10.1007/978-3-658-02925-8_5, © Springer Fachmedien Wiesbaden 2014

dabei das Konstrukt Markenrelevanz als Ausdruck für die Bedeutung einer Marke als Kaufentscheidungskriterium des Nachfragers. Basierend auf einer Bestandsaufnahme existierender Untersuchungen zur Markenrelevanz bei Commodities und einer Diskussion theoretischer Erklärungsansätze erarbeitet der Beitrag ein Modell, das Determinanten und Wirkeffekte der Markenrelevanz bei Commodities zusammenfasst. Der Beitrag postuliert vier Thesen und diskutiert weiteren Forschungsbedarf hinsichtlich der Relevanz von Marken für Commodities.

1   Einleitung

Die Differenzierung des eigenen Leistungsangebots von Wettbewerberangeboten stellt für Anbieter von Commodities eine zentrale Herausforderung dar. Unter **Commodities** verstehen wir Leistungen, d. h. Produkte und Dienstleistungen, die trotz mehr oder weniger vorhandener, objektiv differenzierender Leistungsmerkmale von der überwiegenden Mehrheit der Nachfrager als austauschbar wahrgenommen werden (s. Kapitel „Commodity Marketing – Eine Einführung", S. 3ff.). Als typische Beispiele für Commodities werden zum einen Produkte, wie z. B. Papier, Weizen, Schrauben oder Chemikalien (s. Kapitel „Commodity Branding", S. 73ff.), und zum anderen Dienstleistungen, wie z. B. Transportdienstleistungen, Telefonservices, Autovermietungen (s. Kapitel „Commodities im Dienstleistungsbereich", S. 51ff.) oder Energieversorgungsleistungen (Reimann et al. 2010), in der Literatur erwähnt.

Während einigen Leistungen der Status eines Commodity von Natur aus zugesprochen wird – so genannte „Born Commodities" (McCune 1998), entwickeln sich andere Leistungen zu Commodities durch ein Phänomen, das als Commoditisierung bezeichnet wird. **Commoditisierung** bezieht sich dabei auf einen Prozess, durch den eine Leistung, d. h. ein Produkt oder eine Dienstleistung, den Status eines Commodity erlangt und damit trotz mehr oder weniger vorhandener, objektiv differenzierender Leistungsmerkmale von der überwiegenden Mehrheit der Nachfrager als austauschbar wahrgenommen wird (s. Kapitel „Commodity Marketing – Eine Einführung", S. 3ff.). Dieser Prozess hat weitreichende Konsequenzen für Unternehmen. So führt Commoditisierung zu einer Erschwerung der Profilierung des eigenen Leistungsangebots gegenüber Kunden. Darüber hinaus sind Anbieter einem erheblichen Preiswettbewerb unterworfen, da Kunden ihre Kaufentscheidungen maßgeblich auf Basis des Kriteriums Preis gründen. Hieraus resultiert auch, dass Commoditisierung die Bindung von Kunden an das Unternehmen erschwert. Aufgrund der geringen Kosten beim Wechsel von einem Anbieter zu einem anderen und der geringen Anzahl kundenseitig wahrgenommener Bindungsgründe wird die Bindung von Kunden an das Unternehmen beeinträchtigt (Dumlupinar 2006; Reimann et al. 2010).

Zur **Begegnung der Commoditisierung** werden in der Literatur verschiedene Ansätze vorgeschlagen. Ein wesentliches gemeinsames Merkmal dieser De-Commoditisierungsansätze ist dabei das Bestreben, ein kundengerichtetes Nutzenversprechen zu formulieren, das zur Differenzierung von Wettbewerbern beiträgt und folglich der Commoditisierung entgegenwirkt. Die Strategien zur Generierung des Kundennutzens können in drei Kategorien unterteilt werden und gründen maßgeblich auf Porter (1980): 1) Kundennutzen auf Basis überlegener Produkte, 2) Kundennutzen auf Basis überlegener Kundenbeziehungen und 3) Kundennutzen auf Basis überlegener Kostenstrukturen und niedrigerer Preise. Während sich die ersten beiden Strategien maßgeblich auf eine nicht-preisbezogene Differenzierung gegenüber Wettbewerbern beziehen, kann die letztgenannte Strategie als ein preisbezogener Ansatz verstanden werden, der darauf abzielt, Leistungen auf Basis effizienter Kostenstrukturen zu möglichst niedrigen Preisen anzubieten (Matthyssens und Vandenbempt 2008). Diese Vorgehensweise wird in der Literatur jedoch sehr kontrovers diskutiert. Einige Autoren sehen das strikte Verfolgen einer Strategie, welche das Erreichen wettbewerbsbezogener Preisvorteile anstrebt, sogar als eine Ursache der Commoditisierung an (Rangan und Bowman 1992; Wallis 1987). Darüber hinaus verweisen Arbeiten darauf, dass eine nicht-preisbezogene Differenzierung als präferierte Alternative verfolgt werden sollte (Homburg et al. 2009).

Grundsätzlich stehen Unternehmen verschiedene Möglichkeiten zur Verfügung, um sich vom Wettbewerb zu differenzieren. Unbestritten in der Literatur ist, dass **Marken** Leistungsangebote verschiedener Anbieter erfolgreich differenzieren können. Unter einer Marke verstehen wir dabei Vorstellungsbilder in den Köpfen von Nachfragern, die das Produkt- und Leistungsangebot eines Unternehmens vom Wettbewerb differenzieren (Homburg et al. 2006; Webster und Keller 2004). Die Literatur zeigt jedoch, dass die Bedeutung von Marken bei Commodities aus Sicht organisationaler Nachfrager durchaus sehr kontrovers diskutiert wird (Betts 1994; Saunders und Watt 1979; Sinclair und Seward 1988; van Riel et al. 2005; Wiedmann 2005). Es stellt sich in diesem Zusammenhang die Frage, ob das Kriterium Marke bei Commodities generell für das Kaufverhalten organisationaler Nachfrager relevant ist und damit zur De-Commoditisierung von Leistungen beitragen kann.

Zur Beantwortung dieser Frage werden im Rahmen des vorliegenden Beitrags Erkenntnisse aus bisherigen Untersuchungen zur Markenrelevanz im Industriegüterbereich und insbesondere zur Markenrelevanz bei Commodities systematisiert und ausgewertet. In einem ersten Schritt widmen wir uns den konzeptionellen Grundlagen des Konstrukts Markenrelevanz, wobei wir eine begriffliche Abgrenzung vornehmen und theoretische Bezugspunkte aufzeigen. Im Anschluss daran geben wir einen Überblick über wesentliche Arbeiten mit Bezug zur Markenrelevanz bei Commodities. Hierauf aufbauend gehen wir der Frage nach, wodurch Marken aus Nachfragersicht an Bedeutung gewinnen. Anschließend widmen wir uns der Frage, welche Wirkeffekte die Markenrelevanz auf nachfragerbezogene Verhaltensweisen ausübt. Auf Basis der gewonnenen Erkenntnisse erarbeiten wir ein Modell zur Markenrelevanz bei Commodities. Der Beitrag endet mit einer Zusammenfassung.

2 Konzeptionelle Grundlagen der Markenrelevanz

2.1 Begriffliche Grundlagen

Die Entscheidung für oder gegen den Kauf eines Produkts oder einer Dienstleistung im Rahmen industrieller Beschaffungsprozesse basiert auf der Abwägung einer Vielzahl verschiedener **Kriterien** (Ozanne und Churchill 1971). Welche Entscheidung getroffen wird, hängt dabei nicht nur von den zugrunde gelegten Kriterien selbst ab, sondern auch von der Bedeutung, die Kaufentscheider diesen beimessen (Caspar et al. 2002). In diesem Zusammenhang betonen einige Arbeiten im Business-to-Business-Kontext die Bedeutung vor allem intangibler Kriterien und verweisen auf deren Kaufverhaltensrelevanz (Abratt 1986; Lehmann und O'Shaughnessy 1974).

Im vorliegenden Beitrag konzentrieren wir uns auf das Kriterium Marke und die Bedeutung, welche Kaufentscheider diesem Kriterium bei Beschaffungsprozessen beimessen. Bisherige Arbeiten, die sich der Untersuchung der **Markenrelevanz** widmen, können bei Berücksichtigung einer markenbezogenen und einer nachfragerbezogenen Betrachtungsebene vier verschiedenen Bereichen zugeordnet werden, welche sich dahingehend unterscheiden, ob eine spezifische Marke oder das Kriterium Marke generell für einen spezifischen Nachfragerkreis oder für alle Nachfrager als relevant betrachtet wird (Donnevert 2009; Fischer et al. 2010). Beispielsweise verweisen Kapferer und Laurent (1992) auf die Markensensibilität von Kunden, welche sich auf den generellen Einfluss des Kriteriums Marke auf die Kaufentscheidung eines Nachfragers bezieht. Im Gegensatz dazu gründet Aaker (2004a, 2004b, 2011) seine Definition der Markenrelevanz auf drei Kriterien: 1) Es existiert eine Produkt- oder Dienstleistungskategorie oder -unterkategorie, welche durch bestimmte Eigenschaften, Nutzergruppen oder Differenzierungsmerkmale gekennzeichnet ist. 2) Es besteht ein Bedürfnis auf Seiten der Nachfrager für diese Kategorie oder -unterkategorie. 3) Die Marke ist innerhalb der Kategorie vertreten, die von Nachfragern zur Bedürfnisbefriedigung als wichtig erachtet wird. Aaker fokussiert folglich auf eine spezifische Marke, welche für einen spezifischen Nachfrager nur dann relevant ist, wenn sie mit einer bestimmten Produkt- oder Dienstleistungskategorie oder -subkategorie assoziiert wird. Donnevert (2009) sowie Caspar et al. (2002) konzentrieren sich auf die generelle Relevanz des Kriteriums Marke für Nachfrager. Sie definieren Markenrelevanz als ein Maß für den Einfluss von Marken auf die Kaufentscheidungen von Nachfragern in einer Produktkategorie. Dieselbe Richtung schlagen Fischer et al. (2010) mit der Entwicklung eines kategoriespezifischen Messmodells für Markenrelevanz ein.

Der vorliegende Beitrag zielt auf die Untersuchung der **Markenrelevanz bei Commodities** ab. Wir fokussieren dabei auf den generellen Einfluss des Kriteriums Marke auf das Kaufverhalten industrieller Nachfrager innerhalb dieser Leistungskategorie. Basierend auf den zuvor aufgezeigten Ansätzen definieren wir Markenrelevanz als den Wichtigkeitsgrad der Marke, den industrielle Nachfrager dieser bei einer Auswahl- und Kaufentscheidung von Commodities beimessen.

2.2 Theoretische Grundlagen

Nachdem im vorangegangenen Abschnitt unser Verständnis der Markenrelevanz erläutert wurde, widmen wir uns in diesem Kapitel den theoretischen Grundlagen der Markenrelevanz. Wir konzentrieren uns dabei vor allem auf informationsökonomische Erklärungsansätze, welche in der Markenforschung zur Analyse von Marken aus Nachfragerperspektive bereits Anwendung gefunden haben (z. B. Erdem und Swait 1998; Erdem et al. 2006; Swait und Erdem 2007). Im Zentrum der theoretischen Betrachtung steht dabei die Informationsökonomik (Akerlof 1970; Nelson 1970, 1974; Spence 1973, 1974; Stigler 1961; Stiglitz 1987). Die **Auswahl der Theorie** erfolgte unter Berücksichtigung von drei Aspekten, die als kennzeichnend für die markenbezogene Kaufsituation im Industriegüterbereich angesehen werden können (Homburg et al. 2006): Dem Kauf geht ein (subjektiv) rationaler Bewertungsprozess voraus. Der Bewertungsprozess beinhaltet eine komplexe Informationsverarbeitungsaufgabe. Es existiert eine Bewertungsunsicherheit.

Im Mittelpunkt der **Informationsökonomik** steht die Analyse von Austauschprozessen, die durch unvollkommene, asymmetrisch verteilte Informationen zwischen Marktteilnehmern und folglich Unsicherheiten gekennzeichnet sind (Kaas 1995; Weiber und Adler 1995). Um die Unsicherheit in Austauschprozessen zu reduzieren, finden Informationstransfers zwischen Marktteilnehmen statt, welche zwei grundlegende Formen annehmen können: Signaling und Screening (Weiber und Adler 1995). Während beim Signaling der besser informierte Marktteilnehmer Informationen an den schlechter informierten Marktteilnehmer sendet, wird beim Screening der schlechter informierte Marktteilnehmer selbst aktiv und sucht nach Informationen, um seine Entscheidung zu fundieren und Unsicherheit zu reduzieren.

Ein wesentliches Merkmal beider Informationstransferprozesse ist die Verwendung von Signalen. **Signale** bezeichnen dabei „manipulable attributes or activities that convey information about the characteristics of economic agents" (Erdem und Swait 1998, S. 134). Während Anbieter von Leistungen Signale nutzen, um die Eigenschaften der angebotenen Leistungen und auch des gesamten Unternehmens zu verdeutlichen, verwenden Nachfrager Signale als Indikatoren zur Beurteilung von Leistungseigenschaften eines Kaufobjekts. Die von Nachfragern verwendeten Signale umfassen dabei sowohl direkte Informationen über ein Kaufobjekt (z. B. Material oder technische Details) als auch so genannte Informationssubstitute, die indirekt Hinweise über die Beschaffenheit eines Kaufobjekts geben. Informationssubstitute lassen sich dahingehend unterscheiden, ob sie einen leistungsbezogenen (z. B. Preis eines Produkts) oder leistungsübergreifenden (z. B. Unternehmensreputation) Signalcharakter besitzen.

Aus der Informationsökonomik lassen sich wesentliche Anknüpfungspunkte zur **Erklärung der Markenrelevanz** ableiten. Erstens kann festgestellt werden, dass industrielle Beschaffungsprozesse oftmals durch Informationsasymmetrien gekennzeichnet sind, da der Anbieter einer Leistung besser über diese informiert ist als der Nachfrager einer Leistung. Zweitens ist festzustellen, dass eine Maßnahme zur Lösung dieses Informationsproblems die Nutzung von Marken darstellt, die als Signale für die Qualität eines Kaufobjekts angesehen werden können (Dawar und Parker 1994; Erdem et al. 2006; Kirmani und Rao 2000). Wie bereits eingangs erwähnt, werden Marken als Vorstellungsbilder in den Köpfen von Nachfragern definiert, die das Produkt- und Leistungsangebot eines Unternehmens vom Wettbewerb differenzieren (Homburg et al. 2006; Webster und Keller 2004). Marken fungieren dabei sowohl als leistungsbezogene (z. B. preisbezogenes Markenimage) als auch als leistungsübergreifende (z. B. Unternehmensimage) Informationssubstitute (Homburg et al. 2006). Marken repräsentieren „information chunks", die viele verschiedene Informationen über ein Kaufobjekt aggregieren (Jacoby et al. 1974; Jacoby et al. 1977). Hieraus resultieren wesentliche Vorteile für Einkaufsverantwortliche, welche Rückschlüsse auf die Relevanz des Kriteriums Marke zulassen: 1) Marken als Signale senken Informationsbeschaffungs- und -verarbeitungskosten und steigern damit die Effizienz von Kaufentscheidungsprozessen. 2) Marken als Signale helfen, das wahrgenommene Risiko in Kaufentscheidungsprozessen zu reduzieren (Backhaus et al. 2011). 3) Der Kauf einer Markenleistung selbst kann als ein Signal verstanden werden.

3 Literaturüberblick zur Markenrelevanz bei Commodities

Nachdem im vorangegangenen Kapitel die konzeptionellen Grundlagen zur Markenrelevanz im Allgemeinen gelegt wurden, widmet sich dieses Kapitel der Analyse der Markenrelevanz im Commodity-Kontext. Um Einblicke in die Bedeutung von Marken bei Commodities zu erlangen, wurden zunächst Erkenntnisse bisheriger Untersuchungen erfasst. Tabelle 1 zeigt einen Überblick über zentrale Arbeiten zum Themengebiet Markenrelevanz bei Commodities.

Die Arbeiten lassen sich danach kategorisieren, ob markenbezogene Entscheidungen aus Anbieter- oder Nachfragersicht untersucht werden. Aufgrund der nachfragerbezogenen Betrachtung der Markenrelevanz im Rahmen dieses Beitrags liegt der Schwerpunkt der Ausführungen auf letztgenannten Arbeiten. Aus **Anbieterperspektive** besteht in der Literatur weitgehender Konsens darin, dass Unternehmen in Commodity-Märkten durch den Aufbau von Marken Kundennutzen generieren können und damit zur Differenzierung von Wettbewerbern beitragen (Dumlupinar 2006; McQuiston 2004; Stanton und Herbst 2005). Anhand einer Fallstudie aus der Stahlindustrie verdeutlicht McQuiston (2004), dass die Markierung von industriellen Gütern erfolgreich ist, wenn Marken als ein Versprechen einer ganzheitlichen Lösung gegenüber Kunden verstanden werden. Darüber hinaus zeigt diese Untersuchung auf, dass der Aufbau einer Marke die Bildung stabiler Beziehungen zwischen einem Unternehmen und seinen Kunden ermöglicht. Stanton und Herbst (2005) verdeutlichen ebenfalls die hohe Relevanz von Marken bei Commodities. Anhand von drei verschiedenen Fallbeispielen aus der Agrarindustrie kommen die Autoren zu der Schlussfolgerung, dass „Commodities must begin to act like branded companies" (Stanton und Herbst 2005, S. 7).

Tab. 1 Überblick über ausgewählte Arbeiten zur Markenrelevanz bei Commodities

	Autor/en (Jahr)	Fokus des Beitrags	Kontext	Zentrale Erkenntnisse
Anbieterperspektive	McQuiston (2004)	Markierung von Commodities	Stahlindustrie	Die Markierung von industriellen Gütern ist erfolgreich, wenn Marken als ein Versprechen einer ganzheitlichen Lösung gegenüber Kunden verstanden werden.
				Der Aufbau einer starken Marke ermöglicht die Bildung stabiler Beziehungen zwischen dem Unternehmen und seinen Kunden.
	Stanton und Herbst (2005)	Relevanz des Markenmanagements bei Commodities	Agrargüterindustrie	Anbieter von Agrargütern sollten ein konsequentes Markenmanagement verfolgen.
				Im Rahmen des Markenmanagements sollten Kundenbedürfnisse aufgedeckt, Kundenmärkte segmentiert, Zielgruppen bestimmt und die Markenpositionierung definiert werden.
	Dumlupinar (2006)	Ansätze zur De-Commoditisierung	kein Industriefokus	Durch die Generierung von Kundennutzen können sich Anbieter von Commodities vom Wettbewerb differenzieren.
				Eine Möglichkeit zur Schaffung zusätzlichen Kundennutzens ist die Markierung von Commodities.
Nachfragerperspektive	Saunders und Watt (1979)	Relevanz von Markennamen zur Differenzierung identischer Industriegüter	Kunstfaserindustrie	Marken haben bei im Kern sehr ähnlichen Produkten eine geringe Bedeutung.
				Die Verwendung von Marken kann bei Kunden zu Verwirrung führen.
				Die Kommunikation der Unternehmensmarke ist der Bildung von Produktmarken vorzuziehen.
	Sinclair und Seward (1988)	Effektivität der Markierung von Commodities	Holzindustrie	Preis und Verfügbarkeit sind die wichtigsten Kaufentscheidungskriterien für Händler des Commodity-Guts Holzpanele.
				Durch ihre Markenstrategie konnten manche Hersteller dennoch eine hohe Markenbekanntheit, eine Markenpräferenz sowie ein Preispremium erreichen.
	Betts (1994)	Bedeutung von Marken zur Differenzierung von Commodities	Tapetenindustrie	Kunden können Marke und Produkt oftmals nicht eindeutig einander zuordnen.

Tab. 1 Fortsetzung

Autor/en (Jahr)	Fokus des Beitrags	Kontext	Zentrale Erkenntnisse
			Handelsunternehmen haben einen Einfluss auf die Markenwahrnehmung am Point of Sale.
			Herstellerunternehmen sollten ein starkes Unternehmensmarkenimage aufbauen.
Wiedmann (2005); Wiedmann und Ludewig (2005)	Markenwert und Markenmanagement im Energiesektor	Energieindustrie	In einem durch Preiswettbewerb gekennzeichneten Markt kann eine lokale Markenstrategie dazu beitragen, dem Preisdruck zu entkommen.
			Unternehmen sollten dabei ein integriertes Markenkonzept verfolgen, das Kundenorientierung, Kompetenz und lokale Relevanz zum Ausdruck bringt.
			Neben dem Preis haben vor allem die Kundenorientierung und die wahrgenommene Kompetenz des Energieanbieters Einfluss auf die Kundenbindung bei privaten Haushalten.
van Riel et al. (2005)	Determinanten und Effekte des Markenerfolgs bei Commodities	Chemische Industrie	Marken haben in Industriegütermärkten eine große Bedeutung.
			Die Ausgestaltung des Marketingmix beeinflusst die kundenseitige Markenwahrnehmung und in Folge die Markenloyalität.
			Die unternehmensbezogene Markenwahrnehmung hat einen leicht stärkeren Einfluss auf die Markenloyalität organisationaler Kunden als die produktbezogene Markenwahrnehmung.
Leischnig und Geigenmüller (2011)	Markenrelevanz bei Commodities	Lebensmittelindustrie	Markenrelevanz entsteht durch Markennutzen.
			Markenrelevanz hat einen positiven Einfluss auf einstellungs- und verhaltensbezogene Markenloyalität und die kundenseitige Zahlungsbereitschaft.

Aus **Nachfragerperspektive** wird die Bedeutung von Marken bei Commodities sehr widersprüchlich diskutiert. Saunders und Watt (1979) weisen in einer Untersuchung in der Kunstfaserindustrie darauf hin, dass Marken bei im Kern sehr ähnlichen Produkten eine geringe Bedeutung haben. Ferner führen sie aus, dass die Markierung von Commodities durch einen Anbieter bei Kunden zu Verwirrung führen kann. In einer Untersuchung in der Holzindustrie zeigen Sinclair und Seward (1988), dass Händler des Commodities Holzpanele ihre Kaufentscheidung maßgeblich auf den Kriterien Preis und Verfügbarkeit gründen. Sie betonen jedoch auch, dass manche Hersteller durch das Verfolgen einer Markenstrategie eine hohe Markenbekanntheit, eine Markenpräferenz sowie ein Preispremium erreichen konnten. Im Rahmen einer branchenübergreifenden Untersuchung der Markenrelevanz im Business-to-Business-Bereich verweisen Caspar et al. (2002) darauf, dass im Falle von Commodities, wie z. B. Industriechemikalien, Marken nur eine vergleichsweise geringe Bedeutung genießen. In einer Studie im Energiesektor konnten Wiedmann (2005) sowie Wiedmann und Ludewig (2005) allerdings zeigen, dass Energieunternehmen durch eine lokale Markenstrategie dazu beitragen, dem Preisdruck zu entkommen. Die Unternehmen sollten dabei ein integriertes Markenkonzept verfolgen, das Kundenorientierung, Kompetenz und lokale Relevanz zum Ausdruck bringt. Basierend auf einer Untersuchung in der Tapetenindustrie kommt Betts (1994) zu dem Ergebnis, dass Kunden eine Marke und das zugehörige Produkt oftmals nicht eindeutig einander zuordnen können. Sie empfehlen, dass Unternehmen ein starkes Unternehmensmarkenimage aufbauen sollten. Die Vermutung, dass Unternehmensmarken in Commodity-Märkten eine größere Bedeutung haben, wird weiterhin durch Untersuchungen von van Riel et al. (2005) gestützt. Die Autoren kommen zu dem Ergebnis, dass die unternehmensbezogene Markenwahrnehmung einen leicht stärkeren Einfluss auf die Markenloyalität organisationaler Kunden hat als die produktbezogene Markenwahrnehmung.

Zusammenfassend kann festgestellt werden, dass aus Anbieterperspektive die Relevanz der Marke als Differenzierungsfaktor in Commodity-Märkten anerkannt ist. Aus Nachfragerperspektive zeigen die genannten Studien hinsichtlich der Relevanz von Marken ein widersprüchliches Bild. Bei detaillierter Betrachtung von Produkt- und Unternehmensmarken muss angemerkt werden, dass Unternehmensmarken im Vergleich zu Produktmarken bei Commodities in einigen Studien eine höhere Bedeutung beigemessen wird (z. B. Betts 1994; Saunders und Watt 1979; van Riel et al. 2005).

4 Entwicklung eines Modells der Markenrelevanz bei Commodities

4.1 Treiber der Markenrelevanz

In der Literatur besteht weitgehender Konsens darin, dass Marken insbesondere dann für Nachfrager relevant sind, wenn sie ihnen einen Nutzen stiften (Backhaus und Sabel 2004; Backhaus et al. 2011; Caspar et al. 2002; Donnevert 2009; Michell et al. 2001; Mudambi

2002). Der durch Marken hervorgerufene Nutzen kann dabei verschiedene Formen annehmen.

Wie aus der Theorie der Informationsökonomie abgeleitet werden kann, ist ein wesentlicher Markennutzen – insbesondere im Rahmen organisationaler Beschaffungsprozesse – in der Steigerung der Informationseffizienz zu sehen (Homburg et al. 2006). Der **Informationseffizienznutzen** bezieht sich dabei auf die Erleichterung der nachfragerseitigen Informationssuche und -verarbeitung im Rahmen von Auswahl- und Kaufentscheidungsprozessen. Zum einen bündeln Marken eine Vielzahl verschiedener Informationen über eine Leistung und reduzieren damit den Aufwand bei der Informationssuche. Zum anderen tragen sie insbesondere bei organisationalen Beschaffungsprozessen, welche oftmals durch Buying-Center vollzogen werden, zur Vereinfachung von Entscheidungsprozessen bei, indem sie den Entscheidungsaufwand vermindern und die Kommunikation zwischen den am Entscheidungsprozess beteiligten Personen vereinfachen (Caspar et al. 2002). Marken ermöglichen es Einkaufsentscheidern somit, ihre Informationskosten zu senken und die Effizienz von Kaufentscheidungsprozessen zu erhöhen (Homburg et al. 2006).

Ein weiterer wesentlicher Markennutzen ist in der durch Marken verursachten Risikoreduktion zu sehen (Backhaus et al. 2011; Fischer et al. 2010; Mudambi 2002; Lehmann und O'Shaughnessy 1974). Der **Risikoreduktionsnutzen** bezieht sich dabei auf die Verminderung der Gefahr einer falschen Entscheidung im Rahmen von Auswahl- und Kaufprozessen. Marken signalisieren Nachfragern ein bestimmtes Maß an Qualität hinsichtlich aktueller und zukünftiger Leistungen. Aufgrund der Vorhersagbarkeit von Leistungsnutzen bieten sie Nachfragern zudem ein gewisses Maß an Kontinuität (Caspar et al. 2002). Durch den Kauf von Markenartikeln haben Einkaufsverantwortliche die Möglichkeit, ihr wahrgenommenes Risiko zu reduzieren (Brown et al. 2011; Homburg et al. 2006).

Eine weitere Form markenevozierter Nutzenstiftung bildet der **Imagenutzen**. Im Business-to-Business-Kontext ermöglicht der Kauf von Marken einen Reputationstransfer. So werden beispielsweise im Rahmen des Ingredient Branding Leistungen eines Markenartikelanbieters in die eigenen Leistungen integriert, um letztendlich eine kundengerichtete Aufwertung der eigenen Angebote zu realisieren. Neben dem Reputationstransfer ermöglichen Marken die Darstellung des eigenen Unternehmens. Durch die ausschließliche Beschaffung bestimmter Markenartikel sind Unternehmen in der Lage, ihre Werthaltungen zu kommunizieren (Caspar et al. 2002). Der Kauf von Markenartikeln bietet Unternehmen zudem die Möglichkeit, ein gewisses Maß an Prestige zu signalisieren. Durch den Kauf eines Markenprodukts bzw. einer markierten Leistung können Nachfrager folglich Signale senden und damit einen Imagenutzen generieren.

Zusammenfassend kann festgestellt werden, dass die Relevanz von Marken maßgeblich durch den von Marken hervorgerufenen Nutzen determiniert wird. Wir argumentieren deshalb, dass der Markennutzen einen zentralen Treiber der Markenrelevanz bildet. D. h., je größer der durch die Marke hervorgerufene Nutzen in Form von Informationseffizienznutzen, Risikoreduktionsnutzen und Imagenutzen ist, umso wichtiger wird die Marke als Kaufentscheidungskriterium angesehen.

4.2   Wirkungen der Markenrelevanz

In Märkten, die durch einen hohen Commoditisierungsgrad gekennzeichnet sind, stellen vor allem die Kundenbindung und die Generierung eines Preispremiums zentrale Herausforderungen für Unternehmen dar. Obwohl die Wirkungen der Markenrelevanz auf das Nachfragerverhalten und ökonomische Erfolgsgrößen in der Literatur oft betont werden, liegen bisher nur wenige empirische Befunde vor (Donnevert 2009). Im Rahmen dieses Beitrags legen wir einen besonderen Schwerpunkt auf den Zusammenhang zwischen Markenrelevanz und marken- und preisbezogenen Verhaltensabsichten industrieller Nachfrager. Wir konzentrieren uns hierbei auf die Markenloyalität und die Bereitschaft zur Zahlung eines Preispremiums, die als wesentliche markterfolgsbezogene Größen anerkannt sind (Bendixen et al. 2004; Richter 2007).

Nach Oliver (1999) kann **Markenloyalität** definiert werden als „a deeply held commitment to rebuy or repatronize a preferred product/service consistently in the future, thereby causing repetitive same-brand or same brand-set purchasing, despite situational influences and marketing efforts having the potential to cause switching behavior" (Oliver 1999, S. 34). Diese Definition der Markenloyalität verweist zugleich auf zwei wesentliche Facetten dieses Konstrukts, nämlich eine einstellungsbezogene und eine kaufbezogene Komponente. Während sich die einstellungsbezogene Markenloyalität auf das Commitment zu einer Marke bezieht, umfasst die kaufbezogene Markenloyalität die Absicht zum Wiederkauf einer Marke (Chaudhuri und Holbrook 2001). Obwohl der Zusammenhang zwischen Markenrelevanz und Markenloyalität im industriellen Kontext bisher kaum empirisch untersucht wurde, verweist die Literatur auf einige Anhaltspunkte, welche eine positive Wirkungsbeziehung vermuten lassen. So zeigen Gordon et al. (1993) in einer empirischen Untersuchung in der Elektronikindustrie, dass organisationale Nachfrager gegenüber Marken ein hohes Maß an Loyalität bilden können. Ferner verweisen Hansen et al. (2008) darauf, dass eine hohe Unternehmensreputation für industrielle Kunden einen Wert darstellt, der dazu führt, dass sie in einem geringeren Maß nach alternativen Anbietern suchen und sich folglich loyal verhalten. In einer Untersuchung im Bereich industrieller Dienstleistungen können Bennett et al. (2005) nachweisen, dass das markenbezogene Involvement einen positiven Einfluss auf die einstellungsbezogene Markenloyalität organisationaler Nachfrager ausübt. Schließlich betont Mudambi (2002), dass Marken im Business-to-Business-Kontext nicht nur zu einer höheren Differenzierung vom Wettbewerb, sondern auch zu einer Steigerung der Kundenloyalität führen. Auf Basis der genannten Studien kann die Schlussfolgerung gezogen werden, dass die Relevanz der Marken einen positiven Einfluss auf die Markenloyalität organisationaler Nachfrager ausübt. D. h., je wichtiger das Kriterium Marke im Rahmen organisationaler Beschaffungsprozesse wahrgenommen wird, umso eher sind industrielle Nachfrager bereit, sich loyal gegenüber einer Marke zu verhalten, indem sie sich zur Marke bekennen und diese wiederholt kaufen.

Eine weitere wichtige Größe stellt die nachfragerseitige Bereitschaft zur **Zahlung eines Preispremiums** dar. Dieses Konstrukt bezieht sich darauf, inwieweit Nachfrager willens sind, für die Leistungen eines Markenanbieters einen erhöhten Preis zu zahlen. In einer

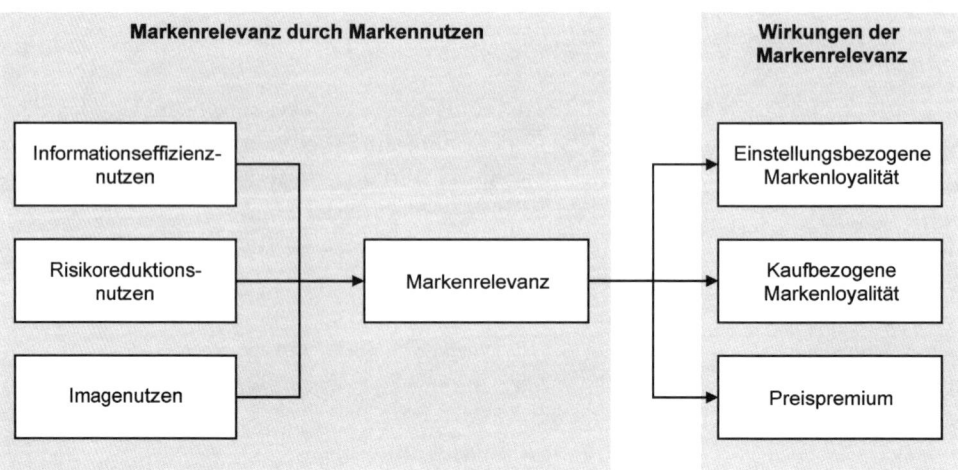

Abb. 1 Modell zur Markenrelevanz bei Commodities

empirischen Untersuchung bei Wirtschaftsprüfungsleistungen konnte Firth (1993) zeigen, dass Kunden eher bereit sind, einen höheren Preis zu zahlen, wenn Leistungen von einem anerkannten Markenanbieter offeriert werden. Ferner betont Hutton (1997), dass mit wachsender Bekanntheit einer Marke die kundenseitige Bereitschaft steigt, ein Preispremium für die Marke zu zahlen, sie weiterzuempfehlen und andere Produkte, die unter dieser Marke angeboten werden, zu kaufen. Auch Glynn (2012) resümiert, dass führende Business-to-Business-Marken Preisspielräume generieren können. Schließlich weisen Bendixen et al. (2004) am Beispiel von Elektronikkomponenten nach, dass durch die Nutzung von Marken ein Preispremium von 14 % gegenüber unmarkierten Produkten generiert werden kann. Hieraus kann geschlussfolgert werden, dass die Markenrelevanz einen positiven Einfluss auf die nachfragerseitige Bereitschaft zur Zahlung eines Preispremiums ausübt. D. h., je wichtiger das Kriterium Marke im Rahmen organisationaler Beschaffungsprozesse wahrgenommen wird, umso eher sind industrielle Nachfrager bereit, einen höheren Preis für eine Marke zu zahlen.

4.3   Modell zur Markenrelevanz bei Commodities

Abbildung 1 fasst das Modell zur Markenrelevanz bei Commodities zusammen. Insgesamt umfasst dieses Modell sieben Konstrukte, welche über sechs Wirkungsbeziehungen miteinander verbunden sind. Dabei postulieren wir einen positiven Einfluss des Markennutzens (Informationseffizienz-, Risikoreduktions- und Imagenutzen) auf die Markenrelevanz. Wir fassen diese Größen somit als Treiber der Markenrelevanz auf. Ferner postulieren wir einen positiven Einfluss der Markenrelevanz auf die einstellungsbezogene und kaufbezogene Markenloyalität und die Bereitschaft zur Zahlung eines Preispremiums.

5   Schlussbemerkungen

Die Bedeutung von Marken bei Commodities für organisationale Nachfrager wird in der wissenschaftlichen Literatur kontrovers diskutiert (vgl. Kapitel „Commodity-Differenzierung – Ein branchenübergreifender Ansatz"). Während einige Autoren die Etablierung von Marken durch Commodity-Anbieter eher skeptisch betrachten, verweisen andere Autoren auf ihre wichtige Rolle als Differenzierungsfaktoren. Im vorliegenden Beitrag zeigen wir sowohl begriffliche als auch theoretische Grundlagen der Markenrelevanz auf. Ferner systematisieren wir die wesentlichen Untersuchungen zur Markenrelevanz bei Commodities und verdeutlichen die unterschiedlichen Positionen aus Sicht von Anbietern und Nachfragern. Hierauf aufbauend entwickeln wir ein Modell, das Treiber und Wirkungen der Markenrelevanz bei Beschaffungsprozessen von Commodities abbildet. Im Rahmen dieses Abschnitts möchten wir den Beitrag unseres Artikels in vier Thesen zusammenfassen:

These 1:   Die Markierung von Leistungen als Maßnahme zur De-Commoditisierung ist insbesondere geeignet, wenn die Marke von Nachfragern als relevantes Kriterium im Rahmen von Beschaffungsprozessen angesehen wird.

These 2:   Die Relevanz der Marke bei Commodities wird durch den Nutzen bestimmt (Informationseffizienz-, Risikoreduktions- und Imagenutzen), den sie Nachfragern stiftet.

These 3:   Zwischen wahrgenommener Markenrelevanz und der Markenloyalität organisationaler Nachfrager von Commodities besteht ein positiver Zusammenhang: Je wichtiger die Marke als Kaufentscheidungskriterium wahrgenommen wird, umso eher sind Nachfrager bereit, sich loyal gegenüber einer Marke zu verhalten, d. h. sich zu dieser zu bekennen und sie wiederholt zu kaufen.

These 4:   Zwischen wahrgenommener Markenrelevanz und der nachfragerseitigen Bereitschaft zur Zahlung eines Preispremiums besteht ein positiver Zusammenhang: Je wichtiger die Marke als Kaufentscheidungskriterium wahrgenommen wird, umso eher sind Nachfrager bereit, einen höheren Preis für eine Markenleistung zu zahlen.

Zusammenfassend kann festgestellt werden, dass weiterer Forschungsbedarf hinsichtlich der Markenrelevanz bei Commodities besteht. Sowohl die nachfragerseitig wahrgenommene Markenrelevanz als auch ihre Treiber und Wirkeffekte sollten auf Basis empirischer Untersuchungen systematisch erfasst werden. Die in diesem Beitrag postulierten Wirkungsbeziehungen zwischen diesen Konstrukten konnten von Leischnig und Geigenmüller (2011) anhand einer empirischen Untersuchung in der Lebensmittelindustrie nachgewiesen werden. Weitere Untersuchungen zur Relevanz von Marken bei Commodities in unterschiedlichen Kontexten und unter Einbeziehung weiterer, relevanter Faktoren sollten jedoch folgen. Wir hoffen, mit dem vorliegenden Beitrag sowohl einen Anstoß als auch einen Ansatzpunkt für zukünftige Arbeiten zur Markenforschung bei Commodities zu geben.

Literatur

Aaker, D. A. (2004a). *Brand portfolio strategy: Creating relevance, differentiation, energy, leverage, and clarity*. New York: Free Press.

Aaker, D. A. (2004b). The relevance of brand relevance. *Strategy and Business, 35*, 1–10.

Aaker, D. A. (2011). *Brand relevance: Making competitors irrelevant*. San Francisco: Jossey-Bass.

Abratt, R. (1986). Industrial buying in high-tech markets. *Industrial Marketing Management, 15*, 293–298.

Akerlof, G. A. (1970). The market for „lemons": Uncertainty and the market mechanism. *Quarterly Journal of Economics, 84*, 488–500.

Backhaus, K., & Sabel, T. (2004). Brand relevance for business-to-business-markets. Proceedings of the 33rd EMAC Conference. Murcia.

Backhaus, K., Steiner, M., & Lügger, K. (2011). To invest, or not to invest, in brands? Drivers of brand relevance in B2B markets. *Industrial Marketing Management, 40*, 1082–1092.

Bendixen, M., Bukasa, K. A., & Abratt, R. (2004). Brand equity in the business-to-business market. *Industrial Marketing Management, 33*, 371–380.

Bennett, R., Härtel, C. E. J., & McKoll-Kennedy, J. R. (2005). Experience as a moderator of involvement and satisfaction on brand loyalty in a business-to-business setting. *Industrial Marketing Management, 34*, 97–107.

Betts, P. (1994). Brand development: Commodity markets and manufacturer-retailer relationships. *Marketing Intelligence & Planning, 12*, 18–23.

Brown, B. P., Zablah, A. R., Bellenger, D. N., & Johnston, W. J. (2011). When do B2B brands influence the decision making of organizational buyers? An examination of the relationship between purchase risk and brand sensitivity. *International Journal of Research in Marketing, 28*, 194–204.

Caspar, M., Hecker, A., & Sabel, T. (2002). Markenrelevanz in der Unternehmensführung – Messung, Erklärung und empirische Befunde für B2B-Märkte. Arbeitspapier Nr. 4. Marketing Centrum Münster & McKinsey & Company. Münster.

Chaudhuri, A., & Holbrook, M. B. (2001). The chain of effects from brand trust and brand affect to brand performance: The role of brand loyalty. *Journal of Marketing, 65*, 81–93.

Dawar, N., & Parker, P. (1994). Marketing universals: Consumers' use of brand name, price, physical appearance, and retailer reputation as signals of product quality. *Journal of Marketing, 58*, 81–95.

Donnevert, T. (2009). *Markenrelevanz: Messung, Determinanten und Konsequenzen*. Wiesbaden: Gabler.

Dumlupinar, B. (2006). Market commoditization of products and services. *Review of Social, Economic and Business Studies, 9*, 101–114.

Erdem, T., & Swait, J. (1998). Brand equity as a signaling phenomenon. *Journal of Consumer Psychology, 7*, 131–157.

Erdem, T., Swait, J., & Valenzuela, A. (2006). Brands as signals: A cross-country validation study. *Journal of Marketing, 70*, 34–49.

Firth, M. (1993). Price setting and the value of a strong brand name. *International Journal of Research in Marketing, 10*, 381–386.

Fischer, M., Völckner, F., & Sattler, H. (2010). How important are brands? A cross-category, cross-country study. *Journal of Marketing Research, 47*, 823–839.

Glynn, M. S. (2012). Primer in B2B brand-building strategies with a reader practicum. *Journal of Business Research, 65*, 666–675.

Gordon, G. L., Calantone, R. J., & di Benedetto, A. (1993). Brand equity in the business-to-business sector: An exploratory study. *Journal of Product & Brand Management, 2*, 4–16.

Hansen, H., Samuelsen, B. M., & Sileth, P. R. (2008). Customer perceived value in B-t-B service relationships: Investigating the importance of corporate reputation. *Industrial Marketing Management, 37*, 206–217.

Homburg, C., Jensen, O., & Richter, M. (2006). Die Kaufverhaltensrelevanz von Marken im Industriegüterbereich. *Die Unternehmung, 60*, 281–296.

Homburg, C., Staritz, M., & Bingemer, S. (2009). Wege aus der Commodity-Falle – Der Product Differentiation Excellence-Ansatz. Arbeitspapier Nr. M112. Institut für Marktorientierte Unternehmensführung, Universität Mannheim. Mannheim.

Hutton, J. G. (1997). A study of brand equity in an organizational-buying context. *Journal of Product & Brand Management, 6*, 428–439.

Jacoby, J., Speller, D. E., & Berning, C. K. (1974). Brand choice behavior as a function of information load: Replication and extension. *Journal of Consumer Research, 1*, 33–42.

Jacoby, J., Szybillo, G., & Busato-Schach, J. (1977). Information acquisition behavior in brand choice situation. *Journal of Consumer Research, 3*, 209–216.

Kaas, K. P. (1995). Informationsökonomik. In B. Tietz, R. Köhler, & J. Zentes (Hrsg.), *Handwörterbuch des Marketing* (2. Aufl., S. 971–981). Stuttgart: Schäffer-Poeschel.

Kapferer, J.-N., & Laurent, G. (1992). *La sensibilité aux marques – marchés sans marques, marchés à marques*. Paris: HEC School of Management.

Kirmani, A., & Rao, A. R. (2000). No pain, no gain: A critical review of the literature on signaling unobservable product quality. *Journal of Marketing, 64*, 66–79.

Lehmann, D. R., & O'Shaughnessy, J. (1974). Differences in attribute importance of different industrial products. *Journal of Marketing, 38*, 36–42.

Leischnig, A., & Geigenmüller, A. (2011). Markenrelevanz bei Commodities: Eine empirische Untersuchung von Determinanten und Wirkungen. *Marketing Zeitschrift für Forschung und Praxis, 33*, 293–304.

Matthyssens, P., & Vandenbempt, L. (2008). Moving from basic offerings to value-added solutions: Strategies, barriers and alignment. *Industrial Marketing Management, 37*, 316–328.

McCune, J. C. (1998). Tough sell: Commodity products. *Management Review, 87*, 45–50.

McQuiston, D. H. (2004). Successful branding of a commodity product: The case of RAEX LASER steel. *Industrial Marketing Management, 33*, 345–354.

Michell, P., King, J., & Reast, J. (2001). Brand values related to industrial products. *Industrial Marketing Management, 30*, 415–425.

Mudambi, S. (2002). Branding importance in business-to-business markets: Three buyer clusters. *Industrial Marketing Management, 31*, 525–533.

Nelson, P. (1970). Information and consumer behavior. *Journal of Political Economy, 78*, 311–329.

Nelson, P. (1974). Advertising as information. *Journal of Political Economy, 82*, 729–754.

Oliver, R. L. (1999). Whence consumer loyalty? *Journal of Marketing, 63*, 33–44.

Ozanne, U. B., & Churchill, G. A. Jr (1971). Five dimensions of the industrial adoption process. *Journal of Marketing Research, 8*, 322–328.

Porter, M. (1980). *Competitive strategy: Techniques for analyzing industries and competitors*. New York: Free Press.

Rangan, V. K., & Bowman, G. T. (1992). Beating the commodity magnet. *Industrial Marketing Management, 21*, 215–224.

Reimann, M., Schilke, O., & Thomas, J. S. (2010). Toward an understanding of industry commoditization: Its nature and role in evolving marketing competition. *International Journal of Research in Marketing, 27*, 188–197.

Richter, M. (2007). *Markenbedeutung und -management im Industriegüterbereich: Einflussfaktoren, Gestaltung, Erfolgsauswirkungen*. Wiesbaden: DUV.

Saunders, J. A., & Watt, F. A. W. (1979). Do brand names differentiate identical industrial products? *Industrial Marketing Management, 8,* 114–123.

Sinclair, S. A., & Seward, K. E. (1988). Effectiveness of branding a commodity product. *Industrial Marketing Management, 17,* 23–33.

Spence, M. (1973). Job market signaling. *Quarterly Journal of Economics, 87,* 355–374.

Spence, M. (1974). Competitive and optimal responses to signals: An analysis of efficiency and distribution. *Journal of Economic Theory, 7,* 196–332.

Stanton, J. L., & Herbst, K. C. (2005). Commodities must begin to act like branded companies: Some perspectives from the United States. *Journal of Marketing Management, 21,* 7–18.

Stigler, G. J. (1961). The economics of information. *Journal of Political Economy, 69,* 213–225.

Stiglitz, J. E. (1987). The causes and consequences of the dependence of quality on price. *Journal of Economic Literature, 25,* 1–48.

Swait, J., & Erdem, T. (2007). Brand effects on choice and choice set formation under uncertainty. *Marketing Science, 26,* 679–697.

van Riel, A. C. R., de Mortanges, C. P., & Streukens, S. (2005). Marketing antecedents of industrial brand equity: An empirical investigation in specialty chemicals. *Industrial Marketing Management, 34,* 841–847.

Wallis, J. C. (1987). Will a specialty business become a commodity business. *Industrial Marketing Management, 16,* 19–24.

Webster, F. E. Jr., & Keller, K. L. (2004). A roadmap for branding in industrial markets. *Brand Management, 11,* 388–402.

Weiber, R., & Adler, J. (1995). Informationsökonomisch begründete Typologisierung von Kaufprozessen. *Zeitschrift für betriebswirtschaftliche Forschung, 47,* 43–65.

Wiedmann, K.-P. (2005). Measuring brand equity for organising brand management in the energy sector: A research proposal and first empirical hints. *Brand Management, 12,* 207–219.

Leischnig, Alexander
Juniorprofessur für Betriebswirtschaftslehre, insbesondere Marketing Intelligence, Fakultät Sozial- und Wirtschaftswissenschaften, Otto-Friedrich-Universität Bamberg, Feldkirchenstraße 21, 96052 Bamberg, Deutschland
E-Mail: alexander.leischnig@uni-bamberg.de

Geigenmüller, Anja
Fachgebiet Marketing, Fakultät für Wirtschaftswissenschaften und Medien, Technische Universität Ilmenau, Helmholtzplatz 3 (Oeconomicum), 98693 Ilmenau, Deutschland
E-Mail: anja.geigenmueller@tu-ilmenau.de

Verhaltensorientierter Ansatz zur Erklärung von Preisreaktionen bei Commodities und Empfehlungen für die Preissetzung auf Commodity-Märkten

Florian Dost und Robert Wilken

Inhaltsverzeichnis

Zusammenfassung

Auch auf Commodity-Märkten ist es sinnvoll, nachfragerseitige Preisreaktionen als Ausgangspunkt für preispolitische Fragen zu verwenden. In der Pricing-Forschung hat sich die Auffassung etabliert, dass Nachfrager nur in eingeschränktem Maße rational handeln. Anstelle der rein rationalen Abwägung gelangt eine erfahrungs-, verhaltens- oder gefühlsbasierte Entscheidungsheuristik zur Anwendung. Dadurch besteht die Möglichkeit, dass aus einem Mangel an Rationalität Preissetzungsspielräume für den Anbieter erwachsen. Folglich müssen verhaltensbezogene Ansätze zur Erklärung von Preisreaktionen berücksichtigt werden.

F. Dost (✉)
Juniorprofessur für Betriebswirtschaftslehre, insbesondere Marketing, Wirtschaftswissenschaftliche Fakultät, Europa-Universität Viadrina, Große Scharrnstraße 59,
15230 Frankfurt (Oder), Deutschland
E-Mail: dost@europa-uni.de

R. Wilken
Lehrstuhl für Internationales Marketing, ESCP Europe Wirtschaftshochschule Berlin, Heubnerweg 8–10,
14059 Berlin, Deutschland
E-Mail: rwilken@escpeurope.eu

M. Enke et al. (Hrsg.), *Commodity Marketing*,
DOI 10.1007/978-3-658-02925-8_6, © Springer Fachmedien Wiesbaden 2014

Dieser Beitrag bespricht unter Rückgriff auf den dualen Prozess des Entscheidungsverhaltens den Zusammenhang zwischen Zahlungsbereitschaften unter Unsicherheit und Referenzpreis- bzw. Preisakzeptanzkonzepten. Eine empirische Studie liefert erste Belege für diesen Zusammenhang.

Auf dieser Grundlage können für die Preissetzung auf Commodity-Märkten folgende Empfehlungen ausgesprochen werden, die einer Commoditisierung entgegenwirken: Ein Anbieter müsste durch andauernde, von der aktuellen Preiswahrnehmung abweichende, Preisschwankungen den Referenzpreisbereich und damit den Bereich affektiv dominierter Kaufentscheidungen „aufweichen" bzw. die Preistransparenz reduzieren.

1   Besonderheiten von Preisreaktionen auf Commodity-Märkten

Commodities sind Güter, die unter objektiven Qualitätsgesichtspunkten nicht oder nur schwer unterscheidbar sind und folglich hauptsächlich über das Merkmal „Preis" differenziert werden können (Enke et al. 2005). Der Preispolitik kommt daher im Rahmen des Commodity Marketings eine hohe Bedeutung zu. Dabei vertreten wir die Ansicht, dass die Eigenschaft „Commodity" eines Guts nicht als kategorial, sondern als kontinuierlich aufzufassen ist. Wir sprechen daher auch vom „Commoditisierungsgrad" eines Guts (s. Kapitel „Commodity Marketing – Eine Einführung", S. 3ff.). Dieser Grad liegt zwischen null (bei perfekt komplementären Gütern) und eins (bei perfekt substituierbaren Gütern). Den Extremfall perfekt substituierbarer Güter – d. h. identischer Produktqualitäten mit „unendlich hoher" Kreuzpreiselastizität – gibt es in der Realität zwar nicht; allerdings lassen sich einige Beispiele angeben, bei denen der Commoditisierungsgrad zumindest nahe bei eins liegt. Wenn im Folgenden von einem „Commodity-Markt" die Rede ist, dann von einem solchen mit einem hohen Commoditisierungsgrad.

Tendenziell gilt: Je höher der Commoditisierungsgrad, desto eher handelt es sich um einen Käufermarkt mit vollständigem Wettbewerb. Der Wettbewerb hängt nur noch von der Anzahl der Verkäufer auf dem Markt ab und nicht mehr von den Differenzen und Nischen im Produktangebot. Umgekehrt gilt: Liegt ein Commoditisierungsgrad von null vor, dann handelt es sich um perfekt differenzierte Produkte. In diesem Fall kann jeder einzelne Produktmarkt wie ein eigener Monopolmarkt betrachtet werden. Gibt es viele Anbieter, so existieren parallel Monopole und damit ideale Verkäufermärkte. Hier würde man eine anbieterorientierte Preispolitik betreiben. Auf Commodity-Märkten, also Märkten, die eher Käufermärkte sind, ist es jedoch sinnvoll, nachfragerseitige Preisreaktionen als Ausgangspunkt für preispolitische Fragen auf Commodity-Märkten zu verwenden. Bei hohem Commoditisierungsgrad und unter der Annahme eines rationalen Entscheidungsträgers müssten die zu einem Commodity-Markt gehörenden Produkte eine hohe Substitutionsintensität aufweisen. Die damit verbundene hohe Kreuzpreiselastizität verhindert, dass der Anbieter einen Spielraum zur Preissetzung besitzt. Allerdings hat sich in der Pricing-Forschung in letzter Zeit die Auffassung etabliert, dass Nachfrager nur in eingeschränktem Maße rational handeln, d. h. sie verlassen sich nicht vollständig auf kognitive Abwägungen von Alternativen (Homburg und Koschate 2005a, 2005b; March 1978; Simon 1955). Anstelle der rein rationalen Abwägung gelangt eine erfahrungs-, verhaltens- oder gefühlsbasierte Entscheidungsheuristik zur Anwendung (Epstein 1991; Gigerenzer 2007; Kahneman 2003). Dadurch besteht wiederum die Möglichkeit, dass aus einem Mangel an Rationalität Preissetzungsspielräume für den Anbieter erwachsen. Als Beispiel sei eine Flasche Limonade genannt, welche im Rahmen eines Supermarkteinkaufs strengsten Preisvergleichen von Seiten der Konsumenten unterliegt, welche jedoch im Rahmen eines Sportevents trotz hoher Preisaufschläge ohne Zögern von den gleichen Konsumenten gekauft wird.

Folglich müssen **verhaltensbezogene Ansätze** zur Erklärung von Konsumentenverhalten (speziell: Preisreaktionen) berücksichtigt werden. Trotz der Tatsache, dass sich Konsumenten nur begrenzt rational verhalten, kann man andererseits jedoch auch davon ausgehen, dass sie prinzipiell zu rationalem (verstandesgemäßem) Verhalten in der Lage sind. Dies gilt insbesondere für Commodity-Märkte, da diese von einer hohen Transparenz gekennzeichnet sind, was die Unsicherheit bei Nachfragern bzgl. des Markts nicht unbedingt, aber bzgl. der konsumentenseitigen Präferenzen reduziert. In der Summe erscheint es daher generell sinnvoll, zur Erklärung von Preisreaktionen einen sogenannten **dualen Prozess** heranzuziehen, der beide Komponenten des Verhaltens – eine rationale und eine heuristische (oder: eine kognitive und eine affektive) – beinhaltet.

2   Kaufentscheidungen als dualer Prozess unter besonderer Berücksichtigung des Merkmals „Preis"

Ein **dualer Prozess** (Epstein 1991; Kahnemann 2003; Sloman 1996) beschreibt zwei parallele Formen des Bewertens und Entscheidens. Eine dieser Formen betrifft erfahrungsorientierte und damit vergangenheitsbezogene (Godek und Murray 2008; Schul und Mayo 2003) sowie gefühlsgeleitete, affektive Heuristiken. Diese sind den handelnden Individuen als „Bauchentscheidungen" oder auch als „Intuition" bekannt (Gigerenzer 2007). Die zweite Form ist gegenwarts- und zukunftsorientiert und beinhaltet verstandesgeleitete Bewertungen von Produktinformationen und die daraus folgende Konstruktion von Präferenzen und Entscheidungen (Bettman et al. 1998). Dabei muss beachtet werden, dass die Rationalität und damit der kognitive Prozess nur relativ zu verfügbaren Informationen gesehen werden kann. Diese Informationen wiederum entspringen sowohl den kognitiv verfügbaren Präferenzen als auch dem aktuellen Kontext. Die **Begrenztheit der Rationalität** bildet dabei den Rahmen, innerhalb dessen kognitive Prozesse überhaupt Anwendung finden können. Beide Prozesse und ihre Eigenschaften werden in Tab. 1 einander gegenübergestellt:

Im Folgenden sehen wir uns nachfragerbezogene Reaktionen auf Preise an. Die affektive Reaktion auf einen gegebenen Preis lässt sich beispielsweise mittels der **Referenzpreiskonzepte** beschreiben. Dabei wird aus den beobachteten Preisen und den bisher (in derselben Produktkategorie) getätigten Kaufentscheidungen ein Referenzmaßstab ermittelt,

Tab. 1 Eigenschaften der Prozesse im Modell eines dualen Prozesses. (Quelle: In Anlehnung an Epstein 1991; Godek und Murray 2008; Sloman 1996)

Affektiver Prozess	Kognitiver Prozess
Holistisch	Analytisch
Automatisch	Intentional
Affektiv	Verstandesgemäß
Schnelles Prozessieren	Langsames Prozessieren
Verhalten wird durch Vergangenes und Erfahrungen beeinflusst	Verhalten wird durch bewusst wahrgenommene Informationen beeinflusst
Realität wird durch Bilder, Metaphern und Geschichten kodiert	Realität wird durch abstrakte Symbole, Wörter und Zahlen kodiert

der als heuristisches Vergleichskriterium zur Bewertung eines aktuellen Preisstimulus fungiert. Nach der Adoptionsniveautheorie basiert dieser Referenzmaßstab auf einem Vergleichswert aus früheren Erfahrungen, dem so genannten Adaptionsniveau (Helson 1964). Noch häufiger wird jedoch ein Bereich anstelle einer Punktgröße als Referenzmaßstab verwendet. So findet der heuristische Abgleich nach der Range-Frequency-Theorie relativ zu der Verteilung der bisherigen Einzelerfahrungen statt und damit relativ zu einem Bereich (Parducci 1965).

Die kognitive Reaktion auf einen Preis lässt sich im Gegensatz zur affektiven Komponente dadurch erklären, dass mittels kontextspezifischer, aktuell verfügbarer und zu verarbeitender Informationen Präferenzen oder auch Entscheidungen konstruiert werden. Diese Informationen umfassen zunächst die offensichtlichen Informationen wie den aktuellen Preis oder die Budgetrestriktionen des Konsumenten, können sich aber auch auf Kontextinformationen wie die Preise von Konkurrenzprodukten oder das allgemeine Preisniveau beziehen. Zusätzliche Informationen stellen Selbsteinschätzungen dar, etwa bezüglich des eigenen Bedarfs oder bezüglich zukünftiger Preisentwicklungen. Die Beurteilung selbst lässt sich dann im rein kognitiven oder rationalen Prozess mit der **klassischen Nutzentheorie** darstellen.

Bei einer konkreten Reaktion auf einen Preisstimulus treten immer beide Prozesse auf, d. h. der kognitive und der affektive, jedoch mit unterschiedlicher Intensität. Prinzipiell besteht für den Konsumenten ein Anreiz, den aufwändigeren und zeitlich längeren kognitiven Prozess zu vermeiden. Die kognitive Komponente kommt also besonders dann zum Zuge, wenn der beobachtete Preis einen Anreiz zum Nachdenken gibt. Dies ist der Fall, wenn sich der beobachtete Preis entweder an den Grenzen der auf Erfahrungswerten basierenden Heuristiken befindet oder aber „überraschend weit entfernt" hiervon liegt (Park et al. 2011; Wathieu und Bertini 2007). Im ersten Fall dient die kognitive Anstrengung der Reduktion von Unsicherheit. Demnach gibt es Preise, die den Konsumenten deshalb zum Nachdenken anregen, weil eine höhere Unsicherheit zwischen Kauf und Nichtkauf zu diesem Preis besteht, beispielsweise nahe der Preisgrenze für bisherige Kaufentscheidungen. Im letztgenannten Fall übt der Preis zumindest kurzfristig eine Informationsfunktion aus (Wathieu und Bertini 2007). Denn neben der eigentlichen Funktion des Preises, ein monetäres Opfer darzustellen, kann der Preis zusätzlich Qualitätsinformationen vermitteln. Diese Qualitätsinformation kann ebenfalls einen Anreiz zum Nachdenken bieten: So kann ein unerwartet hoher Preis zumindest kurzfristig darüber nachdenken lassen, ob das Produkt tatsächlich eine höhere Qualität als die bereits wahrgenommene oder erwartete verspricht. Genauso kann ein unerwartet niedriger Preis an der Qualität des Produkts zweifeln lassen (z. B. Janiszewski und Lichtenstein 1999; Kalyanaram und Winer 1995; Niedrich et al. 2001). Diese Zweifel an der Qualität können einen Konsumenten dazu bewegen, sich trotz des niedrigen Preises gegen den Kauf zu entscheiden. Dies wird insbesondere dann der Fall sein, wenn selbst bei intensiver kognitiver Abwägung kein sicheres Urteil über die Qualität des Produkts gebildet werden kann. Beispiele für diesen Mechanismus findet man in der Gastronomie. So kann ein besonders hoher Preis für einen „Döner Kebab" einen kognitiven Informationssuch- und Entscheidungsprozess anstoßen, der, etwa wenn tatsächlich eine höhere Qualität der Zutaten vorliegt, trotz des hohen Preises zu einem Kauf führt. Ebenso könnte ein besonders niedriger Preis einen ähnlichen kognitiven Prozess anstoßen, der, wenn sich die Qualitätszweifel nicht ausräumen lassen, den Konsumenten von einem Kauf und dem Gastronomiebetrieb Abstand nehmen lässt.

3 Konzepte der Zahlungsbereitschaft im dualen Prozess der Kaufentscheidung

Die bisherigen Überlegungen haben Folgendes gezeigt: Um Preisreaktionen – d. h. Entscheidungen für oder gegen einen Kauf in Abhängigkeit vom (gesetzten) Preis eines Produkts – darzustellen, sollte man das Zusammenspiel der beiden genannten Prozesse beachten. Es gibt Preisbereiche, bei denen überwiegend auf die Heuristiken zurückgegriffen wird, beispielsweise bei einem im Vergleich zu Vergangenheitsdaten niedrigen (hohen), jedoch nicht überraschend niedrigen (hohen) Preis. Andererseits gibt es Preisbereiche, die von einer hohen kognitiven Intensität gekennzeichnet sind, etwa in der Mitte des Intervalls von Preisen, bei denen man in der Vergangenheit zwischen Kauf- und Nichtkauf geschwankt hat.

Bei der Darstellung der eigentlichen Kaufentscheidung bzw. Konsumentenreaktion auf den Preis ist eine Darstellung der individuellen Kaufwahrscheinlichkeit in Abhängigkeit des Preises sinnvoll. Diese Kaufwahrscheinlichkeit findet in verschiedenen **Preisreaktions- und Zahlungsbereitschaftskonzepten** Berücksichtigung, welche im Folgenden vorgestellt werden (siehe hierzu auch Abb. 1). Dabei werden, dem jeweiligen Konzept entsprechend, auch gängige Methoden zur Messung der jeweiligen Punkt- oder Bereichsgrößen vorgestellt.

Der klassische Fall eines individuellen Preisreaktionskonzepts ist in der „Zahlungsbereitschaft" zu sehen. Diese Punktgröße, auch **Willingness-to-Pay** (WTP), Reservationspreis, (maximale) Preisbereitschaft oder Prohibitivpreis genannt, ist derjenige Preis, bis zu dem der Konsument in jedem Fall (d. h. mit einer Wahrscheinlichkeit von eins) das entsprechende Gut kauft. Dabei wird üblicherweise von einer rein rationalen, d. h. kognitiven

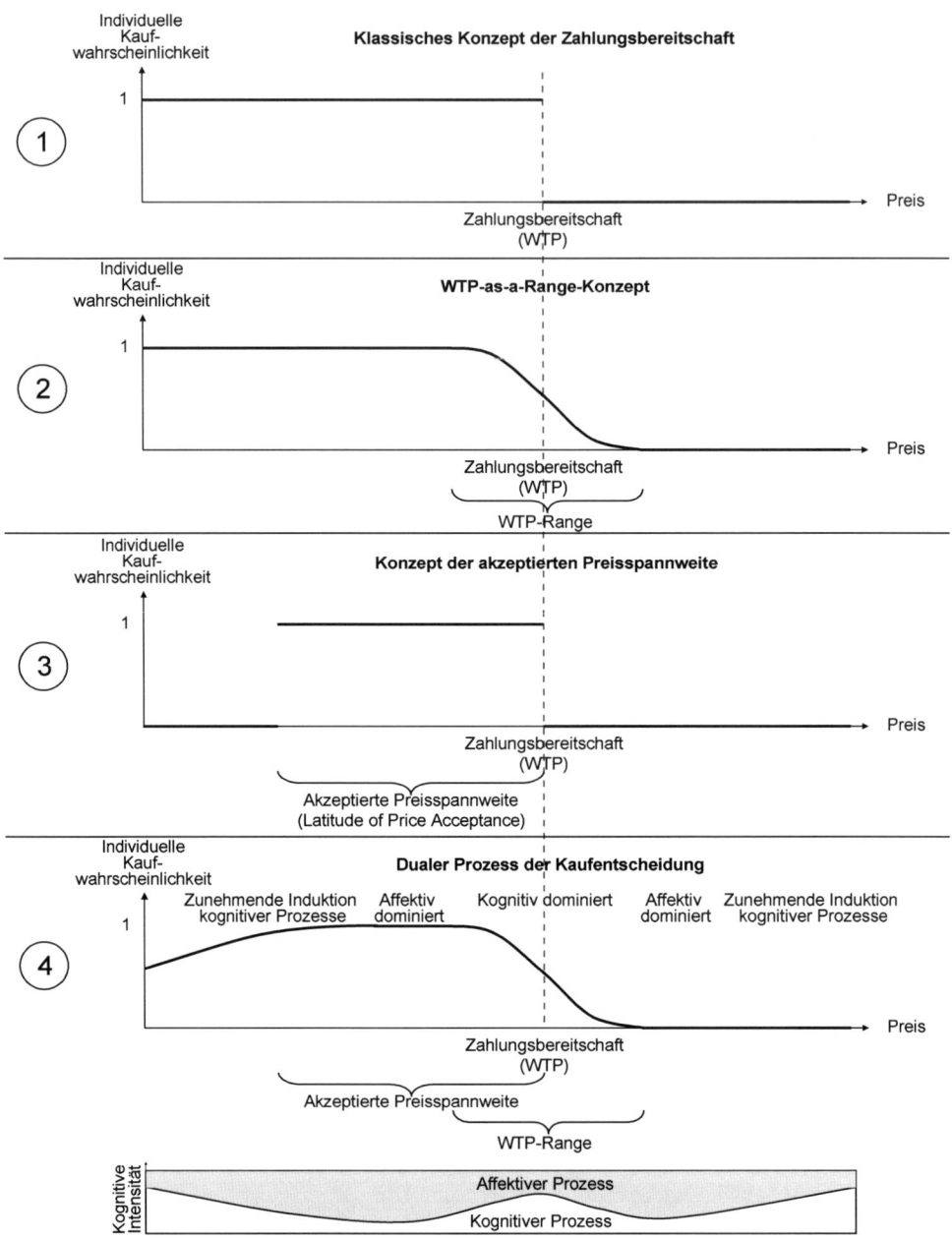

Abb. 1 Konzepte der Zahlungsbereitschaft und der duale Prozess der Kaufentscheidung

Kaufentscheidung ausgegangen, bei der es keine Unsicherheit gibt. Beinahe alle üblichen Methoden zur Messung von Zahlungsbereitschaften beziehen sich auf diese Konzeptualisierung. Gängige und erprobte Methoden neben der direkten Abfrage stellen die Conjointanalyse, Lotteriemethoden sowie die BDM-Lotterie und Preisauktionen dar (Übersichten zu diesen Methoden finden sich z. B. bei Backhaus et al. 2005a; Backhaus et al. 2005b; Völckner 2006).

In der Realität lässt sich die Unsicherheit allerdings selbst bei kognitiver Anstrengung nicht vollständig reduzieren, so dass eine Restunsicherheit bestehen bleibt. Diese Restunsicherheit äußert sich letztlich in einer Spannbreite von Reservationspreisen – d. h. in Bereichen, in denen weder über den Kauf noch über den Nichtkauf mit Sicherheit entschieden werden kann. Nur im Idealfall einer vollständigen Unsicherheitsreduktion kann von einem einzelnen Preispunkt als Reservationspreis ausgegangen werden. Die Modellierung von Zahlungsbereitschaften als Spannweite im sogenannten „**WTP-as-a-Range**"-Konzept (Dost und Wilken 2012; Wang et al. 2007) ist ebenfalls in Abb. 1 dargestellt. Man nimmt an, dass die Kaufwahrscheinlichkeit des Konsumenten innerhalb dieser Spannweite, der so genannten WTP-Range, allmählich von eins (sicherer Kauf) auf null (sicherer Nichtkauf) absinkt. Die eigentliche Zahlungsbereitschaft entspricht dem Erwartungswert dieser Verteilung innerhalb der WTP-Range (empirische Beweise bei Dost und Wilken 2012). Die mit einer Kaufwahrscheinlichkeit von eins bzw. null assoziierten Reservationspreise werden minimale („floor reservation price") bzw. maximale Zahlungsbereitschaft („ceiling reservation price") genannt. Neben einer direkten Frage nach den Grenzen der WTP-Range stehen zur Messung auch Lotteriemethoden (ähnlich der BDM-Lotterie; Wang et al. 2007 sowie in einer vereinfachten Variante Dost und Wilken 2012) und Verfahren mit einer Conjointanalyse (Schlereth und Skiera 2009; Schlereth et al. 2012) zur Verfügung.

Ein Preisreaktionskonzept, das auf den vorherigen Erfahrungen des Konsumenten und damit eher auf seinen Heuristiken basiert, ist das **Konzept der akzeptierten Preisspannweite**, auch „Latitude of Price Acceptance" genannt (Rajendran und Tellis 1994). Üblicherweise wird entsprechend der Range-Frequency-Theorie davon ausgegangen, dass der Bereich annehmbarer Preise für den Konsumenten durch dessen bisherige Beobachtungen und Erfahrungen bestimmt wird. Es gibt dabei nicht nur eine maximale Zahlungsbereitschaft, sondern auch eine Preisuntergrenze. Nur im Bereich zwischen diesen beiden Preisen kommt es zum Kauf. Die Existenz einer Untergrenze wird zumeist mit Zweifeln an der Qualität und damit mit der Informationsfunktion des Preises begründet. Eine solche akzeptierte Preisspannweite ist auf Individualniveau nur schwer zu messen. Einzig Methoden wie das Price Sensitivity-Meter (van Westendorp 1976) erlauben die Bestimmung einer akzeptierten Preisspannweite, sind aber nicht unumstritten.

Die hier konzeptualisierte Verteilung der Kaufwahrscheinlichkeit beinhaltet Bestandteile aller genannten Konzepte. Sie geht von einer Zahlungsbereitschaft aus, die aufgrund der Unsicherheit nicht eindeutig bestimmt werden kann. Dadurch kommt es zu einem dem „WTP-as-a-Range"-Konzept entsprechenden Verlauf mit einer WTP-Range und einer Zahlungsbereitschaft als Erwartungswert. In der Nähe der erwarteten Zahlungsbereitschaft, d. h. innerhalb der WTP-Range, dominiert der kognitive Prozess des Konsu-

Tab. 2 Abgebildete und gemessene Größen der Konzeptualisierungen von Preisreaktionen

Konzeptualisie-rung	Abgebildete Größen			Gemessene Größen
	WTP	WTP-Range	AP	
1) Klassisches Konzept der Zahlungsbereit-schaften	X			Individuelle Kaufwahrschein-lichkeit
2) WTP-as-a-Range-Konzept	X	X		Individuelle Kaufwahrschein-lichkeit
3) Konzept der akzeptierten Preisspannweite	X		X	Individuelle Kaufwahrschein-lichkeit
4) Dualer Prozess der Kaufentscheidung	X	X	X	Individuelle Kaufwahrschein-lichkeit oder relative Vertei-lung kognitiver und affektiver Prozesse

WTP Willingness-to-Pay, *AP* Akzeptierte Preisspannweite

menten. Dieser resultiert aus dem Anreiz des Konsumenten zur Unsicherheitsreduktion. Um die WTP-Range herum liegen die Bereiche affektiv dominierter Preisreaktionen. Hier fällt dem Konsumenten aufgrund seiner Erfahrungen und daraus entstandenen Heuristiken die Entscheidung leicht. Die entsprechend bewerteten Preise unterhalb der Zahlungsbereitschaft bilden dabei die akzeptierte Preisspannweite. Bei Preisen, die noch unterhalb dieser Spannweite liegen, kommt es vermehrt zur Induktion kognitiver Prozesse, die sich auf zunehmende Qualitätszweifel zurückführen lassen. Auch bei sehr hohen Preisen kommt es verstärkt zu kognitiven Prozessen, die ebenfalls auf Qualitätszweifel zurückzuführen sind: Der Konsument überlegt, ob die Qualität des Produkts bislang nicht als zu niedrig eingeschätzt worden ist. Üblicherweise resultieren derartige Zweifel ohne zusätzliche, kognitive verarbeitete Qualitätsinformationen jedoch nicht in einer erhöhten Kaufwahrscheinlichkeit.

Alle Konzeptualisierungen und die darin abgebildeten Messgrößen können zusammenfassend Tab. 2 entnommen werden.

Die Messung unserer hier vorgestellten Konzeptualisierung kann prinzipiell auf zwei Arten erfolgen: Zum einen kann man versuchen, die individuelle Verteilung der Kaufwahrscheinlichkeiten zu bestimmen. Als vielversprechend erscheint hierbei eine Kombination aus Methoden zur Messung einer WTP-Range mit Methoden zur Messung einer akzeptierten Preisspannweite. Zum anderen kann man versuchen, die relative Verteilung kognitiver und affektiver Prozesse über dem Preis – und damit die eigentliche Kaufwahrscheinlichkeit – indirekt zu messen.

Wir stellen hier die Ergebnisse einer Studie vor, die diese Idee empirisch umgesetzt hat; d. h. es wurde getestet, ob innerhalb des Zahlungsbereitschaftsintervalls der langsamere kognitive Prozess vorherrscht, während Preise außerhalb des Intervalls relativ schnell und ohne größeren kognitiven Aufwand verarbeitet werden (siehe Dost 2012). Es kam ein experimentelles Design zum Einsatz, bei dem Probanden Wahlentscheidungen zu treffen hatten. Die Experimentalgruppen unterschieden sich hinsichtlich der gezeigten (Verkaufs-)Preise im Verhältnis zu den individuell genannten Minimal- und Maximalzahlungsbereitschaften (MinZB und MaxZB; „floor" bzw. „ceiling reservation price"). Es wurden neun Gruppen anhand der folgenden Preise unterschieden: 50 %, 30 % oder 10 % unterhalb der minimalen Zahlungsbereitschaft, 10 %, 30 % oder 50 % oberhalb der maximalen Zahlungsbereitschaft sowie das 25 %-, 50 %- oder 75 %-Quartil des Zahlungsbereitschaftsintervalls. Erwartungsgemäß überwiegt der kognitive Prozess innerhalb, nicht jedoch außerhalb des Zahlungsbereitschaftsintervalls.

Die einem Probanden gezeigten Preise hingen einerseits von der zufallsabhängigen Zuordnung zu einer der neun Experimentalgruppen und andererseits von den tatsächlich geäußerten Zahlungsbereitschaften (MinZB und MaxZB) ab. Ein Proband mit einer minimalen (maximalen) Zahlungsbereitschaft von z. B. 5 € (10 €) sah also einen der folgenden neun Preise: 2,50 € (= MinZB − 50 %), 3,50 € (= MinZB − 30 %), 4,50 € (MinZB − 10 %), 11 € (MaxZB + 10 %), 13 € (MaxZB + 30 %), 15 € (MaxZB + 50 %), 6,25 € (25 %-Quartil), 7,50 € (50 %-Quartil) oder 8,75 € (75 %-Quartil). Die meisten Kontrollvariablen wurden zwischen Zahlungsbereitschaftsabfrage und Wahlentscheidung gemessen, um die Aufmerksamkeit der Probanden von den tatsächlich genannten (Verkaufs-)Preisen zu reduzieren. Die Wahlentscheidung erfolgte auf einer separaten Seite. Es erschien ein Angebot für ein Spülmittel der Marke „Tide" mit dem gemäß Experimentalgruppe und genannten Zahlungsbereitschaften ermittelten (Verkaufs-)Preis. Die Verweildauer auf dieser Seite fungierte als objektive Maßgröße des zur Auswahlentscheidung benötigten kognitiven Aufwands. Ferner wurde die subjektiv empfundene Schwierigkeit bei der Auswahlentscheidung erhoben. Demografische Angaben sowie eine Frage nach dem vermuteten Zweck der Studie bildeten den Abschluss der Befragung.

Die Stichprobe bestand aus zunächst $N = 297$ US-amerikanischen Probanden, die über Amazon Mechanical Turk rekrutiert wurden; jeder Proband erhielt eine Aufwandsentschädigung zwischen 0,20 und 0,25 $. Es wurden diejenigen Probanden ausgeschlossen, die weniger als 1:30 min zur Beantwortung des Fragebogens aufgewendet oder eine von drei Fragen zum Test aufmerksamen Lesens falsch beantwortet haben. Nach Ausschluss dieser Probanden verblieben $N = 210$ in der Stichprobe.

Die Experimentalgruppen unterschieden sich nicht hinsichtlich der verschiedenen Kontrollgrößen, und niemand erriet den Zweck der Studie. Abbildung 2 stellt die Auswahlanteile, den bei der Auswahlentscheidung wahrgenommenen Aufwand sowie die zur Auswahl benötigte Zeit jeweils aufgeschlüsselt nach den neun Experimentalgruppen dar. Man sieht, dass tendenziell höherer kognitiver Aufwand bei Preisen innerhalb des Zahlungsbereitschaftsintervalls vorliegt, und zwar sowohl bei subjektiver als auch bei objektiver Messung. Für statistische Tests fassen wir jeweils drei Experimentalgruppen zusammen,

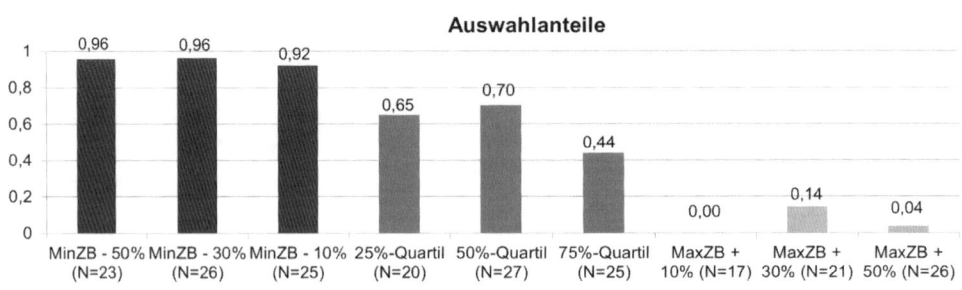

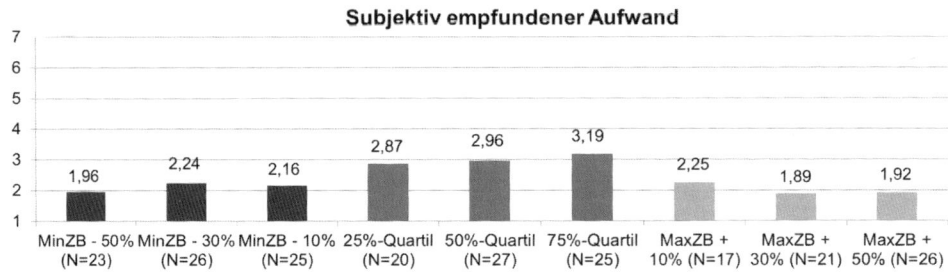

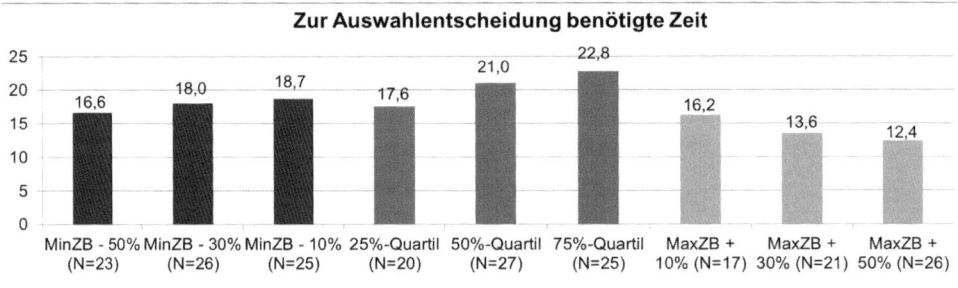

■ Preise unterhalb der MinZB   ■ Preise zwischen MinZB und MaxZB   ■ Preise oberhalb von MaxZB

Abb. 2 Empirische Ergebnisse

so dass Probanden mit Preisen unterhalb ihrer minimalen Zahlungsbereitschaft, oberhalb ihrer maximalen Zahlungsbereitschaft sowie innerhalb ihres Zahlungsbereitschaftsintervalls verglichen werden können. Der subjektiv empfundene Aufwand zur Beantwortung der Auswahlentscheidung ist innerhalb des Zahlungsbereitschaftsintervalls am höchsten ($M_{ZB\_Int} = 3{,}01$) und signifikant höher als unterhalb der minimalen Zahlungsbereitschaft ($M_{MinZB} = 2{,}13$; $T = 4{,}505$; $p < 0{,}001$) sowie oberhalb der maximalen Zahlungsbereitschaft ($M_{MaxZB} = 2{,}00$; $T = 4{,}938$; $p < 0{,}001$). Ähnliche Ergebnisse zeigen sich für das objektive Maß „zeitlicher Aufwand" ($M_{ZB\_Int} = 20{,}67$ s; $M_{MinZB} = 17{,}80$; $T = 1{,}250$; $p = 0{,}213$; $M_{MaxZB} = 13{,}81$; $T = 3{,}346$; $p < 0{,}001$), wenn auch einer der beiden Vergleiche nicht-signifikant ausfällt. Insgesamt lässt sich jedoch sagen, dass die Studienergebnisse das Überwiegen des kognitiven Prozesses innerhalb von Zahlungsbereitschaftsintervallen und damit „in der Nähe" der durchschnittlichen Zahlungsbereitschaft nahelegen, während bei Preisen außerhalb des

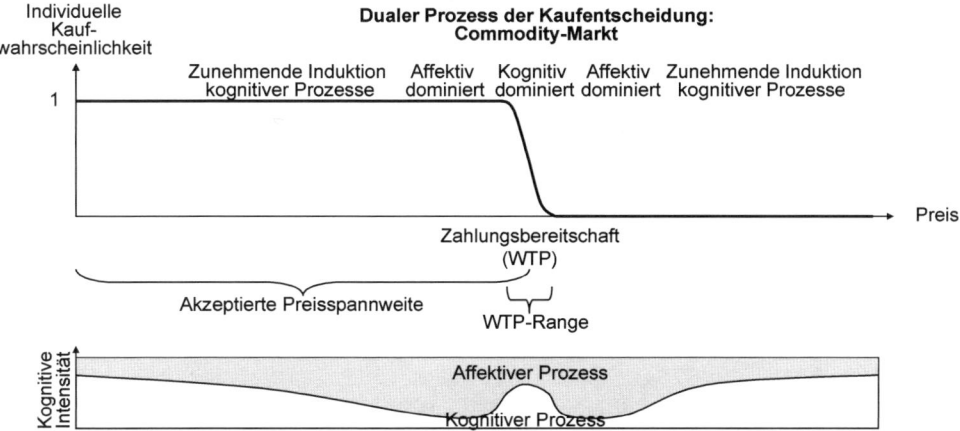

Abb. 3 Preisreaktion im dualen Prozess der Kaufentscheidung, Preisreaktion auf einem Commodity-Markt

Intervalls und damit „in weiter Entfernung" der durchschnittlichen Zahlungsbereitschaft ein schneller Verarbeitungsprozess mit wenig kognitivem Aufwand vorherrscht.

4 Der duale Prozess bei Kaufentscheidungen auf Commodity-Märkten

Zunächst wenden wir uns der statischen Perspektive zu und analysieren, welche Besonderheiten auf Commodity-Märkten bezüglich der beiden erläuterten Komponenten des Kaufprozesses bestehen. Zu einem gegebenen Zeitpunkt wird das Ausmaß der Preisdifferenzierung auf einem Commodity-Markt relativ gering sein; folglich liegen auch die Referenzpreise und Erfahrungswerte auf Konsumentenseite wesentlich dichter beieinander als bei Nicht-Commodities. Affektive Entscheidungen sind also auf einen schmalen Referenzpreiskorridor beschränkt. Ebenso ist der Unsicherheitsbereich um den Wert der Zahlungsbereitschaft, in dem der kognitive Prozess angestoßen wird, im Vergleich zu Nicht-Commodities schmaler, weil sich auf Commodity-Märkten die Unsicherheit vermutlich sehr gut reduzieren lässt. Daher haben Commodity-Märkte beinahe der klassisch ökonomischen Theorie folgende individuelle Preisreaktionsfunktionen, also solche mit einem maximalen Preispunkt (siehe auch Abb. 1, oberer Teil). Zusätzlich führen jedoch bereits relativ geringe Abweichungen von Erfahrungswerten zu preisinduzierten Überraschungen, die wiederum den kognitiven Prozess anstoßen. Dabei kommt es jedoch aufgrund der hohen Qualitätstransparenz nicht zu einer Reduktion der Kaufwahrscheinlichkeit für sehr niedrige Preise. Der Verlauf der Preisreaktion und der entsprechenden Prozesse kann Abb. 3 entnommen werden.

Im Hinblick auf die Messung der Kaufwahrscheinlichkeiten in einem Commodity-Markt ist festzustellen, dass vor allem die Zahlungsbereitschaft und die WTP-Range von

Interesse sind. Demnach empfehlen wir für diesen Fall die Verwendung einer WTP-Range-basierten Methode. Die Breite der WTP-Range kann dabei ein Maß für den Commoditisierungsgrad des Markts darstellen. In Fällen eines extrem hohen Commoditisierungsgrades können aber auch die verbreiteten Methoden zur Messung der klassischen Zahlungsbereitschaft verwendet werden. Der exakte relative Verlauf des dualen Prozesses ist eher für eine dynamische Betrachtung eines Commodity-Markts von Relevanz.

Betrachtet man einen Commodity-Markt aus einer dynamischen Perspektive, so ist vor allem der (häufigere) Fall einer zunehmenden Commoditisierung zu nennen. In diesem Fall nimmt der Commoditisierungsgrad in einem Markt stetig zu, d. h. die Unterscheidbarkeit der Produkte nimmt ab und ihre Preisniveaus gleichen sich an. Commoditisierung führt in dem Modell des dualen Prozesses zu einer Verringerung des Bereichs von Preiserfahrungen und damit zu einer Verkleinerung der affektiv dominierten Bereiche. Gleichzeitig nimmt die Transparenz des Markts zu, was zu geringerer Unsicherheit führt. Dies lässt auch den Bereich des unsicherheitsreduzierenden, kognitiv dominierten Prozesses schrumpfen, so dass der Unsicherheitsbereich zwischen Kauf und Nichtkauf immer schmaler wird. Dies geht für den Konsumenten mit immer schnelleren, weniger überlegten Kaufentscheidungen einher, für den Verkäufer jedoch mit einer Reduktion des möglichen Preiskorridors. Da es nun auch bei immer geringeren Abweichungen des Preises vom Referenzpreis zu einem überraschungsinduzierten kognitiven Prozess kommt, fällt es, in Kombination mit der hohen Qualitätstransparenz, die trotz des überraschend niedrigen Preises keinen Qualitätsverlust erkennen lässt, auch immer leichter, Preisrabatte in höhere abgesetzte Mengen zu transformieren. Besteht Konkurrenz auf dem fraglichen Markt, so kommt es – wie im klassischen ökonomischen Sinn – zu einer Angleichung der Preise an die Grenzkosten. Daher ist der Prozess der Commoditisierung aus Sicht des Verkäufers tendenziell nachteilig.

Es ist zu vermuten, dass die Besonderheiten des Commodity-Markts und die Nachteile durch Commoditisierung auf einem Markt mit professionalisierten Teilnehmern (Business-to-Business) in noch höherem Maße zutreffen, da hier bei allen Teilnehmern die rationale Entscheidung und die Unsicherheitsreduktion noch stärker ausgeprägt sind. Dies führt zudem zu einer schnelleren Commoditisierung, beispielsweise durch die Einrichtung professioneller Commodity Broker oder sogar eines für alle professionellen Teilnehmer transparenten Spotmarkts.

5 Empfehlungen zur Preissetzung auf Commodity-Märkten

Der Commodity-Markt zwingt die Verkäufer dazu, den Preis gleich dem allgemeinen Marktpreis zu setzen. Wettbewerb findet dann nur über Kostenvorteile statt. Rabatte führen zwar schnell zu einem induzierten kognitiv dominierten Prozess, selten jedoch aufgrund der hohen Qualitätstransparenz zu Zweifeln an der Produktqualität. „**Under-pricing**" funktioniert daher auf einem Commodity-Markt. Das bedeutet, dass ein Anbieter einen unerwartet niedrigen Preis setzen kann, ohne dass es zu Zweifeln an der Qualität seiner Produkte kommt. Ein Beispiel dafür findet sich im Markt für Benzin. So gab es den Fall einer Tankstelle, die durch einen Fehler ihr Benzin für eine Nacht zu einem Preis von wenigen Cent anbot. Da jedoch, z. B. aufgrund der gesetzlichen Vorgaben an die Benzinqualität, keine Zweifel an der Qualität des Brennstoffs bestanden, führte dies dann auch tatsächlich zu einem (drastischen) Anstieg der Nachfrage. Es ist jedoch anzumerken, dass ein derart drastischer Preisnachlass nicht nur ökonomisch, sondern in vielen Fällen auch rechtlich (als so genanntes Preisdumping) bedenklich ist.

Höhere Preise induzieren ebenfalls schnell einen kognitiven Prozess. Eine höhere Zahlungsbereitschaft lässt dies jedoch nur dann entstehen, wenn der höhere Preis mit einem kognitiven Anreiz zur Mehrzahlung gekoppelt ist. Man spricht in diesem Fall von „**overpricing**". Auch hierbei findet sich ein Beispiel im Benzinmarkt: 2003 brachte Shell einen Superkraftstoff mit 100 Octan zu einem höheren Preis auf den Markt („Shell V-Power") (Adler und McLachlan 2005). Kognitiv anregend war der hohe Preis sicherlich, kognitiv überzeugend hingegen die Hinweise auf eine angeblich höhere Motorenleistung durch den höherwertigeren Kraftstoff und eine angeblich höhere Motorenlebensdauer durch die beigefügten Additive. Die Kampagne zur Einführung setzte hingegen vor allem auf emotionale und damit eher affektive Elemente. Dies ist aber im Sinne des dualen Prozessmodells nicht optimal. Ein weiteres Beispiel, das im Hinblick auf den dualen Prozess geschickter vermarktet ist, stellt Kaffee mit einem „Fair trade"-Label dar. Ein solcher Kaffee sollte einen höheren Preis besitzen. Der hohe Preis induziert einen kognitiv dominierten Prozess; das „Fair trade"-Label bietet ein rationales Argument für eine höhere Zahlungsbereitschaft.

Betrachtet man auch hier den Commodity-Markt aus einer dynamischen Perspektive, so entsteht bei kontinuierlicher Verwendung von kognitivem Reiz und höherem Preis ein neues Commodity-Segment mit eigenem Referenzpreis. Kann dieser Preissprung mit niedrigeren Kosten- als Preissteigerungen vollzogen werden, dann ist es für den Anbieter lohnenswert, allmählich ganz auf das „verbesserte" Commodity und damit auf den neuen Commodity-Markt umzuschwenken, den ein höheres Preisniveau auszeichnet. In den allermeisten Fällen setzt dies jedoch nicht nur eine Paarung aus veränderter Preis- und Kommunikationspolitik voraus, sondern auch eine moderate Produktvariation.

Es bleibt die Frage, ob ein Verkäufer dem Prozess der Commoditisierung auch durch reine Preismaßnahmen entgegenwirken kann. Unter Zuhilfenahme des dualen Prozessmodells bietet sich dafür allein der Referenzpreisbereich an. Es müsste dem Verkäufer gelingen, durch andauernde, von der aktuellen Preiswahrnehmung abweichende, Preisschwankungen den Referenzbereich und damit den Bereich affektiv dominierter Kaufentscheidungen „aufzuweichen". Profitieren können davon jedoch vor allem die jeweiligen Konkurrenten, deren Preisspielraum ebenfalls steigt, zumal diese keine Einbußen durch eigene schwankende Preise hinnehmen müssen. Eine derartige Strategie bietet sich demnach eher für größere Marktteilnehmer sowie Marktteilnehmer mit mehreren Marken im gleichen oder ähnlichen Markt an. Des Weiteren ist es vorstellbar, die Preistransparenz zu reduzieren. Dies kann beispielsweise durch eine komplexe Tarifstruktur erfolgen. Ein Beispiel hierfür sind die hochkomplexen und damit intransparenten Tarife auf dem Mobilfunkmarkt, die es den Anbietern ermöglichen, zusätzliche Renten abzuschöpfen (Lambrecht 2005; Lambrecht und Skiera 2006; Stingel 2008).

Insgesamt sind Commodity-Märkte der ökonomischen Idealvorstellung von Märkten mit vollständiger Konkurrenz sehr nahe. Möglichkeiten, sich diesem aus Verkäufersicht nachteiligen Zustand zu entziehen, bieten (1.) die Schaffung von aus kognitiver Sicht des Nachfragers verbesserten Produkten mit höheren Preisen, (2.) die Reduktion der Preistransparenz und, ausreichende Marktmacht vorausgesetzt, (3.) die gezielte Erweiterung des Bereichs wahrgenommener Preise. Es bleibt anzumerken, dass ein Anbieter auch über Marktmacht selbst einen Einfluss auf den Preis nehmen kann: Je monopolistischer die Struktur eines Markts ist, desto eher kann ein Anbieter einen für ihn gewinnoptimalen Preis setzen. Eine gezielte Beeinflussung der Wettbewerbsstruktur liegt jedoch nicht mehr im hier gewählten Fokus eines Commodity Marketings, sondern vielmehr in der betriebswirtschaftlichen Teildisziplin des strategischen Managements.

Literatur

Adler, J., & McLachlan, C. (2005). Produktdifferenzierung durch Management der Kundenwahrnehmung. In M. Enke & M. Reimann (Hrsg.), *Commodity Marketing: Grundlagen und Besonderheiten* (S. 199–216). Wiesbaden: Gabler.

Backhaus, K., Voeth, M., Sichtmann, C., & Wilken, R. (2005a). Conjoint-Analyse versus Direkte Preisabfrage zur Erhebung von Zahlungsbereitschaften. *Die Betriebswirtschaft, 65*, 439–457.

Backhaus, K., Wilken, R., Voeth, M., & Sichtmann, C. (2005b). An empirical comparison of methods to measure willingness to pay by examining the hypothetical bias. *International Journal of Market Research, 47*, 543–562.

Bettman, J. R., Luce, M. F., & Payne, J. W. (1998). Constructive consumer choice processes. *Journal of Consumer Research, 25*, 187–217.

Dost, F. (2012). Willingness to pay as a range: Theoretical foundations, measurement, and implications for marketing mix decisions. http://opus.escpeurope.de/opus4/frontdoor/index/index/docId/6.

Dost, F., & Wilken, R. (2012). Measuring willingness-to-pay as a range, revisited: When should we care? *International Journal of Research in Marketing, 29*, 148–166.

Enke, M., Reimann, M., & Geigenmüller, A. (2005). Commodity Marketing – Definition, Forschungsüberblick, Tendenzen. In M. Enke & M. Reimann (Hrsg.), *Commodity Marketing: Grundlagen und Besonderheiten* (S. 15–33). Wiesbaden: Gabler.

Epstein, S. (1991). Cognitive-experiential self-theory: An integrative theory of personality. In R. Curtis (Hrsg.), *The relational self: Theoretical convergences in psychoanalysis and social psychology* (S. 111–137). New York: Guilford Press.

Gigerenzer, G. (2007). *Bauchentscheidungen: Die Intelligenz des Unbewussten und die Macht der Intuition.* München: Bertelsmann.

Godek, J., & Murray, K. B. (2008). Willingness to pay for advice: The role of rational and experiential processing. *Organizational Behavior and Human Decision Processes, 106*, 77–87.

Helson, H. (1964). *Adaptation-level theory.* New York: Joanna Cotler.

Homburg, C., & Koschate, N. (2005a). Behavioral Pricing-Forschung im Überblick – Teil 1. *Zeitschrift für Betriebswirtschaft, 75*, 383–423.

Homburg, C., & Koschate, N. (2005b). Behavioral Pricing-Forschung im Überblick – Teil 2. *Zeitschrift für Betriebswirtschaft, 75,* 501–524.

Janiszewski, C., & Liechtenstein, D. R. (1999). A range theory account of price perception. *Journal of Consumer Research, 25,* 353–368.

Kahneman, D. (2003). Maps of bounded rationality: Psychology for behavioral economics. *The American Economic Review, 93,* 1449–1475.

Kalyanaram, G., & Winer, R. S. (1995). Empirical generalizations from reference price research. *Marketing Science, 14,* 161–169.

Lambrecht, A. (2005). *Tarifwahl bei Internetzugang: Existenz, Ursachen und Konsequenzen von Tarifwahl-Biases.* Wiesbaden: DUV.

Lambrecht, A., & Skiera, B. (2006). Paying too much and being happy about it: Existence, causes and consequences of tariff-choice biases. *Journal of Marketing Research, 18,* 212–223.

March, J. G. (1978). Rationality, ambiguity, and the engineering of choice. *Bell Journal of Economics, 9,* 587–608.

Niedrich, R. W., Sharma, S., & Wedell, D. H. (2001). Reference price and price perceptions: A comparison of alternative models. *Journal of Consumer Research, 28,* 339–354.

Parducci, A. (1965). Category judgment: A range-frequency model. *Psychological Review, 72,* 407–418.

Park, J. H., MacLachlan, D. L., & Love, E. (2011). New product pricing strategy under customer asymmetric anchoring. *International Journal of Research in Marketing, 28,* 309–318.

Rajendran, K. N., & Tellis, G. J. (1994). Contextual and temporal components of reference price. *Journal of Marketing, 58,* 22–35.

Schlereth, C., & Skiera, B. (2009). Schätzung von Zahlungsbereitschaftsintervallen mit der Choice-Based Conjoint Analyse. *Schmalenbachs Zeitschrift für betriebswirtschaftliche Forschung, 61,* 838–856.

Schlereth, C., Eckert, C., & Skiera, B. (2012). Using discrete choice experiments to estimate willingness-to-pay intervals. *Marketing Letters, 23,* 761–776.

Schul, Y., & Mayo, R. (2003). Searching for certainty in an uncertain world: The difficulty of giving up the experiential for the rational mode of thinking. *Journal of Behavioral Decision Making, 16,* 93–106.

Simon, H. A. (1955). A behavioral model of rational choice. *Quarterly Journal of Economics, 69,* 99–118.

Sloman, S. A. (1996). The empirical case for two systems of reasoning. *Psychological Bulletin, 119,* 3–22.

Stingel, S. (2008). *Tarifwahlverhalten im Business-to-Business-Bereich: Empirisch gestützte Analyse am Beispiel Mobilfunktarife.* Wiesbaden: Gabler.

van Westendorp, P. H. (1976). NSS-price sensitivity meter (PSM) – A new approach to study consumer perception of prices. 29th ESOMAR Congress. Venedig.

Völckner, F. (2006). An empirical comparison of methods for measuring consumers' willingness to pay. *Marketing Letters, 17,* 137–149.

Völckner, F. (2008). The dual role of price: Decomposing consumers' reactions to price. *Journal of the Academy of Marketing Science, 36,* 359–377.

Wang, T., Venkatesh, R., & Chatterjee, R. (2007). Reservation price as a range: An incentive-compatible measurement approach. *Journal of Marketing Research, 44,* 200–213.

Wathieu, L., & Bertini, M. (2007). Price as a stimulus to think: The case for willful overpricing. *Marketing Science, 26,* 118–129.

Dost, Florian
Juniorprofessur für Betriebswirtschaftslehre, insbesondere Marketing, Wirtschaftswissenschaftliche
Fakultät, Europa-Universität Viadrina, Große Scharrnstraße 59,
15230 Frankfurt (Oder), Deutschland
E-Mail: dost@europa-uni.de

Wilken, Robert
Lehrstuhl für Internationales Marketing, ESCP Europe Wirtschaftshochschule Berlin, Heubnerweg
8–10,
14059 Berlin, Deutschland
E-Mail: rwilken@escpeurope.eu

Preisverhandlungen auf Commodity-Märkten

Markus Voeth und Uta Herbst

Inhaltsverzeichnis

Zusammenfassung

Aufgrund der schweren Differenzierbarkeit von Commodities kommt dem Pricing auf solchen Märkten eine große Bedeutung zu. Hierbei spielt neben der markt- und wettbewerbsorientierten Preispolitik insbesondere der Aspekt der Preisdurchsetzung in Form von Verhandlungen eine besondere Rolle. Dabei kommt es sowohl auf Business-to-

M. Voeth (✉)
Lehrstuhl für Marketing I, Institut für Marketing & Management, Fakultät Wirtschafts-
und Sozialwissenschaften, Universität Hohenheim, 70593 Stuttgart, Deutschland
E-Mail: voeth@uni-hohenheim.de

U. Herbst
Lehrstuhl für Betriebswirtschaftslehre mit dem Schwerpunkt Marketing, Wirtschafts- und
Sozialwissenschaftliche Fakultät, Universität Potsdam,
14482 Potsdam, Deutschland
E-Mail: uta_herbst@uni-potsdam.de

M. Enke et al. (Hrsg.), *Commodity Marketing,*
DOI 10.1007/978-3-658-02925-8_7, © Springer Fachmedien Wiesbaden 2014

Business-Märkten (aufgrund z. B. des oftmaligen Fehlens von Listenpreisen) als auch auf Business-to-Consumer-Märkten (aufgrund z. B. von gesetzlichen Lockerungen bezüglich der Rabattgewährung) immer häufiger zu einem Leistungsaustausch in Form von Verhandlungsinteraktionen zwischen den Marktpartnern. Aufgrund einer bislang nur geringen Betrachtung von Preisverhandlungen in der Marketingwissenschaft stellt der vorliegende Beitrag deshalb einen ganzheitlichen Ansatz für ein betriebswirtschaftliches Verhandlungsmanagement vor. Dieser Strukturierungsansatz schlägt dabei einen Regelkreis angefangen von der vorgeschalteten Analyse der Verhandlungsausgangssituation (Analyse) über die Organisation von Verhandlung und Verhandlungsteam (Organisation) sowie die detaillierte Verhandlungsvorbereitung (Vorbereitung) bis zur eigentlichen Verhandlungsführung (Führung) und dem abschließenden Verhandlungscontrolling (Controlling) vor. Dieser Management-Ansatz wird im Rahmen des Beitrags für den Fall von Preisverhandlungen im Detail diskutiert und es erfolgt ein abschließendes Fazit im Hinblick auf zukünftige Herausforderungen im Zusammenhang mit dem Management von Preisverhandlungen und dessen Implementierung in Unternehmen.

1   Bedeutung von Preisverhandlungen auf Commodity-Märkten

Dem Pricing kommt auf Commodity-Märkten definitionsgemäß eine zentrale Bedeutung innerhalb der Vermarktungsaktivitäten von Unternehmen zu. Da es sich bei einem Commodity um eine schwer differenzierbare Leistung handelt (s. Kapitel „Commodity Marketing – Eine Einführung", S. 3ff.), die der Nachfrager in identischer oder zumindest ähnlicher Art von vielen verschiedenen Anbietern im Markt beziehen kann, stützt sich der Nachfrager bei seiner Kaufentscheidung bei solchen Produkten wesentlich auf den Preis. Daher müssen Anbieter, die Commodities anbieten, der Preispolitik besondere Aufmerksamkeit innerhalb ihres Marketings widmen. Diese darf sich allerdings nicht nur auf eine markt- und dabei vor allem wettbewerbsorientierte Preisfestsetzung beschränken, sondern muss auch das Feld der Preisdurchsetzung umfassen. Hierbei geht es um Maßnahmen und Entscheidungen, die aktiv dafür Sorge tragen sollen, dass der zuvor geplante Preis möglichst weitgehend im Markt umgesetzt werden kann (Diller 2007). So ist gerade bei Commodities auf Industriegütermärkten davon auszugehen, dass Nachfrager Listenpreise nicht als abschließende Preisangebote verstehen, sondern eher als Einstiegsangebote von Anbietern, über die mit diesen anschließend noch verhandelt werden kann. Aber auch auf Konsumgütermärkten hat die Beseitigung rechtlicher Hürden (z. B. des Rabattgesetzes und der Zugabenverordnung 2001 in Deutschland) dazu geführt, dass Nachfrager inzwischen bei Commodities sehr viel verhandlungsfreudiger sind. Auch hier sind sich die Kunden darüber im Klaren, dass die ausgewiesenen Preise nicht zwangsläufig Endpreise darstellen und daher Preisnachlässe im Rahmen von Preisverhandlungen möglich sind.

Obwohl Preisverhandlungen für Commodity-Märkte durchaus typisch sind und einen wichtigen Bestandteil des Pricings von Unternehmen auf diesen Märkten darstellen, spielen sie in Marketing-Forschung und -Praxis bislang eine – wenn überhaupt – untergeordnete Rolle. Herbst et al. (2011) konnten so z. B. anhand einer umfangreichen Literaturanalyse feststellen, dass sich nur 78 Veröffentlichungen in den relevantesten Marketing-Journals in den letzten 45 Jahren und damit lediglich 0,51 % der publizierten Beiträge mit dem Aspekt der Verhandlungen beschäftigen.

Die Folge dieser nur geringen Beachtung von Preisverhandlungen in der Marketing-Wissenschaft ist dabei, dass wissenschaftliche Erkenntnisse zu Verhandlungen/Preisverhandlungen bislang eher außerhalb des Marketing-Bereichs in der **allgemeinen Verhandlungsforschung** vorliegen (Herbst 2007). Bei der allgemeinen Verhandlungsforschung handelt es sich allerdings um ein stark parzelliertes Forschungsgebiet. So existiert dort zwar eine Vielzahl einzelner Forschungsergebnisse und -ansätze, die sich zwar auf Preisverhandlungen übertragen lassen, jedoch zumeist entweder auf sehr spezifische Fragestellungen beziehen oder so allgemein ausgerichtet sind, dass sie der Praxis allein grundsätzliche, aber keine situationsbezogene Hilfestellung für konkrete Verhandlungssituationen bieten. Daher stellt Diller (2007) noch vor wenigen Jahren im Hinblick auf die Preisverhandlungsforschung fest, dass ein schlüssiges Gesamtbild derzeit noch nicht erarbeitet worden sei.

Einen ersten Ansatz für ein solches „Gesamtbild" für das **Management von Preisverhandlungen** haben inzwischen Voeth und Herbst (2009) vorgelegt. Ihr Ansatz für ein systematisches und umfassendes betriebswirtschaftliches Verhandlungsmanagement, der sich ohne Weiteres auch auf Preisverhandlungen als Spezialfall betrieblicher Verhandlungen anwenden lässt (vgl. hierzu auch Voeth und Herbst 2011), soll im Folgenden als Grundlage dieses Beitrags verwendet werden. Er wird im Kapitel „Commodity-Differenzierung – Ein branchenübergreifender Ansatz" im Detail vorgestellt. Anschließend wird im Kapitel „Commodities im Dienstleistungsbereich" ein kurzes Fazit gezogen, in dem vor allem ein Ausblick auf zukünftige Herausforderungen im Zusammenhang mit dem Management von Preisverhandlungen eingegangen wird.

2   Management von Preisverhandlungen

Bei dem Ansatz von Voeth und Herbst (2009) für das Management von Verhandlungen handelt es sich im Kern um einen sehr differenzierten Strukturierungsansatz. Angefangen von der vorgeschalteten Analyse der Verhandlungsausgangssituation (Analyse) über die Organisation von Verhandlung und Verhandlungsteam (Organisation) sowie die detaillierte Verhandlungsvorbereitung (Vorbereitung) bis zur eigentlichen Verhandlungsführung (Führung) und dem abschließenden Verhandlungscontrolling (Controlling) wird ein Regelprozess für das Management von Verhandlungen vorgeschlagen (vgl. Abb. 1), mit dessen Hilfe Unternehmen eine Systematisierung ihrer Aktivitäten im Bereich von (Preis-) Verhandlungen erreichen können. Die Besonderheit des Ansatzes, der im Weiteren für den Fall von Preisverhandlungen im Detail diskutiert werden soll, ist dabei in der einge-

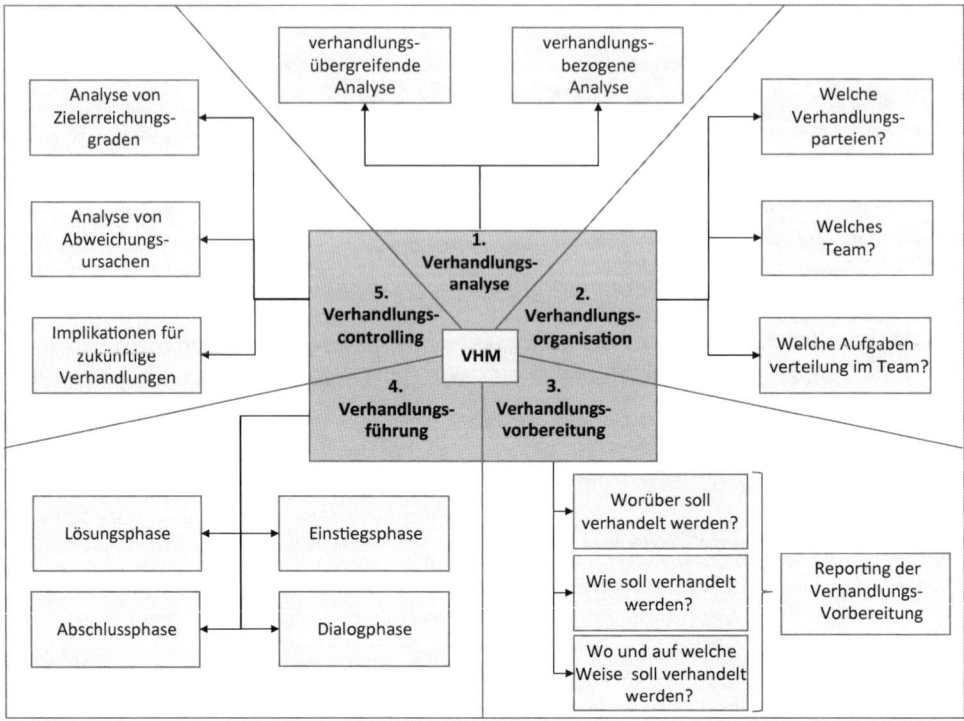

Abb. 1 Aufgaben im Verhandlungsmanagement. (Quelle: In Anlehnung an Voeth und Herbst 2009, S. 207)

nommenen Führungsperspektive zu sehen. So wird bei dem Ansatz weniger die Perspektive des Verhandelnden, sondern vielmehr die des ihn entsendenden Unternehmens eingenommen. Daher werden in dem Ansatz auch solche Steuerungs- und Planungsaspekte im Zusammenhang mit Verhandlungen aufgegriffen, die stärker an den übergeordneten Interessen des Unternehmens (Organisation des Verhandlungsteams, Controlling der Verhandlungsergebnisse) ansetzen.

2.1 Analyse

Den ersten Schritt des Preisverhandlungsmanagements sollte eine umfassende **Analyse der Ausgangssituation** bilden. Aus Effizienzgründen steht zunächst die Frage im Mittelpunkt, ob und ggf. wie intensiv anstehende Preisverhandlungen gemanagt werden sollen. Bereits erste Arbeiten zu computergestützten Verhandlungskostensimulationen aus den 1970er Jahren haben sich in diesem Zusammenhang mit der Schätzung der Chance auf Erfolg bzw. Misserfolg beim Eintritt in eine Verhandlung beschäftigt (z. B. Bird et al. 1973). Der Einsatz spezifischer Maßnahmen des Verhandlungsmanagements erscheint nur dann sinnvoll, wenn die Verhandlungen hinsichtlich des Ergebnisses (z. B. volumenmäßig) für das verhandelnde Unternehmen bedeutsam und/oder in Bezug auf den anstehenden Ver-

Abb. 2 Arten von Verhandlungsportfolios. (Quelle: In Anlehnung an Voeth und Herbst 2009, S. 45)

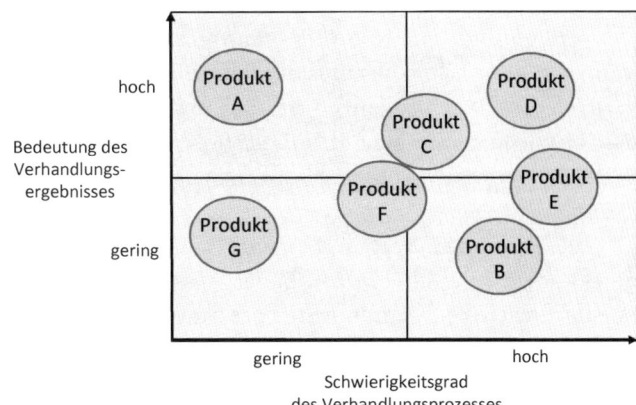

handlungsprozess als schwierig einzustufen sind. Nur in solchen Fällen lohnt es sich, eine detaillierte Planung vorzunehmen und eine spezifische Steuerung der Verhandlungen anzustreben. Da diese Frage jedoch nicht für jede anstehende Preisverhandlung separat geklärt werden kann, sind auf Bereichs- oder Produktebene übergreifende Felder zu identifizieren, in denen Verhandlungsmanagement sinnvoll und notwendig erscheint. Zum Beispiel können in diesem Zusammenhang generelle Bedingungen definiert werden, die für die Initiierung eines systematischen Managements von Preisverhandlungen erfüllt sein sollten. Hierbei kann etwa auf die Portfoliotechnik zurückgegriffen werden, um besonders relevante Fälle zu identifizieren. Abbildung 2 zeigt eine beispielhafte Anwendung: In der Abbildung wurden auf der Bereichsebene Produkte in einem Portfolio hinsichtlich der Bedeutung des Verhandlungsergebnisses und des erwarteten Schwierigkeitsgrads des Verhandlungsprozesses eingeordnet. In diesem Fall sollten Preisverhandlungen insbesondere dann systematisch gemanagt werden, wenn diese rechts und/oder oben im Portfolio eingestuft werden.

Für solche Preisverhandlungen ist anschließend eine verhandlungsbezogene Analyse durchzuführen. Hierbei geht es darum, alle für die spätere Verhandlung relevanten Informationen über

- den Kunden im Allgemeinen,
- das Verhandlungsobjekt,
- die Verhandlungsgegenstände,
- die Verhandlungsführenden sowie
- die Historie der Verhandlung

zu ermitteln.

Im Hinblick auf den **Kunden**, mit dem Preisverhandlungen zu führen sind, interessiert etwa die allgemeine wirtschaftliche Situation, das Mengenpotenzial, das bei dem Kunden zu erwarten ist, und vor allem dessen Verhandlungsmacht. Werden beispielsweise im Business-to-Business-Bereich mit einem Kunden an vielen weiteren Stellen (z. B. bei anderen Produkten des gleichen Geschäftsfeldes, bei Produkten anderer Geschäftsfelder etc.)

Umsätze getätigt, so ist zu vermuten, dass sich der Kunde seiner daraus erwachsenden Verhandlungsmacht bewusst ist und diese in der anstehenden Preisverhandlung einsetzen wird. Neuere Untersuchungen (im Business-to-Business-Bereich) zeigen allerdings auch, dass Herstellerprofite als Ergebnis gestiegener Handelsmacht dann steigen können, wenn diese Handelsmachterhöhung auf Effizienzsteigerungen zurückzuführen ist (Dukes et al. 2006).

Daneben sind im Vorfeld aber auch Informationen über das eigentliche **Verhandlungsobjekt** sowie mögliche Verhandlungsgegenstände zu sammeln. So ergeben sich aus den (ggf. technischen) Besonderheiten des Transaktionsobjekts möglicherweise Ansatzpunkte für Verhandlungsstrategien, Verhandlungstaktiken und die konkrete Verhandlungsführung. Ebenfalls ist es in Preisverhandlungen wichtig, sich über zusätzliche Verhandlungsgegenstände außerhalb des Preises Gedanken zu machen. Gelingt es so etwa, weitere Verhandlungsgegenstände in die Verhandlung zu integrieren und nicht ausschließlich über den Preis zu verhandeln, wird der Konfliktgrad der Verhandlung zumeist reduziert.

Weiterhin sind im Vorfeld auch Informationen – soweit verfügbar – über die **Verhandlungsführer der Gegenseite** zu generieren. Da das Verhandlungsverhalten von Verhandelnden u. a. von deren fachlichem Hintergrund, deren kultureller Prägung oder deren Incentivierung abhängt, sollten diese Informationen bekannt sein, um das eigene Verhandlungsteam und/oder Verhandlungsverhalten daran ausrichten zu können.

Schließlich ist auch der **Verhandlungshistorie** innerhalb der verhandlungsbezogenen Verhandlungsanalyse eine besondere Aufmerksamkeit zu widmen. Wurde mit dem Verhandlungspartner bereits in der Vergangenheit in ähnlichen Situationen verhandelt, so ist es für die anstehende Preisverhandlung wichtig, die Verhandlungsergebnisse (z. B. Einigungspreis, gewährte Zahlungsbedingungen), aber auch die Verhandlungsverläufe (z. B. Einstiegspreise, Argumentationslinien) zu kennen. Nur bei Vorliegen dieser Informationen lassen sich Überraschungen innerhalb der Verhandlung und Irritationen beim Verhandlungspartner vermeiden.

2.2   Organisation

Liegen alle relevanten Informationen in Bezug auf die bevorstehende Preisverhandlung vor, sind Entscheidungen über die Organisation der Verhandlung zu treffen. Vor allem geht es dabei um die Frage, wer auf der eigenen Seite die Verhandlungen führen soll, wer also Mitglied im eigenen Verhandlungsteam („**Negotiation Team**") sein soll. Wesentlich ist dabei, dass die Frage, wer auf der eigenen Seite in eine anstehende Preisverhandlung geschickt wird, bewusst getroffen wird. Vielfach wird diese Entscheidung in der Praxis noch immer mehr oder weniger dem Zufall überlassen. So wird die Verhandlung dem Mitarbeiter übertragen, der gerade zeitlich verfügbar ist. Ein solches Vorgehen ist aber risikoreich, da von der personellen Besetzung des Verhandlungsteams wesentlich der Verhandlungserfolg abhängt. Ein umfassender Management-Ansatz für Preisverhandlungen sollte daher fundierte Entscheidungen über

- die Größe des Verhandlungsteams und
- die Zusammensetzung des Teams

beinhalten.

Bei der Festlegung der **Größe des Verhandlungsteams** ist dabei zu beachten, dass die Performance eines Verhandlungsteams nicht unbedingt mit zunehmender Teamgröße ansteigt (Thompson et al. 1996; Wood 2001). Daher ist die verhandlungsbezogene, „richtige" Teamgröße zu ermitteln. Ansatzpunkte für die Ermittlung können die vermutete Teamgröße der Gegenseite sowie die im Negotiation Team benötigten Kompetenzen liefern.

Hinsichtlich der **Team-Zusammensetzung** ist zu beachten, dass nicht jeder Mitarbeiter in gleicher Weise geeignet ist, Preisverhandlungen durchzuführen. Die Verhandlungsforschung hat in diesem Zusammenhang gezeigt, dass soziodemografische, psychografische und organisationale Merkmale von Bedeutung sind (Levi 2013). In Bezug auf soziodemografische Merkmale (z. B. Alter, Bildung) kommen die Studien allerdings zu recht unterschiedlichen Ergebnissen. Allein beim Merkmal „Geschlecht" gleichen sich die Studienergebnisse weitgehend (Herbst 2007). So konnte in vielen Untersuchungen belegt werden, dass Männer stärker geneigt sind, Verhandlungen aufzunehmen, als Frauen (Alserhan 2009; Bear 2010) und schließlich auch in Verhandlungen, in denen es vor allem darum geht, die eigenen Interessen zulasten der Gegenseite durchzusetzen, zu besseren Ergebnissen als Frauen gelangen (Gilkey und Greenhalgh 1984; Pinkley 1990).

Im Bereich **psychografischer Merkmale** wurde in der Literatur neben Werten (z. B. Wrightsman 1966) und Persönlichkeitsmerkmalen (Neale und Northcraft 1986) vor allem die Bedeutung von Erfahrung untersucht. Zu differenzieren ist dabei zwischen Fach- und Verhandlungserfahrung. Beides kann sich in Verhandlungen positiv auf das Ergebnis auswirken. In der Literatur wird in diesem Zusammenhang davon ausgegangen, dass am Beginn von Verhandlungen eher Facherfahrung erforderlich ist, wohingegen gegen Ende eher Verhandlungserfahrung zählt (Voeth und Herbst 2009). Begründet wird dies mit der Überlegung, dass am Beginn von Verhandlungen zunächst fachliche Aspekte geklärt werden müssen, bevor dann gegen Ende eine Einigung bei solchen konträren Verhandlungsgegenständen herbeigeführt werden muss. Da es sich beim Preis in aller Regel um einen konträren Verhandlungsgegenstand handelt, sollte bei Preisverhandlungen demnach bei der Besetzung des Negotiation Teams auf das Vorhandensein von Verhandlungserfahrung geachtet werden.

Darüber hinaus ist vor dem Hintergrund zunehmend globaler Interaktionsprozesse auch die Bedeutung **interkultureller Kommunikationskompetenz** zu beachten. In diesem Zusammenhang konnten Elahee und Brooks (2004) für interkulturelle Verhandlungen zeigen, dass Vertrauen einen negativen Einfluss auf die Anwendung generell akzeptierter, aber einen noch stärkeren negativen Einfluss auf moralisch fragwürdige Verhandlungstaktiken (false promises, misrepresentation of position, attacking opponent's network und inappropriate information gathering) hat. Vertrauensbildung gilt somit als einer der wichtigsten Aspekte bei internationalen Verhandlungen. Besonders wichtig ist der Beziehungsaufbau durch Vertrauen zur Erlangung positiver Verhandlungsergebnisse dabei in China (Leung et al. 2011).

Im Mittelpunkt organisationaler Merkmale stehen schließlich Charakteristika wie hierarchische Position, Abteilungs- oder Rollenzugehörigkeit. Auch hierzu liegen verschiedene empirische Studien aus der Verhandlungsforschung vor (vgl. den Überblick bei Barisch 2011). Während hierbei Sherif und Sherif (1969) zeigen können, dass höhere Hierarchieebenen effizienter verhandeln können, da sie aufgrund ihrer größeren organisatorischen Verantwortung eher in der Lage sind, Zugeständnisse zu machen bzw. eigene Verhandlungspositionen durchzusetzen, kommt Barisch (2011) zu dem Ergebnis, dass höhere Hierarchieebenen nicht effizienter, zugleich aber weniger effektiv verhandeln. Zudem zeigen ihre Untersuchungen, dass Teams keine große Hierarchiespanne aufweisen sollten, da in solchen Teams z. B. interne Abstimmungsprozesse ineffizienter ablaufen. Auch hierauf sollte daher bei der Besetzung von Verhandlungsteams geachtet werden.

Ist die Entscheidung über die Zusammensetzung des Verhandlungsteams getroffen, so gehört es zur Organisationsaufgabe auch, die Teammitglieder zu einer **teaminternen Aufgabenteilung** zu bewegen. Zu unterscheiden ist dabei zwischen einer fachlichen, prozessualen und entscheidungsbezogenen Aufgabenteilung. Insbesondere der zuletzt angeführten Art der Aufgabenteilung kommt bei Preisverhandlungen eine besondere Bedeutung zu, da im Vorfeld geklärt sein sollte, welches Teammitglied die letzte Entscheidung über die Annahme eines vorliegenden Gebots trifft. Nur so lassen sich Kompetenzstreitigkeiten im Negotiation Team, aber auch mit dem Verhandlungspartner vermeiden.

2.3 Vorbereitung

Auch wenn natürlich jedem anderen Schritt des Managements von Preisverhandlungen ebenfalls Bedeutung beikommt, spielt die **Phase der Verhandlungsvorbereitung** – auch im Vergleich zur eigentlichen Verhandlungsführung – unzweifelhaft die größte Rolle im Verhandlungsmanagement. Thompson (2011) spricht sogar von der „80:20-Regel", wonach die Bedeutung der Verhandlungsvorbereitung im Verhältnis zur anschließenden Verhandlungsführung viermal größer ist und daher auch viel Zeit in Anspruch nehmen sollte. Im Einzelnen geht es innerhalb der Verhandlungsvorbereitung dabei um

- die Analyse und Gestaltung der im ersten Schritt des Verhandlungsmanagements identifizierten Verhandlungsgegenstände sowie
- die Festlegung von Verhandlungszielen, Verhandlungsstrategien und -taktiken (auch der Gegenseite).

2.3.1 Analyse und Gestaltung von Verhandlungsgegenständen

Im Hinblick auf die im Rahmen der Verhandlungsanalyse ermittelten Verhandlungsgegenstände sind innerhalb der Verhandlungsvorbereitung verschiedene Analyse- und Gestaltungsfragen zu beantworten. Auf der Analyseebene geht es – sofern in der Verhandlung neben dem Preis über weitere Nicht-Preiselemente verhandelt werden muss – zunächst um die Bedeutung und den Charakter der übrigen Verhandlungsgegenstände. Sind diese für die eigene Verhandlungsseite, vor allem aber den Verhandlungsgegner wichtig? Liegen kompatible Präferenzen bei diesen Verhandlungsgegenständen vor (gleiche gewünschte Ausprägungen)? Handelt es sich bei nicht-kompatiblen Verhandlungsgegenständen um distributive (konstantes Win-Set) oder integrative Gegenstände (Win-Set hängt vom Verhandlungsergebnis und damit dem Verhandlungsgeschick der Parteien ab)? Die Beantwortung dieser Fragen ist wichtig, da hiervon die anschließenden Gestaltungsaufgaben beeinflusst werden. So wird das Verhandlungsergebnis bei einer reinen Preisverhandlung, in der allein über den Preis verhandelt wird, überwiegend von der Machtkonstellation der Parteien sowie von deren Alternativen beeinflusst. Gerade für den Vertrieb, der sich gegenüber dem Einkauf (auf Käufermärkten) tendenziell in einer schwächeren Position befindet (oder sieht), bedeutet dies, dass auch im Falle reiner Preisverhandlungen über die Einführung zusätzlicher Verhandlungsgegenstände nachgedacht werden sollte. Durch die Integration weiterer Verhandlungsgegenstände wird dann zwar die anschließende Verhandlungssituation komplexer, zugleich ergeben sich jedoch Spielräume, um den ansonsten für Preisverhandlungen typischen distributiven Charakter abzuschwächen bzw. integrativer zu machen. Integrative Verhandlungen liegen dabei immer dann vor, wenn die Verhandlungsparteien bei verschiedenen Verhandlungsgegenständen unterschiedliche Präferenzen aufweisen und daher ein wechselseitiges Entgegenkommen bei verschiedenen Verhandlungsgegenständen beide Seiten besser stellt („jeder gibt bei dem für ihn unwichtigeren Verhandlungsgegenstand nach").

Auch wenn allerdings bei Commodities häufig zunächst keine weiteren Verhandlungsgegenstände vorliegen und allein über den Verhandlungsgegenstand „Preis" verhandelt werden soll, kann es gelingen, eine integrativere Verhandlungssituation durch bewusste Einführung neuer Verhandlungsgegenstände herbeizuführen. Hierzu können Verhandelnde auf die Techniken des

- Splittings sowie
- Side Dealings

zurückgreifen.

Beim **Splitting** wird aus einem einzelnen distributiven Verhandlungsgegenstand durch Aufspaltung eine Gruppe von integrativeren Verhandlungsgegenständen erzeugt. Beim Preis kann es beispielsweise durch das Angebot eines nicht-linearen Preises – hierbei handelt es sich um eine Kombination aus mengenunabhängigem Basispreis und einem mengenabhängigen Preis für die nachgefragten Mengeneinheiten (Voeth und Herbst 2013) – gelingen, integratives Potenzial in einer Preisverhandlung zu entwickeln. Sofern der Kunde beispielsweise risikofreudig ist und der Anbieter über hohe Fixkosten, zugleich aber geringe variable Kosten verfügt, werden beide Seiten beim Angebot eines nicht-linearen Preises relativ leicht zu einer Einigung gelangen, da der Anbieter dem Kunden beim variablen Preisbestandteil entgegenzukommen bereit ist, wohingegen für den Kunden Zugeständnisse beim Basispreis denkbar sind.

Eine andere Möglichkeit zur Integration weiterer Verhandlungsgegenstände stellt das **Side Dealing** dar. Hierunter ist der Versuch zu verstehen, das Ergebnis oder den Prozess einer Verhandlung an das Ergebnis oder den Prozess einer anderen Verhandlung zu knüpfen (Voeth und Herbst 2009). Side Deals können dabei in Bezug auf die Faktoren „Zeit", „Objekt" und „Partner" geschlossen werden. Während beim zeitbezogenen Side Deal die Konditionen der augenblicklich anstehenden Verhandlung an Zusagen bei zukünftigen Verhandlungen über den gleichen oder ähnlichen Verhandlungsgegenstand geknüpft werden („wir können Ihnen im Preis noch weiter entgegenkommen, wenn wir auch den Zuschlag für den Auftrag des nächsten Jahres bekommen"), geht es bei objektbezogenen Deals um eine Verbindung zu anderen zeitgleich verhandelten Verhandlungsobjekten („wir können Ihnen im Preis bei Produkt A noch weiter entgegenkommen, wenn Sie uns dafür beim Produkt B entgegenkommen"). Schließlich liegen partnerbezogene Side Deals vor, wenn Verhandlungspartner Zusagen vom Verhalten ihres Gegenübers in Verhandlungen mit Dritten abhängig machen. Solche Deals sind in der Praxis durchaus üblich und stellen beispielsweise eine typische Verhandlungsgepflogenheit des Einkaufs dar („wir können Ihnen im Preis noch weiter entgegenkommen, wenn Sie sich im Gegenzug verpflichten, unseren Wettbewerb nicht zu beliefern").

2.3.2 Festlegung von Verhandlungszielen, Verhandlungsstrategien und -taktiken

Der nächste Schritt der Verhandlungsvorbereitung ist in der konkreten Benennung von Verhandlungszielen, Verhandlungsstrategien und -taktiken zu sehen. Verhandlungsziele, die durch grundlegende persönliche und organisationale Verhandlungsmotive und -interessen der Verhandelnden gesteuert werden (Schranner 2007), sind „gewünschte Ausprägungen bei zu verhandelnden Verhandlungsgegenständen einer bestimmten Verhandlung" (Voeth und Herbst 2009, S. 97). Um diese Ziele tatsächlich zu erreichen, bedarf es dabei konkreter Verhandlungsstrategien und -taktiken. Während eine Verhandlungsstrategie eher einer grundsätzlichen Stoßrichtung oder Leitlinie für Verhandlungsverhalten gleichkommt, stellt die Verhandlungstaktik die Planung des abgestimmten Einsatzes von Verhandlungsargumenten, -angeboten und sonstigen Verhaltensweisen in Bezug auf Verhandlungsablauf und Verhandlungsgegner in Verhandlungen dar (Bacharach und Lawler 1981) und entspricht demnach der Umsetzung der zugrunde liegenden Strategie in konkretes Verhandlungsverhalten.

Verhandlungsziele Ganz abgesehen davon, dass in Preisverhandlungen bei Commodities natürlich auch Prozessziele (z. B. mit möglichst geringem Verhandlungsaufwand einen angemessenen Verhandlungsabschluss zu erreichen) zu beachten sind, sollten in einer Preisverhandlung im Vorfeld vor allem die Ergebnisziele benannt werden. Hierauf wird in der Verhandlungspraxis allerdings häufig verzichtet, so dass eher ziellos nach dem Motto verhandelt wird: „Wir versuchen so viel wie möglich ‚rauszuholen'". Ursächlich für den Verzicht der Konkretisierung von Verhandlungszielen ist dabei nicht selten die Befürchtung von Verhandlungsführern, ansonsten später an diesem Verhandlungsziel gemessen und damit im Hinblick auf die eigene Verhandlungsperformance beurteilt zu werden. Da genau dies aber das Ziel eines umfassenden Verhandlungsmanagement-Systems sein sollte, sind Verhandelnde dazu zu veranlassen, ihre Preisziele im Rahmen der Verhandlungsvorbereitung konkret zu benennen.

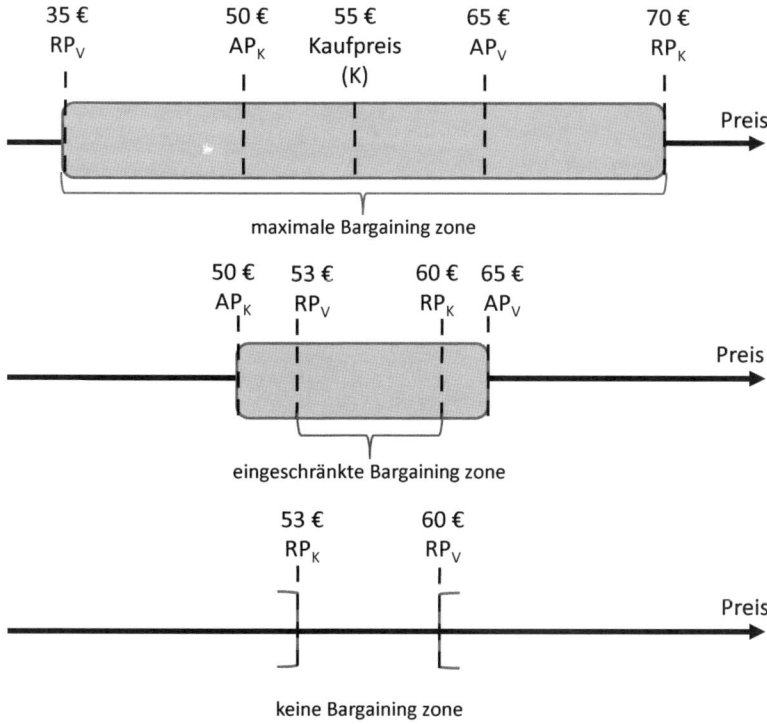

Abb. 3 Exemplarische Verhandlungssituationen mit unterschiedlichen Bargaining zones. (Quelle: In Anlehnung an Voeth und Herbst 2009, S. 105)

Eine solche Benennung hat dabei (aus Sicht des Verkäufers) in zweierlei Hinsicht zu erfolgen: Zum einen ist die **Preisuntergrenze** zu ermitteln, deren Unterschreiten zu einer Nicht-Einigung, also zum Abbruch der Verhandlungen führt. Diese Preisuntergrenze wird auch als Reservationspreis des Verkäufers bezeichnet (Walton und McKersie 1991). Zum anderen ist aber auch die Aspirationslösung näher zu spezifizieren, die der „Wunsch-lösung" beim jeweiligen Verhandlungsgegenstand (hier: Preis) entspricht (Pruitt 1981). Beim „Preis" ist die Aspirationslösung dabei in aller Regel vektoriell (aus Sicht des Ver-käufers: „Je höher desto besser"). Jedoch sollte ein Negotiation Team versuchen, durch Rückgriff auf Erfahrungen aus der Vergangenheit, bei anderen Produkten oder Kunden einen realistischen punktbezogenen Aspirationspreis zu ermitteln. Dieser wird dabei na-türlich auch von den Reservations- und Aspirationslösungen des Verhandlungspartners bestimmt. Daher sollten sich Verhandelnde im Vorfeld von Preisverhandlungen vor allem auch über die Zielvorstellungen der Gegenseite Gedanken machen, da diese Vorstellungen die eigenen Verhandlungsziele beeinflussen. Eine Beschäftigung mit den Reservations-und Aspirationspreisen des Einkaufs ist auch deshalb für den Verkäufer erforderlich, da sich beim Vergleich mit den eigenen Preisvorstellungen zeigen kann, dass keine „Zone of Possible Agreement" (ZOPA) (Lewicki et al. 2009) zwischen den Verhandlungsparteien besteht. In den in Abb. 3 differenzierten Fällen besteht so nur in den ersten beiden Situationen eine Einigungschance, da der Reservationspreis (RP) des Verkäufers (V) unterhalb des Reservationspreises des Käufers (K) liegt. Den eigenen Aspirationspreis (AP) wird der Verkäufer dabei nur im ersten Fall erreichen können, da dieser nur hier unterhalb des Reservationspreises des Käufers liegt.

Naturgemäß ist die Ermittlung der Reservations- und Aspirationspreise des Kunden mit Schwierigkeiten verbunden, da diese Informationen dem Verkäufer in der Regel nicht verfügbar sind. Erste Ansatzpunkte für die Bestimmung dieser Preise kann allerdings die Analyse des BATNAs der Verhandlungsgegenseite liefern. Unter einem BATNA (Best Alternative To Negotiated Agreement) ist die beste Alternative zu verstehen, die dem Verhandlungsgegner zur Verfügung steht. Liegt der Gegenseite etwa im Beispiel von Abb. 3 das Angebot eines Konkurrenten für die Commodity von 53 € vor, so liegt es nahe, dass der Reservationspreis des Käufers genau diesen 53 € entspricht, da der Käufer bei Preisen, die oberhalb von 53 € liegen, auf das günstigere Konkurrenzangebot übergehen würde. Die Analyse des eigenen BATNAs kann darüber hinaus auch helfen, die eigenen Reservationspreise zu ermitteln.

Verhandlungsstrategien Im Hinblick auf das zuvor durch Reservations- und Aspirationslösungen eingegrenzte Verhandlungsziel ist anschließend festzulegen, wie dieses erreicht werden kann. Hierzu ist eine übergeordnete **Leitlinie für das Verhandlungsverhalten** zu entwickeln, an die sich die Verhandelnden in der späteren Preisverhandlung halten wollen (Verhandlungsstrategie). Die beiden fundamentalen Verhandlungsorientierungen stellen dabei problemlösungsorientierte Strategien auf der einen und aggressive Strategien auf der anderen Seite dar. Perdue und Summers (1991) definieren diese generischen Handlungsperspektiven dabei folgendermaßen: „Problem solving primarily involves discovering ways to increase the benefits available in the buyer-seller relationship, whereas aggressive bargaining addresses the issue of how the available benefits are to be distributed between the two parties." (S. 176). Nicht selten werden diese auch auf den internationalen Kontext übertragen, wonach beispielsweise die Anwendung einer problemlösungsorientierten Verhandlungsstrategie v. a. in westlichen Zivilisationen Verhandlungsergebnisse zu steigern vermag, während in Verhandlungen mit Verhandlungspartnern aus östlichen Zivilisationen (z. B. China) eher kompetitive Strategien den Output erhöhen (Campbell et al. 1988; Graham et al. 1988). In der Literatur werden (ergebnisbezogene) Verhandlungsstrategien über diese bipolare Betrachtung hinaus weiterhin dahingehend differenziert, inwieweit innerhalb der Verhandlung eigene und gegnerische Interessen Beachtung finden sollen (z. B. Lewicki et al. 1998). Wie in Abb. 4 dargestellt, können dabei fünf verschiedene Verhandlungsstrategien unterschieden werden.

Bei reinen Preisverhandlungen scheint dabei auf den ersten Blick eine **Konkurrenzstrategie** nahezuliegen. Da es sich bei Preisverhandlungen um distributive Verhandlungssituationen handelt, wird jede Seite versuchen, ihren Anteil am Win-Set zu maximieren, und dabei in Kauf nehmen, dass diese Strategie den Anteil der Gegenseite am Win-Set automatisch verkleinert. Allerdings muss bei der Wahl einer solchen Strategie beachtet werden, dass auch die Gegenseite – ggf. sogar erst als Folge der eigenen Konkurrenzstrategie – diese Strategie verfolgt und der Erfolg dieser Strategie damit von der eigenen Ver-

Abb. 4 Ergebnisbezogene Verhandlungsstrategien. (Quelle:
In Anlehnung an Lewicki et al.
1998, S. 64)

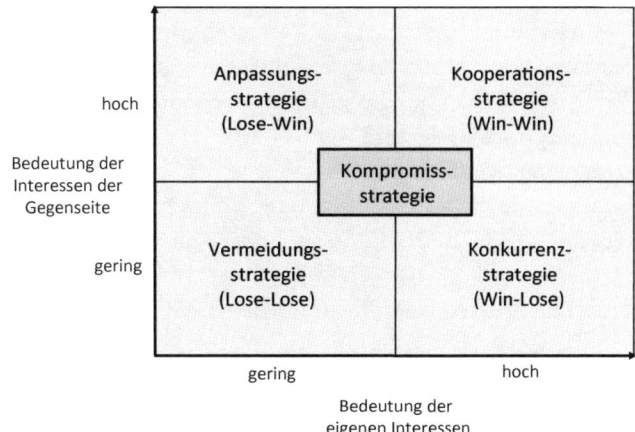

handlungsmacht abhängt. Ist diese nicht einseitig auf der eigenen Seite angesiedelt, so wird man auch bei anfänglichem Verfolgen einer Konkurrenzstrategie später gezwungen sein, auf eine Kompromissstrategie überzugehen. Bei dieser ist es Bestandteil der Strategie, dem Verhandlungspartner dann entgegenzukommen, wenn auch dieser zu Zugeständnissen bereit ist. Da Konzessionen Wesensmerkmal der **Kompromissstrategie** sind, ist bei dieser Strategie im Vorfeld auch festzulegen, in welcher Abfolge Konzessionen gemacht werden sollen (zu Modellen für Konzessionsabfolgen bzw. -timing vgl. Pruitt und Drews (1969) sowie Kwon und Weingart (2004)).

Anders stellt sich die Situation hingegen dar, wenn innerhalb von Preisverhandlungen in Folge von Splitting oder Side Dealing über verschiedene Verhandlungsgegenstände zu verhandeln ist. In diesem Fall bietet es sich an, zunächst die Möglichkeiten einer **Kooperationsstrategie** auszuloten. Durch gezieltes Einsetzen von Paketofferten („Logrolling") lässt sich dabei ermitteln, ob integratives Potenzial besteht und ob der Verhandlungspartner Interesse hat, dieses durch entsprechendes Verhandlungsverhalten zu realisieren.

Schließlich kommen auch **Anpassungs- und Vermeidungsstrategien** in Preisverhandlungen in bestimmten Fällen in Frage. Erstere bieten sich etwa an, wenn der Aspirationspreis des Käufers oberhalb oder zumindest in der Nähe des Aspirationspreises des Verkäufers liegt und dieser daher die eigenen Interessen nicht explizit verfolgen muss, da diesen auch bei Erfüllung der Interessen der Gegenseite entsprochen wird. Ebenso kommt eine solche Strategie in Frage, wenn die Verkäufer-Seite durch Entgegenkommen in der anstehenden Verhandlung Wohlwollen beim Käufer aufbauen will, um dies bei zukünftigen oder parallel geführten Verhandlungen über andere Verhandlungsobjekte zu nutzen. Eine Vermeidungsstrategie, die darauf gerichtet ist, keine Einigung zu erzielen, sollte schließlich immer dann angewandt werden, wenn dem Verkäufer bekannt ist, dass keine Bargaining zone vorhanden ist, er aber davon ausgehen muss, dass dies dem Käufer bislang noch nicht bekannt ist. Die Verhandlung dient hier nur dazu, dem Käufer klar zu machen, dass es für beide Seiten besser ist, keinen Abschluss herbeizuführen.

Verhandlungstaktiken An Verhandlungstaktiken, die der Planung des zielgerichteten Einsatzes von Verhandlungsargumenten, -angeboten und sonstigen Verhaltensweisen in Bezug auf Verhandlungsablauf und Verhandlungsgegner dienen sollen, werden in Verhandlungsforschung und -praxis sehr viele verschiedene Vorgehensweisen diskutiert. Zum einen sind dies prozessbezogene Taktiken. Hier ist zwischen interaktionsbezogenen Taktiken wie etwa Zeitspielen oder Rollenspielen („Good guy/bad guy"), kommunikativen Taktiken (z. B. Berufung auf höhere Instanzen, asymmetrische Kommunikation) und partnerbezogenen Taktiken (z. B. Gesichtswahrung, Schmeicheln) zu unterscheiden. Zum anderen existieren viele ergebnisbezogene Taktiken, die sich zum Teil explizit auf Preisverhandlungen beziehen.

An erster Stelle ist hier die **Taktik des „ersten Angebots"** anzuführen. Hiernach ist es in Preisverhandlungen eine erfolgversprechende Taktik, als erster ein Angebot zu machen (Mussweiler und Galinsky 2002). Eröffnet beispielsweise der Verkäufer in dem im oberen Teil von Abb. 3 dargestellten Fall die Verhandlung mit einer Preisforderung von 70 €, dann ist der Käufer gezwungen, sich argumentativ mit diesem kognitiven Anker auseinanderzusetzen und eigene darunter liegende Gebote hinsichtlich ihrer Abweichung im Vergleich zu 70 € zu begründen. Wichtig ist darüber hinaus, eine angemessene Höhe für die Einstiegsforderung zu wählen. Einerseits hat die Verhandlungsforschung nachgewiesen, dass es eine Tendenz in Verhandlungen gibt, wonach sich die Verhandlungsparteien zumeist in der Mitte ihrer Ausgangsangebote einigen. Hieraus könnte geschlussfolgert werden, dass es besonders günstig ist, mit einem extrem hohen Einstiegspreis in eine Verhandlung zu gehen. Zu beachten ist hierbei allerdings, dass „**Mondpreise**" die Gefahr beinhalten, dass die Gegenseite als Folge falsche Vorstellungen in Bezug auf den Reservationspreis des Mondpreis-Gebers entwickelt, ggf. davon ausgeht, dass keine Bargaining zone vorhanden ist und daher die Verhandlung abbricht.

Da es Verkäufern allerdings nicht immer gelingt, „erste Angebote" zu platzieren, stellt sich die Frage, wie reagiert werden soll, wenn die Gegenseite das erste Angebot unterbreitet. Für diesen Fall hat die Verhandlungsforschung zeigen können, dass die Wirkung eines ersten Angebots zumindest deutlich abgeschwächt wird, wenn es gelingt, unmittelbar ein entsprechendes Gegenangebot zu machen. Eröffnet also im obigen Fall der Kunde die Verhandlung mit einem Eröffnungsgebot von 40 €, so kann verhindert werden, ausschließlich über diese 40 € verhandeln zu müssen, wenn der Verkäufer unmittelbar mit einem Gegenangebot von 70 € reagiert („Ihr Angebot überrascht mich nun aber doch! Wir waren von einem ganz anderen Betrag ausgegangen. Unsere Vorstellung lag bei 70 €.").

Schließlich ist für Preisverhandlungen auch die **Taktik der Reziprozität** wichtig. Diese Taktik besagt, dass Verhandlungen immer aus einem wechselseitigen Geben und Nehmen bestehen sollten (Putnam und Jones 1982). Folglich sollten Verhandlungsparteien nie den Fehler machen, mehrmals nacheinander Zugeständnisse zu machen, ohne dass die Gegenseite zwischenzeitlich ebenfalls Zugeständnisse gemacht hat. Auch in Bezug auf das bereits weiter oben angesprochene problemlösungsorientierte Verhandlungsverhalten konnte durch Studien gezeigt werden, dass dessen Anwendung unmittelbar an die Beobachtung dieses Verhaltens beim Verhandlungsgegner gekoppelt ist (Mintu-Wimsatt und Graham 2004).

2.3.3 Verhandlungsreporting

Am Ende der Verhandlungsvorbereitung sollte seitens des Negotiation Teams ein **Vorbereitungsreport** erstellt werden. Dieser Report sollte alle Teilbereiche der Verhandlungsvorbereitung umfassen und alle Einschätzungen und Festlegungen beinhalten, die innerhalb der Verhandlungsvorbereitung abgeleitet worden sind (Kuthe 2005). Einen solchen Report am Ende der Verhandlungsvorbereitung von Verhandlungsführern erstellen zu lassen, erscheint aus unterschiedlichen Gründen sinnvoll und erforderlich: Zum einen werden die Verhandlungsführer so gezwungen, sich innerhalb der Verhandlungsvorbereitung über alle im Vorbereitungsreport angeführten Teilaspekte im Vorfeld einer Verhandlung Gedanken zu machen. Zum anderen kann der Report den Verhandelnden innerhalb der Verhandlung als „Navigator" dienen (Voeth und Herbst 2009), an dem sie sich auch in schwierigen Verhandlungssituationen orientieren können. Schließlich erfüllt der Report auch eine Schutzfunktion für die Verhandelnden. Insbesondere wenn die Verhandlungsziele und -strategien mit Hilfe des Reports im Vorfeld der Verhandlung vom entsendenden Unternehmen „abgesegnet" werden, lassen sich die erzielten Verhandlungsergebnisse anschließend leichter intern rechtfertigen – sofern sie zumindest ungefähr den ursprünglichen Verhandlungszielen entsprechen.

Um sicherzustellen, dass das Vorbereitungsreporting auch tatsächlich von den Verhandlungsführenden durchgeführt wird und damit die beschriebenen Vorteile realisiert werden, sollten Standardformblätter für das Reporting entwickelt und den Negotiation Teams zur Verfügung gestellt werden. Durch die Vereinheitlichung des Reportings lassen sich die Reports auch besser für die Zwecke des abschließenden Verhandlungscontrollings nutzen.

2.4 Führung

Auch in der Phase der eigentlichen Verhandlungsführung sollte ein systematisches Vorgehen erfolgen. Einigkeit besteht in der Literatur, dass innerhalb einer Verhandlung im Zeitablauf wechselnde Aufgaben erfüllt werden müssen, so dass die Verhandlungsführung phasenspezifisch vorgenommen werden sollte (Pesendorfer et al. 2007). Aufbauend auf den Erkenntnissen der verhaltenswissenschaftlichen Verhandlungsforschung (vgl. Abschn. 2.1) differenzieren Voeth und Herbst (2009) zwischen der

- Einstiegsphase,
- Dialogphase,
- Lösungsphase und
- Abschlussphase.

Diesen Phasen weisen Voeth und Herbst (2009) die in Abb. 5 dargestellten Aufgaben zu. Die **Einstiegsphase** sollte demnach mit einer Vorstellung der Verhandlungspartner beginnen und anschließend der Vorstellung der verschiedenen Verhandlungspositionen die-

Einstiegsphase	Dialogphase	Lösungsphase	Abschlussphase
Kennenlernen der Verhandlungspartner	Fakten klären	neue Verhandelnde	Abschlusszeitpunkt ermitteln
Vorstellung der Verhandlungs- positionen	Präferenzen deutlich machen	neue Verhandlungs- gegenstände	letztes Angebot machen
	gegenseitige Angebote machen	neue Ausprägungen	Vertrag schließen
		neue Informationen	ggf. nachverhandeln
		veränderte Rahmen- bedingungen	

Abb. 5 Phasenspezifische Aufgaben im Verhandlungsprozess

nen. Für Preisverhandlungen bedeutet dies, dass bereits in dieser Phase erste Angebote durch die beiden Marktseiten abgegeben werden sollten. Da diese Angebote – insbesondere wenn neben dem Preis über weitere Verhandlungsgegenstände Einigung erzielt werden muss – möglicherweise nicht selbsterklärend sind, sollte am Beginn der Dialogphase zunächst überprüft werden, ob beide Verhandlungsseiten die Angebote und Positionen der Gegenseite richtig aufgefasst haben. Für den Fall komplexerer Verhandlungen (Verhandlungen über mehr als einen Verhandlungsgegenstand) ist es in dieser Phase zusätzlich zweckmäßig, dem Verhandlungspartner deutlich zu machen, welche Verhandlungsgegenstände eine besondere Wichtigkeit aufweisen. Den letzten Schritt dieser Phase stellt dann die gegenseitige Annäherung dar. Hier sollten beide Marktseiten ggf. Konzessionen machen, um die Einigungschance zu bewahren. Werden nämlich in dieser Phase keine Annäherungen vollzogen, entsteht der Eindruck, dass sich die Verhandlungsparteien bereits in der Nähe ihrer Reservationspreise befinden, so dass beide Seiten einen Verhandlungsabbruch in Erwägung ziehen.

Zumeist kommt es am Ende der **Dialogphase** dabei zwar zu einer Annäherung, nicht immer jedoch bereits zu einer Einigung. Stattdessen sind die Parteien häufig zu weiteren Zugeständnissen nicht mehr bereit, weil sie sich nun erhoffen, durch Vermeidung weiterer Zugeständnisse bei der Gegenseite den Eindruck zu erzeugen, dass die eigene Reservationsgrenze erreicht sei und der Verhandlungspartner daher den „letzten" Schritt gehen müsse. Da jedoch auch die Gegenseite ähnlich taktiert, droht die Gefahr der Verschleppung der Verhandlung, da sich die Parteien blockieren. An dieser Stelle besteht häufig die einzige Chance, die Verhandlung noch zu einem erfolgreichen Abschluss zu bringen, darin, die Verhandlungssituation an entscheidender Stelle zu verändern. Dies kann beispielsweise in der **Lösungsphase** durch den Austausch der Verhandlungsführer (neue Verhandlungsführer müssen beim Abweichen von bisherigen Positionen keinen Gesichtsverlust befürchten), den Vorschlag von Side Deals (neue Verhandlungsgegenstände) oder die

Entwicklung neuer Ausprägungen („ja wenn wir die Ware direkt in ihrem tschechischen Auslieferungslager erhalten") erfolgen.

Auf diese Weise kann es gelingen, die Positionen der Parteien einander noch weiter anzunähern. Ab einem bestimmten Annäherungsgrad besteht dann auf beiden Seiten ein Einigungswunsch. Die Verhandlung ist in die **Abschlussphase** gelangt. Die erste Aufgabe in dieser Phase besteht nun darin, den Zeitpunkt des beidseitigen Einigungswunschs richtig einzuschätzen. Wird der Zeitpunkt falsch eingeschätzt und liegt ein Einigungswunsch nur auf der eigenen Seite vor, so würde ein finales eigenes Angebot nur dazu führen, dass man einseitig der anderen Seite entgegengekommen ist. Daher sollte vor der letzten Offerte (die dann auch wirklich ein „letztes" Angebot darstellen sollte) der gegnerische Einigungswunsch sehr genau geprüft werden. Ist der Einigungswunsch allerdings richtig eingeschätzt worden, so führt die Abgabe eines „letzten Angebots" in der Regel dazu, dass dieses – sofern es sich in der Mitte zwischen den inzwischen erreichten unterschiedlichen Positionen befindet – gute Chancen hat, von der Gegenseite angenommen zu werden. Nach dem sich anschließenden Vertragsabschluss kann sich allerdings noch die Notwendigkeit zu Nachverhandlungen ergeben, sofern sich nachträgliche Änderungen der Verhandlungsprämissen ergeben oder sich die Machtkonstellation zwischen den Parteien noch verschiebt (Schoop et al. 2008). Hierbei ist auch eine taktische Nutzung von Nachverhandlungen zum Zweck der Steigerung der Gewinne eines Verhandlungspartners in der Praxis beobachtbar, bei der beispielsweise gezielt bereits unterschriebene Verträge ignoriert und stattdessen versucht wird, vorteilhaftere Ausprägungen bei einzelnen Verhandlungsgegenständen auszuhandeln (Iyer und Villas-Boas 2003).

Generell kommt den angesprochenen Prozessphasen der Verhandlungsführung eine unterschiedliche Rolle bezüglich deren Bedeutung für den Verhandlungsausgang zu (Gulbro und Herbig 1996). Insbesondere die ersten beiden Phasen legen hierbei über den reziproken und beeinflussenden Informationsaustausch den Grundstein für gemeinsame Gewinne. Auch ist es für die Verhandlungsführer entscheidend, einschätzen zu können, in welcher Phase des Verhandlungsprozesses sich das Verhandlungsgegenüber momentan befindet und wann die richtige Zeit gekommen ist, die Verhandlung in die nächste Phase des Verhandlungsprozesses zu überführen.

2.5 Controlling

Den Abschluss des Management-Prozesses bei Preisverhandlungen sollte das **Verhandlungscontrolling** bilden. Wird unter Controlling dabei im Allgemeinen die „Beschaffung, Aufbereitung und Analyse von Daten zur Vorbereitung zielsetzungsgerechter Entscheidungen" (Berens et al. 1996, S. V) verstanden, so geht es bei diesem Führungssubsystem vor allem darum, aus den in einem Unternehmen vorhandenen oder beschaffbaren Informationen über vergangene Geschäftstätigkeiten **Entscheidungsunterstützung** für zukünftige Geschäftsaktivitäten zu generieren. Wird dieser Grundgedanke des Controllings auf den Bereich von Preisverhandlungen bei Commodities übertragen, so wird mit dem

Controlling hier das Ziel verfolgt, aus Informationen über vergangene Preisverhandlungen Hilfestellung für die Gestaltung zukünftiger Verhandlungen abzuleiten.

Um dieser Aufgabenstellung gerecht zu werden,

- ist der Erreichungsgrad der im Vorfeld gesteckten Verhandlungsziele zu ermitteln (Soll/Ist-Abweichungen),
- sind Ursachen möglicherweise auftretender Soll/Ist-Abweichungen zu analysieren und
- sind Implikationen für zukünftige Preisverhandlungen abzuleiten.

Zur Ermittlung von **Soll/Ist-Abweichungen** kann auf den im Rahmen der Verhandlungsvorbereitung erstellten Verhandlungsreport zurückgegriffen werden. Indem das letztlich erzielte Verhandlungsergebnis zu dem ursprünglich angestrebten Verhandlungsziel ins Verhältnis gesetzt wird, lässt sich der Zielerreichungsgrad einer Preisverhandlung nachträglich ermitteln. Sofern in den Verhandlungen – wie im Anlagen- und Zuliefergeschäft üblich – nicht ausschließlich über den Preis verhandelt worden ist, können auch Verhandlungsgegenstand-spezifische Zielerreichungsgrade berechnet werden. Durch Vergleich dieser Zielerreichungsgrade lässt sich feststellen, bei welchen Verhandlungsgegenständen besser und bei welchen schlechter verhandelt worden ist.

Sofern die Untersuchung von Zielerreichungsgraden Soll/Ist-Abweichungen aufgedeckt hat, sollte in einem zweiten Schritt der Frage nach den **Ursachen** nachgegangen werden. Bei der Ursachenanalyse ist allerdings zu beachten, dass Abweichungen, die verhandlungsübergreifend auftreten, anders als Abweichungen einzustufen sind, die sich nur in einzelnen Verhandlungen zeigen. Während erstere möglicherweise strukturelle Gründe haben und damit auch den einzelnen Verhandlungsführern nicht zuzuschreiben sind, ist bei verhandlungsspezifischen Abweichungen eine genaue, individuelle Ursachenanalyse durchzuführen. Eine mögliche Ursache für verhandlungsspezifisch negative Abweichungen kann dabei in geringerer Verhandlungsperformance der Verhandelnden bestehen.

Abschließend sollten im Verhandlungscontrolling aus den Analyseergebnissen **Implikationen** für zukünftige Preisverhandlungen gezogen werden. Im Einzelnen kann das Verhandlungscontrolling dabei Hilfestellung zur Optimierung von

- Verhandlungsanalyse,
- Verhandlungsorganisation,
- Verhandlungsvorbereitung,
- Verhandlungsführung und
- (auch) Verhandlungscontrolling

liefern.

So kann sich etwa in Bezug auf die Analysephase zeigen, ob die Annahmen zu Bedeutung und Schwierigkeitsgrad der anstehenden Verhandlungen zutreffend gewesen sind. Hieraus lässt sich ableiten, ob der Einsatz des Verhandlungsmanagements erforderlich gewesen ist. Gegebenenfalls sind Anpassungen hinsichtlich des Einsatzfeldes des Verhandlungsmanagements vorzunehmen. Ebenso sind die Ergebnisse des Controllings hilfreich, um für zukünftige Verhandlungen die Besetzung von Verhandlungsteams zu verbessern (Verhandlungsorganisation), erfolgreiche Strategien und Taktiken zu identifizieren (Verhandlungsvorbereitung) oder Erkenntnisse über Formen einer effizienten Verhandlungsführung zu gewinnen. Schließlich können die Controlling-Ergebnisse auch herangezogen werden, um das Controlling-System selber zu optimieren. Beispielsweise kann sich zeigen, dass für bestimmte, besonders aussagekräftige Kennzahlen weitere Informationen innerhalb des Vorbereitungsreportings benötigt werden und daher zukünftig von den Verhandlungsführern eingefordert werden sollten.

3 Fazit

Es ist eine einfache Erkenntnis für das Marketing auf Commodity-Märkten, dass der Preis eine wichtige Stellschraube für den Erfolg von Unternehmen auf diesen Märkten darstellt. Daher muss das Pricing auf diesen Märkten im Fokus des Marketings stehen. Die größere Management-Aufmerksamkeit darf sich aber nicht nur auf die Preisermittlung beziehen, sondern muss vor allem auch die Preisdurchsetzung einschließen. Die für Commodity-Märkte typischen Preisverhandlungen müssen daher stärker in den Fokus des Marketing-Managements gerückt werden.

Im vorliegenden Beitrag wurde ein umfassender Management-Ansatz für das Preisverhandlungsmanagement vorgestellt. Dieser ermöglicht es, Preisverhandlungen fundiert zu analysieren, zu planen und zu steuern. Allerdings werden Unternehmen bei der Einführung eines solchen Management-Systems für Preisverhandlungen Widerstände in den eigenen Reihen überwinden müssen. Gerade Mitarbeiter, die mit der Führung von Preisverhandlungen betraut sind, werden einem solchen System eher kritisch gegenüber stehen und als Argumente anführen (vgl. zum Folgenden Voeth und Herbst 2009), dass

- sie Teile der zu einem Verhandlungsmanagement-System gehörigen Instrumente schon immer eingesetzt haben,
- die übrigen, von ihnen bislang nicht eingesetzten Instrumente eigentlich überflüssig seien (sonst hätten sie diese ja auch bereits zuvor eingesetzt),
- vieles in Verhandlungen im Vorfeld nicht planbar sei und sich daher auch der Anwendung von Management-Techniken verschließen würde,
- sie sich etwa durch die Benennung von Verhandlungszielen, -strategien und -taktiken im Vorfeld von Verhandlungen in einer flexiblen Verhandlungsführung beeinträchtigt sehen würden und dass es daher zu einer Verschlechterung von Verhandlungsprozessen und -ergebnissen kommen würde,
- man aus Erfahrungen vergangener Verhandlungen wenig für die erfolgreiche Gestaltung zukünftiger Verhandlungen lernen könne und daher die Grundidee des Verhandlungsmanagements, nämlich eine sukzessive Verbesserung von Verhandlungsprozessen und -ergebnissen unsinnig sei, oder
- Verhandlungsmanagement insgesamt eine weitere Form von „Überorganisation" sei.

Angesichts solcher, manchmal im Zusammenhang mit Verhandlungsmanagement-Systemen geäußerter Gegenstimmen, kommt der Gestaltung des Implementierungsprozesses eine besondere Bedeutung zu. Dieser Prozess sollte dabei schrittweise, integrativ und Nutzen-kommunizierend erfolgen. Nur wenn dies beachtet wird, lassen sich Preisverhandlungen für das Management als Gestaltungsbereich erschließen, um auch hier eine Professionalisierung des Pricings herbeizuführen.

Literatur

Alserhan, B. B. A. (2009). Propensity to bargain in marketing exchange situations: A comparative study. *European Journal of Marketing, 43,* 350–363.

Bacharach, S. B., & Lawler, E. J. (1981). Power and tactics in bargaining. *Industrial and Labor Relations Review, 34,* 219–233.

Barisch, S. (2011). *Optimierung von Verhandlungsteams: Der Einflussfaktor Hierarchie.* Wiesbaden: Gabler.

Bear, J. (2010). „Passing the buck": Incongruence between gender role and topic leads to avoidance of negotiation. 23rd Annual International Association of Conflict Management Conference Boston, Massachusetts June 24–27.

Berens, W., Rieper, B., & Witte, T. (Hrsg.). (1996). *Betriebswirtschaftliches Controlling: Planung, Entscheidung, Organisation.* Wiesbaden: Gabler.

Bird, M. M., Clayton, E. R., & Moore, L. J. (1973). Sales negotiation cost planning for corporate level sales. *Journal of Marketing, 37,* 7–13.

Campbell, N. C. G., Graham, J. L., Jolibert, A., & Meissner, H. G. (1988). Marketing negotiations in France, Germany, the United Kingdom, and the United States. *Journal of Marketing, 52,* 49–62.

Diller, H. (2007). *Preispolitik* (4. Aufl.). Stuttgart: Kohlhammer.

Dukes, A. J., Gal-Or, E., & Srinivasan, K. (2006). Channel bargaining with retailer asymmetry. *Journal of Marketing Research, 43,* 84–97.

Elahee, M., & Brooks, C. M. (2004). Trust and negotiation tactics: Perceptions about business-to-business negotiations in Mexico. *Journal of Business and Industrial Marketing, 19,* 397–404.

Gilkey, R. W., & Greenhalgh, L. (1984). Developing effective negotiation approaches among professional women in organizations. Conference on Women and Organizations. Simmons College. Boston.

Graham, J. L., Kim, D. K., Lin, C.-Y., & Robinson, M. (1988). Buyer-seller negotiations around the Pacific Rim: Differences in fundamental exchange processes. *Journal of Consumer Research, 15,* 48–54.

Gulbro, R., & Herbig, P. (1996). Negotiating successfully in cross-cultural situations. *Industrial Marketing Management, 25,* 235–241.

Herbst, U. (2007). *Präferenzmessung in industriellen Verhandlungen.* Wiesbaden: DUV.

Herbst, U., Voeth, M., & Meister, C. (2011). What do we know about buyer-seller negotiations in marketing research? A status quo analysis. *Industrial Marketing Management, 40,* 967–978.

Iyer, G., & Villas-Boas, J. M. (2003). A bargaining theory of distribution channels. *Journal of Marketing Research, 40,* 80–100.

Kuthe, B. (2005). *Verhandeln als innovativer Problemlösungsprozess.* Aachen: Shaker.

Kwon, S., & Weingart, L. R. (2004). Unilateral concessions from the other party: Concession behavior, attributions, and negotiation judgments. *Journal of Applied Psychology, 89,* 263–278.

Leung, T. K. P., Chang, R. Y.-K., Lai, K., & Ngai, E. W. T. (2011). An examination of the influence of guanxi und xinyong (utilization of personal trust) on negotiation outcome in China: An old friend approach. *Industrial Marketing Management, 40,* 1193–1205.

Levi, D. (2013). *Group dynamics for teams* (4. Aufl.). Thousand Oaks: Sage.

Lewicki, R. J., Hiam, A., & Olander, K. W. (1998). *Verhandeln mit Strategie: Das große Handbuch der Verhandlungstechniken.* St. Gallen: Midas Management.

Lewicki, R. J., Saunders, D. M., & Barry, B. (2009). *Negotiation* (6. Aufl.). Boston: McGraw-Hill.

Mintu-Wimsatt, A., & Graham, J. L. (2004). Testing a negotiation model on Canadian anglophone and Mexican exporters. *Journal of the Academy of Marketing Science, 32,* 345–356.

Mussweiler, T., & Galinsky, A. D. (2002). Strategien der Verhandlungsführung: Der Einfluss des ersten Gebotes. *Wirtschaftspsychologie Heft 2/2002,* 21–27.

Neale, M. A., & Northcraft, G. B. (1986). Experts, amateurs, and refrigerators: Comparing expert and amateur negotiators in a novel task. *Organizational Behavior and Human Decision Processes, 38,* 305–317.

Perdue, B. C., & Summers, J. O. (1991). Purchasing agents' use of negotiation strategies. *Journal of Marketing Research, 28,* 175–189.

Pesendorfer, E.-M., Graf, A., & Koeszegi, S. T. (2007). Relationship in electronic negotiations: Tracking behavior over time. *Zeitschrift für Betriebswirtschaft, 77,* 1315–1338.

Pinkley, R. (1990). Dimensions of conflict frame: Disputant interpretations of conflict. *Journal of Applied Psychology, 75,* 117–126.

Pruitt, D. G. (1981). *Negotiation behavior.* New York: Academic Press.

Pruitt, D. G., & Drews, J. L. (1969). The effect of time pressure, time elapsed, and the opponent's concession rate on behavior in negotiation. *Journal of Experimental Social Psychology, 5,* 43–60.

Putnam, L. L., & Jones, T. S. (1982). Reciprocity in negotiations: An analysis of bargaining interaction. *Communication Monographs, 49,* 171–191.

Schoop, M., Köhne, F., Staskiewicz, D., Voeth, M., & Herbst, U. (2008). The antecedents of renegotiations in practice - An exploratory analysis. *Journal of Group Decision and Negotiation, 17,* 127–139.

Schranner, M. (2007). *Der Verhandlungsführer: Strategien und Taktiken, die zum Erfolg führen* (3. Aufl.). München: DTV.

Sherif, M., & Sherif, C. W. (1969). *Social psychology.* New York: Joanna Cotler.

Thompson, L. L. (2011). *The mind and heart of the negotiator* (5. Aufl.). Upper Saddle River: Prentice Hall.

Thompson, L., Peterson, E., & Brodt, S. E. (1996). Team negotiation: An examination of integrative and distributive bargaining. *Journal of Personality and Social Psychology, 70,* 66–78.

Voeth, M., & Herbst, U. (2009). *Verhandlungsmanagement: Planung, Steuerung und Analyse.* Stuttgart: Schäffer-Poeschel.

Voeth, M., & Herbst, U. (2011). Preisverhandlungen. In C. Homburg & D. Totzek (Hrsg.), *Preismanagement auf Business-to-Business-Märkten: Preisstrategie - Preisbestimmung - Preisdurchsetzung* (S. 205–235). Wiesbaden: Gabler.

Voeth, M., & Herbst, U. (2013). *Marketing-Management: Grundlagen, Konzeption und Umsetzung.* Stuttgart: Schäffer-Poeschel.

Walton, R. E., & McKersie, R. B. (1991). *A behavioral theory of labor relations: An analysis of a social interaction system* (2. Aufl.). New York: ILR Press.

Wood, T. (2001). Team negotiations require a team approach. *The American Salesman November, 2001,* 22–26.

Wrightsman, L. S. (1966). Personality and attitudinal correlates of trusting and trustworthy behaviors in a two-person game. *Journal of Personality and Social Psychology, 4,* 328–332.

Die Autoren danken Herrn Dipl. oec. Christoph Meister, wissenschaftlicher Mitarbeiter am Lehrstuhl für Marketing I der Universität Hohenheim, für die Unterstützung bei der Überarbeitung dieses Beitrags

Voeth, Markus
Lehrstuhl für Marketing I, Institut für Marketing & Management, Fakultät Wirtschafts-
und Sozialwissenschaften, Universität Hohenheim, 70593 Stuttgart, Deutschland
E-Mail: voeth@uni-hohenheim.de

Herbst, Uta
Lehrstuhl für Betriebswirtschaftslehre mit dem Schwerpunkt Marketing, Wirtschafts- und
Sozialwissenschaftliche Fakultät, Universität Potsdam,
14482 Potsdam, Deutschland
E-Mail: uta_herbst@uni-potsdam.de

Commodity Pricing – Was beliebig austauschbare Produkte einzigartig macht

Andrea Maessen, Bert Sebastian Strasmann und Jan Haemer

Inhaltsverzeichnis

Zusammenfassung

Wie können Unternehmen, die beliebig austauschbare Produkte, „Commodities", anbieten, ihr Pricing optimieren und ein pro-aktives Preismanagement betreiben? Indem sie die Preise dynamisieren und differenzieren. Der Beitrag zeigt, wie für Produkte,

A. Maessen (✉)
Simon-Kucher & Partners Strategy & Marketing Consultants, Gustav-Heinemann-Ufer 56, 50968 Köln, Deutschland
E-Mail: andrea.maessen@simon-kucher.com

S. Strasmann
E-Mail: sebastian.strasmann@simon-kucher.com

J. Haemer
E-Mail: jan.haemer@simon-kucher.com

M. Enke et al. (Hrsg.), *Commodity Marketing*,
DOI 10.1007/978-3-658-02925-8_8, © Springer Fachmedien Wiesbaden 2014

deren Preise transparent und gewissermaßen „öffentlich" sind und die sich in einem preisvolatilen und hochgradig preissensitiven Marktumfeld bewegen, Preisvorhersagen helfen können, Preisentscheidungen und Mengenallokationen über die Zeit zu optimieren. Er zeigt Möglichkeiten auf, wie über die Diversifizierung über Regionen und Anwendungen das Preisrisiko zu streuen ist und wie durch jede Abweichung vom Produktstandard und unterschiedliche Wertigkeiten der Kunden für den Anbieter Preisspielräume zu identifizieren und zu nutzen sind. Es werden Wege aufgezeigt, wie durch ein gezieltes Zuschlagsmanagement Anreize für Verhaltensänderungen der Kunden in der Disposition sowie im Abnahme- und Bestellverhalten zu schaffen sind. Die Umsetzung des Commodity Pricings hat eine strategische und operative Dimension. Strategisch kommt dem Marktführer eine besondere Verantwortung zu. Er sollte auch der Preisführer sein. Operativ sind Punktgenauigkeit und Schnelligkeit entscheidend.

1   Die Besonderheiten im Commodity Pricing

Commodities bezeichnen beliebig austauschbare Produkte („Kupfer ist Kupfer" und „Benzin ist Benzin"). Ihre Qualität lässt sich anhand eindeutiger Kriterien (Normen) definieren. Damit ist der Markt für die Nachfrager nahezu völlig transparent. Das gilt auch für die Preise von Commodities, die über Notierungen, Indizes von Preisagenturen und Preislisten festgelegt und dokumentiert werden. So können Verhandlungsergebnisse ausgewählter Großkunden, die als „Benchmarks" oder Referenzpreise publiziert werden, als Anhaltspunkt für andere Anbieter dienen oder eine Aggregation eines Großteils der Verhandlungsergebnisse für einen gegebenen Markt durch Preisagenturen veröffentlicht werden („Index").

Commodities werden immer und überall benötigt, dennoch schwanken Bedarf und Nachfrage in **Abhängigkeit von Branchenkonjunkturen** oftmals stark. Commodity-Märkte sind daher selten stabil, dafür entweder „lang" oder „kurz". In der Folge steigen oder fallen die Preise. Steigende Preise sind Folge einer steigenden Nachfrage oder Angebotsverknappung. Die Preisänderungen erfolgen weniger kontinuierlich, sondern abrupt. Man spricht deshalb von einer hohen Preisvolatilität bei Commodities.

Commodities werden in **hohen Produktionsvolumina** hergestellt und die Herstellung geht häufig mit hohen Fixkosten einher. Der Zwang zu einem effizienten Kapazitätsmanagement ist die Folge. Kundenspezifische Bedarfsmengen sind in der Regel groß. Daher haben bereits kleinste Cent-Differenzen im Preis einen großen Einfluss auf die Kostenposition der Abnehmer. Die Preissensitivitäten der Kunden sind dementsprechend hoch.

Commodities werden häufig global gehandelt. Die Absatzmärkte finden sich zunehmend in China oder Brasilien, so beispielsweise für Eisenerz, Stahl oder Düngemittel. Der (relativ) hohe Frachtkostenanteil am Verkaufspreis beschränkt die beliebige geographische Verfügbarkeit von Commodities. Auf Basis ihres Marktzugangs und der erzielbaren Verkaufspreise wägen Anbieter ihre Marktpräsenz gegenüber der Stückmarge ab.

Commodities kennen zwei Preisausprägungen: **Spot-Preise** (Preise im Kassahandel) und **Kontrakt-Preise** (Preise im langfristigen Lieferkontrakt). Die Bewertung von Spot-

und Kontrakt-Preisen unterscheidet sich aus Lieferanten- und Kundensicht und hängt davon ab, ob in Zukunft von fallenden oder steigenden Kosten und Preisen auszugehen ist. Spot-Preise unterliegen stärkeren Preisschwankungen und bieten geringere Planungssicherheit. Ihre höhere Flexibilität ermöglicht es jedoch, ohne zeitliche Verzögerungen Kostenerhöhungen durchzusetzen und damit mehr Gewinn abzuschöpfen. Vorteile von Kontrakt-Preisen sind ihre höhere Berechenbarkeit für den Kunden. Für den Hersteller minimieren Kontrakt-Preise zwar das Risiko bei Preissenkungen, erlauben aber auch nicht, an Preissteigerungen zu partizipieren. In Kombination mit Liefer- und Abnahmeverpflichtungen erhält der Kunde Liefersicherheit und der Lieferant Planungssicherheit für die Produktions- und Logistikkette.

Zwischenfazit 1 Commodities fehlt jede Produktdifferenzierung. Die Preise sind transparent und gewissermaßen öffentlich. Die Abnehmer sind hoch preissensitiv. Bereits kleinste Preisdifferenzen führen zu Lieferantenwechseln. Unausgelastete Kapazitäten und Überschussmengen führen zu Druck auf die Preise. Schwankungen in der Nachfrage drücken sich in Schwankungen der Preise aus. Der Zugang zu den Absatzmärkten wird von den Transportkosten mitbestimmt. Die Preisstrategie balanciert die Margen- und Marktanteilsziele der Anbieter.

2 Die Optimierung des Commodity Pricings

Die Optimierung des Commodity Pricings umfasst vier Dimensionen: Die Marktpreise und die auf den Marktpreisentwicklungen basierende Mengenallokation, die Produktpreise und die aus ihr ableitbare Preisarchitektur, die Kundenpreise und die Differenzierung über Nachlassstrukturen sowie die Transaktionspreise und das Zuschlagsmanagement. Den Ausgangspunkt und den zentralen Hebel für das Commodity Pricing stellen die Marktpreise dar.

2.1 Marktpreise bei Commodities

Der Marktpreis bei Commodities bildet sich auf Basis von **Angebot und Nachfrage**. Die Nachfrage wird bestimmt durch die wirtschaftliche Lage in den Endverbraucher-Märkten, das Angebot durch Kapazitäten, Kapazitätsauslastungen und Lagerbestände. In Abhängigkeit der Kostenfunktion kann auch eine Mindestprofitabilität den Limitpreis im Markt bestimmen. Sinkt der Preis unterhalb eines kritischen Werts greifen Maßnahmen der Angebotsverknappung von (vorgezogenen) Wartungsarbeiten bis hin zum Herunterfahren oder Abschalten von Produktionsanlagen und -werken.

Angebot und Nachfrage sind laufend Veränderungen unterworfen. Somit schwanken auch die Preise. Die Ausprägungen und Frequenzen dieser Schwankungen können sehr unterschiedlich sein. Die höchste Preisvolatilität zeigen Commodities, die über hoch entwickelte und transparente Marktmechanismen gehandelt und notiert werden, z. B. an Börsen wie Chicago Board of Trade oder London Metal Exchange. Vielfach werden Tages-, Wochen-, Monats- oder Quartalspreise von Preisagenturen wie ICIS oder TECNON in der chemischen Industrie oder Feedinfo in der Futtermittelindustrie in Form von Marktpreis-indices berichtet oder in Referenzpreissystemen der Marktführer abgebildet, wie z. B. im Fall von Eisenerz (bis Anfang 2010). Erfolgen Schwankungen weniger häufig, sind Markt-preise in Preislisten der Marktteilnehmer abgebildet, wie dies z. B. bei Baustoffen der Fall ist.

Bei hoher Preisvolatilität und in Erwartung steigender Preise ist es das Ziel der Anbieter, ihre Abschlüsse möglichst spät, d. h. zu höheren Preisen, zu realisieren. Entsprechend umgekehrt verhält es sich bei erwarteten fallenden Preisen im Markt. Hier geht es darum, möglichst früh mit noch höheren Preisen abzuschließen. Eine Verbesserung des Gewinns erfolgt über eine optimale Mengenallokation über die Zeit. Kritischer Erfolgsfaktor ist die bestmögliche Vorhersage der Preisschwankungen. **Preisvorhersagemodelle** im Commodity Pricing existieren in den unterschiedlichsten Formen. Bei einem Anbieter eines chemischen Commodities hat sich z. B. ein Ansatz der Preisprognose bewährt, der auf einem einfachen Regressionsmodell basiert und neben harten Marktdaten auch die subjektive Erwartung des Außendiensts über das generelle Preis- und Marktklima berücksichtigt. Das Modell unterscheidet grundsätzlich zwischen einer „kurzfristigen" 30-Tage-Preisprognose und einer „längerfristigen" 90-Tage-Preisprognose. Die 30-Tage-Prognose dient als Grundlage für die Preisfestsetzung in den monatlichen Preisverhandlungen. Die langfristige Prognose ist ein Instrument, das Änderungen im Preistrend vorhersagen soll und zur Mengensteuerung einzusetzen ist. Bei wachsender Volatilität der Märkte wird die Treffgenauigkeit von Prognosen jedoch zunehmend schwieriger. Sicherungsinstrumente zur Abfederung von Preisrisiken werden wichtiger. In diesem Zusammenhang gewinnt das Hedging bei Rohstoffen an Bedeutung. Ist die Volatilität so hoch, dass die Preistransparenz sinkt, werden zunehmend Auktionen als Preisindikationsmechanismen eingesetzt. Hersteller geben einen Teil ihrer Menge in eine Auktion an ausgewählte Kunden, um einen Anhaltspunkt für den aktuellen Marktpreis für diese Spotmenge zu erhalten.

Eine weitere Möglichkeit der **Optimierung der Mengenallokation** besteht in der Verteilung der Mengen auf Spot- und Kontrakt-Geschäfte. Ziel ist es, die Margen- und Kapazitätsauslastungsziele zu balancieren. Je nach Schwerpunkt der Allokation der Mengen unterscheidet sich der Grad, in dem ein Unternehmen den Marktpreisschwankungen ausgesetzt ist. Bei starker Marktvolatilität und einem längerfristigen Auseinanderdriften von Spot- und Kontraktpreisen geraten Kontrakte unter Druck. Es steigt das Risiko, dass nicht alle Vertragsparteien ihre Liefer- (bei steigenden Spot-Preisen) und Abnahmeverpflichtungen (bei sinkenden Spot-Preisen) erfüllen wollen oder können. In diesen Fällen erfolgt entweder eine Dynamisierung des Kontraktpreises über Preisgleitformeln oder eine Verkürzung der Kontraktlaufzeit und damit einhergehend eine zunehmende Flexibilisierung der Preise. Des Weiteren besteht eine eher strategische Möglichkeit der Optimierung der Mengenallokation in der Ausnutzung anwendungsspezifischer und regionaler Preisdifferenzen. Die Mengenallokation basiert auf unterschiedlichen Konjunktur- und Wachstumszyklen, dem Grad der Wettbewerbsintensität und den Chancen der Wettbewerbsdifferenzierung in den jeweiligen Anwendungen (z. B. Bau, Automobil, Maschinenbau oder Handel) oder Regionen. Über die verschiedenen Zahlungsbereitschaften können zu einem Zeitpunkt unterschiedliche Preise realisiert werden. Zahlungsbereitschaften hängen aber auch davon ab, inwieweit es gelingt, steigende Kosten in Preiserhöhungen in die nachgelagerten Wertschöpfungsstufen zu überführen. Limitiert werden diese Preisdifferenzen durch Importparitäten, d. h. Transportkosten zwischen Regionen, und die kurzfristige Austauschbarkeit von Lieferanten zwischen Anwendungen.

Die Diversifikation über Fristigkeiten, regionale Märkte und Anwendungen ermöglicht ein Balancieren der Preise, des Risikos und der Gewinnerwartungen in der Preispolitik.

Zwischenfazit 2 Marktpreise sind das Resultat aus Angebot und Nachfrage. Sie sind nicht direkt beeinflussbar. Im preisvolatilen Marktumfeld ist die Preisvorhersage entscheidend für die optimale Mengenallokation über die Zeit. Die Möglichkeit, über Regionen und Anwendungen zu diversifizieren, entscheidet über das einzugehende Preisrisiko.

2.2 Produktpreise bei Commodities

Die Produktportfolios sind in der Regel bei Commodities nicht sehr komplex. Die Standardprodukte werden über den oben beschriebenen Marktpreis abgebildet. Abweichungen vom Standard mit z. B. differenzierten Reinheitsgraden, Granularitäten oder Darbietungsformen (Pulver oder Flüssigkeit) sind unmittelbar preisrelevant. Hier unterscheidet sich der Grad der Austauschbarkeit, der Markttransparenz und der Preissensitivität der Kunden. Die Margenerwartungen und -spielräume sind höher und bieten Spielraum zur Preisdifferenzierung.

Die Herausforderung für die Preispolitik besteht darin, die Preisdifferentiale zu messen und konsistent mit einer entsprechenden Preisarchitektur, die am Standardproduktpreis (der Basisqualität) geankert ist, abzuschöpfen. Die **Preisarchitektur** wird über verschiedene Wertdimensionen von der Basisqualität abgeleitet. Beispielsweise sind im Stahl gebräuchliche Wertdimensionen der Werkstoff (Legierung), die Wertschöpfungstiefe (Rohblock, Halbzeug, Stabstahl), die Abmessungen oder der Verarbeitungsprozess (Umschmelzung/Wärmebehandlung). Werttreiber von Industriemineralien für Füll- und Beschichtungsanwendungen sind z. B. die Teilchengröße, Abrasivität, Opazität oder der Weißgehalt.

Preisauf- und -abschläge bestimmen die relative Preisposition unterschiedlicher Qualitäten oder Abmessungen in Produktportfolios. Abweichungen in der Zielpositionierung oder Inkonsistenzen in einzelnen Preisrealisierungen werden im Vergleich von Zielpreisen mit existierenden Preisen deutlich. Die Beseitigung von Abweichungen und Inkonsistenzen erfolgt durch eine preisliche Repositionierung und eine entsprechende Kommunikation der Preiserwartungen im Markt z. B. über Preislisten und Preisblätter.

Zwischenfazit 3 Jede Abweichung vom Produktstandard bietet einen Preisspielraum. Unterschiede in der Preistransparenz und Preissensitivität erlauben ein Preispremium zum Marktpreis. Zur Strukturierung des Preispremiums empfiehlt sich die Festlegung einer Preisarchitektur. Durch diese werden Preiserwartungen intern an den Vertrieb und extern an den Markt kommuniziert.

2.3   Kundenpreise bei Commodities

Der Preis, den Kunden für ein Commodity zahlen, basiert auf dem **Marktpreis**, kann sich aber je nach Verhandlungsstärke und Wert des Kunden von diesem unterscheiden. Es gibt Kunden, die kontinuierlich ihre Mengen bei einem Hersteller bestellen, und diejenigen, die opportunistisch ihre Lieferanten wechseln. Es gibt Kunden, die ein hohes Mengenpotential und damit eine hohe Verhandlungsstärke aufweisen, und diejenigen mit niedrigem Potential. Es gibt Kunden, die große Mengen beziehen, und Kunden, die Kleinstmengen abnehmen. Es gibt Kunden, die in ihrem Markt einem hohen Risiko von Bedarfsschwankungen ausgesetzt sind, und solche, die derartige Unsicherheiten nicht kennen. Es gibt Kunden mit hohen Anforderungen an (technischen) Service und solche mit geringen. Es gibt Kunden mit hohen Fracht- und Verpackungskosten und diejenigen mit niedrigen.

   Transportkosten spielen bei Commodities eine zweifache Rolle. Einerseits sind sie neben den Rohstoffkosten der zweitwichtigste Kostentreiber, andererseits begrenzen sie den natürlichen Marktraum der Anbieter, indem sie Frachtgrenzen festlegen, zu denen es sich lohnt, das Material noch zu transportieren. Häufig werden die Frachtkosten über distanzabhängige Aufschläge auf einen Werkspreis kalkuliert: Je höher die Distanz zum Werk, desto höher der Aufschlag auf den Werkspreis, je geringer die Distanz zum Werk, desto geringer der Aufschlag. Die daraus resultierenden Franko-Preise sind nicht optimal, weil sie die alternativen Einkaufsoptionen des Kunden und daraus resultierende Preispotentiale nicht berücksichtigen. Liegt z. B. ein Kundenwerk nahe am eigenen Werk, aber weiter entfernt vom Werk des konkurrierenden Lieferanten, dann ist nicht der eigene Frachtkostensatz ausschlaggebend, sondern der des konkurrierenden Lieferanten. Es besteht die Möglichkeit, den Aufschlag an das Frachtkostenniveau des Wettbewerbers anzunähern, die sogenannte Frachtkostenparität (siehe Abb. 1). Das gilt gleichermaßen für den konkurrierenden Lieferanten. In der Folge eröffnen sich Preispotentiale bei den nahe am jeweiligen Lieferwerk gelegenen Kunden.

   Kunden differieren damit in ihren Profilen und ihrer Wertigkeit für den Anbieter erheblich. Ein Kunde mit hohem Potential und einem kontinuierlichen Abnahmeverhalten ist wertvoller im Commodity-Geschäft als der opportunistisch einkaufende Kunde in einer entlegenen Region. Gemäß Kundenbewertung und -klassifikation differieren die Preise zwischen Kunden, d. h. höhere Preise für Kunden mit geringer Wertigkeit für den Anbieter.

Zwischenfazit 4 Die Produkte im Commodity Pricing sind gleich, die Kunden hingegen sind es nicht. Deshalb sind die Kunden in Bezug auf ihre **Wertigkeit für den Anbieter** zu klassifizieren und im Preis zu differenzieren. Definierte Regelwerke bestimmen die kundenspezifischen Zielpreise, die in der Umsetzung zu steuern und zu kontrollieren sind.

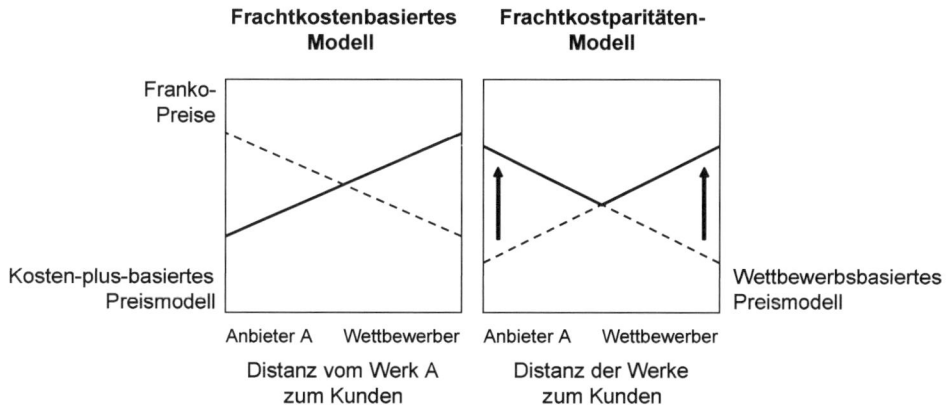

Abb. 1 Das Prinzip der Frachtkostenparitäten

2.4 Transaktionspreise bei Commodities

Flexibilitäten beim Bestellen, in der Lagerung und bei der Lieferung seitens des Anbieters reduzieren das Risiko des Kunden. Dabei gilt: Je höher die Preisvolatilität im Markt, desto höher ist das Risiko. Die Option, über Zeitpunkt, Lieferort und Liefermenge flexibel entscheiden zu können, bietet dem Kunden die Möglichkeit, risikolos zu optimieren. Für den Anbieter resultieren aus dem differenzierten Angebotsprofil transaktionsbezogen unterschiedliche Kosten. Je nach Risikoprofil des Kunden existieren unterschiedliche Zahlungsbereitschaften. Beides ist durch eine optimierte Preisdifferenzierung zu balancieren.

Die zusätzlichen Kosten der **Optionen** und **Flexibilitäten in Liefermenge** und **Lieferort** sind durch entsprechende Zuschläge im Preis zu berücksichtigen. Neben den direkten Kosten durch Lagerung oder Lieferung werden ebenfalls die Opportunitätskosten für das Vorhalten von Kapazitäten oder produzierten Mengen wirksam. Opportunitätskosten entstehen z. B., wenn der Kunde über flexible Abnahmemengen von differenzierten Qualitäten entscheiden kann, die alternativ nur noch zu niedrigeren Preisen in Spot-Märkten abgesetzt werden können. Werden Preise für terminierte Lieferungen im Voraus und nicht zum Transaktionszeitpunkt fixiert, ist für die Preisfindung die Marktpreisentwicklung maßgeblich. Sind Märkte in Contango, d. h. ist der aktuelle Marktpreis niedriger als der Kontraktpreis (Terminpreis), sind entsprechende Zuschläge für die zukünftigen Lieferungen zu erheben.

Durch ein **optimiertes Zuschlagsmanagement** lassen sich weitere Preispotentiale heben. Wesentlich hierfür ist, dass die Elastizität bei Zuschlägen für Nebenleistungen deutlich geringer ist als die Preiselastizität von Produkten. Erfahrungsgemäß ist sie halb so hoch. Das Verwenden von Zuschlägen hat darüber hinaus den Vorteil, dass es die Wettbewerbsfähigkeit des Produktpreises unberührt lässt. Eine konsequente und ausnahmslose Umsetzung der Zuschläge ist dabei stets Voraussetzung.

Zwischenfazit 5 Durch Zuschläge werden das Verhalten der Kunden in der Disposition, die Risikostrukturen in Abnahme- und Bestellverhalten und die Nutzung von Nebenleistungen preispolitisch berücksichtigt.

3 Die Umsetzung des Commodity Pricings

Die Umsetzung des Commodity Pricings hat eine strategische und eine operative Dimension. Die strategische Dimension umfasst die Preisführerschaft, die sich auf den Marktpreis richtet. Die operative Dimension beschäftigt sich mit der schnellen und punktgenauen Umsetzung einzelner Preise beim Kunden.

3.1 Die strategische Preisführerschaft

In Commodity-Märkten ist eine hohe Dynamik von Mengen und Preisen immanent. Diese Dynamik kann man entweder in die „unsichtbare Hand des Marktes" (J. M. Keynes) legen oder durch unternehmerisches Agieren unterstützen und gestalten. Jeder Marktteilnehmer hat durch seine Angebotspolitik einen wesentlichen Einfluss auf das Marktgeschehen. Das gilt insbesondere für Marktführer, die aufgrund ihrer Marktposition mit darüber entscheiden, ob ein (Preis-)Wettbewerb friedlich oder ruinös ist, d. h. auf höherem oder niedrigerem Margenniveau stattfindet. Anforderungen an Markt- und Preisführer sind eine hohe **Preisintelligenz und -kompetenz** sowie konsequentes und nachvollziehbares Handeln. Preisführer verfügen über eine eher langfristige Perspektive, jenseits opportunistischen Verhaltens. Sie vermeiden kurzfristige Überreaktionen, d. h. in sich abzeichnenden „langen Märkten" ein Kollabieren und in sich abzeichnenden „kurzen Märkten" ein Explodieren der Preise.

Als Voraussetzung für eine **Preisführerschaft** gelten das Installieren einer Preis-Roadmap, das Etablieren eines Preissystems und die pro-aktive Kommunikation von Strategie und Preisen. Die Preis-Roadmap gibt die strategische Richtung vor und beinhaltet die Erwartung der Zielpreisentwicklung im Markt. Als Preissysteme gelten Regelwerke, die festlegen, wie sich – ausgehend von den Marktpreisen der Basisprodukte – Produktpreise, Kundenpreise und Transaktionspreise ableiten lassen. Eine aktive Kommunikation ist erforderlich, um zunächst innerhalb des Unternehmens ein gemeinsames Verständnis der Preisstrategie aufzubauen. Nachfolgend werden Kunden über Preissysteme und -veränderungen informiert. Alle drei Voraussetzungen zielen darauf ab, Orientierung, Berechenbarkeit und Planbarkeit beim Preis zu geben. Kunden akzeptieren Preissysteme und -veränderungen dann, wenn die Preise aus ihrer Sicht nachvollziehbar und wettbewerbsfähig sind.

Zwischenfazit 6 In Commodity-Märkten hat der Marktführer eine besondere Verantwortung: Der Marktführer sollte auch der Preisführer sein. Instrumente der Preisführerschaft sind Preis-Roadmaps, Preissysteme und Preiskommunikation.

3.2 Das operative Gap-Management

In der operativen Umsetzung des Commodity Pricings gilt es, punktgenau und schnell zu sein. Die Preissysteme geben vor, wohin Preisveränderungen zu erfolgen haben, und zwar kunden- und produktspezifisch. Die Schnelligkeit der Preisanpassung in den (IT-)Systemen ist in der Regel in den Unternehmen unproblematisch. Schwieriger dagegen ist die Schnelligkeit der Umsetzung von Preisveränderungen im Markt. Bei größeren Preiserhöhungen und starker Machtposition des Kunden können sich Anpassungen zeitlich verzögern oder in mehreren Stufen erfolgen. Die Kontrolle dessen ist Aufgabe des Preiscontrollings. Der Preiscontroller analysiert, beobachtet und berichtet Lücken (Gaps), die sich aus der Abweichung der realisierten Preise von den Zielpreisen ergeben. Es ist dann die Aufgabe der Führung, die Konsequenz der Umsetzung im Verkauf sicher zu stellen.

Bei Geschäften mit Preisgleitklauseln erfolgt die Preisanpassung nach definierten Regeln und automatisch. Preisgleitklauseln definieren den Transfer von Veränderungen von Preisindikatoren, wie z. B. Rohstoffkosten, in die Verkaufspreise. Die Fristenkongruenz von Kosten- und Preisdynamik ist entscheidend für die lückenlose, unverzögerte Preisanpassung. Preisgleitklauseln werden meist verhandelt und sind daher kundenspezifisch, obwohl die Kostendynamik für alle Kunden vergleichbar ist. Preisgleitklauseln kommen nur in spezifischen Fällen sinnvoll zum Einsatz, nämlich dort, wo die Kosten der wesentliche Preistreiber sind. Können nicht alle Kostenfaktoren objektiv erfasst und indiziert werden, können die Fristen nicht kongruent abgebildet werden oder sind andere Faktoren, wie z. B. das Lager oder die Nachfrage, wesentliche Preistreiber, helfen sie nicht weiter. In diesen Fällen kommen die oben beschriebenen Preissysteme zum Einsatz.

Zwischenfazit 7 Punktgenauigkeit und Schnelligkeit sind entscheidend in der operativen Umsetzung des Commodity Pricings. Das Gap-Management steuert und kontrolliert, dass Preisanpassungen ohne zeitliche Verzögerung und vollumfänglich im Markt durchgesetzt werden.

4 Fazit

Das Pricing von Commodities, von beliebig austauschbaren Produkten, ist in vielerlei Hinsicht einzigartig:

- Das Thema Zeit spielt eine wichtige Rolle. Zum einen sind Commodity-Märkte selten preisstabil. Es gibt Zeiten steigender und dann wieder fallender Preiserwartungen. Zum anderen zählt Schnelligkeit bei Preisanpassungen, da bereits kleinste Preisdifferenzen im Wettbewerbsvergleich das Kundenverhalten bestimmen. Deshalb sind Commodity-Preise ständig in Bewegung.
- Aufgrund der immanenten Dynamik von Commodity-Preisen benötigen die Märkte Orientierung, Berechenbarkeit und Planbarkeit. Deshalb kommt der Preisführerschaft und Preisvorhersage in Commodity-Märkten eine besonders hohe Bedeutung zu.

- Wegen der Dynamik der Commodity-Preise ergeben sich Möglichkeiten, Kundenpreise über Laufzeiten und Abrufoptionen zu differenzieren. Deshalb resultieren aus dem Risikoprofil der Kunden weitere Preispotentiale.
- Aufgrund des hohen Kostenanteils der Frachtkosten bei Commodities ist die Zugänglichkeit regionaler Absatzmärkte limitiert. Deshalb sind nicht nur die eigenen Frachtkosten, sondern auch die Frachtkosten des Wettbewerbs von Bedeutung. Die Betrachtung von Frachtkostenparitäten bietet bei niedrigeren eigenen Frachtkosten zusätzliches Preispotential.

Weiterführende Literatur

Maessen, A. (2005). Masse oder Klasse? *Harvard Business Manager, 05,* 12.

Sebastian, K.-H., & Maessen, A. (2003). *Commodity pricing.* Simon-Kucher-Whitepaper.

Sebastian, K.-H., & Maessen, A. (2006). Flexible Preise für reife Produkte, Commodity Pricing – so einfach und doch so schwer. *CHEManager, 4,* 1, 4.

Sebastian, K.-H., Maessen, A., & Strasmann, S. (2009). Preiscontrolling als Element des Vertriebscontrolling. *Zeitschrift für Controlling und Management, 53,* 60.

Sebastian, K.-H., Maessen, A., & Strasmann, S. (2010). *Mastering the uniqueness of commodity pricing: How to guide, set and control prices.* Simon-Kucher-Whitepaper.

Simon, H., & Fassnacht, M. (2009). *Preismanagement: Strategie – Analyse – Entscheidung – Umsetzung* (3. Aufl.). Wiesbaden: Gabler.

Maessen, Andrea

Simon-Kucher & Partners Strategy & Marketing Consultants, Gustav-Heinemann-Ufer 56, 50968 Köln, Deutschland

E-Mail: andrea.maessen@simon-kucher.com

Strasmann, Sebastian

E-Mail: sebastian.strasmann@simon-kucher.com

Haemer, Jan

E-Mail: jan.haemer@simon-kucher.com

Wider die Commoditisierung – Ansätze zur Messung von Individualisierung

Ioana Minculescu, Michael Kleinaltenkamp und Doreén Pick

Inhaltsverzeichnis

I. Minculescu (✉)
Springer Fachmedien Wiesbaden GmbH, Abraham-Lincoln-Str. 46,
65189 Wiesbaden, Deutschland
E-Mail: ioana.minculescu@fu-berlin.de

M. Kleinaltenkamp · D. Pick
Marketing Department, Fachbereich Wirtschaftswissenschaft, Marketing Department,
Freie Universität Berlin, Otto-von-Simson-Str. 19, 14195 Berlin, Deutschland
E-Mail: marketing@wiwiss.fu-berlin.de

D. Pick
E-Mail: doreen.pick@fu-berlin.de

M. Enke et al. (Hrsg.), *Commodity Marketing*,
DOI 10.1007/978-3-658-02925-8_9, © Springer Fachmedien Wiesbaden 2014

Zusammenfassung

Die sich seit einigen Jahren vollziehende Homogenisierung der Leistungsspektren ist auch in vielen Dienstleistungsbranchen zu beobachten. Mit dieser Homogenisierung bzw. Commoditisierung von Leistungen stellt sich nunmehr wieder verstärkt die Frage, wie Anbieter in der Lage sind, dauerhaft Kundenvorteile zu generieren: d. h. dem Kunden entweder einen höheren Nutzen bei gleichen Kosten (Strategie der Leistungsdifferenzierung) oder geringere Kosten bei gleichbleibendem Nutzen (Strategie der Kostenführerschaft) zu offerieren. Die Strategie der Kostenführerschaft ist jedoch nicht zwangsläufig für alle Branchen und Unternehmen geeignet. Demnach rückt die Strategie der Leistungsdifferenzierung in den Mittelpunkt der Betrachtung, um den Nachteilen der Commoditisierung entgegenzutreten.

Ein Anbieter, der eine Differenzierungsstrategie verfolgt, versucht durch einzigartige Leistungen einen Kundenvorteil zu schaffen. Ein Mittel zur Gestaltung unverwechselbarer Angebote stellt die Leistungsindividualisierung dar. Gegenstand dieses Beitrags ist die Darstellung und Systematisierung existierender Ansätze zur Ermittlung des Ausmaßes an Individualisierung von Leistungen mit dem Ziel, die Leistungsindividualisierung handhabbar zu gestalten.

1   Einleitung

Die sich seit einigen Jahren vollziehende Homogenisierung der Leistungsspektren ist auch in vielen Dienstleistungsbranchen zu beobachten. Die resultierende Vereinheitlichung von Leistungsmerkmalen ist das wesentliche Resultat einer als „Commoditisierung" bekannt gewordenen Entwicklung (s. Kapitel „Commodities im Dienstleistungsbereich", S. 51ff.; Simon 2004). Im klassischen Sinne werden unter Commodities solche Leistungen verstanden, die in einem hohen Maß standardisiert sind und von den Kunden als austauschbar angenommen werden (Backhaus und Voeth 2010). Trotz der dienstleistungsimmanenten Integration des externen Faktors, welche den Dienstleistungen oft den Ruf „einmaliger" und damit heterogener Leistungen verleiht, entwickeln sich auch immer mehr Dienstleistungen zu sogenannten „Commodity Services". Meist ist nur noch der Preis ein wesentliches Unterscheidungsmerkmal, weshalb die betroffenen Märkte in der Regel durch einen intensiven Verdrängungswettbewerb und einen verschärften Preiskampf gekennzeichnet sind. In diesen Märkten müssen sich Anbieter mehr denn je Gedanken über Ansatzpunkte für eine Marktbearbeitung machen, die nachhaltige Wettbewerbsvorteile generiert (s. Kapitel „Commodities im Dienstleistungsbereich", S. 51ff.).

Mit dieser Homogenisierung bzw. Commoditisierung von Leistungen stellt sich nunmehr wieder verstärkt die Frage, was die originäre Kernaufgabe des Marketings ist. Nach Kotler (1972) liegt der Fokus weitestgehend auf der Schaffung und dem Angebot von Nutzen für Nachfrager durch verschiedene Marketingmaßnahmen. Demnach müssen Anbieter vor allem in der Lage sein, dauerhaft Kundenvorteile anzubieten (Fließ 2009), d. h. dem Kunden entweder einen höheren Nutzen bei gleichen Kosten (Strategie der Leistungsdifferenzierung) oder geringere Kosten bei gleichbleibendem Nutzen (Strategie der Kostenführerschaft) zu offerieren (Plinke 2000).

Die Strategie der Kostenführerschaft, die in den 1990er-Jahren insbesondere bei Lebensmitteldiscountern ein erfolgreiches Geschäftsmodell war, ist jedoch nicht zwangsläufig für alle Branchen und Unternehmen geeignet. Dies wird zunehmend auch im Einzelhandel erkannt. Dort versuchen Handelsdiscounter verstärkt über ein Trading Up der Produktpalette und damit höherer Preise, einen Ausweg aus der Preisfokussierung ihrer Branche zu finden. Es gilt daher, den Blick auf die zweite zentrale Strategieoption – die Differenzierung von Leistungen oder Kundenbeziehungen – zu richten. Ein Anbieter, der eine Differenzierungsstrategie verfolgt, versucht ein aus Sicht der Kunden einzigartiges und unverwechselbares Angebot zu offerieren und damit einen Kundenvorteil zu schaffen. Diese Einmaligkeit stellt für den Kunden einen Wert dar, für den er häufig bereit ist, einen höheren Preis zu zahlen oder eine höhere Loyalität gegenüber dem Anbieter an den Tag zu legen (Fließ 2009; Jacob und Kleinaltenkamp 2004; Mayer 1993). Daher kann mit der Verfolgung einer Differenzierungsstrategie den Nachteilen der Commoditisierung entgegengetreten werden, was auch die Ergebnisse einer empirischen Studie von Homburg et al. (2008) belegen. Unternehmen in der „Commodity-Falle", die gezielt differenzierte Leistungen anbieten, erzielen bei Kenngrößen wie beispielsweise Kundenzufriedenheit, Zahlungsbereitschaft und beim Absatz im Durchschnitt bis zu 30 % höhere Werte als nicht differenzierende Unternehmen. Allerdings ist die Verfolgung einer Differenzierungsstrategie in der Regel mit höheren Kosten, z. B. in der Kundenbetreuung oder im Innovationsmanagement, verbunden und daher nur so lange empfehlenswert, wie die zusätzlichen Kosten durch höhere Preise am Markt gedeckt werden können. Daher stellt sich für einen Anbieter, der auf Märkten mit vergleichsweise homogenen Gütern tätig ist, die Frage, inwieweit seine Leistungen auf den einzelnen Kunden zugeschnitten werden sollen und können, so dass einerseits eine Differenzierungsstrategie verfolgt wird, andererseits aber die zusätzlichen Kosten die daraus resultierenden Erlöse nicht übersteigen. Diese Entscheidung setzt die Ermittlung des Individualisierungsgrads im Rahmen der Leistungsgestaltung voraus.

Gegenstand dieses Beitrags ist daher die Darstellung und Systematisierung existierender Ansätze zur Messung des Individualisierungsgrads von Leistungen. Die betrachteten Ansätze werden nach einer Beschreibung einer kritischen Würdigung hinsichtlich der Erfüllung geforderter Gütekriterien unterzogen. Zusätzlich soll untersucht werden, inwieweit diese Ansätze auf Dienstleistungen übertragen werden können bzw. wie die Messung des Individualisierungsgrads von Dienstleistungen erfolgen kann. In einer sich anschließenden Zusammenfassung soll auf die wichtigsten Erkenntnisse des Beitrags eingegangen werden.

2 Individualisierung als Strategie einer differenzierten Marktbearbeitung

2.1 Differenzierungsstrategie – Herausforderungen und Umsetzung

Das Ziel des Marketingmanagements ist es, nachhaltig Wettbewerbsvorteile aufzubauen und diese langfristig zu sichern (Kleinaltenkamp und Jacob 2006). Ein Anbieter befindet sich im Vergleich zu seinen Wettbewerbern in einer Vorteilsposition, wenn es ihm gelingt, entweder eine aus Sicht des Kunden vorteilhaftere Leistung anzubieten (Kundenvorteil), die entsprechende Leistung zu geringeren Kosten herzustellen (Anbietervorteil) oder – als Kombination – sowohl die Leistung für den Kunden zu verbessern als auch den Anbietervorteil zu erhöhen (Plinke 2000).

Um erfolgreich zu sein, muss ein Anbieter demnach einerseits in der Lage sein, grundsätzlich das Problem eines Nachfragers zu lösen und andererseits eine bessere Problemlösung als seine Konkurrenten zu bieten (Jacob 1995). Da sich besonders Anbieter von Commodities aufgrund des gegenwärtigen Preiskampfs in einem starken Wettbewerb um die Nachfrage befinden, ist es vor diesem Hintergrund wichtig, dem Nachfrager durch die angebotene Leistung einen höheren Nutzen zu stiften, was allgemein als **Differenzierungsstrategie** bezeichnet wird (Fließ 2009). Die von einem Anbieter gebotene Leistung sollte demnach zur Erlangung von Kundenvorteilen so gestaltet sein, dass sie dem Nachfrager einen höheren Nutzen stiftet als das betreffende Opfer (d. h. der zu entrichtende Preis), so dass deren Nutzen/Opfer-Relation aus seiner Sicht höher ist als alle anderen in Betracht gezogenen Alternativangebote (Dahlke 2001).[1]

Trotz des Bestrebens, dem Kunden einen höheren Nutzen als die Konkurrenz zu bieten und damit Kundenvorteile zu generieren, darf ein Anbieter nicht die Effizienz der Leistungserstellung und die daraus resultierenden Anbietervorteile vernachlässigen. Diese Tatsache stellt eine große Herausforderung bei der Verfolgung von Differenzierungsstrategien dar. Der Anbieter muss sowohl Kunden- als auch Anbietervorteile betrachten und demzufolge ein optimales Verhältnis zwischen Effizienz und Effektivität finden (Minculescu 2013). Neben der Erringung von Qualitäts-, Innovations- oder Geschwindigkeitsvorteilen stellt die Individualisierung eine weitere bedeutende Möglichkeit zur Differenzierung von Leistungen dar (Meffert 1994). Demnach kann derjenige Anbieter einen Wettbewerbsvorteil erringen, dem es gelingt, den individuellen Anforderungen der Nachfrager durch ein besonderes Maß an Flexibilität und Anpassungsbereitschaft besser gerecht zu werden (Jacob 1995; Mayer 1993).

---

[1] Auf die grundsätzliche Problematik, wie ein Nachfrager seinen Nutzen bemisst, werden wir im Weiteren nicht eingehen. Vielmehr ist dies aus Sicht des Anbieters zweitrangig, da er sich letztlich auf den kommunizierten Nutzen des Nachfragers einstellen muss, um seine Leistungen zu verkaufen.

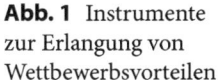

Abb. 1 Instrumente zur Erlangung von Wettbewerbsvorteilen

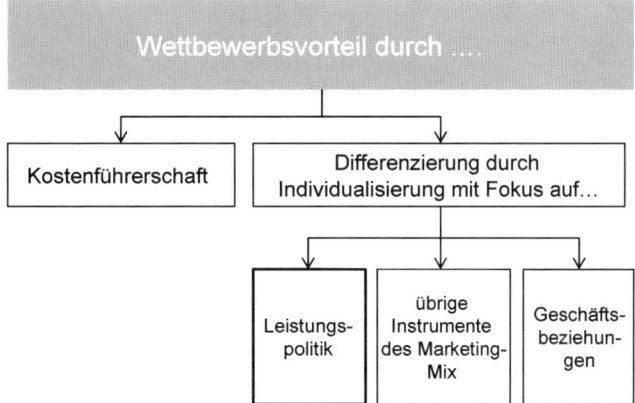

2.2 Leistungsindividualisierung als Kern von Differenzierungsstrategien

Für einige Unternehmen stellt die Individualisierung von Leistungen somit einen zentralen Ansatz dar, um sich der Homogenisierung im Markt zu entziehen und eine differenzierende Wettbewerbsposition jenseits der Preispositionierung aufzubauen. Individualisierungsmaßnahmen können hinsichtlich des gesamten Instrumentariums der Marktbearbeitung ergriffen werden (Arbeitskreis der Schmalenbach-Gesellschaft 1977). Zur Differenzierung kann zusätzlich die Individualisierung von Anbieter-Nachfrager-Geschäftsbeziehungen einen Beitrag leisten. Dies wird durch die Zielsetzung des Relationship Marketing verdeutlicht: „The common superior objectives of all relationship marketing strategies are enduring unique relationships with customers […] which cannot be imitated by competitors and therefore provide sustainable competitive advantages" (Jüttner und Wehrli 1994, S. 54).

Im Fokus dieses Beitrags steht die Leistungsgestaltung als Kernaspekt der **Leistungspolitik**. Gutenberg weist bereits im Jahr 1984 auf die hohe Relevanz der Produktpolitik (und damit auch der Leistungspolitik) im Vergleich zu den restlichen Instrumenten des Marketingmix hin. Anbieter-Nachfrager-Beziehungen werden in den letzten Jahrzehnten zwar immer wichtiger, trotzdem ist die Basis einer jeden Differenzierungsstrategie zu Beginn die angebotene Leistung und damit die Leistungspolitik, eine erfolgreiche Anbieter-Nachfrager-Beziehung baut letztlich darauf auf. Die Leistungsgestaltung ist damit die notwendige Voraussetzung für vertrauensvolle und nachhaltige Geschäftsbeziehungen. Im weiteren Verlauf des Beitrags fokussieren wir daher auf die Differenzierung durch die Individualisierung der Leistungsgestaltung (siehe Abb. 1).

Unter **Leistungsstandardisierung** wird im Folgenden jene Strategieumsetzung verstanden, bei der „[…] in einem gegebenen Markt oder Marktsegment allen bzw. einer großen Anzahl von Nachfragern die gleichen Objekte zum Austausch angeboten werden" (Kleinaltenkamp und Jacob 2006, S. 19). Bei einer Leistungsstandardisierung wie im Falle von Fast-Food-Restaurants werden folglich Dienstleistungen häufig an den „Durchschnittsansprüchen" der Nachfrager im jeweiligen Markt ausgerichtet und damit homogenisiert

(Mayer 1993). Demzufolge zielt die Leistungsstandardisierung aufgrund der in der Regel niedrigeren Erstellungskosten auf die Verbesserung der Nutzen/Opfer-Relation durch eine Verminderung der Opfer durch niedrigere Preise ab (Minculescu 2013). Diese Vorgehensweise resultiert jedoch in einem verstärkten Preiswettbewerb und würde den Nachteilen der Commoditisierung nicht entgegenwirken, so dass Commodity-Anbieter sich stärker auf die Verbesserung der Nutzen/Opfer-Relation durch Erhöhung des Nutzens fokussieren sollten, damit Nachfrager ihre Leistungen nicht mehr als austauschbar empfinden.

Während Standardisierung mit der Vereinheitlichung von Leistungen einhergeht, geht es bei der **Leistungsindividualisierung** um das Erfüllen von Kundenwünschen bzw. -bedürfnissen durch die Schaffung von Unikaten (Jacob und Kleinaltenkamp 2004). Individualisierung bedeutet demnach in der stärksten Ausprägung, dass jeder Kunde eine auf seine individuellen Bedürfnisse und Präferenzen ausgerichtete Leistung erhält (Hoffman und Bateson 2006), so dass sie auf eine Erhöhung des Kundenvorteils durch einen höheren angebotenen Nutzen abzielt. Bezogen auf die Nutzen/Opfer-Relation bedeutet dies, dass das Opfer gleichgehalten wird, während die Nutzenkomponente durch Zuschneiden auf kundenspezifische Präferenzen erhöht wird. Ein Beispiel für eine derartige Herangehensweise stellen Anbieter dar, welche bei gleichbleibendem Preis dem Kunden zusätzliche Auswahlmöglichkeiten zur Verfügung stellen. Dies wären bspw. Telekommunikationsanbieter, die ihren Business-to-Consumer- und Business-to-Business-Kunden zum gleichen Preis auf kundenspezifische Wünsche geschnürte Pakete hinsichtlich bspw. Wunschnummern, Partnerkarten oder höherer Datenübertragungskapazitäten zur Verfügung stellen.

Um eine Individualität der Leistung herbeizuführen, bedarf es also stets der Mitwirkung des Nachfragers (Franke et al. 2009). Dieser Prozess der Kundenmitwirkung wird in der Literatur als „Kundenintegration" bezeichnet (Fließ 2001; Jacob 1995; Kleinaltenkamp 2007). Art und Ausmaß der Kundenintegration können ganz unterschiedlich ausgeprägt sein. Für die Leistungsindividualisierung ist der Informationstransfer vom Nachfrager zum Anbieter relevant, denn einem Anbieter ist es weitestgehend unmöglich, eine kundenspezifische Leistung zu erbringen, wenn der Nachfrager keine Informationen darüber liefert, welchen Anforderungen die betreffende Leistung genügen soll (Jacob und Kleinaltenkamp 2004). Folglich beruht jede Art von Individualisierung auf einer Integration einzelkundenbezogener Informationen in den Leistungserstellungsprozess des Anbieters (Bourianek et al. 2007). Somit ist zum einen die **Art der Kundenmitwirkung** für die Leistungsindividualisierung von Bedeutung, da der Kunde für eine Individualisierung durch die Bereitstellung von Informationen aktiv an der Leistungserstellung beteiligt wird. Zum anderen spielt das **Ausmaß der Kundenintegration** eine relevante Rolle für die Individualisierung der Leistungsgestaltung. Dieses Ausmaß der Kundenintegration wird durch die Eingriffstiefe und Eingriffsintensität[2] gekennzeichnet. Die Eingriffstiefe beschreibt, an

---

[2] Als weitere Kriterien wurden die Eingriffsdauer, -häufigkeit und -zeitpunkte identifiziert. Die Eingriffsdauer gibt an, über welchen Zeitraum sich die Eingriffe des Nachfragers erstrecken, die Eingriffshäufigkeit, wie oft solche Eingriffe im Rahmen der Leistungserstellung erfolgen und die Eingriffszeitpunkte konkretisieren die zeitliche Verteilung der Eingriffe (Engelhardt und Freiling 1995).

welcher Stelle der betrieblichen Wertschöpfung der Kunde im Zusammenhang mit dem Absatz einer konkreten Leistung mitwirkt, wie tief also in die internen Abläufe des Unternehmens eingegriffen wird. Dabei kann ein Kunde bereits in der Konzeptionsphase einer Leistung, aber auch erst zum Ende der Wertkette hin, d. h. im Vertrieb integrativ einwirken (Engelhardt et al. 1994). Die Eingriffsintensität gibt dagegen Auskunft über die Anzahl der integrativen Prozesse und Art und Umfang der Einflussnahme des Nachfragers auf die Leistungserstellung (Engelhardt und Freiling 1995; Engelhardt et al. 1994). Je größer die Eingriffstiefe bzw. die Eingriffsintensität sind, desto individueller ist auch die jeweilige Dienstleistung (Fließ 2004). Die Ausprägung dieser beiden Dimensionen determiniert demzufolge das Ausmaß der Individualisierung, und daher sind sie für die Ermittlung des Ausmaßes einer Individualisierung ausschlaggebend. Die Eingriffstiefe und Eingriffsintensität sind zum einen von der Mitwirkung des Nachfragers, zum anderen aber auch von der Fähigkeit des Anbieters, den Nachfrager bei der Leistungserstellung mitwirken zu lassen, determiniert.

Aus den vorangegangenen Ausführungen wird ersichtlich, dass die Standardisierungs-/Individualisierungsentscheidung als Instrument einer Wettbewerbsstrategie betrachtet wird. Die Unterscheidung zwischen Anbieter- und Nachfragerperspektive ist von großer Bedeutung, da die Beteiligten unterschiedliche Kriterien zur Beurteilung des Ausmaßes heranziehen können (Gersch 1995). Im Fokus dieses Beitrags steht aufgrund der Betrachtung der Individualisierung als Mittel zur Differenzierung allein die Anbieterperspektive.

2.3 Individualisierung und Standardisierung als Extrema eines Strategie-Kontinuums

Vollkommene Individualisierung und vollkommene Standardisierung sind in der Realität kaum anzutreffen, sondern vielmehr sind die beiden strategischen Optionen gewissermaßen Pole eines theoretischen Kontinuums, auf dem sich jedes Sach- und/oder Dienstleistungsbündel je nach Ausprägung seines Individualisierungsgrads abtragen lässt (Corsten 1998; Hildebrand 1997). Veranschaulichen lässt sich dieser Sachverhalt anhand der vereinfachten Darstellung von Lampel und Mintzberg (1996). Die Autoren unterscheiden anhand der Eingriffstiefe des Kunden in die Wertschöpfung des Unternehmens fünf Strategien auf dem Kontinuum: „Pure standardization", „segmented standardization", „customized standardization", „tailored customization" und „pure customization"(siehe die folgende Abb. 2).

Die Unterscheidung lediglich anhand der Eingriffstiefe greift unserer Meinung nach zu kurz. Wie die vorangegangenen Ausführungen jedoch zeigen, stellt das Verhältnis zwischen Individualisierung und Standardisierung im Rahmen der Leistungsgestaltung ein viel komplexeres und facettenreicheres Phänomen dar, als es durch Betrachtung von nur

---

Für die Betrachtung der Individualisierung steht jedoch der Einfluss des Kunden auf Leistungsaktivitäten im Mittelpunkt, welcher durch die Eingriffstiefe und -intensität wiedergegeben wird.

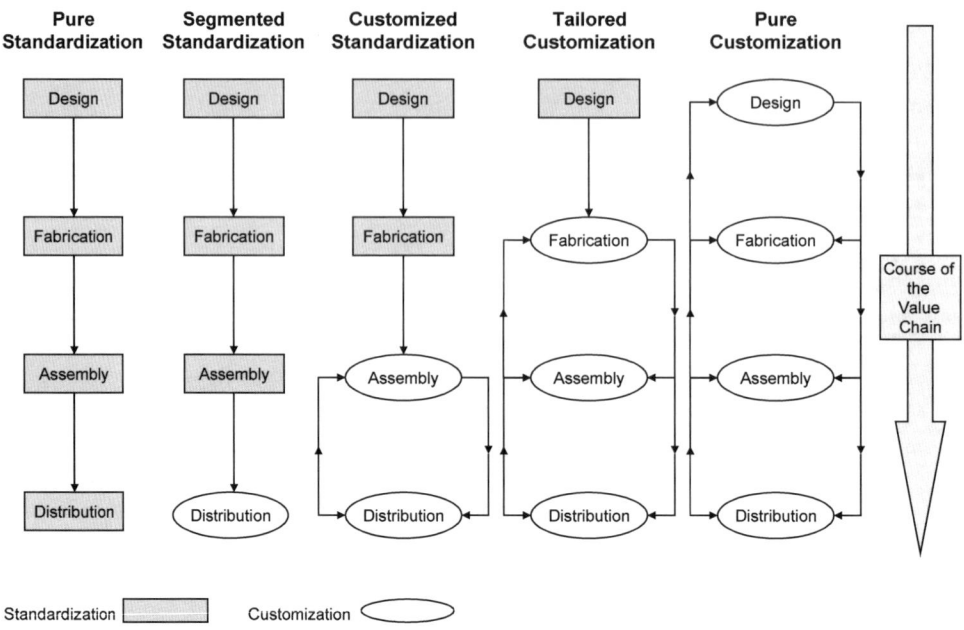

Abb. 2 Strategiekontinuum von Standardisierung und Individualisierung. (Quelle: Eigene Darstellung in Anlehnung an Lampel und Mintzberg 1996, S. 23)

fünf Abstufungen wiedergegeben werden kann, so dass zusätzliche Aspekte (bspw. die Eingriffsintensität), welche den Individualisierungsgrad und damit die Leistung bestimmen, berücksichtigt werden müssten.

Für die Bestimmung des optimalen Verhältnisses von Standardisierung und Individualisierung und damit des Individualisierungsgrads muss jedoch die Messung desselben möglich sein. Der Individualisierungsgrad drückt in Anbetracht der vorangegangenen Ausführungen die Kundenspezifität einer Leistung aus (Bourianek et al. 2007; Meffert und Bruhn 2012) und ist – wie bereits skizziert – determiniert durch die Mitwirkung des Nachfragers und die Fähigkeit und den Willen des Anbieters, kundenspezifische Änderungen zuzulassen. Aufgrund der aufgezeigten Vielseitigkeit der Individualisierung sowie ihrer Unbeobachtbarkeit ist das Ausmaß der Individualisierung von Leistungen als theoretisches Konstrukt einzustufen, welches durch eine Konzeptualisierung und Operationalisierung einer Messung zugänglich gemacht werden muss. Eine Operationalisierung des Individualisierungsgrads würde nicht nur ein besseres Verständnis des Konstrukts in der Marketingforschung ermöglichen, sondern auch Praktikern die Möglichkeit bieten, ihre Individualisierungsentscheidungen unter Berücksichtigung relevanter Kontextfaktoren zu treffen und damit zu optimieren. Im nächsten Kapitel werden nach einer kurzen Einführung in die Messung komplexer Phänomene existierende Ansätze der Messung des Individualisierungsgrads vorgestellt.

3 Ansätze zur Messung der Individualisierung im Rahmen der Leistungsgestaltung

3.1 Zur Messung theoretischer Konstrukte

Ein Kernproblem der Marketingforschung stellt die Sicherung valider und verlässlicher Messergebnisse bei der Konstrukterfassung dar, da dies die Voraussetzung für dessen weitergehende empirische Untersuchung bildet (Hildebrand 1997) und damit Ausgangspunkt des Verständnisses eines Phänomens, seiner Bestimmungsgrößen und Konsequenzen ist. Lange Zeit wurde der Erzielung valider Konstruktmessungen in der Marketingliteratur kaum Aufmerksamkeit geschenkt (Jacoby 1978). Die Bedeutung einer validen und verlässlichen Messung ist jedoch nicht gering zu schätzen, und heutige Marketingstudien fokussieren daher verstärkt auf die Entwicklung neuer und die Verbesserung bestehender Messansätze beobachtbarer und nicht-beobachtbarer Phänomene. Besonders dezidiert weist Peter auf die Bedeutung einer validen Messung für die Wissenschaft hin: „Valid measurement is the *sine qua non* of science. […] If the measures used in discipline have not been demonstrated to have a high degree of validity, that discipline is not a science" (Peter 1979, S. 6).[3]

Grundsätzlich können beobachtbare und nicht-beobachtbare Phänomene gemessen werden. Die größere Herausforderung besteht jedoch darin, ein nicht-beobachtbares Phänomen mit seinen Facetten und Dimensionen möglichst vollständig zu erfassen und damit sowohl für die Wissenschaft als auch die Unternehmenspraxis greifbar zu machen. Im Weiteren werden wir uns daher der Erfassung von nicht-beobachtbaren Variablen, sogenannten theoretischen Konstrukten, annehmen. Unter einem **theoretischen Konstrukt** versteht man nach Bagozzi und Fornell (1982, S. 24) „[…] an abstract entity which represents the ‚true‘ nonobservable state or nature of a phenomenon". Somit ist ein theoretisches Konstrukt als ein Begriff der wissenschaftlichen Sprache anzusehen, das sich einer direkten Beobachtbarkeit und damit auch einer direkten Messung entzieht, weswegen es auch als latente Variable bezeichnet wird (Homburg 2000; Homburg und Giering 1996). Zur Erfassung eines solchen theoretischen Konstrukts werden beobachtbare Variablen, d. h. Indikatoren bzw. Items herangezogen (Homburg und Giering 1996).

Ziel einer jeden Konstruktmessung ist es dann, Beziehungen zwischen den beobachtbaren Variablen und dem interessierenden Konstrukt zu spezifizieren, um mit Hilfe dieser Zusammenhänge das Konstrukt **empirisch greifbar und damit messbar** zu machen. Auf die Konzeptualisierung, welche die Klärung relevanter Eigenschaften, Ausprägungen bzw. Dimensionen beinhaltet, baut die Entwicklung eines Messinstrumentariums (Operationalisierung) auf (Berekoven et al. 2009; Homburg und Giering 1996; Kuß 2012). Eine solche Operationalisierung beinhaltet die Untersuchung des Messinstruments unter Validitäts-

---

[3] Hervorhebung im Original.

und Reliabilitätsgesichtspunkten (Homburg 2000). Die Heranziehung von Validitäts- und Reliabilitätskennzahlen ist erforderlich, da nur durch diese über eine geeignete Messung der latenten Variable entschieden werden kann. Diese Kriterien werden im Weiteren nur kurz skizziert. Für die Details sei daher auf die entsprechende Literatur verwiesen (Homburg und Giering 1996; Diamantopoulos 2005).[4] Während sich die **Reliabilität** auf die Zuverlässigkeit der Schätzung, d. h. auf die formale Genauigkeit der Erfassung der Merkmalsausprägungen, bezieht, wird unter **Validität** die Gültigkeit einer Messung und damit die konzeptionelle Richtigkeit der Messung verstanden (Churchill 1979). Die Reliabilität ist demzufolge als notwendige aber nicht hinreichende Bedingung der Validität anzusehen (Hildebrandt 1984). Nach Churchill (1979) setzt sich die Entwicklung valider und reliabler Messinstrumente aus acht Stufen zusammen. Die wesentlichen Schritte umfassen die Konstruktdefinition und die Bestimmung sowie Beurteilung der Indikatoren.

Nach diesen einleitenden Worten zu den konzeptionellen Grundlagen der Operationalisierung nicht-beobachtbarer Phänomene gehen wir in den folgenden Abschnitten auf die Vorstellung existierender Ansätze zur Messung des Individualisierungsgrads im Rahmen der Leistungsgestaltung ein. Dabei werden aus der Literatur Messkonzepte herangezogen, welche den Forschungsdisziplinen Marketing, Management und Operations Research entstammen. Die ausgewählten Ansätze zum Individualisierungsgrad lassen sich in zwei Kategorien unterteilen: **Single-Item-Ansätze** und **Multi-Item-Ansätze**. Während die ersten Ansätze also gemäß ihrer Bezeichnung sich auf Messungen durch allein einen Indikator beziehen, werden in Multi-Item-Ansätzen mehrere Indikatoren in die Konstruktmessung einbezogen. Die betrachteten Ansätze werden nach ihrer Vorstellung und Systematisierung einer kritischen Würdigung hinsichtlich der Erfüllung geforderter Validitäts- und Reliabilitätskriterien und damit ihrer Eignung zur Erfassung des Individualisierungsgrads unterzogen. Zusätzlich soll untersucht werden, inwieweit diese Ansätze – soweit sie lediglich auf Produkte fokussieren – auf Dienstleistungen übertragen werden können bzw. wie die Messung des Individualisierungsgrads von Dienstleistungen erfolgen kann.

3.2 Single-Item-Messansätze

Den Fokus dieses Abschnitts bilden die Vorstellung und kritische Würdigung existierender Single-Item-Messansätze für die Individualisierung. Im ersten Teil werden Ansätze, welche der Operations-Research-Literatur entstammen, vorgestellt, gefolgt von Ansätzen aus dem Bereich Management und Marketing. Wie bereits skizziert, sind unter Single-Item Ansätzen jene Operationalisierungsansätze zu verstehen, in denen zur Erfassung eines Phänomens nur ein Indikator herangezogen wird.

---

[4] Zur Spezifikation und Validierung reflektiver und formativer Konstrukte vgl. auch Pick (2008).

a. Ansätze aus dem Operations Research

- Der Beitrag von **Safizadeh et al.** (1996) hat zum Ziel, den Zusammenhang zwischen der Individualisierung von Produkten und der eingesetzten Fertigungsprozesse zu überprüfen. Grundlage dafür ist die von Hayes und Wheelwright (1979) entwickelte Produkt-Prozess-Matrix. Die Individualisierung wird hier mit der Produktflexibilität gleichgesetzt und als Fähigkeit, auf kundenspezifische Änderungswünsche zu reagieren, definiert (Safizadeh et al. 1996). Operationalisiert wird die Produktindividualisierung durch einen einzigen Indikator, bei dem die Befragten angeben sollen, zu welcher der folgenden Kategorien sie das von ihrer Geschäftseinheit erstellte Produkt hinzuzählen würden: Standardprodukt ohne Auswahlmöglichkeiten, Standardprodukt mit Standard-Auswahlmöglichkeiten, für Kunden modifiziertes Standardprodukt, auf Kunden zugeschnittenes Standardprodukt mit Auswahlmöglichkeiten oder nach Kundenspezifikationen individualisiertes Produkt (Safizadeh et al. 1996; Safizadeh et al. 2000).[5]
- **Vickery et al.** (1999) betrachten die Beziehung zwischen Produktindividualisierung und der Organisationsstruktur eines Unternehmens in der Fertigungsindustrie. Dabei verwenden sie ähnlich wie Safizadeh et al. (1996) und Safizadeh et al. (2000) die Begriffe Individualisierung und Produktflexibilität synonym. Der Individualisierungsgrad wird definiert als die Ausprägung der „make-to-order"-Fähigkeit eines Unternehmens, folglich dem Ausmaß, in dem die Leistungserstellung erst nach Erhalt des Kundenauftrags, erfolgt. Diese Fähigkeit kann Ausprägungen zwischen Null und 100 % annehmen. In Anlehnung an Cooper und Zmud (1989) wird der Individualisierungsgrad als Anteil am Dollar-Volumen, welcher auf Basis von „make-to-order"-Aufträgen erwirtschaftet wurde, gemessen (Vickery et al. 1999).
- **Hedge et al.** (2005) untersuchen das Phänomen Individualisierung unter der Fragestellung, wie sich der Prozess der Individualisierung auf die Qualitätsdimensionen des Leistungsergebnisses in der Stahlindustrie auswirkt. Zugeschnitten auf die Besonderheiten dieses Industriezweigs wird der Individualisierungsgrad als „[…] number of metallurgical parameters specified by the customer" (Hedge et al. 2005, S. 391) definiert. Gemessen wird der Individualisierungsgrad als Verhältnis zwischen der Anzahl der durch den Nachfrager ausgewählten Parameter und der Gesamtanzahl der zu spezifizierenden Parameter (Hedge et al. 2005).

b. Ansätze aus den Bereichen Management und Marketing

- Ziel des Beitrags von **Bouwens und Abernethy** (2000) ist die Analyse der Existenz und Begründung der Beziehung zwischen dem Design von Management-Accounting-Systemen und der verfolgten Unternehmensstrategie. Individualisierung ist in der branchenübergreifenden Untersuchung definiert als „[…] the extent to which a business unit allows individual customers to affect the product/service attributes the business unit produces" (Bouwens und Abernethy 2000, S. 227). Somit bezieht sich in diesem Fall die Individualisierung auf die Fähigkeit und den Willen eines

---

[5] Verschiedene Autoren haben diesen Ansatz zur Messung des Ausmaßes an Individualisierung übernommen (u. a. Fynes et al. 2008; Saeed et al. 2005).

Anbieters, kundenspezifische Wünsche zu ermöglichen. Die befragten Manager der Geschäftseinheiten mussten angeben, wie viel Prozent der von ihnen erstellten Produkte einer der folgenden Kategorien zugeschrieben werden können: Vollkommen standardisierte Modelle; Grundmodelle, die anhand von organisatorischen Spezifikationen geändert wurden; Grundmodelle, die anhand von kundenspezifischen Wünschen individualisiert oder vollkommen individualisierte Modelle sind. Da der Fokus auf dem Ausmaß lag, in dem der Anbieter Produktmerkmale für einen bestimmten Kunden neu entwickelt, wurden für die Bestimmung der Individualisierung lediglich die Ausprägungen der letzten beiden Kategorien herangezogen, da nur diese individualisierte Produkte beschrieben (Bouwens und Abernethy 2000).

Einer der wenigen Ansätze, die sich der Leistungsindividualisierung aus einer marketingstrategischen Perspektive nähert, stammt von **Jacob** (1995). Jacob entwirft einen informationsökonomisch begründeten Ansatz zur Analyse des Phänomens Produktindividualisierung im Business-to-Business-Bereich und arbeitet die Mitwirkung des Nachfragers im Leistungserstellungsprozess und die Flexibilität des Leistungspotenzials als Wesensmerkmale der Individualisierung heraus (Jacob 1995). Ergänzt wird seine Arbeit durch eine explorative empirische Untersuchung, in der er als Maß für den Individualisierungsgrad den „Order-penetration-point" (Ihde 1988, S. 16), den er als Schnittstelle zwischen kundenabhängigen und kundenunabhängigen Teilprozessen definiert, heranzieht (Jacob 1995).

Obwohl er unter Bezugnahme auf Engelhardt et al. (1994) zwischen den beiden Dimensionen Eingriffstiefe und Eingriffsintensität unterscheidet, konzipiert er den Individualisierungsgrad als Messgröße, die über einen einzigen Indikator auf einer zehnstufigen Skala operationalisiert wird. Die Befragten sollen anhand dieser Skala einen Schätzwert darüber abgeben, „[…] wie viel Prozent der Herstellkosten eines Produkts Prozessen zuzurechnen sind, deren Durchführung kundenunabhängig erfolgt" (Jacob 1995, S. 192).

Die bisher vorgestellten Messansätze ziehen zur Ermittlung des Individualisierungsgrads lediglich Single-Item-Skalen heran. Bereits Ende der 1970er-Jahre äußerte besonders Churchill (1979) in seinem oft zitierten Beitrag Kritik an der Verwendung von Single-Item-Messgrößen, da diese aufgrund der Komplexität theoretischer Konstrukte i. d. R mit großen Messfehlern behaftet und somit als nicht reliabel einzustufen sind (Jacoby 1978). Da die Reliabilität eine notwendige Bedingung für die Existenz der Validität darstellt, ist danach bei einer mangelnden Reliabilität des Messinstruments auch die Validität nicht gewährleistet. Allerdings gibt es auch gegensätzliche Ansichten, die sehr wohl die Nutzung von Single-Item-Messansätzen befürworten. In der C-OAR-SE Vorgehensweise zur Skalenentwicklung schlägt Rossiter (2002) vor, dass im Falle von Konstrukten, bei denen im Verständnis der Befragten erstens das Objekt des Konstrukts konkret und einzigartig ist und zweitens die betrachtete Eigenschaft konkret und somit leicht und einheitlich verständlich ist, Single-Item-Messgrößen herangezogen werden können. In den übrigen Fällen sind hingegen Multi-Item-Ansätze besser geeignet (Rossiter 2002).

Die vorangegangenen Ausführungen haben gezeigt, dass es sich im Falle der Individualisierung aufgrund der Vielschichtigkeit und Komplexität keinesfalls um ein Konstrukt handelt, welches im Sinne der von Rossiter aufgestellten Kriterien als „doubly concrete" (Bergkvist und Rossiter 2007) einzustufen ist und durch eine Single-Item-Messung vollständig erfasst werden kann. Insgesamt kann man daher festhalten, dass die vorgestellten Single-Item-Messansätze nicht vollständig den in der Marketingforschung geforderten Gütekriterien entsprechen und daher nur bedingt zur Messung des Individualisierungsgrads herangezogen werden sollten. Jacob selbst erkennt an, dass seine explorative Untersuchung zwar eine Hilfestellung für den betrieblichen Entscheider darstellt, allerdings insbesondere die Weiterentwicklung der Messskalen zum konsequenten Beweis der aufgezeigten Zusammenhänge notwendig ist (Jacob 1995). Aus unserer Sicht empfiehlt sich daher die Konstrukterfassung aufgrund seiner Vielseitigkeit durch die Verwendung mehrerer Indikatoren.

Ergänzend nimmt die sorgfältige **Konstruktdefinition** eine besonders wichtige Rolle ein (Diamantopoulos 2005). Besonders im Falle von Vickery et al. (1999) und Safizadeh et al. (1996) wird ersichtlich, dass die verwendete Definition der Individualisierung nicht alle erarbeiteten Facetten des Konstrukts erfasst. So betrachten Vickery et al. (1999) die Eingriffstiefe als Abgrenzungsmerkmal, lassen jedoch die Eingriffsintensität außer Acht. Safizadeh et al. (1996) definieren zwar die Individualisierung als Fähigkeit des Anbieters, individualisierte Produkte anzubieten, bestimmen jedoch nicht näher, was darunter zu verstehen ist, und lassen zudem die Mitwirkung des Nachfragers unberücksichtigt. Ähnlich gehen auch Bouwens und Abernethy (2000) lediglich auf die Fähigkeit des Anbieters ein, kundenspezifische Änderungen vorzunehmen, vernachlässigen jedoch gänzlich den Nachfragerinput. Auch sei angemerkt, dass die Untersuchung von Hedge et al. (2005) ihren Fokus in der Stahlindustrie hat, so dass auch die Messung der Individualisierung auf die Besonderheiten dieser Industrie zugeschnitten ist und es sich daher kaum um ein branchenübergreifendes Messinstrument handeln kann.

Die Heranziehung mehrerer Indikatoren zur Beschreibung der Faktoren und somit der Einsatz der von Churchill (1979) vorgeschlagenen Multi-Item-Skalen würde mit hoher Wahrscheinlichkeit eine bessere Schätzung des tatsächlichen Werts einer Variable mit sich bringen und damit die Gefahr minimieren, dass nicht das gewünschte Konstrukt, sondern ein gänzlich anderes gemessen wird.

3.3 Multi-Item-Messansätze

Wie im vorangegangenen Abschnitt gehen wir auch im Falle der Multi-Item-Ansätze zunächst auf die Ansätze ein, welche der Operations-Research-Literatur zuzuordnen sind, um im Anschluss Studien aus dem Marketing und Management vorzustellen.

- **Duray et al.** (2000) fokussieren in ihrem Beitrag die Strategie „Mass Customization" und betrachten die Individualisierung als eine die Mass Customization beschreibende Dimension. Basierend auf der existierenden Literatur identifizieren die Autoren die Tiefe der Kundenmitwirkung in den Erstellungsprozess als kritische Größe für die Höhe der Individualisierung im Rahmen der Leistungsgestaltung und beschreiben sie durch die Faktoren „Customer Involvement in Design/Fabrication" und „Customer Involvement in Assembly/Use", welche durch jeweils vier Indikatoren operationalisiert werden. Während eine hohe Kundenmitwirkung in Design/Fabrication in einer hohen Individualisierung resultiert, bringt eine hohe Kundenmitwirkung in Assembly/Use lediglich eine geringe Individualisierung mit sich (Duray et al. 2000). Duray et al. (2000) betrachten lediglich eine Dimension der Kundenintegration, nämlich die Eingriffstiefe und lassen die Eingriffsintensität außer Acht, so dass sie zwar betrachten, in welcher Wertschöpfungsstufe der Kunde mitwirkt, allerdings lassen sie den Umfang der Mitwirkung unberücksichtigt.
- **Safizadeh et al.** (2000) betrachten in ihrem Beitrag bestehende Trade-offs zwischen Kosten, Qualität, Lieferung und Individualisierung. Ähnlich wie Safizadeh et al. (1996) verwenden auch sie die Individualisierung als Synonym für die Produktflexibilität, operationalisieren den Faktor jedoch mit Hilfe von zwei Indikatoren. Neben dem früheren Indikator, bei dem die Befragten eine Zuordnung des von ihrer Geschäftseinheit erstellten Produkts zu einer von fünf Ausprägungen vornehmen sollten,[6] wird zusätzlich nach der Bedeutung, der das Unternehmen dem Sachverhalt, ein Produkt auf einen Nachfrager zuzuschneiden, beimisst, gefragt (Safizadeh et al. 2000). Safizadeh et al. (2000) unternehmen den Versuch, die Individualisierung anhand von zwei Indikatoren zu messen. Trotzdem stellt sich die Frage, ob die Vielseitigkeit der Individualisierung durch die zwei ausgewählten Indikatoren ausreichend erfasst wird. Auch gehen die Autoren lediglich auf die Faktorladungen und den Korrelationskoeffizienten ein und vernachlässigen andere Gütekriterien.
- **Hildebrand** (1997) betrachtet die Individualisierung aus der Anbieterperspektive als eine strategische Option der Marktbearbeitung und definiert sie als Form der differenzierten Marktbearbeitung, die durch eine extreme Orientierung an den individuellen Bedürfnissen und Wünschen des einzelnen Nachfragers gekennzeichnet ist. Dabei erstreckt sich die Individualisierung nicht nur auf die Leistung i. e. S., sondern auf sämtliche Bereiche des Marketing-Instrumentariums. Zudem kann die Individualisierung sowohl auf singuläre Transaktionen bezogen als auch in Geschäftsbeziehungen betrachtet werden (Hildebrand 1997). Der Autor konzeptualisiert die Individualisierung als zweidimensionales Konstrukt mit Hilfe der Dimensionen Customized Marketing und Relationship Marketing. Obwohl durch das Customized Marketing sämtliche Parameter eines Marketingprogramms erfasst werden sollen, liegt der Schwerpunkt auf der Individualisierung der Leistungsgestaltung. Das Relationship Marketing bezieht sich auf die Individualisierung der Beziehung zwischen Anbieter und Nachfrager (Hildebrand 1997). Die identifizierten Dimensionen werden durch jeweils drei Faktoren näher spe-

---

[6] Vgl. Abschn. 2.2.

zifiziert, welche durch selbstentwickelte reflektive Indikatoren operationalisiert werden (Hildebrand 1997). Während das Customized Marketing durch die Integration des Kunden (insbesondere von Kundeninformationen), die Anbieter-Nachfrager-Interaktion und die Individualisierung des Leistungsergebnisses beschrieben wird, umfasst das Relationship Marketing die transaktionsübergreifende Integration, die transaktionsübergreifende Interaktion und die transaktionsübergreifende Individualisierung (Hildebrand 1997). Im Rahmen der Erarbeitung einer Konstruktdefinition geht Hildebrand auf die von Jacob (1995) betrachteten konstitutiven Charakteristika der Individualisierung – die Mitwirkung des Nachfragers im Rahmen des Leistungserstellungsprozesses und die Flexibilität des Leistungspotenzials – ein, konzeptualisiert aber das Customized Marketing anhand der bereits beschriebenen drei Faktoren. Der Autor betrachtet die Integration und die Interaktion als zwei voneinander unabhängige Merkmale der Individualisierung. Die hierbei angenommene Unabhängigkeit ist, wie auch die Operationalisierung des Merkmals „Integration des Kunden" zeigt, zumindest zu hinterfragen – eine Ansicht, die Hildebrand selbst bei seiner zusammenfassenden Beurteilung der Studie anspricht (Hildebrand 1997; Fließ 2001).

• **Gwinner et al.** (2005) befassen sich explizit mit der Individualisierung von Dienstleistungen und betrachten das Anpassungsverhalten des Kundenkontaktpersonals als Determinante der Individualisierung. Die Autoren definieren das Anpassungsverhalten als die Fähigkeit und Motivation des Kundenkontaktpersonals, Individualisierungsstrategien zu implementieren (Gwinner et al. 2005) und identifizieren zwei Dimensionen des Konstrukts – das Anpassungsverhalten hinsichtlich des Kundenkontakts und hinsichtlich des Dienstleistungsergebnisses. Die beiden Dimensionen werden anhand von vier bzw. sechs Indikatoren operationalisiert (Gwinner et al. 2005). Gwinner et al. (2005) betrachten lediglich das Kundenkontaktpersonal als Determinante der Individualisierung und lassen andere Ressourcen unberücksichtigt, so dass der Beitrag zwar einen sehr guten Überblick über das Anpassungsverhalten als Einflussgröße der Individualisierung gibt, jedoch in unserem erarbeiteten Verständnis der Individualisierung nicht alle Facetten der Leistungsindividualisierung beleuchtet und somit nur begrenzte Aussagen über die Individualisierung möglich macht.

3.4   Überprüfung einer Übertragung auf Dienstleistungen

Eine Verwendung der Single-Item-Ansätze ist aufgrund der Nichterfüllung der Anforderungen an Validität und Reliabilität nicht empfehlenswert und daher wird auch deren Übertragbarkeit auf Dienstleistungen im Rahmen dieses Beitrags nicht diskutiert. In diesem Abschnitt wenden wir uns ausschließlich den Multi-Item-Messansätzen zu. Der Ansatz von Duray et al. (2000) wäre ohne weiteres auf Dienstleistungen übertragbar, dabei müsste man allerdings auch die Konstruktdefinitionen modifizieren bzw. erweitern. Ähnliches gilt für Safizadeh et al. (2000). Hildebrand (1997) stellt ein allgemeines Individualisierungsmodell auf und überprüft dies mit Hilfe einer branchenübergreifenden Untersuchung für Business-to-Business- und Business-to-Consumer-Märkte. Die hohe

Abb. 3 Dimensionen des
Individualisierungsgrads

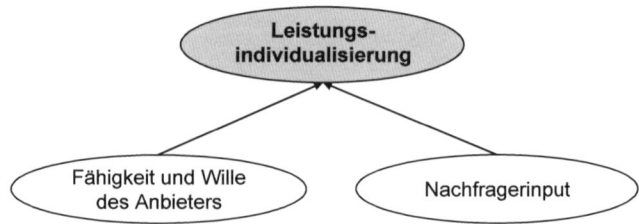

Generalisierbarkeit der Ergebnisse bringt jedoch zugleich einen Verlust an differenzierten Erkenntnissen mit sich. Die vorgeschlagene Konzeptualisierung und Operationalisierung bilden ohne Zweifel einen wichtigen Ansatzpunkt für ein allgemeines Messmodell der Individualisierung, mit Hinblick auf den Dienstleistungsbereich sollte über eine Modifizierung nachgedacht werden, die den Besonderheiten von Dienstleistungen Rechnung tragen sollte. Der Autor selbst räumt ein, dass eine Beschränkung auf den Dienstleistungsbereich teilweise andere Ergebnisse zeigen könnte. Als Hinweis dafür fasst er die nicht ganz zufriedenstellende Anpassungsgüte des Modells (hier für Goodness-of-Fit, GFI) auf Basis der Indikatoren auf (Hildebrand 1997). Der Fokus von Gwinner et al. (2005) liegt bereits auf Dienstleistungen, so dass in diesem Fall eine Übertragbarkeit nicht überprüft werden muss. Trotzdem muss in Anbetracht der angesprochenen Schwächen das Modell der Individualisierung ergänzt bzw. erweitert werden, da eine Beschränkung auf die Rolle des Kundenkontaktpersonals für die Konzeptualisierung der Individualisierung zu kurz greift.

Die vorangegangenen Ausführungen zeigen, dass keiner der betrachteten Messansätze die Vielschichtigkeit der Individualisierung von Leistungen erfasst. Aus diesem Grund muss für ein besseres und einheitlicheres Verständnis der Individualisierung in der Marketingwissenschaft eine Konzeptualisierung erfolgen, welche alle Facetten der Individualisierung erfasst und zugleich einer reliablen und validen Operationalisierung zugänglich ist. In unserem Verständnis der Individualisierung müssen für eine vollständige Erfassung aller Facetten sowohl die Nachfrager- als auch die Anbieterseite berücksichtigt werden. Erstens muss der Nachfrager mitwirken (wollen und können), zweitens muss der Anbieter die Fähigkeit haben, den Nachfrager bei der Leistungserstellung integrieren zu können sowie dies zu wollen. Während die Fähigkeit des Anbieters zur Kundenmitwirkung von den Eigenschaften der betrachteten Leistung determiniert ist, wird dessen Wille von der Flexibilität des Leistungserstellungsprozesses und des Leistungspotenzials beschrieben. Die Berücksichtigung der Leistungseigenschaften ist unumgänglich, wenn man die Entwicklung eines branchenübergreifenden Messinstruments anstrebt. Während bspw. im Falle einer interaktiven Dienstleistung die Möglichkeit, diese auf einen bestimmten Kunden zuzuschneiden, größer ist, ist das Individualisierungspotenzial im Falle automatisierter Dienstleistungen geringer. Daher dürfen für die Determinierung des Individualisierungsausmaßes auch die Eigenschaften der betrachteten Leistung nicht vernachlässigt werden. Eine gangbare Konzeptualisierung haben wir in der folgenden Abbildung zusammengefasst. Die Berücksichtigung der Leistungseigenschaften würde auch im Falle von Commodities von Vorteil sein, denn man würde nicht aus den Augen verlieren, dass bestimmte Eigenschaften eine höhere Individualisierung fördern und andere diese verhindern (Abb. 3).

3.5 Zusammenfassung und Ausblick

Ziel des Beitrags war die Vorstellung und kritische Würdigung existierender Ansätze zur Messung des Individualisierungsgrads im Rahmen der Leistungsgestaltung aus der Anbieterperspektive und eine Überprüfung der Übertragbarkeit auf Dienstleistungen. Nach einer kurzen Einordnung in die Thematik wurde die Differenzierungsstrategie als Mittel zur Umgehung der Probleme von Commodity-Anbietern, insbesondere zur Vermeidung eines intensiven Preiswettbewerbs, vorgestellt. Neben der Erringung von Qualitäts-, Innovations- oder Geschwindigkeitsvorteilen stellt die Individualisierung ein weiteres Mittel zur Verfolgung einer Differenzierungsstrategie dar. Obwohl sich die Individualisierung sowohl auf alle Instrumente der Marktbearbeitung als auch auf Geschäftsbeziehungen beziehen kann, liegt aufgrund der größeren Effektivität leistungspolitischer Maßnahmen in diesem Beitrag der Fokus auf der Dienstleistungsgestaltung.

Individualisierung zielt darauf ab, einzelnen Kunden maßgeschneiderte Problemlösungen anzubieten. Demnach ist sie im Gegensatz zur Standardisierung durch eine Orientierung an den individuellen Wünschen des einzelnen Kunden gekennzeichnet. Im Gegensatz dazu ist eine standardisierte Leistung an den durchschnittlichen Bedürfnissen aller bestehenden (und potenziellen) Nachfrager ausgerichtet. Sowohl die Standardisierung als auch die Individualisierung sind mit Vor- und Nachteilen verbunden, wobei die Vorteile der einen Strategie meist die Nachteile der anderen darstellen. Aufgrund dessen wird jeder Anbieter bemüht sein, ein optimales Verhältnis zwischen Standardisierung und Individualisierung zu finden. Standardisierung und Individualisierung wurden als Endpole eines Strategie-Kontinuums identifiziert, auf dem sich je nach Ausprägung des Individualisierungsgrads jede Leistung grafisch abtragen lässt. Dafür ist jedoch eine Ermittlung des Grads an Individualisierung notwendig.

Im Rahmen des Beitrags wurden sowohl Single-Item- als auch Multi-Item-Messansätze vorgestellt, welche der Literatur aus Operations Research, Marketing und Management entstammen. Es wurde festgestellt, dass die Single-Item-Messansätze den in der Marketingforschung geforderten Gütekriterien der Reliabilität und Validität vielfach nicht genügen, da sie nicht reliabel sind und somit auch nicht als valide betrachtet werden können. Die vorgestellten Skalen erfassen z. T. trotz der Verwendung mehrerer Indikatoren zur Messung der Individualisierung unserer Ansicht nach nicht alle für eine Beschreibung der Individualisierung relevanten Aspekte. Auch eine Übertragung auf Dienstleistungen ist nicht ohne weiteres aus der bisherigen Forschung möglich. Nichtsdestotrotz enthalten die betrachteten Arbeiten zahlreiche wichtige Ansatzpunkte für das Verständnis des Phänomens der Individualisierung, sowohl allgemein als auch im Hinblick auf Dienstleistungen.

Aus den Ausführungen dieses Beitrags wird ersichtlich, dass ein Instrument zur Messung des Individualisierungsausmaßes im Rahmen der Dienstleistungserstellung, welches sowohl die Besonderheiten der Dienstleistungsproduktion als auch alle Charakteristika der Individualisierung berücksichtigt, bislang nicht existiert. Auch wird ersichtlich, dass die meisten Beiträge, die die Individualisierung behandeln, aus dem Bereich der Operations Research stammen und im Marketing trotz der zugesprochenen Relevanz der Individualisierung lediglich nur einige wenige Versuche einer Konzeptualisierung und Operationalisierung unternommen wurden. Zusätzlich legen die meisten existierenden Beiträge den Fokus auf die Entwicklung eines allgemeinen Messinstruments (z. B. Hildebrand 1997) mit der Konsequenz, dass die hohe Generalisierbarkeit der Ergebnisse differenzierte Erkenntnisse hinsichtlich Dienstleistungen erschwert oder gänzlich unmöglich macht. Bezug nehmend auf die in der Marketingliteratur immer noch aktuelle Diskussion hinsichtlich der Benutzung reflektiver oder formativer Zusammenhänge bzw. Indikatoren (z. B. Albers und Hildebrandt 2006; Diamantopoulos und Winklhofer 2001) stellt sich auch die Frage, ob es sinnvoll ist, den Individualisierungsgrad formativ zu erfassen. Die bisherigen Ansätze in der Marketingliteratur haben durchgängig nur reflektive Indikatoren zur Messung herangezogen. Besonders im Falle der aufgezeigten Charakteristika, die das Ausmaß an Individualisierung determinieren, ist es jedoch sinnvoll, formative Zusammenhänge der Variable Individualisierungsgrad anzunehmen. Denkbar wäre daher eine Erfassung des Individualisierungsgrads über die Dimensionen Flexibilität des Leistungspotenzials, Ausmaß der Mitwirkung des Nachfragers und die Ausprägung bestimmter Leistungseigenschaften.

Zukünftige Forschungsarbeiten sollten sich daher der Konzeptualisierung respektive Operationalisierung der Individualisierung annehmen, um eine Schließung der Lücke zwischen theoretischer Durchdringung und praktischer sowie wissenschaftlicher Relevanz des Themas zu erreichen, um sowohl Praktikern Hilfestellungen bei Individualisierungsentscheidungen zu geben als auch das Verständnis des Phänomens in der Theorie zu erweitern.

Literatur

Albers, S., & Hildebrandt, L. (2006). Methodische Probleme bei der Erfolgsfaktorenforschung – Messfehler, formative versus reflektive Indikatoren und die Wahl des Strukturgleichungsmodells. *Zeitschrift für betriebswirtschaftliche Forschung, 58,* 2–33.

Arbeitskreis „Marketing in der Investitionsgüterindustrie" der Schmalenbach-Gesellschaft. (1977). Standardisierung und Individualisierung. *Zeitschrift für betriebswirtschaftliche Forschung Sonderheft, 7,* 39–56.

Backhaus, K., & Voeth, M. (2010). *Industriegütermarketing* (9. Aufl.). München: Vahlen.

Bagozzi, R. P., & Fornell, C. (1982). Theoretical concepts, measurements, and meaning. In C. Fornell (Hrsg.), *A second generation of multivariate analysis* (2. Aufl., S. 24–38). New York: Praeger.

Berekoven, L., Eckert, W., & Ellenrieder, P. (2009). *Marktforschung: Methodische Grundlagen und praktische Anwendung* (12. Aufl.). Wiesbaden: Gabler.

Bergkvist, L., & Rossiter, J. R. (2007). The predictive validity of multi-item versus single-item measures of the same constructs. *Journal of Marketing Research, 44,* 175–184.

Bourianek, F., Ihl, C., Bonnemeier, S., & Reichwald, R. (2007). Typologisierung hybrider Produkte – Ein Ansatz basierend auf der Komplexität der Leistungserbringung. Arbeitsbericht Nr. 01/2007 des Lehrstuhls für Betriebswirtschaftslehre – Information, Organisation und Management der Technischen Universität München.

Bouwens, J., & Abernethy, M. (2000). The consequence of customization on management accounting system design. *Accounting, Organization and Society, 25,* 221–242.

Churchill, G. A. Jr. (1979). A paradigm for developing better measures of marketing constructs. *Journal of Marketing Research, 16,* 64–73.

Cooper, R. B., & Zmud, R. W. (1989). Materials requirements planning system infusion. *International Journal of Management Science, 17,* 471–481.

Corsten, H. (1998). Ansatzpunkte für ein Rationalisierungsmanagement von Dienstleistungs-Anbietern. In A. Meyer (Hrsg.), *Handbuch Dienstleistungs-Marketing* (Bd. 1, S. 607–624). Stuttgart: Schäffer-Poeschel.

Dahlke, B. (2001). *Einzelkundenorientierung im Business-to-Business-Bereich: Konzeptualisierung und Operationalisierung.* Wiesbaden: DUV.

Diamantopoulos, A. (2005). The C-OAR-SE procedure for scale development in marketing: A comment. *International Journal of Research in Marketing, 22,* 1–9.

Diamantopoulos, A., & Winklhofer, H. M. (2001). Index construction with formative indicators: An alternative to scale development. *Journal of Marketing Research, 38,* 269–277.

Duray, R., Ward, P. T., Milligan, G. W., & Berry, W. L. (2000). Approaches to mass customization: Configurations and empirical validation. *Journal of Operations Management, 18,* 605–625.

Engelhardt, W. H., & Freiling, J. (1995). Integrativität als Brücke zwischen Einzeltransaktion und Geschäftsbeziehung. *Marketing Zeitschrift für Forschung und Praxis, 17,* 37–43.

Engelhardt, W. H., Kleinaltenkamp, M., & Reckenfelderbäumer, M. (1994). Leistungsbündel als Absatzobjekte: Ein Ansatz zur Überwindung der Dichotomie von Sach- und Dienstleistungen. In H. Corsten (Hrsg.), *Integratives Dienstleistungsmanagement: Grundlagen – Beschaffung – Produktion – Marketing – Qualität: Ein Reader* (S. 31–69). Wiesbaden: Gabler.

Fließ, S. (2001). *Die Steuerung von Kundenintegrationsprozessen: Effizienz in Dienstleistungsunternehmen.* Wiesbaden: DUV.

Fließ, S. (2004). Kundenintegration. In K. Backhaus & M. Voeth (Hrsg.), *Handbuch Industriegütermarketing: Strategie – Instrumente – Anwendungen* (S. 521–550). Wiesbaden: Gabler.

Fließ, S. (2009). *Dienstleistungsmanagement.* Wiesbaden: Gabler.

Franke, N., Keinze, P., & Steger, C. J. (2009). Testing the value of customization: When do customers really prefer products tailored to their preferences? *Journal of Marketing, 73,* 103–121.

Fynes, B., De Burca, S., & Mangan, J. (2008). The effect of relationship characteristics on relationship quality and performance. *International Journal of Production Economics, 111,* 56–69.

Gersch, M. (1995). Standardisierung integrativ erstellter Leistungen. Arbeitsbericht Nr. 57 am Institut für Unternehmensführung und Unternehmensforschung. Ruhr-Universität Bochum.

Gutenberg, E. (1984). *Grundlagen der Betriebswirtschaft: Der Absatz (Bd. 2)* (17. Aufl.). Berlin: Springer.

Gwinner K. P., Bitner, M. J., Brown, S. W., & Kumar, A. (2005). Service customization through employee adaptiveness. *Journal of Service Research, 8,* 131–148.

Hayes, R. H., & Wheelwright, S. C. (1979). Link manufacturing process and product life cycles. *Harvard Business Review, 57,* 133–140.

Hedge, V. G., Kekre, S., Rajiv, S., & Tadikamalla, P. (2005). Customization: Impact on product and process performance. *Production and Operations Management, 14,* 388–399.

Hildebrand, V. G. (1997). *Individualisierung als strategische Option der Marktbearbeitung: Determinanten und Erfolgswirkungen kundenindividueller Marketingkonzepte.* Wiesbaden: DUV.

Hildebrandt, L. (1984). Kausalanalytische Validierung in der Marketingforschung. *Marketing Zeitschrift für Forschung und Praxis, 6,* 41–51.

Hoffman, K. D., & Bateson, J. E. G. (2006). *Services marketing: Concepts, strategies, & cases.* Mason: Cengage Learning.

Homburg, C. (2000). *Kundennähe von Industriegüterunternehmen: Konzeption – Erfolgsauswirkungen – Determinanten* (3. Aufl.). Wiesbaden: Gabler.

Homburg, C., & Giering, A. (1996). Konzeptualisierung und Operationalisierung komplexer Konstrukte: Ein Leitfaden für die Marketingforschung. *Marketing Zeitschrift für Forschung und Praxis, 18*, 5–24.

Homburg, C., Staritz, M., & Bingemer, S. (2008). Was Produkte unverwechselbar macht. *Harvard Business Manager, 30*, 34–59.

Ihde, G. B. (1988). Die relative Betriebstiefe als strategischer Erfolgsfaktor. *Zeitschrift für Betriebswirtschaft, 58*, 13–23.

Jacob, F. (1995). *Produktindividualisierung: Ein Ansatz zur innovativen Leistungsgestaltung im Business-to-Business-Bereich.* Wiesbaden: Gabler.

Jacob, F., & Kleinaltenkamp, M. (2004). Leistungsindividualisierung und -standardisierung. In K. Backhaus & M. Voeth (Hrsg.), *Handbuch Industriegütermarketing: Strategie – Instrumente – Anwendungen* (S. 603–623). Wiesbaden: Gabler.

Jacoby, J. (1978). Consumer research: How valid and useful are all our consumer behavior research findings? A state of the art review. *Journal of Marketing, 42*, 87–96.

Jüttner, U., & Wehrli, H. P. (1994). Relationship marketing from a value system perspective. *International Journal of Service Industry Management, 5*, 54–73.

Kleinaltenkamp, M. (2007). Kundenintegration. In R. Köhler, H.-U. Küpper, & A. Pfingsten (Hrsg.), *Handwörterbuch der Betriebswirtschaft* (6. Aufl., S. 1037–1048). Stuttgart: Schäffer-Poeschel.

Kleinaltenkamp, M., & Jacob, F. (2006). Grundlagen der Gestaltung des Leistungsprogramms. In M. Kleinaltenkamp, M. W. Plinke, F. Jacob, & A. Söllner (Hrsg.), *Markt- und Produktmanagement: Die Instrumente des Business-to-Business-Marketing* (2. Aufl., S. 3–82). Wiesbaden: Gabler.

Köcher, M. M. (2005). Differenzierungsmöglichkeiten beim Online-Vertrieb von Commodity-Gütern. In M. Enke & M. Reimann (Hrsg.), *Commodity Marketing: Grundlagen und Besonderheiten* (S. 183–198). Wiesbaden: Gabler.

Kotler, P. (1972). A generic concept of marketing. *Journal of Marketing, 36*, 46–54.

Kuß, A. (2012). *Marktforschung: Grundlagen der Datenerhebung und Datenanalyse* (4. Aufl.). Wiesbaden: Springer Gabler.

Lampel, J., & Mintzberg, H. (1996). Customizing customization. *Sloan Management Review, 38*, 21–30.

Mayer, R. (1993). *Strategien erfolgreicher Produktgestaltung: Standardisierung und Individualisierung.* Wiesbaden: DUV.

Meffert, H. (1994). *Marketing-Management: Analyse – Strategie – Implementierung.* Wiesbaden: Gabler.

Meffert, H., & Bruhn, M. (2012). *Dienstleistungsmarketing: Grundlagen – Konzepte – Methoden* (7. Aufl.). Wiesbaden: Springer Gabler.

Minculescu, I. (2013). *Leistungsindividualisierung im B-to-B-Bereich: Die Einzigartigkeit im Rahmen der Dienstleistungsgestaltung.* Wiesbaden: Springer Gabler.

Peter, J. P. (1979). Reliability: A review of psychometric basics and recent marketing practices. *Journal of Marketing Research, 16*, 6–17.

Pick, D. (2008). *Wiederaufnahme vertraglicher Geschäftsbeziehungen: Eine empirische Untersuchung der Kundenperspektive.* Wiesbaden: Gabler.

Plinke, W. (2000). Grundlagen des Marktprozesses. In M. Kleinaltenkamp & W. Plinke (Hrsg.), *Technischer Vertrieb: Grundlagen des Business-to-Business Marketing* (2. Aufl., S. 3–99). Berlin: Springer.

Rossiter, J. R. (2002). The C-OAR-SE procedure for scale development in marketing. *International Journal of Research in Marketing, 19*, 305–335.

Saeed, K. A., Malhotra, M. K., & Grover, V. (2005). Examining the impact of interorganizational systems on process efficiency and sourcing leverage in buyer–supplier dyads. *Decision Sciences, 36*, 365–396.

Safizadeh, M. H., Ritzmann, L. P., Sharma, D., & Wood, C. (1996). An empirical analysis of the product-process-matrix. *Management Science, 42,* 1576–1591.

Safizadeh, M. H., Ritzmann, L. P., & Mallick, D. (2000). Revisiting alternative theoretical paradigms in manufacturing strategy. *Production and Operations Management, 9,* 111–126.

Simon, H. (2004). *Think – Strategische Unternehmensführung statt Kurzfrist-Denke.* Frankfurt a. M.: Campus und Handelsblatt.

Vickery, S., Dröge, C., & Germain, R. (1999). The relationship between product customization and organizational structure. *Journal of Operations Management, 17,* 377–391.

Minculescu, Ioana
Springer Fachmedien Wiesbaden GmbH, Abraham-Lincoln-Str. 46,
65189 Wiesbaden, Deutschland
E-Mail: ioana.minculescu@fu-berlin.de

Kleinaltenkamp, Michael
Marketing Department, Fachbereich Wirtschaftswissenschaft, Marketing Department,
Freie Universität Berlin, Otto-von-Simson-Str. 19, 14195 Berlin, Deutschland
E-Mail: marketing@wiwiss.fu-berlin.de

Pick, Doreén
Marketing Department, Fachbereich Wirtschaftswissenschaft, Marketing Department,
Freie Universität Berlin, Otto-von-Simson-Str. 19, 14195 Berlin, Deutschland
E-Mail: doreen.pick@fu-berlin.de

Preisunzufriedenheit als Determinante der Kundenabwanderung bei Commodity-Dienstleistungen

Daniel Spiecker und Bernd Stauss

Inhaltsverzeichnis

D. Spiecker (✉) · B. Stauss
Springer Fachmedien Wiesbaden GmbH, Abraham-Lincoln-Str. 46,
65189 Wiesbaden, Deutschland
E-Mail: author@noreply.de

B. Stauss
E-Mail: author@noreply.de

M. Enke et al. (Hrsg.), *Commodity Marketing,*
DOI 10.1007/978-3-658-02925-8_10, © Springer Fachmedien Wiesbaden 2014

Zusammenfassung

Für viele Anbieter von Commodity-Dienstleistungen stellt die zunehmende Zahl an Kundenabwanderungen ein zentrales Managementproblem dar. In diesem Beitrag wird gezeigt, dass gerade bei Commodity-Dienstleistungen, die qualitativ weitgehend austauschbar sind, Kunden sehr preissensitiv sind und daher der Preis eine zentrale Ursache für die Beendigung von Geschäftsbeziehungen darstellt. Im Fokus der Betrachtung steht die Preisunzufriedenheits-Wirkungskette. Diese verdeutlicht, welche preispolitischen Probleme bei Kunden zu unterschiedlichen Formen der Preisunzufriedenheit führen und welche Wirkungen dadurch ausgelöst werden. Die Effekte der Preisunzufriedenheit betreffen das Beschwerdeverhalten, die negative Mundkommunikation, die Abwanderungsabsicht und das faktische Abwanderungsverhalten der Kunden. Auf der Basis dieses Wirkungsmodells ist es möglich, Konsequenzen für das Management abzuleiten. Diese beziehen sich nicht nur auf die Preis-, Qualitäts- und Kommunikationspolitik des Unternehmens, sondern auch auf die Marktforschung, für die eine angemessene Berücksichtigung des Preisaspekts in der Zufriedenheitsmessung gefordert wird.

1   Problemstellung

Ein Verdrängungswettbewerb auf Business-to-Consumer-Dienstleistungsmärkten und eine kundenseitige Anspruchsinflation sind Ursachen dafür, dass angebotene Leistungen in bestimmten Dienstleistungsbranchen einer zunehmenden Homogenisierung unterliegen (Bruhn 2005, 2011). Ein gewisses Leistungsspektrum sowie Service- und Qualitätsniveau werden zur Selbstverständlichkeit für Kunden.

Kennzeichnend für Commodity-Leistungen sind vor allem eine starke Preisorientierung und ein geringes Involvement der Kunden (Enke et al. 2005; s. Kapitel „Commodity Marketing – Eine Einführung", S. 3ff.), wodurch Commodity-Märkte einem erhöhten Wechselverhalten von Kunden unterliegen. Das Thema Kundenabwanderung stellt folglich für Unternehmen – speziell für die Anbieter standardisierter bzw. commoditisierter Dienstleistungen – ein bedeutsames Managementproblem dar (Stauss und Seidel 2009b).

In Anbetracht der hohen Neukundenakquisitionskosten und unter dem Gesichtspunkt des Relationship Marketings sollten Unternehmen die Ursachen der Kundenabwanderung identifizieren, Maßnahmen zur Minderung der Abwanderungszahlen einleiten sowie die für das Unternehmen profitablen Kunden mit adäquaten Maßnahmen zurückgewinnen. Dies setzt ein Verständnis der Abwanderung von Kunden bei Commodity-Dienstleistungen voraus.

Da Commodity-Dienstleistungen als homogen und somit leicht austauschbar wahrgenommen werden, erlangt der Preis sowohl anbieterseitig im Kampf um die Kunden als auch kundenseitig im Kaufprozess eine bedeutende Stellung (Adler 2005). Es ist davon auszugehen, dass speziell bei commoditisierten Dienstleistungen der Preis ein zentrales zufriedenheitsrelevantes Kriterium ist, welches das Kundenverhalten determiniert. Empirische Studien weisen auf die Relevanz des Preises bei Kundenabwanderungen hin (u. a. Colgate und Hedge 2001; Keaveney 1995). Die preisbezogenen Erkenntnisse sind dabei allerdings meist recht allgemeiner Natur. Eine detailliertere Betrachtung des Preises sowie ein Bezug zu dem insbesondere in der deutschen Marketingforschung diskutierten Konstrukt der Preiszufriedenheit (u. a. Diller 1997; Diller 2000; Matzler 2003; Matzler et al. 2007) fehlt.

Aufgrund des erhöhten Stellenwertes des Preises und der Kundenabwanderungsproblematik bei Commodity-Dienstleistungen besteht die Zielsetzung des vorliegenden Beitrags in der theoretischen Untersuchung der Preisunzufriedenheit bei der Abwanderung von Kunden. Dabei wird zunächst generell auf die Kundenabwanderung sowie Commodity-Dienstleistungen eingegangen und die ökonomische Bedeutung der Abwanderung in diesem Kontext diskutiert. Daraufhin wird das Konstrukt der Preisunzufriedenheit beschrieben und eine generelle Preisunzufriedenheits-Wirkungskette vorgestellt. Anschließend erfolgt eine Spezifikation der Wirkungselemente. Der Beitrag schließt mit der Ableitung von Managementimplikationen.

2 Kundenabwanderung als Managementproblem von Commodity-Dienstleistungen

2.1 Kundenabwanderung

2.1.1 Begriffsverständnis

Das Thema Kundenabwanderung lässt sich einem seit Mitte der neunziger Jahre zunehmend entwickelndem Forschungsgebiet innerhalb des Relationship Marketings zuordnen, welches sich mit der Beziehungsbeendigung zwischen Kunde und Anbieter befasst (Bruhn 2009; Tähtinen und Halinen 2002).

Eine Kundenabwanderung zwischen Endverbraucher und Dienstleistungsanbieter kann sowohl **kundeninitiiert** als auch **unternehmensinitiiert** erfolgen. Unternehmensinitiierte Beziehungsbeendigungen liegen beispielsweise vor, wenn sich Dienstleister aktiv von nicht mehr attraktiven Kunden trennen und eine Kundenstammbereinigung vornehmen (Bruhn und Michalski 2003). Im Fokus der vorliegenden Untersuchung steht eine kundeninitiierte Abwanderung, bei der Kunden an einer Weiterführung der Geschäftsbeziehung nicht mehr interessiert sind.

Bei der Betrachtung des Terminus Kundenabwanderung ist erkennbar, dass eine Fülle von Begriffen vorliegt und eine einheitliche Definition somit nicht existiert (Tähtinen und Halinen 2002). Zu den Definitionen, welche generell auf einen Kundenverlust verweisen, zählt die Definition von Reichheld und Sasser (1990). Sie definieren „customer defection" allgemein als „customers who will not come back" (Reichheld und Sasser 1990, S. 105).

Eine konkretere – allerdings bankenspezifische – Begriffsbestimmung der Kundenabwanderung liefert Stewart (1998): „Customer exit" wird definiert als „the customer closing the main current account where the account represented the last account in the relationship" (Stewart 1998, S. 7). Die Beendigung einer vertraglichen Geschäftsbeziehung durch den Kunden kann demnach von mehreren Ereignissen geprägt sein und schrittweise erfolgen.

Ähnliche Elemente weist die branchenübergreifende Definition von Hocutt (1998) auf, welche auf Duck (1982) aus der Sozialpsychologie zurückgeht: „relationship dissolution [can be described] as the permanent dismemberment of an existing relationship. (…) relationship dissolution should not be seen as an event, but as an extended process with affective, behavioural, cognitive, and social facets" (Hocutt 1998, S. 195). Betont werden hierbei eine endgültige Aufhebung der Geschäftsbeziehung sowie ein komplexer Abwanderungsprozess.

Michalski (2002) hebt in ihrer Definition ebenfalls den Prozesscharakter einer Kundenabwanderung hervor, welcher insbesondere für die vorliegende Untersuchung bedeutsam ist. Folglich sollen unter einer Kundenabwanderung „sämtliche Entscheidungsprozesse sowie Maßnahmen eines Kunden [verstanden werden], die letztlich darin münden, dass die bisherige Geschäftsbeziehung zu diesem Anbieter beendet wird" (Michalski 2002, S. 8).

2.1.2 Ursachenkategorien

Ein wesentlicher Forschungsstrang befasst sich mit der Identifikation von Einflussfaktoren bzw. Ursachen einer Kundenabwanderung (Tähtinen und Halinen 2002). Die Abwanderungsursachen können in drei verschiedene Kategorien eingeteilt werden. Es handelt sich um unternehmensbezogene (**Pushed-Away**), wettbewerbsbezogene (**Pulled-Away**) und kundenbezogene (**Broken-Away**) Abwanderungsursachen. Schwerpunktmäßig lassen sich abgewanderte Kunden basierend auf ihren genannten Gründen einer dieser Kategorien zuordnen (Sauerbrey und Henning 2000).

Unternehmensbezogene Ursachen für Kundenabwanderungen Hierunter fallen sämtliche negative kritische Ereignisse im Zusammenhang mit einem Produkt bzw. einer Dienstleistung sowie dem Unternehmens- bzw. deren Mitarbeiterverhalten, die eine Kundenunzufriedenheit herbeiführen. Die Kunden werden somit unabsichtlich durch das Unternehmen vertrieben. Ebenfalls zu dieser Kategorie gehören absichtlich durch den Anbieter vertriebene, d. h. nicht mehr gewollte, Kunden (Sauerbrey und Henning 2000; Stauss und Friege 2006). Letzterer Aspekt ist allerdings aufgrund der zuvor erfolgten Beschränkung auf kundeninitiierte Abwanderungen nicht von weiterer Bedeutung.

Wettbewerbsbezogene Ursachen für Kundenabwanderungen Zu dieser Gruppe gehören Abwanderungsursachen, die auf Aktivitäten von Wettbewerbern zurückzuführen sind. So können beispielsweise preislich und/oder qualitativ überlegene Wettbewerbsangebote dazu führen, dass Kunden ihre Beziehung zu einem bestehenden Anbieter beenden und einen Anbieterwechsel vornehmen (Sauerbrey und Henning 2000). Stauss und Friege (2006) sprechen von abgeworbenen sowie weggekauften Kunden.

Kundenbezogene Ursachen für Kundenabwanderungen In den Fällen dieser Kategorie liegen die Ursachen für die Abwanderung beim Kunden selbst. So kann eine Abwanderung darauf zurückzuführen sein, dass der Kunde beispielsweise nicht mehr über genügend finanzielle Mittel zum Fortbestand der Geschäftsbeziehung verfügt („ungewollt ausscheidender Kunde") oder sich der Bedarf aufgrund privater Geschehnisse (z. B. Alter, Umzug) ändert oder sogar wegfällt („entfernter Kunde") (Stauss und Friege 2006). Ein weiterer kundenbezogener Abwanderungsgrund liegt in dem Wunsch nach Abwechslung (Variety Seeking) (Foscht und Swoboda 2005), da dieser Wunsch zwar durch Maßnahmen von Wettbewerbern aktiviert werden kann (Sauerbrey und Henning 2000), aber in seiner Intensität stark von der Persönlichkeit eines Kunden abhängig ist.

Für die folgende preisorientierte Abwanderungsbetrachtung sind vor allem die ersten beiden Kategorien – d. h. vom Anbieter vertriebene und von Wettbewerbern abgeworbene Kunden – von Bedeutung. Anbieterinitiierte Preiserhöhungen und unfaire Preisgestaltungen stellen Beispiele für Ursachen unternehmensbezogener Kundenabwanderungen dar. Wenn dagegen ein besonders günstiges Preisangebot eines Wettbewerbers dazu führt, dass der Kunde sein Vertragsverhältnis kündigt, lässt sich dieser Fall der Ursachenkategorie „wettbewerbsbezogene Kundenabwanderungen" zuordnen.

2.2 Commodity-Dienstleistungen

2.2.1 Begriffsverständnis

Unter dem Begriff Commodity ist eine homogene Gruppe an Produkten zu verstehen, die aus Kundensicht einen vergleichbaren Nutzen stiften. Die Produkte werden somit als Substitut wahrgenommen (Mount 1969). Folglich lassen sich Commodities hinsichtlich ihrer Leistungsmerkmale im Wettbewerb nur schwer voneinander differenzieren (s. Kapitel „Commodity Marketing – Eine Einführung", S. 3ff.).

Dienstleistungen können am besten durch Rückgriff auf ihre konstitutiven Merkmale definiert werden (Corsten 1997). Eine umfassende Definition bieten Meffert und Bruhn (2009). Ihnen zufolge sind „Dienstleistungen (…) selbstständige, marktfähige Leistungen, die mit der Bereitstellung (z. B. Versicherungsleistungen) und/oder dem Einsatz von Leistungsfähigkeiten (z. B. Friseurleistungen) verbunden sind (Potenzialorientierung). Interne (z. B. Geschäftsräume, Personal, Ausstattung) und externe Faktoren (also solche, die nicht im Einflussbereich des Dienstleisters liegen) werden im Rahmen des Erstellungsprozesses kombiniert (Prozessorientierung). Die Faktorkombination des Dienstleistungsanbieters wird mit dem Ziel eingesetzt, an den externen Faktoren, an Menschen (z. B. Kunden) und deren Objekten (z. B. Auto des Kunden) nutzenstiftende Wirkungen (z. B. Inspektion des Autos) zu erzielen (Ergebnisorientierung)" (Meffert und Bruhn 2009, S. 19).

Eine zunehmende Homogenisierung der Leistungsspektren sowie eine vorhandene Anspruchsinflation der Kunden führen dazu, dass das Phänomen der Commoditisierung auch im Dienstleistungsbereich vorzufinden ist. Betroffen von einer Commoditisierung sind die bei Dienstleistungen vorhandenen – in der vorherigen Definition erwähnten – Leistungspotenziale, der Leistungsprozess und das Leistungsergebnis (Bruhn 2005). Der Begriff Commodity-Dienstleistungen wird, abgesehen von Bruhn (2005; 2011), der von Commodity Services spricht, in der Literatur bislang kaum berücksichtigt bzw. diskutiert. Durch die Übertragung der zentralen Commodity-Eigenschaften aus dem Produktbereich auf Dienstleistungen können unter Commodity-Dienstleistungen gemäß Bruhn (2011) „Dienstleistungen, die vom Kunden als homogen wahrgenommen werden und bei denen

keine auf Leistungseigenschaften beruhende Präferenz für einen Anbieter besteht" verstanden werden (Bruhn 2011, S. 63).

2.2.2 Charakteristika

Dass Commodity-Dienstleistungen von Kunden als wenig differenziert und folglich austauschbar wahrgenommen werden, wurde bereits im Zuge der Begriffsbestimmung deutlich. Nachfolgend werden weitere zentrale Besonderheiten von Commodity-Dienstleistungen aufgezeigt.

Aufgrund einer meist stark ausgeprägten Standardisierung weisen Commodity-Dienstleistungen eine geringe Individualität auf. Abgesehen davon wird der Kunde im Vergleich
zu klassischen Dienstleistungen wenig in den Leistungserstellungsprozess integriert, d. h.
die Leistungserstellung erfolgt meist autonom vom Leistungsempfänger, so dass eine geringe Integrativität vorliegt. Kennzeichnend für Commodity-Dienstleistungen ist ferner
eine geringe Verhaltensunsicherheit des Kunden, da Such- und Erfahrungseigenschaften
bei dieser Art von Dienstleistungen dominieren. Des Weiteren tragen eine hohe Markttransparenz sowie die wahrgenommene Substituierbarkeit der Leistungen zu einer Reduktion des Kaufrisikos bzw. der Unsicherheit des Kunden bei (Billen und Raff 2005; Bruhn
2005, 2011).

Commodity-Dienstleistungen lassen sich hinsichtlich des Kaufverhaltens den limitierten Käufen und im Fall von Wiederholungskäufen den habitualisierten Käufen zuordnen.
Charakteristisch ist, dass Kunden typischerweise ein geringes Interesse an Commodity-
Dienstleistungen besitzen und sie in der Regel als Routinetransaktionen angesehen werden. Das bestehende niedrige Involvement der Kunden beeinflusst wiederum das Informationsverhalten (passive Informationsaufnahme, geringe Informationsverarbeitungstiefe) und nährt eine undifferenzierte Wahrnehmung der angebotenen Leistungen (Adler
und McLachlan 2005; Bruhn 2005, 2011). Da Commodities als austauschbar erachtet werden und Kunden nicht aktiv nach Leistungs- und Qualitätsunterschieden suchen, erlangt
der Preis eine zentrale Bedeutung (Passmore 1994). Ein ausgeprägtes Preisinteresse der
Kunden sowie eine grundsätzlich hohe Preistransparenz auf Commodity-Dienstleistungsmärkten stellen weitere Charakteristika dar (Adler und McLachlan 2005; Bruhn 2011; Reimann et al. 2010).

2.3 Die besondere ökonomische Relevanz der Abwanderungsproblematik bei Commodity-Dienstleistungen

Eine Kundenabwanderung beeinträchtigt einen Dienstleister in mehrfacher Hinsicht
negativ. Zum einen verliert der Anbieter nicht nur die aktuellen Kunden-Umsätze und
-Deckungsbeiträge, sondern auch die zukünftigen, die im Zeitablauf aufgrund eines zunehmenden Ausgabeverhaltens tendenziell ansteigen. Zum anderen muss zum Erhalt des
Kundenstamms ein Neukunde akquiriert werden, was einen Kosteneinsatz verlangt, der
bis zu fünfmal höher sein kann als der, der erforderlich ist, um einen bestehenden Kunden
zu halten. Ferner führen neue Kunden zunächst meist zu steigenden betrieblichen Auf-

wendungen (Keaveney 1995; Reichheld und Sasser 1990). Kritisch ist ein Kundenverlust insbesondere dann, wenn die Kunden das Unternehmen bereits wieder verlassen, bevor sie profitabel geworden sind (Stauss 2000). Keaveney und Parthasarathy (2001) betonen, dass Abwanderungen besonders schädlich für Dienstleistungen sind, die eine Mitgliedschaft, d. h. ein Vertragsverhältnis, erfordern, da eine entsprechende kontinuierliche Kundenbasis zur Fixkostendeckung benötigt wird.

Die unter 2.2 skizzierten Merkmale von Commodity-Dienstleistungen lassen bereits darauf schließen, dass das Thema Kundenabwanderung ein bedeutsames Management-problem für Commodity-Dienstleister darstellt. Durch die hohe Substituierbarkeit der Leistungen aus Kundensicht und die besondere Relevanz des Preises bei Kaufentschei-dungen kann davon ausgegangen werden, dass eine Kundenbindung – im Sinne einer Verbundenheit – nur schwer möglich ist. Deshalb zielen Unternehmen weniger auf Ver-bundenheit ab, sondern versuchen, vertragliche, technisch-funktionale oder ökonomische Wechselbarrieren aufzubauen, um so eine Gebundenheit des Kunden an den Anbieter zu erreichen (Bliemel und Eggert 1998). Vertragliche Bindungen sind beispielsweise bei Telekommunikationsdienstleistern, Energieversorgern sowie Banken und Versicherungen vorzufinden.

Allerdings zeigen Untersuchungen, dass die zuvor genannten Branchen trotz vertragli-cher Kundenbindungsstrategien erheblich von einer Abwanderungsproblematik betroffen sind. So leiden in Deutschland Mobilfunkanbieter unter einer jährlich durchschnittlichen Kündigungsrate von ca. 20 % (Knauer 2003). In den USA liegen sogar Abwanderungsraten von bis 46 % p. a. vor (Neslin et al. 2006). Auf ein ebenfalls hohes Wechselverhalten von Kunden bei Internetanbietern weisen Keaveney und Parthasarathy (2001) hin. Von einem geringeren, aber deutlich steigenden, kundenseitigen Anbieterwechsel sind seit der Markt-liberalisierung auch Energieversorger betroffen (Rommel und Meyerhoff 2009; Wieringa und Verhoef 2007). Laut einer Studie im Bankenbereich von Colgate et al. (1996) wechsel-ten 17,8 % der 992 befragten irischen Studenten innerhalb von einem Jahr ihre Bank. Hier-bei ist gemäß obiger Ausführungen anzunehmen, dass nach dieser kurzen Zeit die durch eine Geschäftsbeziehung mit Studenten entstandenen Kosten der Bank nicht amortisiert werden konnten.

3 Preisunzufriedenheit als wesentliche Ursache der Abwanderung von Kunden bei Commodity-Dienstleistungen

In den vorherigen Kapiteln wurde der Stellenwert des Preises für die Kaufentscheidung von Commodity-Dienstleistungen verdeutlicht und bereits darauf hingewiesen, dass der Preis eine zentrale Abwanderungsursache von Kunden ist. Beispielsweise zeigen die Ergeb-nisse von Keaveney (1995) im Dienstleistungsbereich, dass Preisabwanderer die drittgröß-te Gruppe von Kundenabwanderungen darstellen. Gemäß der Untersuchung von Colgate und Hedge (2001) lassen sich Ursachen eines Anbieterwechsels bei Bankdienstleistungen drei Problemfeldern zuordnen: Fehler hinsichtlich der (Kern-)Dienstleistung, Preisproble-me und „verweigerte Services". Preisprobleme werden als der bedeutsamste Einflussfaktor einer Kundenabwanderung identifiziert. Da davon auszugehen ist, dass die Wahrnehmung preislicher Probleme beim Kunden Unzufriedenheit auslöst, kommt dem Konstrukt der Preis(un-)zufriedenheit eine besondere Bedeutung zu.

3.1 Das Konstrukt Preisunzufriedenheit

Gemäß einer kundenorientierten Sichtweise kann der Preis „als Summe aller mittelbar oder unmittelbar mit dem Kauf eines Produkts [bzw. einer Dienstleistung] verbundenen Kosten bzw. Ausgaben eines Käufers" verstanden werden (Diller 1997, S. 751).

Für eine begriffliche Annäherung an die Preisunzufriedenheit wird zunächst Bezug zum Konstrukt der Kundenzufriedenheit genommen. Ein in der Forschung dominierender Erklärungsansatz der Kunden(un-)zufriedenheit ist das **Erwartungs-Diskonfirmations-Paradigma**. Die (Un-)Zufriedenheit eines Kunden resultiert demnach aus einem subjektiven Soll-Ist-Vergleich zwischen erwarteter und tatsächlich wahrgenommener Leistung. Kundenunzufriedenheit entsteht bei einer negativen Diskonfirmation, d. h. einer negativen Diskrepanz zwischen wahrgenommener und erwarteter Leistung. Bei diesem theoretischen Erklärungsansatz stehen kognitive Prozesse im Vordergrund. Untersuchungen zeigen allerdings, dass auch affektive Komponenten einen Einfluss auf die (Un-)Zufriedenheit des Kunden besitzen (Stauss 1999).

In Anlehnung an das zuvor erwähnte Erwartungs-Diskonfirmations-Paradigma der Zufriedenheitsforschung definiert Diller (2000) Preis(un-)zufriedenheit als „Ergebnis einer gedanklichen Gegenüberstellung von Preiserwartungen und Preiswahrnehmungen seitens eines Kunden" (Diller 2000, S. 571). Die Preiserwartungen bzw. -wahrnehmungen umfassen dabei sowohl monetär quantifizierbare als auch nicht monetär quantifizierbare Aspekte (Pohl 2004). Preisunzufriedenheit liegt entsprechend bei einer negativen Diskonfirmation vor. Die Preisunzufriedenheit stellt ebenfalls ein vor allem kognitives Konzept dar (Diller 1997). Dennoch ist davon auszugehen, dass das negative Ergebnis eines kognitiven Abgleichs von Preiserwartungen und -wahrnehmungen auch Emotionen hervorrufen kann (Oliver 1997), so dass die Preisunzufriedenheit eine (negative) affektive Komponente aufweist.

Auf der Basis dieser generellen Aussagen zum Konstrukt der Preisunzufriedenheit können Differenzierungen hinsichtlich Inhalts, Relevanz in der Kundenbeziehung und Folgewirkung vorgenommen werden.

Inhaltlich kann sich die Preisunzufriedenheit nicht nur auf die Preishöhe bzw. -günstigkeit, sondern auf eine Reihe weiterer preisbezogener Aspekte beziehen (wie Preiswürdigkeit oder wahrgenommene Mängel in der Preispolitik). Es handelt sich also um ein multiattributives Konstrukt (siehe 3.3.2.1).

Die Probleme, die Preisunzufriedenheit hervorrufen, können in jeder Phase des Kaufprozesses bzw. während der gesamten Kunden-Anbieter-Geschäftsbeziehung auftreten (Diller 2000; Diller und That 1999). So ist es denkbar, dass ein Interessent einen Preisvergleich verschiedener Angebote vornimmt und aufgrund des Preisnachteils einem Wettbe-

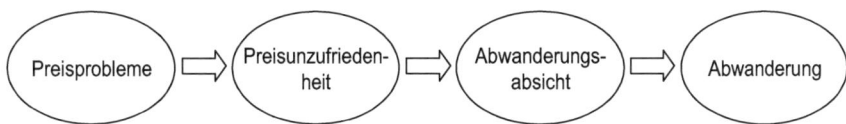

Abb. 1 Die generelle Preisunzufriedenheits-Wirkungskette

werbsangebot den Vorzug gibt oder sich ein Stammkunde über eine für ihn überraschende Änderung der Zahlungsbedingungen beschwert. Im Kontext dieses Beitrags steht die Preisunzufriedenheit im Fokus, die letztlich zum Abbruch der Geschäftsbeziehung führt.

Damit ist bereits die Wirkung der Preisunzufriedenheit angesprochen. Grundsätzlich unterscheidet man in einer dynamischen Betrachtung der Preisunzufriedenheit drei Phasen: die Erwartungsbildungsphase, die Vergleichsprozessphase (Soll-Ist-Vergleich) und die Folgephase der Preisunzufriedenheit (Matzler 2003). Hinsichtlich der letztgenannten Phase besteht Konsens darüber, dass Preisunzufriedenheit handlungsrelevant ist, also spezifische Verhaltensweisen zur Folge hat. Dazu gehört neben Beschwerden und negativer Mundkommunikation insbesondere die Beendigung der Geschäftsbeziehung. Da der Zusammenhang zwischen Preisunzufriedenheit und Kundenabwanderung gerade bei preissensitiven Commodity-Dienstleistungen besonders bedeutsam ist, wird dieser Aspekt im Rahmen einer Preisunzufriedenheits-Wirkungskette näher betrachtet.

3.2 Die generelle Preisunzufriedenheits-Wirkungskette

Bei der Betrachtung der Beziehungsbeendigung von Kunden stellt Michalski (2002) eine sog. **Service-Misserfolg-Kette** dar, die einen Anknüpfungspunkt zur Untersuchung einer preisorientierten Kundenabwanderung bietet. Die vereinfachten Ursachen-Wirkungs-Zusammenhänge der Service-Misserfolg-Kette lauten wie folgt: Eine mangelnde Dienstleistungsqualität kann zu einer Kundenunzufriedenheit führen, die eine Abwanderungsabsicht des Kunden bedingt. Die Abwanderungsabsicht kann wiederum in ein Kundenabwanderungsverhalten münden, welches den Unternehmenserfolg (wie bereits unter 2.3 angesprochen) negativ beeinflusst. Auffällig ist, dass bei dieser Darstellung einzig und allein eine mangelnde Dienstleistungsqualität als initiales Kettenglied bzw. Ursache einer Kundenunzufriedenheit betrachtet wird. Der Preis wird lediglich bei der sich anschließenden Diskussion der Ursachen einer mangelhaften Dienstleistungsqualität aufgegriffen (Michalski 2002) und somit als ein Aspekt der Dienstleistungsqualität angesehen.

Vor dem Hintergrund der zuvor dargestellten Erkenntnisse, dass bei Commodity-Dienstleistungen der Preis aus Kundensicht eine zentrale Rolle einnimmt, Kundenabwanderungen ein ökonomisch bedeutsames Problemfeld für Commodity-Dienstleister darstellen und die Preisunzufriedenheit ein für Commodity-Dienstleistungen kaufverhaltensrelevantes Konstrukt ist, soll basierend auf der qualitätsorientierten Service-Misserfolg-Kette ein Transfer zu einer generellen Preisunzufriedenheits-Wirkungskette erfolgen (Abb. 1). Die Preisunzufriedenheits-Wirkungskette trägt damit der bislang fehlenden Fokussierung preislicher Aspekte bei der Kundenabwanderung Rechnung.

Preisliche Probleme bzw. Defizite bilden den Ausgangspunkt der Preisunzufriedenheits-Wirkungskette. Werden vom Kunden während einer Geschäftsbeziehung Preismängel wahrgenommen, so können diese Preisunzufriedenheit hervorrufen. Diese kann dazu führen, dass der Kunde die Beziehung zum Dienstleister in Frage stellt und einen Wechsel des Anbieters beabsichtigt. Mündet diese Abwanderungsabsicht in ein tatsächliches Kundenverhalten, liegt eine preisbezogene Abwanderung vor. Die einzelnen Elemente der Wirkungskette werden im Folgenden detailliert beschrieben.

3.3 Spezifikation der Wirkungselemente

3.3.1 Preisprobleme

Die Preisunzufriedenheits-Wirkungskette wird durch Preisprobleme angestoßen. Diller (1997) analysiert phasenspezifisch die Funktion des Preises in Kaufentscheidungsprozessen von Kunden und identifiziert verschiedene Preisprobleme. Es handelt sich dabei unter anderem um Probleme mit der Preis-(Leistungs-)Transparenz (z. B. der Erhältlichkeit und Übersichtlichkeit von Preisinformationen), dem Preis-Leistungs-Risiko, der Preisgünstigkeit, den Preisfolgen sowie der Preiszuverlässigkeit. Obwohl sich die Erkenntnisse auf eine spezielle Branche (Pkw-Markt) beziehen, verdeutlichen sie generell, dass der Preis mehrere Facetten besitzt und zahlreiche Preisprobleme im Laufe einer Kundenbeziehung auftreten können. Die Betrachtung von Preisbeschwerden zeigt ähnliche Probleme. Zusätzlich werden hier vor allem Rechnungsstellungsfehler als Preisproblem ersichtlich (Estelami 2003). Es ist zu erwarten, dass die Preisprobleme zu verschiedenen Merkmalen bzw. Dimensionen der Preisunzufriedenheit führen.

3.3.2 Preisunzufriedenheit
3.3.2.1 Dimensionen der Preisunzufriedenheit
Anknüpfend an die vorherigen Ausführungen sowie die unter 3.1 erfolgte Begriffsbestimmung der Preisunzufriedenheit gilt es auf die konstatierte Mehrfaktorialität der Preiszufriedenheit einzugehen. Zu klären ist, wie viele Dimensionen der Preisunzufriedenheit bzw. Preisteilunzufriedenheiten bei der Abwanderungsuntersuchung von Commodity-Dienstleistungen zu berücksichtigen sind.

Ähnlich wie die Kundenzufriedenheit weist die Preiszufriedenheit eine komplexe multiattributive Struktur auf. Die Preiszufriedenheit besteht demnach aus verschiedenen Teilzufriedenheitsdimensionen. Nach Diller (1997) handelt es sich um die Teildimensionen Preis-günstigkeit, Preiswürdigkeit, Preistransparenz, Preissicherheit sowie Preiszuverlässigkeit (Diller 1997; Diller 2000; Diller und That 1999). Diller und That (1999) geben den drei zuletzt genannten Teildimensionen den Oberbegriff „begleitende Preisleistungen". Matzler (2003) knüpft an die Arbeiten von Diller an und ergänzt den Dimensionenkatalog der Preisteilzufriedenheiten um eine weitere Dimension namens Preisfairness. Diese sechs Dimensionen legt auch Rothenberger (2005) ihrer Studie zur Preiszufriedenheit bei Verkehrsdienstleistungen zugrunde. Allerdings lässt sich Preisfairness den begleitenden Preisleistungen zuordnen, die im Folgenden als „preispolitische Mängel" bezeichnet werden. Dementsprechend wird von drei Dimensionen der Preisunzufriedenheit ausgegangen:

Preisungünstigkeit Preisungünstigkeitsurteile des Kunden sind eindimensional. Es wird lediglich der absolute Preis bewertet (Diller 2008; Simon und Fassnacht 2009). Je nach Kaufphase bezieht sich das Urteil sowohl auf Nebenkosten in der Vorkaufphase (z. B. Telefongebühren und Parkgebühren), die eigentliche Preishöhe und eventuelle Preisnachlässe in der Kaufphase als auch auf Folgekosten bzw. laufende Kosten in der Nachkaufphase (Diller 2000). Der Kunde vergleicht den wahrgenommenen Preis mit alternativen gleichartigen Wettbewerbsangeboten (externer Referenzpreis) (Diller 1997; Matzler 2003; Rothenberger 2005) oder mit seinem im Gedächtnis gespeicherten internen Referenzpreis (Homburg und Koschate 2005). Preisungünstigkeit liegt vor, wenn der Kunde die Höhe des Endverbraucherpreises im Vergleich zu entsprechenden Wettbewerbsangeboten als nachteilig bewertet.

Preisunwürdigkeit Die Preis(un-)würdigkeit ähnelt dem Konstrukt des „Perceived Value" und wird diesem zu Teilen gleichgesetzt (Siems 2003). Bei der Preisunwürdigkeit wird die Preisbetrachtung um die Komponente Qualität ergänzt, da sie sich auf das Preis-Leistungsverhältnis von Produkten und Dienstleistungen bezieht. Folglich werden der vom Kunden wahrgenommene Preis sowie die wahrgenommene Qualität der Leistung in Relation gesetzt. Preisunwürdigkeitsurteile sind entsprechend mehrdimensional (Diller 1997; Diller 2008; Matzler 2003; Rothenberger 2005; Simon und Fassnacht 2009). Unwürdig ist ein Preis, wenn das Preis-Leistungsverhältnis nicht den Erwartungen des Kunden entspricht.

Preispolitische Mängel Preispolitische Mängel umfassen sämtliche vom Kunden wahrgenommene preisbezogene Defizite in einer Kundenbeziehung, die sich nicht primär auf die Höhe des Preises beziehen. Es handelt sich unter anderem um Mängel wie Intransparenz, Unsicherheit, Unzuverlässigkeit und Unfairness des Preises.

Abbildung 2 fasst die bisherigen Erkenntnisse zur Preisunzufriedenheit grafisch zusammen.

3.3.2.2 Gründe der Preisunzufriedenheit bei Commodity-Dienstleistungen

Die Preisunzufriedenheit und ihre Dimensionen dienen als Ausgangspunkt für die Identifikation von Preisproblemen bei Commodity-Dienstleistungen.

Preisungünstigkeit Es ist anzunehmen, dass Konsumenten von Commodity-Dienstleistern einen gleichen oder niedrigeren Preis im Vergleich zum Wettbewerbsangebot

Abb. 2 Preisunzufriedenheit und
ihre Dimensionen

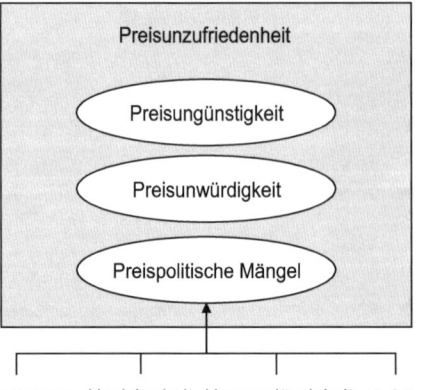

Intransparenz Unsicherheit Unzuverlässigkeit Unfairness

erwarten (und nur diesen zu zahlen bereit sind). Da aus Kundensicht Commodity-Dienst-leistungen substituierbar sind und für die in Betracht gezogenen Angebotsalternativen grundsätzlich eine hohe Preistransparenz vorliegt, ist davon auszugehen, dass der Kunde bei seiner Anbieterwahl aufgrund des zentralen Kaufentscheidungskriteriums Preis den günstigsten Anbieter bevorzugen wird. Im Verlauf der Dienstleistungsinanspruchnahme bzw. der Kundenbeziehung ist es jedoch möglich, dass der Anbieter Preiserhöhungen durchführt oder sich im Zuge des auf Commodity-Märkten häufig vorherrschenden Preis-kampfs die einst relativ wahrgenommene Preisgünstigkeit aufgrund eines preislich über-legenen Wettbewerbers negativ verändert und ein anbieterseitiger Preismangel hervortritt. So zeigen Studien in der Telekommunikationsbranche, dass „erwartete Preisvorteile bzw. Kostensenkungen für Privat- und Geschäftskunden der wichtigste Grund sind, um einen Carrier-Wechsel zu planen oder zu vollziehen" (Gerpott 2001, S. 55).

Preisunwürdigkeit Bei einer Betrachtung der Preisunwürdigkeit sind die beiden Ele-mente wahrgenommener Preis und wahrgenommene Qualität näher zu untersuchen. Hinsichtlich des wahrgenommenen Preises sind die bei der Preisungünstigkeit angespro-chenen Veränderungen denkbar, die zu einem negativen Preis-Leistungsverhältnis füh-ren (z. B. anbieterseitige Preiserhöhungen, preisliche Überlegenheit von Wettbewerbern). Bezüglich der Qualität der Leistung ist festzustellen, dass Leistungsbestandteile von Com-modity-Dienstleistungen generell aus Muss-Komponenten bestehen, deren Nichterfüllung – d. h. Mängel bei der Dienstleistungserstellung – deutlich ins Gewicht fällt, eine kor-rekte Leistungserbringung hingegen nicht (Bruhn 2005). Folglich beeinträchtigen auftre-tende Fehler bei Commodity-Dienstleistungen die wahrgenommene Qualität des Kunden erheblich, was wiederum eine Preisunwürdigkeit positiv beeinflusst. Liegen keine anbie-terseitigen Fehler vor, so ist es möglich, dass Kunden einen Wettbewerber bezüglich des Angebots und dessen Qualität als überlegen ansehen, was eine wahrgenommene Preis-unwürdigkeit bedingt. Eine Überlegenheit kann beispielsweise auf einer höher zugeschrie-benen Leistungsfähigkeit oder einem qualitativ besser erachteten Leistungsprozess beim Wettbewerber basieren, obwohl das mit der Dienstleistung verbundene Leistungsergebnis als vergleichbar oder identisch wahrgenommen wird. Eine Preisunwürdigkeit resultiert folglich aus einem Preisproblem und/oder einem Qualitätsmangel.

Preispolitische Mängel Einer Unzufriedenheit wegen preispolitischer Mängel können verschiedene Gründe zugrunde liegen. Unter anderem kann eine Preisunsicherheit des Kunden existieren. Da der Preis für Commodity-Anbieter oftmals die einzige Variable ist, sind Preisänderungen auf Commodity-Dienstleistungsmärkten häufig vorzufinden und Verunsicherungen des Kunden bezüglich der Konstanz des Preises demnach durchaus denkbar. Ein Beispiel stellen die immer wieder neuen Preise bzw. Tarifstrukturen von Mobilfunkanbietern dar.

Grundsätzlich handelt es sich bei Commodity-Dienstleistungen um limitierte bzw. habitualisierte Käufe, für die eine hohe Preistransparenz vorliegt. Bei bestimmten Commodity-Dienstleistungen, wie z. B. der Telekommunikation, können allerdings aufgrund der Fülle an verfügbaren Preisinformationen (Preisvarianten bzw. -modellen) Zweifel an der Verständlichkeit sowie der Übersichtlichkeit aufkommen, was eine gewisse (unter Umständen anbieterseitig bewusst gewollte) Preisintransparenz bedingt. Werden Preissysteme sowie -vereinbarungen als komplex vom Kunden wahrgenommen, so beeinflusst dies die wahrgenommene Preisfairness negativ (Engelmann 2009). Für den Kunden nicht nachvollziehbare Rechnungen stellen ein weiteres Beispiel für eine Preisintransparenz und somit einen preispolitischen Mangel dar.

Ferner kann eine Preisdiskriminierung der Kunden sowie der Einsatz eines Yield Managements zur Kapazitätssteuerung bei Commodity-Dienstleistungen als unfair empfunden werden, wenn sich der Kunde im Vergleich zu anderen Kunden benachteiligt fühlt. Auffällig ist z. B. im Bereich des Retail Bankings, dass Online-Bestandskunden oftmals nicht an attraktiven Neukundenangeboten und deren Konditionen partizipieren können. Bestandskunden stehen somit trotz langjähriger Geschäftsbeziehungen möglicherweise schlechter da als Neukunden.

Des Weiteren können negative Preisüberraschungen während der Dienstleistungsinanspruchnahme bzw. während der Geschäftsbeziehung eine Unzufriedenheit beim Kunden hervorrufen, wenn sich der erwartete Preis als nicht zuverlässig herausgestellt hat. Beispiele für negative Preisüberraschungen können zum einen zusätzliche Kosten im Rahmen eines gebuchten Billigflugs sein (z. B. Kosten für Gepäckstücke neben dem Handgepäck, erhebliche Umbuchungs- bzw. Stornogebühren, Kosten für Getränke und Speisen an Board etc.). Zum anderen können Kunden bei Commodity-Dienstleistungen, die online vertrieben werden, nachträglich von erhöhten Kontakt- bzw. Beratungsgebühren überrascht werden, zumal es Kunden schwerfällt, im Vorfeld den Bedarf an zukünftigen Beratungsleistungen abzuschätzen und die entsprechenden Preise meist im Hintergrund der Anbieterkommunikation stehen.

Anzumerken ist abschließend, dass Preisprobleme mit der Höhe des Preises sowohl unternehmensbezogen als auch wettbewerbsbezogen sein können. Gleiches gilt für die wahrgenommenen Qualitätsmängel. Es ist allerdings aufgrund der grundsätzlichen Schwierigkeit einer Leistungsdifferenzierung auf den Commodity-Dienstleistungsmärk-

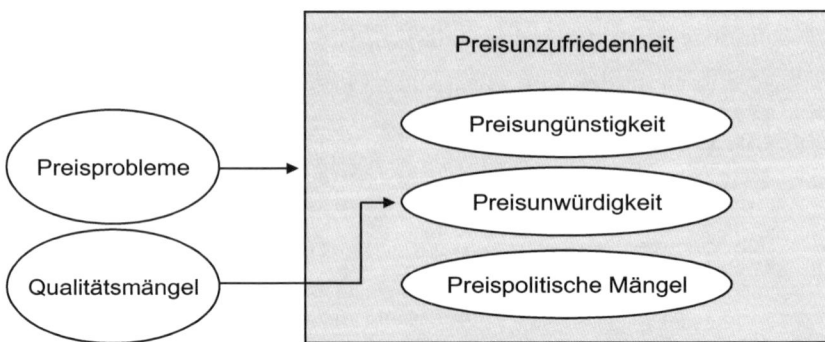

Abb. 3 Preisprobleme und Qualitätsmängel als Treiber der Preisunzufriedenheit

ten davon auszugehen, dass unternehmensbezogene Qualitätsmängel dominieren werden. Qualitätsmängel sind lediglich für die Preisunzufriedenheitsdimension „Preisunwürdigkeit" von Bedeutung. Preisprobleme, die die Dimension „Preispolitische Mängel" betreffen, sind primär dem Commodity-Dienstleister selbst zuzuschreiben. Abbildung 3 stellt die beiden Treibergruppen – Preisprobleme und Qualitätsmängel – und deren Bezug zur Preisunzufriedenheit grafisch dar.

3.3.3 Wirkungen der Preisunzufriedenheit bei Commodity-Dienstleistungen

Gemäß der generellen Preisunzufriedenheits-Wirkungskette beeinflusst die Preisunzufriedenheit direkt die Abwanderungsabsicht des Kunden (3.2). Fraglich ist, ob weitere bzw. alternative Wirkungen einer solchen Unzufriedenheit in die Betrachtung einzubeziehen sind.

Neben einer Abwanderung (Exit) spricht Hirschman (1974) von einem Widerspruch (Voice) als mögliche Reaktion des Kunden auf eine Unzufriedenheit. Ein Widerspruch kann dabei direkt in Form einer Beschwerde an den Anbieter gerichtet oder indirekt gegenüber Dritten geäußert werden. Eine negative Mundkommunikation liegt vor, wenn der Kunde den Widerspruch an sein soziales Umfeld richtet. Das Beschwerdeverhalten und die negative Mundkommunikation sollen im Kontext der Preisunzufriedenheit diskutiert werden.

Darüber hinaus beeinflusst eine Unzufriedenheit das Informationsverhalten, da kognitive Prozesse angestoßen werden und sich infolgedessen die Aufmerksamkeit des Kunden erhöht. Es erachtet sich demnach als sinnvoll, das Informationsverhalten als weitere Reaktionsform auf eine Preisunzufriedenheit zu betrachten und dessen Wirkung auf die Kundenabwanderungsabsicht zu untersuchen.

3.3.3.1 Preisunzufriedenheit und Beschwerdeverhalten

Eine mögliche Reaktion des Kunden auf eine wahrgenommene Preisunzufriedenheit sind Beschwerden, die für den Anbieter eine nicht zu unterschätzende Chance darstellen. Gelingt es dem Unternehmen eine Beschwerde zufriedenstellend zu lösen (d. h. eine Beschwerdezufriedenheit herzustellen), so beeinflusst dies die globale Zufriedenheit des Kunden und dessen zukünftiges Kundenverhalten positiv (Stauss 2013; Stauss und Seidel

2007). Problematisch ist allerdings, dass ein Großteil der Kunden ihre Unzufriedenheit nicht gegenüber dem Anbieter artikuliert oder Beschwerden von Mitarbeitern nicht für eine Beschwerdebearbeitung im Unternehmen erfasst werden (sog. **Eisberg-Phänomen** des Beschwerdemanagements). Das Ausmaß nicht artikulierter Beschwerden variiert je nach Branche deutlich (Stauss und Seidel 2007).

Auffällig ist, dass speziell das Thema Preisbeschwerden bislang in der Literatur wenig betrachtet worden ist. In der angloamerikanischen Literatur ist lediglich eine Studie von Estelami (2003) vorzufinden, die sich detaillierter mit den Unterschieden von preisbezogenen und nicht preisbezogenen Beschwerden befasst. Preisbeschwerden sind mit über 40 % wesentlicher häufiger bei Dienstleistungen als bei Produkten (ca. 10 %) vorzufinden. Betroffen sind vor allem Kreditkartenorganisationen und Telekommunikationsdienstleister, die zu klassischen Commodity-Dienstleistern zählen. Identifiziert wurden vier Ursachenkategorien von Preisbeschwerden: Rechnungsstellungsfehler (monetärer Art), Preisänderungen und Preisinformationsmängel, Rechnungsstellungsfehler (nicht-monetärer Art), unvorteilhafte Preise im Vergleich zu Wettbewerbern oder zu Angeboten an andere Kunden. Bei Preisbeschwerden sind im Rahmen der Beschwerdebearbeitung vor allem eine adäquate Kompensation aus Kundensicht, aber auch das Mitarbeiterverhalten entscheidend (Estelami 2003).

Die oben genannten Preisbeschwerden lassen sich im Fall einer sich konkretisierenden Abwanderung den unter 2.1.2 angeführten unternehmensbezogenen und wettbewerbsbezogenen Abwanderungsursachenkategorien zuordnen. Ferner ist ein Bezug zu den drei Preisteilunzufriedenheiten (3.3.2) zu erkennen.

Obwohl Preisprobleme die Wechselentscheidung eines Kunden stark beeinflussen, werden sie am wenigsten gegenüber dem Unternehmen in Form einer Beschwerde geäußert. Kunden gehen vermutlich davon aus, dass bei einer Preisbeschwerde mit keinem zufriedenstellenden Beschwerdeergebnis zu rechnen ist, da der Anbieter hinsichtlich des Preises (bzw. preislicher Aspekte) keine Änderungen vornehmen wird (Colgate und Hedge 2001). Folglich gehen dem Unternehmen sowohl wertvolle Informationen über die Gründe von Kundenabwanderungen als auch die konkrete Chance einer Wiedergutmachung und Stabilisierung der Kundenbeziehung verloren.

Gelingt es dem Commodity-Dienstleister – im Fall von sich beschwerenden Kunden – nicht die an ihn herangetragene Preisbeschwerde zufriedenstellend zu bearbeiten, so führt dies zu einer doppelten Unzufriedenheit: einer Preisunzufriedenheit und einer Beschwerdeunzufriedenheit. Folglich ist davon auszugehen, dass eine Beschwerdeunzufriedenheit die Abwanderungsabsicht eines Kunden verstärkt.

3.3.3.2 Preisunzufriedenheit und negative Mundkommunikation

Die Preisunzufriedenheit kann den Kunden zu einer negativen Mundkommunikation veranlassen. Durch eine negative Mundkommunikation ist der Kunde beispielsweise in der Lage, seine Besorgnis bzw. seinen Ärger zu reduzieren, andere Konsumenten zu warnen oder Vergeltung gegenüber dem Anbieter auszuüben. Verschiedene Untersuchungen deuten auf ein größeres Maß an Mundkommunikation im Fall einer Kundenunzufriedenheit als bei einer Kundenzufriedenheit hin. Durch den starken Einfluss der negativen Mundkommunikation auf das Kaufverhalten anderer Konsumenten kann der Anbieter erheblich beeinträchtigt werden (z. B. Reputationsschädigung, Umsatzeinbußen) (Anderson 1998).

Fraglich ist, ob eine negative Mundkommunikation des Kunden im Kontext der Preisunzufriedenheits-Wirkungskette einen Einfluss auf die Abwanderungsabsicht besitzt. Gelingt es dem Kunden, seine auf einer Preisunzufriedenheit basierenden Besorgnis bzw. seinen Ärger mittels einer negativen Mundkommunikation zu reduzieren, so ist es denkbar, dass sich die Absicht einer Abwanderung unter Umständen abschwächt. Grundsätzlich ist allerdings anzunehmen, dass eine negative Mundkommunikation die wahrgenommene Preisunzufriedenheit des Kunden nicht (vollständig) reduzieren wird. Anders als bei einer Beschwerde besitzt der Dienstleister keine Chance auf eine Wiedergutmachung und eine Wiederherstellung der Zufriedenheit. Somit ist von keinem Einfluss der eigens durch den Kunden initiierten negativen Mundkommunikation auf dessen Abwanderungsabsicht auszugehen. Die negative Mundkommunikation stellt eine Reaktionsform des Kunden auf eine Preisunzufriedenheit dar, die parallel zu der eigentlichen Abwanderung erfolgt. Dies zeigen auch Ergebnisse der Studie von Keaveney (1995). So berichten 75 % der Kunden mindestens einer anderen Person, meist jedoch mehreren Personen, von ihrer Abwanderung. Vermutlich werden dabei vor allem die kritischen Ereignisse weitergegeben, die den Kunden zu einem Anbieterwechsel veranlasst haben.

3.3.3.3 Preisunzufriedenheit und Informationsverhalten

Die Preisunzufriedenheit des Kunden, die gewisse kognitive Prozesse voraussetzt und in der Regel von affektiven Komponenten (d. h. negativen Emotionen) begleitet wird, kann zu einer Steigerung des einst niedrigen Kundeninvolvements bei Commodity-Dienstleistungen führen.

Im Zuge des gestiegenen Involvements verändern sich das Informationsverhalten sowie die Informationsverarbeitung des Kunden (Solomon et al. 2001). Der Kunde wird daran interessiert sein zu wissen, ob die aktuelle Commodity-Dienstleistung woanders günstiger und/oder besser erhältlich ist. Informationen werden durch den Kunden aktiv gesucht und verarbeitet. Die Bereitschaft des Kunden zur Informationssuche sowie der Umfang des Kundenwissens hinsichtlich Alternativangebote stehen dabei in einem engen Bezug zu dessen Abwanderung (Capraro et al. 2003; Santonen 2007).

Commodity-Dienstleister und deren Angebote werden folglich differenzierter als eigentlich üblich vom Kunden betrachtet und verglichen. Im Fall einer Preisunzufriedenheit, die auf einem Qualitätsmangel und somit auf einer Preisunwürdigkeit beruht, wird die Informationssuche auch qualitative Aspekte umfassen. In der Regel wird das Informationsverhalten jedoch preisfokussiert sein. Mündet das auf einem erhöhten Involvement basierende aktive Informationsverhalten des Kunden im Fund eines (preislich) überlegenen, attraktiven Commodity-Dienstleistungsangebots, so wird dies die Absicht einer Abwanderung stärken.

3.3.3.4 Preisunzufriedenheit und Abwanderungsabsicht bzw. -verhalten

Die Abwanderungsabsicht des Kunden wird von der wahrgenommenen Preisunzufriedenheit gemäß der Preisunzufriedenheits-Wirkungskette direkt beeinflusst. Die vorherigen Ausführungen verdeutlichen allerdings, dass weitere Reaktionsformen auf eine Preisunzufriedenheit existieren können, die positiv auf die Wechselabsicht wirken. Es handelt sich um die Beschwerdeunzufriedenheit und den Wechsel unterstützende Informationen als Ergebnis der aktiven Informationssuche.

Die Abwanderungsabsicht, welche als eine Verhaltenskomponente der Einstellung aufgefasst werden kann, bestimmt das Abwanderungsverhalten des Kunden (Kroeber-Riel und Weinberg 2003). Die tatsächliche Abwanderung kann dabei in unterschiedlichem Ausmaß erfolgen. Kunden können im Zeitverlauf sukzessive abwandern oder die Geschäftsbeziehung auf einmal vollständig beenden. Hinsichtlich mehrfacher Vertragsbeziehungen im Versicherungsbereich zeigen Studienergebnisse, dass Kunden, die aufgrund eines Preises kündigen, deutlicher dazu neigen gleich alle Verträge aufzulösen als qualitätsbezogene Kündiger (Stauss und Seidel 2009b).

Ob die vorhandene Abwanderungsabsicht des Kunden in ein Verhalten, d. h. eine Abwanderung, mündet, ist von verschiedenen Einflussfaktoren abhängig (Michalski 2002). An dieser Stelle soll auf das Commitment näher eingegangen werden, da es die Entscheidung zur Fortführung der Geschäftsbeziehung eines Kunden deutlich beeinflusst (von Stenglin 2008). Bei einem hohen Commitment ziehen Kunden eine Abwanderung weniger in Betracht als bei einem niedrigen Commitment (Fullerton 2003). Folglich ist davon auszugehen, dass die Wirkung der Abwanderungsabsicht auf das Abwanderungsverhalten durch die Ausgeprägtheit des Kunden-Commitments bei Commodity-Dienstleistungen moderiert wird.

Ein einheitliches Begriffsverständnis von Commitment ist in der Literatur nicht vorzufinden. Für die weitere Betrachtung wird das Beziehungs-Commitment gemäß von Stenglin (2008) zugrunde gelegt, da es verschiedene Komponenten bzw. Dimensionen des Commitments aufzeigt und sich auf den Dienstleistungsbereich bezieht. Demnach ist Beziehungs-Commitment ein psychologischer Bindungszustand des Kunden, der sich aus einem affektiven Commitment (Wunsch nach Bindung, Befürwortung, „wollen"), einem kalkulatorischem Commitment (Notwendigkeit zur Fortführung der Beziehung aufgrund von Wechselkosten, „müssen") sowie einem normativen Commitment (moralische Verpflichtung) zusammensetzt (von Stenglin 2008).

Affektives Commitment Ein affektives Commitment wird unter anderem durch das persönliche Involvement (Meyer und Herscovitch 2001) sowie die Kundenzufriedenheit (von Stenglin 2008) bedingt. Basierend auf der Erkenntnis, dass Commodity-Dienstleistungskunden ein niedriges Involvement aufweisen, ist zu Beginn der Preisunzufriedenheits-Wirkungskette von einem eher geringen affektiven Kunden-Commitment zum Dienstleister auszugehen. Steigt im Zuge der als negativ wahrgenommenen Preisunzufriedenheit das Involvement, wird sich das zuvor neutrale bzw. geringe emotionale Bindungsgefühl des Kunden weiter schwächen. Losgelöst von der Betrachtung des Involvements zeigt sich ebenfalls, dass die Kundenzufriedenheit das affektive Commitment beeinflusst. Demnach ist bei der Existenz einer Preisunzufriedenheit eine Reduktion des affektiven Commitments des Kunden zu erwarten. Folglich ist anzunehmen, dass die Wirkung der Abwanderungsabsicht auf die tatsächliche Abwanderung durch das affektive Commitment nicht bzw. nur kaum gehemmt wird.

Kalkulatorisches Commitment Das kalkulatorische Commitment soll hinsichtlich der Determinante wahrgenommener Wechselkosten untersucht werden. Wechselkosten sind monetäre und nicht-monetäre Kosten, die dem Kunden im Rahmen einer Beziehungsbeendigung sowie Neuanbahnung einer Geschäftsbeziehung entstehen (Blut 2008). Bedingt durch die grundsätzlich hohe Verfügbarkeit an Alternativen ist davon auszugehen, dass – im Vergleich zu anderen Dienstleistungen – die direkten Kosten für die Aufnahme einer neuen Geschäftsbeziehung für Commodity-Dienstleistungskunden tendenziell gering ausfallen. Die spezifischen Kosten und Investitionen des Kunden in die bisherige Geschäftsbeziehung, die durch eine Abwanderung verloren gehen, sind ebenfalls als eher begrenzt anzusehen. Etwaige Opportunitätskosten, wie z. B. der Verlust von angesammelten Bonus- und/oder Statuspunkten, versuchen Wettbewerber in der Regel durch das Angebot von Wechselprämien zu kompensieren (Spiecker 2013).

Normatives Commitment Eine moralische Verpflichtung des Kunden zum Fortbestand der Geschäftsbeziehung basiert neben subjektiven normativen Wertvorstellungen des Kunden, auf die an dieser Stelle nicht näher eingegangen wird, auf einer hohen Kundenzufriedenheit (von Stenglin 2008). Liegt eine hohe Preisunzufriedenheit vor, so ist zu erwarten, dass sich ein einst gegebenenfalls bestehendes normatives Commitment des Kunden reduzieren wird.

Insgesamt ist von einem eher niedrig ausgeprägten Kunden-Commitment bei Commodity-Dienstleistungen auszugehen. Folglich wird das Commitment die Wirkung der Abwanderungsabsicht auf das Abwanderungsverhalten nicht bzw. nur geringfügig beeinflussen.

3.4 Die spezifizierte Preisunzufriedenheits-Wirkungskette

Basierend auf den Erkenntnissen in Kap. 3.3 kann die generelle Preisunzufriedenheits-Wirkungskette (3.2) grafisch erweitert bzw. differenziert werden. Die **spezifizierte Preisunzufriedenheits-Wirkungskette** ist in Abb. 4 dargestellt.

Bei Commodity-Dienstleistungen können Preisprobleme und auch Qualitätsmängel die Treiber einer vom Kunden wahrgenommen Preisunzufriedenheit, die aus den Dimensionen Preisungünstigkeit, Preisunwürdigkeit und Preispolitische Mängel besteht, sein. Neben dem direkten Einfluss der Preisunzufriedenheit auf die Abwanderungsabsicht wurden weitere Reaktionsformen des Kunden aufgezeigt. Für die Abwanderung sind insbesondere das Beschwerdeverhalten und eine erlebte Beschwerdeunzufriedenheit sowie den Wechsel unterstützende Informationen resultierend aus einem aktiven Informationsverhalten von Bedeutung, da sie die Abwanderungsabsicht des Kunden stärken. Ob die Abwanderungsabsicht in eine tatsächliche Abwanderung mündet, wurde unter Berücksichtigung des Commitments diskutiert. Hierbei zeigt sich, dass das generell niedrige Commitment des Kunden durch eine Preisunzufriedenheit geschwächt werden kann und

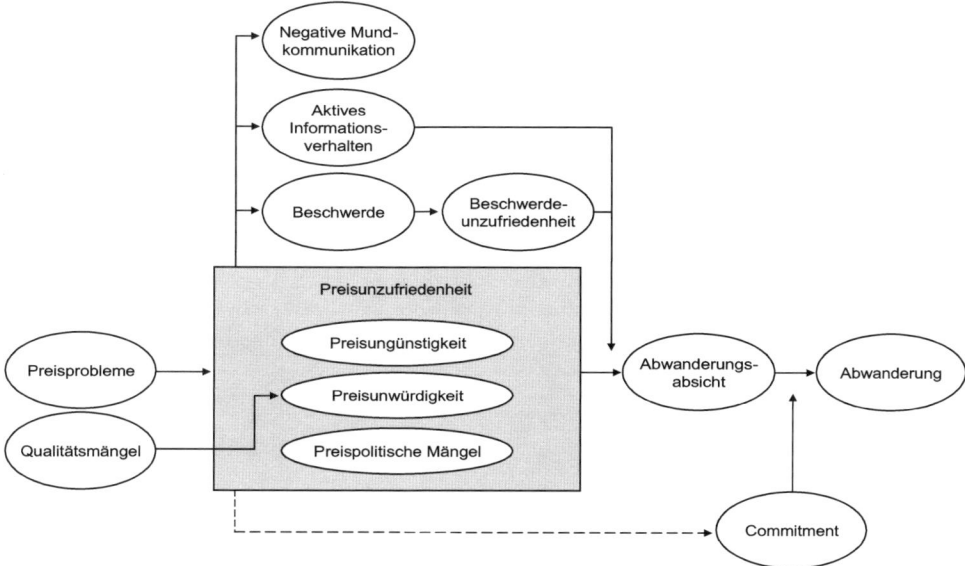

Abb. 4 Die spezifizierte Preisunzufriedenheits-Wirkungskette

insgesamt eher von keiner ausgeprägten abwanderungshemmenden Wirkung des Commitments bei Commodity-Dienstleistungen auszugehen ist. In vielen Fällen wird eine Kundenabwanderungsabsicht somit zu einer Kundenabwanderung führen.

4 Managementkonsequenzen

Aufgrund der besonderen ökonomischen Relevanz der Kundenabwanderungsproblematik sollten Anbieter von Commodity-Dienstleistungen ihre Aufmerksamkeit neben der Kundenbindung verstärkt auf das Thema **Kundenabwanderung** richten. Aus Managementperspektive sind hierbei vor allem preisbezogene Aspekte, die für eine Kundenbeziehung bedeutsam sind, zu beachten (Spiecker 2013).

Die **Preisunzufriedenheit** stellt eine bislang vernachlässigte Determinante der Kundenabwanderung bei Commodity-Dienstleistungen dar. Folglich sollten Commodity-Dienstleister die Preisunzufriedenheit ihrer Kunden in den verschiedenen Dimensionen kontinuierlich messen und analysieren. Eine Erhebung der Preisteilunzufriedenheiten ist für die Ableitung von Kundenbindungs- bzw. Kundenrückgewinnungsmaßnahmen allerdings nicht ausreichend.

Die der Preisunzufriedenheit zugrunde liegenden Probleme sind durch eine Beschwerdeanalyse sowie eine Kundenverlustanalyse (Seidel 2007; Stauss und Seidel 2009a) zu identifizieren. Die gegenüber dem Commodity-Dienstleister geäußerten Beschwerden geben Aufschluss über die vom Kunden erlebten Preis- und Qualitätsprobleme, die zu einer

Preisunzufriedenheit geführt haben. Im Rahmen einer Kundenverlustanalyse können die tatsächlich abgewanderten Kunden hinsichtlich ihrer Abwanderungsgründe befragt werden, so dass die verhaltensrelevanten (Preis-) Probleme für den Anbieter ersichtlich werden.

Um einer Kundenabwanderung entgegenzuwirken, sollten Commodity-Dienstleister die Kunden zu Beschwerden und insbesondere zu Preisbeschwerden motivieren. Es gilt die Anzahl der geäußerten Beschwerden unzufriedener Kunden zu maximieren, so dass im Rahmen einer systematischen Bearbeitung die Beschwerden der Kunden zufriedenstellend gelöst werden können und sich die Geschäftsbeziehungen wieder stabilisieren.

Nachdem die Kundenprobleme aufgedeckt worden sind, gilt es eine Differenzierung der Preisprobleme und Qualitätsmängel vorzunehmen. Auf Basis einer detaillierten Problemkategorisierung ist der Commodity-Dienstleister in der Lage, konkrete – für die Kundenbindung sowie Kundenrückgewinnung relevante – preis- und qualitätspolitische Maßnahmen abzuleiten.

Abgesehen davon können kommunikationspolitische Maßnahmen eingesetzt werden, um die Wahrnehmung des Kunden hinsichtlich des Commodity-Dienstleisters und dessen Dienstleistungen positiv zu beeinflussen. Die Maßnahmen sollten sich neben Qualitätskomponenten vor allem auch auf verschiedene preisliche Aspekte beziehen. Nimmt der Kunde das Preis-Leistungsverhältnis des Dienstleistungsangebots als überlegen wahr, so mindert sich die Gefahr einer aktiven Informationssuche nach Alternativangeboten verbunden mit einer möglichen Kundenabwanderung.

Literatur

Adler, J. (2005). Ermittlung der Zahlungsbereitschaft für value added Commodities. In M. Enke & M. Reimann (Hrsg.), *Commodity Marketing: Grundlagen und Besonderheiten* (S. 121–149). Wiesbaden: Gabler.

Adler, J., & McLachlan, C. (2005). Produktdifferenzierung durch Management der Kundenwahrnehmung. In M. Enke & M. Reimann (Hrsg.), *Commodity Marketing: Grundlagen und Besonderheiten* (S. 199–216). Wiesbaden: Gabler.

Anderson, E. W. (1998). Customer satisfaction and word of mouth. *Journal of Service Research, 1,* 5–17.

Bansal, H. S., Irving, P. G., & Taylor, S. F. (2004). A three-component model of customer commitment to service providers. *Journal of the Academy of Marketing Science, 32,* 234–250.

Billen, P., & Raff, T. (2005). Kundenbindung bei Commodities – die Quadratur des Kreises? In M. Enke & M. Reimann (Hrsg.), *Commodity Marketing: Grundlagen und Besonderheiten* (S. 151–181). Wiesbaden: Gabler.

Bliemel, F. W., & Eggert, A. (1998). Kundenbindung: Die neue Sollstrategie? *Marketing Zeitschrift für Forschung und Praxis, 20,* 37–46.

Blut, M. (2008). *Der Einfluss von Wechselkosten auf die Kundenbindung: Verhaltenstheoretische Fundierung und empirische Analyse.* Wiesbaden: Gabler.

Bruhn, M. (2005). Commodities im Dienstleistungsbereich. In M. Enke & M. Reimann (Hrsg.), *Commodity Marketing: Grundlagen und Besonderheiten* (S. 64–84). Wiesbaden: Gabler.

Bruhn, M. (2009). *Relationship Marketing: Das Management von Kundenbeziehungen* (2. Aufl.). München: Vahlen.

Bruhn, M. (2011). Commodities im Dienstleistungsbereich. In M. Enke & M. Reimann (Hrsg.), *Commodity Marketing: Grundlagen – Besonderheiten – Erfahrungen* (S. 57–77) (2. Aufl.). Wiesbaden: Gabler.

Bruhn, M., & Michalski, S. (2003). Analyse von Kundenabwanderungen – Forschungsstand, Erklärungsansätze, Implikationen. *Schmalenbachs Zeitschrift für betriebswirtschaftliche Forschung, 55,* 431–454.

Capraro, A. J., Broniarczyk, S., & Srivastava, R. K. (2003). Factors influencing the likelihood of customer defection: The role of consumer knowledge. *Journal of the Academy of Marketing Science, 31,* 164–175.

Colgate, M., & Hedge, R. (2001). An investigation into the switching process in retail banking services. *International Journal of Bank Marketing, 19,* 201–212.

Colgate, M., Stewart, K., & Kinsella, R. (1996). Customer defection: A study of the student market in Ireland. *International Journal of Bank Marketing, 14,* 23–29.

Corsten, H. (1997). *Dienstleistungsmanagement* (3. Aufl.). München: Oldenbourg.

Diller, H. (1997). Preis-Management im Zeichen des Beziehungsmarketing. *Die Betriebswirtschaft, 57,* 749–762.

Diller, H. (2000). Preiszufriedenheit bei Dienstleistungen: Konzeptionalisierung und explorative empirische Befunde. *Die Betriebswirtschaft, 60,* 570–587.

Diller, H. (2008). *Preispolitik* (4. Aufl.). Stuttgart: Kohlhammer.

Diller, H., & That, D. (1999). Die Preiszufriedenheit bei Dienstleistungen. Nürnberg.

Duck, S. (1982). A topography of relationship disengagement and dissolution. In S. Duck (Hrsg.), *Personal relationships 4: Dissolving personal relationships* (S. 1–30). London: Academic.

Engelmann, M. (2009). *Die Komplexität von Preissystemen: Theoretische Fundierung, Kundenwahrnehmung und Erfolgsfaktoren.* München: Fördergesellschaft Marketing.

Enke, M., Reimann, M., & Geigenmüller, A. (2005). Commodity Marketing. In M. Enke & M. Reimann (Hrsg.), *Commodity Marketing: Grundlagen und Besonderheiten* (S. 13–33). Wiesbaden: Gabler.

Estelami, H. (2003). Sources, characteristics, and dynamics of postpurchase price complaints. *Journal of Business Research, 56,* 411–419.

Foscht, T., & Swoboda, B. (2005). *Käuferverhalten: Grundlagen – Perspektiven – Anwendungen* (2. Aufl.). Wiesbaden: Gabler.

Fullerton, G. (2003). When does commitment lead to loyalty? *Journal of Service Research, 5,* 333–344.

Gerpott, T. J. (2001). Marketing in der Telekommunikationsbranche. In D. K. Tscheulin & B. Helmig (Hrsg.), *Branchenspezifisches Marketing: Grundlagen – Besonderheiten – Gemeinsamkeiten* (S. 37–61). Wiesbaden: Gabler.

Hirschman, A. O. (1974). *Abwanderung und Widerspruch: Reaktionen auf Leistungsabfall bei Unternehmungen, Organisationen und Staaten.* Tübingen: Mohr.

Hocutt, M. A. (1998). Relationship dissolution model: Antecedents of relationship commitment and the likelihood of dissolving a relationship. *International Journal of Service Industry Management, 9,* 189–200.

Homburg, C., & Koschate, N. (2005). Behavioral Pricing-Forschung im Überblick – Teil 1: Grundlagen, Preisinformationsaufnahme und Preisinformationsbeurteilung. *Zeitschrift für Betriebswirtschaft, 75,* 383–423.

Keaveney, S. M. (1995). Customer switching behavior in service industries: An exploratory study. *Journal of Marketing, 59,* 71–82.

Keaveney, S. M., & Parthasarathy, M. (2001). Customer switching behavior in online services: An exploratory study of the role of selected attitudinal, behavioral, and demographic factors. *Journal of the Academy of Marketing Science, 29,* 374–390.

Knauer, M. (2003). Kundenbindung in der Telekommunikation: Das Beispiel T-Mobile. In M. Bruhn & C. Homburg (Hrsg.), *Handbuch Kundenbindungsmanagement: Strategien und Instrumente für ein erfolgreiches CRM* (4. Aufl., S. 673–688). Wiesbaden.

Kroeber-Riel, W., & Weinberg, P. (2003). *Konsumentenverhalten* (8. Aufl.). München: Vahlen.

Matzler, K. (2003). Preiszufriedenheit. In H. Diller (Hrsg.), *Handbuch Preispolitik: Strategien – Planung – Organisation – Umsetzung* (S. 303–328). Wiesbaden: Gabler.

Matzler, K., Renzl, B., & Faullant, R. (2007). Dimensions of price satisfaction: A replication and extension. *International Journal of Bank Marketing, 25*, 394–405.

Meffert, H., & Bruhn, M. (2009). *Dienstleistungsmarketing: Grundlagen, Konzepte, Methoden* (6. Aufl.). Wiesbaden: Gabler.

Meyer, J. P., & Herscovitch, L. (2001). Commitment in the workplace: Toward a general model. *Human Resource Management Review, 11*, 299–326.

Michalski, S. (2002). *Kundenabwanderungs- und Kundenrückgewinnungsprozesse: Eine theoretische und empirische Untersuchung am Beispiel von Banken.* Wiesbaden: Gabler.

Mount, P. R. (1969). Exploring the commodity approach in developing marketing theory. *Journal of Marketing, 33*, 62–64.

Neslin, S. A., Gupta, S., Kamakura, W., Lu, J., & Mason, C. H. (2006). Defection detection: Measuring and understanding the predictive accuracy of customer churn models. *Journal of Marketing Research, 43*, 204–211.

Oliver, R. L. (1997). *Satisfaction: A behavioral perspective on the consumer.* Boston: McGraw-Hill.

Passmore, D. (1994). The product commoditization paradox. *Business Communication Review, 24*, 30–31.

Pohl, A. (2004). *Preiszufriedenheit bei Innovationen: Nachfrageorientierte Analyse am Beispiel der Tourismus- und Airlinebranche.* Wiesbaden: DUV.

Reichheld, F. F., & Sasser, W. E. (1990). Zero defections: Quality comes to services. *Harvard Business Review, 68*, 105–111.

Reimann, M., Schilke, O., & Thomas, J. S. (2010). Toward an understanding of industry commoditization: Its nature and role in evolving marketing competition. *International Journal of Research in Marketing, 27*, 188–197.

Rommel, K., & Meyerhoff, J. (2009). Empirische Analyse des Wechselverhaltens von Stromkunden. Was hält Stromkunden davon ab, zu Ökostromanbietern zu wechseln? *Zeitschrift für Energiewirtschaft, 1*, 74–82.

Rothenberger, S. (2005). *Antezedenzien und Konsequenzen der Preiszufriedenheit.* Wiesbaden: DUV.

Santonen, T. (2007). Price sensitivity as an indicator of customer defection in retail banking. *International Journal of Bank Marketing, 25*, 39–55.

Sauerbrey, C., & Henning, R. (2000). *Kunden-Rückgewinnung: Erfolgreiches Management für Dienstleister.* München: Vahlen.

Seidel, W. (2007). Customer-at-Risk Management: Der Befreiungsschlag aus der Wachstumsfalle. In M. H. J. Gouthier, C. Coenen, C. H. S. Schulze, & C. Wegmann (Hrsg.), *Service Excellence als Impulsgeber: Strategien – Management – Innovationen – Branchen* (S. 527–547). Wiesbaden: Gabler.

Siems, F. (2003). *Preiswahrnehmung von Dienstleistungen: Konzeptualisierung und Integration in das Relationship Marketing.* Wiesbaden: Gabler.

Simon, H., & Fassnacht, M. (2009). *Preismanagement: Strategie – Analyse – Entscheidung – Umsetzung* (3. Aufl.). Wiesbaden: Gabler.

Solomon, M., Bamossy, G., & Askegaard, S. (2001). *Konsumentenverhalten: Der europäische Markt.* München: Pearson Studium.

Spiecker, D. (2013). *Preisorientierte Kundenabwanderung bei Commodity Dienstleistungen.* Hamburg: Kovac.

Stauss, B. (1999). Kundenzufriedenheit. *Marketing Zeitschrift für Forschung und Praxis, 21*, 5–24.

Stauss, B. (2000). Rückgewinnungsmanagement: Verlorene Kunden als Zielgruppe. In M. Bruhn & B. Stauss (Hrsg.), *Dienstleistungsmanagement Jahrbuch 2000* (S. 449–471). Wiesbaden: Gabler.

Stauss, B. (2013). Vermeidung von Kundenverlusten und Stärkung der Kundenbindung durch Beschwerdemanagement. In M. Bruhn & C. Homburg (Hrsg.), *Handbuch Kundenbindungsmanagement: Strategien und Instrumente für ein erfolgreiches CRM* (S. 399–428) (8. Aufl.). Wiesbaden: Springer Gabler.

Stauss, B., & Friege, C. (2006). Kundenwertorientiertes Rückgewinnungsmanagement. In B. Günter & S. Helm (Hrsg.), *Kundenwert: Grundlagen – Innovative Konzepte – Praktische Umsetzungen* (S. 509–530) (3. Aufl.). Wiesbaden: Gabler.

Stauss, B., & Seidel, W. (2007). *Beschwerdemanagement: Unzufriedene Kunden als profitable Zielgruppe* (4. Aufl.). München: Hanser.

Stauss, B., & Seidel, W. (2009a). Kundenverlust-Controlling im Customer Relationship Management. In F. Wall, & R. W. Schröder (Hrsg.), *Controlling zwischen Shareholder Value und Stakeholder Value – Neue Anforderungen, Konzepte und Instrumente* (S. 85–103). München: Oldenbourg.

Stauss, B., & Seidel, W. (2009b). Preiskündiger und Qualitätskündiger: Zur Segmentierung verlorener Kunden. In J. Link & F. Seidl (Hrsg.), *Kundenabwanderung: Früherkennung, Prävention, Kundenrückgewinnung. Mit erfolgreichen Praxisbeispielen aus verschiedenen Branchen* (S. 143–162). Wiesbaden: Gabler.

Stenglin, A. von. (2008). *Commitment in der Dienstleistungsbeziehung: Entwicklung eines integrierten Erklärungs- und Wirkungsmodells.* Wiesbaden: Gabler.

Stewart, K. (1998). An exploration of customer exit in retail banking. *International Journal of Bank Marketing, 16,* 6–14.

Tähtinen, J., & Halinen, A. (2002). Research on ending exchange relationships: A categorization, assessment and outlook. *Marketing Theory, 2,* 165–188.

Wieringa, J. E., & Verhoef, P. C. (2007). Understanding customer switching behavior in a liberalizing service market: An exploratory study. *Journal of Service Research, 10,* 174–186.

Spiecker, Daniel
Springer Fachmedien Wiesbaden GmbH, Abraham-Lincoln-Str. 46,
65189 Wiesbaden, Deutschland
E-Mail: author@noreply.de

Stauss, Bernd
Springer Fachmedien Wiesbaden GmbH, Abraham-Lincoln-Str. 46,
65189 Wiesbaden, Deutschland
E-Mail: author@noreply.de

Die Kundenmitwirkung als Instrument des Commodity Marketings

Frank Jacob und Jens Sievert

Inhaltsverzeichnis

F. Jacob (✉)
Lehrstuhl für Marketing, Campus Berlin, ESCP Europe Campus Berlin, Heubnerweg 8–10,
14059 Berlin, Deutschland
E-Mail: fjacob@escpeurope.eu

J. Sievert
ifwom – Institute for Marketing and Word-of-Mouth Research, Ebelingstr. 14a,
10249 Berlin, Deutschland
E-Mail: jens.sievert@ifwom.com

M. Enke et al. (Hrsg.), *Commodity Marketing*,
DOI 10.1007/978-3-658-02925-8_11, © Springer Fachmedien Wiesbaden 2014

Zusammenfassung

Die Globalisierung der Märkte, die Verbreitung technischer Standards sowie die Flucht von Käufern aus der „Tyranny of Choice" fördern den Bedeutungsanstieg von Commodities im Allgemeinen. Anbieter von Commodities müssen sich dennoch Differenzierungsoptionen offen halten, um im Wettbewerb bestehen zu können. Zu den Differenzierungsoptionen zählt auch die Kundenmitwirkung in unterschiedlichen Wertschöpfungs- und Vermarktungsstufen. In unserem Beitrag erläutern wir, wie die Konzepte der Kundenbeobachtung, der Mass Customization und der Kundenintegration für diesen Zweck eingesetzt werden können. Dabei stellen wir die Konzepte zunächst vor, benennen dann besondere Herausforderungen aus dem Commodity-Geschäft und zeigen schließlich auf, wie die Konzepte für den Einsatzbereich im Commodity Marketing angepasst werden müssen. Abschließend diskutieren wir die Grenzen unseres Ansatzes.

1 Ursachen der Commoditisierung

Unter Commodities werden nach der heutigen Auffassung Güter und Dienstleistungen verstanden, deren Leistungsmerkmale schwer unterscheidbar sind (s. Kapitel „Commodity Marketing – Eine Einführung", S. 3ff.). Die mangelnde Vergleichbarkeit wird sowohl durch ökonomische und technische Entwicklungen als auch durch Aspekte des Kaufverhaltens beeinflusst. So führen Tendenzen einer internationalen, grenzübergreifenden Marktbearbeitung, von Levitt (1983) zusammengefasst unter dem Stichwort **„The globalization of markets"** zu einer zunehmenden Vereinheitlichung und Standardisierung von Produkten und Leistungen. Eine abnehmende Differenzierungsfähigkeit der Produktqualität wird zum Beispiel durch stabile Qualitätsstandards und verbesserte beziehungsweise noch schnellere Imitation der Leistungsbündel verursacht (Homburg und Schäfer 2001). Die Standardisierungs- und Imitationsstrategien führen somit zu einer Flut an schwer unterscheidbaren Leistungsbündeln. Der Konsument sieht sich durch die resultierende Informationsüberflutung einer **„Tyranny of Choice"** ausgesetzt (Fasolo et al. 2007). Einem Überangebot an Informationen entgeht der Kunde, indem er erfahrungs- und vergangenheitsbasiert nach einfachen Heuristiken handelt und sich entgegen den Postulaten des rationalen Entscheiders (homo oeconomicus) verhält. So kommt es auch zu einer Commoditisierung, die zunehmend durch subjektive Eindrücke getrieben wird. Burmann und Bohmann (2009) sprechen in diesem Zusammenhang von einer „Commodity Attitude". Die Annahme, dass Nachfrager über praktisch unbegrenzte Kapazität zur Aufnahme von Marketinginformationen verfügen und durch überzeugende Argumente und neue Erfahrungen zu Einstellungsänderungen zu bewegen sind, hat sich als nicht haltbar erwiesen (Trommsdorff und Teichert 2011). Werden Leistungsbündel immer weniger unterscheidbar, was für Commodities der Fall ist, so reduziert sich die Selbstrelevanz beziehungsweise das Involvement für die Nachfrager. Die in der Sozial- und Kognitionspsychologie entwickelten Dual-Process-Modelle können eine zunehmend affektiv und erfahrungsbasiert gesteuerte Entscheidungsfindung bei Kaufentscheidungen erklären (Chaiken 1987; Sloman 1996). Im Zusammenhang mit Commodities kann mangelndes Involvement zu einer Informationsabkehr und einer reinen Preisorientierung führen (z. B. Kroeber-Riel et al. 2009).

In den letzten Jahren ist eine Ausweitung des Commodity-Begriffs auf alle Leistungs- und Gütergategorien zu beobachten, so dass das Konsumgüter-, Agrargüter- und Industriegütermarketing betroffen sind (s. Kapitel „Commodity Marketing – Eine Einführung", S. 3ff.). Insbesondere auf Konsumgütermärkten zeigen sich solche Tendenzen (Wenske 2008). Aber auch bei Dienstleistungen können ähnliche Entwicklungen beobachtet werden. So wird bei erfahrungs- und vertrauensgetriebenen Dienstleistungen – wie z. B. Bankdienstleistungen – die subjektive Unterscheidbarkeit zunehmend erschwert (s. Kapitel „Commodities im Dienstleistungsbereich", S. 51ff.). Der Preis wird somit bei allen genannten Leistungsarten zum hauptsächlichen Differenzierungsmerkmal (s. Kapitel „Commodity Marketing – Eine Einführung", S. 3ff.).

2 Basisstrategien auf Commodity-Märkten

Im Zuge einer Commoditisierung werden die Phänomene der Homogenisierung des Wettbewerbs und der Preisorientierung der Konsumenten beobachtet. Dies führt zu der Notwendigkeit, vorhandene Strategien und Instrumente in Marketingbereichen zu hinterfragen (s. Kapitel „Commodity Marketing – Eine Einführung", S. 3ff.). Unternehmen, die homogen wahrgenommene Produkte und/oder Dienstleistungen anbieten, haben mit der **Kostenführerschaft** und der **Differenzierungsstrategie** zwei grundsätzliche Optionen der Markbearbeitung zur Auswahl. Andere Optionen, wie z. B. die Veränderung der Kundenwahrnehmung auf Basis informationsökonomischer Überlegungen (z. B. Adler und McLachlan 2005), sollen hier nicht weiter erörtert werden.

2.1 Die Kostenführerschaft

Ziel einer Strategie der Kostenführerschaft ist die Realisierung eines Kundenvorteils als Preisvorteil. Dieser entsteht, wenn bei vergleichbarem Nutzen verschiedener Angebote ein Nettonutzenvorteil durch einen deutlich niedrigeren Preis realisiert werden kann (Jacob 2009). Nach Day (2004) wird ein Anbieter, der diese Strategie verfolgt, als **„price-value-leader"** bezeichnet.

Die Kostenvorteile resultieren aus produkt- und marktspezifischen Faktoren. So können z. B. Skaleneffekte durch hohe Produktionskapazitäten („Economies of Scale") ausgenutzt werden und die so entstehenden Kostenvorteile an die Kunden weitergegeben werden. Aber auch verbesserte interne Prozesse sowie günstige oder alternative Zugänge zu Rohstoffen können als Quelle der Kostenvorteile dienen. Adler und McLachlan (2005) erläutern, dass das Angebot von Zusatzleistungen (z. B. mehr Inhalt, Rabatte) am Preis-

Leistungs-Verhältnis ansetzt. Durch die reine Preisorientierung der Konsumenten ist diese Strategie kurzfristig erfolgversprechend. Allerdings sind solche Maßnahmen relativ einfach durch Wettbewerber zu imitieren, solange kein grundlegender und anhaltender Kostenvorteil realisiert wurde (Backhaus und Schneider 2009).

2.2 Die Differenzierung

Die zweite Möglichkeit fokussiert auf eine konsequent betriebene Differenzierung des Leistungsbündels vom Wettbewerb. Der Kundenvorteil wird bei vergleichbaren Preisen durch eine positive Nettonutzendifferenz bestimmt, die durch einen deutlich höheren Nutzen für den Kunden entsteht (Jacob 2009). Innovationen müssen also am Bedarf der Kunden ausgerichtet sein und ein erhöhtes Nutzenpotential für diese aufweisen. Anbieter, die eine solche Strategie bevorzugen, werden von Day (2004) als **„performance-value leader"** bezeichnet.

Trotz der anfänglich fehlenden Alleinstellungsmerkmale der Leistungsbündel kann die Homogenität durch fortlaufende Differenzierung durchbrochen werden (Adler und McLachlan 2005). Entzieht man sich durch Innovationen dem Preis- bzw. Kostendruck und verfügt über eine positive Nettonutzendifferenz, ergeben sich auch Spielräume für Preisanpassungen. Allerdings ist der Erfolg der Differenzierungsstrategie von der Imitierbarkeit der Innovation abhängig. Kann die Innovation nicht vor Imitation geschützt werden, schließen die Wettwerber wieder auf und es entsteht ein erneuter Preiswettbewerb (Adler und McLachlan 2005).

2.3 Quellen zur Generierung von Kostenvorteilen und Differenzierungspotenzialen

Sowohl die angestrebte Position als Kostenführer als auch die Differenzierungsstrategie erfordern besondere Maßnahmen bei der Gestaltung der Leistungspotenziale und bei der Durchführung der Leistungserstellung. Bei beiden Basisstrategien stellt sich somit die Frage, woher die Einsparpotenziale oder aber auch die Ideen zur Leistungsdifferenzierung kommen sollen. Verbesserungen können selbstverständlich von unternehmensinternen Quellen wie der Forschung und Entwicklung, der Marktforschung, der Produktion oder dem Marketing initiiert werden, allerdings kann eine unternehmensinterne Betrachtung, gerade bei der Differenzierungsstrategie, zu kurz greifen. Dies ist vor allem dann der Fall, wenn Unternehmen die Kundenbedürfnisse gar nicht oder nur eingeschränkt berücksichtigen. Mit der Implementierung einer Kundenorientierung können solche Potentiale aber auch durch eine Beteiligung des Kunden erfasst werden. Wecht (2006, S. 32) konstatiert, dass „unter dem Begriff der Kundenorientierung eine grundsätzliche Ausrichtung auf den Kunden als Klammer über den Verlauf des gesamten Innovationsprozesses gesehen werden kann" und diese zur grundlegenden Voraussetzung für jegliche Einbeziehung von

Kunden wird. Die Einbeziehung der Kunden und die Erfassung der Bedürfnisse helfen zunächst, die Angebote besser auf Kundenprobleme anzupassen. Damit wird es eher zu einer Anpassung von Produkten und so zu einer Differenzierung kommen.

3 Kundenmitwirkung zur Potenzialerschließung

Um einer fortlaufenden Commoditisierung mittels Differenzierung entgegenzutreten, müssen Kundenbedürfnisse erfasst und systematisch umgesetzt werden. Unter den eingangs geschilderten Gründen für die Commoditisierung, wie dem geringen Involvement und den affektiven Entscheidungsheuristiken, scheint jedoch die generelle Mitwirkungsbereitschaft der Kunden gering. Dabei ist anzunehmen, dass aus einer zunehmenden Commoditisierung und einem damit abnehmenden Involvement der Kunden eine geringere Mitwirkungsbereitschaft resultiert. Dies scheint auf den ersten Blick eine unüberwindbare Hürde für die Beteiligung der Kunden darzustellen. Dazu ist jedoch festzuhalten, dass die Unterscheidung eines Bereitschaftsgrades zur Kundenmitwirkung nicht generell ohne eine Betrachtung von individuellen Charakteristika getroffen werden kann. In diesem Sinne können auch hohe Bereitschaften zur Kundenmitwirkung beobachtet werden, obwohl der Commoditisierungsgrad hoch ist. In Anlehnung an Wecht (2006) ziehen wir zur Unterscheidung verschiedenster Ausprägungen der Kundenorientierung das Konzept der **Kundeneinbindung** bzw. **Kundenmitwirkung** heran. Unter Kundeneinbindung/-mitwirkung werden alle Aktivitäten subsumiert, „welche zu einer Beeinflussung des Entwicklungs- bzw. Innovationsprozesses durch Wissen über sowie von Kunden oder durch direkte Kundenbeiträge im Rahmen gemeinsamer Aktivitäten führen" (Wecht 2006, S. 35). Je nach Aktivitätsgrad der eingebundenen Kunden und Anforderungen an die Unternehmung unterscheiden wir drei grundlegende Typen der Kundenmitwirkung[1]:

1. die Kundenbeobachtung/Kundenbeteiligung,
2. die Mass Customization und
3. die Kundenintegration bzw. kundenindividuelle Integration.

Abbildung 1 gibt einen ersten Überblick über das Rollenverständnis des Kunden und die Einbindungsintensität.

Leistungserstellungsprozesse können sowohl autonom als auch integrativ, d. h. unter Einbeziehung des externen Faktors, hier des Kunden, vollzogen werden (Engelhardt et al. 1993). Die Einbindungsintensität wird durch das Verhältnis der autonomen zur integrativen Aufteilung bestimmt. Das Ausmaß und die Intensität der Einbindung der Nutzer variieren in Abhängigkeit vom Kundenbeitrag, den aufgewendeten Ressourcen und der

---

[1] Wecht (2006) unterscheidet die Kundenbeobachtung, die Kundenbeteiligung und die Kundenintegration.

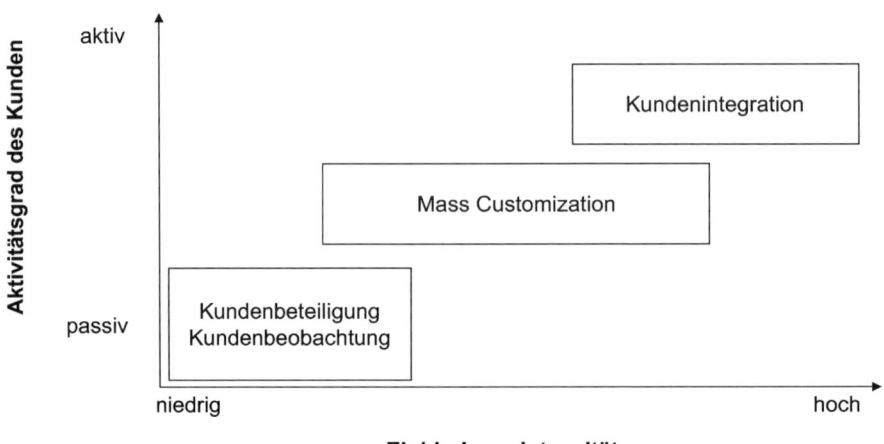

Abb. 1 Anforderungsprofil der Beteiligungsformen

Anzahl der Integrationsstufen. Zusätzlich ist die Rolle des Kunden zu beachten, die sowohl aktiver als auch passiver Natur sein kann. Naturgemäß geht eine höhere Einbindungsintensität mit einer aktiveren Rolle des Kunden einher. Erfolgskritisch ist dabei, ein Verständnis der kritischen Punkte zu erlangen, die zur Erzielung von Vorteilen bei den jeweiligen Ausprägungen der Einbindungsformen anfallen (Wecht 2006). Zusätzlich gilt es sicherzustellen, dass der zur Einbindungsform und -intensität passende Nutzer zum entsprechend optimalen Zeitpunkt in die Wertschöpfung integriert wird (Wynstra und Pierick 2000).

Im nachfolgenden Abschnitt werden die einzelnen Kundeneinbindungsformen unter Berücksichtigung der Kundenrolle und der Anforderungen an den Hersteller beschrieben. Dabei gehen wir auf die spezifischen Anforderungen bei Commodities ein. Die Methodiken der Kundenintegration und der Mass Customization werden aufgrund der hohen Anforderungen detaillierter beschrieben als die der Kundenbeobachtungen und Kundenbeteiligung.

3.1 Die Kundenbeobachtung und Kundenbeteiligung

Einige neue Impulse für die Differenzierung von Produkten bietet die von Vargo und Lusch (2004) eingeführte **Service-Dominant Logic of Marketing**. Im Zentrum der sogenannten SD-Logik steht die Argumentation, dass nicht nur Dienstleistungen sondern jede Art von Leistung durch die Kriterien Immaterialität, Heterogenität, Simultanität und Nicht-Lagerbarkeit charakterisiert sind (Jacob 2009). Demnach weist jedes Angebot einen symbolischen Wert auf, die wahrgenommene Qualität ist stets subjektiv, jeder marktliche Austausch erfordert eine Aktivität des Nachfragers und das Angebot unterliegt einem Zyklus. Das Marketing-Management muss demnach subjektive Qualitätsurteile und symbolische Werte managen und die Nachfrageraktivität stimulieren. Aus diesem Grund ist eine Leistungsindividualisierung durch Customizing fast obligatorisch (Jacob 2009).

Ein zentrales Element der SD-Logik ist das Verständnis, dass der Konsument kein passiver Empfänger von Werten ist, die ein Anbieter im traditionellen Sinne bereitstellt oder abliefert. Vielmehr muss man Kunden als aktive Mitgestalter verstehen (Spohrer et al. 2008). "The focus is not on products, but on the consumers' value-creating processes, where value emerges for consumers, and is perceived by them…the focus of marketing is value creation rather than value distribution" (Grönroos 2000, S. 24 f.). Die bisherige Fokussierung auf einen Tauschwert von Leistungen greift zu kurz. Der Gebrauchswert (value-in-use) ist letztlich für den Markterfolg verantwortlich, da ohne einen ausreichenden Nutzen keine Bedürfnisbefriedigung beim Konsumenten einsetzen kann (Weiber und Hörstrup 2009).

Im Falle eines hohen Commoditisierungsgrads wurde jedoch postuliert, dass eine geringe Mitwirkungsbereitschaft der Nutzer beim Leistungserstellungsprozess besteht. Ist der Grad der Mitwirkungsbereitschaft aber gering, wird ein Kunde eher eine passive Rolle im Austausch mit der Unternehmung einnehmen wollen und es scheint unwahrscheinlich, dass Potenziale zur Produktdifferenzierung einfach vom Kunden an das Unternehmen herangetragen werden. Trotzdem können Firmen versuchen, einen möglichst engen Kontakt mit ihren Kunden aufzubauen, um deren Bedürfnisse zu ermitteln und die Entwicklung möglichst bedürfnisgerechter Produkte voranzutreiben. Dabei ist jedoch zu bedenken, dass die Fähigkeit der Kunden zur Produktentwicklung durch deren Erfahrungsschatz beschränkt ist (Leonard und Rayport 1997). Die Anwendung von geeigneten Methoden kann diese Problematik allerdings umgehen.

Zwei substanzielle Möglichkeiten zur Einbeziehung der Kundenwünsche stellen die **Kundenbeobachtung** und die **Kundenbeteiligung** dar. Beide Verfahren sind klassische Marketingaktivitäten und helfen bei der Entwicklung und dem Absatz von kundenorientierten Leistungen. Sie bilden eine wichtige Standardaktivität jeder Unternehmung (Wecht 2006). Die Kundenbeobachtung hat ein besseres Verständnis der Marktanforderungen von Produkten zum Ziel. Trotz eines relativ geringen Grads an Kundenaktivität können sich dadurch Entwicklungsvorgaben für die Leistungserstellung ableiten lassen. Der Kunde nimmt dabei eine ausschließlich passive Rolle ein (Wecht 2006). Neben der Kundenbeobachtung hat sich die Kundenbeteiligung etabliert. Die relevanten Informationen werden durch Befragungen, Interviews oder Anwendungsstudien direkt vom Kunden erfasst. Der Kunde beteiligt sich hierbei am Wertschöpfungsprozess des Unternehmens, auch wenn sein Aktivitätsgrad sowie seine Einbindungsintensität noch minimal sind. Der Hersteller agiert hier einseitig proaktiv, so dass noch nicht von einer wechselseitigen Partnerschaft gesprochen werden kann.

Ein nützliches qualitatives Verfahren, welches Elemente der Kundenbeobachtung und Kundenbeteiligung enthält, stellt das von Leonard und Rayport (1997) eingeführte **Empathic Design** dar, mit dessen Hilfe implizite Kundenbedürfnisse mit in den Produktentwicklungsprozess einfließen können. Bei diesem Verfahren wird davon ausgegangen, dass eine rein quantitative Marktforschung die Bedürfnisse der Nutzer nicht aufdecken kann (Leonard und Rayport 1997). Hauptgrund für diesen Mangel ist die eingeschränkte Fähigkeit von Kunden zur Beschreibung von Bedürfnissen. Kunden werden daher bei der Nutzung von Produkten in ihrem privaten Umfeld nicht nur beobachtet, sondern auch intensiv befragt, um unbewusste Bedürfnisstrukturen aufzudecken (Lüthje 2000). Bei der Anwendung des Empathic Designs wird ein fünfstufiger Prozess vorgeschlagen, der die Beobachtung der Kunden, die Datenerfassung und Befragung, die Reflexion und Analyse der Daten, die Generierung von Lösungen und die Entwicklung von Prototypen umfasst (Leonard und Rayport 1997). Die Methode ist sowohl zeitaufwändig als auch kostenintensiv, führt allerdings größtenteils zu sehr guten Produktideen. Die Techniken sorgen u. a. für eine erhöhte Kundenloyalität, da sich der Kunde durch die direkte Ansprache vom Anbieter aufgewertet sieht (Wecht 2006).

Eine weitere Möglichkeit, innovationsrelevante Informationen aus Kundensicht zu erhalten, ist die von Ulwick (2002) vorgeschlagene **Voice-of-the-Customer-Methode**, die ihre Ergebnisse aus Kundenbefragungen zieht. Ziel des Ansatzes ist es, zu verstehen, welche Kriterien die Kunden zur Bestimmung des Nutzens anwenden (Ulwick und Teitelbaum 2005). Durch die Entwicklung eines eingehenden Verständnisses werden Möglichkeiten der Produktentwicklung eröffnet. Kunden sind nicht in der Lage, die richtigen Inputs zu liefern, wenn sie mit Hilfe von Tiefeninterviews, Fokusgruppen oder anderen Marktforschungstechniken nach Informationen befragt werden. Nach Ulwick und Teitelbaum (2005) muss sich ein Unternehmen bewusst machen, dass Kunden bestimmte Aufgaben zu erledigen haben, für deren Bewältigung Produkte oder Dienstleistungen erworben werden. In diesem Sinne wird wiederum der so bezeichnete **Value-in-Use** in den Vordergrund gerückt und der Erfolg dadurch gemessen, wie gut ein Produkt geeignet ist, einen bestimmten Zweck zu erfüllen (**outcome-driven innovation**). Constraints werden erfasst, um Hindernisse im Adoptionsprozess aufzudecken (Ulwick und Teitelbaum 2005). Umgesetzt wird der Ansatz durch moderierte Meetings mit Kunden, in denen diese gewünschten Ergebnisse gesammelt werden. Die Resultate werden bewertet, priorisiert und als Ausgangspunkte für weitere Schritte im Innovationsprozess verwendet (Wecht 2006). Entscheidend ist für Ulwick und Teitelbaum (2005) aber nicht nur, welchen speziellen Zweck das angebotene Produkt bedient, sondern welche nahen beziehungsweise verbundenen Zwecke es noch gibt. Gerade bei Commodities können sinnvolle Erweiterungen der Leistungen aufdeckt werden und zum Beispiel Anregungen für neuartige Leistungsbündel liefern.

Auch in Commodity-Märkten bieten sich die Analyse von Co-Creation-Prozessen und die Integration der resultierenden Informationen in den eigenen Prozess der Wertschöpfung durch die eben beschriebenen Methodiken an. Die Methodiken eignen sich bei Commodities gerade wegen der relativ passiven Rolle des Kunden und der geringen Einbindungsintensität. Der Zugang zu Informationen kann damit trotz eines geringen Involvements der Kunden hergestellt werden. Im Rahmen eines Co-Creation-Ansatzes kann die Art und Weise, mit der ein Endverbraucher Werte erschafft, genauer untersucht werden. Ziel ist es, die resultierenden Informationen nachfolgend in den eigenen Prozess der Wertschöpfung zu integrieren. Diese Form der Kundenorientierung kann entscheidende Impulse bei der Produktanpassung und -entwicklung liefern. Mit den gesammelten Informationen kann ein Produzent von Commodities die einzelnen Prozessschritte im Wertschöpfungsprozess des Kunden verstehen und geeignete Hilfestellungen im Value-Creation-Prozess geben.

3.2 Mass Customization

3.2.1 Eine Einführung in die Mass Customization

Wie eben beschrieben wurde, können die Kundenbeobachtung und -beteiligung als Ausgangspunkt für Produktinnovationen dienen, die später an eine breite Kundengruppe herangeführt werden. Das so entstandene Leistungsbündel muss allerdings nicht immer alle Bedürfnisse des breiten Marktes abdecken. Ebenso wenig kann man damit verschiedensten Bedürfnissen zeitgleich am Markt gerecht werden. Soll eine gewisse Vielfalt an Endkombinationen der Leistungsbündel erreicht werden, ohne jeweils neue Prozesse für jeden Kunden zu implementieren, kann das Instrument der **Mass Customization** als alternative Integrationsstrategie gewählt werden. Wecht (2006, S. 31) spricht dabei vom „Trend hin zu Konfigurationswerkzeugen mit denen gewisse Eigenschaften neuer Produkte an spezielle Kundenbedürfnisse angepasst werden können".

Die Mass Customization setzt dabei an zwei Punkten an. Einerseits gestattet Mass Customization, eine erhöhte Vielfalt an Konfigurationen von Leistungsbündeln anzubieten. Andererseits wird eine ähnliche Effizienz wie bei reiner Massenproduktion ermöglicht (Piller 2006). Durch eine Kundenmitwirkung bei der Mass Customization können sowohl Differenzierungsvorteile als auch Kostenvorteile generiert werden.

Im Gegensatz zu einer herkömmlichen Einzelfertigung ist die Mass Customization durch eine eingeschränkte Flexibilität gekennzeichnet. Die tatsächliche Individualisierung erfolgt an einer begrenzten Anzahl von kundenrelevanten Komponenten und damit in einem stabilen Lösungsraum (Piller 2006).

3.2.2 Anbieterseitige Voraussetzungen bei der Mass Customization

Ein wesentliches Charakteristikum von Mass Customization sind festgelegte Produkt- und Prozessarchitekturen, die durch eine Begrenzung der Individualisierungsmöglichkeiten erreicht werden. Der sogenannte **Lösungsraum** wird im Rahmen einer autonomen Vorproduktion vom Anbieter bestimmt. Ähnlich wie in der später beschriebenen kundenindividuellen Integration wird damit die Vorkombination vom Anbieter unter Einsatz der internen Ressourcen gestellt. Ein Mass-Customization-System zeichnet sich durch stabile, aber dennoch flexible Prozesse aus und kann somit die potenziellen Nachteile der kundenindividuellen Integration, wie ein hohes Flexibilitätsbedürfnis in allen Fertigungsstufen, einen geringen Vorfertigungsgrad, eine individuelle Planung jedes Produktionsprozesses, spezifische Erstellung der Fertigungsunterlagen und damit verbundene Kosten minimieren. Ein Mass-Customization-Konzept baut damit immer auf einer vorhandenen Spezifikation der Leistung auf. Der Lösungsraum muss so abgestimmt werden, dass bei der Gestaltung der Konfiguration diejenigen Komponenten variiert werden können, die einen

System der Mass Customization	Interaktionspunkt
Match-to-Order/Locate-to-Order: Unterstützung bei der Auswahl vorhandener Standardprodukte	Handel, Vertrieb
Bundle-to-Order: Bündelung von Standardprodukten und -leistungen zu einem individuellen Produkt	Handel, Vertrieb
Assemble-to-Order: Individuelle Endmontage aus standardisierten Komponenten und Modulen	Endmontage
Made-to-Order: Individuelle Fertigung inklusive kundenspezifischer Komponenten	Fertigung
Development-to-Order: Völlig freie Lösung, Mitwirkung der Kunden bei Entwicklung und Konstruktion	Design, Entwicklung

Abb. 2 Ausprägungen von Mass-Customization-Systemen. (Quelle: In Anlehnung an Piller 2006, S. 200)

wesentlichen Beitrag zum individuellen Produktnutzen leisten. Das Grundgerüst des Leistungsbündels bleibt dabei bestehen. Reichwald und Piller (2009, S. 202) sprechen „deshalb auch von einer Standardisierung der Individualisierung". Im Vordergrund sollte aber immer der Produktnutzen und nicht der Individualisierungsnutzen stehen (Piller und Ihl 2002).

Die Schaffung modularer Produktionsarchitekturen ist ein wesentlicher Erfolgsfaktor (Tseng und Du 1998; Tseng und Jiao 2001). Eine der größten Herausforderungen für den Anbieter ist jedoch die Aufdeckung und Spezifizierung des kundenrelevanten Lösungsraumes (Reichwald und Piller 2009). Durch die Begrenzung der Komponenten wird die Bereitstellung und Kombination modularisierter und individuell verknüpfbarer Leistungsbestandteile möglich. Der Nutzer bringt dabei meist nur steuernde Informationen in den Wertschöpfungsprozess des Anbieters ein. Durch die steuernden Informationen wird eine Individualisierung im Sinne einer kundenindividuellen Kombination der Leistungskomponenten erreicht. Diese Produktanpassung findet im Vergleich zur individuellen Kundenintegration allerdings meist erst in einem späteren Teil eines Integrationsprozesses statt, da die Prozesse auf bestehende Module oder Designelemente und damit auf standardisierte Leistungsplattformen aufsetzen (Wecht 2006). Die eigentliche Innovation wird allerdings schon in den vorgelagerten Innovationsprozessphasen des Herstellers betrieben, bei dem die grundlegenden Komponenten und deren Kombinationsmöglichkeiten herausgearbeitet werden müssen.

Wie und wann das finale Lösungsbündel zusammengestellt wird, kann durch verschiedene Ausprägungen von Mass-Customization-Systemen beeinflusst werden (siehe Abb. 2).

Mass Customization arbeitet hauptsächlich nach dem **made-to-order-Prinzip** und trennt den Wertschöpfungsprozess am Interaktionspunkt in einen massenhaften und damit standardisierten sowie in einen individuellen Teil (Piller und Ihl 2002). Mit dem made-to-order- oder auch build-to-order-Prinzip ist ein Eingriff in die Wertschöpfungsaktivitäten der Fertigung verbunden (Reichwald und Piller 2009). Das Konzept des assemble-to-order umfasst dabei nur die Endmontage der standardisierten Komponenten. Formen der Mass Customization, wie match-to-order, locate-to-order und bundle-to-order, gehören zum Spektrum der Soft Customization und setzen erst bei Tätigkeiten des Vertriebs und Kundenservices an. Sie sind damit unabhängig von Fertigungsprozessen (Reichwald und Piller 2009).

Bei development-to-order wird der Kunde in die eigentliche Produktentwicklung integriert. Es geht nicht mehr nur um eine Anpassung eines Produkts innerhalb bestimmter Parameter, sondern es erfolgt eine Neukonstruktion, auf deren Basis dann eine individuelle Leistungserstellung erfolgt. Dies entspricht aus Kundensicht dem Fall einer klassischen auftragsbezogenen Einzelfertigung, kann aber heute durch Nutzung der Prinzipien der Mass Customization mit der Effizienz erfolgen, die der einer Massenproduktion entspricht (Reichwald und Piller 2009). Das development-to-order entspricht im weitesten Sinne der kundenindividuellen Integration, wie sie im nachfolgenden Abschnitt beschrieben wird.

Essenziell ist dabei die Schaffung einer geeigneten Schnittstelle, die die Umsetzung der Mass Customization ermöglicht, indem es die Kundeninformationen in die Wertschöpfungskette integriert. Eine notwendige Voraussetzung für das Gelingen ist somit die Schaffung eines integralen Bindeglieds zwischen der Produktentwicklung, der Fertigung und den Kundenwünschen. Diese Benutzerschnittstelle dient der Erhebung von Bedürfnissen des Kunden und prüft ob die fertigungsseitigen Voraussetzungen für die Kombination erfüllt sind. Diese Schnittstelle kann sowohl ein Mitarbeiter des Unternehmens oder aber ein computergestütztes Konfigurationssystem sein. Der Informationsaustausch ist im Vergleich zur kundenindividuellen Integration deutlich beschleunigt. Das Konfigurationssystem ist ein integraler Bestandteil der Mass Customization und dient sowohl der Effektivität (Erweiterung des Konfigurationsumfanges) als auch der Effizienz (Kostensenkung) (Reichwald und Piller 2009). Es ist jedoch festzuhalten, dass eine Mass Customization auch immer mit neuen Produktions- und Koordinationskosten einhergeht und dass der Erfolg maßgeblich durch die Realisierung der Erlös- und Kostensenkungspotentiale bedingt ist (Piller und Ihl 2002).

3.2.3 Kundenspezifische Anforderungen bei der Mass Customization

Empirische Studien konnten in verschiedenen Marktsegmenten den Bedarf von Produkten und Leistungen aus der Mass Customization grundsätzlich bestätigen (z. B. EuroShoe Consortium 2002; Kieserling 2001; Zitex Consortium 1998). In der Regel wurden Marktpotentiale von 20 bis 30 % des Gesamtmarkts angezeigt. Dabei handelt es sich also nur um Sub-Segmente im Markt, die jedoch mehr als eine Nische repräsentieren (Piller und Ihl 2002). Es ist davon auszugehen, dass das Low Involvement bei Commodities zu einem Abfall des Marktpotenzials führt. Dementsprechend wird eine Mass Customization für Commodities nur eine sehr geringe Anzahl potenzieller Nutzer ansprechen.

Piller und Ihl (2002, S. 6) führen als einen Treiber der Mass Customization an, dass es eine „zunehmende Individualisierung der Nachfrage bei wachsendem Preisdruck" gibt. Die zunehmende Anzahl an Single-Haushalten, eine Design-Orientierung, veränderte Wertvorstellungen, ein verändertes Qualitäts- und Funktionalitätsbewusstsein sowie spezifische Vorstellungen der Abnehmer werden als Gründe für eine zunehmende Individualisierung aller Lebensbereiche aufgezählt. Zusätzlich drücken gerade Konsumenten mit einer hohen Kaufkraft ihre Persönlichkeit auch zunehmend über die Produktwahl aus (Piller 2006). Es ist anzunehmen, dass dies bedingt auch auf Commodity-Märkte zutrifft.

Eine wesentliche Voraussetzung zur Integration der Kunden mittels Mass Customization ist das Verständnis und die Bereitschaft, mit den Schnittstellen der Unternehmung zu interagieren. Gerade bei elektronischen Konfigurationssystemen ist damit ein Mindestmaß an technischem Verständnis bzw. ein Verständnis zur Nutzung nötig. Es ist allerdings auch die Aufgabe des Anbieters, diese Schnittstelle so benutzerfreundlich wie möglich zu gestalten.

3.2.4 Mass Customization bei Commodities

Reichwald und Piller (2009, S. 198) sprechen im Zusammenhang von Mass Customization (kundenindividueller Massenproduktion) von einer „Produktion von Gütern und Leistungen für einen (relativ) großen Absatzmarkt, welche die unterschiedlichen Bedürfnisse jedes einzelnen Nachfragers dieser Produkte treffen." Im Zusammenhang der von Levitt (1983) geäußerten Hypothese der globalen Standardisierungsbestrebungen können globale Märkte mit Commoditisierungs-Tendenzen für Mass-Customization-Konzepte interessant sein. Gerade durch Mass Customization können die Kostenvorteile der auf Masse ausgerichteten Produktion unter gleichzeitiger Berücksichtigung von individuellen Nutzenkomponenten erhalten bleiben.

Zu bewältigen bleibt jedoch der Widerspruch zwischen der konstatierten Nachfragehomogenität als äußere Umweltbedingung und der erforderlichen Nachfrageheterogenität als Voraussetzung für den Erfolg von Mass Customization. Trotz dieses scheinbaren Widerspruchs ist auch bei Commodities ein Nutzen der Mass Customization zu erwarten. Dieser lässt sich vor allem dann aufzeigen, wenn man sich die drei grundlegenden Möglichkeiten der Individualisierung vor Augen führt, die Reichwald und Piller (2009) auflisten:

- Eine erste Möglichkeit der Individualisierung stellen individuelle Maße der Kunden beziehungsweise Verwender dar. Passformen können als das Urmotiv von Mass Customization angesehen werden, umfassen allerdings zumeist nur körpernahe Produkte wie Kleidung oder Schuhe. Eine mögliche Erweiterung dieses Punkts kann mit der Individualisierung von Mengeneinheiten präsentiert werden, die z. B. individuelle Packungsgrößen umfasst.
- Eine weitere Möglichkeit besteht in der Individualisierung der Funktionalität. Die Funktionalität steht in engem Zusammenhang mit dem jeweiligen Verwendungszweck. Beispielhaft könnte man hier die Arbeits-, Spiele- und Unterhaltungs-PCs nennen, die

unterschiedlichen Nutzungszwecken gerecht werden und mittlerweile über Online-Konfiguratoren individuell zusammengestellt werden können.

• Eine letzte Möglichkeit der Individualisierung befasst sich mit der visuellen Wahrnehmung von Produkten und Leistungen durch Kunden. Anbieter beschränken ihre Anpassungen meist auf diese Möglichkeit. Während Reichwald und Piller (2009) dieses Vorgehen langfristig für nicht tragbar und zu imitierbar halten, kann es jedoch ein kleiner Schritt zur Abgrenzung eines Commodities sein.

Die Integration des Kunden ist die Grundlage der kundenspezifischen Leistungserstellung und zugleich die Basis für Maßnahmen eines intensiven, nutzwertbasierten Kundenbindungsmanagements (Piller und Ihl 2002). Durch die individuelle Leistungserstellung sollen die Konsumenten begeistert und aufgrund des mitgeschaffenen Werts langfristig gebunden werden. Schon durch eine einmalige erfolgreiche Leistungserstellung mittels Mass Customization kann sich das in der Interaktion gesammelte prozedurale Wissen als Barriere für den Anbieterwechsel herausstellen. Die Übernahme von Konfigurationen des Erstkaufs können die nachfolgenden Interaktionsvorgänge beschleunigen und automatisieren (Reichwald und Piller 2009). Konkurrierenden Angeboten haftet somit die Unsicherheit des Leistungsprozesses und -ergebnisses an, was selbst trotz konkurrenzseitiger Preisnachlässe zu Kundenbindung führen kann (Piller 2006). Damit bietet die Mass Customization einerseits einen Ausweg aus der abnehmenden Differenzierbarkeit des Commodities. Andererseits schafft sie eine Möglichkeit, aus dem Preiswettbewerb auszubrechen und Marktbarrieren aufzubauen. Ein Mass-Customization-Konzept kann also ein geeignetes Mittel sein, um aus der Entwicklung hin zu einem Commodity auszubrechen.

3.3 Die kundenindividuelle Integration/Kundenintegration

3.3.1 Prinzipien der Kundenintegration

In der wissenschaftlichen Diskussion der letzten Jahre wurde die Wichtigkeit einer verstärkten Individualisierung beziehungsweise Personalisierung der Leistung hervorgehoben (Kleinaltenkamp 1996). Das **Konzept der Kundenintegration** ist ein geeignetes Instrument, um individuell abgestimmte Angebote bedürfnisgerecht zu entwickeln. Durch ein Einbinden und Mitwirken des Kunden bei der Problemerkennung, der Konzeption von Problemlösungen und gegebenenfalls bei der Leistungserstellung werden Ressourcen des Kunden in den Leistungserstellungsprozess des Anbieters integriert.

Das Leistungspotenzial des Anbieters stellt dabei die Grundlage jedes Integrationsprozesses dar. Das Leistungspotenzial wird unter Nutzung der anbieterinternen Ressourcen und einer Vorkombination autonom vom Anbieter bereitgestellt. In der Wertschöpfungskette des Produzenten wird das Leistungspotenzial unter Verwendung der externen und vom Kunden zu Verfügung gestellten Faktoren (externe Produktionsfaktoren und/oder steuernde Information) in das finale Leistungsergebnis überführt (siehe Abb. 3). Dabei

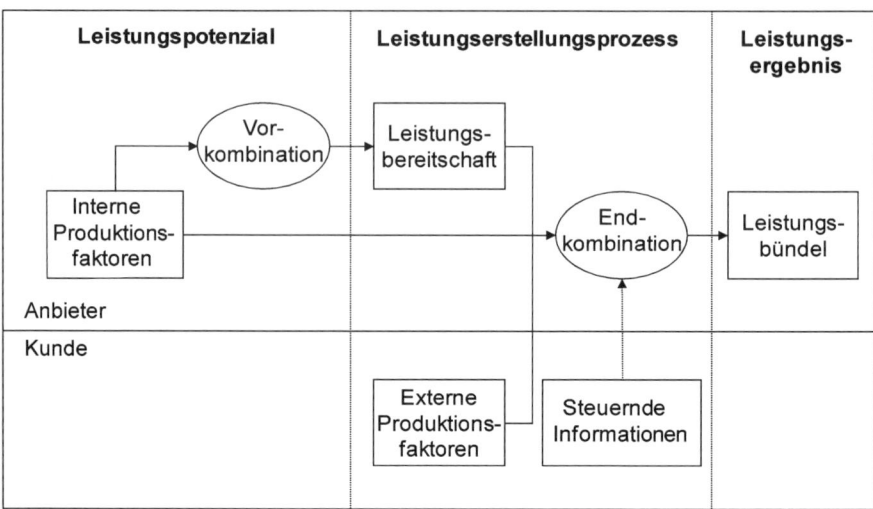

Abb. 3 Kundenintegration. (Quelle: Jacob 2009, S. 109)

entstehen Leistungsbündel, die auf die Lösung einzelkundenbezogener Probleme ausgerichtet sind und durch verschiedenste Komponenten individuell konfiguriert werden.

3.3.2 Anbieterseitige Anforderungen bei der Kundenintegration

Damit die Kundenintegration erfolgreich ablaufen kann, müssen Anbieter spezifische Vor-
bereitungen treffen (Jacob 2003). Die anbieterseitigen Voraussetzungen umfassen Fragen
der Unternehmenskultur, der Prozessorganisation, der Mitarbeiterschulung und der Anreizsysteme und werden nachfolgend kurz beschrieben.

Eine grundlegende Voraussetzung stellt der unternehmensinterne Wille zur individuellen Wertschöpfung unter Mitwirkung der Kunden beim Leistungserstellungsprozess dar.
Viele Unternehmen scheitern jedoch durch eine zu starke Fokussierung auf die Produkte unter gleichzeitiger Vernachlässigung der Bedürfnisse der Kunden. Deshalb muss ein
kundenorientiertes Klima im gesamten Unternehmen implementiert werden, welches eine
strenge Orientierung an den Kundenwünschen fördert.

Neben dem geeigneten Klima müssen Unternehmen in die Lage versetzt werden, flexibel auf die individuellen Bedürfnisse reagieren zu können. Denn auch die selektierten Nutzer können sich relativ stark in ihren Bedürfnisstrukturen unterscheiden. Eine prozess-
orientierte Arbeitsweise ist deshalb unabdingbar, um die einzelnen Lösungsinformationen in die Leistungserstellung zu integrieren. Dazu müssen Zuständigkeiten geregelt und
einzelne Arbeitsschritte definiert werden. Zudem müssen alle Abläufe für Effizienz- und
Effektivitätskontrollen offen sein (Dannenberg und Zupancic 2008). Durch strukturierte
Prozesse und eine Zuordnung der beteiligten Parteien können Ressourcen optimal gesteuert und kontrolliert werden. Standardmäßig können dazu die bekannten Steuerungs- und
Sicherungselemente wie z. B. Checklisten, Arbeitspläne, Protokolle oder Lastenhefte verwendet werden, aber auch komplexere Verfahren wie die Blueprint-Methode können zum

Einsatz kommen (Fließ 2004). Die besonderen Anforderungen ergeben sich, weil die kundenindividuelle Integration neben der Generierung individueller Produkte auch individuell abgestimmte Prozesse zulässt.

Jede Phase eines Integrationsprozesses stellt spezifische Anforderungen an die Kompetenzen der beteiligten Mitarbeiter. In der Regel haben die Kunden nur implizite Kenntnisse über ihre Bedürfnisse. Noch geringer ist auf der Seite der Kunden das Wissen über Lösungsmöglichkeiten für die Befriedigung der Bedürfnisse. Reine Nutzerinnovationen sind den Innovationen von Herstellern deshalb oft technisch unterlegen (Reichwald und Piller 2009). Die Mitarbeiter müssen deshalb die Bedürfnisse und Lösungskonzepte der Nutzer verstehen und mit den Verfahrens- und Produktionskompetenzen des Unternehmens verknüpfen. Alle Personen im Unternehmen, die am Prozess beteiligt sind, müssen deshalb speziell geschult werden, um die Belange der Kunden zu verstehen und übersetzen zu können. Ein gut funktionierendes Personalmanagement kann deshalb zum Erfolg der gelebten Kundenorientierung beitragen.

Neben dem Auf- und Ausbau fachlicher Fähigkeiten muss auch eine hohe Motivation der Mitarbeiter sichergestellt werden. Motivationsprogramme müssen berücksichtigen, dass die Erkenntnisse aus Integrationsmaßnahmen zu Produkt- und/oder Prozessinnovationen führen können, die sich positiv auf zukünftige Projekte übertragen lassen. Deshalb müssen Anreizsysteme langfristige Faktoren wie unternehmensinterne Kostenersparnisse oder die Schaffung neuer Leistungsbündel berücksichtigen. Auch kooperatives Verhalten zwischen den unternehmensinternen Teams und mit dem Kunden muss gefördert werden. Es ist die Aufgabe des Wissensmanagements, das gesammelte Wissen der integrierten Kunden zu verwalten und gewinnbringend in Umlauf zu bringen, damit es in zukünftige Projekte einfließen kann.

3.3.3 Kundenspezifische Anforderungen bei der Kundenintegration

Bei der Kundenintegration sind neben den erstellten Produkten auch die Prozesse stark auf einzelkundenspezifische Bedürfnisse zugeschnitten. Die Kundenintegration stellt somit recht hohe Anforderungen an den integrierten Kunden. Nicht jeder Kunde besitzt das nötige Involvement, um sich gerade bei einem Commodity in solche Prozesse zu integrieren.

Deshalb bietet sich im Zusammenhang der Kundenintegration die Ansprache von sogenannten **Lead Usern** (von Hippel 1986) an, auch wenn sich das Aufspüren dieser Nutzertypen sicherlich schwieriger gestaltet als im Falle von Produkten und Dienstleistungen, die generell mit einem hohen Involvement einhergehen. Lead User sind besonders für eine Integration geeignet, da sie über Bedürfnisinformationen verfügen, die später für ein relativ großes Marktsegment relevant sein können. Aufgrund der mangelnden Bedürfnisbefriedigung sind sie mit dem bestehenden Marktangebot unzufrieden und entwickeln eine Eigenmotivation mit dem Ziel, diese Unzufriedenheit zu beseitigen. Damit können Lead User eine aktive Rolle in einem intensiven Integrationsprozess einnehmen. Darüber hinaus verfügen die Lead User über Lösungsinformationen (Reichwald und Piller 2009). Andere Autoren sprechen auch von den „fortschrittlichen Kunden", die sich durch fortgeschrittene Bedürfnisse, eine Unzufriedenheit mit den bisherigen Marktangeboten, eine hohe epistemische und heuristische Kompetenz sowie eine starke intrinsische und extrinsische Motivation auszeichnen (Lüthje 2000). Der Integrationsprozess der Lead User folgt einem mehrstufigen Verfahren. Zum Anfang steht die Identifikation von Produktmöglichkeiten am Markt. Diese können im Rahmen von Commodities allerdings sehr schwer zu identifizieren sein. Die Selektion der passenden Lead User stellt damit eine enorme Herausforderung dar. Einem Unternehmen stehen dabei verschiedene Möglichkeiten zur Identifizierung der Lead User zur Verfügung. Mit dem Verweis auf von Hippel et al. (2005) sollen hier nur die häufig vorgeschlagenen Verfahren des „Screening" und „Pyramiding" genannt werden. Nach der Identifikation der einzubindenden Nutzer werden Workshops mit Vertretern der Unternehmen und den Kunden abgehalten, bei denen die Bedürfnisermittlung und mögliche Vorschläge und Konzepte zur besseren Bedürfnisbefriedigung erarbeitet werden. Diese Konzepte werden nachfolgend einem Markttest unterzogen, um die Relevanz bzw. Repräsentativität der Bedürfnisse der Lead User zu bestimmen (z. B. Herstatt und von Hippel 1992). Bei erfolgreichem Test kann das differenzierte Produkt im Markt eingeführt werden.

In verschiedenen Studien konnte nachgewiesen werden, dass eine Einbindung von Lead Usern und die gemeinsame Produktentwicklung über einen größeren Fit mit den Kundenbedürfnissen zu einem höheren Neuigkeitsgrad, erhöhten Absatzzahlen und einer größeren Akzeptanz am Markt führen (Herstatt und von Hippel 1992; Lilien et al. 2002; Urban und von Hippel 1988).

3.3.4 Kundenintegration bei Commodities

Wie bereits erwähnt wurde, stellt die generell niedrigere Involviertheit der Nutzer eine Hürde bei Integrationsbemühungen in Commodity-Märkten dar. Dies führt u. a. zu einer geringen Relevanz einer Integration des Konsumenten (Fließ 1996). Ein essenzieller Aspekt der erfolgreichen Einbindung von Kunden ist deshalb die Sicherstellung einer ausreichend hohen **Motivation** der Kunden. Diese kann jedoch durch die Aussicht auf ein verbessertes Produkt hergestellt werden. Zusätzlich kann der innere Antrieb der integrierten Kunden als Selektionskriterium dienen. Diese intrinsische Motivation kann sich zum Beispiel in einem generellen Spaß an der Teilnahme an Integrationsaktionen äußern, ist allerdings im Vorfeld schwer zu erfassen.

Sind die integrationswürdigen Nutzer identifiziert und integriert worden, kann die Kundenintegration ein entscheidendes Mittel zur Differenzierung der Leistung sein. Die im Integrationsprozess erfassten einzelkundenbezogenen Probleme dienen dann z. B. als Ausgangspunkt für ganzheitliche Produktinnovationen oder Produktanpassungen, die Kundenbedürfnisse einer größeren Zielgruppe stärker berücksichtigen. Durch die Anpassung an die Kundenbedürfnisse sollen die Leistungen einen vergleichsweise höheren Nutzen stiften. Daraus resultiert eine höhere Nettonutzendifferenz, so dass sich Spielräume für Preisanpassungen ergeben. Die Differenzierung kann damit den Ausbruch aus dem Preiswettbewerb bei Commodities ermöglichen.

Die im Integrationsprozess gewonnenen Informationen können auch zu reinen Prozessinnovationen und damit zu Kostenvorteilen ohne zusätzliche Nutzenvorteile für den

Kunden führen. In diesem Sinne kann es auch dazu kommen, dass der wahrgenommene Nutzen für den Kunden unverändert bleibt, durch die Kostenvorteile jedoch eine Preissenkung vollzogen werden kann. Folglich ergibt sich eine positive Nettonutzendifferenz, wenn der Kunde das betrachtete Commodity mit den anderen Commodities am Markt vergleicht.

In der Vergangenheit konnten in zahlreichen Studien positive Effekte integrativer Maßnahmen nachgewiesen werden (z. B. Gemünden et al. 1992; Hildebrand 1997; Shaw 1985). Generell wurde mehrfach in Studien gezeigt, dass eine intensivierte Kommunikation und ein verstärktes Zusammenarbeiten zu einem erhöhten Erfolg von Produktinnovationen führen (z. B. Biegel 1987; De Brentani und Dröge 1985; Maidique und Zirger 1984; Rothwell 1972). Dies kann generell auch für Märkte angenommen werden, die von einer zunehmenden Commoditisierung bedroht sind.

4 Zusammenfassung und Diskussion

Der vorliegende Artikel hat Gründe für eine zunehmende Commoditisierung dargestellt und mit der Kundenbeobachtung/Kundenbeteiligung, der Mass Customization sowie der kundenindividuellen Integration drei mögliche Konzepte vorgestellt, die genutzt werden können, um diesem Trend mittels Differenzierung entgegenzutreten. Welches Konzept gewählt werden kann, hängt maßgeblich von der Mitwirkungsbereitschaft der Kunden und den Anforderungen an die Unternehmen ab. Dabei ist davon auszugehen, dass mit zunehmender Commoditisierung eine geringe Bereitschaft zur Kundenmitwirkung zu beobachten ist. Die vorgestellten Konzepte stellen unterschiedlichste Anforderungen an die Mitwirkungsbereitschaft der Nutzer, aber auch an die anbieterseitigen Voraussetzungen, die in der Arbeit eingehender diskutiert werden. Bei einer geringen Mitwirkung (passive Rolle) des Kunden bieten sich Instrumente der Kundenbeobachtung und -beteiligung an. Ist eine aktivere Rolle des Kunden möglich, eröffnet sich die Option, auch Konzepte der Mass Customization und Kundenintegration zu nutzen. Die kundenindividuelle Integration geht aufgrund der individuell zugeschnittenen Prozessabläufe mit der aktivsten Rolle des Kunden und einer hohen Einbindungsintensität einher. Wegen der unterschiedlichen Anforderungen an die Methoden, kann der Grad der Kundenmitwirkung ein geeignetes Selektionskriterium darstellen, um anbieterseitige Integrations- und De-Commoditisierungs-Konzepte auszuwählen.

Burmann und Bohmann (2009) konstatieren, dass einige Anbieter von Commodities versuchen, ihr Angebot im Vergleich zu Konkurrenzangeboten weiterzuentwickeln und zu verbessern. Sie fokussieren dabei auf die Stärkung des funktionalen Leistungsangebots über die Basisanforderungen hinaus. Allerdings besteht die Gefahr, dass die Kunden die Verbesserungen dankend annehmen, aber unzureichend durch höhere Zahlungsbereitschaften würdigen. Ein weiteres Problem stellt die Nachahmung der Wettbewerber dar, die durch mangelnde Schutzwürdigkeit von Innovationen leicht durchzuführen ist. Die Gefahr besteht in einem fortlaufenden Wettkampf um die nächste Innovation. Burmann

und Bohmann (2009) stellen aber auch fest, dass ein aktives Management der Kundenwahrnehmung auf Commodity-Märkten nicht ausreichend stattfindet. Wenn Kunden indes einen spezifischen Zusatznutzen des Angebots wahrnehmen, kann sich ein differenziertes Bild der Leistung einstellen (Burmann und Bohmann 2009). Im Zusammenhang
mit der Differenzierung stellen sie heraus, dass es zielführend erscheint, auf soziale und/
oder persönliche Nutzenkomponenten zu fokussieren. Unternehmensspezifische Strategien und Maßnahmen können dementsprechend eine Differenzierung fördern, auch wenn
es sich um einen reifen Markt mit Tendenzen zur Commoditisierung handelt. Denn was
Kunden unter der Leistung verstehen, ist nicht statisch fixiert und aktiv beeinflussbar.
Zumindest die Methoden der Kundenbeobachtung und -beteiligung haben deshalb ihre
Berechtigung als standardmäßige Aktivitäten im Management von Commodity-Märkten.
Denn die Beobachtung kann Trends und Bedürfnisse aufdecken, die Co-Creation-Prozes-
se identifizieren und damit Anregungen zu Produktinnovationen liefern. Zudem ist anzumerken, dass gerade die Mass Customization einen zusätzlichen Nutzen liefern kann, der
über den rein funktionalen Nutzen hinausgeht. Diese intrinsische Motivation der Nutzer
kann z. B. durch Spaß an der Mitwirkung beschrieben werden. Diese kann neben dem
gelernten Umgang mit der Schnittstelle zur Individualisierung eine entscheidende Barriere zum Anbieterwechsel darstellen und Commoditisierungs-Tendenzen abmildern. Die
kundenindividuelle Integration stellt sicherlich die größten Anforderungen an die Kunden
und die Unternehmung, kann jedoch ebenfalls als geeignetes Mittel zur Produktdifferenzierung durch Innovationen darstellen. Wecht (2006) fokussiert z. B. auf Maßnahmen der
Kundenintegration in Frühphasen der Produktentwicklung und diskutiert die Eignung
der Kundenintegration in Zusammenhang mit radikalen Innovationen. Das Potential zum
Ausbruch aus dem Commodity-Markt durch eine Kundenintegration darf also ebenfalls
nicht vergessen werden.

Literatur

Adler, J., & McLachlan, C. (2005). Produktdifferenzierung durch Management der Kundenwahrneh-
    mung. In M. Enke & M. Reimann (2005), *Commodity Marketing: Grundlagen und Besonderheiten*
    (S. 199–216). Wiesbaden: Gabler.
Backhaus, K., & Schneider, H. (2009). *Strategisches Marketing* (2. Aufl.). Stuttgart: Schäffer-Poeschel.
Biegel, U. R. (1987). *Kooperation zwischen Anwender und Hersteller im Forschungs- und Entwick-
    lungsbereich*. Frankfurt a. M.: Lang.
Burmann, C., & Bohmann, T. (2009). Nachhaltige Differenzierung von Commodities – Besonder-
    heiten und Ansatzpunkte im Rahmen der identitätsbasierten Markenführung. LIM-Arbeitspa-
    piere Nr. 39. Universität Bremen.
Chaiken, S. (1987). The heuristic model of persuasion. In M. P. Zanna, J. M. Olson, & C. P. Herman
    (Hrsg.), *Social influence: The ontario symposium* (5. Aufl., S. 3–39). Hillsdale: Erlbaum.
Dannenberg, H., & Zupancic, D. (2008). Spitzenleistungen in Vertrieb und Kundenmanagement.
    In H. Dannenberg & D. Zupancic (Hrsg.), *Spitzenleistungen im Vertrieb: Optimierungen im Ver-
    triebs- und Kundenmanagement* (S. 1–7). Wiesbaden: Gabler.
Day, G. S. (2004). Which way should you grow? *Harvard Business Review, 82*, 24–26.
De Brentani, U., & Dröge, C. (1985). The company, product and market dimensions of new product
    decision scenarios. *International Journal of Research in Marketing, 2*, 243–253.

Engelhardt, W., Kleinaltenkamp, M., & Reckenfelderbäumer, M. (1993). Leistungsbündel als Absatz-objekte. *Zeitschrift für betriebswirtschaftliche Forschung, 45,* 395–426.

EuroShoe Consortium. (2002). *The market for customized footwear in Europe: Market demand and consumer's perferences.* München/Mailand: Project Report from the EuroShoe Project within the European Fifth Framework Program.

Fasolo, B., McClelland, G. H., & Peter, M. T. (2007). Escaping the tyranny of choice: When fewer attributes make choice easier. *Marketing Theory, 7,* 13–26.

Fließ, S. (1996). Prozessevidenz als Erfolgsfaktor der Kundenintegration. In M. Kleinaltenkamp, S. Fließ, & F. Jacob (Hrsg.), *Customer Integration: Von der Kundenorientierung zur Kundenintegration* (S. 91–103). Wiesbaden: Gabler.

Fließ, S. (2004). Kundenintegration. In K. Backhaus & M. Voeth (Hrsg.), *Handbuch Industriegüter-marketing: Strategien – Instrumente – Anwendungen* (S. 521–552). Wiesbaden: Gabler.

Gemünden, H. G., Heydebreck, P., & Herden, R. (1992). Technological interweavement: A means of achieving innovation success. *R & D Management, 22,* 359–376.

Grönroos, C. (2000). *Service management and marketing: A customer relationship management approach* (2. Aufl.). Chichester: Wiley.

Herstatt, C., & von Hippel, E. (1992). From experience: Developing new product concepts via the lead user method. *Journal of Product Innovation Management, 9,* 213–221.

Hildebrand, V. G. (1997). *Individualisierung als strategische Option der Marktbearbeitung: Determi-nanten und Erfolgswirkungen kundenindividueller Marketingkonzepte.* Wiesbaden: DUV.

Homburg, C., & Schäfer, H. (2001). Strategische Markenführung in dynamischer Umwelt. In R. Köh-ler, W. Majer, & H. Wiezorek (Hrsg.), *Erfolgsfaktor Marke: Neue Strategien des Markenmanage-ments* (S. 157–173). München: Vahlen.

Jacob, F. (2003). Kundenintegrations-Kompetenz. *Marketing Zeitschrift für Forschung und Praxis, 25,* 83–98.

Jacob, F. (2009). *Marketing: Eine Einführung für das Masterstudium.* Stuttgart: Kohlhammer.

Kieserling, C. (2001). Das Marktpotential für Mass Customization im Damenschuhbereich. St. Gal-len/München.

Kleinaltenkamp, M. (1996). Customer Integration – Kundenintegration als Leitbild für das Business-to-Business-Marketing. In M. Kleinaltenkamp, S. Fließ, & F. Jacob (Hrsg.), *Customer Integration: Von der Kundenorientierung zur Kundenintegration* (S. 13–37). Wiesbaden: Gabler.

Kroeber-Riel, W., Weinberg, P., & Gröppel-Klein, A. (2009). *Konsumentenverhalten* (9. Aufl.). Mün-chen: Vahlen.

Leonard, D., & Rayport, J. F. (1997). Spark innovation through empathic design. *Harvard Business Review, 75,* 102–113.

Levitt, T. (1983). The globalization of markets. *Harvard Business Review, 61,* 92–102.

Lilien, G. L., Morrison, P. D., Searls, K., Sonnack, M., & von Hippel, E. (2002). Performance assess-ment of the lead user idea-generation process for new product development. *Management Sci-ence, 48,* 1042–1059.

Lüthje, C. (2000). *Kundenorientierung im Innovationsprozess: Eine Untersuchung der Kunden-Herstel-ler-Interaktion in Konsumgütermärkten.* Wiesbaden: DUV.

Maidique, M. A., & Zirger, B. J. (1984). A study of success and failure in product innovation. *IEEE Transactions on Engineering Management, 31,* 192–203.

Piller, F. T. (2006). *Mass Customization: Ein wettbewerbsstrategisches Konzept im Informationszeitalter* (4. Aufl.). Wiesbaden: DUV.

Piller, F. T., & Ihl, C. (2002). Mass Customization ohne Mythos. *New Management, 71,* 16–30.

Reichwald, R., & Piller, F. T. (2009). *Interaktive Wertschöpfung* (2. Aufl.). Wiesbaden: Gabler.

Rothwell, R. (1972). *Factors for success in industrial innovation.* Brighton: University of Sussex.

Shaw, B. (1985). The role of the interaction between the user and the manufacturer in medical equip-ment innovation. *R & D Management, 15,* 283–292.

Sloman, S. A. (1996). The empirical case for two systems of reasoning. *Psychological Bulletin, 119,* 3–22.

Spohrer, J., Anderson, L., Pass, N., & Ager, T. (2008). Service science and service-dominant logic, Otago Forum 2 (2008) – Academic Papers Nr. 2.

Trommsdorff, V., & Teichert, T. (2011). *Konsumentenverhalten* (8. Aufl.). Stuttgart: Kohlhammer.

Tseng, M. M., & Du, X. (1998). Design by customers for mass customization products. *CIRP Annals – Manufacturing Technology, 47,* 103–106.

Tseng, M. M., & Jiao, J. (2001). Mass Customization. In G. Salvendy (Hrsg.), *Handbook of Industrial Engineering* (3. Aufl.). New York: Wiley.

Ulwick, A. W. (2002). Turn customer input into innovation. *Harvard Business Review, 80,* 91–97.

Ulwick, A. W. (2006). *What customers want: Using outcome-driven innovation to create breakthrough products and services.* New York: McGraw-Hill.

Ulwick, A. W., & Teitelbaum, J. (2005). *What customers want: Using outcome-driven innovation to create breakthrough products and services.* New York: McGraw-Hill.

Urban, G. L., & von Hippel, E. (1988). Lead user analyses for the development of new industrial products. *Management Science, 34,* 569–582.

Vargo, R. F., & Lusch, S. L. (2004). Evolving a new dominant logic for marketing. *Journal of Marketing, 68,* 1–17.

von Hippel, E. (1986). Lead users: A source of novel product concepts. *Management Science, 32,* 791–805.

von Hippel, E., Franke, N., & Prügl, R. (2005). Efficient identification of lead users: Screening vs. pyramiding. Summer Marketing Educators' Conference (AMA), Juli 2005. San Francisco.

Wecht, C. H. (2006). *Das Management aktiver Kundenintegration in der Frühphase des Innovationsprozesses.* Wiesbaden: DUV.

Weiber, R., & Hörstrup, R. (2009). Von der Kundenintegration zur Anbieterintegration: Die Erweiterung anbieterseitiger Wertschöpfungsprozesse auf kundenseitige Nutzungsprozesse. In M. Bruhn & B. Stauss (Hrsg.), *Forum Dienstleistungsmanagement: Kundenintegration.* Wiesbaden: Gabler.

Wenske, A. (2008). *Management und Wirkung von Marke-Kunden-Beziehungen im Konsumgüterbereich.* Wiesbaden: Gabler.

Wynstra, F., & Pierick, E. T. (2000). Managing supplier involvement in new product development: A portfolio, approach. *European Journal of Purchasing & Supply Management, 6,* 49–57.

Zitex Consortium. (1998). *Market potential for industrial mass-customized clothes. Forschungsstelle für allgemeine und textile Marktwirtschaft.* Universität Münster.

Jacob, Frank
Lehrstuhl für Marketing, Campus Berlin, ESCP Europe Campus Berlin, Heubnerweg 8–10, 14059 Berlin, Deutschland
E-Mail: fjacob@escpeurope.eu

Sievert, Jens
ifwom – Institute for Marketing and Word-of-Mouth Research, Ebelingstr. 14a, 10249 Berlin, Deutschland
E-Mail: jens.sievert@ifwom.com

Nachfragerbündelung als Vermarktungsansatz im Commodity-Geschäft

Andreas Klein

Inhaltsverzeichnis

Zusammenfassung

Während auf Business-to-Consumer-Märkten das Vermarktungsinstrument der Nachfragerbündelung beziehungsweise des Gruppenkaufes erst mit dem Aufkommen des Internets zunehmend populärer und für beide Marktseiten einfacher durchführbar wurde (bspw. Groupon oder LivingSocial), blickt der gemeinsame Einkauf von Rohstoffen und Materialien (bspw. im Krankenhaus oder der Landwirtschaft) auf Business-to-Business-Märkten auf eine deutlich längere Tradition zurück. Aufgrund des

A. Klein (✉)
Department of Management and Marketing, Mercator School of Management,
Universität Duisburg-Essen, Lotharstraße 65,
47057 Duisburg, Deutschland
E-Mail: andreas.klein@uni-due.de

M. Enke et al. (Hrsg.), *Commodity Marketing*,
DOI 10.1007/978-3-658-02925-8_12, © Springer Fachmedien Wiesbaden 2014

hohen Standardisierungsgrades der Leistungen bietet sich vor allem für Anbieter im Commodity-Geschäft der gezielte Einsatz des Vermarktungsinstrumentes Nachfragerbündelung an. In dem folgenden Beitrag wird neben einer dem besseren Verständnis dienenden generellen Einordnung von Nachfragerbündelungen zunächst vor allem auf die Vor- und Nachteile der Anbieterseite abgestellt. Dies dient Anbietern dazu, eine bessere Beurteilung vornehmen zu können, inwiefern sich der Einsatz des Vermarktungsinstruments Nachfragerbündelung in spezifischen Marktsituationen eignet. So können durch Nachfragerbündelungen nicht nur Marktanteile gesteigert und Finanzierungsvorteile genutzt werden, sondern beispielsweise auch Marketing- und Vertriebskosten für den Anbieter gesenkt werden. Darüber hinaus werden die Vor- und Nachteile der Nachfragerseite aufgezeigt. Hier wird insbesondere auf das Problem der Bündelungskosten fokussiert. Auch wenn durch den Einsatz neuerer Kommunikationsformen (z. B. Internet) diese Kosten für Nachfrager heute deutlich geringer ausfallen, stellen Bündelungskosten immer noch den zentralen ökonomischen Nachteil für die Nachfragerseite dar. Bündelungskosten reduzieren den Nettonutzen der Nachfrager im Vergleich zu einem Einzelkauf. Diese Problematik muss der Anbieter bei der Ausgestaltung seiner Preispolitik für bündelwillige Nachfrager berücksichtigen und den entstehenden Nutzenverlust durch eine entsprechende Ausgestaltung seiner Rabattpolitik zumindest kompensieren. In diesem Zusammenhang ist vor allem die Messung der Bündelungskosten von Bedeutung. Der Beitrag schließt mit einem kurzen Fazit.

1 Nachfragerbündelungen als Vermarktungsinstrument

Bei der Analyse zahlreicher Absatzmärkte wird deutlich, dass sich Wettbewerbsvorteile in den Augen der Nachfrager kaum noch über originäre Produktleistungen realisieren lassen. Oftmals sind die von den einzelnen Wettbewerbern angebotenen Leistungen hinsichtlich objektiv-technischer Kriterien zu ähnlich. Es handelt sich dabei im Wesentlichen um Märkte, die sich in der Reife- oder Sättigungsphase befinden, bei denen der Umsatz stagniert oder Umsatzzuwächse für einzelne Unternehmen nur zum Nachteil der übrigen Anbieter im Markt generiert werden können. Daher sind die Anbieter auf solchen Märkten gezwungen, alternative Vermarktungsansätze zu entwickeln, um sich gegenüber dem Wettbewerb erfolgreich zu differenzieren. Eine Möglichkeit zur Differenzierung des Angebots stellt das Konzept der Nachfragerbündelung dar, welches vor allem durch die zunehmende Verbreitung des Internets an Bedeutung gewonnen hat (Bhagat et al. 2009; Cheng und Huang 2013; Klein und Bhagat 2010; Shiau und Luo 2012; Tsai et al. 2011). Im Gegensatz zur **Bündelung von Leistungen** (Adams und Yellen 1976; Guiltinan 1987; Janiszewski und Cunha 2004), bei der Pakete aus unterschiedlichen Teilleistungen zusammengestellt und mit paketbezogenen Vorteilen versehen werden, um dadurch für Kunden einen Mehrwert gegenüber Konkurrenzangeboten zu erzeugen, wird die **Bündelung von einzelnen Nachfragern** als Marketing-Instrument erst seit wenigen Jahren in der betriebswirtschaftlichen Literatur diskutiert (Bhagat et al. 2009; Kauffman et al. 2010; Kauffman

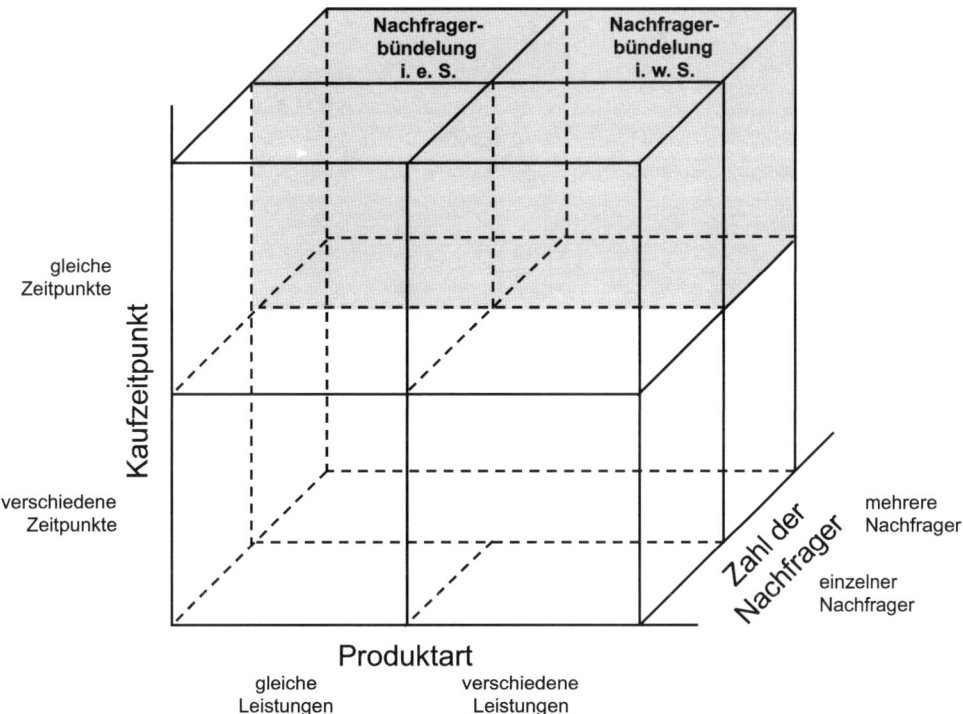

Abb. 1 Arten von Nachfragerbündelungen

und Wang 2001; Klein 2005; Klein und Bhagat 2010; Simon und Wübker 2000; Voeth 2002, 2003). So ist bei Bündelungen neben einer Unterscheidung von physisch-technisch gleichartigen oder unterschiedlichen Produkten (Produktart) und deren Erwerb zu einem gleichen oder zu unterschiedlichen Zeitpunkten (Kaufzeitpunkt) (Voeth 2002) weiterhin denkbar, dass nicht nur ein Nachfrager die Produkte oder Dienstleistungen erwirbt, sondern dass diese von mehreren Nachfragern gemeinsam gekauft werden (Zahl der Nachfrager). Nachfragerbündelungen können daher als eine **Ausdehnung des klassischen Verständnisses von Bündelungen** auf eine dritte Dimension verstanden werden (vgl. Abb. 1).

Eine solche Dimensionserweiterung ist aus Effizienzgesichtspunkten jedoch nur sinnvoll, wenn die generell wirtschaftlich selbstständigen Nachfrager zum Zeitpunkt des Kaufs für die Inanspruchnahme der Leistungen gegenüber dem Anbieter geschlossen und damit zeitgleich – als ein Nachfrager – auftreten. Nur so besteht ein Unterschied zur bisherigen Situation, bei der jeder Nachfrager einzeln die Leistungen oder Bündel von Leistungen eines Anbieters erwirbt. Aus der Vermarktungsperspektive wird damit der Kauf von gleichen oder verschiedenen Leistungen durch mehrere Nachfrager zu unterschiedlichen Zeitpunkten ausgeklammert. Hierbei handelt es sich meist um nachfragerinitiierte Einkaufsgemeinschaften oder Einkaufskooperationen (Arnold und Eßig 1997; Eßig 1999), deren Zusammenarbeit i. d. R. über Rahmenverträge organisiert wird, um dauerhaft günstigere Beschaffungskonditionen zu erzielen. Aufgrund der fehlenden Synchronität handelt es sich daher auch bei der klassischen Handelsfunktion der Kontaktredukton zwischen Hersteller und Nachfrager nicht um eine Nachfragerbündelung im oben genannten Sinn.

Durch eine Fokussierung auf die Vermarktungsperspektive ergeben sich die beiden in der Abb. 1 grau unterlegten Fälle. **Nachfragerbündelungen i. w. S.** bedeuten, dass von mehreren geschlossen auftretenden Nachfragern zum gleichen Zeitpunkt verschiedene Leistungen gekauft werden. Das Auftragsvolumen und die zeitliche Synchronität der Nachfrage stehen im Zentrum der Betrachtung (z. B. Sammelbestellungen im Versandhandel oder die gemeinsame Beschaffung von EDV-Anlagen mittelständischer Unternehmen in einem Technologiehof). **Nachfragerbündelungen i. e. S.** bedeuten dagegen, dass die geschlossen auftretenden Nachfrager zum gleichen Zeitpunkt das gleiche Produkt in unterschiedlicher Stückzahl oder Menge erwerben. Damit findet insgesamt eine noch stärkere Vereinheitlichung der Nachfrage statt. Einer breiteren Öffentlichkeit ist diese Form der Nachfragerbündelung vor allem durch das Powershopping im Internet bekannt geworden. Nach dem Abklingen der Internet-Euphorie zu Beginn des Jahrtausends erfahren solche gruppenbezogenen Absatzformen (z. B. Groupon, TeamBuy oder LivingSocial) durch die weltweite Verbreitung neuer Medien und das Wachstum sozialer Netzwerke (z. B. Twitter oder Facebook) wieder einen stärkeren Zulauf (Bhagat et al. 2009). Das Unternehmen Groupon ist zwischenzeitlich in mehreren Ländermärkten vor allem mit einem Fokus auf hohe Rabatte bei lokalen Dienstleistungen aktiv. Vergleichbare Anbieter firmieren meist als so genannte Deal-of-the-day-Webseiten (Liu und Sutanto 2012). Insbesondere durch vereinfachte Informationssuch- und Kaufabwicklungsprozesse sowie verbesserte Vernetzungsmöglichkeiten erlangt das Internet bei Nachfragerbündelungen einen zentralen Stellenwert. Aus Anbietersicht steht vor allem die Vereinfachung von Absatzkanalprozessen durch eine Senkung von Transaktionskosten im Vordergrund.

2   Die Bedeutung von Nachfragerbündelungen für Commodities

Eine Übersetzung des Terminus Commodity führt zunächst zu den deutschen Begriffen der Ware oder der Handelsware. Daneben finden sich in einschlägigen Wörterbüchern allerdings auch die Bezeichnungen Grunderzeugnis, Massenware und Rohstoff. Entsprechend letzterem Aspekt erfolgt in der neueren Literatur zum Marketing unter anderem eine Unterteilung in Soft- und Hard-Commodities (Meffert 2001), wobei Soft-Commodities börsenfähige Rohstoffe darstellen, die im Gegensatz zu Hard-Commodities nichtmetallischen Ursprungs sind. Während diese Sichtweise vor allem auf die an Börsen gehandelten Industriegüter abstellt, geht der so genannte Commodity Approach, der sich auf Copeland zurückführen lässt (Copeland 1923; Copeland 1925; Murphy und Enis 1986), einen Schritt weiter. Beim **Commodity Approach** handelt es sich um eine klassische Einteilung von Güterarten. Allerdings erfolgt hierbei im Vorfeld keine güterspezifische Einschränkung, womit sowohl Industrie- als auch Konsumgüter in die Betrachtung integriert werden können (Aspinwall 1958; Knoblich 1969; Miracle 1965). Das generelle Ziel der warenanalytischen Ansätze ist es, aufgrund von ähnlichen Vermarktungsproblemen eine

Einteilung von Warenarten in bestimmte Schemata vorzunehmen. Im Anschluss daran sollen die als verwandt eingestuften Produkte gegenüber den Nachfragern mit vergleichbaren Ausprägungen des Marketingmix vermarktet werden (Miracle 1965). Somit können auf der Basis produktspezifischer Kombinationsheuristiken Aussagen zur optimalen Gestaltung des Marketingmix abgeleitet werden (Lipson et al. 1970). Warentypologische Ansätze stellen neben institutionen- und funktionenorientierten Ansätzen eine der traditionellen fachspezifischen (materiellen) Methoden des Marketings dar (Knoblich 1995; Meffert et al. 2012).

Im Gegensatz zu dieser historischen Betrachtungsweise hat der Terminus Commodity heute allerdings eine eher praktisch geleitete Abgrenzung erfahren. So werden unter **Commodities** diejenigen Produkte gefasst, die aufgrund einer starken Standardisierung aus Nachfragersicht weitestgehend austauschbar sind. Murphy und Enis (1986) grenzen Commodities unabhängig von der Industrie- oder Konsumgüterperspektive als solche Güter ab, die ohne große Anstrengungen und bei einem überschaubaren Risiko durch die Nachfrager eher impulsiv erworben werden. Damit können im Industriegütermarketing Commodities vor allem als chemische Grundstoffe oder stark standardisierte Produkte wie Stahl, Spanplatten oder Lacke bzw. Grundstoffe der Nahrungsmittelindustrie (Korn, Fette etc.) bezeichnet werden. In der Terminologie des Geschäftstypenansatzes von Backhaus sind diese Güter dem Produktgeschäft zuzuordnen (Backhaus und Voeth 2010). Weiber und Kleinaltenkamp 2013 heben zudem einen isolierten Nutzungsprozess von Commodities hervor. Auf Konsumgütermärkten bietet bspw. der Lebensmittelbereich (Konserven, Salz, Zucker usw.) eine starke Commodity-Ausprägung. Gleiches gilt für zahlreiche Produkte der Unterhaltungselektronik bzw. PC-Industrie (z. B. DVD/CD-Rohlinge oder USB-Speichersticks). Zudem zählen Energieträger wie Benzin, Strom oder Gas sowohl auf Industrie- als auch auf Konsumgütermärkten zu den Commodities.

Im Hinblick auf Ansätze der Neuen Institutionenökonomie können Commodities im Rahmen einer informationsökonomischen Analyse als Produkte mit einem hohen Anteil an Sucheigenschaften eingeordnet werden (Adler 1996). Commodities gelten damit oftmals als wenig erklärungsbedürftige Produkte. Eine teilweise Normung dieser Waren oder der darin beinhalteten Komponenten führt schließlich dazu, dass im Commodity-Geschäft vor allem **preisorientierte Strategien** zur Anwendung kommen (Kleinaltenkamp 2000b). Für einzelne Anbieter ergibt sich außerdem erschwerend, dass durch die zunehmende Globalisierung Commodity-Güter einem starken internationalen Preiswettbewerb ausgesetzt sind.

Die bisherigen Ausführungen lassen deutlich werden, dass durch den vornehmlichen Preiswettbewerb der Gestaltungsspielraum für die Ausgestaltung des Marketingmix im Commodity-Geschäft stark eingeschränkt ist. So sinken bspw. die Möglichkeiten der Beeinflussung der Nachfragerpräferenzen durch zusätzliche Produktservices (value added services) oder eine sonstige Differenzierung der Produkte. Aus diesem Grund ist es insbesondere für Anbieter von Commodities wichtig, über alternative Vermarktungsinstrumente nachzudenken. Ein solcher Ansatz ist das **Konzept der Nachfragerbündelung**, welches sich insbesondere für Güter eignet, die einen hohen Standardisierungsgrad besitzen (Klein 2004; Voeth und Klein 2002), bei denen folglich nur wenige Varianten eines Produkts am Markt existieren. Dies liegt vor allem auch darin begründet, dass es bei einem starken Standardisierungsgrad der angebotenen Leistungen für bündelwillige Nachfrager umso einfacher und kostengünstiger möglich ist, andere Nachfrager zu einer Bündelteilnahme zu bewegen (Voeth et al. 2002). Die Entwicklung neuer Medien und des Internets haben zudem in den vergangenen Jahren dazu beigetragen, dass Bündelungsaktivitäten für Nachfrager und Anbieter zunehmend kostengünstiger durchführbar sind. Effizienzsteigerungen sind hierbei insbesondere in der Kommunikation zwischen den Teilnehmern der Bündelung zu erreichen, da potenzielle Bündelteilnehmer ihren Bedarf nun über das Internet bzw. via E-Mail oder über firmenübergreifende Datennetze abstimmen können. Im Gegensatz dazu waren zur Bedarfsabstimmung zwischen den Teilnehmern vor der Verbreitung des Internets stets aufwendigere Formen der Kommunikation notwendig, um Bündelungen nachfragerseitig in Gang zu setzen.

Allerdings muss in diesem Zusammenhang auch die **Homogenität der Nachfragerpräferenzen** berücksichtigt werden. So stellt eine weitgehende Heterogenität, d. h. die Nachfrager bevorzugen eher individuelle, speziell auf ihre Bedürfnisse abgestimmte Produkte, einen negativen Einflussfaktor auf die Bündelungsneigung dar (Bhagat et al. 2009), weil dadurch oftmals Zugeständnisse bei einzelnen Produkteigenschaften gemacht werden müssen. Es kann jedoch unterstellt werden, dass diese Problematik aufgrund der soeben diskutierten Eigenschaften von Commodities bei solchen Gütern weit weniger häufig auftreten dürfte. Ein zusätzlicher Einflussfaktor für die Akzeptanz des Vermarktungsinstruments Nachfragerbündelung im Commodity-Geschäft besteht zudem darin, dass die Nachfrager generell bereit sein müssen, ihre Bedarfe zu synchronisieren. Sind diese generellen nachfragerseitigen Voraussetzungen gegeben, kann auf der einen Seite der Anbieter mit einer Bündelung von Nachfragern bei Commodities Kommunikations- und Distributionsaufgaben an die Marktpartner übertragen und damit zu einer Senkung seiner Marketingkosten beitragen. Auf der anderen Seite besteht der Vorteil für die Nachfrager darin, dass diese für ihren zusätzlichen Aufwand eine entsprechende Preisreduktion erhalten und somit ebenfalls einen Nutzen aus der Bündeltransaktion bzw. der Synchronisation der individuellen Bedarfe generieren (Klein 2004).

3 Überlegungen zur Vorteilhaftigkeit von Nachfragerbündelungen im Commodity-Geschäft

3.1 Nachfragerbündelungen aus der Anbieterperspektive

Aus der Anbieterperspektive, und damit unter Vermarktungsgesichtspunkten, lassen sich sowohl kurz- bis mittelfristig als auch langfristig wirkende ökonomische Vorteile von Nachfragerbündelungen im Commodity-Geschäft erkennen (vgl. Abb. 2). Potenzielle kurz- bis mittelfristige Vorteile ergeben sich bspw. durch die Ausdehnung des eigenen Marktanteils, die Vergrößerung des realisierten Marktvolumens, die Erlangung von Fi-

Vorteile	Nachteile
+ Ausdehnung des Marktanteils/Marktvolumens	- Reduzierung des Stückdeckungsbeitrags
+ Finanzierungsvorteile	- Irritationen bei Kunden im Restmarkt
+ Reduktion der Produktionskosten	- Ingangsetzung einer negativen Preisspirale
+ Reduktion der Marketing- und Vertriebskosten	- Aufbau zusätzlicher Nachfragermacht
+ Positive Imageeffekte	
+ Steigerung der Kundenzufriedenheit	
+ Cross-Selling-Potenzial	
+ Informationsgewinnung über potenzielle Kunden	

Abb. 2 Vor- und Nachteile der Anbieterseite

nanzierungsvorteilen sowie auf der Kostenseite durch die Reduzierung von Produktions-
sowie Marketing- und Vertriebskosten. Bei den eher langfristig wirkenden Vorteilen sind
zusätzlich positive Imageeffekte, eine Steigerung der Kundenzufriedenheit, das Cross-
Buying-Potenzial und die Informationsgewinnung über potenzielle Kunden anzuführen.
Insgesamt besteht für den Anbieter jedoch immer der Konflikt einer Abwägung zwischen
den durch die Nachfragerbündelung erlangten eigenen und den zu gewährenden Vorteilen
für die Nachfragerseite, die im Commodity-Geschäft in der Regel aus einem zusätzlichen
Preisnachlass bestehen, da von sozialen Faktoren eines Gruppenkaufs, wie sie im Konsum-
gütergeschäft aufgrund des Einkaufserlebnisses denkbar sind, zu abstrahieren ist.

3.1.1 Vorteile für die Anbieterseite

Eine Verbesserung der eigenen Marktstellung können Unternehmen bei Nachfragerbündelungen durch **Marktanteilseffekte** erlangen (Voeth 2002), die zu anbieterbezogenen
Neukunden führen. Dies liegt unter Umständen darin begründet, dass Nachfrager zum
einen von Wettbewerbsunternehmen, die keine Bündelung anbieten und die mit ihrer
Preispolitik über dem Bündelpreis des Anbieters liegen, oder zum anderen aufgrund der
Akquisitionstätigkeit durch am Bündel beteiligte Kunden zum eigenen Unternehmen
wechseln. Möglicherweise entstehen durch die zusätzlich abgesetzte Menge auch Markteintrittsbarrieren für Mitbewerber (Simon und Wübker 2000).

Anbieter können darüber hinaus in eingeschränktem Maße auch Vorteile durch **Markt-
volumeneffekte** generieren, weil Nachfrager die Leistungen des Unternehmens erwerben,
die vorher aufgrund eines höheren Individualpreises nicht gekauft hätten. Dies resultiert
daraus, dass ihre maximale Zahlungsbereitschaft unterhalb des Preisniveaus des Anbieters
oder des Markts liegt. Wenn der Preis bei einer Nachfragerbündelung entweder gleich ist
oder unter die maximale Zahlungsbereitschaft sinkt, sind auch diese Nachfrager eventuell
bereit, das Produkt zum geringeren Bündelpreis zu kaufen (Voeth 2003). Durch eine solche zweite Gruppe von Neukunden dehnt sich gleichzeitig das durch alle Anbieter aktuell
realisierte Marktvolumen aus, da vom Bündelanbieter nun auch preissensiblere Marktsegmente angesprochen werden. Dies kann zum Beispiel einer existierenden Marktstagnation
entgegenwirken. Denkbar ist auch, dass so Qualitätsstandards am Markt eingeführt oder

etabliert werden können, da durch den reduzierten Bündelpreis die Nachfrage in diesen Marktsegmenten positiv beeinflusst werden kann.

Eventuell kann für den Anbieter einer Nachfragerbündelung auch ein **Finanzierungs-vorteil** resultieren. Ein solcher liegt immer dann vor, wenn einige Kunden ihre Kaufent-scheidung aufgrund des Bündelangebots vorziehen. Das durch Vorproduktion oder Lage-rung von Fertigprodukten gebundene Kapital des Anbieters sinkt dann, wodurch gleich-zeitig neuer Planungsspielraum entsteht, der unter Umständen den eingeräumten Rabatt überkompensiert. Ein solcher Vorteil erlangt insbesondere dann Relevanz, wenn am Bün-delgeschäft nur diejenigen Kunden teilnehmen, die auch ohne das Bündelangebot gekauft hätten, allerdings zu einem späteren Zeitpunkt.

Mit einer Ausdehnung des Marktanteils oder des Marktvolumens sowie eventuellen Finanzierungsvorteilen bestehen gleichzeitig auch **Chancenpotenziale auf der Kosten-seite** des Unternehmens. Dies gilt umso mehr für das Commodity-Geschäft. So kann möglicherweise eine Verringerung der Produktionskosten durch Kostendegressionsef-fekte ebenfalls zu einer Verbesserung der Marktstellung beitragen. Zum einen sind für den Anbieter Skaleneffekte durch höhere Absatzmengen möglich (economies-of-scale). Zum anderen werden Fixkostendegressionseffekte nutzbar gemacht, da die fixen Kosten pro Periode auf eine größere Ausbringungsmenge verteilt werden können, so dass sich die in einigen Branchen in den letzten Jahren angestiegenen Investitionskosten in neue Technologien und Spezialmaschinen schneller amortisieren (Possmeier 2000). Bei einem hohen Marktanteil lassen sich möglicherweise auch Erfahrungskurveneffekte realisieren. Das Unternehmen profitiert hierbei von einem Zusammenhang zwischen zunehmenden kumulierten Produktionszahlen und der im Zeitablauf gesammelten Erfahrung, die ins-gesamt zu einer Senkung der Stückkosten beiträgt.

Bei Nachfragerbündelungen können Anbieter außerdem zusätzliche **Einsparungen bei Marketing- und Vertriebskosten** realisieren. Dies geschieht innerhalb der Distribution dadurch, dass Vermarktungsaufgaben auf die Nachfrager übertragen werden, z. B. indem diese die gekauften Waren verteilen. Kostenreduktionen sind weiterhin bei der Auftrags-annahme und -abwicklung durch die Bildung größerer Bearbeitungs- und Transportein-heiten möglich (Voeth et al. 2002). Darüber hinaus können Kommunikationsaufgaben durch Kunden erfüllt werden, indem diese andere potenzielle Nachfrager über Produkt-vorteile informieren und sie dazu animieren, ebenfalls an einer Nachfragerbündelung teil-zunehmen. Dadurch sinkt die Interaktionsfrequenz mit den Nachfragern und es werden Kosteneinsparungen für den Anbieter möglich. Die frei werdenden Vertriebskapazitäten können dann auf profitablere Produkte oder Marktsegmente übertragen werden. Insge-samt bergen Nachfragerbündelungen somit Effizienzsteigerungspotenziale in Marketing und Vertrieb.

Weiterhin sind für Anbieter langfristig auch positive **Imageeffekte** denkbar, da die Nachfrager eine innovative Preispolitik des Unternehmens als positiv beurteilen. Vor al-lem durch den Einsatz des Internets und neuer Medien sind Preisvergleiche sowohl auf Industrie- als auch auf Konsumgütermärkten heute relativ leicht durchzuführen. Gerade bei Commodities kommt hinzu, dass klassische Instrumente der Preispolitik, und insbe-

sondere auch das Instrument der Preisdifferenzierung, aufgrund der Homogenität des Angebots und der großen Preistransparenz durch die Nachfrager umgangen werden können.
So führen diese unter Umständen eher zu einem Imageschaden für den Anbieter. Nachfragerbündelungen für Commodities stellen hingegen eine Möglichkeit dar, sich gegenüber
dem Wettbewerb zu differenzieren und Akquisitionspotenzial für das Unternehmen zu
generieren.

Damit können Nachfragerbündelungen gleichzeitig auch Auswirkungen auf die **Kundenzufriedenheit** haben. Hierbei kann aus Nachfragersicht bei einem im Vergleich zum
Individualpreis geringeren Bündelpreis für die Nachfragergruppe die Wahrnehmung einer
Preisfairness des Anbieters eine Rolle spielen (Diller 2007; Simon und Fassnacht 2009). Ein
Gefühl von Preisfairness entsteht beim Kunden dann, wenn er der Meinung ist, für den Erwerb einer Leistung einen gerechten Preis bezahlt zu haben und wenn er gleichzeitig mit
der erworbenen Leistung zufrieden ist. Preisfairness ist damit ein Teil der Preiszufriedenheit (Matzler 2003; Pohl 2004). Allgemein wird davon ausgegangen, dass ein Nachfrager
mit dem Abschluss eines Geschäfts umso zufriedener ist, je höher die von ihm empfundene Preisfairness ausfällt (Herrmann et al. 2008; Oliver und Swan 1989). Die aus der
Preisfairness resultierende Kundenzufriedenheit kann im Anschluss daran Auswirkungen
auf das vom Kunden gebotene Referenzpotenzial haben, d. h. auf sein Weiterempfehlungs-
verhalten gegenüber anderen potenziellen Kunden (Tomczak und Rudolf-Sipötz 2003).
Damit resultieren möglicherweise Auswirkungen auf die Größe des Nachfragerbündels
oder die Akquisition weiterer Kunden im Individualkauf. Außerdem kann durch eine gesteigerte Kundenzufriedenheit langfristig eine intensivere Kundenbindung respektive Loyalität gegenüber dem Anbieter erzeugt werden (Homburg et al. 2005).

Neben der gesteigerten Kundenzufriedenheit kann auch das **Cross-Buying-Potenzial**
eines Bündelkunden zu einer Verbesserung der Marktstellung des Unternehmens beitragen. Unter Cross-Buying-Potenzial sind zusätzliche Geschäfte zu verstehen, die der Kunde
in anderen Geschäftsbereichen des Unternehmens tätigt und die sich damit positiv auf
seinen Kundenwert auswirken (Tomczak und Rudolf-Sipötz 2003). Dies kommt unter
Umständen dadurch zustande, dass der Kunde den erhaltenen Preisvorteil in seiner Wahrnehmung auf die übrigen Leistungen des Anbieters überträgt. Für eine Nachfragerbündelung bei Commodities folgt daraus, dass Bündelkunden eventuell auch andere Leistungen
des Anbieters in Anspruch nehmen, die außerhalb des eigentlichen Bündelgeschäfts und
möglicherweise sogar außerhalb des Commodity-Geschäfts liegen. Schließlich kann der
Bündelanbieter Informationen über die Bündelkunden und deren Kaufverhalten generieren, wenn er z. B. Daten im Rahmen eines Anmeldeformulars für eine Sammelbestellung
ermittelt. Neben Adressen und Kaufgewohnheiten lassen sich so auch andere kaufrelevante Eigenschaften wie Zahlungsbereitschaften oder Bedarfsanalysen erheben.

3.1.2 Nachteile für die Anbieterseite

Allerdings können neben den genannten Vorteilen für Anbieter einer Nachfrager-bün-
delung auch Nachteile bestehen, die je nach spezifischer Ausgangssituation als Gefahren-
potenzial einzustufen sind und die unter Umständen den Einsatz dieses Vermarktungs-

instruments im Commodity-Geschäft einschränken oder sogar verhindern können. So besteht ein wesentlicher Grund für die Teilnahme an einem Bündelkauf darin, dass der Bündelpreis i. d. R. geringer als der Individualpreis ist, da die Nachfrager sonst nur geringe Anreize haben, an einer Nachfragerbündelung teilzunehmen. Dieser Preisnachlass führt für den Anbieter allerdings dazu, dass sich die Deckungsspanne für jede verkaufte Einheit reduziert. Je nach dem Grad der **Verringerung der Deckungsspanne** bedeutet dies, dass die bestehenden Fixkosten unter Umständen erst viel später oder zu einem wesentlich geringeren Teil gedeckt werden können. Die gesunkene Deckungsspanne muss daher durch den Verkauf einer größeren Stückzahl überkompensiert werden. Ein solcher insgesamt negativer Effekt verstärkt sich noch, wenn an der Bündelung sehr viele Stammkunden des Unternehmens teilnehmen, die auch ohne das Bündelangebot beim Anbieter gekauft hätten. Werden den Kunden neben dem Preisvorteil noch weitere Zusatzleistungen im Gegenzug für die Bündelungsanstrengungen angeboten, so entstehen neben dem Verzicht auf Teile der Deckungsspanne zusätzliche Kosten für den Anbieter, die in der Bündelkalkulation berücksichtigt werden müssen.

Damit geht weiterhin die Gefahr einher, dass der Referenzpreis der Nachfrager, d. h. derjenige Preisanker, anhand dessen die Nachfrager die Günstigkeit eines Angebots beurteilen (Diller 2003; Monroe 1973; Winer 1986), durch den geringeren Bündelpreis sinkt. Eine Rückkehr zum alten Preisniveau würde von den Nachfragern dann als Preiserhöhung interpretiert (Kalyanaram und Winer 1995). Daher besteht durch Nachfragerbündelungen die Gefahr der Ingangsetzung einer **negativen Preisspirale**. In Branchen mit hoher Wettbewerbsintensität, wie dies für Teile des Commodity-Geschäfts gilt, sehen sich Konkurrenzunternehmen darüber hinaus gezwungen, auf die Offerte des Bündelanbieters zu reagieren und entweder ebenfalls Nachfragerbündelungen anzubieten, eventuell mit einem geringeren Bündelpreis, oder, je nach Machtstellung, das Preisniveau insgesamt zu senken. Hierdurch kommt es zu einer weiteren Verschärfung des Wettbewerbs, die langfristig nur von den großen Unternehmen einer Branche mit einem besseren Finanzierungspotenzial oder aufgrund von Möglichkeiten der Quersubventionierung durchgehalten werden kann. Offerieren mehrere Anbieter die Alternative einer Nachfragerbündelung, sinkt zudem der Vorteil für das einzelne Unternehmen.

Das Angebot einer Nachfragerbündelung kann außerdem zu **Irritationen bei den Kunden** im Restmarkt des Unternehmens führen. Dies resultiert womöglich daraus, dass potenzielle Bündelkunden sich aufgrund spezifischer Umstände nicht an einer Bündelung beteiligen können. Beispiele hierfür sind regionale Bündelangebote oder zu enge zeitliche Beschränkungen der Bündelaktion. So besteht eventuell die Gefahr, dass Nachfrager erst zu spät von einer zeitlich festgelegten Bündelalternative erfahren. Eine mögliche negative Folge davon wäre, dass sich diese Nachfrager aus Ärger hierüber Konkurrenzunternehmen zuwenden. Dies geschieht wahrscheinlich immer dann, wenn die Differenz zwischen Individualpreis und Bündelpreis sehr groß ist.

Schließlich besteht die Gefahr, dass der Anbieter in Märkten mit relativ wenigen Nachfragern durch eine Bündelung zusätzliche **Nachfragermacht** aufbaut. Kritisch wird diese Situation zudem, wenn der Anbieter spezifisch investiert, um bspw. seine Produktionsanlagen zu erweitern und so die zusätzlichen Nachfrager bedienen zu können. Das Unternehmen begibt sich dadurch in eine Abhängigkeitsposition, die die Verhandlungsmacht der Nachfrager stärkt und langfristig zu einer schlechteren eigenen Ausgangsposition im Markt führen kann. Insbesondere im Automobilsektor hat dies durch den Zusammenschluss von Automobilherstellern, z. B. bei der Beschaffungsplattform Covisint, zu einem Druck auf die Preise der Zulieferunternehmen geführt. Eine Nachfragerbündelung bietet sich also vor allem in nicht zu wettbewerbsintensiven Märkten mit einer ausreichenden Zahl von Nachfragern an (Voeth und Klein 2002). Für den Fall der meisten Konsumgütermärkte wird in der Literatur unterstellt, dass aufgrund der zahlreichen Nachfrager nicht von einer Problematik durch zusätzliche Nachfragermacht auszugehen ist, da Anbieter zum einen generell von ihren Nachfragern abhängen und zum anderen die Gefahr als geringer einzuschätzen ist, solange positive Deckungsspannen erwirtschaftet werden (Weiber und Meyer 2003).

3.2 Nachfragerbündelungen aus der Nachfragerperspektive

3.2.1 Vorteile für die Nachfragerseite

Bei der Betrachtung der nachfragerseitigen Vorteile einer Bündelinitiative steht vor allem der durch den Anbieter gewährte **Preisvorteil** im Vordergrund. Für den Konsumgüterbereich wird dies durch eine Untersuchung über die Gründe für die Teilnahme an Powershoppingangeboten im Internet belegt (ComCult Research 2004). So gab mit 60,9 % die überwiegende Mehrheit der Befragten an, aufgrund der Preisvorteile Produkte auf diese Art zu erwerben. Bequemlichkeit als zweitwichtigsten Faktor nannten dagegen nur noch 11,5 % der Befragten. Gleiches kann auch für Industriegütermärkte unterstellt werden. Daher ist insgesamt anzunehmen, dass der reduzierte Preis bzw. der Preisvorteil einen besonders großen Beitrag zum wahrgenommenen Nutzen einer Nachfragerbündelung leistet.

Eine solche Art von Nutzenbeitrag wird im Folgenden als **Transaktionsnutzen** bezeichnet. Unter einem Transaktionsnutzen werden diejenigen Nutzenbestandteile einer Markttransaktion aus Nachfragersicht verstanden, die über den eigentlichen Produktnutzen hinausgehen und nicht von diesem beeinflusst werden (Plinke 1989; Plinke 2000; Thaler 1983, 1985). Darüber hinaus entsteht ein Transaktionsnutzen für die Bündelteilnehmer aber auch im Falle der Einräumung spezieller Finanzierungskonditionen, die nur diejenigen Nachfrager erhalten, die sich an einer Bündelung beteiligen. Dies wäre aus Kundensicht bspw. die Bezahlung auf Ratenbasis zu einem geringeren als dem üblichen Zinssatz oder der vollkommene Verzicht auf die Erhebung von Zinsen und Gebühren. Gleichzeitig ist als spezielle Ausgestaltung der Finanzierungskonditionen auch eine Bezahlung zu einem späteren Zeitpunkt denkbar. Hierbei ist allerdings zu beachten, dass damit der diskutierte Finanzierungsvorteil für den Anbieter nur noch in eingeschränktem Maße gegeben ist. Die eingeräumten Konditionen stellen damit einen zweiten monetären Beitrag neben der Preisreduktion dar. Zusätzliche Bestandteile des Transaktionsnutzens, wie bspw. die Freundlichkeit des Personals oder das Image des Anbieters, werden nicht in die weitere Betrachtung eingeschlossen, da diese gleichermaßen für Bündel- und Individualkäufe gelten. Neben dem Transaktionsnutzen sind jedoch weitere nachfragerseitige Bündelvorteile möglich.

Ein zusätzlicher Nutzenbeitrag kann bspw. durch die Erbringung von **Zusatzleistungen** (value added services) für die Bündelteilnehmer generiert werden, wenn diese Zusatzleistungen ansonsten vom Kunden zu bezahlen sind (Voeth 2003). Diese erhöhen dann als weitere Serviceleistungen den eigentlichen Produktnutzen. Hierzu gehören bspw. die kostenfreie Lieferung oder die Bereitstellung zusätzlichen Informationsmaterials über die Verwendung des Produkts oder mögliche Verwendungsalternativen. Weiterhin kann angeführt werden, dass es durch die Zusammenfassung der Nachfrager dem Anbieter leichter fällt, eine Leistungsanpassung vorzunehmen. Dies ist damit zu begründen, dass durch die größere nachgefragte Menge bei einer Nachfragerbündelung i. e. S. eine Modifikation des Produkts für den Anbieter durchaus rentabel sein kann (Weiber und Meyer 2003). Damit ist eine Befriedigung spezieller Kundenbedürfnisse für die Bündelteilnehmer ein Vorteil von Nachfragerbündelungen. Allerdings ist gerade im Commodity-Geschäft die Generierung von zusätzlichen Leistungsvorteilen und die individuelle Leistungsanpassung aufgrund der starken Standardisierung der Produkte als kritisch zu betrachten (z. B. Chemikalien oder Holz als Rohstoffe im Industriegüterbereich), so dass hier wenig Spielraum bei der Ausgestaltung der Leistung besteht. Damit dürfte der zu erzielende Preisvorteil (Rabatt) auch im Industriegüterbereich aus Nachfragersicht insgesamt im Vordergrund der Betrachtung stehen.

3.2.2 Nachteile für die Nachfragerseite

Als bedeutsamster Nachteil, und damit als zentraler Hinderungsgrund für die Durchführung einer Nachfragerbündelung, wirken sich auf der Nachfragerseite vor allem die entstehenden **Bündelungskosten** aus, die durch den im vorherigen Abschnitt diskutierten zusätzlichen Rabatt des Anbieters, den gewährten Preisvorteil, überkompensiert werden müssen. Das Konstrukt bzw. das Auftreten der Bündelungskosten resultiert daraus, dass einzelne Nachfrager weitere Bündelteilnehmer finden müssen, um die vom Anbieter geforderte Bündelgröße zu erreichen. Zudem müssen sie sich mit diesen im Rahmen einer Nachfragerbündelung i. e. S. über das zu beschaffende Produkt sowohl in sachlicher als auch in zeitlicher Hinsicht abstimmen. Aus diesem Grund ist generell zu unterstellen: Nur wenn die Bündelungskosten nicht zu hoch sind, werden einzelne Nachfrager bereit sein, von einem individuellen Kauf der Commodities auf einen Bündelkauf zu wechseln.

Zu berücksichtigen ist hierbei allerdings, dass es sich bei den Bündelungskosten nicht um solche Kosten handelt, die üblicherweise durch die Begrifflichkeiten der Kostenrechnung erfasst werden können. Vielmehr rücken vor allem Transaktions- respektive Opportunitätskosten in den Vordergrund (Picot 1991; Picot und Dietl 1990; Williamson 1985), die durch die Mühen der Abstimmung und die dafür aufgewendete Zeit oder einen möglichen Kompromiss im Hinblick auf das zu beschaffende Produkt entstehen. Im Rahmen der Bündelungskostenanalyse können die nachfragerseitigen Kostenbestandteile mit den Begriffen Such-, Abstimmungs- und Kompromisskosten bezeichnet werden (vgl. Abb. 3).

Abb. 3 Nachfragerseitige
Bündelungskosten

Suchkosten

Recherchezeit für Preisvergleiche, Suche
nach potenziellen Teilnehmern, Telefon-/
Internet-/Portogebühren, Reisekosten etc.

Abstimmungskosten

Bereitstellung der Räumlichkeiten, Zeit für die
Abstimmung, Kosten der Protokollerstellung, Telefon-/
Internet-/Portogebühren, Reisekosten etc.

Kompromisskosten

Verzicht auf Features, Unzufriedenheit,
Gruppenbindung, Warten auf das Produkt,
zusätzliche Liefer-/Abholkosten etc.

Auch wenn durch den Einsatz neuer Medien (z. B. Internet) davon auszugehen ist, dass sich die Bündelungskosten deutlich reduzieren, so ist nicht mit einem vollständigen Wegfall zu rechnen.

In einer ersten Phase des Bündelkaufs (Suchphase) entstehen den potenziellen Bündelteilnehmern im Wesentlichen Kosten aus der Suche nach einer möglicherweise geforderten Mindestzahl von Bündelteilnehmern. Zudem sind Preisvergleiche über die Günstigkeit des vom Anbieter offerierten Angebots durchzuführen. In der darauf folgenden Verhandlungsphase erhöhen sich diese Suchkosten durch die Koordination der gefundenen Bündelteilnehmer oder die Verhandlungen mit dem in Frage kommenden Anbieter um so genannte Abstimmungskosten (Reisekosten, Kosten der Kommunikation untereinander usw.). Vor allem bei Nachfragerbündelungen i. e. S. ist zu unterstellen, dass die Abstimmungsdauer und damit die Einigung der Teilnehmer auf ein konkretes Produkt einen relativ umfangreichen Zeitraum beansprucht und durch die Bindung von Ressourcen damit auch höhere Kosten verursacht. In einer dritten Phase (Abwicklungsphase) können zusätzlich Kompromisskosten für einige Nachfrager entstehen. So müssen einzelne Nachfrager eventuell Kosten aufgrund eines einzugehenden Kompromisses tragen, weil das erhaltene Produkt, auf welches sich die Bündelteilnehmer bspw. bei einer Nachfragerbündelung i. e. S. geeinigt haben, nicht vollkommen ihren Vorstellungen entspricht. Hierbei kann von einer Anpassung des individuellen Anspruchsniveaus gesprochen werden. Kosten entstehen so vor allem daraus, dass Nachfrager ihre vormals individuelle Entscheidungsfreiheit zu Gunsten eines Kompromisses innerhalb einer Gruppe von Nachfragern aufgeben. Der Anbieter einer Nachfragerbündelung muss folglich die den Nachfragern entstehenden Bündelungskosten bei der Ausgestaltung seiner Bündelofferte in allen drei Phasen im Auge behalten bzw. bereits im Vorfeld abschätzen, um ein marktfähiges Angebot erstellen zu können.

Aus der Perspektive der Nachfrager lassen sich Bündelungskosten (negative Nutzenbestandteile) zusammen mit den nachfragerseitigen Vorteilen einer Bündelung (positive

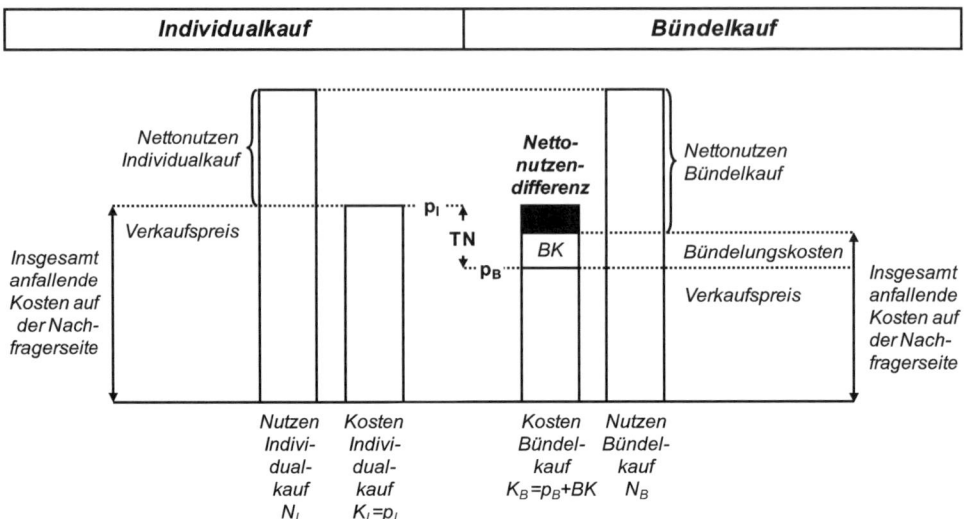

Abb. 4 Nettonutzenvergleich Individual- und Bündelkauf aus Nachfragersicht

Nutzenbestandteile) in die **individuellen Nutzenüberlegungen** integrieren. Dabei wird als Beurteilungskriterium des Nachfragers im Rahmen eines Abwägungsprozesses die Differenz zwischen dem wahrgenommenen individuellen Nutzen und den wahrgenommenen individuellen Kosten, der so genannte Nettonutzen (Plinke 1989, 1997; Weiber und Kleinaltenkamp 2013), herangezogen. Der Nettonutzen entscheidet letztendlich über den Kauf oder den Nicht-Kauf eines Produkts, da der Kunde ein Produkt i. d. R. nur dann zu kaufen bereit ist, wenn der Nettonutzen für ihn positiv ist (Fischer 2001). Ein negativer Nettonutzen würde im Gegensatz dazu immer dann resultieren, wenn die aus dem Produktkauf entstehenden Kosten vom einzelnen Nachfrager bspw. aufgrund der mit Reise- und Abstimmungstätigkeiten auftretenden Mühen und des dabei aufzubringenden Zeiteinsatzes subjektiv höher eingeschätzt werden als der aus dem Kauf entstehende Nutzen.

Ob ein Nachfrager, aufbauend auf den Überlegungen zum Nettonutzen, einen Individualkauf tätigt oder sich einem Nachfragerbündel anschließt, hängt jedoch letztendlich vom Vergleich der beiden Nettonutzen der angebotenen Kaufalternativen ab: Individualkauf versus Beteiligung an einem Nachfragerbündel. Ein solcher **Nettonutzenvergleich** ist in der Abb. 4 beispielhaft für einen Nachfrager dargestellt. Dabei ist zunächst davon auszugehen, dass die Nutzenwerte für die Produkte im Individualkauf (N_I) sowie im Bündelkauf (N_B) unabhängig von der Beschaffungsalternative sind und damit die gleiche Höhe aufweisen, sofern im Bündelkauf keine wie weiter oben angesprochenen Produktmodifikationen vorgenommen werden. Ebenso werden zur Vereinfachung die Transaktionskosten des Individualkaufs vernachlässigt, die bspw. durch die Abholung der Ware entstehen. Dies kann immer dann unterstellt werden, wenn diese zusätzlichen Kosten mit einem Teil der Transaktionskosten des Bündelkaufs, die nicht die Bündelungskosten darstellen, vergleichbar sind. Daraus folgt auf der einen Seite, dass der Preis des Individualkaufs (p_I)

gleich den Kosten der Nachfrager (K_I) ist. Auf der anderen Seite bedeutet dies, dass die Kosten für die Bündelkäufer neben dem Preis des Produkts (p_B) zusätzlich die individuellen Bündelungskosten (BK) enthalten ($K_B = p_I + BK$). Da der Anbieter den Bündelkäufern für die Teilnahme an der Nachfragerbündelung jedoch einen Preisnachlass gewährt, kann gleichzeitig unterstellt werden, dass $p_B < p_I$ ist. Diese Preisdifferenz wurde bereits als Transaktionsnutzen (TN) bezeichnet ($TN = p_I - p_B$), der sich jedoch um die Höhe der Bündelungskosten reduziert.

Der Nettonutzen der jeweiligen Kaufalternative kann damit relativ einfach aus den Differenzen der Nutzenwerte und den entstehenden bzw. wahrgenommenen Kosten gebildet werden. Die in der Abb. 4 als schwarze Fläche dargestellte Differenz zwischen den Nettonutzenwerten stellt schließlich die in diesem Fall positive **Nettonutzendifferenz** der beiden Kaufalternativen dar. Sie spiegelt den relativen Vorteil und damit die Präferenz des Nachfragers für eine der beiden Kaufalternativen wider (Backhaus und Voeth 2010). Damit determiniert die Nettonutzendifferenz die Höhe der Vorteilhaftigkeit des Bündelkaufs gegenüber dem Individualkauf in diesem Beispiel. Die Nettonutzendifferenz (NND) für eine Beurteilung von Bündel- und Individualkauf aus Nachfragersicht wird allgemein wie folgt definiert:

$$NND = (N_B - K_B) - (N_I - K_I)$$

Mit:

N_B Nutzen des Bündelkaufs
K_B Kosten des Bündelkaufs
N_I Nutzen des Individualkaufs
K_I Kosten des Individualkaufs

Für den Fall, dass $(N_B - K_B) < (N_I - K_I)$, unter der Voraussetzung dass $N_I - K_I > 0$, würde die rechte Seite der Gleichung, und damit die Nettonutzendifferenz, einen negativen Wert annehmen. Daraus folgt, dass für Nachfrager eine Teilnahme an einem Bündelkauf nur dann in Frage kommt, wenn die Bündelungskosten in der Summe die in Aussicht stehenden Vorteile nicht überkompensieren. Dies macht zugleich auch die Bedeutung von Bündelungskosten bei Nachfragerbündelungen im Commodity-Geschäft deutlich: Nur wenn die wahrgenommenen Bündelungskosten der Nachfrager nicht zu hoch sind, ist es für einen Anbieter im Commodity-Geschäft ökonomisch sinnvoll, eine Nachfragerbündelung als Vermarktungsinstrument in die Betrachtung aufzunehmen.

Damit haben Bündelungskosten für den Anbieter bei der Festlegung der Bündelungsmodalitäten, vor allem bei der Festlegung des Preisvorteils für die Nachfrager, einen strategisch wichtigen Einfluss auf seine eigene Vorteilhaftigkeit, da hierüber die zusätzlichen Kosten bei den Nachfragern abgegolten werden können. Dies zeigt allerdings auch, dass der Anbieter versuchen sollte, die zusätzliche nachfragerseitige Kostenkomponente näher zu analysieren, indem die entstehenden Such-, Abstimmungs- und Kompromisskosten einer Messung zugänglich gemacht werden. Ansonsten bestünde die Gefahr, dass der Bündelanbieter an den Bedürfnissen der potenziellen Bündelnachfrager vorbei plant und dadurch nicht den von ihm kalkulierten bzw. den maximalen Absatz realisieren kann, was letztendlich zu Gewinneinbußen führt.

In der Literatur wird zur **Messung von Bündelungskosten** vor allem das Verfahren der Conjoint-Analyse vorgeschlagen (Klein 2004). Der Vorteil dieser Methode besteht einerseits darin, dass die Nachfrager die ihnen entstehenden Bündelungskosten im Rahmen der Erhebung nicht direkt angeben müssen, da es sich bei der Conjoint-Analyse um ein dekompositionelles (indirektes) Verfahren handelt. So setzen die Nachfrager ihre Beurteilung über Produkte oder Kaufprozesse i. d. R. nicht aus einzelnen Eigenschaftsausprägungen zusammen, sondern bilden sich in realen Kaufsituationen eher Globalurteile über verschiedene Alternativen. Dekompositionellen Verfahren wird daher im Allgemeinen eine größere Realitätsnähe zugesprochen, wodurch gleichzeitig die Qualität der gemessenen Daten erhöht werden kann. Andererseits können mit Hilfe von Conjoint-Analysen über die Ermittlung von Gesamtnutzenwerten ex ante Zahlungsbereitschaften für unterschiedliche Kaufprozesse simuliert werden. Dabei wird mit den empirisch gemessenen Gesamtnutzenwerten von Kaufalternativen rechnerisch auf Teilnutzenwerte einzelner Kaufprozesseigenschaften geschlossen, die die empirisch gemessenen Werte möglichst gut abbilden sollen (Backhaus et al. 2011).

Zur Ermittlung von Zahlungsbereitschaften ist es erforderlich, den Preis als ein Merkmal in die Analyse einzubeziehen. Hierzu haben sich Verfahrensvarianten der klassischen Conjoint-Analyse, wie beispielsweise die Hierarchisch-individualisierte Limit-Conjoint-Analyse (Voeth 2000; Voeth und Hahn 1998) oder die Adaptive Choice-based Conjoint-Analyse (Johnson und Orme 2007; Orme und Johnson 2008), als geeignet erwiesen. Die gemessenen Zahlungsbereitschaften erlauben anschließend Rückschlüsse auf die von den Nachfragern wahrgenommenen Bündelungskosten, da unterstellt werden kann, dass sich die Höhe der insgesamt von einem Probanden subjektiv wahrgenommenen Bündelungskosten in dem Bündelpreis widerspiegelt, den dieser maximal bereit ist zu bezahlen (Klein 2005). Somit ergeben sich die Bündelungskosten für eine beliebige Kaufalternative aus der Differenz der Zahlungsbereitschaft für einen Individualkauf und der Zahlungsbereitschaft für einen Bündelkauf.

Auf Basis solcher individueller Messungen können dann unter **Einbezug der Kostensituation** des Anbieters Optimierungen bzgl. der angestrebten Preise und Absatzmengen vorgenommen werden. Darüber hinaus können aus einer mittels der Conjoint-Analyse durchgeführten Strukturmessung von Bündelungskosten Möglichkeiten erarbeitet werden, um die von den Bündelteilnehmern wahrgenommenen Bündelungskosten innerhalb der einzelnen Bestandteile der Such-, Abstimmungs- und Kompromisskosten unter Umständen soweit zu reduzieren, dass weitere Nachfrager an der Bündelung teilnehmen (z. B. durch den Wechsel des Bündeltyps) und dadurch der Bündelgewinn des Anbieters gesteigert wird. Dies trägt insgesamt zu einem erfolgreichen Einsatz von Nachfragerbündelungen im Commodity-Geschäft bei.

4   Fazit

Auch wenn Nachfragerbündelungen nicht in allen Branchen vorteilhaft sind, so bestehen doch gerade im Commodity-Geschäft aufgrund der starken Standardisierung der dort angebotenen Produkte zahlreiche Möglichkeiten, Nachfragerbündelungen oder Varianten dieses Vermarktungsinstruments einzusetzen. Wie die Ausführungen gezeigt haben, liegen zentrale Vorteile der Anbieterseite zum einen in einer möglichen Verbesserung der Marktstellung (Marktanteil) gegenüber relevanten Wettbewerbern. Zum anderen sind durch die Ausdehnung der eigenen Produktionsmengen und durch die Einsparung von Marketing- und Vertriebskosten unter Umständen auch deutliche Effekte auf der Kostenseite zu erzielen. Zu den weicheren Faktoren zählt zudem die Chance auf eine Erhöhung der Kundenzufriedenheit, weil die Nachfrager die Preispolitik des Unternehmens als angemessen wahrnehmen. Darüber hinaus sind allerdings auch Gefahren, wie bspw. die Ingangsetzung einer negativen Preisspirale oder die Verärgerung von Kunden im Restmarkt des Unternehmens zu berücksichtigen, die in der Summe dazu führen können, dass von Nachfragerbündelungen als Vermarktungsinstrument im Commodity-Geschäft abzuraten ist.

Um die Vorteilhaftigkeit in einem konkreten Einzelfall einschätzen zu können, ist es seitens des Anbieters notwendig, die nachfragerseitigen Bündelungskosten mit Hilfe eines geeigneten Marktforschungsinstruments zu messen, da diese einen zentralen Einflussfaktor auf die beidseitige Vorteilhaftigkeit darstellen. Nur wenn es dem Anbieter gelingt, die Höhe und die Struktur der Bündelungskosten zu ermitteln, kann er darauf den notwendigerweise zu gewährenden Preisvorteil für die Nachfrager kalkulieren und diesen in seine eigenen Vorteilhaftigkeitsüberlegungen einbeziehen. Auf Basis dessen können dann weitere Bündelungsmodalitäten ausgestaltet werden, um die Nachfrager auch hinreichend davon zu überzeugen, an der Bündelung des Güterkaufs im Commodity-Geschäft teilzunehmen.

Literatur

Adams, W. J., & Yellen, J. L. (1976). Commodity bundling and the burden of monopoly. *Quarterly Journal of Economics, 90*, 475–498.

Adler, J. (1996). *Informationsökonomische Fundierung von Austauschprozessen: Eine nachfragerorientierte Analyse.* Wiesbaden: Gabler.

Arnold, U., & Eßig, M. (1997). *Einkaufskooperationen in der Industrie.* Stuttgart: Schäffer-Poeschel.

Aspinwall, L. (1958). The characteristics of goods and parallel systems theories. In E. J. Kelley & W. Lazer (Hrsg.), *Managerial marketing: Perspectives and viewpoints* (S. 434–450). Homewood: Irwin.

Backhaus, K., & Voeth, M. (2010). *Industriegütermarketing* (9. Aufl.). München: Vahlen.

Backhaus, K., Erichson, B., Plinke, W., & Weiber, R. (2011). *Multivariate Analysemethoden: Eine anwendungsorientierte Einführung* (13. Aufl.). Berlin: Springer.

Bhagat, P. S., Klein, A., & Sharma, V. (2009). The impact of new media on internet-based group consumer behavior. *Journal of Academy of Business and Economics, 9*, 83–94.

Cheng, H.-H., & Huang, S.-W. (2013). Exploring antecendents and consequence of online group-buying intention: An extended perspective on theory of planned behavior. *International Journal of Information Management, 33,* 185–198.

ComCult Research. (2004). o. T., Quelle aus dem Internet. http://www.comcult.de/index. php4?link=forschungstudien/analysis_auktionen.php4. Zugegriffen: 17. Nov. 2004.

Copeland, M. T. (1923). Relation of consumers' buying habits to marketing methods. *Harvard Business Review, 1,* 282–289.

Copeland, M. T. (1925). *Principles of Merchandising.* Chicago: Shaw.

Diller, H. (2003). Preiswahrnehmung und Preispolitik. In H. Diller & A. Herrmann (Hrsg.), *Handbuch Preispolitik: Strategien, Planung, Organisation, Umsetzung* (S. 259–283). Wiesbaden: Gabler.

Diller, H. (2007). *Preispolitik* (4. Aufl.). Stuttgart: Kohlhammer.

Eßig, M. (1999). *Cooperative Sourcing: Erklärung und Gestaltung horizontaler Beschaffungskooperationen in der Industrie.* Frankfurt a. M.: Lang.

Fischer, J. (2001). *Individualisierte Präferenzanalyse: Entwicklung und empirische Prüfung einer vollkommen individualisierten Conjoint Analyse.* Wiesbaden: Gabler.

Guiltinan, J. P. (1987). The price bundling of services: A normative framework. *Journal of Marketing, 51,* 74–85.

Herrmann, A., Huber, F., & Wricke, M. (2008). Preisfairness als Schlüssel zur Kundenzufriedenheit. In C. Homburg (Hrsg.), *Kundenzufriedenheit: Konzepte – Methoden – Erfahrungen* (7. Aufl., S. 311–333). Wiesbaden: Gabler.

Homburg, C., Becker, A., & Hentschel, F. (2005). Der Zusammenhang zwischen Kundenzufriedenheit und Kundenbindung. In M. Bruhn & C. Homburg (Hrsg.), *Handbuch Kundenbindungsmanagement: Strategien und Instrumente für ein erfolgreiches CRM* (5. Aufl., S. 93–123). Wiesbaden: Gabler.

Janiszewski, C., & Cunha, M. (2004). The influence of price discount framing on the evaluation of a product bundle. *Journal of Consumer Research, 30,* 534–546.

Johnson, R. M., & Orme, B. K. (2007). *A new approach to adaptive CBC.* Sawtooth Software Research Paper. Seqium.

Kalyanaram, G., & Winer, R. S. (1995). Empirical generalizations from reference price research. *Marketing Science, 14,* G161–G169.

Kauffman, R. J., & Wang, B. (2001). New buyers' arrival under dynamic pricing market microstructure: The case of group-buying discounts on the Internet. *Journal of Management Information Systems, 18,* 157–188.

Kauffman, R. J., Hsiangchu, L., & Ho, C.-T. (2010). Incentive mechanisms, fairness and participation in online group-buying auctions. *Electronic Commerce Research and Applications, 9,* 249–262.

Klein, A. (2004). *Bündelungskosten als Einflussfaktor bei Nachfragerbündelungen.* Wiesbaden.

Klein, A. (2005). Bündelungskosten bei Nachfragerbündelungen: Transaktionskostentheoretische Betrachtung und anschließende Messung. *Die Unternehmung, 59,* 423–440.

Klein, A., & Bhagat, P. S. (2010). We-commerce – Evidence on a new virtual commerce platform. *Global Journal of Business Research, 4,* 107–124.

Kleinaltenkamp, M. (2000a). Einführung in das Business-to-Business-Marketing. In M. Kleinaltenkamp & W. Plinke (Hrsg.), *Technischer Vertrieb: Grundlagen des Business-to-Business Marketing* (2. Aufl., S. 171–247). Berlin: Springer.

Kleinaltenkamp, M. (2000b). Business-to-Business-Marketing. In T. Hadeler & E. Winter (Hrsg.), *Gabler Wirtschaftslexikon* (15. Aufl., S. 602–607). Wiesbaden: Gabler.

Knoblich, H. (1969). *Betriebswirtschaftliche Warentypologie: Grundlagen und Anwendungen.* Köln: Westdeutscher Verlag.

Knoblich, H. (1995). Gütertypologien. In B. Tietz (Hrsg.), *Handwörterbuch des Marketing* (2. Aufl., S. 838–850). Stuttgart: Schäffer-Poeschel.

Lipson, H. A., Darling, J. R., & Reynolds, F. D. (1970). A two phase interaction process for marketing model constructions. *Michigan State University Business Topics, 18*, 34–44.

Liu, Y., & Sutanto, J. (2012). Buyers' purchasing time and herd behavior on deal-of-the-day group-buying websites. *Electronic Markets, 22*, 83–93.

Matzler, K. (2003). Preiszufriedenheit. In H. Diller & A. Herrmann (Hrsg.), *Handbuch Preispolitik: Strategien, Planung, Organisation, Umsetzung* (S. 303–328). Wiesbaden: Gabler.

Meffert, H. (2001). Commodity. In H. Diller (Hrsg.), *Vahlens Großes Marketing-Lexikon* (2. Aufl.). München: Beck u. Vahlen.

Meffert, H., Burmann, C., & Kirchgeorg, M. (2012). *Marketing: Grundlagen marktorientierter Unternehmensführung: Konzepte – Instrumente – Praxisbeispiele* (11. Aufl.). Wiesbaden: Gabler.

Miracle, G. E. (1965). Product characteristics and marketing strategy. *Journal of Marketing, 29*, 18–24.

Monroe, K. B. (1973). Buyers' subjective perceptions of price. *Journal of Marketing Research, 10*, 70–80.

Murphy, P. E., & Enis, B. M. (1986). Classifying products strategically. *Journal of Marketing, 50*, 24–42.

Oliver, R. L., & Swan, J. E. (1989). Consumer perceptions of interpersonal equity and satisfaction in transactions: A field survey approach. *Journal of Marketing, 53*, 21–35.

Orme, B. K., & Johnson, R. M. (2008). *Testing adaptive CBC: Shorter questionnaires and BYO vs. „Most likelies".* Sawtooth Software Research Paper. Sequim.

Picot, A. (1991). Ökonomische Theorien der Organisation – Ein Überblick über neuere Ansätze und deren betriebswirtschaftliches Anwendungspotential. In D. Ordelheide, B. Rudolph, & E. Büsselmann (Hrsg.), *Betriebswirtschaftslehre und ökonomische Theorie* (S. 143–170). Stuttgart: Poeschel.

Picot, A., & Dietl, H. (1990). Transaktionskostentheorie. *Wirtschaftswissenschaftliches Studium, 19*, 178–184.

Plinke, W. (1989). Die Geschäftsbeziehung als Investition. In G. Specht, G. Silberer, & W. H. Engelhardt (Hrsg.), *Marketing-Schnittstellen: Herausforderungen für das Management* (S. 305–325). Stuttgart: Poeschel.

Plinke, W. (1997). Grundlagen des Geschäftsbeziehungsmanagements. In M. Kleinaltenkamp & W. Plinke (Hrsg.), *Geschäftsbeziehungsmanagement* (S. 1–61). Berlin: Springer.

Plinke, W. (2000). Grundlagen des Marktprozesses. In M. Kleinaltenkamp & W. Plinke (Hrsg.), *Technischer Vertrieb: Grundlagen des Business-to-Business Marketing* (2. Aufl., S. 3–98). Berlin: Springer.

Pohl, A. (2004). *Preiszufriedenheit bei Innovationen: Nachfragerorientierte Analyse am Beispiel der Tourismus- und Airlinebranche.* Wiesbaden: DUV.

Possmeier, F. (2000). *Preispolitik bei hoher Fixkostenintensität.* Lohmar: Eul.

Shiau, W.-L., & Luo, M. M. (2012). Factors affecting online group buying intention and satisfaction: A social exchange theory perspective. *Computers in Human Behavior, 28*, 2431–2444.

Simon, H., & Fassnacht, M. (2009). *Preismanagement: Strategie – Analyse – Entscheidung – Umsetzung* (3. Aufl.). Wiesbaden: Gabler.

Simon, H., & Wübker, G. (2000). Mehr-Personen-Preisbildung. *Zeitschrift für Betriebswirtschaft, 70*, 729–746.

Simon, H., Tacke, G., & Buchwald, G. (2003). Kundenbindung durch Preispolitik. In M. Bruhn & C. Homburg (Hrsg.), *Handbuch Kundenbindungsmanagement: Strategien und Instrumente für ein erfolgreiches CRM* (4. Aufl., S. 337–352). Wiesbaden: Gabler.

Thaler, R. (1983). Transaction utility theory. *Advances in Consumer Research, 10*, 296–301.

Thaler, R. (1985). Mental accounting and consumer choice. *Marketing Science, 4*, 199–214.

Tomczak, T., & Rudolf-Sipötz, E. (2003). Bestimmungsfaktoren des Kundenwertes: Ergebnisse einer branchenübergreifenden Studie. In B. Günter & S. Helm (Hrsg.), *Kundenwert: Grundlagen – innovative Konzepte – praktische Umsetzungen* (2. Aufl., S. 133–161). Wiesbaden: Gabler.

Tsai, M. T., Cheng, N.-C., & Chen, K.-S. (2011). Understanding online group buying intention: The roles of sense of virtual community and technology acceptance factors. *Total Quality Management, 22,* 1091–1104.

Voeth, M. (2000). *Nutzenmessung in der Kaufverhaltensforschung: Die Hierarchische Individualistierte Limit Conjoint-analyse (HILCA).* Wiesbaden: DUV.

Voeth, M. (2002). Nachfragerbündelung. *Zeitschrift für betriebswirtschaftliche Forschung, 54,* 113–127.

Voeth, M. (2003). *Gruppengütermarketing.* München: Vahlen.

Voeth, M., & Hahn, C. (1998). Limit Conjoint-Analyse. *Marketing Zeitschrift für Forschung und Praxis, 20,* 119–132.

Voeth, M., & Klein, A. (2002). Nachfragebündelung als Geschäftsmodell im E-Business. In W. Dangelmeier, A. Emmrich, & D. Kaschula (Hrsg.), *Modelle im E-Business* (S. 609–623). Paderborn: Fraunhofer ALB.

Voeth, M., Bufe, R. H., & Klein, A. (2002). Können auch Ihre Kunden die Nachfrage bündeln? *Absatzwirtschaft, 45,* 38–40.

Weiber, R., & Kleinaltenkamp, M. (2013). *Business- und Dienstleistungsmarketing: Die Vermarktung integrativ erstellter Leistungsbündel.* Stuttgart: Kohlhammer.

Weiber, R., & Meyer, J. (2003). Nachfragerkooperationen auf Consumer-Märkten. In J. Zentes, B. Swoboda, & D. Morschett (Hrsg.), *Kooperationen, Allianzen und Netzwerke: Grundlagen – Ansätze – Perspektiven* (S. 1229–1258). Wiesbaden: Gabler.

Williamson, O. E. (1985). *The economic institutions of capitalism: Firms, markets, relational contracting.* New York: Free Press.

Winer, R. S. (1986). A reference price model of brand choice for frequently purchased products. *Journal of Consumer Research, 13,* 250–256.

Wübker, G., & Simon, H. (2003). Mehr-Personen-Preisbildung. In H. Diller & A. Herrmann (Hrsg.), *Handbuch Preispolitik: Strategien, Planung, Organisation, Umsetzung* (S. 667–690). Wiesbaden: Gabler.

Klein, Andreas
Department of Management and Marketing, Mercator School of Management,
Universität Duisburg-Essen, Lotharstraße 65,
47057 Duisburg, Deutschland
E-Mail: andreas.klein@uni-due.de

Kundenbindung bei Commodities – Die Quadratur des Kreises?

Peter Billen und Tilmann Raff

Inhaltsverzeichnis

P. Billen (✉)
Professor im Studiengang Handel, Fakultät Wirtschaft, Duale Hochschule Baden-Württemberg
Lörrach Hangstr. 46–50,
79539 Lörrach, Deutschland
E-Mail: billen@dhbw-loerrach.de

T. Raff
Professor International Business Management, Fakultät Wirtschaft, Duale Hochschule Baden-
Württemberg Lörrach, Hangstr. 46–50, 79539 Lörrach, Deutschland
E-Mail: raff@dhbw-loerrach.de

M. Enke et al. (Hrsg.), *Commodity Marketing*,
DOI 10.1007/978-3-658-02925-8_13, © Springer Fachmedien Wiesbaden 2014

Zusammenfassung

Das bei Commodities beobachtbare vagabundierende Kaufverhalten beeinflusst die Profitabilität eines Unternehmens negativ. Deshalb analysiert der vorliegende Beitrag, ob im Falle des Angebots von Commodities eine Kundenbindung möglich wäre. Ausgehend von den verschiedenen Ebenen eines Transaktionsprozesses werden zunächst allgemeingültig Ansatzpunkte zur Förderung der Kundenbindung identifiziert. Daran anschließend erfolgt eine Prüfung der Übertragbarkeit auf das Angebot von Commodities. Die Autoren kommen zu der Überzeugung, dass die identifizierten Bindungsfaktoren für Commodities nicht anwendbar sind. Auf diesen Ergebnissen aufbauend werden mehrere Vorschläge entwickelt, wie eine Kundenbindung bei Commodities gesteigert werden könnte, was in sog. erweiterten bzw. markierten Commodities mündet. Ein Ausblick auf die Nutzung der Erkenntnisse für die Internationalisierung des Vermarktungskonzepts rundet den Beitrag ab.

1   Bedeutung der Kundenbindung für Commodity-Anbieter

„Anders sein!" Diese Formel ist das Gesetz, welchem das Marketing eines Unternehmens folgen sollte. Durch die Abgrenzung von der Konkurrenz wird es möglich, Präferenzen beim Nachfrager aufzubauen, um diese an sich zu binden (Oehme 1993). Auf vielen Märkten zeigen sich jedoch Verhältnisse, die darauf schließen lassen, dass die meisten Unternehmen dieser Profilierung nur unzureichend nachkommen. Die Marktsituation lässt sich vielmehr mit den Begriffen Marktsättigung und Produkthomogenität gut beschreiben (Rother und Link 1994). Letztere zeigt sich darin, dass Leistungsangebote immer ähnlicher werden. Die Produktqualität wird zu einer Selbstverständlichkeit, denn es herrscht ein relatives Standardqualitätsniveau. Die Leistungen werden von den Kunden zunehmend als austauschbar wahrgenommen. Die **Austauschbarkeit von Marken** über alle Branchen hinweg beträgt mittlerweile 64 % (BBDO Consulting 2009). Die Folgen für die Anbieterseite sind entsprechend verheerend.

Aufgrund eines weitgehend homogenen technischen Stands der Anbieter von Commodities bilden objektive Leistungseigenschaften nur noch geringe Ansatzpunkte für den Aufbau von Wettbewerbsvorteilen. Austauschbare Leistungsangebote geben jedoch keine Anhaltspunkte für ein eigenständiges Unternehmensprofil. Berücksichtigt man das zentrale Entscheidungskriterium des Nachfragers, ein Leistungsangebot zu wählen, welches einen möglichst hohen Nutzen bei möglichst geringen Kosten ermöglicht (Weiber 2006), so muss geradezu zwangsläufig die Preispolitik zur Erlangung von Wettbewerbsvorteilen in den Vordergrund rücken. Die fehlende Abgrenzung bei Commodities über die Nutzenkomponenten lässt nur noch einen niedrigen Preis als Verkaufsargument zu – wer kein Profil hat, muss über den Preis verkaufen! Der mittlerweile vielfach zu beobachtende ruinöse **Preiswettbewerb**, der zu Preisschlachten in ungekanntem Ausmaß führt – „Geiz ist geil" ist nur eines der Schlagwörter – bestätigt dies eindrucksvoll.

Auf Märkten mit einem hohen Commodity-Anteil ist zudem ein vagabundierendes Kaufverhalten zu beobachten (Meyer und Mattmüller 1991). Die wahrgenommene Austauschbarkeit der Leistungsangebote reduziert das Risiko eines Fehlkaufs für die Nachfragerseite, was die Orientierung am Kaufpreis bei der Angebotsauswahl fördert und den Anbieterwechsel vereinfacht. Für den Anbieter resultieren daraus negative Auswirkungen auf seine Gewinnsituation. Einerseits wird die Akquirierung von neuen Kunden zunehmend schwieriger und ist nur über Preiszugeständnisse zu realisieren. Andererseits besteht die Gefahr des Verlusts von Kunden, wenn diese auf Anbieter treffen, welche die gewünschte Leistung preisgünstiger verkaufen. Dass Preiszugeständnisse die Unternehmensgewinne negativ tangieren, ist unmittelbar einleuchtend. Für den Fall des Verlusts von Kunden ist auf Untersuchungen hinzuweisen, wonach es achtmal teurer ist, einen neuen Kunden zu gewinnen als bisherige Kunden zu halten (Reichheld und Sasser 1991). Die Steigerung der Kundenbindung erhöht die Profitabilität eines Unternehmens (Anderson et al. 1997; Reichheld 1996; Reichheld und Sasser 1990), so dass Stammkunden das eigentliche Ertragspotential darstellen.

Diese Überlegungen zeigen, dass ein Anbieter sich zur Erreichung seiner Ziele primär am Kriterium der Effektivität ausrichten muss. **Effektivität** bezeichnet ein Verhaltensprogramm, das auf die Schaffung von Kundenvorteilen abstellt (Drucker 1974). Die Vorteilhaftigkeit eines Leistungsangebots resultiert aus einem Vergleich des Kosten-Nutzen-Verhältnisses, was zu Kundenpräferenzen führt (Thibaut und Kelley 1959). Mittels Kundenpräferenzen lässt sich Kundenbindung erhöhen und damit vagabundierendes Kaufverhalten vermeiden. Die Kundenbindung und damit das Management der Bestandskunden sollten deshalb einen zentralen Stellenwert innerhalb des Zielsystems der Unternehmen einnehmen.

Vor diesem Hintergrund verfolgt der vorliegende Beitrag das Ziel zu untersuchen, ob es überhaupt möglich ist, bei Commodities Kundenbindung aufzubauen. Dabei sollen weder die preispolitischen Instrumente noch die Kernleistungen der Commodities im Mittelpunkt stehen, sondern solche Maßnahmen, die zur Differenzierung geeignet sind, ohne dabei einem ruinösen Wettbewerb ausgesetzt zu sein. Über die Differenzierung als Ziel des Marketing hinaus soll allerdings auch der Frage nachgegangen werden, wie den Kunden, die im ursprünglichen Sinne Commodities als austauschbar ansehen, vermittelt werden kann, dass sich das Leistungsangebot von der Konkurrenz doch unterscheidet. Entsprechend dieser Zielsetzung werden in Kapitel 2 zunächst allgemein Bindungsmöglichkeiten im Austauschprozess vorgestellt und daran anschließend deren Relevanz für Commodities überprüft, was in die Identifizierung von drei zentralen Ansatzpunkten für Kundenbindung mündet. Darauf aufbauend erfolgt in Kapitel 3 eine Konkretisierung, indem für die einzelnen Ansatzpunkte Maßnahmen zur Erhöhung der Kundenbindung bei Commodities entwickelt werden. Dabei werden auch Differenzierungsmöglichkeiten für den Fall einer internationalen Vermarktung aufgezeigt. Der Beitrag schließt mit einer kritischen Zusammenfassung der Ergebnisse.

2 Einflussfaktoren auf die Kundenbindung bei Commodities

2.1 Bindungsfaktoren nach unterschiedlichen Ebenen des Kaufprozesses

Ein Kaufprozess lässt sich analytisch in drei Ebenen zerlegen, und zwar in die Leistungs-, Transaktions- und Informationsebene. Diese Unterscheidung macht Sinn, da – wie gezeigt werden wird – auf jeder Ebene unterschiedliche Faktoren das Kaufverhalten beeinflussen, so dass sich Einflussgrößen für Kundenbindung ableiten lassen (siehe zu dieser Vorgehensweise Adler 2003).

Die **Leistungsebene:** Zentrale Motivation eines Nachfragers für die Durchführung eines Kaufaktes stellt der Erwerb einer Leistung dar, womit Bedürfnisse befriedigt werden sollen. Der Nachfrager wird einen Kauf nur dann durchführen, wenn er hierdurch eine Besserstellung seiner bisherigen Situation erreichen kann (Kotler und Keller 2012). Der Nutzen, der mit der Leistung verbunden ist, muss also die entstehenden Kosten übersteigen. Die Differenz zwischen Nutzen und Kosten wird als Nettonutzen bezeichnet (Plinke 2000; Zeithaml 1988). Im Rahmen der Wiederkaufentscheidung kann der Nettonutzen der aktuell genutzten Alternative als Referenzmaßstab zur Beurteilung der Kaufalternativen herangezogen werden (Levy 1992; zu weiteren möglichen Vergleichsmaßstäben vgl. Schütze 1992). Dies ist unmittelbar einleuchtend, will sich doch der Nachfrager gegenüber der bisherigen Situation in Folgekäufen zumindest nicht verschlechtern. Vor diesem Hintergrund ist von einer Differenzbetrachtung auszugehen, d. h. der derzeitige Anbieter wird mit subjektiv relevanten Alternativanbietern verglichen. Beim Nettonutzen kommt es also nicht auf die absolute Höhe des Nettonutzens an, sondern auf die subjektive **Nettonutzendifferenz** zwischen derzeitigem Anbieter und Alternativanbietern. Der wahrgenommene Nettonutzen des bisherigen Kaufs dient als Beurteilungsmaßstab für die Attraktivität der potenziellen Alternativen. Dabei zeigen empirische Untersuchungen, dass die Bereitschaft zum Anbieterwechsel positiv korreliert mit der Attraktivität von Alternativen und negativ mit der globalen Zufriedenheit mit dem derzeitigen Anbieter (Ping Jr. 1993).[1] Danach ist zu konstatieren, dass der Nachfrager nicht notwendigerweise aufgrund von Zufriedenheit einen Wiederkauf tätigt, sondern möglicherweise weil ihm keine besseren Alternativen bewusst bzw. verfügbar sind (Thibaut und Kelley 1959).

Mit der **Informationsebene** werden die Informations- und Unsicherheitsprobleme im Kaufprozess berücksichtigt. Leistungsangebote werden nicht aufgrund ihrer konkreten Leistungsmerkmale, sondern wegen ihrer Konsequenzen gekauft (Peter und Olson 2010 und die dort zitierte Literatur). Die sog. evaluativen Leistungskriterien dienen deshalb der Prüfung, ob ein Leistungsangebot in der Lage ist, vorhandene Bedürfnisse zu erfüllen (Howard und Sheth (1969) sprechen in diesem Zusammenhang von „choice criteria"). In

---

[1] Im Rahmen der verhaltenswissenschaftlichen Analyse des Entstehens von Kundenzufriedenheit hat sich der Confirmation-Disconfirmation-Ansatz (CD-Paradigma) durchgesetzt, wonach die Kunden ihre subjektiven Erwartungen mit den Nutzungserfahrungen vergleichen (Homburg et al. 2005).

informationsökonomischem Verständnis werden drei Leistungseigenschaftstypen eines Leistungsangebots unterschieden. Die Sucheigenschaften können aus Nachfragersicht durch Inspektion bereits vor dem Kauf beurteilt werden (Adler 1998; Nelson 1970). Erfahrungseigenschaften lassen sich dagegen erst nach dem Erwerb einer Leistung beurteilen. Vertrauenseigenschaften können überhaupt nicht beurteilt werden, weil entweder das entsprechende Beurteilungs-Know-how fehlt bzw. die Beurteilung mit sehr hohen Kosten verbunden ist (Adler 1998; Darby und Karni 1973).

Die Unsicherheitsproblematik der Nachfrager wird auch im Rahmen des wahrgenommenen Risikos diskutiert. Nach Bauer (1960) lässt sich das wahrgenommene Risiko zurückführen auf die Tatsache, dass jede nachfragerseitige Handlung mit Konsequenzen verbunden ist, die vorab nicht mit Sicherheit antizipiert werden können und von denen einige unerfreulich sein können. Die wahrgenommene Kaufunsicherheit basiert auf dem Risiko, eine Fehlentscheidung zu treffen, was letztlich in Unzufriedenheit des Nachfragers mündet. Probleme bei der Leistungsbeurteilung erhöhen die Gefahr einer Fehlentscheidung, da sie den Erwerb entscheidungsrelevanter Produktkenntnisse begrenzen. Wenn negative Abweichungen zwischen Erwartungen und Erfahrungen und damit Unzufriedenheit nicht auszuschließen sind, dann steigt die wahrgenommene Unsicherheit bezüglich unerwünschter Handlungsfolgen (Halk 1993). Die Kaufunsicherheit ergibt sich aus einer unvollkommenen Information über die Preise und/oder Qualität von Leistungsangeboten (Hirshleifer und Riley 1979). Zwar wird der Kauf eines bestimmten Produkts zur Befriedigung eines bestimmten Bedürfnisses gewünscht, doch zweifelt der Nachfrager aufgrund von lückenhaften Produktkenntnissen daran, ob das beurteilte Alternativangebot zur Bedürfnisbefriedigung besser geeignet ist als das bisher genutzte Leistungsangebot, was die Kaufunsicherheit entsprechend erhöht. Die Entscheidung zum Wiederkauf wird deshalb durch die wahrgenommene Unsicherheitsdifferenz zwischen den bisher genutzten Alternativen und einem „neuen" Leistungsangebot beeinflusst. So ist festzuhalten, dass die Erfahrungen mit bisherigen Anbietern unsicherheitsreduzierend wirken, denn aufgrund der Erfahrungen konnte der Nachfrager seine Unsicherheit in Bezug auf Such- und Erfahrungseigenschaften abbauen. Bei einem alternativen Anbieter kann der Nachfrager ausschließlich die Sucheigenschaften des Angebots mit Sicherheit beurteilen. Vor diesem Hintergrund wird eine Unsicherheitsdifferenz zwischen dem bisherigen Anbieter und einem alternativen Anbieter bestehen.

Die **Transaktionsebene** rekurriert auf den eigentlichen Kaufakt, d. h. den Tausch von Leistung und Gegenleistung. Dieser Tausch ist mit Transaktionskosten verbunden, worunter nach Picot (1982) die Kosten für Anbahnung, Vereinbarung, Kontrolle und Anpassung zu verstehen sind. Darüber hinaus lassen sich Transaktionskosten in versunkene Kosten, laufende Kosten und direkte Wechselkosten differenzieren. Dabei wird die Entscheidung zum Wiederkauf von der **Amortisation der spezifischen Investitionen** und den direkten Wechselkosten abhängen. Erstere bringen die Differenz zwischen dem Ausmaß der spezifischen Investitionen und dem Wertverlust bei Andersverwendung der spezifischen Ressourcen zum Ausdruck. Die spezifischen Investitionen lassen sich auf mehrere Fälle zurückführen: Standortspezifität, Sachkapitalspezifität, Spezifität des Humankapitals, Spezifität zweckgebundener Sachwerte und temporäre Spezifität (Williamson 1991). Hierzu zählen außerdem spezifische Investitionen in das Leistungsobjekt selbst, die beispielsweise einen Systembindungseffekt bewirken (Weiber 1992), was zu Inkompatibilitäten mit Wettbewerbsangeboten führt. Typischerweise spielt die Amortisation der spezifischen Investitionen in Situationen eine Rolle, in denen man sich entscheiden muss, eine gewählte Handlungsalternative rückgängig zu machen, obwohl eine Investition getätigt wurde und noch nicht durch Rückflüsse aus dieser Investition amortisiert wurde, oder die gewählte Handlungsalternative beizubehalten und weitere Investitionen zu tätigen (Garland und Newport 1991). Die **direkten Wechselkosten** umfassen die subjektiv wahrgenommenen Kosten, die durch einen Anbieterwechsel anfallen (Heide und Weiss 1995). Hierbei ist zu unterscheiden zwischen zusätzlichen Kosten aufgrund des Wechsels (z. B. Umstellung von Daueraufträgen beim Wechsel des Bankinstituts) sowie den sog. Lernkosten (unterschiedliche Menüführung bei verschiedenen Softwareprogrammen) (Klemperer 1995). Die direkten Wechselkosten können beschrieben werden „als antizipierte, direkt zurechenbare Kosten der Beendigung der alten und des Beginns einer neuen Austauschbeziehung." (Adler 2003, S. 115). Sie umfassen also die Kosten der Suche, Vereinbarung einer neuen Austauschbeziehung sowie die zusätzlichen (spezifischen) Investitionen. Zudem sind Kosten der Beendigung der bisherigen Austauschbeziehung zu beachten.

Zusammenfassend bleibt festzuhalten, dass die Bereitschaft zum Wiederkauf einer Alternative davon abhängen wird, ob der Nettonutzen im Vergleich zu Konkurrenzangeboten größer ist (Nettonutzendifferenz) und ob der Nachfrager das Leistungsniveau mit relativ größerer Sicherheit einschätzen kann (Unsicherheitsdifferenz). Zudem wird der Nachfrager die Transaktionskosten im Rahmen seiner Entscheidung berücksichtigen. Im Folgenden wird nun untersucht, inwieweit diese Bindungsfaktoren bei Commodities bedeutsam sind.

2.2 Analyse der Relevanz der Bindungsfaktoren

Auf der **Informationsebene** stehen Unsicherheiten im Vordergrund. Wenn Nachfrager aber der Meinung sind, dass die Leistungsangebote einer Branche sich ähnlich sind, dann müssen die Nachfrager sich subjektiv gesehen dazu in der Lage fühlen, das Leistungsvermögen eines Angebots zu beurteilen und damit die mit einem Kauf verbundenen Konsequenzen (Nutzen) einzuschätzen. Bei Commodities dominieren vom Verständnis der Austauschbarkeit her Sucheigenschaften und Erfahrungseigenschaften. Wenn Sucheigenschaften im Vordergrund stehen, kann sich der Nachfrager ein Urteil darüber erlauben, ob die Leistungen austauschbar sind. Diese Einschätzung dehnt sich auch auf Erfahrungseigenschaften aus, wenn der Nachfrager im Laufe der Zeit Leistungsangebote genutzt hat. Der Nachfrager lernt aufgrund von Inspektion und Erfahrungen, dass es sich bei den Leistungsangeboten einer Branche um austauschbare Angebote handelt. Aus dieser Überlegung folgt aber auch, dass es bei Commodities keine Vertrauenseigenschaften geben kann. Die Vertrauenseigenschaften der Leistungsangebote kann der Nachfrager nicht beurteilen. Dieser kann auch nicht zu dem Gesamturteil kommen, dass die Leistungsangebote austauschbar sind. Der Nachfrager kann die Vorteile eines Leistungsangebots nur dann identifizieren, wenn er diese Leistungsmerkmale vor dem Kauf zu beurteilen vermag oder auf Erfahrungspotenziale zurückgreifen kann. Objektiv gesehen muss dies keineswegs gelten, doch darauf kommt es für die Unsicherheitswahrnehmung des Nachfragers auch nicht an. Die mangelnde Einschätzbarkeit alternativer Anbieter, aus welcher die Nachfragerunsicherheit resultiert und die von einem Anbieterwechsel abhalten könnte, wird bei Commodities nicht vorliegen.

Auf der **Leistungsebene** steht der Nutzen der Leistung für den Nachfrager im Vordergrund. Der Nutzen eines Leistungsangebots resultiert aus dessen Leistungsvermögen. Commodities zeichnen sich durch Austauschbarkeit aus. Zwischen den verschiedenen Leistungsangeboten werden – wenn überhaupt – nur wenige kritische und bedeutende Unterschiede wahrgenommen (Ehrenberg et al. 1997). Darüber hinaus ist festzustellen, dass „(f)or many of these brands the advertising messages… are fundamentally similar too" (Uncles et al. 1997, S. 12). Das wahrgenommene Leistungsvermögen und damit der Nutzen der Leistungsangebote sind mehr oder weniger identisch. Aus diesem Grund führt die Aktivierung eines Bedürfnisses dazu, dass eine Reihe an Angebotsalternativen assoziiert wird, welche dem Nachfrager zur Erfüllung dieses Bedürfnisses geeignet erscheinen. Grafisch lässt sich diese Wettbewerbssituation mit Hilfe eines Imageraums darstellen. In einem aus den Ergebnissen des Analyseverfahrens Multidimensionale Skalierung (MDS) (zu diesem Verfahren siehe Janssen und Laatz 2013) entwickelten Imageraum werden die Angebote aufgrund ihrer Ähnlichkeit um die Dimensionsachsen des Imagerraums herum platziert sein. Daraus folgt, dass alle Anbieter eine durchschnittliche Leistung anbieten und sich keiner von der Konkurrenz abheben kann. Aufgrund der geringen Distanzen im Imageraum ist die Wettbewerbsintensität sehr hoch. Eine auf Nutzenkomponenten zurückzuführende Nettonutzendifferenz, die Anreiz zu einem Wiederkauf gäbe, liegt nicht vor (Abb. 1).

Hinsichtlich der **Transaktionsebene** wird der Kunde bei Commodities stets bestrebt sein, sowohl direkte Wechselkosten als auch spezifische Investitionen zu vermeiden, um keinen Wertverlust eingesetzter Ressourcen zu erleiden. Da aus seiner Sicht die Leistungen der Konkurrenten austauschbar sind, ist es dem Kunden grundsätzlich möglich, einseitige Nachteile zu vermeiden. Nach dem Verständnis von Commodities bestehen keine produkttechnischen oder organisationsbezogenen Gründe, die zu hohen Transaktionskosten für den Kunden führen. Insgesamt bleiben damit **spezifische Investitionen** bei Commodities eher gering ausgeprägt.

Bei geringer Spezifität stellt die Transaktionskostentheorie die Transaktionsform des Marktes als geeignet heraus (Williamson 1990). Somit wird bei Commodities eine enge Kooperation zwischen Anbieter und Nachfrager seltener sein. Der Kunde hat an einer

Abb. 1 Imageraum eines
Commodity-Anbieters

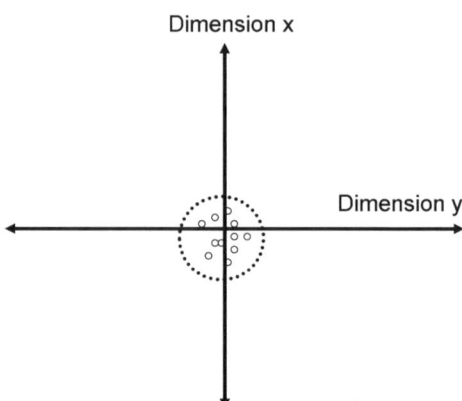

solchen Zusammenarbeit im Sinne einer engen Geschäftsbeziehung, die mit einer engen
Kundenbindung einhergehen würde, kein Interesse. Der Grund besteht in den notwendigen Aufwendungen bzw. Investitionen in die Geschäftsbeziehung, denen kein entsprechender Nutzen gegenübersteht. Folglich wird aus der Sicht der Commodity-Anbieter ein
Kundenbindungsmanagement mit dem Ziel einer Differenzierung von der Konkurrenz
schwieriger sein.

2.3   Ableitung von Ansätzen zur Differenzierung

Im Fokus der **Leistungsebene** stehen die Kundenzufriedenheit und der dadurch bedingte
Nettonutzen. Für Commodities gilt wie für nahezu jedes andere Leistungsangebot, dass
das Unternehmen einer Konkurrenzsituation ausgesetzt ist. Da Anbieter von Commodities mit der Problematik konfrontiert sind, dass ihre Angebote als homogen empfunden
werden, kann mit einem tendenziell höheren Wettbewerbsdruck gerechnet werden. Hieraus folgen zwei zentrale Aspekte. Einerseits müssen Commodity-Anbieter in jedem Fall
auf eine Konstanz in der Leistungserstellung achten. Was aus Nachfragersicht jeder Anbieter zu leisten imstande ist, gilt als Muss-Leistung. Dieses Leistungsniveau erwartet der
Nachfrager „schlichtweg"; ein Versagen bei diesen Leistungskomponenten führt zu großer
Unzufriedenheit bei den Nachfragern, was unmittelbar Abwanderung zur Folge haben
wird. Dem Zufriedenheitsmanagement kommt damit bei Commodities ein sehr hoher
Stellenwert zu. Andererseits sollten Anbieter versuchen, sich von den anderen Anbietern
durch eine Erhöhung des Nettonutzens abzugrenzen, um dadurch die Wahrnehmung der
Austauschbarkeit ihres Produkts zu vermeiden.

Die Überlegung, über eine Steigerung des Nettonutzens der Austauschbarkeit des Leistungsangebots entgegenzuwirken, kann für die **Informationsebene** folgendermaßen erweitert werden. Die Nachfrager sind der Meinung, die Leistung von Commodities gut ein-

schätzen zu können, so dass Unterschiede in der Sicherheit der Beurteilung der einzelnen Leistungsangebote nicht wahrgenommen werden. Aus Anbietersicht könnte es nun eine Strategie sein, das bisherige Leistungsangebot durch schwer zu beurteilende Leistungseigenschaften zu ergänzen, womit sich die Beurteilungsunsicherheit erhöhen würde. Beurteilungsunsicherheit kann die Anbieterseite bewirken, wenn es gelingt, dem Kunden zu vermitteln, dass andere Leistungsmerkmale eine Relevanz besitzen. Neben Erfahrungseigenschaften sind insbesondere Vertrauenseigenschaften aufgrund ihrer Niemals-Beurteilbarkeit hierzu geeignet, beispielsweise die Umweltfreundlichkeit (Hüser und Mühlenkamp 1992). Diese Maßnahmen, die zur Erhöhung der Relevanz von Erfahrungs- und Vertrauenseigenschaften dienen, sind jedoch nur sinnvoll, wenn die Unsicherheitserhöhung sich auf den gesamten Markt – also auch auf die Konkurrenzangebote – bezieht. Allerdings stellt die Beurteilungsunsicherheit ein zentrales Kaufhemmnis dar (Kotler und Keller 2012).[2] Deshalb muss gleichzeitig die Unsicherheit hinsichtlich des eigenen Unternehmens reduziert werden, soll eine solche Strategie erfolgreich sein. Der Anbieter muss geeignete Unsicherheitsreduktionsstrategien anbieten. Als geeignetes Instrumentarium werden im Hinblick auf die Erfahrungs- und Vertrauenseigenschaften produktübergreifende Informationssubstitute angesehen – und hier insbesondere der Reputationsaufbau eines Anbieters. Sollte allerdings diese Unsicherheitsreduzierung nicht gelingen, so wird die erhöhte Kaufunsicherheit des Nachfragers durch die Betonung schwer bzw. gar nicht zu beurteilender Leistungsmerkmale negative Konsequenzen auf den Umsatz haben. Dies unterstreicht die Gefährlichkeit einer solchen Vorgehensweise.

Auf der **Ebene der Transaktion** wurde anhand der Transaktionskosten argumentiert, dass eine Differenzierung von der Konkurrenz bei Commodities schwierig ist. Bei austauschbaren Leistungen kann i. d. R von eher geringen Transaktionskosten bei einem Anbieterwechsel ausgegangen werden. Der Kunde unterliegt keinem Zwang, sich organisatorisch oder ökonomisch an den Anbieter zu binden. Direkte Wechselkosten, Standortspezifität, Sachkapitalspezifität, Spezifität des Humankapitals und Spezifität zweckgebundener Sachwerte werden dabei gering ausgeprägt sein, da sonst keine Austauschbarkeit gegeben wäre. So wird der Kunde solche Transaktionskosten vermeiden, bei denen er sich durch eigene Investitionen bindet, da er fürchten muss, diese Investitionen zu verlieren. Anders kann es dagegen hinsichtlich einer psychologischen Bindung sein (zu den verschiedenen Formen der Bindung siehe Plinke 1989). Hier besteht für den Anbieter die Möglichkeit, einseitig – d. h. ohne Zutun der Kunden – sich von den Konkurrenzangeboten zu differenzieren. So kann in die psychologische Bindung des Kunden einseitig durch den Anbieter investiert werden. Ein Instrument zum Aufbau einer psychologischen Bindung ist das Markenmanagement. Dem Kunden dient die Marke als Orientierung im Kaufprozess, was die Informationssuche und -bewertung sowie den Entscheidungsprozess vereinfacht. Anstatt einen Vergleich der Commodities anhand ihrer Eigenschaften, die aus der sub-

---

[2] Schon in den 1960er-Jahren wurde gezeigt, dass das Kaufverhalten durch das Ausmaß wahrgenommener Unsicherheit beeinflusst wird (Juster 1966).

Abb. 2 Differenzierungsansätze nach Leistungs-, Informa-
tions- und Transaktionsebene

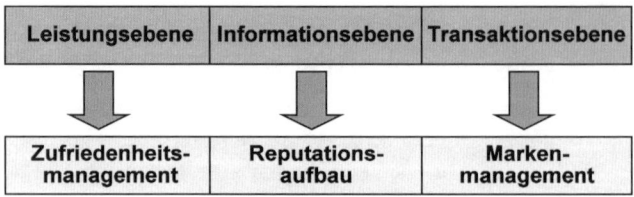

jektiven Sicht des Nachfragers ohnehin sehr ähnlich ausgeprägt sind, vorzunehmen, kann
der Kunde sich an der durch den Markennamen insgesamt wahrgenommenen Qualität
orientieren. Somit verschafft der Markenname ihm einen zusätzlichen Nutzen, welcher
den Nachfrager binden könnte. Im Gegensatz zu Investitionen in ökonomischer oder or-
ganisatorischer Hinsicht hat der Kunde keine Motivation, den Aufbau eines Markennamens negativ zu sanktionieren. Er wird dies wahrscheinlich sogar positiv bewerten, da es
seine Anbieterwahl im Sinne der Vermeidung kognitiver Dissonanzen (vgl. hierzu Festinger 1978) bestätigt. Für den Nachfrager stellt die Markenbildung keinen Nachteil dar. Zu
einem späteren Zeitpunkt mag der Nutzen aus einem starken Markennamen allerdings
ein Grund sein, nicht zur Konkurrenz abzuwandern. Die Marke fungiert dann als psychologische Wechselbarriere, die durch Vertrauen und Gewohnheit Kundenbindung initiiert.

Zusammenfassend können aus den drei Ebenen des Kaufprozesses bei Commodities
Maßnahmen zur Kundenbindung abgeleitet werden. Auf der Leistungsebene wurde das
Zufriedenheitsmanagement, auf der Informationsebene der **Reputationsaufbau** und auf
der Ebene der Transaktion das **Markenmanagement** als mögliche Ansatzpunkte identi-
fiziert. Da der Reputationsaufbau durch ein Markenmanagement erfolgen kann, sollen im
Folgenden beide Instrumente gemeinsam diskutiert werden (Abb. 2).

3 Maßnahmen zur Kundenbindung bei Commodities

3.1 Zufriedenheitsmanagement als Instrument der Kundenbindung

3.1.1 Erklärung des Nettonutzens anhand der Zufriedenheitsforschung

Die Ziele eines Commodity-Anbieters bestehen – ebenso wie die anderer Unternehmen
– sowohl in der Kundenbindung als auch in der Gewinnung neuer Kunden. Allerdings
wird in diesem Beitrag der Fokus auf die Kundenbindung gerichtet. Nach der Wirkungskette der Kundenbindung (Homburg und Bruhn 2008) steigt die Wahrscheinlichkeit der
Kundenbindung, wenn der Kunde mit den Leistungen des Anbieters zufrieden ist. Aus
diesem Grund kommt den Zufriedenheitsmodellen zur Erklärung der Kundenbindung
ein zentraler Stellenwert zu.

Im Folgenden werden **Zufriedenheitsmodelle** hinsichtlich der zentralen Gemeinsam-
keit untersucht. Hier werden solche Modelle in den Mittelpunkt gestellt, die explizit die
Nutzenauswirkungen der Erfüllung von Nachfrageransprüchen berücksichtigen. Die bis-

herigen Ausführungen kamen zu dem Ergebnis, dass der Nutzen von Commodities aufgrund der wahrgenommenen Austauschbarkeit der Angebote identisch ist. Wenn eine Steigerung des Nettonutzens, welche die Kundenbindung erhöht, nicht über Preissenkungen erfolgen soll, dann muss die Nutzenkomponente in den Mittelpunkt der Betrachtungen gerückt werden. Aus den vorgestellten Zufriedenheitsmodellen soll abgeleitet werden, welche Faktoren hinsichtlich einer Kundenbindung bei Commodities relevant sind.

3.1.1.1 Die Zwei-Faktoren-Theorie von Herzberg

Der Soll-Ist-Vergleich des Nachfragers kann je nach Leistungsbestandteil einer Alternative zu unterschiedlichen Ergebnissen, d. h. Zufriedenheitsniveaus führen, die entsprechende Konsequenzen auf den Grad der Kundenbindung haben. Eine Differenzierung der Leistungsbestandteile wurde von Herzberg vorgenommen. Herzberg (1959) entwickelte die sogenannte „Zwei-Faktoren-Theorie", um die Arbeitszufriedenheit und Arbeitsmotivation von Arbeitern in Organisationen zu erklären (Herzberg et al. 1959).[3] Dabei werden die Leistungsbestandteile in **Hygienefaktoren** und **Motivatoren** differenziert. Die Erfüllung der Ansprüche an Hygienefaktoren führt nicht zu Zufriedenheit, vermeidet aber Unzufriedenheit. Demgegenüber können Motivatoren zu hoher Zufriedenheit führen; deren Nicht-Erfüllung bewirkt aber keine Unzufriedenheit. Es zeigt sich, dass Herzberg (1959) Zufriedenheit und Unzufriedenheit nicht als Extrempunkte eines Kontinuums ansieht; vielmehr liegen die beiden Faktoren auf zwei verschiedenen Dimensionen. Obwohl die Theorie von Herzberg (1959) in der betriebswirtschaftlichen Literatur häufig diskutiert und eingesetzt wird, gibt es kritische Stellungnahmen (z. B. King 1970; Lindsay et al. 1967; Matzler 1997; Neuberger 1974a, b; Schneider und Locke 1971; Zink 1975).

In Anlehnung an die Überlegungen von Herzberg (1959) unterscheidet der **Penalty-Reward-Ansatz** zwei Typen von Leistungseigenschaften – die Penalty-Faktoren und die Reward-Faktoren (vgl. hierzu Brandt 1988). Solche Eigenschaften einer Leistung, die Attribute zur Erfüllung der Minimalanforderungen der Kunden darstellen, lassen sich den Hygienefaktoren zuordnen. Das Fehlen dieser Attribute beeinflusst die Wahrnehmung der Kunden in der Weise, dass sich Unzufriedenheit beim Kunden einstellt. Ein Beispiel hierfür mag der Gepäcktransport im Rahmen der Personenbeförderung mittels einer Fluggesellschaft darstellen. Wenn das Fluggepäck auf dem Laufband erscheint, beeinflusst dies das Zufriedenheitsniveau der Kunden nicht. Wenn dagegen das Gepäck nicht erscheint, tritt Unzufriedenheit ein.

Hingegen sind Motivatoren dadurch gekennzeichnet, dass ein zusätzlicher Wert gestiftet wird. Bei Vorhandensein dieser Attribute kann auf der Seite des Kunden Zufriedenheit entstehen. Umgekehrt wird ein Fehlen dieser Leistungseigenschaften nicht unmittelbar zur Unzufriedenheit führen. So mag beispielsweise eine Aufmerksamkeit einer Fluggesellschaft anlässlich des Geburtstags eines Fluggasts zur Zufriedenheit führen. Da andererseits

---

[3] Eine kritische Reflexion der Erkenntnisse von Herzberg und seinen Koautoren ist bei Herzberg selbst zu finden (Herzberg 1971).

der Kunde nicht damit rechnet, dass die Fluggesellschaft seinem Geburtstag Beachtung schenkt, wird umgekehrt beim Fehlen einer Aufmerksamkeit sich keine Unzufriedenheit einstellen.

Eine kritische Analyse erbringt, dass nur eine **grobe Systematisierung** von Leistungsmerkmalen eines Leistungsangebots erreicht wird. Zur genaueren Systematisierung der Nutzenelemente ist es sinnvoll, das Modell von Kano et al. (1984)[4] heranzuziehen.

3.1.1.2 Das Kano-Modell zur Differenzierung von Nutzenelementen

Kano et al. (1984) differenzieren in drei verschiedene Arten von Anforderungen, die Nachfrager an ein Leistungsangebot stellen und unterschiedlichen Einfluss auf dessen Zufriedenheitsgrad nehmen.

Must-Be Quality Elements sind alle Leistungen, die vom Kunden vorausgesetzt werden. Es handelt sich dabei um Basiserfordernisse, die kundenseitig als selbstverständlich vorausgesetzt werden und daher auch nicht explizit verlangt werden. Diese Basiserfordernisse müssen unbedingt erfüllt sein, da ansonsten ein Kunde extrem unzufrieden mit dem Leistungsangebot sein wird. Die Erfüllung der Basiserfordernisse kann allerdings nur Unzufriedenheit vermeiden. Solche „einfachen" Leistungsmerkmale weisen einen sehr grundlegenden Charakter im Leistungserstellungsprozess auf. Aufgrund ihres grundlegenden Charakters erzeugen Basiserfordernisse einen sehr geringen Kundennutzen.

One-Dimensional Quality Elements stellen Leistungserfordernisse dar, die von Kunden explizit verlangt werden. Die Nichterfüllung der Leistungserfordernisse führt zu Unzufriedenheit, während ihre Erfüllung immerhin moderate Zufriedenheit[5] generiert. Ein Mehr an Leistung erhöht das Zufriedenheitsniveau. Demnach existieren neben Basiserfordernissen weitere Leistungsmerkmale, die aber aus Kundensicht eine höhere Bedeutsamkeit aufweisen. Es ist davon auszugehen, dass Leistungserfordernisse einen geringen bis mittleren Kundennutzen generieren.

Bei dem dritten Typ von Kundenanforderungen, den **Attractive Quality Elements**, handelt es sich um Begeisterungserfordernisse. Diese Leistungsmerkmale werden vom Kunden nicht erwartet und haben dadurch einen überproportionalen Einfluss auf die Zufriedenheit des Kunden. Begeisterungserfordernisse sind als unausgesprochene Wünsche aufzufassen, die latent im Kunden vorhanden sind und deshalb (noch) nicht verbal artikuliert werden (z. B. Saatweber 2007).[6] Die Nichterfüllung dieser Erfordernisse hat keinen negativen Einfluss auf die Zufriedenheit. Eine Erfüllung dieser nur latent vorhandenen Erwartungen bewirkt hohe Zufriedenheit und erhöht den Grad der Kundenbindung entsprechend positiv.

In Abhängigkeit von der Art der Kundenanforderungen und dem Erfüllungsgrad der jeweiligen Anforderungen kann Kundenzufriedenheit bzw. Kundenunzufriedenheit gene-

---

[4] Vgl. hierzu und zum Folgenden Kano et al. (1984), S. 39 ff.

[5] Mit dem Begriff moderate Zufriedenheit wird zum Ausdruck gebracht, dass es möglich ist, die Kundenzufriedenheit weiter zu erhöhen.

[6] Bei den Begeisterungserfordernissen entsteht das Problem, dass diese sich nicht unmittelbar ermitteln lassen (Herrmann et al. 2000; Töpfer 1999).

riert werden, welche entsprechend die Loyalität der Kunden gegenüber einem Anbieter beeinflusst. Besonders positiv an diesem Ansatz ist hervorzuheben, dass er auf die **eigentlichen Leistungselemente** abstellt. Dies ist zielführend, da die konkret angebotenen und wahrgenommenen Leistungsmerkmale die eigentliche Kundenbindung generieren. Somit sind der Wirksamkeitsgrad sowie der relative Einfluss einzelner Maßnahmen auf die Kundenbindung ermittelbar.

3.1.1.3 Einfluss des Involvements des Nachfragers auf das Zufriedenheitsurteil

Von besonderer Bedeutung für das Zufriedenheitsurteil ist der **Soll-Wert**, da er die Erwartungen des Nachfragers an eine Leistung festlegt. Dieser wird durch das Involvement des Nachfragers und das vorhandene Wissen beeinflusst.[7] Involvement bezeichnet das Entscheidungsengagement, mit dem sich die Nachfrager einem Angebot zuwenden (Kroeber-Riel et al. 2013). Bei geringem Involvement verhält sich ein Nachfrager passiv und ist einem Angebot gegenüber gleichgültig eingestellt. Das Involvement wird neben Persönlichkeitsmerkmalen, die von Nachfrager zu Nachfrager stark variieren, insbesondere vom Produkt-Involvement und Marken-Involvement beeinflusst. **Marken-Involvement** drückt das Interesse für bestimmte Marken aus. Demgegenüber zeigt das **Produkt-Involvement** das Interesse für eine bestimmte Produktkategorie. Das Produkt-Involvement wird neben dem Preis durch das wahrgenommene Kaufrisiko, die soziale Auffälligkeit des Produkts und die wahrgenommenen Risiken der Produktnutzung determiniert. Dabei besitzt das Produkt-Involvement eine emotionale und eine kognitive Komponente. Hohes kognitives Involvement liegt dann vor, wenn Leistungsangebote starke Unterschiede zu konkurrierenden Marken aufweisen. Es wird Kaufrisiko in technischer, funktionaler oder finanzieller Hinsicht wahrgenommen. Ein hohes emotionales Involvement führt hingegen dazu, dass ein Nachfrager über ein Leistungsangebot kaum nachdenkt. Emotionales Involvement hängt stark von persönlichen Werten und Motiven ab. Beispielsweise ist der Kauf von Schmuck mit persönlichen Lustbedürfnissen verbunden. Die Unterscheidung zwischen kognitivem und emotionalem Involvement erweist sich als sinnvoll, „weil der Abschluss einer Lebensversicherung bei hohem emotionalem Involvement (z. B. aufgrund des Schutzbedürfnisses der Familie) anders erfolgt als bei hohem kognitivem Involvement (z. B. rationale Überlegungen zur langfristigen finanziellen Absicherung der eigenen Person)." (Esch und Billen 1994, S. 417).

Es ist anzunehmen, dass bei hohem kognitivem Involvement eine intensive Auseinandersetzung mit Leistungsangeboten erfolgt, mehr Leistungskriterien und mehr Alternativen in der Kaufentscheidung Beachtung finden. Damit steigt die Wahrscheinlichkeit, dass der Nachfrager realistische Erwartungen über den Leistungsstandard bildet. Beispielsweise sind die Ansprüche eines Auto-Experten andere als die eines Novizen mit geringem Pkw-Interesse. Auto-Experten setzen sich aufgrund ihres starken Produktinteresses intensiver mit Autos auseinander und verfügen über umfangreicheres Wissen zu Autos als andere

---

[7] Bereits 1983 wurde der Einfluss des Involvements auf die Zufriedenheit gezeigt (Oliver und Bearden 1983).

Nachfrager, was sich entsprechend auf die Soll-Vorstellungen auswirkt. Realistische Erwartungen spielen eine wichtige Rolle bei der Beurteilung der Zufriedenheit, da überzogene Erwartungen – möglicherweise entstanden aus dem „Überschwang" der Gefühle – eher die Gefahr in sich bergen, nicht erfüllt zu werden (Esch und Billen 1994).

Esch und Billen (1994) haben einen heuristischen Ansatz entwickelt, welcher differenzierte Maßnahmen zum Management der Kundenzufriedenheit ermöglicht. Dieser Ansatz orientiert sich am Produkt-Involvement, welches emotionaler und/oder kognitiver Art sein kann. Dieser Ansatz scheint für Commodities durchaus passend. Marken-Involvement dürfte aufgrund der austauschbaren Leistungen von Commodities nicht vorliegen – was sollte die Präferenz für eine Marke auch ausmachen, wenn alle Marken Gleiches anbieten?

Im Falle eines **niedrigen Involvements** ist von durchschnittlichen Ansprüchen an Leistungsangebote auszugehen. Die Beurteilung erfolgt eher ad hoc und oberflächlich. Obwohl man von geringen Erwartungen ausgehen kann, folgt daraus bei durchschnittlicher oder hoher objektiver Produktqualität noch keine entsprechend hohe Zufriedenheit. Solche Kunden müssen immer als potenzielle Anbieterwechsler eingestuft werden, da sie beim nächsten Kauf entweder aus Bequemlichkeit bei dem gleichen Produkt bleiben oder aufgrund von situativen Einflüssen zu einem anderen Anbieter wechseln. Der dem Zufriedenheitsurteil zugrunde liegende Soll-Ist-Vergleich funktioniert bei wenig involvierten Konsumenten nur bedingt: Mit Ausnahme der Mindestanforderungen bestehen weder klar gefasste Soll-Vorstellungen, noch erfolgt eine differenzierte Überprüfung der Erwartungen. Es zählt nur, ob das Angebot die Minimalanforderungen erfüllt. Eine Übererfüllung der Anforderungen wird möglicherweise zwar wahrgenommen, aber aufgrund fehlenden Interesses nicht entsprechend positiv bewertet. Daraus ergibt sich in der Konsequenz, dass hier fast immer mit Bestätigung, d. h. einer „latenten" Zufriedenheit zu rechnen ist, unabhängig von der objektiven Qualität der Angebote. In diesem Fall kann von einer trügerischen Zufriedenheit gesprochen werden. Obwohl die Kunden nicht unzufrieden sind, ist der Wiederkauf des gleichen Produkts fraglich. Maßnahmen zur Verstärkung der Kundenzufriedenheit werden kaum Wirkung entfalten.

Im Falle eines **hohen emotionalen Involvements** gibt es nur wenige Alternativen, die den Anforderungen des Kunden genügen, so dass das „evoked set" entsprechend klein ist. Beim Kauf eines Angebots spielen nur wenige Merkmale eine Rolle, wobei in Bezug auf diese Merkmale klare Vorstellungen und hohe Erwartungen bestehen. Erwartungen an über diese Kernmerkmale hinausgehende Leistungseigenschaften sind eher diffus. Bei solchen Kunden ist mit anbietertreuem Verhalten bei Zufriedenheit zu rechnen. Aufgrund der durch emotionale Einflüsse subjektiv verzerrten Wahrnehmung schwanken diese Kunden zwischen zwei Extremen: große Zufriedenheit und absolute Unzufriedenheit. Große Zufriedenheit entsteht, weil der Soll-Ist-Vergleich oft stark gefühlsbetont abläuft und eine Erfüllung der Erwartungen zu entsprechender Zufriedenheit führt. Demgegenüber entsteht absolute Unzufriedenheit, weil die Nichterfüllung der Erwartungen in den wenigen, entscheidenden Merkmalen keinesfalls durch andere Eigenschaften kompensiert werden kann. Hier gilt es, durch gezielte Nachkaufmaßnahmen die Kaufbestätigung zu verstärken und damit die Zufriedenheit zu erhöhen.

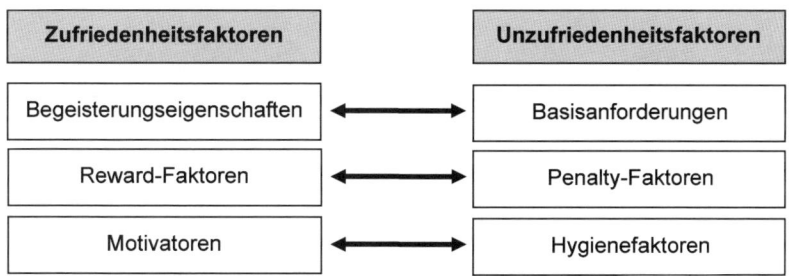

Abb. 3 Gemeinsamkeiten der Einflussfaktoren in der Zufriedenheitsforschung

Bei **hohem kognitivem Involvement** trifft der Nachfrager eine rationale Entscheidung. Die Zahl der relevanten Kaufentscheidungskriterien und die Zahl der beachteten Kaufalternativen sind hoch. Es ist von hohem Produktwissen auszugehen, was auch das Leistungsvermögen der einzelnen Alternative betrifft. Daraus lässt sich auf realistische Erwartungen schließen. Der Soll-Ist-Vergleich erfolgt für eine Vielzahl von Merkmalen. Es ist zu erwarten, dass die Alternative in keinem Leistungsmerkmal hinter den Erwartungen zurückbleiben darf, weil der Nachfrager mit dem aktuellen Leistungsvermögen der Alternativen vertraut ist. Allerdings ist auch im Falle einer Bestätigung keineswegs von einem Wiederkauf auszugehen ist, da eine emotionale Bindung an die Alternative fehlt. Stößt der Nachfrager auf ein Angebot, das eine höhere Zufriedenheit verspricht, so wird er zu diesem Angebot wechseln. Andererseits kann das ausgeprägte Produktwissen auch zur Anbietertreue führen. Dies ist zu erwarten, wenn aufgrund des Wissens um die Komplexität der Angebotskategorie das Risiko des Anbieterwechsels als hoch empfunden wird.

3.1.2 Differenzierungsmöglichkeiten bei Commodities durch Zufriedenheitsmanagement

Der Vergleich der Zufriedenheitsmodelle zeigt, dass große Übereinstimmungen im Hinblick auf das Kernanliegen der Zufriedenheitsforschung existieren. Einerseits bestehen große Ähnlichkeiten bzgl. der Begeisterungseigenschaften des Kano-Modells, der Reward-Faktoren und der Motivatoren nach Herzberg – andererseits sind die Basisanforderungen des Kano-Modells, die Penalty-Faktoren und die Hygienefaktoren nach Herzberg vergleichbar. Die Modelle der Zufriedenheitsforschung können somit insgesamt auf die Kernidee zusammengefasst werden, dass in der subjektiven Wahrnehmung der Kunden einerseits **Zufriedenheitsfaktoren** und andererseits **Unzufriedenheitsfaktoren** existieren (Abb. 3).

Es dürfte unmittelbar einleuchten, dass Commodities sich durch Basiserfordernisse auszeichnen. Leistungserfordernisse werden von Commodity-Anbietern nicht erfüllt, denn Leistungsmerkmale, die alle anbieten, stellen aus Kundensicht nichts Besonderes mehr dar. Zur Erzielung einer Präferenzänderung in einem Markt sind sie weitestgehend

ungeeignet. Für die Anbieterseite folgt daraus, dass Basiserfordernisse zwingend zu erfüllen sind, da Kunden mit einem Leistungsangebot ansonsten unzufrieden sind, unabhängig davon, welche weiteren Leistungsmerkmale angeboten werden. Deshalb muss auf
eine Vermeidung von Qualitätseinbußen geachtet werden. Leistungsversagen würde unmittelbar mit Kundenverlust abgestraft werden, da es mit Nutzeneinbußen verbunden ist.
Zudem sind Alternativanbieter nicht weit. Das Qualitätsmanagement der Anbieter muss
auf eine Standardisierung der Produktionsprozesse, Qualitätsvorgaben an die Einkaufs-
abteilung und eine effektive Endkontrolle hin ausgerichtet werden. Hiermit rückt das
Konzept des **Total-Quality-Managements** (TQM) in den Fokus, bei dem Führungskräfte
und Mitarbeiter gemeinsam für das Qualitätsmanagement verantwortlich sind (z. B. Oess
1993). Mit diesen Maßnahmen kann aber nur Unzufriedenheit vermieden werden, jedoch
keine Kundenzufriedenheit generiert werden. Einen Beitrag zur Differenzierung von den
Konkurrenten leisten diese Maßnahmen nicht, da dieses Leistungsniveau standardmäßig
vorausgesetzt wird. Für einen langfristigen Markterfolg reicht die Erfüllung von Basiserfordernissen daher nicht aus.

Eine Differenzierung von der Konkurrenz ist nur über Begeisterungserfordernisse möglich, denn deren Erfüllung bzw. das Angebot solcher Leistungsmerkmale geht mit starken
Nutzensteigerungen einher und erlaubt eine Abgrenzung von der Konkurrenz. Allerdings
bleiben die Erwartungen an ein Leistungsangebot im Zeitverlauf nicht konstant. Die Un-
terbreitung beispielsweise von Begeisterungserfordernissen führt i. d. R nach einer gewissen Zeit zu einer abnehmenden Kundenzufriedenheit, so dass solche Leistungsmerkmale
im Laufe der Zeit zu Basiserfordernissen mutieren. Hier soll als Beispiel auf die Einführung von Geldautomaten verwiesen werden. Zunächst waren die Kunden überrascht und
begeistert: Geldautomaten erlaubten es, Bargeld auch außerhalb der Schalteröffnungszei-
ten zu erhalten. Mittlerweile ist diese Serviceleistung zu einem Standard geworden. Geldautomaten gibt es überall, und die Kunden erwarten diese Leistung. Vor dem Hintergrund
dieses Zusammenhangs muss ein Unternehmen ständig nach neuen Möglichkeiten suchen, welche die Kundenzufriedenheit erhöhen oder zumindest konstant halten. Aus dem
Kano-Modell ist damit zu schließen, dass Anbieter ihren Kunden neben den Basiserfordernissen stets Begeisterungsleistungen anbieten müssen, sofern sie langfristig erfolgreich
im Markt operieren wollen. Dabei muss aber von Anbieterseite der Verschleiß – d. h. die
Abnutzung – der Begeisterungsleistungen im Zeitablauf beachtet werden.

Eine besondere Herausforderung dürfte das Generieren von Begeisterungserfordernissen bei Nachfragergruppen mit hohem kognitivem Involvement sein. Aufgrund ihres
Expertstatus sind sie eher anspruchsvoll und positive Überraschungen in Form von –
unbekannten und nicht erwarteten – Leistungsmerkmalen dürften eher selten sein. Das
Vorliegen der Situation eines hohen kognitiven Involvements dürfte bei Commodities aber
eher unwahrscheinlich sein.

Hinsichtlich der Bedeutung der Zufriedenheits- und der Unzufriedenheitsfaktoren
für die Kundenbindung ist eine differenzierte Betrachtung der Commodities notwendig.
Wenn einerseits Commodities als austauschbare Produkte angesehen werden – anderer-

seits aber doch eine Differenzierung von der Konkurrenz gefordert wird, dann scheint ein unterschiedliches Begriffsverständnis vorzuliegen, da Leistungen entweder austauschbar oder differenzierbar, aber nicht beides gleichzeitig sein können. Trotz des scheinbaren Widerspruchs sind beide Auffassung nicht inkompatibel. Es ist vielmehr notwendig, eine **prozessuale Unterscheidung** von Commodities vorzunehmen. So sind Commodities im Sinne ihrer ursprünglichen Eigenschaften in der Sicht der Kunden austauschbar. Da allerdings auch Commodity-Anbieter Interesse an einer Abgrenzung zur Konkurrenz haben, werden sie bestrebt sein, die Bedeutung von Leistungseigenschaften zu fördern, die trotz der ursprünglichen Austauschbarkeit eine Differenzierung ermöglichen. Da eine Differenzierung aber ggf. nicht bei allen Commodities in gleichem Maße angestrebt oder möglich ist, können solche mit erweiterten Leistungsangeboten (**erweiterte Commodities**) von Commodities im ursprünglichen Sinne (**reine Commodities**) differenziert werden. Beispielsweise kann aus einem Stromangebot für Kunden als reines Commodity eine Differenzierung durch ein Angebot von Ökostrom erzielt werden. Hierdurch wird das Leistungsangebot zu einer erweiterten Commodity transformiert.

Wird die Zielsetzung der Kundenbindung verfolgt, so kann für reine Commodities die Situation des geringen Involvements angenommen werden. Die Kunden setzen sich weder vor noch nach dem Kauf intensiv mit Leistungsangeboten auseinander. Commodity-Anbieter müssen nur darauf achten, dass die Mindestanforderungen in Form der Basiseigenschaften erfüllt werden. Das Auftreten von Unzufriedenheitsfaktoren würde das Wechseln des Anbieters forcieren. Eine Konzentration des Anbieters auf Zufriedenheitsfaktoren wäre daher aus Effizienzgründen zu vermeiden – es sei denn, es soll ein Puffer aufgebaut werden, mit dem eine mögliche zukünftige Nichterfüllung von Unzufriedenheitsfaktoren ausgeglichen werden kann. Dieser Gedanke greift eigentlich zu kurz. Wie bereits beschrieben, liegt eine sog. latente Zufriedenheit vor, die keinesfalls zum Wiederkauf führen muss. Findet sich ein Angebot, welches „bequemer" zu erwerben ist, dann ist die Wechselwahrscheinlichkeit hoch. Hier kann die Empfehlung nur lauten, den Kunden darin zu bestärken, sich mit den verschiedenen Angeboten nicht stärker auseinanderzusetzen, sondern gewohnheitsmäßig „bewährte" Produkte zu kaufen. Von entscheidender Bedeutung ist hier die ständige Thematisierung des Angebots, um über den sog. „**mere exposure**"-**Effekt** eine gewisse Vertrautheit mit dem Produkt zu schaffen (Esch und Billen 1994). Vor diesem Hintergrund ist neben der ständigen Aktualisierung des Angebots auch auf einen hohen Distributionsgrad sowie die Vermeidung von out-of-stock-Situationen zu achten. Allerdings wird hier ein Angebot nicht mit konkreten Eigenschaften verknüpft, was letztendlich an der Situation der wahrgenommenen Austauschbarkeit nichts ändern würde. Dadurch soll eine Leistung „top of mind" werden, was zu Einstellungsverbesserungen führt. Die Aktualität der Leistung beeinflusst die Einstellung und Anbieterwahl positiv (Hoyer und Brown 1990). Zudem muss der Anbieter fürchten, dass die Konkurrenz ihrerseits Differenzierungspotentiale auszunutzen versucht, um Kunden abzuwerben. In diesem Fall ist eine Konzentration auf Zufriedenheitsfaktoren – neben der Erfüllung der Mindestanforderungen – in einem sehr viel größeren Ausmaß notwendig.

3.2 Reputationsaufbau und Markenmanagement als Instrument der Kundenbindung

3.2.1 Differenzierungsmöglichkeiten durch Reputationsaufbau und Markenmanagement

Wenn die Reputation als Entscheidungshilfe im Kaufentscheidungsprozess eingesetzt wird, dann orientiert sich der Nachfrager an den eigenen Erfahrungen, die er im Verlauf der Nutzung eines Leistungsangebots gewonnen hat (z. B. Shapiro 1983b). Falls er selbst noch keine Qualitätsinformationen sammeln konnte, so wird er die Erfahrungsberichte Dritter heranziehen (Rapold 1988). Reputation basiert auf dem **Transfer dieser vergangenen Erfahrungen** in zukünftige Erwartungen (Shapiro 1982). Der Nachfrager schließt von den bisherigen Handlungen eines Anbieters auf dessen künftiges Verhalten (Simon 1981). Wenn das in der Vergangenheit gezeigte Leistungsniveau auch in Zukunft erwartet wird, dann fungiert das bisherige Leistungsniveau als Indikator für das zukünftige Leistungsniveau.[8] Reputation ist also das Ergebnis von positiven eigenen Erfahrungen oder Erfahrungsberichten (Teas und Garwal 2000). Demnach bildet sich Reputation, wenn über einen längeren Zeitraum eine hohe Leistungsqualität erbracht wird und diese positive Beurteilung an andere Nachfrager weitergegeben wird (Spremann 1988).

Haben die Nachfrager eine gute Meinung von einem Leistungsangebot, dann liegt eine hohe Reputation vor, für die sich auch die Bezeichnung „Goodwill" findet (von Ungern-Sternberg 1984; von Weizsäcker 1980). In der informationsökonomischen Theorie wird die Reputation auch als Vertrauenskapital bezeichnet (Kaas 1990; Simon 1985). Dieses Kapital besitzt ein Unternehmen, wenn die Mehrzahl der Nachfrager der Überzeugung ist, dass dieses Unternehmen ein hohes Leistungsniveau aufweist. Für das bisherige Leistungsniveau ist also zu konstatieren, dass ein Anbieter nur dann über Goodwill bei den Nachfragern verfügen wird, wenn sie mit den bisherigen Leistungen des Anbieters zufrieden waren, weil die Ansprüche des Nachfragers in Bezug auf Such- und Erfahrungseigenschaften erfüllt wurden. Zufriedenheit setzt hochwertige Leistungen voraus, weil ein positiver Zusammenhang zwischen Leistungsniveau und Reputation besteht.[9] Dabei basiert die Reputation auf Erfahrungen mit dem Gesamtangebot und nicht nur auf Erfahrungen mit einigen wenigen Leistungseigenschaften. Die Reputation stellt eine Größe dar, die alle oder zumindest einen Großteil der entscheidungsrelevanten Leistungsmerkmale zu bündeln vermag (Johansson 1989).[10] In Analogie zur Einstellung kann die Reputation in eine

---

[8] Beispielsweise wurde Probanden Proben von Putenfleisch verschiedener Anbieter präsentiert. Das Fleisch hatte objektiv die gleiche Qualität. Der einzige Unterschied lag darin, dass die einzelnen Proben mit zwei unterschiedlichen Anbieternamen versehen waren. Marke A war den Probanden bekannt, während Marke B unbekannt war. Es zeigte sich, dass 56 % der Probanden das Fleisch von Marke A präferierten (Makens 1965).

[9] Ein positiver Zusammenhang zwischen Markenname und Qualitätsurteil wurde mehrfach nachgewiesen (Raju 1977; Rigaux-Bricmont 1982; Stern 1981).

[10] Die Aktivierung einer Schlüsselinformation vermittelt dem Nachfrager gespeicherte Informationen. Die Bildung von Schlüsselinformationen ist die Zusammenfassung von Leistungsmerkmalen zu

kalte, kognitiv geprägte Komponente und eine warme, affektiv dominierte Komponente zerlegt werden (Schwaiger 2004a).[11] Schwaiger (2004b) ordnet in seinem Reputationsmodell der emotionalen Komponente die Begriffe Sympathie, Identifizierung und Bindung zu, während die kognitive Komponente durch Kompetenz, Leistungsvermögen sowie Anerkennung der Leistung charakterisiert wird.

Wie gezeigt, ist die positive Wirkung der Reputation darauf zurückzuführen, dass der Nachfrager von den positiven Erfahrungen mit dem Leistungsvermögen eines Anbieters auf dessen künftiges Verhalten schließt. Die Leistungserwartungen des Nachfragers bestimmen die subjektiv eingeschätzte Reputation eines Anbieters (Simon 1981). „In this sense, reputation formation is a type of signaling activity: the quality of items produced in previous periods serves as a signal of the quality of those produced during the current period." (Shapiro 1983a, S. 659 f.). Somit wird ein Nachfrager davon ausgehen, dass ein Anbieter mit hohem Goodwill auch zukünftig eine hohe Qualität offerieren wird (von Weizsäcker 1980), da dieser die getätigten Investitionen in den Reputationsaufbau durch Leistungsmängel nicht gefährden möchte.

Allerdings muss ein Nachfrager einen Anbieter mit hoher Reputation auch identifizieren können. Hierzu bietet sich eine Markierung des Angebots an. Als **Marke** bezeichnet man einen Namen, Zeichen bzw. Signal, um ein Leistungsangebot bzw. einen Meinungsgegenstand zu kennzeichnen. Durch diese Markierung können Leistungsangebote von Konkurrenzangeboten differenziert werden (Blackett 1989; Gotta 1988). Bereits im alten Ägypten wurden Ziegelsteine mit Zeichen versehen, um so eine Unterscheidung zu Wettbewerbs-Ziegeln zu erreichen (Esch 2012).

Primäres Ziel der Markenpolitik ist es, ein Leistungsangebot identifizierbar zu machen und damit aus der Anonymität hervorzuheben (Domizlaff 1982). Die Marke ist ein Wertindikator, welcher ihre unterschiedlichen Merkmale, d. h. den Gebrauchs- und Affektionswert sowie individuellen Wert für den Nachfrager, offenbart (Kapferer 1992). Insofern übernimmt die Marke die Funktion eines sog. „information chunk", das nicht nur ein bestimmtes Leistungsangebot repräsentiert, sondern alle damit verbundenen Eindrücke, Gefühle, positiven und negativen Assoziationen. Sie ist ein Symbol für alle wahrgenommenen denotativen und konnotativen Leistungsmerkmale (Hätty 1989). Darüber hinaus kommt einer Marke eine Vertrauens- und Sicherheitsfunktion zu (Farquhar 1989). Auf das konstante Leistungsangebot kann sich der Nachfrager verlassen, woraus ein Gefühl der Sicherheit in der Angebotsvielfalt resultiert (Billen 2003; Farquhar 1989). Dadurch reduziert sich die Komplexität des Entscheidungsfindungsprozesses aufgrund einer subjektiven Markenaufwertung. Letztere führt dazu, dass eine Marke im Konkurrenzumfeld als bessere Alternative empfunden wird (Mayer und Mayer 1987). Der wahrgenommene höhere Nutzen charakterisiert die Nutzenfunktion einer Marke (Hätty 1989).

---

größeren Einheiten, „was es dem Individuum ermöglicht, bei gleicher Kapazität mehr Informationen zu verarbeiten." (Berndt 1983, S. 135).

[11] Die Berücksichtigung emotionaler Aspekte geht aber über die informationsökonomische Sichtweise hinaus.

Allerdings kann der Markenname sein Wirkungspotenzial auf den Kaufprozess nur entfalten, wenn mit ihm Leistungsinformationen assoziiert sind, die wiederum Grundlage für
die Reputation sind. **Markenschemata** enthalten die charakteristischen Leistungsmerkmale von Alternativen und verknüpfen sie mit deren Namen (Hayes-Roth 1977).[12] Bei
Vorliegen von Markenschemata löst die Wahrnehmung eines Markennamens „Assoziationen mit bereits gespeicherten Informationen aus, die der Konsument durch eigene Produkterfahrung oder durch Kommunikation erworben hat." (Straßburger 1991, S. 198).[13]
Empirische Befunde zeigen, dass der Markenname, resp. die Reputation, insbesondere von
Nachfragern mit Produktwissen und -erfahrung herangezogen wird (Bettman und Park
1980; Jacoby et al. 1971; Raju 1977).[14] Bei etablierten Produktgruppen wird die Zahl solcher Nachfrager sehr groß sein, so dass der Markenname als Schlüsselinformation, d. h. als
„shorthand for quality" (Zeithaml 1987), fungiert.

Somit resultiert der Wert eines Markennamens neben der Bekanntheit der Marke aus
dem Markenimage – also aus dem, was inhaltlich mit der Marke assoziiert wird. Diese
Assoziationen müssen gewisse Voraussetzungen erfüllen, damit sie den Wert der Marke
positiv beeinflussen. Sie sollten möglichst wenig auch auf andere Marken zutreffen (Einzigartigkeit) und sollten aus der Sicht der Nachfrager eine große Bedeutung besitzen (Vorteilhaftigkeit). Darüber hinaus sollten starke Assoziationen mit der Marke vorliegen, denn
mit der Stärke der Assoziation steigt die Wahrscheinlichkeit der Erinnerung an diese (Keller 1993). Bei Commodities sind die Imagedimensionen für alle Marken gleich. Damit
handelt es sich um nachfragerseitige Mindestanforderungen für die Akzeptanz von Marken, sie stellen also keine Besonderheit für eine bestimmte Marke dar.

Ausgehend von der Positionierung im Imageraum bieten sich zwei Maßnahmen zur
Veränderung der Imageposition an, um eine Differenzierung hinsichtlich zentraler Posi-
tionierungsdimensionen gegenüber Konkurrenten zu erreichen:

- **Erhöhung des Leistungsniveaus** des Angebots bei einer oder mehreren Beurteilungs-
  dimensionen: Dadurch bietet sich die Möglichkeit, die Position im Durchschnittsbe-
  reich zu verlassen. Vorab wäre jedoch nach der Zufriedenheit der Nachfrager zu fragen.
  Werden die Anforderungen der Nachfrager erfüllt, so ist eine Erhöhung des Leistungsniveaus wenig erfolgversprechend. Eine Verbesserung der sog. Leistungserfordernisse
  bringt nur eine moderate Erhöhung der Kundenzufriedenheit. Der Nettonutzen erhöhte
  sich zwar, ohne dass es für die Nachfrager von besonderer Relevanz wäre. Nur im Falle
  von Unzufriedenheit würde die Leistungssteigerung als Verbesserung wahrgenommen.

---

[12] Das assoziative Lernen von Leistungsmerkmalen einzelner Marken stellt die Grundlage für die
Entwicklung eines Markenwerts dar (Keller 1993).

[13] Wenn das Markenwissen auf Eigen- und Fremderfahrung zurückzuführen ist, welche die Basis für
die Reputation darstellt, dann lässt sich daraus schließen, dass der Markenname auch mit der spezifischen Reputation assoziiert ist, die einer Alternative in der subjektiven Einschätzung des Nachfragers zukommt.

[14] Beispielsweise hat die Preisinformation bei häufigem Produkterwerb bzw. großer Produktver-
trautheit nur noch einen geringen Einfluss auf das Qualitätsurteil (Gerstner 1985; Olson 1977; Raju
1977; Rao und Monroe 1989; Venkataraman 1981).

Abb. 4 Veränderung der
Positionierung eines Com-
modity-Anbieters innerhalb
des Imageraums

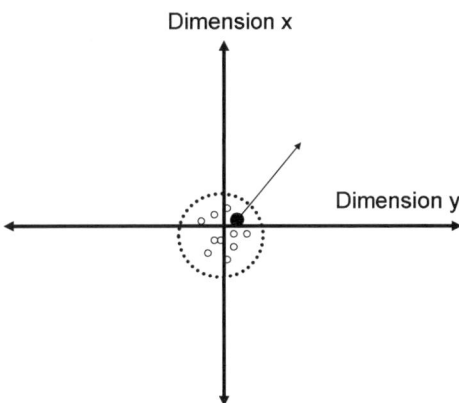

Es ist aber eher wahrscheinlich, dass die Anforderungen der Nachfrager erfüllt werden und ein ähnliches Zufriedenheitsniveau bei allen Anbietern vorliegt.[15] Die Situation der Austauschbarkeit entsteht im Zeitablauf, wenn sich die Marketingaktivitäten der Anbieter in Orientierung an den Kundenbedürfnissen angleichen (Abb. 4).

- **Veränderung des Wahrnehmungsraums** des Nachfragers durch Integration einer neuen Beurteilungsdimension (Positioning): Die Alleinstellung des Anbieters erfolgt hier auf einer eigenen Imagedimension, so dass es einen gemeinsamen Imageraum der Leistungsangebote nicht mehr gäbe. Dieses Vorgehen scheint erfolgversprechend zu sein und eignet sich insbesondere dann, wenn die Position der „besten" Marke bereits besetzt ist und eine Profilierung mit etablierten Eigenschaften wenig aussichtsreich erscheinen würde. Die Vorstellung eines für alle Marken gemeinsamen, einheitlichen Imagemerkmalsraums verträgt sich nicht mit der Low-Involvement-Realität des Kaufverhaltens (Trommsdorff 2009). Damit sich der wahrgenommene Nettonutzen des Nachfragers erhöht, muss der Anbieter allerdings beachten, dass er sich auf kaufrelevante Imagedimensionen fokussiert. Hier bieten sich die von Kano et al. (1984) als Begeisterungserfordernisse bezeichneten Leistungsmerkmale an, die unartikuliert im Nachfrager „schlummern". Darüber hinaus sind aber Querverbindungen zu beachten, d. h. inwieweit eine Imagekomponente auf die Kaufabsicht einer anderen Marke wirkt (Rother und Link 1994) (Abb. 5).

Es stellt sich die Frage, mit Hilfe welcher Merkmale Positioning vorgenommen werden sollte. Denn bevor der Versuch unternommen wird, mit Hilfe der Preispolitik einen Wettbewerbsvorteil zu realisieren, sollte ein Anbieter zunächst prüfen, ob bzw. inwieweit es möglich ist, die reinen Commodities zu erweiterten Commodities zu transformieren.

Eine Veränderung der Position einer Marke kann qualitätsorientiert-physisch oder kommunikationsorientiert-psychisch vorgenommen werden. In ersterem Fall werden die hinter den Imagedimensionen stehenden Eigenschaften der Marke geändert, was aber vo-

---

[15] Nachfrager nehmen diese funktionale Austauschbarkeit wahr (Hildmann 1991).

Abb. 5 Veränderung des
Imageraums

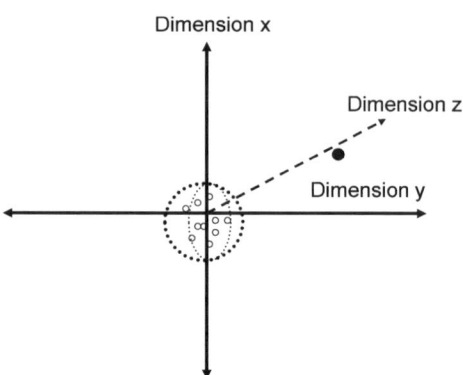

raussetzt, dass die physische Produktvariation auch wahrgenommen wird, was aufgrund des niedrigen Produkt-Involvements der Nachfrager keineswegs sicher ist. Im zweiten Fall werden Eindrücke von einer Marke mit Hilfe der Kommunikationspolitik verändert, ohne jedoch eine objektive Produktvariation vorzunehmen (Trommsdorff 2009). Aufgrund der zunehmenden technischen Produkthomogenisierung wächst die Bedeutung der psychischen Produktdifferenzierung. Es lässt sich auch von Markenerlebnispositionierung sprechen (Weinberg und Diehl 2005). Beispielsweise handelt es sich der Positionierung von Marlboro um eine psychische Differenzierung. Die Cowboywelt soll das Erlebnis „Abenteuer und Freiheit" vermitteln. Die Festlegung von Positionierungszielen kann sich auf emotionale oder sachorientierte Leistungseigenschaften beziehen. Als Richtgröße für Positionierungsziele kann das Involvement der relevanten Nachfragergruppe(n) gelten.

Bei einem niedrigen Involvement fehlt jegliches Interesse an einer Produktkategorie, weshalb nur eine Angebotsthematisierung in Frage kommt, um Aktualität des Angebots zu gewährleisten. Demgegenüber ist bei hohem emotionalen Involvement eine Erlebnisvermittlung anzustreben, da sie zentral mit Emotionen verbunden sind. Bei hohem kognitiven Involvement ist das Interesse an Produktinformationen groß und die Nachfrager sammeln aktiv Informationen über Leistungsmerkmale. Es bietet sich eine eigenschaftsorientierte Positionierung an.

3.2.2 Differenzierungsmöglichkeiten bei Commodities durch Reputationsaufbau und Markenmanagement

Wie dargestellt, führt die bloße Erfüllung von Basisanforderungen nicht zu Zufriedenheit mit dem Leistungsangebot. Zudem können Commodity-Anbieter auch keine hohe Reputation besitzen, da sie aus der Nachfragersicht nichts Herausragendes bieten. Ein Leistungsangebot, das nur über einen geringen Goodwill verfügt, ist für den Nachfrager auch entsprechend wenig wert (Esch 1993). Demgegenüber ist ein hoher Markenwert ein Indikator für eine hohe Wertschätzung einer bestimmten Marke (Bekmeier 1994). Für die Kundenbindung ist „Goodwill" jedoch sehr wichtig, da beide Größen positiv miteinander korrelieren (Crimmins 1992).

Der Wert einer Marke basiert insbesondere auf dem, was die Nachfrager über die betreffende Marke wissen. Dieses Markenwissen lässt sich durch die Markenbekanntheit und das Markenimage, worunter die Assoziationen mit der Marke zu verstehen sind, erfassen (Keller 1993). Für Commodities kann tendenziell eine Markenbekanntheit angenommen werden. Demgegenüber sind Defizite bzgl. des Markenimages auszumachen. Aufgrund ihrer Durchschnittlichkeit werden sie als austauschbar wahrgenommen. Eine „Monopolstellung in der Psyche der Verbraucher" (Domizlaff 1982, S. 75) besteht nicht, was dazu führt, dass alle Commodity-Anbieter eine ähnliche Reputation aufweisen werden. Goodwill beim Nachfrager haben Commodities kaum, was sich entsprechend negativ auf die Kundenbindung auswirkt.

Für die Anbieter folgt daraus die Notwendigkeit, Veränderungen beim Markenimage vorzunehmen, um sich von den Konkurrenten abzugrenzen (Rother und Link 1994). Allerdings ist Reputation bei solchen Leistungsangeboten nur schwer aufzubauen (Schwaiger 2004b). Kroeber-Riel (1984) sah bereits in den 1980er Jahren die größte Chance zur Differenzierung von der Konkurrenz in einer Emotionalisierung von Leistungsangeboten durch erlebnisbetonte Marketingstrategien. Dabei wird über den originären Produktnutzen hinaus mit der Marke ein Zusatznutzen verbunden, um sich von der Konkurrenz zu differenzieren (Uhr 1980). Den Leistungsangeboten wird ein erlebnishafter Symbolgehalt verliehen (Weinberg 1992). Als Beispiele für eine wahrnehmbare Profilierung durch die Vermittlung emotionaler Erlebnisse seien die Punica-Oase (Fruchtsäfte) und die Marlboro Cowboywelt (Zigaretten) genannt.

Wenn bei Commodities eine **Veränderung der Positionierung innerhalb des Imageraums** oder eine **Veränderung des Imageraums** angestrebt wird, dann erfolgt eine Veränderung des Leistungsangebots im Zeitablauf. Eine solche prozessuale Veränderung impliziert, dass Commodities nach verschiedenen Phasen des Leistungsangebots unterschieden werden müssen. Einerseits existiert eine frühe Phase des Leistungsangebots, in der ein Commodity von den Kunden als austauschbar angesehen wird (**unmarkiertes Commodity**). Andererseits wird nach erfolgreichem Markenmanagement in einer späteren Phase das Commodity sich aus dem Problem der mangelnden Differenzierbarkeit herauslösen können (**markiertes Commodity**).

Die besondere Herausforderung eines Commodity-Anbieters besteht im Rahmen des Markenmanagements in der Schwierigkeit, die Kunden von der existierenden Wahrnehmung einer Austauschbarkeit abzubringen. Eine Abgrenzung von der Konkurrenz setzt Differenzierungsvorteile voraus. Diese können bei Commodities aber nicht im Kernprodukt, sondern ausschließlich im Bereich des sog. Zusatznutzens liegen. Dabei muss das Merkmal zur Wettbewerbsdifferenzierung in der Lage sein, einen subjektiven Angebotsmehrwert zu stiften. Hinsichtlich der objektiv-technischen Leistungsmerkmale wird es i. d. R wenige Unterschiede bei Commodities geben. So wird es tendenziell schwerfallen, diesbezügliche neue Dimensionen im Wahrnehmungsraum aufzubauen. Ausnahmen existieren allerdings – wenn man beispielsweise Persil betrachtet, die als erste die Phosphatfreiheit ihres Produkts zur Differenzierung verwendeten, wodurch sie den Imageraum für Waschmittel um die Dimension „Umweltfreundlichkeit" ergänzten. Im Regelfall werden

kognitive Assoziationen bei Commodities aber weniger zur Differenzierung zur Verfügung stehen als bei anderen Gütern. So ist auch zu beobachten, dass Commodity-Anbieter
insbesondere über **emotionale Assoziationen** versuchen, eine einzigartige Positionierung
bei den Kunden zu erzielen. Die emotionale Positionierung wird als „Königsweg" bei austauschbaren Produkten vorgeschlagen. Informationen über ausgereifte Leistungsangebote
sind trivial und nicht verkaufsfördernd. Das Interesse der Nachfrager an Produktinformationen ist gering. Vielmehr gilt die Devise: „Erlebnisprofil statt Sachprofil" (Kroeber-
Riel und Esch 2004). Danach sollte eine Positionierung auf Basis von emotionalen Eigenschaften erfolgen, wodurch über den sachlichen Grundnutzen hinaus ein Zusatznutzen
generiert wird. Ziel muss es sein, dass ein Commodity Gefühle und Emotionen bei den
relevanten Nachfragergruppen auslöst. Der besondere Vorteil von Erlebnispositionierun-
gen ist, dass der Anbieter von der Konkurrenz viel schwerer zu imitieren ist. Im Falle von
erlebnisorientierten Positionierungen werden die größten Unterschiede in einzelnen Pro-
duktbereichen wahrgenommen (Biel 1992). Eine US-Studie untermauert diese Aussagen.
Ein erhöhter Werbedruck führt nur bei Werbespots mit emotionalen Inhalten zu einer
Erhöhung der Abverkäufe von Marken in gesättigten Märkten (MacInnis et al. 2002; zitiert
nach Esch 2012). Im Falle einer emotionalen Positionierung würde sich das emotionale
Involvement der Nachfrager erhöhen. Vor diesem Hintergrund ist ein hohes emotionales
Involvement bei Produktkategorien zu finden, bei denen sich die Angebote bezüglich spezifischer Leistungsmerkmale kaum oder gar nicht unterscheiden. Insgesamt werden bei
Commodities sehr häufig dieselben Emotionen im Rahmen des Markenmanagements verwendet, so dass wiederum keine einzigartige Positionierung im Imageraum erzielt werden
kann. Allerdings können sich Commodity-Anbieter kaum dagegen wehren, dass die Konkurrenz dieselben oder ähnliche Positionierungen vornimmt. Sollte die Umsetzung eines
eigenständigen Positionierungskonzepts nicht möglich sein, so besteht darüber hinaus die
Chance in der Entwicklung einer eigenständigen kommunikativen Umsetzung des Positionierungskonzepts, um sich zu profilieren (vgl. hierzu Esch 1992). Darüber hinaus ist
es unbedingt erforderlich, die Emotionen, welche der Kunde mit dem Angebot assoziiert,
durch darauf abgestimmte Nachkaufmaßnahmen zu verstärken. Dadurch werden „psychologische Austrittsbarrieren" geschaffen, was die Kundenbindung erhöht und gegenüber
Abwerbeaktionen der Konkurrenten immunisiert. Eine Maßnahme könnte beispielsweise
die Schaffung eines „Wir-Gefühls" sein, um sich von anderen Nachfragergruppen abzugrenzen. Dieses Wir-Gefühl ließe sich durch spezielle Kundenevents aufbauen. Zudem
müssen in der Werbung die emotionalen Kerninhalte des Angebots kontinuierlich vermittelt werden (Esch und Billen 1994). Hier lässt sich wiederum ein Bezug zum Zufriedenheitsmanagement herstellen. Bei hohem emotionalen Involvement der Nachfrager ist eine
verzerrte Wahrnehmung der Leistung zu erwarten, weil der Soll-Ist-Vergleich sehr emotional abläuft. Es entsteht große Unzufriedenheit, wenn die wenigen, aber entscheidenden
Eigenschaften nicht erfüllt werden.

Darüber hinaus kommt der Steigerung der **Bekanntheit des Commodities** durch eine
hohe Wiederholungsrate der kommunikativen Maßnahmen eine hohe Bedeutung zu. Es
ist aber zu betonen, dass die Erfolgsaussichten für letztere Maßnahmen geringer sein wer-

den. Zwar dürfte bei Commodities wohl ein niedriges Produkt-Involvement vorliegen, was eine Positionierung durch Aktualität nahelegt. Allerdings würde sich an der Situation der Austauschbarkeit nichts ändern.

3.2.3 Effiziente Differenzierungsmöglichkeiten bei Commodities im Falle einer internationalen Vermarktung

Im Sinne eines standardisierten Marketingmix, der auf eine effiziente Bearbeitung internationaler Märkte abzielt, sollte die Länderauswahl im Ergebnis eine Gruppe von homogenen Ländermärkten haben, um die Möglichkeit zu einer einheitlichen Marktstrategie für mehrere Länder zu nutzen. Ziel muss es also sein, Länder mit ähnlichen Charakteristika zu Gruppen zusammenzufassen. Hierbei helfen die sog. **Gruppierungsverfahren** (Backhaus et al. 2003). Eine Gruppierung von Ländermärkten erlaubt ein Urteil, in welchen Ländern mit Ähnlichkeiten zu rechnen ist, so dass keine größere Anpassung des Vermarktungskonzepts erforderlich wäre.

Die Gruppierung von Ländermärkten erfolgt anhand von Merkmalen, die es erlauben, Ähnlichkeiten von Ländern zu ermitteln. Als bedeutsames Gruppierungskriterium wird auf die Verhaltensrelevanz verwiesen (Freter 2008). Für die Internationalisierung der Vermarktung der Leistungsangebote sind insbesondere kulturelle Unterschiede zwischen verschiedenen Ländern zu beachten (Homburg 2012). Kulturelle Ähnlichkeiten sprechen dafür, dass in den jeweiligen Ländern die Kunden auf ein Vermarktungskonzept ähnlich reagieren. „Kultur besteht aus expliziten und impliziten Denk- und Verhaltensmustern, die durch Symbole erworben und weitergegeben werden … Kernstück jeder Kultur sind die durch Tradition weitergegebenen Ideen … insbesondere Werte." (Kroeber und Kluckhorn 1952, S. 181; zitiert nach Kroeber-Riel et al. 2013, S. 631). Die Kultur prägt unser Verhalten von alltäglichen Gewohnheiten bis zur weltanschaulichen Haltung. Kultur bestimmt, welches Verhalten in der Umgebung eines Individuums akzeptiert ist. Damit lassen sich unter Kultur soziale Normen und Werte, soziales Rollenverhalten, religiöse Aspekte, unterschiedliche Bedeutung von Humor sowie Verhaltensweisen fassen.

Eine Standardisierung der Markenpositionierung erscheint nur angebracht, wenn die Einstellungen und Werte der Zielgruppen in den jeweiligen Ländermärkten ähnlich sind. Allerdings sind je nach Produktkategorie Homogenisierungen der Märkte festzustellen, z. B. bei Mode oder Autos. Landesspezifische Gegebenheiten sind allerdings bei Nahrungsmitteln, Getränken, Haushalts- und Körperpflegeprodukten weiterhin gegeben (vgl. zusammenfassend Homburg 2012). Je nach kultureller Ausprägung lassen sich auch Kommunikationsstrategien mehr oder weniger standardisieren. Im vorliegenden Beitrag muss hier vor allem das Ausmaß der Standardisierung der Kommunikationsbotschaft erwähnt werden.

Die Forderung, den kulturellen Fit der Marke mit dem Auslandsmarkt vorzunehmen, impliziert zwei grundsätzliche Problembereiche. Zunächst müssen die Auslandsmärkte hinsichtlich ihrer Kultur beurteilt werden. Daran anschließend müssen auch die von den Kunden wahrgenommenen kulturbezogenen Eigenschaften der Marke erfasst werden.

Ein Konzept zur Beschreibung von Kulturen verschiedener Länder wurde von Hofstede entwickelt. Seinen umfassenden Studien zufolge können Länder anhand der Ähnlichkeit zu anderen Ländern bzgl. einer oder mehrerer dieser Kulturdimensionen beschrieben werden (Hofstede 2001). Hofstede unterscheidet folgende Kulturdimensionen (Hofstede 1984):

- **Machtdistanz** Sie bringt zum Ausdruck, bis zu welchem Ausmaß eine Ungleichverteilung von Macht in einer Gesellschaft akzeptiert bzw. erwartet wird. Eine hohe Machtdistanz impliziert also, dass in einer Gesellschaft eine ungleiche Verteilung von Macht akzeptiert oder sogar erwartet wird.
- **Individualismus/Kollektivismus** Sie beschreiben, inwieweit ein Mitglied der Gesellschaft an andere Mitglieder gebunden ist bzw. in Gruppen eingebunden ist.
- **Maskulinität/Feminität** Maskulinität beschreibt nach Hofstede eine Gesellschaft, die durch eine starke Rollenverteilung der Geschlechter gekennzeichnet ist. Während Männer bspw. materieller orientiert sein sollen, sind Frauen eher feinfühlig. Hingegen überschneiden sich in einer femininen Gesellschaft die Rollen der Geschlechter stärker oder die femininen Werte werden zumindest nicht als geringwertiger beurteilt.
- **Unsicherheitsvermeidung** Sie bezieht sich auf das Ausmaß, in dem sich Mitglieder einer Gesellschaft von ungewissen und unbekannten Situationen bedroht fühlen.
- **Langfrist- und Kurzfristorientierung** Eine Langfristorientierung soll sich u. a. an einer großen Beharrlichkeit bzgl. des Verfolgens von Zielen und einer hohen Sparquote sowie an einer am Status orientierten Rangordnung zeigen.

Ein Verfahren, welches alle vorliegenden Merkmale gleichzeitig zur Gruppenbildung heranziehen kann, ist die Clusteranalyse (Janssen und Laatz 2013). Das Ziel der Clusteranalyse ist die Identifizierung von homogenen Teilmengen von Objekten, d. h. die Clusteranalyse erzeugt Gruppen. Innerhalb einer Gruppe sind sich die zugehörigen Elemente sehr ähnlich; sie unterscheiden sich aber deutlich von anderen Gruppen. Raff und Billen (2005) nutzten dieses Analyseverfahren zur Gruppierung von Ländermärkten anhand von kulturellen Ähnlichkeiten. Die Clusteranalyse wurde für die 18 Länder durchgeführt, für die ursprünglich alle fünf Dimensionen erhoben wurden. Das folgende Dendrogramm in Abb. 6 zeigt das Ergebnis dieser Clusteranalyse.

Die Clusteranalyse könnte auf eine Sechs-Clusterlösung hindeuten, denn die Fehlerquadratsumme steigt mit dem nächsten Fusionierungsschritt deutlich an. Nach diesen Ergebnissen würden sich bspw. die Niederlande und Schweden durch kulturelle Ähnlichkeit auszeichnen. Über diese Erkenntnis hinaus sind aber auch gerade die Ergebnisse der ersten Fusionierungsschritte im Hinblick auf die Internationalisierung interessant. So sollte bspw. hinsichtlich der betrachteten kulturellen Eigenschaften die Tragfähigkeit des Markts von Taiwan nicht isoliert, sondern vor dem Hintergrund einer Option der Internationalisierung in die geografisch nahe gelegenen Länder Südkorea und Thailand beurteilt werden.

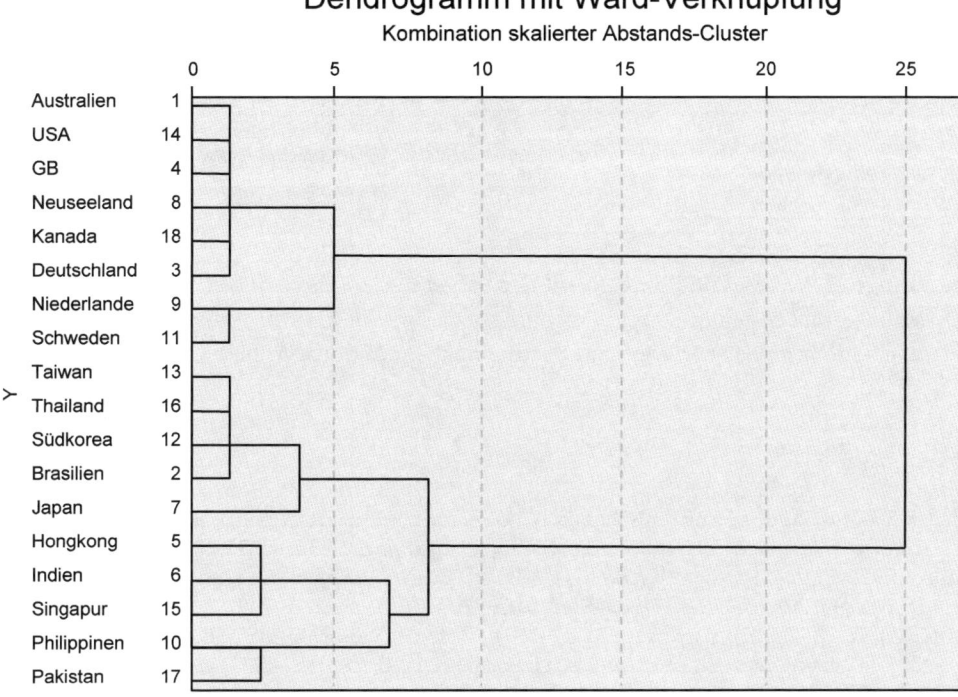

Abb. 6 Clusteranalyse zur Gruppierung auf Basis der fünf Kulturdimensionen. (Quelle: Raff und Billen 2005, S. 166)

4   Nicht-preislicher Wettbewerb als Handlungsalternative des Commodity-Anbieters

Vor dem Hintergrund des Verständnisses von Commodities als austauschbare Leistungsangebote stellte sich die Frage, ob Kundenbindung nicht einer Quadratur des Kreises
gleichkommt. Schließlich basiert Kundenbindung auf leistungsbasierten Anreizen zum
Wiederkauf. Anbieter von Commodities haben hinsichtlich des Aufbaus von Kundenbindung die Möglichkeit sich zu differenzieren, indem sie Maßnahmen des Zufriedenheits-
managements und des Reputations- bzw. Markenaufbaus ergreifen. Anhand der beschriebenen Maßnahmen werden Leistungsangebote in der Weise verändert, dass eine Erweiterung aus Nachfragersicht in Richtung eines erweiterten und markierten Commodities
stattfindet. Tatsächlich muss also eine prozessuale Entwicklung der Leistungseigenschaften der ursprünglich als reine und unmarkierte Commodities abgegrenzten Leistungsangebote konstatiert werden. Demnach liegt keine Quadratur des Kreises vor, sondern im
Zeitablauf wird eine Differenzierung von der Konkurrenz vorgenommen, wodurch die
Position der reinen und unmarkierten Commodities verlassen wird (Abb. 7).

Es kann darüber diskutiert werden, ob der Begriff Commodity dann noch passend ist –
unmittelbar einleuchtend ist allerdings, dass aus der Situation reiner Commodities heraus
eine Differenzierungsstrategie sinnvoll sein kann. Für Kundenbindung ist diese gerade-

Abb. 7 Wirkung von Differenzierungsmaßnahmen auf
Commodities

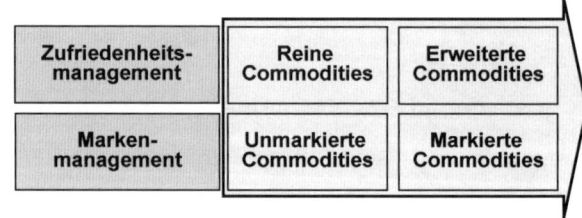

zu zwingend. Vor diesem Hintergrund der aufgezeigten Schwierigkeiten hinsichtlich der Differenzierung besteht weiterer Forschungsbedarf in der Identifizierung von Indikatoren, wann ein nicht-preislicher Wettbewerb für einen Commodity-Anbieter erfolgreich ist.

Literatur

Adler, J. (1998). Eine informationsökonomische Perspektive des Kaufverhaltens. *Wirtschaftswissenschaftliches Studium: Zeitschrift für Studium und Forschung, 27*, 341–347.

Adler, J. (2003). *Anbieter- und Vertragstypenwechsel: Eine nachfragerorientierte Analyse auf der Basis der Neuen Institutionenökonomik.* Wiesbaden: DUV.

Anderson, E. W., Fornell, C., & Rust, R. T. (1997). Customer satisfaction, productivity, and profitability: Differences between goods and services. *Marketing Science, 16*, 129–145.

Backhaus, K., Büschken, J., & Voeth, M. (2003). *Internationales Marketing.* Stuttgart: Schäffer-Poeschel.

Bauer, R. A. (1960). Consumer behavior as risk taking. In R. S. Hancock (Hrsg.), Dynamic marketing for a changing world. Proceeding of the 43th Conference of the American Marketing Association (S. 389–398). Chicago.

BBDO Consulting. (2009). *Brand Parity Studie 2009.* Düsseldorf.

Bekmeier, S. (1994). Markenwert und Markenstärke – Markenevaluierung aus konsumentenorientierter Perspektive. *Markenartikel, 56*, 383–387.

Berndt, H. (1983). *Konsumentscheidung und Informationsüberlastung: Der Einfluß von Quantität und Qualität der Werbeinformation auf das Konsumentenverhalten: Eine empirische Untersuchung.* München: GBI.

Bettman, J. R., & Park, C. W. (1980). Effects of prior knowledge and experience and phase of choice process on consumer decision processes: A protocol analysis. *Journal of Consumer Research, 7*, 234–248.

Biel, A. L. (1992). How brand image drives brand equity. *Journal of Advertising Research, 32*, RC-6-RC-12.

Billen, P. (2003). *Unsicherheit des Nachfragers bei Wiederholungskäufen: Ein informationsökonomischer und verhaltenswissenschaftlicher Ansatz.* Wiesbaden: DUV.

Blackett, T. (1989). The nature of brands. In J. Murphy (Hrsg.), *Brand valuation: Establishing a true and fair view* (S. 12–22). London: Hutchinson.

Brandt, D. R. (1988). How service marketers can identify value-enhancing service elements. *The Journal of Services Marketing, 2*, 35–41.

Crimmins, J. C. (1992). Better measurement and management of brand value. *Journal of Advertising Research, 32*, 11–19.

Darby, M. R., & Karni, E. (1973). Free competition and the optimal amount of fraud. *Journal of Law and Economics, 16*, 67–88.

Domizlaff, H. (1982). *Die Gewinnung des öffentlichen Vertrauens: Ein Lehrbuch der Markentechnik.* Hamburg: Marketing Journal.

Drucker, P. F. (1974). *Management: Tasks, responsibilities, practices.* New York: Harper & Row.

Ehrenberg, A. S. C., Barnard, N. R., & Scriven, J. A. (1997). Differentiation or salience. *Journal of Advertising Research, 37*, 7–14.

Esch, F.-R. (1992). Positionierungsstrategien – konstituierender Erfolgsfaktor für Handelsunternehmen. *Thexis, 9*, 9–15.

Esch, F.-R. (1993). Markenwert und Markensteuerung: Eine verhaltenswissenschaftliche Perspektive. *Thexis, 10*, 56–64.

Esch, F.-R. (2012). *Strategie und Technik der Markenführung* (7. Aufl.). München: Vahlen.

Esch, F.-R., & Billen, P. (1994). Ansätze zum Zufriedenheitsmanagement: Das Zufriedenheitsportfolio. In T. Tomczak & C. Belz (Hrsg.), *Kundennähe realisieren: Ideen – Konzepte – Methoden – Erfahrungen* (S. 407–424). St. Gallen: Thexis.

Farquhar, P. H. (1989). Managing brand equity. *Marketing Research, 1*, 24–33.

Festinger, L. (1978). *Theorie der kognitiven Dissonanz*. Bern: Huber.

Freter, H. (2008). *Markt- und Kundensegmentierung: Kundenorientierte Markterfassung und -bearbeitung*. Stuttgart: Kohlhammer.

Garland, H., & Newport, S. (1991). Effects of absolute and relative sunk costs on the decision to persist with a course of action. *Organizational Behavior and Human Decision Processes, 48*, 55–69.

Gerstner, E. (1985). Do higher prices signal higher quality? *Journal of Marketing Research, 22*, 209–215.

Gotta, M. (1988). *Brand News: Wie Namen zu Markennamen werden*. Hamburg: Augstein.

Halk, K. (1993). *Bestimmungsgründe des Konsumentenmißtrauens gegenüber Lebensmitteln. Ergebnisse von empirischen Untersuchungen an ausgewählten Verbrauchergruppen*. München: Ifo-Institut für Wirtschaftsforschung.

Hätty, H. (1989). *Der Markentransfer*. Heidelberg: Physica.

Hayes-Roth, B. (1977). Evolution of cognitive structures and processes. *Psychological Review, 84*, 260–278.

Heide, J. B., & Weiss, A. M. (1995). Vendor consideration and switching behavior for buyers in high-technology markets. *Journal of Advertising Research, 59*, 30–43.

Herrmann, A., Huber, F., & Braunstein, C. (2000). Kundenzufriedenheit garantiert nicht immer mehr Gewinn. *Harvard Business Manager, 22*, 45–55.

Herzberg, F. (1959). *Work and the nature of man*. New York: World.

Herzberg, F., Mausner, B., & Snyderman, B. B. (1959). *The motivation to work*. New York: Wiley.

Hildmann, A. (1991). Konzentration der Mittel – Die Flut steigt. *Absatzwirtschaft, 34*, 225–227.

Hirshleifer, J., & Riley, J. G. (1979). The analytics of uncertainty and information – An expository survey. *Journal of Economic Literature, 17*, 1375–1421.

Hofstede, G. (1984). *Culture's Consequences: International differences in work-related value*. Beverly Hills: Sage.

Hofstede, G. (2001). *Lokales Denken, globales Handeln: Interkulturelle Zusammenarbeit und globales Management*. München: DTV.

Homburg, C. (2012). *Marketingmanagement: Strategie – Instrumente – Umsetzung – Unternehmensführung (4. Aufl.)*. Wiesbaden: Springer Gabler.

Homburg, C., & Bruhn, M. (2008). Kundenbindungsmanagement: Eine Einführung in die theoretischen und praktischen Problemstellungen. In M. Bruhn & C. Homburg (Hrsg.), *Handbuch Kundenbindungsmanagement: Strategien und Instrumente für ein erfolgreiches CRM* (6. Aufl., S. 3–37). Wiesbaden: Gabler.

Homburg, C., Koschate, N., & Becker, A. (2005). Messung von Markenzufriedenheit und Markenloyalität. In F.-R. Esch (Hrsg.), *Moderne Markenführung: Grundlagen – Innovative Ansätze – Praktische Umsetzungen* (4. Aufl., S. 1393–1408). Wiesbaden: Gabler.

Howard, J. A., & Sheth, J. N. (1969). *The theory of buyer behavior*. New York: Wiley.

Hoyer, W. D., & Brown, S. P. (1990). Effects of brand awareness for a common, repeat-purchase product. *Journal of Consumer Research, 17*, 141–148.

Hüser, A., & Mühlenkamp, C. (1992). Werbung für ökologische Güter – Gestaltungsaspekte aus informationsökonomischer Sicht. *Marketing Zeitschrift für Forschung und Praxis, 14*, 149–156.

Jacoby, J., Olson, J. C., & Haddock, R. A. (1971). Price, brand name, and product composition characteristics as determinants of perceived quality. *Journal of Applied Psychology, 55,* 570–579.

Janssen, J., & Laatz, W. (2013). *Statistische Datenanalyse mit SPSS: Eine anwendungsorientierte Einführung in das Basissystem und das Modul Exakte Tests* (8. Aufl.). Berlin: Springer Gabler.

Johansson, J. K. (1989). Determinants and effects of the use of „made in" labels. *International Marketing Review, 6,* 47–58.

Juster, F. T. (1966). Consumer buying intentions and purchase probability: An experiment in survey design. *Journal of the American Statistical Association, 61,* 658–696.

Kaas, K. P. (1990). Marketing als Bewältigung von Informations- und Unsicherheitsproblemen im Markt. *Die Betriebswirtschaft, 50,* 539–548.

Kano, N., Seraku, N., Takahashi, F., & Tsuji, S. (1984). Attractive quality and must-be quality. *The Journal of the Japanese Society for Quality Control, 14,* 39–48.

Kapferer, J.-N. (1992). *Die Marke: Kapital des Unternehmens.* Landsberg: Moderne Industrie.

Keller, K. L. (1993). Conceptualization, measuring, and managing customer-based brand equity. *Journal of Marketing, 57,* 1–22.

King, N. (1970). Clarification and evaluation of the two-factor-theory of job satisfaction. *Psychological Bulletin, 74,* 18–31.

Klemperer, P. (1995). Competition when consumers have switching costs: An overview with applications to industrial organization, macroeconomics, and international trade. *The Review of Economic Studies, 62,* 515–539.

Kotler, P., & Keller, K. L. (2012). *Marketing management.* Boston: Pearson Education.

Kroeber-Riel, W. (1984). Zentrale Probleme auf gesättigten Märkten: Auswechselbare Produkte und auswechselbare Werbung und ihre Überwindung durch erlebnisbetonte Marketingstrategien. *Marketing Zeitschrift für Forschung und Praxis, 6,* 210–214.

Kroeber-Riel, W., & Esch, F.-R. (2004). *Strategie und Technik der Werbung: Verhaltenswissenschaftliche Ansätze* (6. Aufl.). Stuttgart: Kohlhammer.

Kroeber-Riel, W., Weinberg, P., & Gröppel-Klein, A. (2013). *Konsumentenverhalten* (10. Aufl.). München: Vahlen.

Levy, J. S. (1992). An introduction to prospect theory. *Political Psychology, 13,* 171–186.

Lindsay, C. A., Marks, E., & Gorlow, L. (1967). The Herzberg theory: A critique and reformulation. *Journal of Applied Psychology, 51,* 330–339.

Makens, J. C. (1965). Effects of brand preference upon consumers perceived taste of turkey meat. *Journal of Applied Psychology, 19,* 261–263.

Matzler, K. (1997). *Kundenzufriedenheit und Involvement.* Wiesbaden: DUV.

Mayer, A., & Mayer, R. U. (1987). *Imagetransfer.* Hamburg: Augstein.

Meyer, P. W., & Mattmüller, R. (1991). Kundenbindung im Einzelhandel. In V. Trommsdorff (Hrsg.), *Handelsforschung: Erfolgsfaktoren und Strategien* (S. 88–101). Wiesbaden: Gabler.

Nelson, P. J. (1970). Information and consumer behavior. *Journal of Political Economy, 78,* 311–329.

Neuberger, O. (1974a). *Theorien der Arbeitszufriedenheit.* Stuttgart: Kohlhammer.

Neuberger, O. (1974b). *Messung der Arbeitszufriedenheit: Verfahren und Ergebnisse.* Stuttgart: Kohlhammer.

Oehme, W. (1993). Profilierung durch Sortimentskompetenz. *Thexis, 10,* 32–37.

Oess, A. (1993). *Total Quality Management: Die ganzheitliche Qualitätsstrategie* (3. Aufl.). Wiesbaden: Gabler.

Oliver, R. L., & Bearden, W. O. (1983). The role of involvement in satisfaction process. *Advances in consumer research, 10,* 250–255.

Olson, J. C. (1977). Price as an informational cue: Effects of product evaluations. In A. G. Woodside, J. N. Sheth, & P. D. Bennett (Hrsg.), *Consumer and industrial buying behavior* (S. 267–286). New York: North-Holland.

Peter, J. P., & Olson, J. C. (2010). *Consumer behavior and marketing strategy.* Boston: McGraw-Hill/Irwin.

Picot, A. (1982). Transaktionskostenansatz in der Organisationstheorie: Stand der Diskussion und Aussagewert. *Die Betriebswirtschaft, 42,* 267–284.

Ping, R. A. Jr. (1993). The effects of satisfaction and structural constraints on retailer exiting, voice, loyalty, opportunism, and neglect. *Journal of Retailing, 69,* 320–352.

Plinke, W. (1989). Die Geschäftsbeziehung als Investition. In G. Specht, G. Silberer, & W. H. Engelhardt (Hrsg.), *Marketing-Schnittstellen: Herausforderungen für das Management* (S. 305–325). Stuttgart: Poeschel.

Plinke, W. (2000). Grundlagen des Marktprozesses. In M. Kleinaltenkamp & W. Plinke (Hrsg.), *Technischer Vertrieb: Grundlagen des Business-to-Business Marketing* (2. Aufl., S. 3–99). Berlin: Springer.

Raff, T., & Billen, P. (2005). Länderauswahlentscheidung im Hinblick auf eine Internationalisierung von Dienstleistungsunternehmen. In M. Bruhn & B. Stauss (Hrsg.), *Internationalisierung von Dienstleistungen: Forum Dienstleistungsmanagement* (S. 149–170). Wiesbaden: Gabler.

Raju, P. S. (1977). Product familiarity, brand name, and price influences on product evaluations. *Advances in Consumer Research, 4,* 64–71.

Rao, A. R., & Monroe, K. B. (1989). The effects of price, brand name, and store name on buyers' perceptions of product quality: An integrative review. *Journal of Marketing Research, 26,* 351–357.

Rapold, I. (1988). *Qualitätsunsicherheit als Ursache von Marktversagen: Anpassungsmechanismen und Regulierungsbedarf.* München: VVF.

Reichheld, F. F. (1996). Learning from customer defections. *Harvard Business Review, 74,* 56–69.

Reichheld, F. F., & Sasser Jr., W. E. (1990). Zero defection: Quality comes to service. *Harvard Business Review, 68,* 105–111.

Reichheld, F. F., & Sasser Jr., W. E. (1991). Zero Migration: Dienstleister im Sog der Qualitätsrevolution. *Harvard Manager, 13,* 108–116.

Rigaux-Bricmont, B. (1982). Influences of brand name and packaging on perceived quality. *Advances in Consumer Research, 9,* 472–477.

Rother, A., & Link, K.-H. (1994). Ausbruch aus drangvoller Enge. *Absatzwirtschaft, 37,* 62–67.

Saatweber, J. (2007). *Kundenorientierung durch Quality Function Deployment: Systematisches Entwickeln von Produkten und Dienstleistungen* (2 Aufl.). Düsseldorf: Symposion.

Schneider, J., & Locke, E. A. (1971). A critique of Herzberg's incident classification system and a suggested revision. *Organizational Behavior and Human Performance, 6,* 441–457.

Schütze, R. (1992). *Kundenzufriedenheit: After-Sales-Marketing auf industriellen Märkten.* Wiesbaden: Gabler.

Schwaiger, M. (2004a). Components and parameters of corporate reputation – An empirical study. *Schmalenbach Business Review, 56,* 46–71.

Schwaiger, M. (2004b). Wertvorstellungen. *Markenartikel November 2004,* 20–28.

Schwaiger, M., & Zinnbauer, M. (2003). Unternehmensreputation: Treiber der Kundenbindung auch bei mittelständischen EVUs. *Zeitschrift für Energiewirtschaft, 27,* 275–280.

Shapiro, C. (1982). Consumer information, product quality, and seller reputation. *The Bell Journal of Economics, 13,* 20–35.

Shapiro, C. (1983a). Premiums for high quality products as returns to reputations. *Quarterly Journal of Economics, 98,* 659–679.

Shapiro, C. (1983b). Optimal pricing of experience goods. *The Bell Journal of Economics, 14,* 497–507.

Simon, H. (1981). Informationstransfer und Marketing: Ein Survey. *Zeitschrift für Wirtschafts- und Sozialwissenschaften, 101,* 589–608.

Simon, H. (1985). *Goodwill und Marketingstrategie.* Wiesbaden: Gabler.

Spremann, K. (1988). Information, Garantie, Reputation. *Zeitschrift für Betriebswirtschaft, 58,* 613–618.

Stern, H. W. E. (1981). Marke oder Preis: Entscheidungskriterium der Verbraucher? *Markenartikel, 43,* 138–150.

Straßburger, H. (1991). *Wiederkaufentscheidungsprozeß bei Verbrauchsgütern: Ein verhaltenswissenschaftliches Erklärungsmodell.* Frankfurt a. M.: Lang.

Teas, R. K., & Agarwal, S. (2000). The effects of extrinsic product cues on consumers' perceptions of quality, sacrifice, and value. *Journal of the Academy of Marketing Science, 28,* 278–290.

Thibaut, J. W., & Kelley, H. H. (1959). *The social psychology of groups.* New York: Wiley.

Töpfer, A. (1999). *Kundenzufriedenheit messen und steigern*. Neuwied: Luchterhand.

Trommsdorff, V. (2009). *Konsumentenverhalten (7. Aufl.)*. Stuttgart: Kohlhammer.

Uhr, D. (1980). Psychologische Betrachtungen zum Markenartikel. *Markenartikel, 42,* 534–540.

Uncles, M. D., Dowling, G. R., & Hammond, K. (1997). Customer loyalty and customer loyalty programs. School of Marketing Working Paper 98/6. Sydney.

Venkataraman, V. K. (1981). The price-quality relationship in an experimental setting. *Journal of Advertising Research, 21,* 49–52.

von Ungern-Sternberg, T. R. (1984). *Zur Analyse von Märkten mit unvollständiger Marktsituation.* Berlin: Springer.

von Weizsäcker, C. C. (1980). *Barriers to entry: A theoretical treatment.* Berlin: Springer.

Weiber, R. (1992). *Diffusion von Telekommunikation: Problem der kritischen Masse.* Wiesbaden: Gabler.

Weiber, R. (2006). Was ist Marketing? Ein informationsökonomischer Erklärungsansatz. Arbeitspapier Nr. 1 zur Marketingtheorie (3. Aufl.). Trier.

Weinberg, P. (1992). *Erlebnismarketing.* München: Vahlen.

Weinberg, P., & Diehl, S. (2005). Erlebniswelten für Marken. In F.-R. Esch (Hrsg.), *Moderne Markenführung: Grundlagen – Innovative Ansätze – Praktische Umsetzungen* (4. Aufl., S. 263–286). Wiesbaden: Gabler.

Williamson, O. E. (1990). *Die ökonomischen Institutionen des Kapitalismus: Unternehmen, Märkte, Kooperationen.* Tübingen: Mohr.

Williamson, O. E. (1991). Comparative economic organization: The analysis of discrete structural alternatives. *Administrative Science Quarterly, 36,* 269–296.

Zeithaml, V. A. (1987). Defining and relating price, perceived quality and perceived value. Working paper No. 87–101. Marketing Science Institute. Cambridge.

Zeithaml, V. A. (1988). Consumer perception of price, quality, and value: A means-end model and synthesis of evidence. *Journal of Marketing, 52,* 2–22.

Zink, K. J. (1975). *Differenzierung der Theorie der Arbeitsmotivation von F. Herzberg zur Gestaltung sozio-technischer Systeme.* Frankfurt a. M.: Deutsch.

Zinnbauer, M., Bakay, Z., & Schwaiger, M. (2004). Hohe Reputation stärkt bei Banken und Sparkassen die Kundenbindung. *Betriebswirtschaftliche Blätter o. Jg.,* 271–274.

Billen, Peter
Professor im Studiengang Handel, Fakultät Wirtschaft, Duale Hochschule Baden-Württemberg Lörrach Hangstr. 46–50,
79539 Lörrach, Deutschland
E-Mail: billen@dhbw-loerrach.de

Raff, Tilmann
Professor International Business Management, Fakultät Wirtschaft, Duale Hochschule Baden-Württemberg Lörrach, Hangstr. 46–50, 79539 Lörrach, Deutschland
E-Mail: raff@dhbw-loerrach.de

Teil III
Branchenspezifisches Commodity Marketing

Umsetzung einer nicht-preisbezogenen De-Commoditisierung: Eine explorative Untersuchung in der Feuerfestindustrie

Anja Geigenmüller und Christos G. Aneziris

Inhaltsverzeichnis

A. Geigenmüller (✉)
Fachgebiet Marketing, Fakultät für Wirtschaftswissenschaften und Medien,
Technische Universität Ilmenau,
Helmholtzplatz 3 (Oeconomicum), 98693 Ilmenau, Deutschland
E-Mail: anja.geigenmueller@tu-ilmenau.de

C. G. Aneziris
Institut für Keramik, Glas- und Baustofftechnik,
Fakultät für Maschinenbau, Verfahrens- und Energietechnik,
Technische Universität Bergakademie Freiberg, Agricolastraße 17,
09599 Freiberg, Deutschland
E-Mail: aneziris@ikgb.tu-freiberg.de

M. Enke et al. (Hrsg.), *Commodity Marketing*,   287
DOI 10.1007/978-3-658-02925-8_14, © Springer Fachmedien Wiesbaden 2014

Zusammenfassung

Der Implementierung von Strategien einer De-Commoditisierung wird in der Literatur bisher wenig Aufmerksamkeit zuteil. Im Rahmen einer nicht-preisbezogenen De-Commoditisierung kann eine Differenzierung anhand überlegener Produkte und Dienstleistungen sowie anhand überlegener Kundenbeziehungen erfolgen. Inwiefern diese beiden Ansätze für Commodity-Anbieter anwendbar sind und ob eine Integration dieser Ansätze zu einer wirksamen De-Commoditisierung beitragen kann, ist bisher weitgehend ungeklärt. Auf Basis einer Literaturauswertung und einer qualitativen Untersuchung in der Feuerfestindustrie identifiziert der vorliegende Beitrag Ansätze einer De-Commoditisierung, Möglichkeiten einer Implementierung sowie unternehmensinterne und unternehmensexterne Voraussetzungen.

1 Einführung

Die Fähigkeit von Unternehmen, ihre Leistungen wirksam im Wettbewerb zu differenzieren, besitzt ohne Zweifel einen zentralen Stellenwert im Marketing, sowohl aus wissenschaftlicher als auch aus Managementsicht. Dies gilt besonders für Commodities, die trotz mehr oder weniger vorhandener, objektiv differenzierender Leistungsmerkmale als relativ austauschbar wahrgenommen werden. Die Herausforderung besteht darin, Alleinstellungsmerkmale für eine Leistung (wieder-)herzustellen, die für den Nachfrager wahrnehmbar und vor allem relevant sind. Nur unter dieser Voraussetzung können sich Commodity-Anbieter einem reinen Preiswettbewerb entziehen.

Zwar thematisiert die wissenschaftliche Literatur generische Wettbewerbsstrategien relativ umfangreich. Doch mit Blick auf die spezifischen Eigenschaften von Commodities besteht zu Differenzierungsstrategien nach wie vor Forschungsbedarf. Während die aktuelle Diskussion in Wissenschaft und Praxis sich hauptsächlich mit Fragen einer Strategieformulierung beschäftigt, existieren kaum systematische Untersuchungen zur Strategieumsetzung einer De-Commoditisierung. Hinsichtlich einer Strategieformulierung wird zudem bislang eher die Perspektive einer „Entweder-oder-Entscheidung" verfolgt. Eine wirkungsvolle De-Commoditisierung, d. h. die Stärkung von Alleinstellungsmerkmalen zur Reduzierung der wahrgenommenen Austauschbarkeit von Commodities, bedarf jedoch einer integrierten Nutzung bestehender Differenzierungsansätze (Homburg et al. 2009; Matthyssens und Vandenbempt 2008).

Vor diesem Hintergrund setzt sich der vorliegende Beitrag mit Fragen der Umsetzung einer nicht-preisbezogenen De-Commoditisierung auseinander. Anhand von Fallstudien innerhalb einer ausgewählten Commodity-Industrie werden folgende Teilfragen untersucht:

1. Welche nicht-preisbezogenen Ansätze einer De-Commoditisierung werden zur Differenzierung eingesetzt?
2. Auf welche Weise setzen Commodity-Anbieter eine nicht-preisbezogene De-Commoditisierung um?

3. Welche Voraussetzungen bestehen für die Umsetzung einer nicht-preisbezogenen De-Commoditisierung?

Der Beitrag ist wie folgt aufgebaut: Der Einleitung folgt in Abschnitt 2 die Erarbeitung eines konzeptionellen Bezugsrahmens. Er bildet die Grundlage für die in Abschnitt 3 dargestellte explorative Untersuchung auf Basis von Fallstudien und Sekundäranalysen in der Feuerfest-Industrie. Diese Branche reflektiert typische Eigenschaften einer Commodity-Industrie und eignet sich daher sehr gut, relevante Ansätze und Umsetzungsmaßnahmen einer De-Commoditisierung zu identifizieren. Abschnitt 3 stellt den Kontext der Untersuchungen, die methodische Vorgehensweise und die Ergebnisse der Fallstudien vor. Der Beitrag endet mit einer Zusammenfassung und dem Ausblick auf weiterführende Fragen in Forschung und Praxis (Abschnitt 4).

2 Bezugsrahmen der Untersuchung

2.1 Generische Ansätze einer De-Commoditisierung

In der Literatur finden sich drei grundlegende Ansätze einer Differenzierung von Commodities (s. Kapitel „Commodity Marketing – Eine Einführung", S. 3ff.): Eine **preisbezogene Differenzierung** fokussiert auf überlegene Preis- und Kostenstrukturen, die für Commodities eine Kostenführerschaft und damit die Realisierung einer Niedrigpreisstrategie ermöglichen. Die Tatsache, dass eine solche Strategie nur für wenige Unternehmen realisierbar ist, lenkt die Aufmerksamkeit auf Ansätze einer nicht-preisbezogenen Differenzierung (Homburg et al. 2009; Rangan und Bowman 1992).

Nicht-preisbezogene Ansätze umfassen die Differenzierung durch überlegene Leistungen bzw. überlegene Kundenbeziehungen. Eine Differenzierung durch **überlegene Leistungen** stellt darauf ab, Kernleistungen von Commodities um weitere Leistungsmerkmale anzureichern und dadurch eine Unterscheidung von konkurrierenden Leistungen zu erreichen. Wiederholt verweisen Untersuchungen in diesem Zusammenhang beispielsweise auf die Bedeutung von Zusatzdienstleistungen für eine wirkungsvolle De-Commoditisierung (Albert 2003; Auguste et al. 2006; Robinson et al. 2002).

Außerdem können **überlegene Kundenbeziehungen** eine Differenzierung vom Wettbewerb erreichen. Diese Strategie verfolgt das Ziel eines Mehrwerts für den Kunden auf Basis einer freiwilligen, längerfristigen Bindung an einen Commodity-Anbieter. Ist der Nutzen einer solchen Bindung größer als der ökonomische Vorteil, den der Kunde durch einen Wechsel zu einem preisgünstigeren Anbieter realisieren könnte, entsteht daraus für den Commodity-Anbieter ein wichtiger Wettbewerbsvorteil.

Mit Blick auf die Relevanz dieser drei generischen Ansätze für Commodity-Anbieter ergeben sich teilweise widersprüchliche Aussagen. Einige Autoren betonen die Notwendigkeit einer Kostenführerschaftsstrategie mit dem Hinweis, dass „(…) the driving force in the commodity market is cost efficiency and economies of scale with respect to both manufacturing and marketing operations" (Sheth 1985, S. 4). Anbieter von Commodities sollten daher ein hohes Maß an operativer Effizienz verfolgen, d. h. eine kontinuierliche Optimierung von Unternehmensprozessen und die strikte Orientierung an Profitabilitäts- und Budgetvorgaben (Davis und Schul 1993; Miller 1988; Phillips et al. 1983).

Andere Autoren geben zu bedenken, dass Spielräume für Kosteneinsparungen und Prozessoptimierungen gerade in typischen Commodity-Industrien häufig ausgereizt sind (Bush und Sinclair 1992; Matthyssens und Vandenbempt 2008). Ungeachtet der Tatsache, dass Kosteneffizienz eine notwendige Voraussetzung für das Überleben in einem Commodity-Markt ist, bietet sie keine hinreichende Grundlage für einen längerfristigen Wettbewerbsvorteil (Lewin und Johnston 1997). Zudem würde es vor allem Anbieter von Leistungen mit einem objektiv vorhandenen Differenzierungspotenzial (so genannte „new commodities" (s. Kapitel „Commodity Marketing – Eine Einführung", S. 3ff.) zu einem kritischen Strategiewechsel und damit zu sehr problematischen Anpassungen von Organisationsstrukturen und Managementsystemen zwingen (Fleck 1995).

Folglich wird Ansätzen einer nicht-preisbezogenen De-Commoditisierung, d. h. durch überlegene Leistungen bzw. überlegene Kundenbeziehungen, grundsätzlich eine höhere Relevanz zugesprochen (Matthyssens und Vandenbempt 2008; Reimann et al. 2010). Allerdings findet eine inhaltliche Auseinandersetzung mit diesen Ansätzen nur begrenzt statt. Insbesondere lassen sich nur wenige Hinweise darauf finden, ob und in welcher Weise Commodity-Unternehmen diese Strategieempfehlungen tatsächlich umsetzen können (Araujo und Spring 2006).

Ansätze einer Leistungsdifferenzierung werden häufig unter dem Blickwinkel zusätzlicher, produktbegleitender Dienstleistungen (z. B. Programmier-, Konstruktions- oder logistische Leistungen) diskutiert. Weitere Ansätze, wie die Gestaltung des Produktumfelds, Einsatzmöglichkeiten von Markenstrategien bzw. die Relevanz der Unternehmensreputation werden kaum systematisch betrachtet. Hinsichtlich der Differenzierung durch überlegene Kundenbeziehungen zeigen sich teilweise konträre Auffassungen darüber, ob eine solche Strategie für Commodities überhaupt implementierbar ist. Einige Beispiele deuten zumindest darauf hin, dass sich Eigenschaften und Verhaltensweisen von Commodity-Anbietern, vor allem Kompetenz und Verlässlichkeit, vorteilhaft auf die Beziehung zu einem Kunden auswirken (Blois 1997; Lewin und Johnston 1997). Eine Analyse, inwiefern Commodity-Anbieter daraus tatsächlich längerfristige Bindungen generieren können, steht jedoch noch weitgehend aus.

2.2 Wege zur Umsetzung einer nicht-preisbezogenen De-Commoditisierung

Ausgehend von den generischen Ansätzen einer Differenzierung durch überlegene Leistungen bzw. überlegene Kundenbeziehungen schlagen Matthyssens und Vandenbempt (2008) eine modifizierte, zweidimensionale Darstellung zur Umsetzung nicht-preisbezogener Ansätze einer De-Commoditisierung vor. Sie treffen dabei eine Unterscheidung zwischen der Differenzierung durch **kundenindividuelle Lösungen** (d. h., was wird angeboten?) und der Differenzierung durch **kundenindividuelle Prozesse** (d. h., wie wird

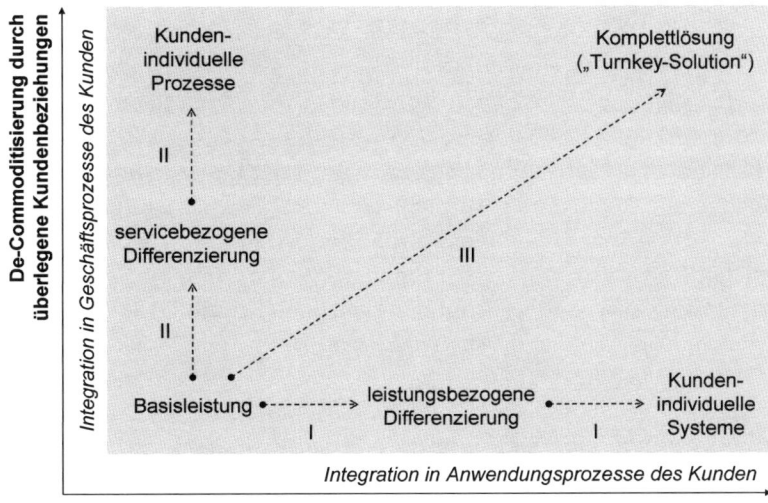

Abb. 1 Dimensionen und Pfade einer nicht-preisbezogenen De-Commoditisierung. (Quelle: In Anlehnung an Matthyssens und Vandenbempt 2008, S. 323)

es angeboten?). Während im ersten Fall eine De-Commoditisierung durch die Differenzierung von Produkten und produktbegleitenden Dienstleistungen erreicht werden soll, steht im zweiten Fall eine servicebezogene Differenzierung im Vordergrund. Darunter ist die Differenzierung durch selbständige Dienstleistungen zu verstehen, die in betriebliche Prozesse des Anbieters eingebracht werden (Engelhardt und Reckenfelderbäumer 2006).

Diese beiden Dimensionen bezeichnen die Autoren als Integration in technische Anwendungsprozesse bzw. Integration in Geschäftsprozesse des Kunden. Innerhalb dieser beiden Dimensionen definieren sie Pfade einer Umsetzung der jeweiligen Differenzierungsstrategie (Matthyssens und Vandenbempt 2008). Abbildung 1 gibt diese Dimensionen und Pfade grafisch wieder.

- **Pfad I** beschreibt den Weg hin zu einem Kundennutzen durch eine höchstmögliche Anpassung von Leistungsangeboten an individuelle Kundenbedürfnisse ("customized solutions"). Dabei wird die Basisleistung um produktnahe bzw. produktbegleitende Zusatzleistungen ergänzt, die dem Kunden einen Mehrwert stiften. Differenzierungspotenzial entsteht durch die Kombination definierter Leistungsbausteine zu einem System, das in der Lage ist, ein spezifisches Kundenproblem in überlegener Weise zu lösen. Diese Vorgehensweise entspricht einer zunehmenden Integration eines Commodity-Anbieters in (technische) Anwendungsprozesse des Kunden (Homburg et al. 2005; Matthyssens und Vandenbempt 2008).
- **Pfad II** illustriert die Integration eines Commodity-Anbieters in Geschäftsprozesse des Kunden. Die Basisleistung wird eingebettet in die Erbringung wertschöpfender Prozesse für den Kunden. Das Differenzierungspotenzial basiert auf selbständigen Dienstleistungen, die relativ unabhängig von der Kernleistung für den Kunden erstellt wer-

den. Der Mehrwert für den Kunden entsteht maßgeblich aus der Verringerung seines Ressourceneinsatzes und einer höheren Effizienz, die er durch die Auslagerung von Prozessen an vorgelagerte Wertschöpfungsstufen realisieren kann (Matthyssens und Vandenbempt 2008).

- **Pfad III** entspricht der Integration beider Ansätze einer De-Commoditisierung, im Sinne der Etablierung so genannter „Turnkey-Lösungen". Folglich würde Differenzierungspotenzial aus dem Angebot kundenindividueller Systemlösungen sowie der Übernahme wertschöpfender Prozesse für den Kunden entstehen. Eine Implementierung dieser hybriden Strategie erscheint jedoch mit steigendem Commoditisierungsgrad einer Industrie zunehmend schwerer durchsetzbar (Matthyssens und Vandenbempt 2008).

Diese hier dargestellten Pfade entsprechen einer idealtypischen Vorstellung von Ansätzen einer De-Commoditisierung. Daran schließt sich die Frage an, ob und in welcher Art und Weise Unternehmen in einer typischen Commodity-Industrie den hier aufgezeigten Pfaden folgen und welche Schritte einer Umsetzung sie dabei wählen. Außerdem stellt sich die Frage nach relevanten Voraussetzungen zur Implementierung dieser Ansätze. Diesen Fragen soll im Folgenden nachgegangen werden. Dazu greift der Beitrag auf eine explorative Untersuchung zurück, deren Kontext, methodische Vorgehensweise und Ergebnisse im nun folgenden Abschnitt vorstellt werden.

3 Empirische Untersuchung zur Umsetzung einer nicht-preisbezogenen De-Commoditisierung

3.1 Kontext der Untersuchung

Die empirische Untersuchung betrachtet Hersteller sogenannter feuerfester Produkte. Darunter sind Werkstoffe und Komponenten zu verstehen, die eine hohe Widerstandsfähigkeit gegen extreme thermische und chemische Einflüsse besitzen. Solche aggressiven Umgebungen entstehen typischerweise in Hochtemperaturprozessen, z. B. bei der großtechnischen Erschmelzung von Metallen und Glas, der Herstellung von Eisen, Stahl, Zement und Keramik ebenso wie bei der Energieerzeugung oder der Müllverbrennung. Bei Temperaturen von 600 bis teilweise 2.000 °C werden Feuerfestprodukte in Form von ungeformten Massen, Steinen oder auch kompletten Funktionsbauteilen eingesetzt, um Oberflächen und Ummantelungen zu schützen. Beispielsweise sind feuerfeste Materialien zur Auskleidung von Stahlkonvertern oder zur Beschichtung von Schaufeln und Brennkammern von Gasturbinen unverzichtbar (Deneen und Gross 2010; Routschka und Wuthnow 2011).

Ihre Funktion ist nicht nur auf den Schutz vor hohen Temperaturen beschränkt. Durch ihre Materialeigenschaften beeinflussen Feuerfestprodukte zudem Qualität und Energieeffizienz von Hochtemperaturprozessen sowie deren Schadstoffbelastung. Die komplexen Anforderungen an feuerfeste Erzeugnisse und das große Spektrum industrieller Anwendungen resultieren in einer hohen Vielfalt von Produktformen und -varianten mit sehr unterschiedlichen Eigenschaften und Leistungsfähigkeiten.

Feuerfestprodukte müssen gewartet und häufig ausgetauscht werden, da sie aufgrund extremer Umweltbedingungen einem hohen Verschleiß ausgesetzt sind. Marktaktivitäten von Unternehmen der Feuerfestindustrie umfassen daher zum einen die Bereitstellung physischer Produkte und zum anderen die Erbringung immaterieller Dienstleistungen in Form logistischer bzw. technischer Leistungen. Darunter zählt die Zustellung vor Ort, d. h. die Installation feuerfester Materialien und Produkte in den Produktionsanlagen des Kunden.

Die Feuerfestindustrie ist in hohem Maße von vor- und nachgelagerten Wertschöpfungsstufen abhängig. Qualität und Kosten von Ausgangsrohstoffen haben einen erheblichen Einfluss auf Qualität und Preise feuerfester Erzeugnisse. Es besteht ein intensiver Wettbewerb um knappe hochwertige Rohstoffquellen, die ausgewählte Rohstoffsorten stetig verteuern. Hohe Beschaffungskosten lassen sich allerdings nur begrenzt durch entsprechende Marktpreise kompensieren. Zum einen wirken sich Absatzschwankungen in den Abnehmerindustrien wie beispielsweise der Stahlindustrie unmittelbar auf die Nachfrage nach feuerfesten Erzeugnissen aus. Zum anderen besteht seitens der Abnehmer feuerfester Erzeugnisse eine hohe Preissensibilität (Deneen und Gross 2010).

Vor diesem Hintergrund manifestiert sich die Commoditisierung der Feuerfestindustrie vor allem in zwei Aspekten. Grundsätzlich handelt es sich bei feuerfesten Materialien um technologisch hochentwickelte Werkstoffe und -komponenten mit einem erheblichen Einfluss auf die Qualität, Zuverlässigkeit und Sicherheit einer Vielzahl industrieller Prozesse. Folglich verfügen diese Produkte über ein objektiv vorhandenes Differenzierungspotenzial. Demgegenüber steht allerdings eine geringe Wahrnehmung dieses Differenzierungspotenzials seitens potenzieller Abnehmer. Feuerfeste Erzeugnisse sind oft Teil größerer, komplexerer Systeme und gehen als typische Hilfsprodukte während des Produktionsprozesses unter. Damit sind sie für Abnehmer in nachgelagerten Wertschöpfungsstufen nur bedingt „sichtbar" (Deneen und Gross 2010).

Zudem zeichnet sich für viele Feuerfesterzeugnisse eine Marktsättigung ab. In Europa und Nordamerika ist der Bedarf an Feuerfestmaterialien seit Jahren rückläufig. Die Einführung hochentwickelter Produktionsverfahren hat beispielsweise den Verbrauch feuerfester Produkte in der Stahlerzeugung in den vergangenen 20 Jahren auf ein Drittel reduziert. Ein Marktwachstum ergibt sich vor allem für hochspezialisierte Feuerfestprodukte, weniger dagegen für etablierte Massenerzeugnisse. Dieses Stadium des Produktlebenszyklus begünstigt eine hohe Wettbewerbsintensität und führt zudem zu einem ausgeprägten Preiswettbewerb (Baaske et al. 2012).

3.2 Methodische Vorgehensweise der Untersuchung

Für eine Annäherung an komplexe, bisher wenig erforschte und damit weitgehend unstrukturierte Phänomene empfiehlt sich der Einsatz qualitativer Methoden der Marktforschung (Bonoma 1985; Eisenhardt 1989, Johnston et al. 1999). Dies trifft besonders auf Untersuchungen in industriellen Märkten zu. Sie sind u. a. durch Komplexität, Multipersonalität bzw. Multiorganisationalität sowie einer hohen Bedeutung von Interaktionen zwischen Anbieter- und Nachfragerorganisationen gekennzeichnet (Backhaus und Voeth 2010; Turnbull et al. 1996). Daraus ergibt sich eine Vielzahl relevanter Kontextvariablen, die durch quantitativ ausgerichtete Methoden nur eingeschränkt erfassbar sind (Johnston et al. 1999; Yin 2006).

Die vorliegende explorative Untersuchung nutzt Fallstudien auf der Basis von Tiefeninterviews, die über einen Zeitraum von 26 Monaten mit Führungskräften nationaler und internationaler Feuerfesthersteller sowie ausgewählten Zulieferer- und Kundenorganisationen geführt wurden. Insgesamt wurden in vier Unternehmen der Feuerfestindustrie, in drei Unternehmen der Stahlindustrie als typischer Abnehmer feuerfester Erzeugnisse sowie in zwei Zulieferunternehmen jeweils mehrere Interviews durchgeführt. Die Auswahl geeigneter Unternehmen für die Erarbeitung der Fallstudien stützte sich hauptsächlich auf das Kriterium der Marktrelevanz. Im Bereich der Feuerfestindustrie gehören drei der vier befragten Unternehmen zu den internationalen Marktführern für feuerfeste Erzeugnisse (Deneen und Gross 2010). Weitere Kriterien waren die Art der angebotenen Produkte (Massenerzeugnisse, Spezialprodukte) sowie die Reputation der Herstellerunternehmen.

Flankiert wurden diese Daten durch weitere Interviews mit Branchenexperten aus Wissenschafts- und Forschungseinrichtungen sowie Branchenverbänden und industrienahen Institutionen. Insgesamt konnten der Untersuchung damit mehr als 20 Interviews zugrunde gelegt werden. Schließlich umfasste die Datenerhebung eine Auswertung von Sekundärmaterialien in Form von Marktanalysen, Branchenreports, Presseveröffentlichungen sowie Publikationen der einbezogenen Unternehmen (z. B. Geschäftsberichte, Unternehmensbroschüren, Presseinformationen).

Für die Interviews kamen teil-strukturierte Interviewleitfäden zum Einsatz. Ein wichtiges Ziel war es, wesentliche Charakteristika der betrachteten Commodity-Industrie, ihre Struktur sowie relevante Kundenerwartungen zu verstehen. Die Auswahl von Interviewpartnern ermöglichte die Erfassung sowohl einer unternehmensinternen Perspektive als auch der Sichtweise externer Anspruchsgruppen (z. B. Kunden, Zulieferer, dritte Institutionen). Die so erhobenen Daten waren Grundlage zur Identifikation von 1) Ansätzen einer nicht-preisbezogenen De-Commoditisierung, 2) Wegen der Umsetzung einer De-Commoditisierung und 3) Voraussetzungen für eine Realisierung dieser Ansätze.

Die Untersuchungen erfolgten in drei Schritten, die der folgenden Abbildung 2 zu entnehmen sind. Der erste Schritt bestand in der Identifikation und Ansprache der Interviewpartner. Daraufhin erfolgte die Durchführung der Interviews, die üblicherweise 90 bis maximal 120 Minuten in Anspruch nahmen. Die Interviews wurden aufgezeichnet und im Nachgang transkribiert.

Der zweite Untersuchungsschritt bestand in der inhaltsanalytischen Aufbereitung der Interviews und der Triangulation der Daten mit weiteren Quellen. Vor-Ort-Beobachtungen erlaubten eine weitere Untersuchung, Vertiefung und Ergänzungen von Daten aus den Tiefeninterviews (Woodside und Wilson 2003) sowie eine Überprüfung der internen Validität der Daten (Johnston et al. 1999).

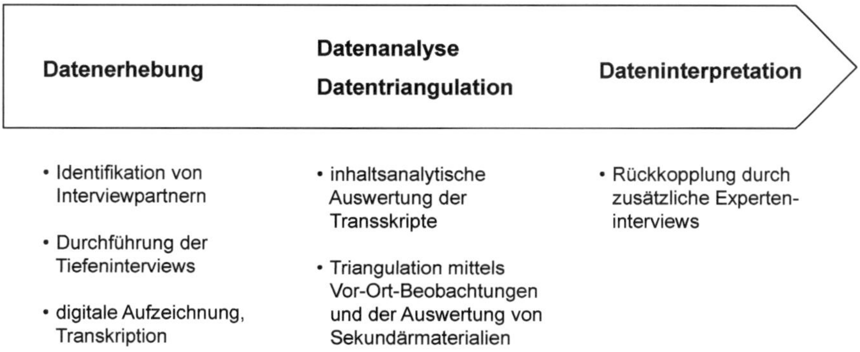

Datenerhebung	Datenanalyse Datentriangulation	Dateninterpretation

• Identifikation von
  Interviewpartnern
 	
• Durchführung der
  Tiefeninterviews
 	
• digitale Aufzeichnung,
  Transkription
	• inhaltsanalytische
	  Auswertung der
	  Transskripte
	
	• Triangulation mittels
	  Vor-Ort-Beobachtungen
	  und der Auswertung von
	  Sekundärmaterialien
		• Rückkopplung durch
		  zusätzliche Experten-
		  interviews

Abb. 2 Methodische Vorgehensweise der empirischen Untersuchung

Daran schloss sich die Interpretation der Daten und eine Aufbereitung der Ergebnisse in anonymisierter Form an. In dieser Phase der Untersuchung wurden erneut Interviews, maßgeblich mit Branchenexperten aus Wissenschaftseinrichtungen und Industrieverbänden, herangezogen. Dadurch ergab sich die Möglichkeit einer Rückkopplung und externen Validierung der Ergebnisse (Johnston et al. 1999).

3.3 Ergebnisse der Fallstudien

3.3.1 Identifikation von Ansätzen einer nicht-preisbezogenen De-Commoditisierung

Hinsichtlich relevanter Ansätze einer De-Commoditisierung in der Feuerfestindustrie implizieren die Fallstudien drei maßgebliche Erkenntnisse: Erstens sind beide generische Ansätze einer nicht-preisbezogenen Differenzierung für diese Industrie relevant: Unternehmen dieser Branche verfolgen sowohl eine Differenzierung von Produkten und Leistungen als auch die Differenzierung durch überlegene Kundenbeziehungen, um eine wahrgenommene Austauschbarkeit ihrer Produkte zu überwinden. Die Fallstudien zeigen sehr deutlich, dass die Etablierung stabiler Kundenbeziehungen sogar an Bedeutung gewinnt.

Zweitens ergeben sich Unterschiede in der Betonung jeder Dimension (Differenzierung durch überlegene Leistungen versus Differenzierung durch überlegene Kundenbeziehungen). Während einige Anbieter in hohem Maße eine Leistungsdifferenzierung verfolgen und diese in relativ standardisierte Dienstleistungskonzepte einbetten, sehen andere eine kundenindividuelle Gestaltung von Dienstleistungskonzepten als Ergänzung zu einer Leistungsdifferenzierung als wichtiges Differenzierungskriterium.

In diesem Zusammenhang verweisen die Ergebnisse auf eine zeitlich differenzierte Realisierung von Ansätzen einer De-Commoditisierung. Anbieter folgen demnach Pfad I vor allem am Anfang einer Kundenbeziehung, d. h. im Rahmen der Neukundengewinnung und des Ausbaus von Kundenkontakten. Mit fortschreitender Intensivierung des Kundenkontakts und mit wachsender Vertrautheit des Kunden mit einem Anbieter werden er-

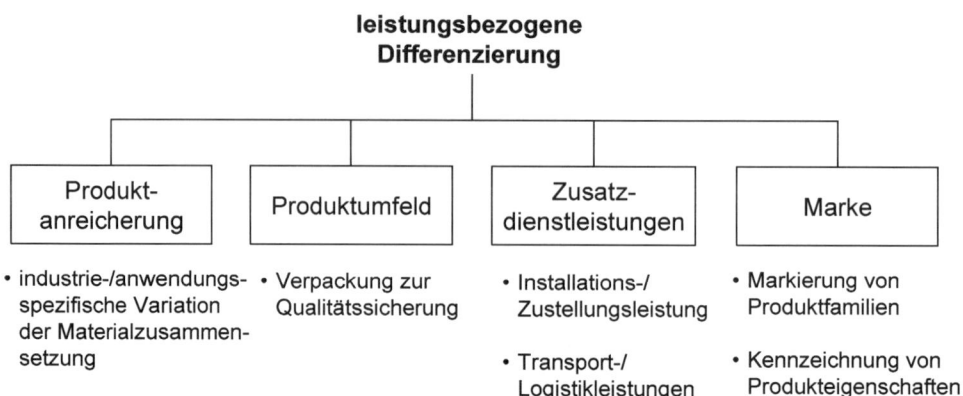

Abb. 3 Ansatzpunkte zur Umsetzung einer leistungsbezogenen Differenzierung

gänzend Maßnahmen entlang des Pfads II hinzugezogen. Schrittweise werden begleitende Dienstleistungskonzepte etabliert, die zu einer zunehmenden Integration in Geschäftsprozesse des Kunden führen.

Drittens zeigt sich, dass unter der Maßgabe entsprechend stabiler Kundenbeziehungen eine Integration beider Ansätze erfolgt. Abweichend von Darstellungen in der Literatur verfolgen die untersuchten Unternehmen gegenüber Schlüsselkunden sowohl eine Differenzierung ihrer Produkte als auch die Etablierung überlegener Kundenbeziehungen, um einer Commoditisierung langfristig zu begegnen. Anbieter kombinieren kundenindividuelle Lösungen sowie wertschöpfende Prozesse für diese Kunden zu so genannten „**Turnkey-Lösungen**", um sich vom Wettbewerb zu differenzieren.

3.3.2 Umsetzung einer leistungsbezogenen Differenzierung

Zur Umsetzung einer Produkt- bzw. Leistungsdifferenzierung nutzen Unternehmen der betrachteten Commodity-Industrie die Anreicherung von Basisprodukten, Ergänzungen des Produktumfelds, das Angebot zusätzlicher Dienstleistungen sowie den Einsatz von Produktmarken. Abbildung 3 gibt einen Überblick über die identifizierten Maßnahmen.

Eine Differenzierung durch Produktanreicherung beinhaltet eine Variation physischer Produkteigenschaften, um kundenindividuellen Ansprüchen zu genügen. Beispielsweise nutzte eines der betrachteten Unternehmen seine marktführende Stellung innerhalb einer Produktkategorie zur Bereitstellung von ca. 1.000 verschiedenen Rezepturen zur Materialzusammensetzung. Sie ermöglichen es, in dieser Produktkategorie kundenindividuelle Feuerfesterzeugnisse für verschiedene Industrien, d. h. die Eisen- und Stahlindustrie, die thermische Industrie (u. a. Zementwerke, Kraftwerke) sowie Gießereien zu fertigen.

Eine Differenzierung des Produktumfelds bezieht sich unter anderem auf die Verwendung qualitativ hochwertiger Verpackungen. Sie dienen zum einen regulären Zwecken des Transports und der Lagerung. Ihnen kommt aber auch eine wichtige Schutzfunktion zu. Insbesondere bei klimatisch extremen Bedingungen ist sie Instrument der Qualitätssiche-

Abb. 4 Ansatzpunkte zur
Umsetzung einer servicebezogenen Differenzierung

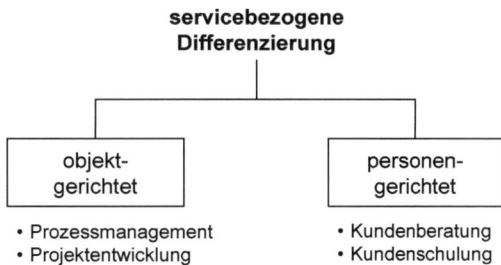

rung. Insofern unterstützt eine materialeffiziente und dennoch hochwertige Verpackungs-
technologie die Differenzierung vor allem feuerfester Massenprodukte.

Die Differenzierung auf Produktebene wird weiterhin durch eine Bereitstellung entsprechender Transport- und Logistikleistungen sowie angepasster Verarbeitungstechno-
logien ergänzt. Art und Weise der Installation feuerfester Produkte werden exakt an spezifische Vor-Ort-Bedingungen und die gewählte Produktvariante angepasst, mit dem Ziel,
eine Zustellung in möglichst hoher Qualität und Lebensdauer bzw. definierten Instand-
haltungszyklen zu realisieren und Stillstandzeiten deutlich zu beschränken.

Schließlich versuchen Unternehmen, auf die Wahrnehmung des vorhandenen Differenzierungspotenzials gezielt Einfluss zu nehmen. Mehrere Unternehmen wenden eine
Produktmarkenstrategie an. Umgesetzt wird diese Strategie zum einen durch die Kennzeichnung von Produktfamilien, deren Definition sich häufig an einer Abnehmerindustrie
orientiert (z. B. Stahlindustrie). Zusätzliche Produktbezeichnungen innerhalb jeder dieser
Familien identifizieren weitere relevante Produkteigenschaften, wie z. B. Materialzusammensetzung, Art der Verarbeitung oder Materialverhalten während der Zustellung.

3.3.3 Umsetzung einer servicebezogenen Differenzierung

Ansatzpunkt einer De-Commoditisierung durch überlegene Kundenbeziehungen ist die
Entwicklung selbständiger Dienstleistungen, die in betriebliche Prozesse des Kunden eingebracht werden, um dem Kunden einen relevanten Nutzen zu stiften. Prinzipiell lassen
sich Formen einer Dienstleistungserstellung nach ihrem Bezugspunkt unterscheiden, d. h.
ob sie objekt- oder personengerichtet erbracht werden. Diese Unterscheidung wird in
Abb. 4 für die Systematisierung einer servicebezogenen Differenzierung genutzt.

Aus den Fallstudien wird deutlich, dass **objektgerichtete Dienstleistungen** vor allem
auf das Management von Prozessen des Kunden ausgerichtet sind. Während die oben
dargestellten Zustellleistungen produktbegleitend erbracht werden, bieten einige Feuerfesthersteller darüber hinaus eine Überwachung, Steuerung und Optimierung kompletter
Herstellungsprozesse des Kunden an. Der damit generierte Kundennutzen besteht vor allem in einer Effizienzsteigerung durch die Auslagerung von Prozessen an die vorgelagerte
Wertschöpfungsstufe. Dies schließt vor- und nachgelagerte Prozessaufgaben mit ein. Zum
Beispiel werden Produkttests und -simulationen in Vorbereitung eines Herstellungspro-
zesses bzw. das Abfallmanagement bzw. Recycling für Kunden erbracht.

Weiterhin bieten Unternehmen Leistungen der Projektentwicklung an, indem sie für Kunden neue Produktionsanlagen planen, konstruieren und gegebenenfalls die Errichtung von Anlagen vor Ort beim Kunden durchführen. Solche Leistungen beinhalten unter anderem die Erfassung relevanter Parameter, Leistungsberechnungen, die Konzeption angepasster Zustellkonzepte, Konstruktions- und Montageleistungen bis hin zur Überprüfung und Abstimmung gesetzlicher Vorschriften, gültiger Normen und Richtwerte.

Personengerichtete Dienstleistungen umfassen Kundenberatungen und Kundenschulungen. Kundenberatungen erfolgen in vielen Fällen bezüglich der Auswahl und Optimierung geeigneter feuerfester Materialien, der Auslegung und Optimierung von Produktionsanlagen bis hin zur Hilfestellung bei technischen und auch gesetzlichen Vorschriften. Weiterhin werden regelmäßig Schulungsprogramme für Kunden angeboten, in denen neue technologische Lösungen vorgestellt und Mitarbeiter von Kundenunternehmen gezielt qualifiziert werden.

3.3.4 Rahmenbedingungen für die Umsetzung einer nicht-preisbezogenen De-Commoditisierung

Auf Basis der Fallstudien identifiziert die Untersuchung schließlich Faktoren, die Voraussetzungen für eine erfolgreiche De-Commoditisierung darstellen. Diese Faktoren lassen sich unterscheiden in unternehmensinterne und -externen Faktoren sowie weiterhin in Faktoren auf strategischer bzw. operativer Ebene. Abbildung 5 stellt die Ergebnisse im Überblick dar.

Unternehmensintern wurden auf strategischer Ebene maßgeblich drei Faktoren benannt. Erstens erfordert die Umsetzung nicht-preisbezogener Differenzierungsstrategien in jedem Fall ein **hohes Maß an Kundenorientierung**, d. h. einer Ausrichtung des Unternehmens an Bedürfnissen der Nachfrager. Sowohl überlegene Leistungen als auch überlegene Kundenbeziehungen setzen Wissen, Fähigkeit und Motivation eines Unternehmens voraus, Kundenbedürfnisse zu erkennen und sie in kundenorientierte Leistungen zu überführen (Homburg et al. 2004). Insbesondere die Identifikation von Kundenprozessen und das Verständnis relevanter Prozessparameter sind entscheidend, um differenzierte Leistungen in diesen Prozess zu integrieren (Integration in technische Anwendungsprozesse) bzw. wertschöpfende Tätigkeiten für das Kundenunternehmen übernehmen zu können (Integration in Geschäftsprozesse). In diesem Zusammenhang erhält die Differenzierung und Priorisierung von Schlüsselkunden einen hohen Stellenwert. Sie ist Voraussetzung dafür, dass Ressourcen eines Commodity-Anbieters entsprechend des zu erwartenden Erlöspotenzials eingesetzt werden (Droll 2008).

Besonders mit Blick auf eine servicebezogene Differenzierung rückt die **Serviceorientierung** eines Unternehmens in den Mittelpunkt. Serviceorientierung bezeichnet die Bedeutung, die ein Unternehmen dem Angebot von Dienstleistungen beimisst. Serviceorientierung manifestiert sich u. a. in der Unternehmenskultur und in der Orientierung der Mitarbeiter eines Unternehmens (Homburg et al. 2003). Eine Integration in Geschäftsprozesse des Kunden stellt hohe Anforderungen an die Serviceorientierung eines Anbieters. Aus den Fallstudien wird entsprechend ersichtlich, dass der erfolgreichen Realisierung einer

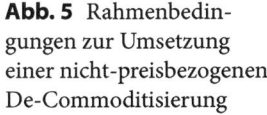

Abb. 5 Rahmenbedingungen zur Umsetzung einer nicht-preisbezogenen De-Commoditisierung

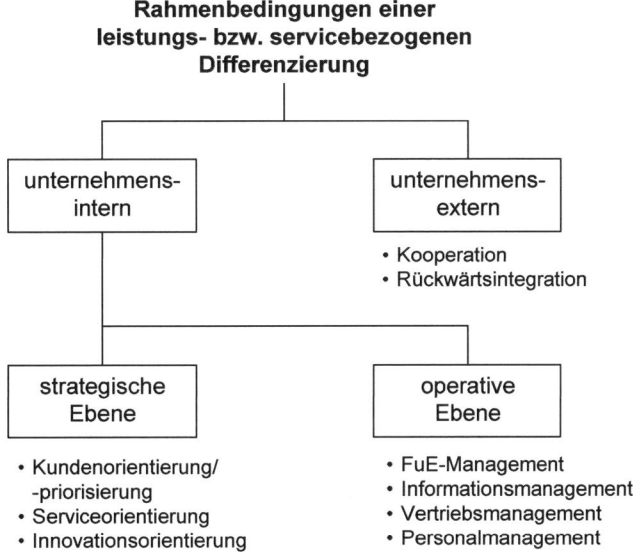

servicebezogenen Differenzierung oft umfassende strukturelle und personelle Anpassungen vorausgehen, um Dienstleistungskonzepte tatsächlich nutzenstiftend umzusetzen.

Drittens verweisen die Fallstudien auf eine **hohe Innovationsorientierung** als Grundlage für eine nicht-preisbezogene Differenzierung. Investitionen in eigene Forschungskapazitäten bzw. die Zusammenarbeit mit externen Forschungspartnern, z. B. Forschungsinstituten, Hochschulen und Universitäten, sind Voraussetzung dafür, innovative Technologien aufzugreifen und sie, gemeinsam mit dem Kunden, weiterzuentwickeln.

Auf operativer Ebene ist ein effektives Forschungs- und Entwicklungsmanagement für eine systematische Entwicklung neuer Produkte und Dienstleistungen zu nennen. Die Entwicklung und Optimierung von Leistungen und Prozessen erfordert zudem ein umfassendes Informationsmanagement innerhalb des Unternehmens sowie im Austausch mit dem Kunden. Ein intensiver Kundenkontakt und die Identifikation von Kundenbedürfnissen und Kundenzufriedenheit setzen ein effektives und kundenorientiertes Vertriebsmanagement voraus. Schließlich ergeben sich Anforderungen an das Personalmanagement, insbesondere hinsichtlich einer Personalplanung, -führung und -qualifizierung. Neben einer Gewinnung geeigneter Mitarbeiter steht ihre kontinuierliche Weiterbildung in technischen wie kaufmännischen Belangen im Mittelpunkt.

Als unternehmensexterne Rahmenbedingungen resultieren aus den Fallstudien vor allem zwei Faktoren. Erstens kommt dem **Zugang zu Kooperationspartnern** innerhalb der Wertschöpfungskette große Bedeutung zu. Vor allem kleinere oder spezialisierte Unternehmen sind nicht immer in der Lage, allein auf Basis eigener Ressourcen notwendige Maßnahmen einer De-Commoditisierung zu implementieren. Dies betrifft vor allem die Erbringung produktbegleitender Dienstleistungen bzw. selbständiger Dienstleistungen im Rahmen einer servicebezogenen Differenzierung. Zweitens erweist sich für eine leistungsbezogene Differenzierung und insbesondere für die Strategie einer Produktvariation die **Verfügbarkeit qualitativ hochwertiger Rohstoffe** als Engpassfaktor. Viele Hersteller der Feuerfestindustrie haben vor diesem Hintergrund die Strategie einer Rückwärtsintegration gewählt, um den Zugang zu Rohstoffquellen zu sichern.

4 Zusammenfassung und Ausblick

Während sich die Literatur intensiv mit Fragen der Strategieformulierung in Commodity-Märkten auseinandersetzt, existieren nur wenige Erkenntnisse zu Wegen einer Umsetzung solcher Strategien. Zwar wird insbesondere **nicht-preisbezogenen Ansätzen einer De-Commoditisierung** eine hohe Relevanz zugesprochen, dennoch bleiben Fragen ihrer Konkretisierung und Implementierung im Unternehmen weitgehend unbeantwortet. Vor diesem Hintergrund besteht das Ziel des vorliegenden Beitrags darin, die Umsetzung von Differenzierungsstrategien in einer typischen Commodity-Industrie genauer zu untersuchen und dabei auf drei Aspekte einzugehen:

1. Welche nicht-preisbezogenen Ansätze einer De-Commoditisierung werden zur Differenzierung eingesetzt?
2. Auf welche Weise setzen Commodity-Anbieter eine nicht-preisbezogene De-Commoditisierung um?
3. Welche Voraussetzungen bestehen für die Umsetzung einer nicht-preisbezogenen De-Commoditisierung?

Auf der Basis von Fallstudien in der Feuerfestindustrie zeigt der Beitrag auf, dass erstens beide Dimensionen einer De-Commoditisierungsstrategie – der Differenzierung durch überlegene Leistungen bzw. durch überlegene Kundenbeziehungen – in dieser Industrie relevant sind. Marktführende Unternehmen verfolgen darüber hinaus häufig eine kombinierte Strategie und streben sowohl eine leistungs- als auch eine servicebezogene Differenzierung an, im Sinne von Komplettlösungen („Turnkey-Lösungen"), die vor allem mittels stabiler Kundenbeziehungen eine De-Commoditisierung bewirken sollen.

Zweitens zeigt der Beitrag Wege auf, wie Unternehmen eine leistungsbezogene bzw. servicebezogene Differenzierung umsetzen. Eine leistungsbezogene Differenzierung beruht maßgeblich auf einer Produktanreicherung und dem Angebot zusätzlicher produktbegleitender Dienstleistungen. Eine servicebezogene Differenzierung beinhaltet Dienstleistungskonzepte, die in betriebliche Prozesse des Kunden integriert werden und ihm so Effizienzsteigerungen ermöglichen.

Drittens identifiziert der Beitrag unternehmensexterne sowie unternehmensinterne Faktoren, die eine wirkungsvolle Umsetzung nicht-preisbasierter Ansätze zur De-Commoditisierung begünstigen. Unternehmensextern deuten die Fallstudien auf die Bedeutung von Kooperationen mit Partnern in vor- und nachgelagerten Wertschöpfungsstufen. Unternehmensintern stehen strategische Orientierungen (vor allem eine Kunden- und

Serviceorientierung sowie eine Innovationsorientierung) und die Schaffung zielführender Strukturen und Prozesse vor allem im Bereich des FuE-Managements sowie des Informations-, Vertriebs- und Personalmanagements im Vordergrund.

Ausgehend von den Erkenntnissen des Beitrags ergeben sich interessante Implikationen für die Forschung. Der Beitrag folgt der Forderung, durch Analysen in Commodity-Industrien das Wissen um Strategieumsetzung und -implementierung zu erweitern (Matthyssens und Vandenbempt 2008). Er erweitert den bisherigen Forschungsstand um weitere, industriespezifische Erkenntnisse.

Die Nutzung qualitativer Methoden in Form von Fallstudien und Sekundäranalysen ermöglicht dabei die Berücksichtigung der Komplexität des Untersuchungsgegenstands und des Einflusses mehrerer Kontextvariablen. Diese methodische Herangehensweise stellt allerdings auch eine wichtige Limitierung, vor allem hinsichtlich der Verallgemeinerbarkeit der Ergebnisse, dar. Zukünftige Forschungsarbeiten sollten sich daher neben einer Analyse anderer Industrien auch quantitativen Erhebungsmethoden zuwenden, um generalisierbare Aussagen zur Relevanz sowie zur Umsetzung von De-Commoditisierungsansätzen zu treffen.

Ein weiteres interessantes Forschungsfeld stellen in diesem Zusammenhang Determinanten einer erfolgreichen De-Commoditisierung dar. Der Beitrag identifiziert mehrere unternehmensinterne und -externe Voraussetzungen. Eine empirische Überprüfung kann Aufschluss über die Relevanz einzelner Faktoren und mögliche Wechselwirkungen geben, insbesondere mit Blick auf die Verfolgung kombinierter Strategien. Daraus können wertvolle Implikationen für das Management von Unternehmen in Commodity-Industrien abgeleitet werden.

Schließlich zeigt sich ein erheblicher Nachholbedarf bezüglich einer wissenschaftlichen Auseinandersetzung mit der Implementierung von Strategien. Hier ist ein Erkenntnisgewinn aber dringend notwendig, um nicht nur Strategieempfehlungen auszusprechen, sondern auch Pfade einer wirkungsvollen Implementierung im Unternehmen bestimmen zu können. Dies gilt in besonderem Maße für Commodities, deren objektives bzw. subjektives Differenzierungspotenzial eingeschränkt ist.

Aus dem vorliegenden Beitrag ergeben sich auch relevante **Implikationen für die Praxis**. Die Wettbewerbsfähigkeit von Unternehmen in Industrien wie der der Feuerfestindustrie hängt in starkem Maße von der Fähigkeit ab, geeignete Ansätze einer Differenzierung zu wählen. Die empirische Untersuchung im Rahmen dieses Beitrags unterstützt das Argument, dass vor allem nicht-preisbezogenen Differenzierungsansätzen der Vorrang eingeräumt werden sollte. Weiterhin macht der Beitrag deutlich, dass die in der Literatur vorherrschende separate Betrachtung von Differenzierungsansätzen in der Praxis so nicht widergespiegelt wird. Stattdessen birgt eine zielführende Kombination von leistungs- und servicebezogenen Ansätzen relevantes Erfolgspotenzial.

In den vergangenen Jahren ist die Sensibilität vieler produzierender Unternehmen, nicht nur in der Feuerfestindustrie, für die Notwendigkeit zur Differenzierung im Wettbewerb deutlich gestiegen. Dabei liegt der Fokus offenbar auf einer leistungsbezogenen und weniger auf einer servicebezogenen Differenzierung. Ein wesentlicher Grund für diese Zurückhaltung kann eine noch wenig ausgeprägte Serviceorientierung produzierender Unternehmen mit der Folge fehlender Dienstleistungskonzepte und eines unzureichenden Servicemanagements darstellen (Engelhardt und Reckerfeldenbäumer 2006). Nicht nur für Commodity-Anbieter ergibt sich daraus die Herausforderung, Potenziale einer servicebezogenen Differenzierung zu prüfen und sie mittels eines effektiven Servicemanagements inhaltlich, strukturell und personell im Unternehmen zu verankern.

Danksagung Der vorliegende Beitrag basiert auf Ergebnissen von Forschungsarbeiten, die im Rahmen des Schwerpunktprogramms 1418 „Feuerfest – Initiative zur Reduzierung von Emissionen – FIRE" der Deutschen Forschungsgemeinschaft DFG durchgeführt wurden. Die Autoren danken der DFG ausdrücklich für ihre finanzielle Unterstützung im Rahmen dieses Programms.

Literatur

Albert, T. C. (2003). Need-based segmentation and customized communication strategies in a complex-commodity industry: A supply chain study. *Industrial Marketing Management, 32,* 281–290.

Araujo, L., & Spring, M. (2006). Services, products, and the institutional structure of production. *Industrial Marketing Management, 35,* 797–805.

Auguste, B. G., Harman, E. P., & Pandit, V. (2006). The right service strategies for product companies. *The McKinsey Quarterly, 1,* 41–51.

Baaske, A., Dübers, D., Fandrich, R., Pischke, J., Quirmbach, P., & Schöttler, L. (2012). Refractory raw materials – Developments, trends, availability. *Refractory World Forum, 4,* 27–34.

Backhaus, K., & Voeth, M. (2010). *Industriegütermarketing* (9. Aufl.). München: Vahlen.

Blois, K. (1997). Are business-to-business relationships are inherently unstable? *Journal of Marketing Management, 13,* 367–382.

Bonoma, T. V. (1985). Case research in marketing: Opportunities, problems, and a process. *Journal of Marketing Research, 22,* 199–208.

Bush, R. J., & Sinclair, S. A. (1992). Changing strategies in mature industries: A case study. *Journal of Business and Industrial Marketing, 7,* 63–72.

Davis, P. S., & Schul, P. L. (1993). Addressing the contingent effects of business unit strategic orientation on relationships between organizational context and business unit performance. *Journal of Business Research, 27,* 183–200.

Deneen, M. A., & Gross, A. C. (2010). Refractory materials: The global market, the global industry. *Business Economics, 45,* 288–295.

Droll, M. (2008). *Kundenpriorisierung in der Marktbearbeitung: Gestaltung, Erfolgsauswirkungen und Implementierung.* Wiesbaden: Gabler.

Eisenhardt, K. M. (1989). Building theories from case study research. *Academy of Management Review, 14,* 532–550.

Engelhardt, W. H., & Reckenfelderbäumer, M. (2006). Industrielles Service-Management. In M. Kleinaltenkamp, W. Plinke, F. Jacob, & A. Söllner (Hrsg.), *Markt- und Produktmanagement: Die Instrumente des Business-to-Business-Marketing* (S. 209–318) (2. Aufl.). Wiesbaden: Gabler.

Fleck, A. (1995). *Hybride Wettbewerbsstrategien: Zur Synthese von Kosten- und Differenzierungsvorteilen.* Wiesbaden: DUV.

Homburg, C., Fassnacht, M., & Günther, C. (2003). The role of soft factors in implementing a service-oriented strategy in industrial marketing companies. *Journal of Business-to-Business Marketing, 10,* 23–48.

Homburg, C., Krohmer, H., & Workman, J. P. (2004). A strategy implementation perspective of market orientation. *Journal of Business Research, 57,* 1331–1340.

Homburg, C., Staritz, M., & Bingemer, S. (2009). Wege aus der Commodity-Falle: Der Product Differentiation Excellence-Ansatz. Arbeitspapier Nr. M112. Institut für Marktorientierte Unternehmensführung. Mannheim.

Homburg, C., Stock, R., & Kühlborn, S. (2005). Die Vermarktung von Systemen im Industriegütermarketing. *Die Betriebswirtschaft, 65,* 537–562.

Johnston, W. J., Leach, M. P., & Liu, A. H. (1999). Theory testing using case studies in business-to-business research. *Industrial Marketing Management, 28,* 201–213.

Lewin, J. E., & Johnston, W. J. (1997). Relationship marketing theory in practice: A case study. *Journal of Business Research, 38,* 199–209.

Matthyssens, P., & Vandenbempt, K. (2008). Moving from basic offerings to value-added solutions: Strategies, barriers and alignment. *Industrial Marketing Management, 37,* 316–328.

Miller, D. (1988). Relating Porter's business strategies to environment and structure: Analysis and performance implications. *Academy of Management Journal, 31,* 280–308.

Phillips, L. W., Chang, D. A., & Buzzell, R. D. (1983). Product quality, cost position and business performance: A test of some key hypotheses. *Journal of Marketing, 47,* 26–43.

Rangan, V. K., & Bowman, G. T. (1992). Beating the commodity magnet. *Industrial Marketing Management, 21,* 215–224.

Reimann, M., Schilke, O., & Thomas, J. S. (2010). Customer relationship management and firm performance: The mediating role of business strategy. *Journal of the Academy of Marketing Science, 38,* 326–346.

Robinson, T., Clarke-Hill, C. M., & Clarkson, R. (2002). Differentiation through service: A perspective from the commodity chemicals sector. *The Service Industries Journal, 22,* 149–166.

Routschka, G., & Wuthnow, H. (2011). *Praxishandbuch feuerfeste Werkstoffe: Aufbau, Eigenschaften, Prüfung* (5. Aufl.). Essen: Vulkan.

Sheth, J. N. (1985). New determinants of competitive structures in industrial markets. In R. E. Spekman, & D. T. Wilson (Hrsg.), *A strategic approach to business marketing* (S. 1–8). Chicago: American Marketing Association.

Turnbull, P., Ford, D., & Cunningham, M. (1996). Interaction, relationships and networks in business markets: An evolving perspective. *Journal of Business and Industrial Marketing, 11,* 44–62.

Woodside, A. G., & Wilson, E. J. (2003). Case study research methods for theory building. *Journal of Business and Industrial Marketing, 18,* 493–508.

Yin, R. (2006). *Case study research – Design and methods* (3. Aufl.). Thousand Oaks: Sage.

Geigenmüller, Anja
Fachgebiet Marketing, Fakultät für Wirtschaftswissenschaften und Medien,
Technische Universität Ilmenau,
Helmholtzplatz 3 (Oeconomicum), 98693 Ilmenau, Deutschland
E-Mail: anja.geigenmueller@tu-ilmenau.de

Aneziris, Christos G.
Institut für Keramik, Glas- und Baustofftechnik,
Fakultät für Maschinenbau, Verfahrens- und Energietechnik,
Technische Universität Bergakademie Freiberg, Agricolastraße 17,
09599 Freiberg, Deutschland
E-Mail: aneziris@ikgb.tu-freiberg.de

Logistics Services – Ein Commodity als Differenzierungsfaktor

Kati Kasper-Brauer und Alexander Leischnig

Inhaltsverzeichnis

Zusammenfassung

Der vorliegende Beitrag fokussiert auf logistische Dienstleistungen im Kontext des Commodity Marketings. Die Autoren beleuchten diese Dienstleistungskategorie aus zwei Perspektiven. Erstens wird aufgezeigt, dass logistische Dienstleistungen als Commodity Services angesehen werden können, welche von Nachfragern über verschiedene

K. Kasper-Brauer (✉)
Lehrstuhl für Marketing und Internationalen Handel,
Fakultät für Wirtschaftswissenschaften, insbesondere Internationale Ressourcenwirtschaft,
Technische Universität Bergakademie Freiberg, Lessingstr. 45,
09599 Freiberg, Deutschland
E-Mail: kati.kasper-brauer@bwl.tu-freiberg.de

A. Leischnig
Juniorprofessur für Betriebswirtschaftslehre, insbesondere Marketing Intelligence,
Fakultät Sozial- und Wirtschaftswissenschaften,
Otto-Friedrich-Universität Bamberg, Feldkirchenstraße 21,
96052 Bamberg, Deutschland
E-Mail: alexander.leischnig@uni-bamberg.de

M. Enke et al. (Hrsg.), *Commodity Marketing*,
DOI 10.1007/978-3-658-02925-8_15, © Springer Fachmedien Wiesbaden 2014

Anbieter hinweg als weitgehend homogen wahrgenommen werden. Hierauf aufbauend zeigen die Autoren Ansätze auf, mittels derer Anbieter logistischer Dienstleistungen ihre Leistungen von Wettbewerberangeboten differenzieren können. Zweitens beschäftigt sich der Beitrag mit der Rolle von logistischen Dienstleistungen als ein Differenzierungsfaktor für andere von Commoditisierung betroffene Leistungen. Der Beitrag trägt zusammenfassend zu einem besseren Verständnis von Commodities und Commoditisierung im Bereich logistischer Dienstleistungen bei.

1 Einleitung

Sowohl in praxisorientierten als auch in wissenschaftlichen Publikationen sind die Begriffe „**Commodity**" und „Commoditisierung" in zunehmendem Maße Gegenstand aktueller Diskussionen. Während unter Commodities in diesem Zusammenhang Leistungen verstanden werden, die aus Sicht von Nachfragern als austauschbar angesehen werden, bezieht sich der Begriff Commoditisierung vielmehr auf den Prozess, welcher dazu führt, dass Leistungen den „Status" eines Commodities erlangen (s. Kapitel „Commodity Marketing – Eine Einführung", S. 3ff.). Als typische Beispiele für Commodities werden dabei oftmals Konsumgüter, wie z. B. Papiertaschentücher oder Zucker, aber auch Industriegüter, wie z. B. Schüttgut, Stahl oder Chemikalien, angeführt (Maizel 1988; Stanton und Herbst 2005; Wallis 1987).

Hieraus könnte die Schlussfolgerung gezogen werden, dass Commodities nahezu ausschließlich bei Produkten anzutreffen sind und das Problem der **Commoditisierung** lediglich für Produkte relevant ist. Untersuchungen zeigen jedoch, dass Commodities und der Prozess der Commoditisierung nicht nur bei Produkten, sondern auch bei Dienstleistungen vorzufinden sind (z. B. Dumlupinar 2006; Mathur 1984; Onkvisit und Shaw 1989). Beispielsweise weisen Onkvisit und Shaw (1989) darauf hin, dass Dienstleistungsangebote von Fluggesellschaften als Commodities angesehen werden können, da viele Airlines nahezu identische Beförderungsleistungen, Reiseziele und auch Flugzeiten anbieten. Ferner betont Dumlupinar (2006), dass Angebote von Kreditkarteninstituten, wie z. B. Visa und MasterCard, Commodities darstellen, da Nachfrager oftmals keine Unterschiede in den angebotenen Finanzdienstleistungen unterschiedlicher Kreditkartenanbieter wahrnehmen und diese folglich als homogen ansehen.

Neben der Tatsache, dass bestimmte Dienstleistungen als Commodities angesehen werden können und dem Prozess der Commoditisierung unterliegen, thematisieren einige Arbeiten die Bedeutung von Dienstleistungen im Kontext des Commodity Marketings aus einer weiteren Perspektive. So betonen einige Autoren, dass Dienstleistungen eine wichtige Form der Differenzierung von Leistungen darstellen, indem Nachfragern durch das Angebot von Dienstleistungen in Kombination mit der Kernleistung ein zusätzlicher Nutzen gestiftet wird (z. B. Lawless 1991; Levitt 1980; Matthyssens und Vandenbempt 2008; Robinson et al. 2002). Folglich kann das Angebot zusätzlicher Dienstleistungen zu einer Kernleistung als eine Form der De-Commoditisierung angesehen werden.

Im Rahmen des vorliegenden Beitrags möchten wir diese beiden Sichtweisen auf Dienstleistungen im Rahmen des Commodity Marketings aufgreifen. Wir widmen uns dabei einer konkreten Dienstleistungskategorie zu – den logistischen Dienstleistungen (**logistics services**). Logistische Dienstleistungen können einerseits als ein typisches Beispiel so genannter Commodity Services angesehen werden (Davis et al. 2008) und zum anderen als ein wichtiges Instrument zur Differenzierung von Leistungsangeboten von Unternehmen betrachtet werden (Fuller et al. 1993; Mentzer et al. 1989; Mentzer und Williams 2001; Stank et al. 1998). Die Zielstellung des Beitrags kann in drei Teilziele untergliedert werden. Während sich das erste Teilziel darauf bezieht, die Problematik der Commoditisierung für logistische Dienstleistungen aufzuzeigen, umfasst das zweite Teilziel die Diskussion von Maßnahmen, die diesem Prozess begegnen. Wir stellen dabei Ansätze vor, welche dazu beitragen, logistische Dienstleistungen aus Nachfragerperspektive zu differenzieren. Das dritte Teilziel dieser Arbeit bezieht sich schließlich darauf aufzuzeigen, wie sich Unternehmen durch das Angebot qualitativ hochwertiger logistischer Dienstleistungen vom Wettbewerb differenzieren können.

Der vorliegende Beitrag richtet sich somit an zwei Adressatenkreise. Erstens möchten wir Manager und Kompetenzträger in Unternehmen der Logistikbranche für die Thematik Commodities und Commoditisierung bei logistischen Dienstleistungen sensibilisieren. Zweitens richtet sich unser Beitrag an Manager in Unternehmen, deren Leistungen durch Commoditisierung bedroht sind und durch das Angebot zusätzlicher, nutzenstiftender logistischer Dienstleistungen differenziert werden können.

Der Beitrag gliedert sich wie folgt. Im nächsten Abschnitt werden zunächst der Begriff der logistischen Dienstleistung definiert und typische Merkmale dieser Leistungskategorie vorgestellt. Im Anschluss zeigen wir, dass logistische Dienstleistung als eine Form von Commodity Services angesehen werden können und vom Prozess der Commoditisierung betroffen sind. Hieran anknüpfend diskutieren wir Ansätze, welche diesem Prozess begegnen können. Danach diskutieren wir die Relevanz logistischer Dienstleistungen als einen Ansatzpunkt zur Differenzierung von Leistungen eines Unternehmens von Wettbewerberangeboten. Der Beitrag endet mit einer Zusammenfassung.

2 Logistische Dienstleistungen als Commodities

2.1 Zum Begriff logistische Dienstleistungen

Eine **Dienstleistung** kann allgemein definiert werden als eine selbstständige, marktfähige Leistung, die mit der Bereitstellung und/oder dem Einsatz von Leistungsfähigkeiten verbunden ist. Interne und externe Faktoren werden im Rahmen des Erstellungsprozesses einer Dienstleistung miteinander kombiniert, wobei die Faktorkombination des Dienstleistungsanbieters das Ziel verfolgt, an den externen Faktoren Nutzen stiftende Wirkungen zu erzielen (Bruhn und Meffert 2012). Kennzeichnend für Dienstleistungen sind charakteristische Merkmale, die sie von Sachgütern unterscheiden. Hierzu zählen insbesondere die Immaterialität (auch Intangibilität) (Corsten und Gössinger 2007), welche sich darauf bezieht, dass Dienstleistungen nicht sinnlich wahrnehmbar sind, sowie die Integration des externen Faktors in den Dienstleistungsprozess, wobei der externe Faktor der Kunde selbst, ein Lebewesen, ein materielles Objekt oder auch ein Nominalgut, ein Recht oder eine Information sein kann.[1]

Nach Bretzke (1999) bezeichnen **logistische Dienstleistungen** alle Leistungen, „die auf die bedarfsgerechte Herstellung von Verfügbarkeit als Kernaufgabe der Logistik gerichtet sind" (Bretzke 1999, S. 220). Eine Besonderheit logistischer Dienstleistungen ist, dass diese nur in Verbindung mit anderen Produkten nachgefragt werden, es sich also um derivative Nachfrageobjekte handelt (Weber et al. 2013). Den Kern logistischer Dienstleistungen bilden Transport- und Lagerleistungen, wie z. B. die Transportorganisation und -durchführung oder die Lagerhaltung, -führung und -planung. Charakteristisch für logistische Dienstleistungen ist, dass es sich bei dem eingebrachten externen Faktor häufig um ein materielles Gut, wie z. B. ein Transportgut, handelt, an dem logistische Prozesse vollzogen und damit die Dienstleistung erbracht werden (Pfohl 2003). Die logistischen Prozesse werden dabei von Logistikanbietern im Auftrag von oftmals anderen Unternehmen durchgeführt (Delfmann et al. 2002). Hieraus resultieren Begriffsbezeichnungen, wie z. B. **third-party logistics** oder auch **Kontraktlogistik** (z. B. Razzaque und Sheng 1998; Sheffi 1990; Sink et al. 1996).

In diesem Zusammenhang verweist die Literatur darauf, dass insbesondere die Kernleistungen logistischer Dienstleistungen, welche auch als „basic logistics services" bezeichnet werden (Andersson und Norrman 2002), dem Prozess der Commoditisierung unterliegen (van Hoek 2000) und sich zu so genannten Commodity Services entwickeln. Die Einordnung logistischer Dienstleistungen als Commodity Services ist Gegenstand des folgenden Abschnitts.

2.2 Logistische Dienstleistungen als Commodity Services

Um eine Einordnung logistischer Dienstleistungen als Commodity Services vornehmen zu können, ist zunächst eine Erläuterung unseres Verständnisses von Commodities im Allgemeinen und Commodity Services im Speziellen erforderlich. Wie bereits eingangs erwähnt, bezeichnen **Commodities** Leistungen, d. h. sowohl Produkte als auch Dienstleistungen, die in der Wahrnehmung von Nachfragern als homogen bzw. austauschbar angesehen werden (s. Kapitel „Commodity Marketing – Eine Einführung", S. 3ff.). Kennzeichnend für den Commodity-Begriff ist somit eine nachfragerbezogene Perspektive, welche sich darauf bezieht, dass trotz mehr oder weniger vorhandener, objektiver Differenzierungsmerkmale einer Leistung von Wettbewerberangeboten Commodities von Nachfragern als austauschbar angesehen werden. Hierauf aufbauend definieren wir Commodity

---

[1] Für eine Übersicht zur chronologischen Genese des externen Faktors in der wissenschaftlichen Diskussion siehe Corsten und Gössinger (2007).

Services als Dienstleistungen, die von Nachfragern als homogen wahrgenommen werden und bei denen keine auf Leistungseigenschaften beruhende Präferenz für einen Anbieter besteht (s. Kapitel „Commodity Marketing - Eine Einführung", S. 3ff.).

Charakteristisch für **Commodity Services** ist, dass es sich hierbei um standardisierte Leistungen handelt, die durch eine geringe nachfragerbezogene Individualisierung gekennzeichnet sind. Ferner werden Commodity Services häufig autonom vom Dienstleistungsanbieter erstellt, d. h. die Integration des Nachfragers in den Dienstleistungserstellungsprozess ist ebenfalls gering ausgeprägt. Hieraus resultiert als drittes charakterisierendes Merkmal von Commodity Services ein oftmals niedriger Interaktionsgrad zwischen Dienstleistungsanbieter und -nachfrager (Beath und Ross 2007; Laing et al. 2002).

Die Literatur zeigt, dass logistische Dienstleistungen von Nachfragern in zunehmendem Maße als Commodity Services angesehen werden (Davis et al. 2008; Nosbers und Plewnia 2001; Pfohl 1994; van Hoek 2000; Williams 1991). So zeigt Williams (1991) am Beispiel der Container-Schifffahrt, dass Transportleistungen als undifferenzierte und maßgeblich über den Preis determinierte Leistungen angesehen werden. Ferner betont Pfohl (1994), dass Logistikdienstleistungen oftmals der Charakter von Standardleistungen zugesprochen wird und sie als Commodities wahrgenommen werden. Schließlich weisen Davis et al. (2008) darauf hin, dass logistische Dienstleistungen in zunehmendem Maße den Status eines Commodities erlangen.

Als ursächlich für diese Entwicklung wird eine Reihe von Faktoren genannt, welche wir als **Treiber der Commoditisierung** verstehen. Commoditisierung wird dabei als ein Prozess definiert, durch den eine Leistung den Status eines Commodity erlangt und damit trotz mehr oder weniger vorhandener, objektiv differenzierender Leistungsmerkmale von der überwiegenden Mehrheit der Nachfrager als austauschbar wahrgenommen wird (s. Kapitel „Commodity Marketing – Eine Einführung", S. 3ff.).

Wie die Literatur zeigt, wird die Commoditisierung im Bereich logistischer Dienstleistungen insbesondere durch eine fragmentartige Struktur des Markts für Logistikleistungen verstärkt (Pfohl 2003), hervorgerufen durch intensive Outsourcing-Aktivitäten (La Londe und Maltz 1992; Rajesh et al. 2013; Razzaque und Sheng 1998) von Unternehmen und einem damit einhergehenden Zuwachs an „neuen" Logistikanbietern (Davis et al. 2008; Gerbode und Hunziker 2002; van Hoek (2000). Auf Grund der Vielzahl an Wettbewerbern mit nahezu identischem Leistungsangebot ist der Markt für logistische Dienstleistungen nicht nur durch einen harten Preiswettbewerb, sondern auch durch hohe Imitationsraten gekennzeichnet (Davis et al. 2008). Hinzu kommt, dass durch den wachsenden Einsatz von Informations- und Kommunikationstechnologien (Klaus et al. 2001) innerhalb von Unternehmen logistische Dienstleistungsprozesse standardisiert werden. Auf der Nachfragerseite führt die zunehmende Nutzung von ITK-Technologien zu einer erhöhten Markttransparenz, da Kunden ihr Wissen um die Spezifika von Leistungen eines Logistikanbieters erweitern können und zudem Vergleiche zwischen Angeboten verschiedener Anbieter durchführen können. Hieraus folgt letztendlich, dass der Markt für logistische Dienstleistungen durch eine hohe Preissensibilität der Nachfrager und geringe Wechselbarrieren gekennzeichnet ist – Eigenschaften, die als ein Indiz für einen ausgeprägten Commoditisierungsgrad einer Industrie (Reimann et al. 2010a, b) angesehen werden können.

Um dem Prozess der Commoditisierung von Leistungen zu begegnen und sich erfolgreich vom Markt zu differenzieren, verfolgen Anbieter logistischer Dienstleistungen verschiedene Ansätze. Im folgenden Abschnitt zeigen wir aktuelle Trends und Entwicklungen auf, die dazu beitragen können, die Commoditisierung von Logistikleistungen zu reduzieren.

3 Logistische Dienstleistungen und De-Commoditisierung

3.1 Ansätze zur De-Commoditisierung logistischer Dienstleistungen

Bei der Entwicklung geeigneter Ansätze zur De-Commoditisierung logistischer Dienstleistung greifen Anbieter auf eine **Differenzierung ihres Leistungsangebots** zurück. Anstatt sich singulär auf den Preiswettbewerb in einem homogenen Massenmarkt zu konzentrieren, streben Logistikdienstleister danach, innovative und kundenindividuelle Dienstleistungen am Markt zu platzieren. Diese Innovationen umfassen u. a. Innovationen an der Schnittstelle zum Kunden, effizientere Prozesse der Leistungserstellung, den Einsatz verbesserter Technologien und die Entwicklung neuer Dienstleistungskonzepte (Göpfert und Hillbrand 2005).

Bei der Entwicklung neuer Dienstleitungskonzepte ist die kundenindividuelle Ergänzung der logistischen Basisleistungen (z. B. Transport und Lagerung) um logistische Mehrwertleistungen ein Ansatz, mit dem sich Logistikdienstleister am Markt neu positionieren können (Frohn 2006). Die auf der operativen Ebene angesiedelten Basisleistungen werden um administrative Leistungen erweitert. Neben der bisherigen Fokussierung auf die Abwicklung des Materialflusses kommen gestalterische, planerische und überprüfende Aufgaben hinzu. Dabei werden auch Teile des Informations-, Finanz- und Rechteflusses vom Dienstleister koordiniert. Zudem können branchenspezifische Mehrwertleistungen hinzukommen. Dies wird im Folgenden anhand eines Beispiels aus der Automobilindustrie erläutert (Frohn 2006).

Zahlreiche Automobilhersteller haben die aufstrebenden asiatischen Märkte als lukrative Absatzregionen für ihre Produkte identifiziert. Dabei erfolgt die Distribution durch die Versendung von Bausätzen (Completely Knocked Down – CKD) anstatt fertiger Fahrzeuge, da so Einfuhrquoten und -zölle umgangen werden können. Da ein Bausatz durchschnittlich aus 1500 Teilen von 450 Lieferanten besteht, erfordert ein solches Logistikkonzept einen enormen Koordinationsaufwand. In Abb. 1 ist ein mögliches Aufgabenspektrum für Logistikdienstleister im CKD-Umfeld und eine denkbare Abgrenzung zu den Kompetenzen des Automobilherstellers dargestellt.

Auf Grund der hohen Komplexität und strategischen Bedeutung werden die Prozessgestaltung, Produktionsplanung und das Grunddatenmanagement wohl auf absehbare Zeit im Kompetenzbereich der Automobilhersteller verbleiben. Eine mögliche Schnitt-

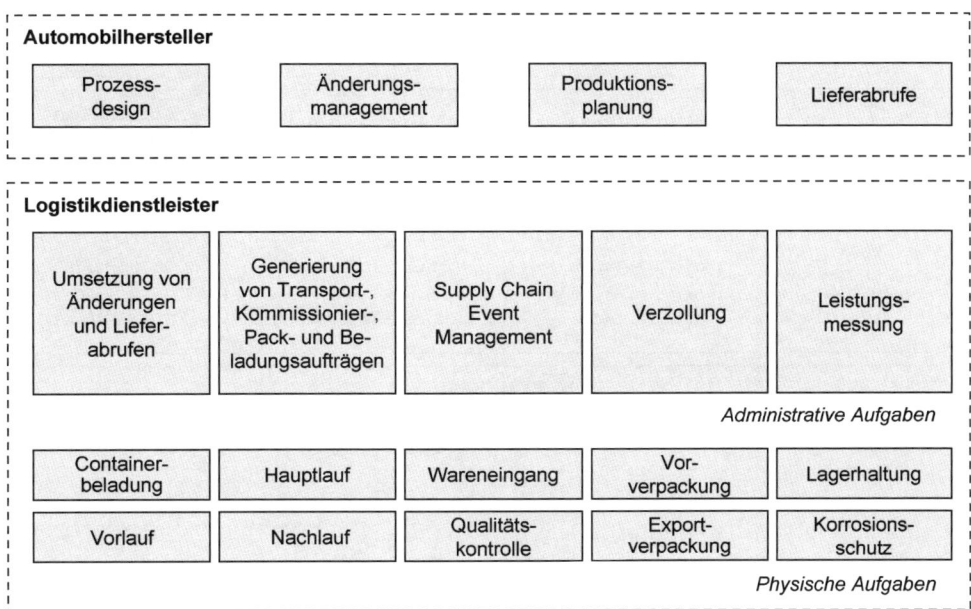

Abb. 1 Aufgaben im CKD-Geschäft. (Quelle: In Anlehnung an Frohn 2006)

stelle zum Logistikdienstleister können die Lieferabrufe darstellen, mit deren Hilfe der Logistikdienstleister die physischen CKD-Prozesse steuert, indem er daraus Transport-, Kommissionier-, Verpackungs- und Beladungsaufträge generiert. Die Auswahl der Transportdienstleister kann sowohl vom Hersteller als auch vom Logistikdienstleister erbracht werden. Lange Wiederbeschaffungszeiten auf Grund der hohen Distanzen erfordern umfassende Maßnahmen zur Qualitätssicherung. Daraus folgt für den Wareneingang, dass der Logistikdienstleister die eingehende Ware mit den Lieferabrufen bezüglich Art und Menge vergleicht und auf Beschädigungen untersucht. Die Verpackungsprozesse können entweder in einem oder mehreren Schritten durchgeführt werden. Dies hat u. a. Konsequenzen für den Platzbedarf im Lager und die Reaktionszeiten bei der Versendung. Im ersten Schritt können Teile vorverpackt oder gegen Korrosion durch das Aufbringen eines Ölfilms geschützt werden. Im zweiten Schritt verpackt der Logistikdienstleister ein breites Spektrum an Groß- und Kleinteilen exportgerecht und etikettiert sie. Danach führt er die Containerbeladung durch und optimiert sie hinsichtlich der Zielgrößen Laderaumnutzung und Ladungssicherheit. Der Logistikdienstleister bucht bei einer Reederei Kapazitäten für den Hauptlauf nach Übersee, führt am Zielort die Verzollung durch und organisiert den Nachlauf zum Werk des Automobilherstellers. Um den anspruchsvollen CKD-Gesamtprozess sicher und transparent abzuwickeln, bietet sich zudem der Einsatz von Anwendungen für die Prozessüberwachung (**Supply Chain Event Management**) an.

Das Beispiel zeigt, dass sich im CKD-Geschäft neben der Durchführung der logistischen Basisleistungen vielfältige Möglichkeiten für die Platzierung von Mehrwertleistun-

	Einzel-dienstleister	Verbund-dienstleister	Systemdienstleister/Netzwerkintegrator
Leistungsumfang	Einzelleistungen (Transport, Umschlag, Lagerung)	Verbundleistungen (Speditions- und Frachtketten)	Systemleistungen (Betrieb von Lager-, Bereitstellungs- und Distributionssystemen)
Ausrichtung	Fachspezifisch (Güter, Regionen, Relationen)	Leistungsspezifisch (Frachtarten, nationale und globale Netzwerke)	Kundenspezifisch (Branchen, Kunden, Funktionen)
Know-how	Technisches Spezialwissen	Technik, ITK, Organisation	Logistik, ITK, Planung, Projektmanagement
Bindung	kurz	mittel	lang

Abb. 2 Charakterisierung von Logistikanbietern. (Quelle: In Anlehnung an Gudehus 2012)

gen ergeben. Prinzipiell kann der Logistikdienstleister die administrativen und physischen Aufgaben selbst ausführen oder an Subunternehmer fremd vergeben. Die Übernahme neuer Leistungsumfänge führt oft dazu, dass ursprüngliche Basisleistungen nicht mehr selbst, sondern mit Hilfe von Subunternehmen erbracht werden. Zadek (2001, 2004) liefert eine entsprechende Typologie für Logistikdienstleister, anhand derer er Einzeldienstleister bzw. Transporteure, Verbunddienstleister bzw. Spediteure und Systemdienstleister bzw. Netzwerkintegratoren unterscheidet. Die erste Dimension bildet die Bedeutung von Mehrwertleistungen ab. Hier weist der Einzeldienstleister geringe Ausprägungen auf, während die Ausprägung bei Systemdienstleistern hoch ist. Die zweite Dimension behandelt die Erbringung operativer Dienstleistungen. Hier ist der Grad der Eigenerbringung bei Einzeldienstleistern sehr hoch, während Systemdienstleister operative Logistikdienstleistungen in hohem Maße fremdvergeben.

Im Folgenden sollen die Konzepte des Systemdienstleisters (third-party logistics provider – 3PL) und des Netzwerkintegrators (fourth-party logistics provider – 4PL) näher erläutert und mit den konventionellen Konzepten des Einzel- und Verbunddienstleisters verglichen werden. Einen ersten Überblick zur Charakterisierung von Logistikanbietern bietet Abb. 2.

Traditionell unterliegen Logistikdienstleistungen, wie z. B. Transport oder Lagerhaltung, einer **Make-or-Buy-Entscheidung** und werden an Einzel- oder Verbunddienstleister ausgelagert, wenn diese die erforderliche Servicequalität zu geringeren Kosten bereitstellen können. Der Austausch von Informationen ist limitiert, die Vertragslaufzeit kurz und die Kundenbindung gering. In den letzten Jahren sind jedoch weitere strategische Gründe für die Fremdvergabe von Logistikdienstleistungen hinzugekommen: Die Erschließung und

Bedienung neuer Märkte, die Verbesserung des Service Levels und Erhöhung der Flexibilität bei sich ändernden Kundenanforderungen. Die Kooperationen zwischen Verladern und Logistikdienstleistern werden langfristiger und sind oft mit organisatorischen und systemischen Veränderungen verbunden. Die ausgetauschten Leistungen sind kundenindividueller und beinhalten auch logistische Mehrwertleistungen (Skjoett-Larsen 2000). Für dieses erweiterte Konzept wird der Begriff third-party logistics (3PL) verwendet (Marasco 2008).

Als **3PL-Anbieter** werden externe Dienstleister bezeichnet, die für ihre Kunden die Planung, Durchführung und Kontrolle einer Reihe von logistischen Aktivitäten übernehmen (Hertz und Alfredsson 2003). Die Geschäftsbeziehung ähnelt einer strategischen Partnerschaft, in der beide Partner sich bei der Gestaltung und Entwicklung von Lösungen einbringen und eng zusammenarbeiten, um die Bedürfnisse des Kunden zu verstehen und bestmöglich zu bedienen (Skjoett-Larsen 2000).

4PL-Anbieter können gewissermaßen als eine Weiterentwicklung der Systemdienstleister bezeichnet werden. Als Netzwerkintegratoren übernehmen sie die übergreifende Steuerung der im Netzwerk verteilten technologischen und personellen Ressourcen. Sie entwickeln unter Einbeziehung der Ressourcen, Technologien und des Know-hows anderer, komplementärer Dienstleister Gesamtlösungen für das Management komplexer Netzwerke (Baumgarten 2001). Ihre Kernkompetenz besteht darin, erfolgreiche Methoden zwischen Kunden und Branchen zu übertragen, ihre umfangreiche Marktkenntnis und Projekterfahrung für die zielgerichtete Auswahl, Implementierung und Koordination von Drittleistungen zu nutzen sowie bei Fragestellungen rund um Logistik, IT und Organisation beratend zu agieren. 4PL-Anbieter besitzen oftmals keine eigenen Logistikanlagen und können dadurch neutraler auftreten und besonders eng mit ihren Kunden zusammenarbeiten (Delfmann und Nikolova 2002). Ihr Fokus liegt auf der Koordination der Wertschöpfungskette und weniger auf der Durchführung physischer Dienstleistungen (van Hoek und Chong 2001).

Sowohl das 3PL-Konzept als auch das 4PL-Konzept stellen erhöhte Anforderungen an Logistikdienstleister. Die über die operative Abwicklung hinausgehenden administrativen Aufgaben erfordern die Aneignung von Fachwissen und Investitionen in qualifiziertes Personal. Zudem sind die Weiterentwicklung der IT-Infrastruktur und die Beherrschung der Schnittstellen zum Kunden weitere Herausforderungen. Systemdienstleister und Netzwerkintegratoren arbeiten sich in die Prozesse ihrer Kunden ein, erlangen branchen- und unternehmensspezifisches Fachwissen und legen so die Basis für eine längerfristige Zusammenarbeit.

Aus Anbietersicht eignen sich beide Konzepte zur De-Commoditisierung des Dienstleistungsangebots. Die Dienstleister sind gut auf die Bedürfnisse des Kunden eingespielt und daher schwerer austauschbar. Ihre Leistungen weisen einen hohen Individualisierungsgrad und ein hohes Maß an Vernetzung mit dem Geschäft ihrer Kunden auf. Dadurch steigen die Wechselkosten aus Kundensicht an und ihre Dienstleistungen sind schwerer von Konkurrenten imitierbar. Zudem steigert die enge Zusammenarbeit mit anspruchsvollen Kunden die Innovationskraft des Logistikdienstleisters (Wagner und Sutter 2012).

Auf der Nachfrageseite bilden die Steigerung der Komplexität logistischer Prozesse im Zuge der Globalisierung und gesteigerten Arbeitsteilung sowie die Konzentration auf Kernkompetenzen Treiber für die verstärkte Nachfrage nach Mehrwertleistungen und die Fremdvergabe von weitreichenden Logistikaufgaben. Dieser Trend wird durch die Weiterentwicklung der technischen Möglichkeiten insbesondere im Bereich der Informations- und Kommunikationstechnik vorangetrieben, die immer neue Möglichkeiten für kundenindividuelle Mehrwertleistungen eröffnet.

3.2 Ansätze zur De-Commoditisierung mit logistischen Dienstleistungen

Nachdem im vorangegangenen Abschnitt aufgezeigt wurde, wie Anbieter logistischer Dienstleistungen der Commoditisierung ihrer Leistungen begegnen können, konzentrieren wir uns im Folgenden auf die Differenzierung von Unternehmen durch das Angebot logistischer Dienstleistungen. Wir unterstreichen somit die Relevanz dieser Leistungskategorie und verdeutlichen, dass logistische Dienstleistungen einen wichtigen Ansatzpunkt für Unternehmen bilden können, um sich wirksam von Wettbewerbern abzuheben und damit einer drohenden Commoditisierung ihrer Leistungen vorzubeugen.

Grundsätzlich stehen Unternehmen verschiedene Möglichkeiten zur Verfügung, um sich gegenüber Kunden zu profilieren und sich vom Wettbewerb zu differenzieren. In der Literatur werden hierzu drei zentrale Strategien aufgezeigt, welche maßgeblich auf die Arbeiten von Porter (1980) zurückzuführen sind. Diese Strategien umfassen 1) eine Differenzierung auf Basis **überlegener Leistungen**, 2) eine Differenzierung auf Basis **überlegener Kundenbeziehungen** und 3) einer Differenzierung auf Basis **effizienter Kostenstrukturen** im Unternehmen und folglich niedrigerer Preise. In den folgenden Abschnitten zeigen wir, dass durch das Angebot logistischer Dienstleistungen als „value-added Services" (Christopher 2011) Unternehmen einen zusätzlichen Nutzen stiften können und damit ein überlegenes Angebot im Vergleich zum Wettbewerb schaffen können.

Die Bedeutung von Dienstleistungen zur Differenzierung vom Wettbewerb ist in der wissenschaftlichen Literatur durch zahlreiche Arbeiten belegt. Beispielsweise betonen Auguste et al. (2006, S. 51), dass „… as competitive pressures increasingly commoditize product markets, services will become the main differentiator of value creation in coming years". Ferner verweisen Robinson et al. (2002) auf die Bedeutung von Dienstleistungen als wichtigen Differenzierungsfaktor in der chemischen Industrie hin. Die Autoren zeigen, dass durch das Angebot informationsbezogener (z. B. Bereitstellung technischer Informationen), logistischer (z. B. zeitnahe Lieferungen) und finanzbezogener Dienstleistungen (z. B. Finanzierungsleistungen) Unternehmen der chemischen Industrie eine Differenzierung von Wettbewerbern erreichen können. Matthyssens und Vandenbempt (2008) verdeutlichen die Relevanz von Dienstleistungen zur Differenzierung und damit De-Commoditisierung anhand einer Untersuchung im Bereich elektrotechnischer Produkte. Sie weisen darauf hin, dass Unternehmen durch die Bereitstellung von Dienstleistungskonzepten einen Nutzen für Kunden schaffen können, der zur Differenzierung beiträgt.

Besondere Erwähnung in der Literatur finden logistische Dienstleistungen als ein Ansatzpunkt zur Generierung von Wettbewerbsvorteilen (z. B. Flint und Mentzer 2000; Fuller et. al 1993; Mentzer et al. 2004; Mentzer und Williams 2001; Stank et al. 1998; van der Veeken und Rutten 1998). Beispielsweise heben Fuller et al. (1993) auf spezifische Kundenbedürfnisse maßgeschneiderte logistische Dienstleistungen als eine zentrale Herausforderung zur Bildung von Kundennutzen hervor. Mentzer und Williams (2001) weisen darauf hin, dass durch logistische Dienstleistungen **Leverage-Effekte** realisiert werden können, die zu einer Steigerung des Unternehmenserfolgs beitragen. Die Autoren zeigen am Beispiel eines Automobilherstellers auf, dass durch die Fokussierung auf logistische Prozesse, welche in Verbindung mit einem Produkt angeboten werden, Unternehmen eine wirksame Differenzierung ihrer Leistung erreichen können. Sie betonen: „The important aspect of this point for logistics leverage is that logistics services offered with the product often hold the key to differentiating a commodity product from its competition" (Mentzer und Williams 2001, S. 38). In diesem Zusammenhang gehen Stank et al. (1998) noch einen Schritt weiter und postulieren, dass durch logistische Dienstleistungen Unternehmen in der Lage sind, ihre Kunden noch stärker an das Unternehmen zu binden.

Neben den positiven Effekten, welche durch das Angebot logistischer Dienstleistungen als Zusatz- bzw. Mehrwertleistungen generiert werden können, verweisen bisherige Arbeiten auch auf das Erfordernis einer systematischen Vorgehensweise bei der Integration von Zusatzleistungen, wie z. B. logistischen Dienstleistungen, in das vorhandene Leistungsangebot. Hierbei soll die Beantwortung der folgenden Fragen als Hilfestellung dienen (Fuller et al. 1993; Stank et al. 1998):

1. Wer sind unsere Kunden?
2. Was möchten unsere Kunden?
3. Wie können logistische Dienstleistungen zur Steigerung des Kundennutzens beitragen?
4. Wie können wir unsere Prozesse verbessern?

Während sich die Beantwortung der ersten Fragestellung auf die Identifikation von Kundengruppen bezieht und die Voraussetzung einer Segmentierung des Markts erfordert, umfasst die zweite Fragestellung die Ermittlung der spezifischen Bedürfnisse der jeweiligen Kundensegmente – insbesondere in Hinblick auf Anforderungen an logistische Dienstleistungen, wie z. B. Lieferfrequenzen, Lieferzeitfenster etc. Die Beantwortung der dritten Fragestellung bezieht sich schließlich auf die Ableitung geeigneter Strategien sowie operativer Maßnahmen zur Verknüpfung logistischer Dienstleistungen mit den Kernleistungsangeboten eines Unternehmens. In diesem Zusammenhang betonen einige Autoren die Erarbeitung von Methoden zur Sicherstellung der Qualität logistischer Dienstleistungen (Mentzer et al. 2001). Letztens sind die Einhaltung dieser Standards sowie eine kontinuierliche Überprüfung dieser wichtige Voraussetzungen zur Erzielung eines nachhaltigen Kundennutzens und damit verbundener Wettbewerbsvorteile.

4 Schlussbemerkungen

Ziel des vorliegenden Beitrags war es, darauf hinzuweisen, dass die Problematik der Commoditisierung nicht nur für Produkte, sondern auch für Dienstleistungen von besonderer Relevanz ist. Am Beispiel logistischer Dienstleistungen wird deutlich, dass auch Dienstleistungen teilweise als homogen und austauschbar wahrgenommen werden. Dies ist insbesondere dann der Fall, wenn die Leistung standardisiert, der Integrationsgrad von Kunden gering und der Interaktionsgrad mit dem Kunden niedrig ist. Nachfrager nutzen dann oftmals den Preis einer angebotenen Leistung als das einzige Differenzierungsmerkmal.

Allerdings stehen Logistikunternehmen, deren Leistungen von der Commoditisierung bedroht sind, auch Ansätze zur Verfügung, welche dazu beitragen, logistische Dienstleistungen durch Ergänzung von Mehrwertleistungen aus Nachfragerperspektive zu differenzieren. Anhand eines Beispiels mit Bezug zur Automobilbranche zeigen wir, dass es betroffenen Logistikunternehmen beispielsweise möglich ist, sich als Systemdienstleister oder Netzwerkintegrator neu am Markt zu positionieren.

Neben der De-Commoditisierung logistischer Dienstleistungen selbst zeigen wir außerdem, dass kundenindividuelle Logistikdienstleistungen auch dazu beitragen, andere als Commodities wahrgenommene Leistungen zu differenzieren. Logistische Zusatzleistungen, die auf die Bedürfnisse des Kunden abgestimmt sind und den Kundennutzen erhöhen, können zur Steigerung des Unternehmenserfolgs und zum Aufbau von Wettbewerbsvorteilen führen. Sie eignen sich somit als wirksame Maßnahme, um der Commoditisierung von Leistungen zu begegnen. Wir hoffen, mit diesem Beitrag Manager und Kompetenzträger in Unternehmen und insbesondere in der Logistikbranche für die Thematik Commodities und Commoditisierung zu sensibilisieren und ihnen gleichzeitig Ansatzpunkte zur De-Commoditisierung von und mit logistischen Dienstleistungen aufzuzeigen.

Literatur

Andersson, D., Norrman, A. (2002). Procurement of logistics services – a minutes work or a multi-year project? *European Journal of Purchasing & Supply Management, 8,* 3–14.

Auguste, B. G., Harmon, E. P., & Pandit, V. (2006). The right service strategies for product companies. *The McKinsey Quarterly, 1,* 41–51.

Baumgarten, H. (2001). Prozesskettenmanagement: 4PL in der Praxis. Auf halbem Weg. *Logistik Heute, 23,* 36–38.

Beath, C. M., & Ross, J. W. (2007). Chevron: Outsourcing commodity process in a commodity business. Working Paper No. 4666-07. Massachusetts Institute of Technology (MIT) Sloan Management.

Bretzke, W.-R. (1999). Überblick über den Markt an Logistik-Dienstleistern. In J. Weber & H. Baumgarten (Hrsg.), *Handbuch Logistik: Management von Material- und Warenflußprozessen* (S. 219–225). Stuttgart: Schäffer-Poeschel.

Bruhn, M., & Meffert, H. (2012). *Handbuch Dienstleistungsmarketing: Planung – Umsetzung – Kontrolle.* Wiesbaden: Springer Gabler.

Chapman, R. L., Soosay, C., & Kandampully, J. (2002). Innovation in logistics services and the new business model: A conceptual framework. *Managing Service Quality, 12,* 358–371.

Christopher, M. (2011). *Logistics and supply chain management* (4. Aufl.). Harlow: Financial Times/ Prentice Hall.

Corsten, H., & Gössinger, R. (2007). *Dienstleistungsmanagement* (5. Aufl.). München: Oldenbourg.

Davis, D. F., Golicic, S. L., & Marquardt, A. J. (2008). Branding a B2B service: Does a brand differentiate a logistics service provider? *Industrial Marketing Management, 37,* 218–227.

Delfmann, W., Albers, S., & Gehring, M. (2002). The impact of electronic commerce on logistics service providers. *International Journal of Physical Distribution & Logistics Management, 32,* 203–222.

Delfmann, W., & Nikolova, N. (2002). Strategische Entwicklung der Logistik – Dienstleistungsunternehmen auf dem Weg zum X-PL? In Bundesvereinigung Logistik (Hrsg.), *Wissenschaftssymposium Logistik der BVL 2002* (S. 421–435). München.

Dumlupinar, B. (2006). Market commoditization of products and services. *Review of Social, Economic and Business Studies, 9,* 101–114.

Flint, D. J., & Mentzer, J. T. (2000). Logisticians as marketers: Their role when customers' desired value changes. *Journal of Business Logistics, 21,* 19–45.

Frohn, J. (2006). *Mehrwertleistungen in der Kontraktlogistik.* Dissertation. Aachen: Shaker.

Fuller, J. B., O'Connor, J., & Rawlinson, R. (1993). Tailored logistics: The next advantage. *Harvard Business Review, 71,* 87–98.

Gerbode, A., & Hunziker, A. (2002). Danzas: Europäische Distributionsnetzwerke. In D. Corsten & C. Gabriel (Hrsg.), *Supply Chain Management erfolgreich umsetzen: Grundlagen, Realisierung und Fallstudien* (S. 77–96). Berlin: Springer.

Göpfert, I., & Hillbrand, T. (2005). Innovationsmanagement für Logistikunternehmen. In H. Wolf-Kluthausen (Hrsg.), *Logistik Jahrbuch 2005* (S. 48–53). Düsseldorf: Handelsblatt.

Gudehus, T. (2012). *Logistik 2: Netzwerke, Systeme und Lieferketten.* Berlin: Springer Vieweg.

Hertz, S., & Alfredsson, M. (2003). Strategic development of third party logistics providers. *Industrial Marketing Management, 32,* 139–149.

Klaus, P., Erber, G., & Voigt, U. (2001). Verkehrliche Wirkungen des E-Commerce? Stand des Wissens und Forschungsbedarf. *Logistikmanagement, 3,* 53–63.

Laing, A., Lewis, B., Foxall, G., & Hogg, G. (2002). Predicting a diverse future: Directions and issues in the marketing of services. *European Journal of Marketing, 36,* 479–494.

La Londe, B. J., & Maltz, A. B. (1992). Some propositions about outsourcing the logistics function. *International Journal of Logistics Management, 3,* 1–11.

Lawless, M.-W. (1991). Commodity bundling for competitive advantage: Strategic implications. *Journal of Management Studies, 28,* 267–280.

Levitt, T. (1980). Marketing success through differentiation – of anything. *Harvard Business Review, 58,* 83–91.

Maizel, S. (1988). Promoting commodity products with co-op. *Journal of Business and Industrial Marketing, 3,* 13–15.

Marasco, A. (2008). Third-party logistics: A literature review. *International Journal of Production Economics, 113,* 127–147.

Mathur, S. S. (1984). Competitive industrial marketing strategies. *Long Range Planning, 17,* 102–109.

Matthyssens, P., & Vandenbempt, K. (2008). Moving from basic offerings to value-added solutions: Strategies barriers and alignment. *Industrial Marketing Management, 37,* 316–328.

Mentzer, J. T., Flint, D. J., & Hult, G. T. M. (2001). Logistics service quality as a segment-customized process. *Journal of Marketing, 65,* 82–104.

Mentzer, J. T., Gomes, R., & Krapfel, R. E. Jr. (1989). Physical distribution service: A fundamental marketing concept? *Journal of the Academy of Marketing Science, 17,* 53–62.

Mentzer, J. T., Myers, M. B., & Cheung, M-S. (2004). Global market segmentation for logistics services. *Industrial Marketing Management, 33*, 15–20.

Mentzer, J. T., & Williams, L. R. (2001). The role of logistics leverage in marketing strategy. *Journal of Marketing Channels, 8*, 29–47.

Nosbers, F., & Plewnia, M. (2001). Supply Chain Management und Logistikdienstleister –Vom Frachtführer zum Manager komplexer Transportketten. In O. Lawrenz, K. Hildebrand, M. Nenninger, & T. Hillek (Hrsg.), *Supply Chain Management: Konzepte, Erfahrungsberichte und Strategien auf dem Weg zu digitalen Wertschöpfungsnetzen*, (2. Aufl.age, S. 151–168). Braunschweig: Vieweg.

Onkvisit, S., & Shaw, J. J. (1989). Service marketing: Image, branding, and competition. *Business Horizons, 32*, 13–18.

Pfohl, H.-C. (1994). Interorganisationale Probleme in der Logistikkette. In. H.-C. Pfohl (Hrsg.), *Management der Logistikkette: Kostensenkung – Leistungssteigerung – Erfolgspotential* (S. 201–251). Berlin: Schmidt.

Pfohl, H.-C. (2003). Entwicklungstendenzen auf dem Markt logistischer Dienstleistungen. In H.-C. Pfohl (Hrsg.), *Güterverkehr – Eine Integrationsaufgabe für die Logistik: Entwicklungen – Auswirkungen – Lösungsmöglichkeiten* (S. 1–44). Berlin: Schmidt.

Porter, M. (1980). *Competitive strategy: Techniques for analyzing industries and competitors.* New York: Free Press.

Rajesh, R., Ganesh, K., & Pugazhendhi, S. (2013). Drivers for logistics outsourcing and factor analysis for selection of 3PL provider. *International Journal of Business Excellence, 6*, 37–58.

Razzaque, M. A., & Sheng, C. C. (1998). Outsourcing of logistics functions: A literature survey. *International Journal of Physical Distribution & Logistics Management, 28*, 89–107.

Reimann, M., Schilke, O., & Thomas, J. S. (2010a). Toward an understanding of industry commoditization: Its nature and role in evolving marketing competition. *International Journal of Research in Marketing, 27*, 188–197.

Reimann, M., Schilke, O., & Thomas, J. S. (2010b). Customer relationship management and firm performance: The mediating role of business strategy. *Journal of the Academy of Marketing Science, 38*, 326–346.

Robinson, T., Clarke-Hill, C. M., & Clarkson, R. (2002). Differentiation through service: A perspective from the commodity chemicals sector. *Service Industries Journal, 22*, 149–166.

Sheffi, Y. (1990). Third party logistics: Present and future prospects. *Journal of Business Logistics, 11*, 27–39.

Sink, H. L., Langley, C. J. Jr., & Gibson, B. J. (1996). Buyer observations of the US third-party logistics market. *International Journal of Physical Distribution & Logistics Management, 26*, 36–46.

Skjoett-Larsen, T. (2000). Third party logistics from an interorganizational point of view. *International Journal of Physical Distribution & Logistics Management, 30*, 112–127.

Stank, T. P., Daugherty, P. J., & Ellinger, A. E. (1998). Pulling customers closer through logistics service. *Business Horizons, 41*, 74–80.

Stanton, J. L., & Herbst, K. C. (2005). Commodities must begin to act like branded companies: Some perspectives from the United States. *Journal of Marketing Management, 21*, 7–18.

van der Veeken, D. J. M., & Rutten, W. G. M. M. (1998). Logistics service management: Opportunities for differentiation. *International Journal of Logistics Management, 9*, 91–98.

van Hoek, R. I. (2000). Role of third party logistic services in customization through postponement. *International Journal of Service Industry Management, 11*, 374–387.

van Hoek, R. I., & Chong, I. (2001). Epilogue: UPS logistics – Practical approaches to the e-supply chain. *International Journal of Physical Distribution & Logistics Management, 31*, 463–468.

Wagner, S. M., & Sutter, R. (2012). A qualitative investigation of innovation between third-party logistics providers and customers. *International Journal of Production Economics, 140*, 944–958.

Wallis, J. C. (1987). Will a specialty business become a commodity business? *Industrial Marketing Management, 16,* 19–24.

Weber, J., Stölzle, W., Wallenburg, C. M., & Hofmann, E. (2013). Einführung in das Management der Kontraktlogistik. In W. Stölzle, J. Weber, E. Hofmann, & C. M. Wallenburg (Hrsg.), *Handbuch Kontraktlogistik: Management komplexer Logistikdienstleistungen* (S. 35–54). Weinheim: Wiley-VCH.

Williams, E. C. (1991). Evolving competitive strategies of ocean container operators. *Journal of Global Marketing, 4,* 93–107.

Zadek, H. (2001). Strategische Neuausrichtung von Logistikdienstleistern. *Industrie Management, 17,* 28–31.

Zadek, H. (2004). Struktur des Logistik-Dienstleistungsmarktes. In H. Baumgarten, I. L. Darkow, & H. Zadek (Hrsg.), *Supply Chain Steuerung und Services: Logistikdienstleister managen globale Netzwerke – Best Practices* (S. 15–28). Berlin: Springer.

Kasper-Brauer, Kati
Lehrstuhl für Marketing und Internationalen Handel,
Fakultät für Wirtschaftswissenschaften, insbesondere Internationale Ressourcenwirtschaft,
Technische Universität Bergakademie Freiberg, Lessingstr. 45,
09599 Freiberg, Deutschland
E-Mail: kati.kasper-brauer@bwl.tu-freiberg.de

Leischnig, Alexander
Juniorprofessur für Betriebswirtschaftslehre, insbesondere Marketing Intelligence,
Fakultät Sozial- und Wirtschaftswissenschaften,
Otto-Friedrich-Universität Bamberg, Feldkirchenstraße 21,
96052 Bamberg, Deutschland
E-Mail: alexander.leischnig@uni-bamberg.de

Customer-Relationship-Management im Energiemarkt

CRM in Commodity-Industrien am Beispiel eines Energiedienstleisters

Lutz Lohse und Manuela Künzel

Inhaltsverzeichnis

Zusammenfassung

Die deutsche Energiebranche ist seit Jahren von einer starken Dynamik und einem enormen Wandel geprägt: Die Liberalisierung der Märkte, die zunehmende Wettbewerbsintensität, der Ausstieg aus der Kernenergie und die eingeleitete Energiewende haben diese Entwicklung verstärkt. Das Thema Energie als klassische Commodity-Dienstleistung gewinnt für Verbraucher und Unternehmen immer mehr an Bedeutung. Vor diesem Hintergrund benötigen Energieanbieter eine Strategie, um profitable

L. Lohse (✉) · M. Künzel
Springer Fachmedien Wiesbaden GmbH, Abraham-Lincoln-Str. 46,
65189 Wiesbaden, Deutschland
E-Mail: author@noreply.de

M. Künzel
E-Mail: author@noreply.de

M. Enke et al. (Hrsg.), *Commodity Marketing*,
DOI 10.1007/978-3-658-02925-8_16, © Springer Fachmedien Wiesbaden 2014

Geschäftsbeziehungen auf- und auszubauen und langfristig Unternehmenserfolge zu sichern. Mit dem Customer-Relationship-Management stehen den Strom- und Gaslieferanten integrierte Instrumente des Kundenmanagements zur Verfügung: Neben der Gewinnung neuer Kunden und der entsprechenden Wahl geeigneter Vertriebskanäle werden für etablierte Energiedienstleister insbesondere die Kundenbindung mit den Aufgaben der Früherkennung und der Prävention von Kundenabwanderungen zunehmend wichtiger. Schließlich können Energieanbieter mit der Rückgewinnung verlorener und profitabler Kunden Geschäftsbeziehungen wieder reaktivieren, um Marktanteile im Vertriebsgebiet langfristig zu halten.

1   Relevanz des Customer-Relationship-Managements im Energiemarkt

Die Energiewirtschaft wurde in den vergangenen Jahren grundlegenden Veränderungen unterworfen. Bis zur Liberalisierung 1998 war der deutsche Energiemarkt in Gebietsmonopole aufgeteilt. Jedes Energieversorgungsunternehmen (EVU) verfügte über Monopole in historisch gewachsenen Gebieten. Kundenorientierung spielte eine untergeordnete Rolle, da Verbraucher an die Konditionen der Versorger gebunden waren. Ein Wechsel des Energieanbieters war für die Kunden nicht möglich, so dass Konzepte zur Kundenakquisition, -bindung und -rückgewinnung für Unternehmen bis dahin nicht notwendig waren.

Mit der EU-Binnenmarktrichtlinie Elektrizität und deren Umsetzung in nationales Recht durch die Novelle des Energiewirtschaftsrechts (EnWG) änderten sich die politisch-rechtlichen und damit die wirtschaftlichen Rahmenbedingungen. Die Energierechtsnovelle 1998 führte zur Öffnung des Elektrizitätsmarkts für den Wettbewerb. Alle Kunden hatten von nun an die Möglichkeit, ihren Stromlieferanten frei zu wählen. Die Aufhebung früherer Markteintrittsbarrieren führte in den vergangenen Jahren zu einer steigenden Anzahl von neuen Energieanbietern, zusätzlich verändern Kooperationen und Fusionen die Wettbewerbslandschaft. Neben regionalen Energiedienstleistern sowie den vier Großkonzernen RWE, E.ON, Vattenfall und EnBW erschienen zahlreiche neue Anbieter am Markt. Gleichzeitig gingen erste Energielieferanten des Discountsegments insolvent (z. B. TelDaFax in 2011, FlexStrom in 2013).

Aktuell definiert die in 2010 beschlossene Energiewende die Regeln der Energiewirtschaft neu: Der Ausstieg aus der Kernenergie, der Ausbau der erneuerbaren Energien und die Förderung der Energieeffizienz bewirken bei allen Marktteilnehmern eine Anpassung der Marktbearbeitung und die Ausweitung ihrer Geschäftsmodelle.

In Summe führen verstärkte Wettbewerberaktivitäten, aufgeklärte Verbraucher und gestiegene Wechselquoten besonders bei etablierten Energieanbietern mit vielen Bestandskunden zu erhöhten Kundenverlusten. Um Marktanteile im Vertriebsgebiet zu halten und den Unternehmenserfolg langfristig zu sichern, steigt für Energiedienstleister das Thema **Customer-Relationship-Management (CRM)** an Bedeutung. Die große Herausforderung, vor der die etablierten Energiedienstleister stehen, ist neben dem Thema Wachstum insbesondere die Festigung der Kundenbindung und das Halten wechselwilliger Kunden.

Das Ziel des vorliegenden Beitrags ist es, die Möglichkeiten des CRM innerhalb der Energiebranche aufzuzeigen. Grundlegend hierfür charakterisiert der nächste Abschnitt Strom und Gas als Commodities und erläutert die aktuellen Herausforderungen der Energiewirtschaft auf Markt- und auf Kundenseite.

2 Charakterisierung des deutschen Energiemarkts

2.1 Strom und Gas als Commodities

In Deutschland ist Strom im täglichen Leben unverzichtbar und nahezu in jedem Haushalt und in jedem Unternehmen vorhanden. Neben der **Omnipräsenz** sind weitere Merkmale für Strom charakteristisch und treffen größtenteils auch auf Erdgas (kurz: Gas) zu:

- **Immaterialität.** Das Produkt Strom bzw. die Lieferung von Strom an sich ist immateriell, verfügt über keine Masse oder Volumen (Schikarski 2005). Im Gegensatz dazu handelt es sich bei Gas um ein brennbares Naturgas, welches aus unterirdischen Lagerstätten gewonnen wird (Monopolkommission 2011). Da beide Energieträger keine Farbe, keine Oberflächengestaltung, keinen Duft oder Geschmack besitzen, wird eine Markierung der Produkte erschwert.[1] Demnach fällt es den Kunden schwer, die Produkte eigenständig wahrzunehmen oder zu beurteilen (Busch et al. 2009). Weiterhin haben Strom- oder Gaslieferungen eher den Charakter einer Dienstleistung.
- **Produkthomogenität und Austauschbarkeit.** Bei Strom handelt es sich um ein genormtes, homogenes Produkt mit standardisierter Qualität (z. B. 230 V). Gas ist nicht vollkommen gleichartig, denn in Abhängigkeit seines Methangehalts werden die Qualitätskategorien L (low) und H (high) unterschieden (Monopolkommission 2011). Eine Abgrenzung zu Wettbewerbern über die Kernprodukte Strom und Gas ist dennoch schwierig, da beide Energieträger ein objektiv geringes Differenzierungspotenzial aufweisen (Laker 2001). Aufgrund der wenig unterscheidbaren Eigenschaften zählen diese zu den **Commodity Services**, „die vom Kunden als homogen wahrgenommen werden und bei denen keine auf Leistungseigenschaften beruhende Präferenz für einen Anbieter besteht" (Bruhn 2011, S. 63). Für das Marketing besteht folglich die Herausforderung, produktpolitische und kommunikative Gestaltungmerkmale um den austauschbaren Produktkern herum zu konzipieren (Dressler und Nickening 2009).
- **Mittelbare Nutzenstiftung.** Strom und Gas liefern selbst keinen Kundennutzen. Der Nutzen von Strom entsteht für den Kunden erst durch die Verwendung elektrischer Geräte und von Gas hauptsächlich in der Beheizung von Wohn- und Arbeitsräumen bzw. als Kraftstoff für Fahrzeuge. Daher ist der Kundennutzen nur sekundär wahrnehmbar (indirekte Nutzenstiftung) (Busch et al. 2009; Schikarski 2005).

---

[1] Erdgas ist in der Regel ein geruchloses Gas, kann aber je nach Herkunft einen erheblichen Gehalt an stark riechenden organischen Schwefelverbindungen enthalten.

- **Leitungsgebundenheit.** Die Distribution von Strom erfolgt über Energieversorgungsleitungen und von Gas über Rohrleitungen bzw. Pipelines an private Haushalte oder Industrieunternehmen. Differenzierungen zum Wettbewerb, z. B. in Form von Verpackungen, sind durch die Leitungsgebundenheit nicht möglich (Monopolkommission 2011; Laker 2001; Schikarski 2005).
- **Low-Involvement.** Die Nutzung von Strom und Gas(-produkten) ist mit einem geringen Involvement der Kunden gekennzeichnet. „Strom kommt aus der Steckdose" (Busch et al. 2009, S. 357) und gewinnt erst bei Mangel, z. B. einem Stromausfall, an Wahrnehmung. Indessen zeigen aktuelle Studien, dass das Interesse für Energie generell steigt: Mehr als die Hälfte der deutschen Verbraucher beschäftigt sich intensiver mit dem Thema Energie als früher und achtet bspw. bei der Wahl des Stromanbieters verstärkt auf die Herkunft des Stroms (Sander und Dörner 2012).

In Summe bedeutet dies, dass Strom- und Gaslieferungen – analog zur Banken- und Versicherungsbranche – mehr den Charakter einer mitgliedschaftsähnlichen Beziehung mit konstanter Leistungserbringung aufweisen. Die Herausforderung besteht vor allem darin, diese Low-Involvement-Produkte durch entsprechende Maßnahmen aus dem Marketingmix aufzuwerten.

2.2 Aktuelle Herausforderungen in der Energiebranche

Die Energiewirtschaft ist wie kaum eine andere Branche sowohl auf Kunden- als auch auf Marktseite durch vielfältige Änderungen geprägt. Im Folgenden wird zunächst die Marktseite beleuchtet.

Besonders starke Marktveränderungen sind mit der in 2010 beschlossenen **Energiewende** verbunden. Dabei hat die deutsche Bundesregierung folgende Ziele festgesetzt:

1. Die Emission von Treibhausgasen soll bis 2050 um mindestens 80 % gegenüber 1990 gesenkt werden.
2. Die regenerativen Energiequellen sollen zukünftig den Hauptanteil der Energieversorgung bereitstellen.
3. Der Energieverbrauch soll deutlich verringert und die Energieeffizienz deutlich erhöht werden (BMWi 2012).

Die Katastrophe des Kernkraftwerks in Fukushima (Japan) hat die Energiewende in Deutschland beschleunigt: Die sofortige Abschaltung von acht Kernkraftwerken im März 2011 und mittelfristig der vollständige Ausstieg aus der Kernenergie erfordern einen schnelleren Umbau der deutschen Energieversorgung (BDEW 2012c).

Die Energiewende hat Auswirkungen auf alle Beteiligten im Energiemarkt: Energieunternehmen planen in den nächsten Jahren Milliarden in den Ausbau der erneuerbaren Energie zu investieren und die Netzinfrastruktur entscheidend auszubauen. Der Energie-

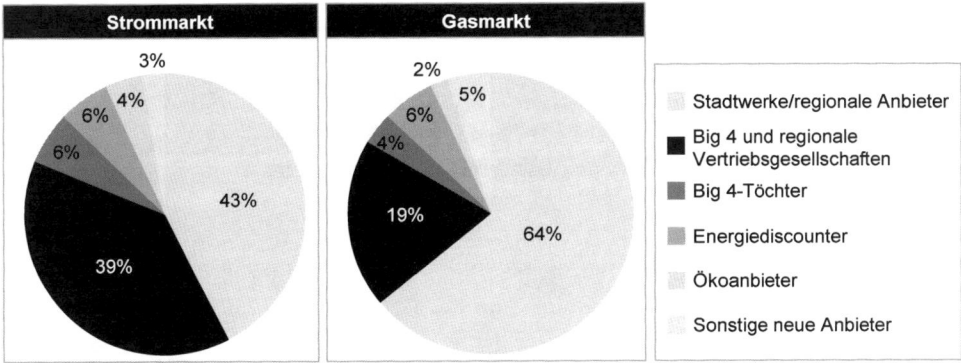

Abb. 1 Anteile der Energieanbieter im Strom-und Gasmarkt. (Quelle: In Anlehnung an Kreutzer und Nordlight 2013)

Monitor 2013 zeigt, dass die deutliche Mehrheit der Bevölkerung die Energiewende für (sehr) wichtig hält. Jedoch meint jeder zweite Verbraucher, dass die Energiewende nicht gut vorankommt, weil der Ausbau der erneuerbaren Energien zu lange dauert bzw. Verzögerungen in der Politik den Fortschritt verhindern (BDEW 2013a).

Unsicherheiten bezüglich der weiteren Ausgestaltung der Regulierung im Bereich der erneuerbaren Energien in Deutschland und Europa sowie die diesbezüglich vielfach fehlende Akzeptanz der Bevölkerung und der schleppend verlaufende Netzausbau lassen viele Marktteilnehmer an der Erreichung der politischen Ziele zweifeln (Ernst & Young und BDEW 2012). Um den Fortschritt der Energiewende zu messen, hat die Deutsche Energie-Agentur (dena) den **Deutschen Energiewende-Index** (DEX) ins Leben gerufen. Dieser bildet die Gesamtstimmungslage aller Marktakteure ab: Im zweiten Quartal 2013 liegt der DEX bei 94, d. h. die Marktteilnehmer bewerten das Vorankommen der Energiewende eher negativ. Am kritischsten sind dabei die Energieanbieter, Netzbetreiber und Verbraucher. Im Vergleich dazu ist die Stimmungslage von Herstellern/Zulieferern und Politik/Verbänden etwas positiver (Ernst & Young und dena 2013).

Neben veränderten politischen und regulatorischen Rahmenbedingungen ist der Energiemarkt von einer **Vielfalt der Marktteilnehmer** geprägt: Rund 1.200 Strom- und 900 Gaslieferanten beteiligen sich im deutschen Energiemarkt (BDEW 2013c). Die sogenannten Big 4 (RWE mit regionalen Vertriebsgesellschaften, E.ON, EnBW, Vattenfall) und deren Töchterunternehmen (z. B. eprimo, E WIE EINFACH, Yello Strom) gehören ebenso zu den Marktteilnehmern wie Stadtwerke und regionale Energieversorger (z. B. Stadtwerke München), überregionale Energiediscounter (z. B. ExtraEnergie, Gas.de), reine Ökoanbieter[2] (z. B. LichtBlick, Greenpeace Energy) und sonstige neue Anbieter (z. B. lekker Energie, Goldgas). Sowohl im Strom- als auch im Gasmarkt nehmen die Stadtwerke und Big 4 mit über 80 % den größten Marktanteil ein. Die neuen Anbieter sind mittlerweile mit knapp 20 % vertreten (vgl. Abb. 1) (Kreutzer und Nordlight 2013).

---

[2] Darunter finden sich auch Öko-Energiediscounter (z. B. Grünwelt Energie). Zusätzlich wird Ökostrom mittlerweile von vielen Energielieferanten in allen Anbietersegmenten vertrieben.

Besonders in den letzten Jahren hat die Anzahl der Energieanbieter deutlich zugenommen: Allein zwischen 2010 bis 2012 sind 93 neue Strom- und 68 neue Gasanbieter in den Energiemarkt eingetreten. Neben Energiediscountern wurden zumeist Stadtwerke infolge der anhaltenden Rekommunalisierung[3] neu gegründet (Verivox und Kreutzer 2012, 2013). Zusätzlich zeichnet sich der Markteintritt branchenfremder Dritter (z. B. Tchibo) sowie ausländischer Unternehmen (z. B. GAZPROM) ab.

Neben Markteintritten neuer Lieferanten verstärkten erste Insolvenzen von Discountern die **Dynamik in der Energiebranche**: Die Zahlungsunfähigkeit des Stromanbieters TelDaFax in 2011 war gemessen an der Zahl der Gläubiger (ca. 750.000) die größte Insolvenz in der deutschen Wirtschaftsgeschichte (Flauger und Iwersen 2013). Zwei Jahre später meldeten FlexStrom und dessen Töchter FlexGas, Löwenzahn Energie und OptimalGrün aufgrund risikoreicher Geschäftsmodelle[4] Konkurs an, dabei sind über 500.000 Verbraucher betroffen.

Die **steigende Wettbewerbsintensität** führt dazu, dass immer mehr Energieunternehmen neue Vertriebsgebiete erschließen und überregionale oder deutschlandweite Produkte anbieten. Weiterhin differenzieren die Unternehmen ihre Angebote zunehmend: Neue Strom- und Gasprodukte wie SmartMeter-Strom oder Fußballstrom sollen zielgerichteter Kunden ansprechen. Mit zunehmender Anbieteranzahl und einer immer stärkeren Ausdifferenzierung der Angebote nimmt die Anzahl der Strom- und Gasangebote stetig zu. Aus über 6.700 Stromprodukten (Anteil Ökostrom: 38 %) und über 4.200 Gasprodukten (Anteil Biogas: 13 %) konnten private Haushalte in 2012 wählen (Verivox und Kreutzer 2013).

Vor dem Hintergrund des verstärkten Wettbewerbs und der Energiewende entwickeln Energieunternehmen **neue Geschäftsfelder**. Energieberatung und Energieeffizienzdienstleistungen erweitern das Strom- und Gasangebot kontinuierlich. Deutschland verfügt schon heute über einen der am weitesten entwickelten Märkte für Energiedienstleistungen. In Zukunft wird die Bedeutung der neuen Geschäftsmodelle weiter steigen, da diese eine zentrale Rolle in der Umsetzung der Energiewende spielen werden (BDEW 2012c).

Zur Vermarktung von Strom- und Gasprodukten sind vor allem Vergleichsportale im Internet (z. B. Verivox.de, Check24.de) entstanden. Insbesondere Discountanbieter setzen auf Mehrmarkenstrategien, um möglichst viele Plätze bei den Onlineportalen einzunehmen.[5] Die Portale beeinflussen stark die Marktpreise und sind einer der wichtigsten Vertriebskanäle für Energiediscounter. Um Energieprodukte bekannt zu machen und neue

---

[3] Rekommunalisierung meint die Übernahme vormals privater Unternehmen oder der von privaten Unternehmen durchgeführten Versorgungsaufgaben durch kommunale Unternehmen (z. B. Stadtwerke).

[4] Laut Handelsblatt verkaufte FlexStrom Strom zu Preisen, die geringer sind als die Kosten für Umlagen, Steuern, Konzessionsabgaben und Netzentgelte, um schnell hohe Kundengewinne zu realisieren. Die Versuche, die defizitären Kunden nach dem ersten Jahr durch Preiserhöhungen von 50 bis zu mehr als 100 % zu gewinnbringenden Kunden umzuwandeln, scheiterten.

[5] So hat der Discounter ExtraEnergie sowohl drei Strommarken (Extrastrom, Hitstrom, Priostrom) als auch drei Gasmarken (Extragas, Hitgas, Priogas) eingeführt, um mehrfach gelistet zu sein.

Kunden zu gewinnen, investieren die Anbieter hohe Beiträge in die Marktbearbeitung. So lagen z. B. die Werbeaufwendungen der Energiedienstleister gesamt in 2012 bei 244 Mio. € und damit ca. 37 % höher als in 2011 (Verivox und Kreutzer 2013). Auch durch Investitionen ins Image sollen Verbraucher ein besseres Bild von der Energiebranche und seinem Versorger bekommen. Im Imageranking der Industrie- und Wirtschaftszweige bleiben die Strom- und Gasversorger mit einem unterdurchschnittlichen Branchenimage hinter ihrem früheren Ansehen zurück. Bewegten sich die Strom- und Gasversorger in den Jahren 1997 bis 2004 noch im deutlich positiven Bereich der Imagewerte, haben sich das Branchenimage und die Meinung der Haushalte durch die zunehmende Diskussion um steigende Strom- und Gaspreise eher verschlechtert (BDEW und Promit 2012a; BDEW 2013a).

Angesichts dieser schwierigen Marktsituation mit veränderten politischen-rechtlichen Rahmenbedingungen und zunehmendem Wettbewerbs- und Ergebnisdruck ist besonders für etablierte Energiedienstleister ein professionelles CRM unerlässlich. In der Stadtwerksstudie 2012 bestätigten 85 % der befragten Energieanbieter, dass die Themen Absatz/Marketing/Kundenbetreuung/CRM zukünftig (sehr) stark an Bedeutung gewinnen werden (Ernst & Young und BDEW 2012).

2.3   Veränderte Bedürfnisse und Erwartungen der Energiekunden

Neben der Marktseite unterliegt auch die Kundenseite der Energiebranche weitreichenden Veränderungen, da sich Einstellungen, Bedürfnisse und Erwartungen der Konsumenten zunehmend wandeln.

Das Thema Energie gewinnt für Verbraucher in allen Lebensbereichen an Bedeutung, ob beim Hausbau, beim Autokauf oder bei der Anschaffung von Unterhaltungselektronik (Sander und Dörner 2012). Informationen sind im Internet global verfügbar und Preisvergleichsportale liefern einfach und schnell Anbieter- und Produktvergleiche. Mit dieser Option auf Transparenz verbessert sich die **Marktkenntnis der Kunden,** welche auch durch Medienberichte verstärkt wird (Zweigle 2009). Insgesamt sind die Kunden deutlich preissensibler und schneller bereit, den Energieanbieter zu wechseln (Reith 2012).

Der Lieferantenwechsel ist für Kunden unkompliziert und ohne größeren Aufwand möglich. Besonders die Novelle des Energiewirtschaftsgesetzes (EnWG) in 2011 hat zur **Stärkung der Rechte des Kunden** beigetragen: Neben der erhöhten Transparenz der Kundenrechnung, einer maximalen Bearbeitungsfrist von vier Wochen für Verbraucherbeschwerden, der Einrichtung einer Schlichtungsstelle für Kunden, muss der Lieferantenwechsel innerhalb von drei Wochen erfolgen (BDEW 2012c).

Das wandelnde Kundenverhalten mit zunehmender Wechselbereitschaft äußert sich in steigenden **Wechselquoten.** Bis März 2013 haben etwa ein Drittel der Stromkunden und ein Viertel der Gaskunden ihren Energieanbieter gewechselt. Das entspricht rund 12,4 Mio. Haushalten im Strom- und 2,3 Mio. Haushalten im Gassegment (vgl. Abb. 2).

Preiserhöhungen des aktuellen Anbieters und der Erhalt der Jahresrechnung bilden für Strom- und für Gaskunden die häufigsten Anlässe, über einen Wechsel des Energieanbie-

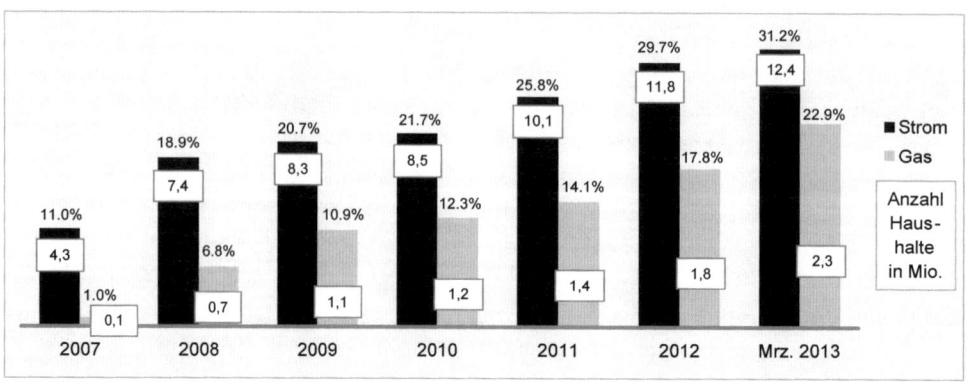

Abb. 2 Kumulierte Strom- und Gaswechselquote privater Haushalte. (Quelle: In Anlehnung an BDEW 2013b)

ters nachzudenken. Auch Empfehlungen aus dem Freundes- und Bekanntenkreis, Werbung im Internet sowie das Auslaufen der aktuellen Verträge führen zu Wechselgedanken. Der hauptsächliche Kündigungsgrund der Kunden liegt in erster Line in der Senkung ihrer Energiekosten. Unzufriedenheit mit dem Kundenservice spielt eher eine untergeordnete Rolle (Kreutzer und Nordlight 2013). Wechselhemmnisse liegen hingegen in der Bequemlichkeit und in den Ängsten der Kunden. Vor allem die Insolvenzen der Discountanbieter TelDaFax und FlexStrom scheinen dazu geführt haben, dass sich in 2013 jeder zweite Kunde vor unseriösen Energieanbietern fürchtet. Dieser Anteil hat sich im Vergleich zu 2011 fast verdoppelt (Putz und Partner 2013; Verivox und Kreutzer 2013).

In Summe ist das Wechselaufkommen in 2012 im Vergleich zum Vorjahr deutlich gestiegen. Besonders Haushalte mit drei und mehr Personen sowie jüngere Altersgruppen (zwischen 31 und 50 Jahren) wechseln den Stromanbieter häufiger (Check 24 2013). Während Haushalte mit größerem sozialem Status einem Lieferantenwechsel eher aufgeschlossen sind, bleiben sozial schwächere Haushalte ihrem aktuellen Anbieter eher treu (Verivox und Kreutzer 2013).

Die überwiegende Mehrheit der Kunden entscheidet sich aufgrund des günstigen Strom- bzw. Gaspreises für den neuen Energielieferanten. Preisgarantien gewinnen an Bedeutung. Mehr als 90 % der in 2012 über Verivox abgeschlossenen Strom- und Gasverträge enthalten eine zeitlich befristete Sicherung vor Preiserhöhungen. Mit dem Ausbau der erneuerbaren Energien im Rahmen der Energiewende erwarten die Bürger mehrheitlich steigende Strompreise (BDEW 2013a), suchen daher nach Sicherheit und entscheiden sich immer mehr für Strom- und Gasprodukte mit Preisgarantien (Verivox und Kreutzer 2013). Während die Nachfrage nach Ökostrom weiter gestiegen ist (drei Viertel der Kunden schlossen in 2012 über Verivox Ökostromverträge ab), spielen Angebote mit Vorkasse sowohl im Strom- als im Gasmarkt kaum noch eine Rolle (Verivox und Kreutzer 2013).

Laut Kundenmonitor Deutschland 2012 sind Energiekunden größtenteils zufrieden mit ihrem Anbieter. Während die Stromanbieter eine Zufriedenheitsnote von 2,6 erreichten, verbesserten sich die Gasanbieter im Vergleich zum Vorjahr von 2,6 auf 2,4. Im Branchenvergleich belegten die Energieanbieter hinsichtlich der **Kundenzufriedenheit** aller-

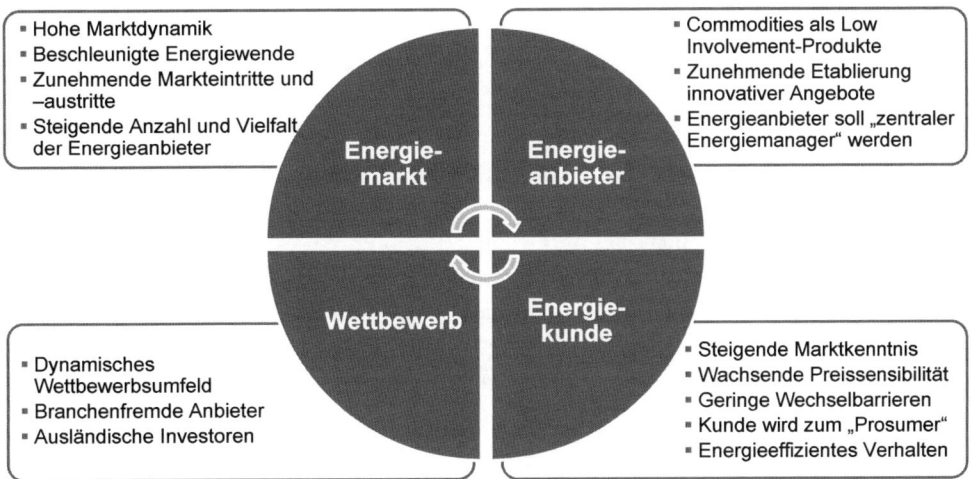

- Hohe Marktdynamik
- Beschleunigte Energiewende
- Zunehmende Markteintritte und –austritte
- Steigende Anzahl und Vielfalt der Energieanbieter

- Commodities als Low Involvement-Produkte
- Zunehmende Etablierung innovativer Angebote
- Energieanbieter soll „zentraler Energiemanager" werden

- Dynamisches Wettbewerbsumfeld
- Branchenfremde Anbieter
- Ausländische Investoren

- Steigende Marktkenntnis
- Wachsende Preissensibilität
- Geringe Wechselbarrieren
- Kunde wird zum „Prosumer"
- Energieeffizientes Verhalten

Abb. 3 Aktuelle Entwicklungen im deutschen Energiemarkt

dings den drittletzten Platz (Servicebarometer 2012). Daneben weist der Energiemarkt im Vergleich zu anderen Branchen eine geringe Kundenbindung auf. Laut einer Studie zum Wechselverhalten im Strommarkt von TNS Infratest sind lediglich 36 % der deutschen Stromkunden loyal gegenüber ihrem Stromversorger eingestellt (Breidenbach 2009; TNS Infratest 2009).

Neben der zunehmenden Wechselbereitschaft im Strom- und Gasmarkt steigen auch die **Kundenerwartungen** an den Energieanbieter hinsichtlich neuer Produkte und Dienstleistungen. Verbraucher beschäftigen sich stärker als bisher mit dem Thema Energie, möchten ihren Energieverbrauch senken und achten bei der Wahl des Energieanbieters stärker auf die Herkunft des Stroms. Sander und Dörner (2012) sprechen von einem neuen Energiekunden namens „Homo Energeticus". Im zukünftigen Energiesystem treten Kunden nicht mehr nur als reine Energiekonsumenten auf, sondern greifen auch rückkoppelnd in das energiewirtschaftliche System ein, z. B. als dezentraler Energieerzeuger. Laut einer aktuellen Studie kann sich die Hälfte der Energiekunden vorstellen, zukünftig Strom für den Eigenbedarf selbst zu produzieren und aktiv an der Gestaltung des Energieversorgungssystems zu partizipieren. Damit wandelt sich der passive Energiekonsument zum aktiven „Prosumer" (Sander und Dörner 2012; Ernst & Young und dena 2013).

In Summe erwartet die Mehrheit der Verbraucher zukünftig weitaus mehr als nur Strom und Gas von ihrem Energielieferanten. Neben innovativen Produkten zum Management des Energiehaushalts oder zur Senkung des eigenen Energieverbrauchs, Beratungen rund um das private Energiemanagement, sollen Energieanbieter auch Produkte zur regenerativen Stromerzeugung wie Wind- und Solaranlagen anbieten. Aus Kundensicht soll der bisherige Energieversorger zum zentralen Energiemanager werden (Sander und Dörner 2012).

Fazit Die aktuellen Entwicklungen der deutschen Energiewirtschaft auf der Marktseite und auf der Kundenseite erfordern eine verstärkte Anpassung der Energieunternehmen (vgl. Abb. 3). Die konsequente Ausrichtung des Energieanbieters auf die Kundenbedürfnisse im Rahmen eines effektiven Customer-Relationship-Managements kann die erfolg-versprechende Strategie sein, um langfristig den Markterfolg zu sichern.

3   Der Kundenlebenszyklus im Energiemarkt

Im Marketing wird das Lebenszykluskonzept häufig in Form des Produktlebenszyklus an-gewandt, bei dem die zeitliche Entwicklung eines Produkts im Markt anhand von öko-nomischen Größen (z. B. Umsatz) in fünf idealtypische Phasen (Einführung, Wachstum, Reife, Sättigung, Verfall) gesteuert wird. Dieses Konzept lässt sich ebenfalls auf die Ent-wicklung von Kundenbeziehungen übertragen und kann als **Kundenbeziehungslebens-zyklus** beschrieben werden (Bruhn 2009b).

Der Beziehungslebenszyklus kann in drei zentrale Kernphasen unterteilt werden (Bruhn 2009a, b; Garcia und Rennhak 2006; Georgi 2008):

1. Kundenakquisition
2. Kundenbindung/-entwicklung
3. Kundenrückgewinnung

Der Lebenszyklus eines Strom- oder Gaskunden unterscheidet sich nicht wesentlich vom Verlauf der Kundenbeziehungen in anderen Dienstleistungsbranchen. Folgt dieser einem idealtypischen Verlauf, so ist die Stärke der Kundenbeziehung in der **Kundenakquisi-tionsphase** zunächst gering (Bruhn 2009b). Im Rahmen der Anbahnungsphase erkundigt sich der Verbraucher nach dem Angebot und reagiert auf Kommunikationsmaßnahmen des Unternehmens. Nimmt der Kunde die Unternehmensleistung erstmalig in Anspruch, wird die Geschäftsbeziehung aufgenommen und der Kunde tritt in die Sozialisationsphase ein (Stauss 2006). Da in Deutschland eine Grundversorgungspflicht der Energiedienstleis-ter für Strom und Gas besteht, können Kunden z. B. beim Ein- oder Umzug die Energie-dienstleistung sofort nutzen, ohne dafür extra einen schriftlichen Vertrag abschließen zu müssen.

Kann der Kunde durch das Produkt oder die Dienstleistung zufriedengestellt werden, wird seine Loyalität steigen und die **Kundenbindungsphase** beginnt. Während dieser Phase steigt die Beziehungsintensität kontinuierlich an (Bruhn 2009b). Dehnt der Kun-de die Leistungsinanspruchnahme auf weitere Produkte aus (Cross Buying: z. B. Ener-gieberatung), stellt dies den Übergang in die Wachstumsphase dar (Stauss 2006). In der Reifephase sind die Potenziale des Kunden weitgehend ausgeschöpft, die Stärke der Kun-denbeziehung ist an dieser Stelle am größten (Bruhn 2009b). Stagnieren oder sinken die Ergebnisbeiträge des Kunden im Vergleich zur Vorperiode, z. B. durch den Wechsel zu sehr günstigen Produkten, tritt die Beziehung in die Degenerationsphase ein. In dieser Phase, aber auch während der gesamten Beziehungsdauer, ist die Kundenbeziehung ge-fährdet (Stauss 2006). In den Gefährdungsphasen spielt der Kunde mit dem Gedanken, die Leistung aufgrund unterschiedlicher Ursachen (z. B. Servicedefizite, Preiserhöhun-

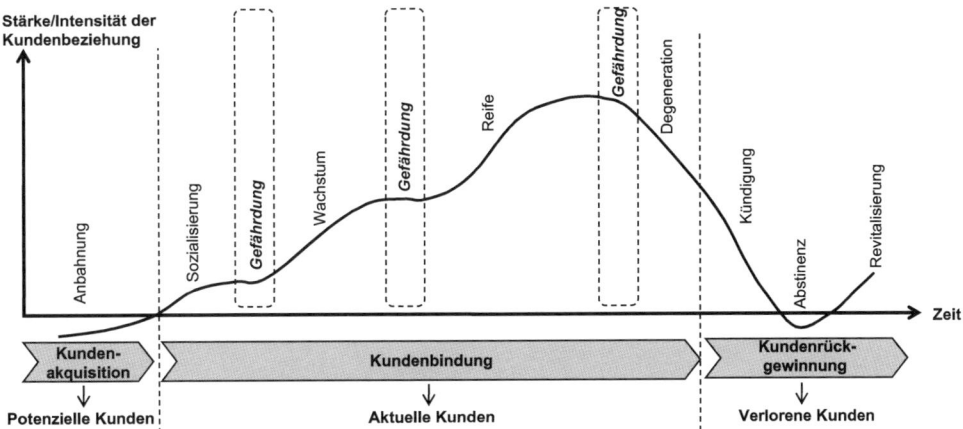

Abb. 4 Phasen des Kundenlebenszyklus im Energiemarkt. (Quelle: In Anlehnung an Stauss 2006, S. 434)

gen) nicht mehr in Anspruch zu nehmen (Bruhn 2009b). In der Energiebranche gilt es zu beachten, dass Kunden in der Grundversorgung keine längere Vertragslaufzeit haben und damit (insbesondere aufgrund zunehmender Wettbewerbsmaßnahmen) jederzeit abwanderungsgefährdet sind. Im Gegensatz dazu haben sich Kunden in einem Sondervertrag aktiv für diesen entschieden und sind in der Regel mit einer Vertragslaufzeit an ihren Energiedienstleister gebunden.

Die **Kundenrückgewinnungsphase** ist im Gegensatz zu den ersten beiden Kernphasen durch eine stagnierende oder sogar sinkende Beziehungsintensität geprägt (Bruhn 2009b). In dieser Phase nehmen die Kundenzufriedenheit, die Kundenbindung und der Kundenwert entweder sprunghaft oder kontinuierlich ab (Bruhn 2009a). Die Kündigung des Kunden führt bei erfolgloser Kündigungsabwehr bzw. -prävention zur endgültigen Beendigung der Geschäftsbeziehung. Infolgedessen beginnt die Abstinenzphase, in der der Kunde die Unternehmensleistungen nicht mehr nutzt (Bruhn 2009b). Rückgewinnungsmaßnahmen sind vor allem bei profitablen Abwanderungskunden sinnvoll (Bruhn 2009a). Kann ein verlorener Kunde durch das Unternehmen in der Revitalisierungsphase zurückgewonnen werden, beginnt ein neuer Kundenbeziehungslebenszyklus (Stauss 2006).

Abbildung 4 offenbart weiterhin, dass **Gefährdungsphasen** nicht nur am Ende des Kundenbeziehungslebenszyklus auftreten können, sondern während der Gesamtdauer der Kundenbeziehung, d. h. immer dann, wenn der Kunde Anlass zur Unzufriedenheit haben könnte oder sich aus anderen Gründen mit dem Gedanken der Auflösung der Geschäftsbeziehung befasst (Stauss 2006). Ursachen dafür können neben konkreter Unzufriedenheit auch Preisänderungen oder schlicht Markt- und Wettbewerbsimpulse sein. Vor dem Hintergrund der steigenden Wechselbereitschaft und des erhöhten Wechselverhaltens der Kunden sollte der Energiedienstleister insbesondere den Gefährdungsphasen Beachtung schenken.

Zusammenfassendes Ziel ist aus Unternehmenssicht, strategische und operative Handlungsempfehlungen für Marketing, Vertrieb und Service abzuleiten. Die Aufgaben eines professionellen Customer-Relationship-Managements des Energiedienstleisters werden in Abhängigkeit der Beziehungsphasen im folgenden Abschnitt beschrieben.

4 Customer-Relationship-Management am Beispiel eines Energiedienstleisters

Um als Energiedienstleister den steigenden Herausforderungen im Markt begegnen und die Wettbewerbsfähigkeit wahren zu können, stellen die Implementierung und Ausführung eines effektiven Customer-Relationship-Managements neben einem effizienten Kostenmanagement die erfolgsversprechende Strategie dar.

Erläuterungen des Begriffs Customer-Relationship-Management beschränken sich oft nur auf die technische IT-Komponente, indem CRM mit einem CRM-System gleichgesetzt wird. Dabei ist der technische Aspekt nur einer von mehreren. Gerade kleinere Stadtwerke zeigen, dass eine intensive Beziehungspflege weitgehend ohne IT-Unterstützung möglich ist.

Hippner (2006) definiert CRM wie folgt: „Customer Relationship Management ist eine kundenorientierte Unternehmensstrategie, die mit Hilfe moderner Informations- und Kommunikationstechnologien versucht, auf lange Sicht profitable Kundenbeziehungen durch ganzheitliche und individuelle Marketing-, Vertriebs- und Servicekonzepte aufzubauen und zu festigen" (Hippner 2006, S. 18; Hippner et al. 2006, S. 198).

Mit dieser Definition stellt CRM einen strategischen, ganzheitlichen Ansatz zum Management von Kundenbeziehungen und damit ein konzeptionelles Thema dar. Die entsprechende CRM-Software bietet ausschließlich die technologische Unterstützung (Dangelmaier et al. 2004; Helmke et al. 2008). Die zentrale Erfolgsgröße des CRMs ist die Profitabilität der Kundenbeziehung, die neben der Wertigkeit und Stabilität (Kundenzufriedenheit und Loyalität) der Beziehung den Ressourceneinsatz des Unternehmens über den gesamten Kundenlebenszyklus beinhaltet (Homburg und Sieben 2008).

4.1 Akquisitionsmanagement

Die Kundenakquisitionsphase umfasst sämtliche Unternehmensaktivitäten, die mit der Aufnahme oder Initiierung der Beziehung zwischen Unternehmen und Kunde in Zusammenhang stehen. Das **Interessentenmanagement** (Akquisitionsmanagement) eines Unternehmens hat demnach die Aufgabe, Aufmerksamkeit und Interesse bei potenziellen Kunden zu gewinnen und diese zum Erstkauf zu bewegen (Stauss 2006). Das Ziel ist die profitable Neukundengewinnung (Haas 2006).

Marktforschungsanalysen können für das Akquisitionsmanagement unterstützend wirken: So gibt eine **Neukundenbefragung** Aufschluss darüber, warum sich Neukunden für den Energiedienstleister entschieden haben, welcher Wechselmoment ausschlaggebend war und welcher Kontaktkanal die Wahl des Anbieters begünstigt hat. Somit können Ener-

Abschlussmedium					
	Online	Haustür	Brief	Telefon	Filiale
Direkt	• Eigene Website • Bannerwerbung	• Haustürgeschäft mit eigenem Außendienst	• Persönliche Anschreiben • Postwurf-sendungen	• Telefonakquise durch eigenes Call Center (Inbound und Outbound)	• Eigene Kundenservices-Filialen
Indirekt	• Vergleichsportale • Affiliate-Netzwerke • Webseiten anderer Vermittler	• Haustürgeschäft mit externen Vertriebs-agenturen	• Werbesendungen von Partnern	• Telefonakquise durch fremdes Call Center (Outbound)	• Zusammenarbeit mit branchen-fremden Partnern (z.B. Einzelhandel)

Abb. 5 Vertriebskanäle im Energiemarkt. (Quelle: An Anlehnung an Kreutzer und Nordlight 2013)

gieanbieter wichtige Rückschlüsse auf den Einsatz und die Ausgestaltung ihrer Vertriebs-kanäle zur Gewinnung neuer Kunden ziehen (vgl. Abb. 5).

Energielieferanten stehen wie andere Unternehmen vor der Wahl, ob sie neue Kunden über direkte oder indirekte Vertriebswege gewinnen möchten. Für die klassische Kunden-akquisition über den **Direktvertrieb** übernimmt der Energieanbieter die Vermarktung sei-ner Produkte in Eigenregie. Der Abschluss des Strom- bzw. Gasvertrags direkt beim An-bieter kann über die eigene Homepage, über Bannerwerbung, per Haustürgeschäfte (mit eigenem Außendienst), über Mailings (mit oder ohne Personalisierung), per Telefon im In- und Outbound oder im eigenen Kundenbüro erfolgen.

Darüber hinaus sind Akquisitionsmöglichkeiten über **indirekte Vertriebswege** mög-lich, wobei zwischen Energieanbieter und Kunden wirtschaftlich und rechtlich selbst-ständige Absatzmittler treten. Neukundengewinne werden durch Haustürgeschäfte mit externen Vertriebsagenturen, im Rahmen von Partnerprogrammen mit Filialisten (z. B. Lidl), Handelsvertretern, Wohnungswirtschaften, Immobilienmaklern oder Energiebera-tungsbüros oder durch Telefonakquise in Zusammenarbeit mit externen Outbound-Call-Centern forciert.

Für den Vertriebskanal **Internet** ist die Zusammenarbeit mit Vertriebs- und Service-portalen in der Kundenakquisition relevant. So haben die Vergleichsportale (z. B. Verivox, Check24, TopTarif) in 2013 am Wechselaufkommen im Strom- und im Gasmarkt den größten Anteil eingenommen. Das Internet bildet für wechselwillige Kunden das wich-tigste Informations- und Abschlussmedium. Über die Hälfte der Energieverträge werden online geschlossen. Da die Internetnutzung weiter steigen wird, wird auch die Bedeutung des Online-Tarifvergleichs an Bedeutung zunehmen (Kreutzer und Nordlight 2013). Auch Affiliate-Netzwerke können die Neukundengewinnung im Internet unterstützen: Dabei platziert der Energieanbieter seinen Link im Online-Auftritt eines Webseitenbetreibers (z. B. Blog) und zahlt eine Provision, wenn der gesetzte Link zum Erfolg führt.

Die Vertriebskanäle **Brief** und **Telefon** sind für Akquisitionszwecke ungefähr gleich wichtig: Zwölf und 13 % der Strom- und Gasverträge werden postalisch und telefonisch abgeschlossen. Der Vorteil der Vertriebswege im Internet, per Brief und am Telefon sind deren Reichweite und damit die Möglichkeit, schnell neue Kunden zu gewinnen (Verivox und Kreutzer 2013). **Haustürgeschäfte** sind mit elf Prozent und Abschlüsse in **Filialen** mit

sechs Prozent am gesamten Wechselaufkommen verantwortlich. Vorteile für Energieanbieter liegen darin, dass Produkte direkt vorgestellt und neben dem Preis weitere Faktoren
wie Qualität, Regionalität mit in die Nutzenargumentation einbezogen werden können. In
Zusammenarbeit mit externen Vertriebsagenturen ist jedoch die Seriosität der Haustür-
vertreter zu beachten (Kreutzer und Nordlight 2013).

Vertriebskooperationen zwischen Einzelhändlern oder Dienstleistern und Energieanbietern (z. B. Yello Strom/Postbank, RWE/ADAC, Lichtblick/Deutsche Bahn) können
ebenfalls die Neugewinnung von Kunden unterstützen. Dabei profitiert der Energiedienstleister von der Reichweite, dem positiven Image und der starken, bekannten Marke des
Kooperationspartners (Verivox und Kreutzer 2012).

Da **Empfehlungen durch Freunde und Bekannte** einen Aktivierungsgrund zum Anbieterwechsel darstellen, kann ein Kunden-werben-Kunden-Programm zur Akquisition
genutzt werden. Damit tragen zufriedene Privatkunden durch positive Werbung und
Weiterempfehlungen aktiv zur Neukundengewinnung des Energiedienstleisters bei. Die
erfolgreiche Empfehlung des aktuellen Kunden kann mit einer Sach- oder monetären Prä-
mie belohnt werden. Das Kunden-werben-Kunden-Programm ist relativ kostengünstig, da
Gutschriften für Kunden günstiger als Provisionen für Vertriebspartner sind.

Die Weiterempfehlungsbereitschaft kann ebenfalls bei der Umsetzung eines **Multipli-
katorenkonzepts** zur Kundenakquisition genutzt werden. Dabei werden die Interessenten
nicht einzeln, sondern ganze Institutionen oder Personen mit hohem Multiplikator- und
Weiterempfehlungspotenzial gezielt angesprochen, die wiederum durch aktive Empfehlung der Energieprodukte größere Personengruppen für den Energieanbieter akquirieren
(z. B. Vereine, Clubs).

Eine weitere Rolle spielen **Marktpartnerschaften** und Unternehmensnetzwerke. Zu
den Marktpartnern zählen Gerätehersteller, Architekten oder technische Gebäudeplaner.
Von zentraler Bedeutung – gerade in der Kommunikation mit den Energiekunden – ist
das Fachhandwerk. Aufgrund der regelmäßigen persönlichen Kontakte zu den Kunden
(z. B. im Rahmen der Neuinstallationen und bei der Wartung von Anlagen) ist es ein bedeutender Absatzmittler für Energieunternehmen und bildet ein Bindeglied zwischen
Energieanbieter und Kunden. Energiedienstleister können durch die Einbeziehung von
Marktpartnern eine neutrale Kundenansprache für die Gewinnung neuer Kunden bzw. zur
Verbesserung des eigenen Images nutzen (BDEW 2012b).

4.2 Kundenbindungsmanagement

Das **Kundenbindungsmanagement** zielt darauf ab, die aktuellen Kunden zu halten und
die Beziehung zu ihnen zu festigen und auszubauen (Stauss 2006). Auch in der Energiebranche werden klassische Instrumente zur Kundenbindung wie Treueprodukte, Kun-
denzeitschrift und -newsletter, Kundenkarte mit Vorteilsangeboten bei Partnern (z. B. im
Schwimmbad, Zoo, Theater), Couponing-Aktionen, Geburtstagskarten, Familienkalender

sowie Veranstaltungen im Privat- und Geschäftskundenbereich und vieles mehr eingesetzt.

Trotz vielfältiger Bindungsmaßnahmen sind insbesondere für etablierte Energiedienstleister in der letzten Zeit die Abwanderungsraten der Kunden höher als die Neuzugänge. Daher spielt im Rahmen von Gefährdungsphasen insbesondere das Kündigerpräventionsmanagement eine wichtige Rolle. Die Geschäftsbeziehung der aktuellen Kunden ist zwar in ihrem Beziehungsstatus gefährdet, aber noch nicht beendet. Ziel der Kündigerprävention ist daher, die gefährdeten Geschäftsbeziehungen zu stabilisieren, um Kündigungen zu verhindern und die Abwanderungsrate der Kunden zu senken (Michalski 2006).

Ein **Kündigerpräventionsmanagement** erfüllt im Wesentlichen drei Aufgaben:

1. Analyse spezifischer Rahmenbedingungen und Ermittlung relevanter Frühwarnindikatoren,
2. Aufbau eines Frühwarnsystems,
3. Durchführung von Präventionsmaßnahmen.

Bei der **Ermittlung relevanter Frühwarnindikatoren** werden zunächst aussagekräftige branchen- oder unternehmensspezifische Signale bestimmt, die darauf hindeuten, dass ein Kunde innerhalb eines definierten Zeitraums mit hoher Wahrscheinlichkeit wechseln will (Meyer 2009). Eine bevorstehende Kündigung zeichnet sich in der Energiebranche in der Regel nicht durch eine Reduktion der Leistungsinanspruchnahme (sinkender Strom- oder Gasverbrauch) aus (Schieder und Frye 2008).

Hinweise auf relevante Frühwarnindikatoren geben die Ergebnisse von Kündiger- und Neukundenbefragungen oder systematische Datenanalysen von ehemaligen und aktuellen Kunden. So können bspw. direkt oder indirekt geäußerte Wechselankündigungen oder Produktanfragen im schriftlichen, telefonischen oder persönlichen Kontakt als erste Indikatoren für eine drohende Kündigung gewertet werden. Des Weiteren können Beschwerden der Kunden als Indikator für eine potenzielle Kundenabwanderung gesehen werden. Kunden, die unzufrieden sind und sich beim Energieanbieter beschweren, stellen i. d. R. ein höheres Abwanderungsrisiko dar. Darüber hinaus können Änderungen der Lebensverhältnisse beim Kunden, wie Umzug, Jobwechsel oder Heirat zur Auflösung seines Vertrags beim Energiedienstleister führen. Oft überprüfen Menschen in solchen einschneidenden Situationen viel stärker bestehende Lösungen. Damit steigt die Veränderungsneigung. Ferner können vertragliche Fixpunkte, wie das Auslaufen der Erstvertragslaufzeit, der Preisgarantie oder der Kündigungsfrist die Kundenabwanderung begünstigen.

Als weitere Kündigungsanlässe im Energiemarkt können die jährliche Energierechnung bzw. die vom Energieanbieter kommunizierte Preisanpassung gesehen werden. Stehen die Frühwarnindikatoren fest, gilt es, Sollwerte zu definieren, bei deren Über- oder Unterschreiten der Kunde als abwanderungsgefährdet eingestuft wird (Seidl 2009).

Im zweiten Schritt erfolgt der **Aufbau eines Frühwarnsystems.** Mit Hilfe von Data-Mining-Methoden müssen die Frühwarnindikatoren im Datenbestand ermittelt sowie die individuelle Abwanderungswahrscheinlichkeit der Kunden prognostiziert werden. Ziel

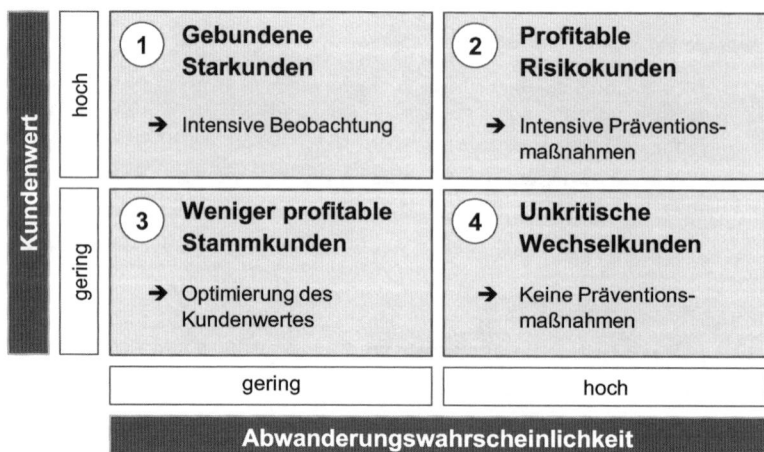

Abb. 6 Segmentierung nach Kundenwert und Abwanderungswahrscheinlichkeit

des Frühwarnsystems ist die Identifizierung der wechselgefährdeten Kunden. Für das Management von Kundenbeziehungen ergibt sich, dass bei einer systematischen Beobachtung von Kundenbeziehungen hinsichtlich der ermittelten Frühwarnindikatoren (aktives Monitoring) Abwanderungstendenzen im Vorfeld erkannt und im besten Fall verhindert werden können (Bruhn 2009b; Seidl 2009; Stauss 2006).

Unternehmensinterne Kundendaten bilden die Grundlage für den Einsatz von Data-Mining-Analysemethoden zur Berechnung der Abwanderungswahrscheinlichkeit. Neben Identifikationsdaten (z. B. Name, Anrede), Kontaktdaten (z. B. Adresse, Telefon, E-Mail), stehen Deskriptionsdaten (z. B. Verbrauch, Bonität, Zahlungsart), Produkt- und Vertragsdaten (z. B. Tarifbezeichnung, Vertragsdauer, -ende) sowie Daten zur Kontakt- und Kommunikationshistorie (z. B. Beschwerden, Nutzung Kundenkarte, Reaktion auf Mailings) zur Verfügung. Zur Ergänzung der unternehmensinternen Kundendaten sind unternehmensexterne Daten geeignet, die von Marketingdienstleistern (z. B. Schober, Deutsche Post) bezogen werden können. Mit deren Hilfe kann die Kundendatenbank zur Kündigerprävention vor allem qualitativ aufgewertet werden. Bspw. können die internen Kundendaten durch mikrogeographische Daten mit Informationen über Haushaltsstrukturen, Wohnungsgrößen, Wohngebietsklassifizierung, Internetaffinität ergänzt werden. Darüber hinaus liefern auch onlinebasierte Auswertungen (z. B. die Informationssuche des Kunden mittels Google-Anfragen) wichtige Erkenntnisse und können als Wechselindikator herangezogen werden.

Schließlich besteht die dritte Aufgabe des Energiedienstleisters darin, der bevorstehenden Abwanderung anhand **zielgerichteter Kundenbindungs- und Präventionsmaßnahmen** entgegenzusteuern (Seidl 2009; Stauss 2006). Dafür wird zunächst eine Segmentierung der Privatkunden nach dem Kundenwert und der Abwanderungswahrscheinlichkeit vorgenommen, um mit Priorität die profitablen und abwanderungswilligen Kunden in der Kündigerpräventionsstrategie zu bearbeiten (vgl. Abb. 6).

Es liegt auf der Hand, dass die Präventionsmaßnahmen den größten Erfolg aufweisen, welche den häufigsten Kündigungsgründen und -anlässen gerecht werden. Im Rahmen der jährlichen Rechnung kann der Einsatz eines Rechnungsbeilegers sinnvoll sein, welcher in Abhängigkeit des aktuellen Produkts und der Rechnungshöhe (Rückerstattung vs. Nachzahlung) ausgesteuert wird. Der Rechnungsbeileger kann bspw. Informationen zur Zusammensetzung des Strompreises geben, um die Kunden aufzuklären, dass nur noch 35 % des Preises am Markt gebildet werden. Dagegen werden zwei Drittel des Strompreises nicht durch den Energieanbieter beeinflusst, da dieser größere Anteil der Kundenrechnung durch Steuern, Abgaben und regulierte Netzentgelte bestimmt wird. Insbesondere neue Produkt- und Preisangebote (z. B. Koppelprodukte Strom & Gas, Preisgarantien, Value-Added-Services) können zukünftige Kündigungen verhindern.

Vor allem Inbound-Gespräche des Kunden (wenn er mit dem Energieanbieter in Kontakt tritt) und persönliche Beratungen in Kundencentern sollten genutzt werden, um auf den kundenindividuellen Bedarf einzugehen und Möglichkeiten zur Energiekostensenkung aufzuzeigen. Im Internet ermöglicht ein Online-Kundencenter die Datenverwaltung, Zählerstandseingabe, Rechnungsdownload bzw. den Abschluss weiterer oder neuer Sonderprodukte und zahlt damit auf die Kundenbindung ein (Verivox und Kreutzer 2013). Innovative Serviceerlebnisse erreichen Energieanbieter auf der eigenen Website durch onlinebasierte Informations- und Erklärvideos (z. B. zu neuen Produkten oder zur Rechnungserläuterung). Chat-Lösungen können die interaktive Kundenkommunikation (z. B. über Social-Media-Kanäle) fördern.

Ist der Kunde im Laufe seiner Kundenbeziehung unzufrieden, äußert er Beschwerden bzw. seine Kündigungsabsicht, kann der Energiedienstleister mit einem reaktiven Sonderangebot ähnlich wie in der Telekommunikationsbranche reagieren. Dabei handelt es sich um ein besonderes Vorteilsangebot (z. B. Produkt mit extra langer Preisgarantie oder einem kostenlosen Energiesparpaket), welches dem abwanderungsgefährdeten und werthaltigen Kunden nur reaktiv unterbreitet wird. Unterstützend kann dabei der Einsatz eines Treuebonus wirken, um den Kunden mit Kündigungsabsicht von der Fortführung seiner aktuellen Geschäftsbeziehung zu überzeugen.

Darüber hinaus führt die **Optimierung der Preisanpassung** zur Senkung der Abwanderungsrate: Das Preisanpassungsschreiben erzeugt erhöhte Aufmerksamkeit beim Kunden, so dass es die Chance bietet, weitere attraktive Produkte anzubieten, die der Kunde alternativ wählen kann. Größter Nachholbedarf im Energiemarkt besteht in der Belohnung der Kundentreue. Während Wechselprämien zur Kundenneugewinnung bzw. -rückgewinnung üblich sind, sollten auch Treueprodukte und -prämien insbesondere bei langjährigen Kunden eingesetzt werden, um ihm die entsprechende Wertschätzung entgegenzubringen und ihn zur Verlängerung seiner bisherigen Kundenbeziehung zu motivieren sowie sein Interesse an Angeboten Dritter zu schmälern.

Schließlich können Energiedienstleister vor dem Hintergrund der aktuellen Marktentwicklung innovative Geschäftsfelder aufbauen, um wertvolle Kunden weiterhin zufriedenzustellen und von der Kündigung abzuhalten. Vor allem dezentrale Geschäftsmodelle wie Energieberatungen, Energieeffizienzdienstleistungen, Förderprogramme, Verkauf von

Anlagen und Technologien (z. B. Wärmepumpe), Contracting-Modelle[6], Smart Home[7], oder Energiemanagement-Systeme (z. B. Smart Metering[8]) können Kunden einen signifikanten Nutzen stiften und ihn längerfristig an das Energieunternehmen binden. Bürgerbeteiligungsmodelle in Kooperation mit lokalen Finanzdienstleistern wie der Sparkasse dienen zur Finanzierung von erneuerbaren Erzeugungsanlagen. Neben einem positiven Imageeffekt tragen solche Angebote auch zur Kundenbindung bei, wenn bspw. Kunden eine höhere Verzinsung zugesagt wird als Nichtkunden (Verivox und Kreutzer 2013).

4.3 Rückgewinnungsmanagement

Das **Rückgewinnungsmanagement** beschäftigt sich mit der Reakquisition werthaltiger, verlorener Kunden, die explizit die Geschäftsbeziehung gekündigt und das Unternehmen verlassen haben. Ziel ist es, in dieser Phase des Kundenbeziehungslebenszyklus die bereits beendete Kundenbeziehung zu reaktivieren (Bruhn 2009b; Bruhn und Michalski 2008; Stauss 2006). Damit setzt das Rückgewinnungsmanagement dort ein, wo Maßnahmen der Kundenbindung bisher erfolglos geblieben sind. Im Vergleich zur Akquisition neuer Kunden gibt es einige Unterschiede, da ehemalige Kunden das Unternehmen mit seinen Stärken und Schwächen bereits kennen. Zu nennen sind hier u. a. die Aspekte Serviceerfahrung, Emotionalisierung sowie insbesondere die Kommunikation.

Das Management der Kundenrückgewinnung umfasst beim Energieanbieter die folgenden vier Abschnitte:

1. Identifizierung der verlorenen Kunden,
2. Kundenindividuelle Rückgewinnungsanalyse und Klassifizierung,
3. Planung und Umsetzung der Rückgewinnungsmaßnahmen,
4. Betreuung der zurückgewonnenen Kunden.

Die **Identifikation der verlorenen Kunden** bildet den ersten Schritt im Rückgewinnungsprozess. Im Energiemarkt ist der Verlust des Kunden durch die Kündigung eines Vertragsverhältnisses identifizierbar. Diese Kündigung wird entweder durch den Kunden selbst oder im Auftrag des Kunden durch den neuen Energieanbieter ausgesprochen. Die Identifizierung der Kündiger aus dem CRM-System bildet damit die Grundlage zur Kundenrückgewinnung. Im Rahmen der Selektion sollten dabei mögliche Erstvertragslaufzeiten

---

[6] Contracting versteht die Beratung, Planung, Finanzierung und den Betrieb von Anlagen innerhalb eines vertraglich fixierten Zeitraums durch ein Dienstleistungsunternehmen.

[7] Smart Home dient zur automatisierten Steuerung von Hausfunktionen wie Heizung, elektrische Geräte, Multimedia-Einrichtung, Sicherheitssysteme etc.

[8] Smart Meter sind Angebote zur Messung, Beobachtung und Analyse des eigenen Verbrauchs mit dem Ziel der Energiekostenreduzierung.

beim neuen Energieanbieter, die rechtlichen Rahmenbedingungen u. a. aus dem Daten-schutz und schlicht die Tatsache, dass die Kundendaten veralten, berücksichtigt werden.

Zusätzlich zu den wesentlichen Stammdaten der verlorenen Kunden müssen weitere Informationen über die gewechselten Kunden mit Hilfe einer **kundenindividuellen Rück-gewinnungsanalyse** gewonnen werden. Im Vordergrund steht dabei die Ermittlung der Wechselgründe, die im Kunden selbst, im unternehmerischen Verhalten oder im Wettbe-werberverhalten begründet sein können (Schöler 2006). Die Erhebung der Kündigungs-motive kann mit Hilfe einer Kündigerbefragung oder hilfsweise durch Nutzung allgemein zugänglicher Marktforschung erfolgen. Dabei wird bspw. deutlich, dass Kundenabwande-rungen zu einem wesentlichen Teil durch den Energieanbieter selbst initiiert werden, da unternehmensbezogene Wechselgründe (schlechtes Preis-Leistungs-Verhältnis, fehlende Produkt-Feature oder fehlende Preisgarantie) am häufigsten genannt werden. Gleichwohl sind wettbewerbsinduzierte Ursachen (z. B. Vertreterbesuche oder Telefonanrufe von Konkurrenten) sowie kundenbezogene Motive (z. B. Umzug, Preisvergleiche im Internet, Empfehlungen von Freunden und Bekannten) für einen Anbieterwechsel von Bedeutung.

Die allgemeinen Marktforschungen stellen weiterhin fest, dass Zufriedenheit mit dem Energieanbieter allein noch keine Kundenbindung hervorruft. Obwohl der überwiegende Teil der kündigenden Privatkunden (sehr) zufrieden mit ihrem Energiedienstleister ge-wesen sind, haben sie dennoch den Anbieter gewechselt. Somit war die Verbundenheit der zufriedenen Kunden mit dem Energielieferanten nur gering ausgeprägt. **Wettbewerber-und kundenbezogene Wechselgründe** können eine Erklärung dafür sein, warum trotz allgemeiner Zufriedenheit Kundenabwanderungen zu verzeichnen sind. Ferner gibt es auch im Energiebereich Variety Seeker und hybride Kunden (Hannemann 2001). Gene-rell gilt es zu beachten, dass ein Anbieterwechsel in der Regel nicht nur auf einen Grund zurückgeführt werden kann, sondern meist eine Kombination mehrerer Gründe darstellt.

Ein wichtiger Aspekt für das Rückgewinnungsmanagement bildet die Rückkehrwahr-scheinlichkeit zum ehemaligen Energieanbieter. Viele Kunden sind bei einem anspre-chenden Preis-Leistungs-Verhältnis für eine Rückkehr offen. Nur wenige Kunden ziehen grundsätzlich keine Rückkehr in Betracht.

Die Kündigerbefragungen und -analysen bilden damit für jeden Energiedienstleister ein wichtiges Instrument zur Informationsgewinnung über ehemalige Kunden. Die durch das Monitoring gewonnenen Erkenntnisse über individuelle Wechselanlässe und -grün-de fließen einerseits in die Gestaltung der Rückgewinnungsmaßnahmen ein. Andererseits liefern die Analysen eine Vielzahl von Informationen, die im Rahmen einer kundenori-entierten Leistungsverbesserung und einer kontinuierlichen Qualitätssteigerung genutzt werden können.

Kundenwertbetrachtungen zur Segmentierung der ehemaligen Kunden in rentable und unrentable Kunden bilden den nächsten Schritt der Rückgewinnungsanalyse. Anhand ei-ner Scoring-Methode ist die Vorselektion der Kunden, die werthaltig waren und aufgrund ihrer grundsätzlichen Rückkehrbereitschaft zum Unternehmen zurückholbar sind, sinn-voll.

Die **Planung und regelmäßige Umsetzung von Maßnahmen zur Kundenrückgewinnung** wird nun in der dritten Phase des Prozesses nach möglichst strengen Kosten-NutzenBetrachtungen durchgeführt. Zunächst ist der Kontaktkanal auszuwählen, der sich tendenziell am gewohnten bzw. vom Kunden präferierten Kommunikationsweg orientieren sollte (Schöler 2006). Aufgrund rechtlicher Vorschriften (u. a. Datenschutz, Fernabsatzgesetz etc.) ist die schriftliche Ansprache der ehemaligen Kunden heute die Regel.

Für die Gestaltung des Angebots zur Reaktivierung spielt der Rückgewinnungsanreiz eine wichtige Rolle. Grundsätzlich können dabei verschiedene Formen unterschieden werden: Finanzielle Anreize sind meist in Form von Rückkehrprämien, Gutschriften oder Willkommensgeschenken zu finden. Während ein direkt monetärer Anreiz bspw. ein Preisnachlass sein kann, sind indirekt monetäre Anreize meistens zusätzliche Serviceleistungen. Darüber hinaus können immaterielle Anreize eingesetzt werden, die leistungsbezogen (in Form von Garantien) oder kommunikationsbezogen (in Form von Preisvergleichen, Erklärungen, Nutzenargumentationen) wirken (Schöler 2006). Relativ selten wird auf die frühere Vertragsbeziehung eingegangen.

Der Rückgewinnungsprozess ist mit der Implementierung der Reakquisemaßnahmen noch nicht beendet. Die Phase der **Wiedereingliederung der reaktivierten Kunden** bildet den Abschluss der Kundenrückgewinnung. Dies bedeutet, dass die zurückgewonnenen Kunden durch das Kundenbindungsmanagement bzw. die verantwortliche Serviceeinheit integriert werden müssen. Damit wird sichergestellt, dass die in der Rückgewinnung gegebenen Versprechen (z. B. die Auszahlung einer Wechselprämie) eingehalten und ggf. alte Defizite ausgeräumt werden (Schöler 2006).

5   Fazit

Customer-Relationship-Management als systematischer Auf- und Ausbau langfristiger und profitabler Geschäftsbeziehungen hat in den vergangenen Jahren auch im Energiemarkt eine stark zunehmende Bedeutung erlangt. Besonders vor dem Hintergrund hoher Kosten für die Neukundengewinnung und sinkender Kundenloyalität, verbunden mit steigenden Abwanderungsraten und verstärkten Wettbewerberaktivitäten, wird eine intensive Auseinandersetzung mit den Themen Kundenbindung, Früherkennung und Prävention von Kundenabwanderungen und Rückgewinnung verlorener Kunden für Energieanbieter immer wichtiger.

Der vorliegende Beitrag gibt einen Einblick zu unterschiedlichen Möglichkeiten des Kundenmanagements in der Energiebranche. Wichtig dabei ist, dass die vorgestellten Instrumente und Konzepte nicht als einzelne, unabhängige Themenkomplexe oder ausschließlich als IT-Thema gesehen werden. Die positive Wirkung eines integrierten CRMs kann sich erst voll entfalten, wenn die Instrumente des Kundenmanagements vollständig vernetzt umgesetzt werden.

Für den Energiemarkt ist in den kommenden Jahren ein weiteres Ansteigen der Wechselquoten zu erwarten. Auch der Auftritt branchenfremder Marktteilnehmer, z. B. aus dem

Telekommunikationsbereich, ist wahrscheinlich. Dadurch wird sich künftig der Wettbewerb um wechselbereite Kunden noch mehr verstärken. Nicht zuletzt stellen die Energiewende und der damit verbundene Aufbau innovativer und die Weiterentwicklung bestehender Geschäftsmodelle die Energiedienstleister vor große Herausforderungen. Aus diesen Gründen wird das Thema CRM im Rahmen von integrierten Akquisitions-, Kundenbindungs- und Rückgewinnungsprozessen auch zukünftig einen großen Stellenwert einnehmen. Wettbewerbsintensive Energiemärkte wie in Großbritannien oder Skandinavien zeigen, dass gerade Unternehmen, die sich auf effektive CRM-Prozesse fokussieren, erfolgreich wachsen können.

Literatur

Breidenbach, P. (2009). Kunde König? *BWK Das Energie-Fachmagazin, 61*, 3.

Bruhn, M. (2009a). Das Konzept der kundenorientierten Unternehmensführung. In H. H. Hinterhuber & K. Matzler (Hrsg.), *Kundenorientierte Unternehmensführung: Kundenorientierung – Kundenzufriedenheit – Kundenbindung* (6. Aufl., S. 34–68). Wiesbaden: Gabler.

Bruhn, M. (2009b). *Relationship Marketing: Das Management von Kundenbeziehungen* (2. Aufl.). München: Vahlen.

Bruhn, M. (2011). Commodities im Dienstleistungsbereich: Besonderheiten und Implikationen für das Marketing. In M. Enke, A. Geigenmüller, & A. Leischnig (Hrsg.), *Commodity Marketing: Grundlagen – Besonderheiten – Erfahrungen* (2. Aufl., S. 57–77). Wiesbaden: Gabler.

Bruhn, M., & Michalski, S. (2008). Kundenabwanderung als Herausforderung des Kundenbindungsmanagements. In M. Bruhn & C. Homburg (Hrsg.), *Handbuch des Kundenbindungsmanagement: Strategien und Instrumente für ein erfolgreiches CRM* (6. Aufl., S. 272–294). Wiesbaden: Gabler.

Bundesministerium für Wirtschaft und Technologie (BMWi). (2012). Die Energiewende in Deutschland: Mit sicherer, bezahlbarer und umweltschonender Energie bis ins Jahr 2015. Berlin.

Bundesverband der Energie- und Wasserwirtschaft (BDEW), & Promit Marktforschung. (2012a). BDEW Kundenfokus Haushalte: Repräsentative Bundesstudie 2012. Berlin.

Bundesverband der Energie- und Wasserwirtschaft (BDEW). (2012b). Handlungsempfehlungen zum Aufbau von Marktpartnerschaften. Berlin.

Bundesverband der Energie- und Wasserwirtschaft (BDEW). (2012c). Wettbewerb 2012: Wo steht der deutsche Energiemarkt? Berlin.

Bundesverband der Energie- und Wasserwirtschaft (BDEW). (2013a). BDEW-Energiemonitor 2013: Das Meinungsbild der Bevölkerung. Berlin.

Bundesverband der Energie- und Wasserwirtschaft (BDEW). (2013b). Wechselverhalten im Energiemarkt 2010. Berlin.

Bundesverband der Energie- und Wasserwirtschaft (BDEW). (2013c). Vielfalt im Energiemarkt. April 2013. Berlin.

Busch, H., Esch, F.-R., & Knörle, C. (2009). Integrierte Markenwertplanung der EnBW. In F.-R. Esch & W. Armbrecht (Hrsg.), *Best practice der Markenführung* (S. 356–369). Wiesbaden: Gabler.

Check 24. (2013). Wechselmonitor: Berliner wechseln am häufigsten den Stromanbieter. http://www.check24.de/files/p/2013/d/0/d/3234-2013-07-16_check24_pm_wechselaffinitaet_der_check24-kunden.pdf. Zugegriffen: 16. Juli 2013.

Dangelmaier, W., Uebel, M. F., & Helmke, S. (2004). Grundrahmen des Customer Relation ship Management-Ansatzes. In M. F. Uebel, S. Helmke, & W. Dangelmaier (Hrsg.), *Praxis des Customer Relationship Management: Branchenlösungen und Erfahrungsberichte* (2. Aufl., S. 3–16). Wiesbaden: Gabler.

Dressler, M., & Nickening, C. (2009). Determinanten zur Wechsel- und Bleibebereitschaft von privaten Endverbrauchern im deutschen Strommarkt. *Betriebswirtschaftliche Forschung und Praxis, 61,* 322–339.

Ernst & Young, & Bundesverband der Energie- und Wasserwirtschaft (BDEW). (2012). Stadtwerksstudie 2012– Stadtwerke: Gestalter der Energiewende. Düsseldorf.

Ernst & Young, & Die Deutsche Energie-Agentur (dena). (2013). Deutscher Energiewende-Index. 2. Quartal 2013. Berlin.

Flauger, J., & Iwersen, S. (2013, 4. Juni). Wächter für Strom und Gas. *Handelsblatt, 104,* 18.

Garcia, A. G., & Rennhak, C. (2006). Kundenbindung – Grundlagen und Begrifflichkeiten. In C. Rennhak (Hrsg.), *Herausforderung Kundenbindung* (S. 3–14). Wiesbaden: DUV.

Georgi, D. (2008). Kundenbindungsmanagement im Kundenbeziehungslebenszyklus. In M. Bruhn & C. Homburg (Hrsg.), *Handbuch des Kundenbindungsmanagement: Strategien und Instrumente für ein erfolgreiches CRM* (6. Aufl., S. 250–270). Wiesbaden: Gabler.

Gruner & Jahr. (2008). G+J Branchenbild Energiewirtschaft Nr. 15. Hamburg.

Haas, A. (2006). Interessentenmanagement. In H. Hippner & K. D. Wilde (Hrsg.), *Grundlagen des CRM: Konzepte und Gestaltung* (2. Aufl., S. 443–471). Wiesbaden: Gabler.

Hannemann, E. (2001). Markenwerte schaffen und managen – neue Erlösquellen für EVU. *ew – Das Magazin für die Energiewirtschaft, 100,* 26–29.

Helmke, S., Uebel, M. F., & Dangelmaier, W. (2008). Grundsätze des CRM-Ansatzes. In S. Helmke, M. F. Uebel, & W. Dangelmaier (Hrsg.), *Effektives Customer Relationship Management: Instrumente – Einführungskonzepte – Organisation* (4. Aufl., S. 3–24). Wiesbaden: Gabler.

Hippner, H. (2006). CRM – Grundlagen, Ziele und Konzepte. In H. Hippner & K. D. Wilde (Hrsg.), *Grundlagen des CRM: Konzepte und Gestaltung* (2. Aufl., S. 16–44). Wiesbaden: Gabler.

Hippner, H., Rentzmann, R., & Wilde, K. D. (2006). CRM aus Kundensicht – Eine empirische Untersuchung. In H. Hippner & K. D. Wilde (Hrsg.), *Grundlagen des CRM: Konzepte und Gestaltung* (2. Aufl., S. 296–223). Wiesbaden: Gabler.

Homburg, C., & Sieben, F. G. (2008). Customer Relationship Management (CRM) – Strategische Ausrichtung statt IT-getriebenen Aktivismus. In M. Bruhn & C. Homburg (Hrsg.), *Handbuch des Kundenbindungsmanagement: Strategien und Instrumente für ein erfolgreiches CRM* (6. Aufl., S. 501–528). Wiesbaden: Gabler.

Kreutzer Consulting & Nordlight Research. (2013). Vertriebskanalstudie Energie 2013: Marktanteile der Vertriebskanäle und vertriebsrelevante Prozesse beim Energieversorgerwechsel. München/ Hilden.

Laker, M. (2001). Marketing für Elektrizitätsversorgungsunternehmen. In D. K. Tscheulin & B. Helmig (Hrsg.), *Branchenspezifisches Marketing: Grundlagen – Besonderheiten – Gemeinsamkeiten* (S. 99–119). Wiesbaden: Gabler.

Laker, M., & Tillmann, D. (2000). Wettbewerbsstrategien. In M. Laker (Hrsg.), *Marketing für Energieversorger: Kunden binden und gewinnen im Wettbewerb* (S. 65–91). Wien: Ueberreuter.

Meyer, M. (2009). Vorbereitung eines Churn-Warnsystems bei einer Direktbank. In J. Link & F. Seidl (Hrsg.), *Kundenabwanderung: Früherkennung, Prävention, Kundenrückgewinnung: Mit erfolgreichen Praxisbeispielen aus verschiedenen Branchen* (S. 238–267). Wiesbaden: Gabler.

Michalski, S. (2006). Kündigerpräventionsmanagement. In H. Hippner & K. D. Wilde (Hrsg.), *Grundlagen des CRM: Konzepte und Gestaltung* (2. Aufl., S. 584–604). Wiesbaden: Gabler.

Monopolkommission. (2011). Energie 2011: Wettbewerbsentwicklung mit Licht und Schatten, Sondergutachten der Monopolkommission gemäß § 62 Abs. 1 EnWG. Bonn.

Putz & Partner Unternehmensberatung. (2013). Wechselbereitschaft von Stromkunden 2013: Bevölkerungsrepräsentative Umfrage vom 11. Januar 2013. Hamburg.

Reith, T. (2012). Die Wechselbereitschaft von Energiekunden automatisch erkennen. *Energiewirtschaftliche Tagesfragen, 62,* 70–73.

Sander, B., & Dörner, J. P. (2012). Geschäftsmodelle im Umbruch – neue Regeln, neue Kunden, neue Spieler im Energiemarkt. In Batten & Company. (Hrsg.), *Insights 16*. Düsseldorf.

Schieder, C., & Frye, M. (2008). Analytisches CRM in der Energiewirtschaft. *Customer & Supplier Relationship Management HMD, 259,* 63–73.

Schikarski, A. (2005). *Markenbildung und Markenwechsel im deregulierten Strommarkt: Verhaltenswissenschaftliche Determinanten und Implikationen.* Wiesbaden: DUV.

Schöler, A. (2006). Rückgewinnungsmanagement. In H. Hippner & K. D. Wilde (Hrsg.), *Grundlagen des CRM: Konzepte und Gestaltung* (2. Aufl., S. 606–631). Wiesbaden: Gabler.

Seidl, F. (2009). Customer Recovery Management und Controlling: Erfolgsmodellierung im Rahmen der Kundenabwanderungsfrüherkennung, -prävention und Kundenrückgewinnung. In J. Link & F. Seidl (Hrsg.), *Kundenabwanderung: Früherkennung, Prävention, Kundenrückgewinnung: Mit erfolgreichen Praxisbeispielen aus verschiedenen Branchen* (S. 4–34). Wiesbaden: Gabler.

ServiceBarometer. (2012). Kundenmonitor Deutschland 2012. München.

Stauss, B. (2006). Grundlagen und Phasen der Kundenbeziehung: Der Kundenbeziehungs-Lebenszyklus. In H. Hippner & K. D. Wilde (Hrsg.), *Grundlagen des CRM: Konzepte und Gestaltung* (2. Aufl., S. 422–442). Wiesbaden: Gabler.

TNS Infratest. (2009). Wechselverhalten, Bedeutung der Marke und Kundenbindung im Strommarkt: Ergebnisse aus der Studie „Strommarkt 2009". München.

Verivox, & Kreutzer Consulting. (2012). Energiemarktreport 2011/2012. Heidelberg u. a.

Verivox, & Kreutzer Consulting. (2013). Energiemarktreport 2013. Heidelberg u. a.

Zweigle, T. M. (2009). Kundenabwanderungsprävention durch ganzheitlich integratives Vertriebsinformationsmanagement. In J. Link & F. Seidl (Hrsg.), *Kundenabwanderung: Früherkennung, Prävention, Kundenrückgewinnung: Mit erfolgreichen Praxisbeispielen aus verschiedenen Branchen* (S. 291–311). Wiesbaden: Gabler.

Lohse, Lutz
Springer Fachmedien Wiesbaden GmbH, Abraham-Lincoln-Str. 46,
65189 Wiesbaden, Deutschland
E-Mail: author@noreply.de

Künzel, Manuela
Springer Fachmedien Wiesbaden GmbH, Abraham-Lincoln-Str. 46,
65189 Wiesbaden, Deutschland
E-Mail: author@noreply.de

Die Rolle von Preiskenntnis und Preiserwartungen für das Kundenmanagement von Telekommunikationsanbietern

Doreén Pick

Inhaltsverzeichnis

D. Pick (✉)
Marketing Department Fachbereich Wirtschaftswissenschaft, Marketing Department,
Freie Universität Berlin, Otto-von-Simson-Str. 19,
14195 Berlin, Deutschland
E-Mail: doreen.pick@fu-berlin.de

M. Enke et al. (Hrsg.), *Commodity Marketing*,
DOI 10.1007/978-3-658-02925-8_17, © Springer Fachmedien Wiesbaden 2014

Zusammenfassung

Tendenzen der Commoditisierung von Produkten und Dienstleistungen gibt es längst nicht mehr nur im Business-to-Business-Kontext. Auch viele Märkte des Business-to-Consumer-Geschäfts sind von der Homogenisierung der Leistungen betroffen. Vor allem der Telekommunikationsmarkt hat sich in den letzten Jahren stark homogenisiert, d. h. Konsumenten nehmen nur geringe bis keine Unterschiede in den Leistungsqualitäten wahr. Zu dieser Commoditisierung haben sicher verschiedene Marketingmaßnahmen, die wettbewerbsbezogen vor allem auf den Preis ausgerichtet werden, beigetragen. Für die Marketingforschung und Marketingpraxis stellt sich daher die Frage, inwieweit es Strategieansätze der Preispolitik geben könnte, die zu einer Verlangsamung der Commoditisierung beitragen können.

In dem vorliegenden Beitrag werden Ergebnisse einer empirischen Studie zum impliziten und expliziten Preiswissen von Telekommunikationskunden vorgestellt. Darüber hinaus werden die Preiserwartungen nach den beiden Kategorien der normativen und antizipatorischen Erwartungen unterschieden und in den Kontext der Kundenrückgewinnung gestellt. Deutlich wird, dass Kunden hohe normative Preisdiscounterwartungen haben; vier von fünf Kunden erwarten Preisnachlässe für ihre Rückkehr zu einem früheren Telekommunikationsanbieter.

1 Einleitung

Nach Jahren der Stagnation der Umsätze bzw. einem Rückgang der Anschlüsse, insbesondere im Festnetzsegment, konsolidiert sich die Telekommunikationsbranche mit der geplanten Übernahme von E-Plus durch die deutsche Tochter von Telefonicá O2 weiter. Was für die Konsumenten in Zukunft höhere Preise bedeuten dürfte (Maier 2013), ist für den dritt- und viertgrößten Anbieter im Markt beinahe eine Notwendigkeit, um die Erträge kurzfristig zu stabilisieren und langfristig zu erhöhen. Der Telekommunikationsmarkt steht nicht erst seit kurzem unter einem hohen Konsolidierungsdruck.[1] Seit der Liberalisierung des deutschen Telekommunikationsmarkts Ende der 1990er-Jahre sind die Minutenpreise für Telefongespräche kontinuierlich gesunken. Zum Teil kostet heute eine Telefonminute im Festnetz weniger als 0,01 €. Die Generierung hoher Deckungsbeiträge allein über den Verkauf dieser Leistungen ist vor dem Hintergrund dieser Preisentwicklung unwahrscheinlich geworden. In der wissenschaftlichen Literatur wird dabei eine Verbindung zwischen dem Phänomen geringer Deckungsbeiträge und dem Konzept der Commoditisierung hergestellt. Güter, die aus Sicht der Nachfrager wenig oder gar nicht differenziert sind und zudem auf einem anonymen Markt angeboten werden, werden als **Commodities** charakterisiert (u. a. Backhaus und Voeth 2010; Homburg 2012). Solche Commodities wa-

---

[1] Es ist zu erwarten, dass dieser Wettbewerbsdruck weiter ansteigen wird, da andere Unternehmen wie Internetunternehmen in den Markt für Telekommunikation eintreten. Teilweise wird sogar eine Verdrängung der Telekommunikationsunternehmen prognostiziert (o. V. 2012).

ren bisher fast ausschließlich Güter, die zwischen Business-to-Business-Unternehmen und an Warenterminbörsen gehandelt wurden, wie Rohstoffe und Agrargüter. Zunehmend werden in der wissenschaftlichen Debatte aber auch Produkte und Dienstleistungen für Konsumenten als Commodities klassifiziert.

Für den von der Commoditisierung betroffenen Telekommunikationsmarkt ergibt sich daher die Frage, ob und inwieweit preisbezogene Strategieansätze existieren, die wohl nicht die Commoditisierung in ihrer Gänze stoppen können, die aber zur Verlangsamung des Prozesses beitragen und damit die Basis für langfristige und nicht-preisbezogene Marketingmaßnahmen schaffen können. Dieser Fragestellung nimmt sich der folgende Beitrag an. In dem vorliegenden Artikel wird die Literatur zum Preis- und Kundenmanagement aufbereitet, um die zentralen Facetten unternehmerischer Preisstrategien – die Preiskenntnis und die Preiserwartungen – in einen Bezug zum Kundenlebenszyklus zu setzen. Basis der Ausführungen einzelner Abschnitte in Kap. 3 ist eine durchgeführte explorative Untersuchung zu Preiskenntnis und Preiserwartungen. Die Arbeit ist wie folgt strukturiert: In Kap. 2 werden die konzeptionellen Grundlagen zu Commodity Services vorgestellt. In Kap. 3 werden Grundlagen und Anwendungen von Preisstrategien im Telekommunikationssektor dargelegt. In diesem Kapitel werden die Befunde der Studie zu den Preiserwartungen von Telekommunikationskunden vorgestellt. Der Beitrag schließt mit einem Resümee in Kap. 4.

2 Commodity Services: Dienstleistungen als Commodities

2.1 Perspektiven der Commoditisierung

Noch vor zwei Dekaden wurde der Begriff Commodity ausschließlich für Güter verwendet, die zwischen Business-to-Business-Unternehmen gehandelt wurden. Wie bereits angeklungen, werden inzwischen auch Produkte und Dienstleistungen für Endkunden mit dem Terminus Commodity in Verbindung gebracht. Insbesondere bei Dienstleistungen ist dies eine bemerkenswerte Entwicklung, wenn man bedenkt, dass diese definitionsgemäß ohne eine Integration der Nachfrager nicht existieren dürften und allein durch diese Integration faktisch voneinander differenziert sein müssten. Aber warum werden einige Dienstleistungen, wie Telekommunikationsleistungen, überhaupt als austauschbar wahrgenommen? Die Frage lässt sich anhand der zwei Perspektiven der Commoditisierung beantworten.

Die **erste Perspektive** umfasst die Anbietersicht. Eine Dienstleistung wird von einem Unternehmen (oder einer Branche) standardisiert hergestellt und angeboten, dass die Leistung mit ihren Komponenten sich von anderen nicht mehr unterscheidet. Die technologiegetriebene, zunehmende Standardisierung der Leistungen durch die Unternehmen führt letztlich dazu, dass „[…] service production becomes more like manufacturing. Service

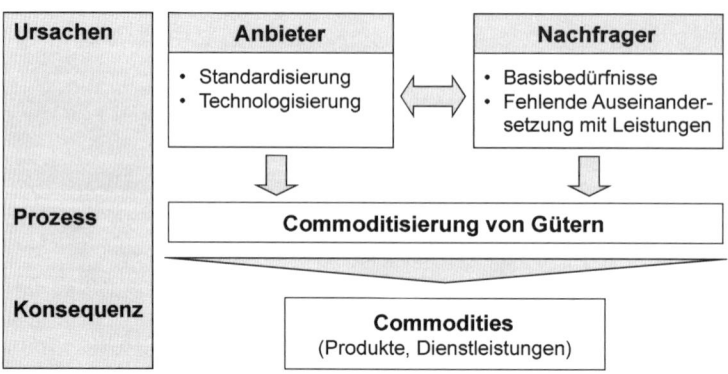

Abb. 1 Perspektiven der Commoditisierung von Gütern

products, especially information services, can be stored and sold as commodities" (Sundbo 1994, S. 253). Eine Dienstleistung ist also ein Commodity, weil der Anbieter die Leistung zu hohen Teilen standardisiert hat.

Die **zweite Perspektive** bezieht sich auf die Nachfragersicht. Hier nimmt ein Kunde eine Dienstleistung eines Anbieters (oder einer ganzen Branche) nicht als differenziert wahr. Dies kann daran liegen, dass sich seine Anforderungen auf Basisleistungen beziehen und für seine Bedürfniserfüllung kein differenziertes Gut erforderlich ist. Diese Wahrnehmung kann aber auch aus einer mangelnden Auseinandersetzung des Kunden mit den Eigenschaften bzw. dem Nutzen einer Leistung resultieren. Bislang ist gleichwohl nicht untersucht, ob und inwieweit Kunden in ihrer Wahrnehmung überhaupt zwischen unterschiedlichen Homogenitätsgraden unterscheiden. Allgemein kann jedoch davon ausgegangen werden, dass eine Person, die eine Dienstleistung über einen längeren Zeitraum nutzt bzw. genutzt hat, aufgrund eines Gewöhnungseffekts und der Kompetenz zur besseren Vergleichbarkeit von Alternativen einen höheren Homogenitätsgrad wahrnimmt, als Personen, die erst seit kurzem die Dienstleistung in Anspruch nehmen. Für Unternehmen ist folglich die Identifikation des Kundenanteils, der eine Leistung als homogen wahrnimmt, insofern wichtig, als nur dann passende Maßnahmen für die Marktbearbeitung abgeleitet werden können. In der folgenden Abb. 1 sind beide Perspektiven der Commoditisierung zusammengefasst.

Beide Perspektiven können unabhängig voneinander existieren, d. h. auch ohne eine planmäßige Standardisierung von Leistungen durch einen Anbieter kann ein Nachfrager diese als nicht differenziert wahrnehmen, z. B. bei dem generischen Gut Elektrizität. Allerdings kann aufgrund der zunehmenden Prozessorientierung und Technologisierung von Dienstleistungsunternehmen und ihren Angeboten eine Kausalität zwischen der Standardisierung und der Kundenwahrnehmung von Commodities angenommen werden. In diesem Fall können Dienstleistungsanbieter die Commoditisierung und ihre Umkehrung, die **Heterogenisierung**, zu einem gewissen Teil selbst beeinflussen. Bisweilen wird in der Literatur die Meinung vertreten, dass jede Kernleistung beinahe zwangsläufig zu einer Commodity wird: „Furthermore, as the core service sooner or later becomes a commodity as competition increases and the industry matures" (Sharma und Patterson 1999, S. 152). Während der Großteil der Marketingwissenschaftler die Existenz von Commodities nicht in Frage stellt, geht der amerikanische Marketingprofessor Levitt (1980) davon aus, dass es keinerlei Commodities gibt, sondern vielmehr jedes Gut differenzierbar ist. Seiner Auffassung nach sind Güter, die als Commodities bezeichnet werden, besser mit dem Begriff **generische Güter** zu erfassen. Aus einem generischen Gut wird spätestens durch den Verkauf (und des damit verbundenen Anpreisens) ein differenziertes Gut. Levitt zeigt am Beispiel der chemischen Industrie, wie ein generisches Produkt zu unterschiedlichen (und damit auch höheren) Preisen verkauft werden kann. Die Ursache hierfür liege vor allem in der abweichenden Preiskenntnis und Preissensitivität der Kundengruppen. Seine Schlussfolgerung schließlich lautet, dass das Marketing von Commodities nicht notwendigerweise nur preisbezogen ist. Diesen Gedanken, dass der Preis für Commodities nicht immer gleich und niedrig sein muss, greifen wir später wieder auf.

2.2   Begriff: Commodity Services

Das Resultat der oben genannten Entwicklungen auf Anbieter- und Nachfragerseite sind sogenannte **Commodity Services**. Dies sind „[…] Dienstleistungen, die vom Kunden als homogen wahrgenommen wurden und bei denen keine auf Leistungseigenschaften beruhende Präferenz für einen Anbieter besteht" (Bruhn 2011, S. 63). Mit der ausschließlichen Fokussierung auf die Kundenwahrnehmung fehlt jedoch die Perspektive der willentlichen Standardisierung einer Dienstleistung durch den Anbieter. Da diese Definition jedoch, insbesondere im Fall der Telekommunikationsdienstleister, nicht alle inhaltlichen Facetten einer homogenisierten Dienstleistung umfasst, bietet sich eine Erweiterung der Begriffsabgrenzung an. Im Folgenden verstehen wir daher unter Anlehnung an die Definition von Backhaus und Voeth (2010) und Bruhn (2011) unter Commodity Services jene Dienstleistungen, die vom Kunden als homogen wahrgenommen werden, keine auf Leistungseigenschaften beruhende Präferenz für einen Anbieter herstellen und/oder die vom Dienstleistungsanbieter so standardisiert sind, dass keine faktischen Unterschiede zu anderen Dienstleistungen der jeweiligen Kategorie existieren.

2.3   Betroffene Branchen und Strategien der Heterogenisierung

Commodity Services sind in vielen Dienstleistungsbereichen anzutreffen. So werden u. a. Bankdienstleistungen (insbesondere im Rahmen des Onlinebanking), Cateringleistungen, Reinigungsdienstleistungen, Call-Center-Leistungen und Warentransporte als Commodities wahrgenommen (Huang et al. 2007; Levitt 1980; McDonald et al. 2001; Sundbo 1994). Aber auch die hier behandelten Telekommunikationsdienstleistungen werden zunehmend als Commodities bezeichnet, da Leistungen im Bereich Festnetz, Mobilfunk und Internet von Kunden immer weniger als differenziert wahrgenommen werden (Bruhn 2011) und infolgedessen der Preis als eines der wichtigsten (Wieder-)Kaufkriterien gilt.

In diesem Zusammenhang ergibt sich die prinzipielle Frage, ob Telekommunikationsleistungen bereits vor der Marktliberalisierung als Commodities wahrgenommen wurden oder erst im Rahmen des Branchenwettbewerbs und der konsequenten Betonung der Preispolitik die Kunden den Preis als das zentrale Entscheidungskriterium für Kauf und Nutzung von Telekommunikationsleistungen herangezogen haben. Beide Argumentationslinien erscheinen plausibel. Unter der Annahme, dass Telekommunikationsleistungen bereits vor der Liberalisierung Commodities waren, würde eine Differenzierung mit Hilfe anderer Marketinginstrumente überhaupt schwierig sein. Telekommunikationsunternehmen dürften infolgedessen höhere Umsätze und Gewinne nur durch Innovationen und die entsprechende Abschöpfung der Konsumpioniere generieren können. Dies würde auch den „Run" auf die Versteigerung der UMTS-Lizenzen vor zehn Jahren erklären, bei dem der deutsche Staat rund 50 Mrd. € Auktionserlöse erzielt hat. Damals haben sich die Unternehmen neue Einnahmen aus der Technologie für schnelle Datenübertragung, den elektronischen Handel und Multimediadienste für Mobiltelefone versprochen. Was zu dieser Zeit in Bezug auf die Potenziale vielfach kritisch eingeschätzt wurde, wird heute unter dem Stichwort „Mobile Marketing" und „Mobile Payment" Realität. Durch mobile Datenkommunikation wurden bereits im Jahr 2007 rund 1,6 Mrd. € Umsatz erzielt. Während die Prognosen für 2012 noch bei einem Umsatz der mobilen Datendienste bei 5,7 Mrd. € lagen (BITKOM 2008), werden für 2013 Umsätze in Höhe von 9,4 Mrd. € erwartet (BITKOM 2013). Trotzdem zeigen die Umsatzzahlen, dass in die UMTS-Leistungen bisher mehr investiert als aus ihnen erzielt wurde. Die drängende, die Zukunft betreffende Frage stellt sich hier jedoch für die Betreiber von Telekommunikationsnetzen, wie sie an den Umsatz- und Gewinnpotenzialen der neuen Übertragungsstandards und der Geschäftsmodelle für mobile Dienste partizipieren können.[2]

Unter der Annahme, dass die Commoditisierung der Telekommunikationsleistungen erst mit der Liberalisierung begonnen bzw. sich ab diesem Zeitpunkt signifikant intensiviert hat, dürfte ein Potenzial zur erneuten Heterogenisierung bestehen. Wir gehen davon aus, dass Telekommunikationsleistungen erst durch die Standardisierung nach der Liberalisierung zu Commodity Services geworden sind. Unter **Heterogenisierung** verstehen wir die Veränderung der Kundenwahrnehmung, dass ein Produkt oder eine Dienstleistung homogen ist. Diese Veränderung kann sowohl von Unternehmensseite initiiert sein (Individualisierung), als auch von Kundenseite ausgehen. Unserer Ansicht nach ist eine nachhaltige Heterogenisierung jedoch vorrangig anbieterinitiiert.

[2] Die Telekommunikationsbranche setzt gerade erste Kooperationen mit anderen Unternehmen auf. So ist zu erwarten, dass ähnlich wie in der Medienbranche die Erlösmodelle sich nicht nur auf den Kunden selbst begrenzen werden, sondern auch Angebotsprovisionen von Kooperationspartnern wie z. B. Softwareanbietern eingenommen werden. Hier ist Apple mit den Applikationen (Apps) bereits erfolgreich tätig. Ein ähnliches Plattform-Modell hat auch Vodafone in 2009 begonnen. Auch O2 will über die Tochterfirma Advertising Services von den Werbeerlösen im mobilen Internet profitieren.

In Bezug auf den Markt für Telekommunikationsleistungen sollte unserer Ansicht nach eher eine Heterogenisierung als eine oft skizzierte Ent-Commoditisierung angestrebt werden. Der Begriff Ent-Commoditisierung bezieht sich stärker auf eine Begrenzung bzw. Verlangsamung der Commoditisierung, während eine Heterogenisierung die Sichtweise insofern verändert als der Prozess z. B. vom Anbieter umgekehrt werden soll, d. h. die Leistung soll wieder differenziert werden. Derzeit liefert die konzeptionelle und empirische Marketingliteratur jedoch keine Erkenntnisse darüber, wie derartige Veränderungsprozesse aussehen können. Zukünftige Untersuchungen könnten sich daher Fragestellungen annehmen wie: Inwieweit gibt es in verschiedenen Branchen ähnliche Entwicklungen in der Commoditisierung? Welche Prognosen lassen sich aus der Art und Geschwindigkeit der Commoditisierung für die künftige Entwicklung ziehen? Und gibt es einen Punkt, in dem ein Produkt bzw. eine Dienstleistung vollständig als homogen oder heterogen wahrgenommen wird?

Unabhängig davon, wie die Marketingwissenschaft diese Fragen künftig beantworten wird, gehen wir davon aus, dass durch eine verstärkte Interaktion mit dem Kunden zum Zeitpunkt des Kaufs, während und nach der Nutzung einer Dienstleistung, deutlich größere Chancen der Heterogenisierung und damit zur Differenzierung für Dienstleistungen bestehen. Dies wird auch für die hier betrachteten Telekommunikationsleistungen angenommen. In der Marketingliteratur sind bisher nur wenige Ansätze aufgeführt, welche Strategien Dienstleistungsunternehmen grundsätzlich anwenden, um der „Commodity-Falle" zu entkommen und somit eine Heterogenisierung zu verfolgen. So nennt Bruhn (2011) fünf Ansätze: a) Preisvorteilsmaßnahmen, b) Kundenbindungsinstrumente, c) Leistungsmodifikationen, d) Value Added Services und e) Markenkommunikation.[3] Während Preisvorteilsmaßnahmen und Kundenbindungsinstrumente nach Ansicht von Bruhn (2011) eher die Wahrnehmung der Dienstleistungen als Commodity Services verstärken, wird über die drei letztgenannten Marketingmaßnahmen eine echte Differenzierung ermöglicht. Bei den **Preisvorteilsmaßnahmen** spricht Bruhn (2011) die Preistransparenz als zentrale Facette an. Preistransparenz kann dabei durch z. B. die Etablierung von Einheitspreisen (bspw. durch den Wegfall von Telefongrundgebühren) erreicht werden. Als ein Instrument zur **Kundenbindung** führt er den Aufbau von Wechselbarrieren an, die z. B. über Verträge erreicht werden können. Andere Beispiele zur Kundenbindung für Commodity Services sind Loyalitätsprogramme der Fluggesellschaften.[4]

Aufgrund der geringen Kenntnis über die Strategien für den Umgang mit Commodity Services empfiehlt es sich, zu prüfen, inwieweit überhaupt Preisaspekte neben der genann-

---

[3] Einige Telekommunikationsanbieter sehen vor allem in der Markenkommunikation einen geeigneten Ausweg aus dem Preiswettbewerb. So haben einige Anbieter ihre Werbung auf emotionale Ansprache und Corporate Branding umgestellt, z. B. „Es ist deine Zeit." (Vodafone), „Neue Wege gehen" (O2) und „Erleben was verbindet" (Deutsche Telekom). Zu Ansätzen der Bestimmung von Servicequalität von Telekommunikationsleistungen: vgl. Pick und Kannler (2012).

[4] Vgl. auch Gutsche (2006) und Gutsche et al. (2007) mit Ausführungen zu emotionaler Markenführung und der intensiveren Nutzung von CRM-Systemen von Telekommunikationsanbietern.

ten Preistransparenz für eine Heterogenisierung eingesetzt werden können. Wir werden daher im Folgenden analysieren, inwieweit innerhalb der Preispolitik Ansätze existieren, der Commoditisierung von Telekommunikationsdienstleistungen zu begegnen. Bevor wir darauf im Kapitel „Commodities im Dienstleistungsbereich" ausführlich eingehen, skizzieren wir den Markt für Telekommunikationsleistungen in Deutschland, der Schweiz und Österreich.

2.4   Telekommunikationsmarkt in Deutschland, der Schweiz und Österreich

In **Deutschland** betrug der Umsatz in 2012 für Telekommunikationsleistungen rund 58,0 Mrd. € (Bundesnetzagentur 2013). Die Deutsche Telekom als noch größter Anbieter hat davon allein rund 25,8 Mrd. € erwirtschaftet. 2012 waren in Deutschland 113 Mio. SIM-Karten in Betrieb. Die Penetrationsrate liegt somit bei 138,0 % (Bundesnetzagentur 2013). Diese Zahlen indizieren, dass der Telekommunikationsmarkt in Deutschland ein sogar rückläufiger Markt ist. In der Konsequenz wird der Wettbewerb um jeden Kunden über den Preis geführt. Dies wird auch daran deutlich, wie sich die Preise entwickelt haben. In den Jahren 1997 bis 2007 sind bspw. die Minutenpreise für Festnetzgespräche im Inland von ehemals 0,31 € auf heute rund 0,01 € gefallen (BITKOM 2007). Der Wettbewerb ist insbesondere im Mobilfunksegment hoch. Zu den ursprünglichen Geschäftsmodellen der Zwei-Jahres-Verträge sind Pre-Paid-Karten und Verträge hinzugekommen, die jederzeit mit einer Laufzeit von einem Monat gekündigt werden können. Auch im Markt für Internet-Service-Provider ist eine zunehmende Sättigung zu beobachten.

In der **Schweiz** zeigt sich eine ähnliche Marktentwicklung. Der Gesamtumsatz der Fernmeldebranche betrug im Jahr 2011 rund 10,27 Mrd. Schweizer Franken (Bundesamt für Kommunikation BAKOM 2013). Während Festnetzdienste weiter an Umsatz verloren haben, ist der Mobilfunksektor gewachsen. Die im Festnetzmarkt drei größten Telekommunikationsanbieter sind die Swisscom mit einem Marktanteil von 63,6 %, Sunrise Communications mit einem Marktanteil von 11,8 % und Cablecom mit einem Marktanteil von 8,7 % (Bundesamt für Kommunikation BAKOM 2013). Auch wenn der Mobilfunkmarkt noch wächst, die Steigerungsraten werden sich zukünftig reduzieren, da die Marktdurchdringung mit Mobilfunkabonnenten bereits einen Wert von 125,0 % der Schweizer Bevölkerung erreicht hat.

Auch in **Österreich** nimmt die Bedeutung des Festnetzsektors weiter ab. Im Jahr 2008 wurden auf dem Markt für Telekommunikationsleistungen insgesamt rund 4,3 Mrd. € erwirtschaftet, nur 632 Mio. € im Festnetzbereich.[5] Der Mobilfunk macht etwas mehr als 62,5 % der gesamten Umsätze in dem Markt aus. Rund 13,6 Mio. Mobilfunkanschlüsse und 2,7 Mio. Festnetzanschlüsse gab es 2012. Die drei größten Anbieter auf dem österreichischen Markt sind Telekom Austria (ca. 55 % Marktanteil), Tele2 (ca. 20 %) und UPC (ca.

---

[5] Vgl. hier und im Weiteren Rundfunk & Telekom Regulierungs-GmbH (2013).

fünf Prozent). Auch für Österreich wird ein weiterer Rückgang der Zahl der Festnetzanschlüsse prognostiziert. Aber auch im Mobilfunk wird eine negative Marktentwicklung für Umsätze und Tarifpreise erwartet. In allen drei Ländern stehen die Telekommunikationsanbieter also vor immensen Herausforderungen, eine Balance zwischen Anschluss- und Minutenpreisen und Leistung zu erreichen. Die zunehmende Nutzung von Social-Media-Plattformen zur Kommunikation, vor allem bei Jugendlichen, wird den Telekommunikationsmarkt im Festnetzsegment weiter unter Preisdruck setzen.

3 Preismanagement – Grundlagen und Anwendung im Telekommunikationssektor

3.1 Grundlagen des Preismanagements

Die Bedeutung der Preispolitik bzw. des Preismanagements hat in den letzten Jahren deutlich zugenommen. Gründe hierfür sind u. a. in dem hohen Verdrängungswettbewerb in zahlreichen Dienstleistungsbranchen, der vergleichsweise schnellen Umsetzbarkeit von preisbezogenen Strategien und einem als gering wahrgenommenen Spielraum für Leistungsdifferenzierungen zu sehen (Diller 2008). Eine Differenzierung über Leistungen auf dem Telekommunikationsmarkt ist zum einen kostenintensiv und benötigt zum anderen einen längeren Zeitraum, um bestehende und potenzielle Kunden über eine veränderte Leistungsqualität bzw. ein verändertes Leistungsangebot zu informieren. Die Wirkungen sind also erst zeitversetzt zu beobachten. Daher ist Ausgangspunkt der folgenden Ausführungen die Annahme, dass auch im Preismanagement Differenzierungspotenziale für Dienstleistungsanbieter liegen. Die Basis der nachfolgenden Schilderungen stellt der Kundenlebenszyklus dar, anhand dessen die Situation auf dem Telekommunikationsmarkt geschildert und Ansätze zum Preismanagement mit Hilfe der beiden Variablen Preiskenntnis und Preiserwartungen skizziert werden.

Bei der Entscheidung über die Preis- und Konditionshöhe wird vor allem auf Preisstrategien, wie die Preisdifferenzierung, zurückgegriffen. Unternehmen können grundsätzlich zwischen drei Ansatzpunkten der Preisbestimmung für Dienstleistungen wählen. Diese Ansatzpunkte sind die Festlegung von Preisen und Konditionen aufgrund der firmeninternen Kostenstruktur (insbesondere der Grenzkosten), der Wettbewerbsaktivitäten und der Kundenbedürfnisse. Während bei der Berücksichtigung der Kundenbedürfnisse speziell die Preis- und Zahlungsbereitschaft im Mittelpunkt steht und zahlreiche Methoden zur Verfügung stehen, diese Bereitschaft zu messen,[6] ist die Orientierung der Preise am Markt eine vergleichsweise einfache Lösung, die jedoch den Nachteil der direkten Vergleichbarkeit und unter Umständen negative Deckungsbeiträge mit sich bringt. Bei der Auswahl der

---

[6] Ein Überblick über die Methoden zur Messung der Preisbereitschaft ist bei Völckner (2006) und Meffert et al. (2012) zu finden. Zum Vergleich von Zahlungsbereitschaften für Telekommunikationsdienstleistungen vgl. Diller (2008).

Preisstrategien kann in der Telekommunikationsbranche ein hoher Fokus auf die Reaktion auf die Preise der Wettbewerber festgestellt werden. Dies hat in Deutschland bspw. dazu geführt, dass sich die Preise kaum noch unterscheiden und gleichzeitig eine negative Preisentwicklung in Gang gesetzt wurde.

In der Literatur wird im Wesentlichen in Preisstrategien für den **Markteintritt bzw. Produktneueinführungen** und die **Preisdifferenzierung** unterschieden. Während erstere Strategien sich auf Produkte und Dienstleistungen fokussieren, rekurriert die Preisdifferenzierung auf die unterschiedliche Behandlung der Kunden und setzt damit an der Abschöpfung der Konsumentenrente an. Ausgangspunkt dafür sind unterschiedliche Zahlungs- bzw. Preisbereitschaften. Diese können direkt, indirekt oder hybrid ermittelt werden.[7] Eine weitere Preisstrategie widmet sich der Fragestellung, wie Unternehmen über die **Preise kommunizieren** sollen. Diese Preiskommunikationsstrategien, wie z. B. die Gegenüberstellung von Wettbewerbspreisen, sind intensiv in der Literatur behandelt wurden und werden daher nicht weiter ausgeführt.[8]

3.2 Grundlagen zu Preiskenntnis und Preiserwartungen

In der Marketingliteratur werden Preiskenntnis und Preiserwartungen als zentrale Variablen der Preiswahrnehmung, -verarbeitung und -speicherung beschrieben. Aus Sicht von Unternehmen ist das Wissen um die Existenz und Ausprägung dieser Variablen essentiell, da mit ihnen die Nachfragerseite in die Bestimmung von Preisstrategien einfließt. Umso bemerkenswerter ist es, dass sich sowohl die konzeptionelle als auch die empirische Literatur nur vereinzelt mit der Preiskenntnis und den Preiserwartungen von Produkten und Dienstleistungen auseinandergesetzt hat.[9] Im Weiteren werden wir daher zuerst die beiden Begriffe Preiskenntnis und Preiserwartungen mit ihren möglichen Dimensionen vorstellen, um dann im folgenden Abschnitt auf die Integration der beiden Konstrukte in das Kundenmanagement einzugehen.

3.2.1 Preiskenntnis
Die Preiskenntnis umfasst alle preisbezogenen Informationen zu einem Objekt, die ein Konsument gespeichert hat (Homburg und Koschate 2005; Meffert et al. 2012). Der Begriff

---

[7] Vgl. dazu Völckner (2006). Eine Alternative zur direkten Preisabfrage könnte auch die Erhebung der Preiskenntnis und der Preiserwartungen sein (Evanschitzky et al. 2004). Diese Facetten sind Gegenstand des nächsten Abschnitts.

[8] Für einen Überblick zur Preiswerbung vgl. Diller (2008). Zudem zur Preisoptik vgl. Bauer et al. (2006).

[9] In englischsprachigen Veröffentlichungen werden für die Preiskenntnis neben dem Begriff der „price knowledge" auch die Termini „price awareness" und „price consciousness" verwendet. Zentrale Arbeiten, die sich mit der Preiskenntnis befasst haben, sind Diller (1988), Dickson und Sawyer (1990), Monroe und Lee (1999) sowie Vanhuele und Drèze (2002). Ein Überblick zu den Studien zur Preiskenntnis resp. zum Preiswissen ist bei Homburg und Koschate (2005) zu finden.

wird in der Literatur oft auch mit dem Terminus Preiswissen synonym verwendet. Grundsätzlich kann die Preiskenntnis in zwei Formen unterschieden werden.

So versteht man unter der **impliziten Preiskenntnis** eine „[…] nur schwach bewusste Erinnerung an Preisinformationen" (Meffert et al. 2012, S. 482) oder die subjektive Einschätzung von Individuen, ein Experte in Preisfragen zu sein. Andere Autoren definieren die implizite Preiskenntnis auch als Fähigkeit eines Konsumenten, einschätzen zu können, ob ein Preis für ein Gut zu hoch oder günstig ist.[10] Die **explizite Preiskenntnis** hingegen umfasst zahlenmäßige Preisinformationen, an die sich ein Konsument bewusst (und relativ) präzise erinnern kann. Dabei hat die bisherige Preisforschung gezeigt, dass die explizite Preiskenntnis der Konsumenten offenbar gering ausgeprägt ist, d. h. die Bandbreite der Preisnennungen zu verschiedenen Produkten ist sehr groß.[11]

Ergänzend zu den beiden Konstrukten unterscheidet Diller (2008) in sechs Dimensionen zur Konzeptualisierung der **Preiskenntnis**: Genauigkeit (Präzision, Aktualität), Verfügbarkeit, Selbstsicherheit, Umfang, Form und Inhalt (Bezugsobjekte). Der Inhalt der Preiskenntnis lässt sich darüber hinaus in vier Bereiche differenzieren: generelle Preiskenntnis, markenbezogene Preiskenntnis, storebezogene Preiskenntnis und preisaktionsbezogene Preiskenntnis. Die **generelle Preiskenntnis** umfasst Aspekte wie das mittlere Preisempfinden und kann somit der impliziten Preiskenntnis zugeordnet werden. Die **markenbezogene Preiskenntnis** wird auch als Wettbewerbsvergleich verstanden, d. h. der Käufer bewertet verschiedene Marken nach ihrem Preisniveau. Auch diese Vorgehensweise kann der impliziten Preiskenntnis zugeordnet werden. Die **preisaktionsbezogene Preiskenntnis** schließlich umfasst das Wissen von Käufern in Bezug auf Zeitpunkte von Preis-Promotions und daraus folgende Preisreduktionen und ist daher eher der expliziten Preiskenntnis hinzuzurechnen. Unabhängig von den verschiedenen Formen der Konzeptionalisierung und Operationalisierung wird angenommen, dass sich die Preiskenntnis aus den Preisbeobachtungen und -erfahrungen von Konsumenten entwickelt (Diller 2008) und somit ein dynamisches Konstrukt darstellt, welches sowohl von Unternehmen als auch von Konsumenten beeinflussbar ist.

Die bisherige Marketingforschung hat sich vorrangig mit der Preiskenntnis von Sachgütern auseinandergesetzt (u. a. Evanschitzky et al. 2004; Homburg und Koschate 2005). Die Kenntnis der Preise von Dienstleistungen stand bisher kaum im Fokus empirischer Untersuchungen. Insofern lässt sich nur vermuten, wie explizite und implizite Preiskenntnis bei Dienstleistungskunden ausgeprägt sind. Lediglich die Relevanz verschiedener Preisfacetten von Dienstleistungen ist bisher untersucht worden.[12] Allerdings belegen die Erkenntnisse der bisherigen produktbezogenen Preisforschung, dass Konsumenten häufig nur eine geringe explizite Preiskenntnis haben, d. h. sich in der Höhe des Preises ver-

---

[10] Für einen Überblick vgl. Monroe und Lee (1999).

[11] Für einen Überblick der Bandbreite vgl. Homburg und Koschate (2005).

[12] Siehe dazu die Befunde bei Diller und That (1999) sowie Diller (2000). In beiden Publikationen wurden zehn mögliche Elemente der Preiserwartungen und der Preiszufriedenheit untersucht.

schätzen (Vanhuele 2002; Vanhuele und Drèze 2002).[13] Interessanterweise scheint dieser Befund die Unternehmen nicht dazu zu motivieren, ihre Preisstrategien zu überdenken. Generell ist nämlich davon auszugehen, dass eine niedrige Preiskenntnis bedeutet, dass reale Änderungen des Preises von Kunden kaum wahrgenommen werden. Es käme demnach für eine Kundengewinnung oder -bindung nur auf eine adäquate Kommunikation des Preises an.

Auf Basis der oben stehenden Ausführungen kann davon ausgegangen werden, dass auch die explizite Preiskenntnis für Dienstleistungen eher gering ist, wenn nicht sogar geringer ausgeprägt ist, da sich zahlreiche Dienstleistungspreise aus mehreren Komponenten, z. B. einem fixen Monatspreis und variablen Nutzungspreisen zusammensetzen, wie es bei Telekommunikationsdienstleistungen häufig der Fall ist.[14] Die Kunden müssen sich in dem Falle mehrere Preiskomponenten merken. Allerdings ist zu erwarten, dass konkret bei Komplettangeboten (Flatrates) für Festnetz, Mobiltelefon und Internet die explizite Preiskenntnis wieder hoch ausgeprägt ist, da nur ein Preis erinnert werden muss.

3.2.2 Preiserwartungen

Preiserwartungen können ebenfalls in zwei Dimensionen unterschieden werden. Im Rahmen der **normativen Preiserwartungen** („should") wird untersucht, welche (Maximal-) Preise aus Sicht des Kunden existieren sollten, damit eine Leistung als fair eingeschätzt und gekauft wird. Im Gegensatz dazu stehen **antizipatorische Preiserwartungen** („will"). Bei diesen wird gefragt, inwieweit Käufer davon ausgehen, dass ein Unternehmen einen bestimmten Preis oder entsprechende Konditionen anbieten wird. Damit stellt dies eine Wahrscheinlichkeitsbetrachtung des Eintretens einer Situation dar. Antizipatorische Preiserwartungen wurden vor allem im Kontext mit Preis-Promotions untersucht (u. a. DelVecchio et al. 2007; Kalwani und Yim 1992; Krishna 1992). Normative Preiserwartungen können von antizipatorischen Preiserwartungen abweichen. So kann ein Dienstleistungskunde erwarten, dass ein Anbieter einen bestimmten Preis anbieten sollte, während die Wahrscheinlichkeit, dass der Anbieter diesen Preis anbietet, als gering eingeschätzt wird. Für Dienstleistungsunternehmen dürften eher niedrige Ausprägungen der normativen Preiserwartungen anzutreffen sein, während in Bezug auf antizipatorische Preiserwartungen keine eindeutige Aussage getroffen werden kann. Die Nichterfüllung hoher normativer Preiserwartungen dürfte zu hoher Kundenunzufriedenheit führen. Die Übererfüllung antizipatorischer Preiserwartungen könnte zum einen über eine Art Überraschungseffekt zum Kauf führen (der Kunde nimmt die besonders niedrigen Preise bewusst wahr)[15], während zum anderen eine Untererfüllung den Konsumenten eher zum Nicht-Kauf motivieren könnte, da er von einer fehlenden Wertschätzung durch das Unternehmen ausgehen

---

[13] Diese geringe Preiskenntnis ist auch bei zufriedenen Kunden anzutreffen (Homburg et al. 2006). Zur Kritik an der grundsätzlichen Vorgehensweise, die Preiskenntnis als bewusste Erinnerung von Käufern abzufragen, vgl. Monroe und Lee (1999).

[14] Zu den damit verbundenen Preisproblemen von Dienstleistungen vgl. Diller (2008).

[15] Dieser Effekt dürfte jedoch eher kurzfristiger Natur sein.

könnte. Preiserwartungen haben also einen unterschiedlichen Einfluss auf das Kundenverhalten.

3.3 Preisbedeutung und Preiszufriedenheit im Telekommunikationssektor

Der Preis kann für Dienstleistungskunden im Wesentlichen als a) **(Kauf-)Kriterium** zu Beginn einer Geschäftsbeziehung und b) **Kriterium zur Beendigung einer Geschäftsbeziehung** herangezogen werden.

Zu a): Eine Studie von Dienstleistungskunden hat gezeigt, dass für 19,5 % der Befragten die Preisgünstigkeit von Mobilfunkverträgen als Kaufentscheidung im Vordergrund steht. Auch wenn dies ein hoher Wert ist, im Vergleich zu anderen untersuchten Dienstleistungsbranchen weist dieser Faktor nur eine unterdurchschnittliche Bedeutung für die Befragten auf (Diller 2000; Diller und That 1999). Auf den nachfolgenden Rangreihen stehen mit 18,1 % die Preiswürdigkeit und mit 11,3 % die Übersichtlichkeit bzw. Verständlichkeit der Preisinformationen. Deutlich höhere Werte in Bezug auf preisbezogene Kaufentscheidungskriterien wurden in einer Befragung aus dem Jahr 2005 identifiziert. Danach stehen sehr günstige Gesprächsminuten (79 % der Mehrfachnennungen) und eine geringe bzw. keine Grundgebühr (73 %) im Vordergrund (Hansen 2006). Die Kunden sind bereit, dafür auf Leistungen zu verzichten und bspw. Online-Rechnungen zu akzeptieren. Eine andere, praxisorientierte Studie der GfK hat indes ergeben, dass der Preis für die Auswahl eines Telekommunikationsanbieters für 69,2 % der Befragten wichtig ist (Congstar 2008). Aber auch die Service- und Kundenorientierung (57,8 %) sowie die Qualität (39,5 %) waren den Probanden wichtig. Eine dritte, eher breiter aufgestellte Untersuchung hat die Mindestanforderungen von Kunden an Telekommunikationsleistungen untersucht. Der Preis war neben der zeitlichen Erreichbarkeit des Dienstleisters und der individuellen Anpassung an Kundenwünsche ein wichtiges Kaufkriterium (Danaher et al. 2008). Eine vierte, explorative Studie an der Freien Universität Berlin hat ergeben, dass der Großteil der Befragten (94 %, $n = 67$) den Preis eines Mobilfunkvertrags als sehr wichtig erachtet.[16]

Zu b): Der Preis wird in der Marketingliteratur häufig auch als zentrales Kriterium zur Beendigung einer Geschäftsbeziehung angegeben. So hat Keaveney (1995) den Preis als einen der Hauptabwanderungsgründe für den Anbieterwechsel identifiziert. Auch andere Autoren haben die Bedeutung des Preises als Abwanderungsgrund hervorgehoben (Jüttner et al. 2006; Liang et al. 2013; Rauchut 2009; Roos 1999; Roos et al. 2004). In einer Studie mit Verlagskunden wurde festgestellt, dass die veränderte finanzielle persönliche Lage mit 32,5 % der Hauptabwanderungsgrund von Abonnenten war (Pick 2008). Damit wurde zwar nicht der Preis als zentraler Faktor genannt, das Verlagshaus könnte jedoch als Reaktion auf die Veränderung der Finanzsituation seiner ehemaligen Kunden den Preis

---

[16] Die Skala reichte von 7 bis 1, 7: stimme voll und ganz zu, 1: stimme gar nicht zu. Es wurden jene Probanden zusammengefasst, die Werte von 7 bis 5 angekreuzt haben.

variieren und möglicherweise dadurch Abwanderungen verhindern. In einer kürzlich erschienenen Publikation haben Stauss und Seidel (2009) den Preis als Abwanderungsgrund detaillierter analysiert und herausgefunden, dass der Großteil der Preiskündiger eines Versicherungsunternehmens abgeworbene Preiskündiger waren. Ähnlich wie in der Telekommunikationsbranche ist eine Kundengewinnung in dieser Branche oft nur über die Abwerbung von Kunden anderer Anbieter möglich (Kim und Yoon 2004; Seo et al. 2008). Dies wird vor allem an den Offerten von zahlreichen Telekommunikationsanbietern deutlich, die Wechselkosten für die Kunden zu übernehmen und ihnen für den Wechsel sogar Wechselprämien zu zahlen.

Ein weiterer Faktor, der für Unternehmen der Dienstleistungsbranche für die Ableitung von Preisstrategien von Bedeutung ist, ist die **Preiszufriedenheit**. Dabei wurde herausgefunden, dass die wichtigsten Faktoren zur Erklärung der Preiszufriedenheit von Mobilfunkkunden die Preiswürdigkeit, gefolgt von der Nachvollziehbarkeit der Preisstellung und eine individuelle Preis-Leistungs-Beratung sind (Diller 2000).[17] Die Preiszufriedenheit hat darüber hinaus eine signifikante Wirkung auf die Wiederkaufbereitschaft und die Referenzbereitschaft der Mobilfunkkunden. Allerdings erklärt die Preiszufriedenheit nur einen geringen Teil der Varianz dieser Konstrukte, was darauf hinweist, dass es weitere, bisher nicht identifizierte Einflussgrößen gibt. Die beiden abhängigen Größen wurden nur zu 28,0 % bzw. 25,8 % erklärt. Diller (2000) hat zudem herausgefunden, dass die Mobilfunkkunden im Vergleich zu den anderen Dienstleistungsbranchen die geringste Preiszufriedenheit aufweisen.[18]

3.4 Preiskenntnis und Preiserwartungen im Kundenmanagement von Telekommunikationsanbietern

3.4.1 Implizite Preiskenntnis

Wie bereits skizziert, liegen so gut wie keine Studien zur dienstleistungsbezogenen Preiskenntnis von Konsumenten vor, während zur Preiskenntnis in Bezug auf Produkte einige Publikationen erschienen sind. Die explorative Studie hat gezeigt, dass sich Mobilfunkkunden sehr differenziert als **Preisexperten** (implizite Preiskenntnis) wahrnehmen.[19] Auf einer Skala von 7–1 liegt das arithmetische Mittel dieser impliziten Preiskenntnis bei 4,90. Die Probanden schätzen sich somit als Experten in Preisfragen für Mobilfunkverträge ein.

---

[17] Die Multidimensionalität der Preiszufriedenheit wurde auch von Matzler et al. (2006) bestätigt.

[18] An dieser Stelle ergibt sich die Frage, ob es einen Unterschied zwischen der Preiszufriedenheit von Kunden und dem tatsächlichen Preisniveau gibt. So kann davon ausgegangen werden, dass aufgrund der immensen Preiswerbung der Anbieter die Kunden insofern beeinflusst werden, als sie ihren Vertragspreis, auch wenn er günstig ist, immer als eher zu hoch ansehen. Ein Ausweg hierfür könnte in der Veränderung der Preiskommunikation gesehen werden.

[19] Die Untersuchung fand im Juli 2009 statt. Insgesamt nahmen 67 Personen, vorrangig Studenten, an der Online-Befragung teil.

Tab. 1 Implizite Preiskenntnis gegenüber Mobilfunkangeboten, in Prozent

Implizite Preiskenntnis (Preisexpertentum)			
	Frauen	Männer	Gesamt
Niedrig	21,74	16,67	18,46
Mittel	13,04	23,81	20,00
Hoch	65,22	59,52	61,54
Gesamt	100,00	100,00	100,00

Das Bild differenziert sich, betrachtet man die Verteilung der Antworten. So sehen sich zwar 59,7 % der Befragten als Preisexperten (Nennungen 7–5), immerhin 20,9 % sagen aber auch, dass sie keine Preisexperten sind (Nennungen 3–1). Differenziert nach Geschlecht verteilen sich die Antworten wie folgt (vgl. Tab. 1).

Auffallend ist, dass sich Frauen entweder als keine oder doch recht große Preisexperten einschätzen – die Einschätzung Experten zu sein, überwiegt mit 65,2 % – während sich Männer eher als mittlere bis große Preisexperten in Bezug auf Mobilfunkangebote wahrnehmen. Ein Erklärungsansatz hierfür könnte darin liegen, dass Frauen im Durchschnitt oft ein geringeres Einkommen haben und auf Grund der finanziellen Restriktionen einen größeren Aufwand in der Preisinformationssuche betreiben.[20] In den nächsten Abschnitten gehen wir nun auf die Preiskenntnis und Preiserwartungen in den einzelnen Phasen des Kundenlebenszyklus ein.

3.4.2 Kundenakquisition

Wie aufgezeigt, ist die Telekommunikationsbranche seit ihrer Liberalisierung in vielen Ländern durch einen intensiven Preiswettbewerb gekennzeichnet. Dieser charakterisiert sich durch hohe Preisrabatte und die Betonung der Kommunikationspolitik von niedrigen Preisen, um Neukunden zu gewinnen (Diller 2008). Die Kosten für die Gewinnung eines neuen Mobilfunkkunden werden bspw. auf bis zu 300 US-Dollar geschätzt (Brown 2004). Welche Rolle nehmen nun Preiskenntnis und Preiserwartungen in der Kundengewinnung ein?

In Analogie zu Studien aus der Handelsforschung ist grundsätzlich auch für Telekommunikationsleistungen von einer geringen **expliziten Preiskenntnis** auszugehen. Dies würde für die Kundengewinnung bedeuten, dass eine Preisreduktion nur bedingt zu empfehlen ist und auch nicht zur Kommunikation herangezogen werden sollte, sondern eine Kommunikation der Preiswürdigkeit bzw. des Preis-Leistungs-Verhältnisses aus unserer Sicht als vielversprechender erscheint. Aber auch wenn Kunden eine hohe explizite Preiskenntnis hätten, könnten Phänomene wie der sogenannte Flatrate-Bias dazu führen, dass die Höhe der Preiskenntnis keine Wirkung auf ein preisbezogenes Kaufverhalten hat. So hat eine Studie zur Auswahl von Internettarifen gezeigt, dass Kunden Flatrates auch dann

---

[20] Die Beziehung zwischen Einkommenshöhe und Preiskenntnis ist u. a. bei Gabor und Granger (1961) belegt.

bevorzugen, wenn diese teurer als nutzungsabhängige Tarife sind.[21] Begründet werden kann dieser Bias mit Hilfe von vier Effekten: Versicherungs-, Taxameter-, Bequemlichkeits- und Überschätzungseffekt.[22] Das heißt, Kunden können eine hohe explizite Preiskenntnis von Flatrate-Angeboten aufweisen, wenn der tatsächliche Verkaufspreis jedoch in einer akzeptierten Bandbreite liegt, wird der Vertrag tendenziell abgeschlossen.

Diese Annahme dürfte auch für die **implizite Preiskenntnis** gelten. Wir gehen davon aus, dass die Höhe der impliziten Preiskenntnis von den bisherigen Erfahrungen mit einer Leistung abhängt. Grundsätzlich ist bei Telekommunikationsleistungen von hohen Erfahrungen breiter Bevölkerungsschichten auszugehen. Insbesondere das Alter von Personen und die bisherige Nutzungsdauer könnten als Indikatoren für die mögliche implizite Preiskenntnis und Behandlung der Kunden herangezogen werden. Es kann erwartet werden, dass eine hohe implizite Preiskenntnis in Bezug auf die Fähigkeit, die Preise in eine Rangreihung zu bringen, auch die Sicherheit des Kunden in seiner Kaufentscheidung positiv beeinflusst. Gleichwohl ist zu erwarten, dass Kunden mit einer hohen Wahrnehmung als Preisexperten deutlich höhere Ansprüche an einen Telekommunikationsdienstleister stellen werden. Für Kundengewinnungsmaßnahmen sollten Unternehmen daher nach der impliziten Preiskenntnis segmentieren. Eine weitere Facette der Maßnahmenidentifikation für die Kundengewinnung sollte die Untersuchung der gleichzeitigen Wirkung einer hohen expliziten und hohen impliziten Preiskenntnis sein. So wird erwartet, dass Kunden mit einer hohen expliziten Preiskenntnis und mit einer hohen Wahrnehmung des persönlichen Preisexpertentums sehr anspruchsvolle Kunden sind, die grundsätzlich nur mit höheren preislichen Zusagen zu gewinnen sind. Hier gilt es zu analysieren, welche alternativen Angebote zur Preisfokussierung wirksam sein könnten. Die hier aufgestellten Annahmen bedürfen jedoch noch einer empirischen Beweisführung. Abschließend sei zu erwähnen, dass die intensiven Preiswerbemaßnahmen der Telekommunikationsunternehmen kurzfristig die explizite Preiskenntnis erhöhen dürften, langfristig aber auch auf die implizite Preiskenntnis insofern einwirken, als die Käufer sich durch die Wahrnehmung der Maßnahmen als Preisexperten fühlen (Kompetenz steigt), gleichzeitig sich aber auch durch die „Werbeflut" verunsichert fühlen könnten und die Einschätzung, ein Preisexperte zu sein, wieder sinkt.

Auch in Bezug auf die Identifizierung und Bewertung der **Preiserwartungen** potenzieller Kunden im Telekommunikationsmarkt können nur Annahmen getroffen werden. Allgemein kann davon ausgegangen werden, dass jeder Konsument gewisse Preiserwartungen in Bezug auf künftige Telekommunikationsleistungen hat, da sich der Markt für Festnetz-, Mobilfunk- und Internetdienstleistungen bereits in der späten Reife- bzw. Sättigungsphase befindet. Die Preiserwartungen dürften sich daher an dem jeweiligen aktuellen Preis des Vertrags, dem Vertrags- oder Nutzungspreis von Freunden und Bekannten oder den aktuellen Marktpreisen ausrichten. In Bezug auf die **normativen Preiserwartungen**

---

[21] Ähnliche Ergebnisse wurden auch für Telefontarife identifiziert. Für einen Literaturüberblick vgl. Lambrecht und Skiera (2006).

[22] Zu den Effekten und den empirischen Ergebnissen vgl. Lambrecht und Skiera (2006).

(„should") wird davon ausgegangen, dass die Erwartungen künftiger Kunden sich darauf fokussieren, nicht schlechter als andere Käufer gestellt zu werden. Die Marktpreise dürften daher als Preisanker bzw. Referenzpreise zur Kaufentscheidung herangezogen werden. Unzufriedenheit und „Kaufverweigerung" könnten dann entstehen, wenn kommunizierte Preise für den Kunden nicht real verfügbar sind.[23] In Bezug auf die **antizipatorischen Preiserwartungen** („will") ist davon auszugehen, dass potenzielle Käufer aufgrund des Preiswettbewerbs zukünftig Preissenkungen von den Anbietern erwarten. Damit scheint eine Kundengewinnung ohne preislich reduzierte Angebote kaum möglich. Ähnlich wie im Einzelhandel können solche antizipatorischen Preisdiscounterwartungen dazu führen, dass die Kaufentscheidung verschoben wird bzw. die Käufer kurzfristige Verträge bevorzugen (Congstar 2008, 2009),[24] um bei einem günstigeren Angebot schnell wechseln zu können. Die Entwicklung der vertragsfreien Pre-Paid-Angebote stützt diese These. Abschließend zu den Preiserwartungen ist zu prüfen, inwieweit die Formen der Preiskenntnis die Preiserwartungen beeinflussen. So ist davon auszugehen, dass eine hohe individuelle Wahrnehmung, ein Preisexperte zu sein, dazu führt, dass der Kunde vom Anbieter erwartet, dass dieser auch bestimmte Preise oder Nachlässe geben muss (normative Preiserwartungen).

3.4.3 Kundenbindung und Abwanderungsprävention

Die Bindung bestehender Kunden wird in zahlreichen Untersuchungen als deutlich kostengünstiger und einfacher als die Neukundengewinnung beschrieben (u. a. Seo et al. 2008). Folglich fokussieren die meisten Studien auch auf die Untersuchung geeigneter Marketingmaßnahmen, wie z. B. Loyalitätsprogramme. Maßnahmen zur Bindung von Telekommunikationskunden sind bspw. das Angebot komplexer Servicepläne (d. h. Grundgebühr, Nutzungskosten). Derartige Servicepläne erhöhen die Wechselkosten für Kunden und damit ihre Bindung (Seo et al. 2008).[25] Auch Upgrade-Programme an bestehende Kunden mit komplexeren Serviceplänen unterstützen die Kundenbindung. Gleichwohl ist zu konstatieren, dass im Rahmen der Literatur zur Kundenbindung nur vereinzelt Preisstrategien behandelt wurden (Diller 2008). Welche Bedeutung nehmen nun die Variablen Preiskenntnis und Preiserwartungen in der a) Kundenbindung und b) dem Churn Management ein?

Zu a): Die Bedeutung der **Preiskenntnis** der Kunden wird von uns für die konkrete Phase der Kundenbindung als eher untergeordnet eingeschätzt. Ein Grund hierfür liegt darin, dass Telekommunikationsunternehmen die Preiskenntnis, weder explizit noch implizit, bei ihren Kunden erfassen. Ein weiterer Grund kann darin gesehen werden, dass sich Kunden nicht fortwährend mit den Preisen von Dienstleistungen auseinandersetzen.

---

[23] Hier ist besonders die Rolle der „Sternchen" an Preisinformationen in der Werbung angesprochen. So ist davon auszugehen, dass zu viele Preisrestriktionen, die über die „Sternchen" definiert sind, die Kaufentscheidung für Kunden erschweren und damit letztlich kontraproduktiv wirken.

[24] Nach diesen Studien bevorzugen 80 % eine hohe Flexibilität bei der Vertragslaufzeit, z. T. auch ohne jegliche Mindestlaufzeit.

[25] Zum Begriff und den Einflussgrößen von Wechselkosten vgl. Pick und Eisend (2014).

Eine fortwährende Beschäftigung mit dem Preis würde zu hohen kognitiven Such- und Verarbeitungskosten beim Konsumenten führen.[26] Diese Tendenz zur Vermeidung von kognitiven Kosten lässt sich auch anhand des oben aufgeführten Beispiels zum Flatrate-Bias verdeutlichen, wo letztlich gezeigt wurde, dass Konsumenten bewusst eine andauernde Auseinandersetzung mit dem Preis vermeiden. Ähnlich dem Konzept der Kundenträgheit ließe sich ein solches Verhalten als „Preisreaktionsträgheit" bezeichnen. Allerdings ist zu betonen, dass eine beständige Kommunikation von Preisrabatten für Telekommunikationsleistungen, selbst wenn diese keine echten Nachlässe für die Kunden sind, im Allgemeinen die explizite und im Speziellen die implizite Preiskenntnis erhöhen dürfte, auch wenn der Kunde diese Informationen nicht bewusst sucht. Es wird insbesondere angenommen, dass durch intensive Preiskommunikationsmaßnahmen der Anbieter die implizite Preiskenntnis in Form des Preisexpertentums steigt. Gleichwohl deutet eine empirische Studie darauf hin, dass sich Kunden in der Bindungsphase sehr wohl mit dem Preis auseinandersetzen. In der Untersuchung wurde gezeigt, dass rund 20 % aller Nachkaufbeschwerden preislicher Natur sind. Insbesondere in Dienstleistungsmärkten ist der Anteil an Preisbeschwerden besonders hoch. Die größte Anzahl an Preisbeschwerden wurde bei überregionalen Telefongesprächen festgestellt (Estelami 2003). Dies bedeutet, dass eine implizite Preiskenntnis in Form der Einschätzung, ob etwas bspw. zu teuer ist, existiert. Es kann angenommen werden, dass die implizite Preiskenntnis, als Rangreihung oder Expertentum gemessen, durch eine lange Bindung des Kunden steigt. Die implizite Preiskenntnis bezieht sich dann aber nicht auf einen einzelnen Anbieter, sondern auf die gesamte Branche. Für die Stabilität der Kundenbindung dürfte speziell die Phase des Vertragsauslaufs ein gewichtiger Gefährdungspunkt sein. In dieser Phase überdenken zahlreiche Kunden ihren Vertrag und die damit verbundenen Preise und suchen bewusst nach Preisinformationen alternativer Angebote. Explizite und implizite Preiskenntnis dürften dann beide daher zunehmen, die implizite jedoch weitaus stärker.

Eine besonders starke Wirkung auf die Bindungsbereitschaft bestehender Kunden und ihre **Preiserwartungen** dürften vor allem Preisrabatte für Neukunden haben. So kann davon ausgegangen werden, dass Kunden, die eine Besserstellung von Neukunden durch niedrigere Preise wahrnehmen, eher unzufrieden werden und daher auch eher bereit sind abzuwandern. Die damit verbundene Preiserwartung ist normativer Natur, d. h. das Unternehmen sollte dem Kunden also preislich entgegenkommen. Die Beendigung einer solchen Geschäftsbeziehung kann endgültig oder auch strategisch motiviert sein. Unter einer strategischen Kündigung ist ein Signal des Kunden zu verstehen, die bestehenden Vertragskonditionen verbessern zu wollen (Pick und Kannler 2009; Pick und Krafft 2009). Ein Kunde, der strategisch kündigt, kann folglich mit allen Aspekten seiner Geschäftsbeziehung, auch mit dem Preis der Dienstleistung zufrieden sein.[27] Um jedoch den wahrgenommenen, preislichen „Rückstand" gegenüber Neukunden aufzuholen, kündigt er/sie

---

[26] Zum Konzept der Trägheit vgl. Bakay (2003).

[27] Die Höhe der Preiszufriedenheit ist demzufolge nicht der alleinige Faktor, der eine Abwanderung eines Kunden erklären kann. Unternehmen, die eine hohe Preisunzufriedenheit ihrer früheren Kun-

die Geschäftsbeziehung und initiiert eine Art Verhandlungssituation. Es wird allerdings geschätzt, dass die Anzahl jener Kunden, die kündigen, um bspw. ein neues Mobiltelefon zu einem niedrigeren Preis zu erhalten, relativ gering ist (Gerpott et al. 2001).[28] Es wird erwartet, dass die resultierenden Preiserwartungen der bestehenden Kunden sich auf eine Gleichstellung mit Neukunden beziehen (normative Preiserwartungen). Denkbar wäre aber auch, dass die Kunden erwarten, dass sie aufgrund ihrer Loyalität einen höheren Preisnachlass oder ähnliches vom Unternehmen bekommen. Diese erhöhte normative Preiserwartung könnte in einem positiven Zusammenhang mit der Dauer der gesamten Geschäftsbeziehung stehen. Im Rahmen der antizipatorischen Preiserwartungen gehen wir nicht davon aus, dass Kunden glauben, dass Telekommunikationsanbieter ihnen einen Treuebonus geben (werden). Wenn nun normative Preiserwartungen in Bezug auf einen Nachlass höher als die antizipatorischen Preiserwartungen sind, ist die Entwicklung von Kundenunzufriedenheit sehr wahrscheinlich. Dieser Effekt wird sich verstärken, je länger eine Person bereits Kunde ist und je mehr in dieser Zeit ausgegeben wurde, d. h. für das Unternehmen Wert geschaffen wurde. Hiermit ist erneut die Frage des strategischen Kündigens als Konsequenz angesprochen.

Zu b): Nicht alle Kunden wollen eine (echte) Geschäftsbeziehung mit einem Anbieter aufbauen. Die Gründe dafür können vielfältiger Natur sein, z. B. Unzufriedenheit mit der Leistung im Allgemeinen oder die Wahrnehmung eines geringen Vorteils aus der Geschäftsbeziehung (Noble und Phillips 2004). Diese Kundengruppe dürfte eher gefährdet sein, eine Geschäftsbeziehung zu beenden und häufiger zwischen Anbietern zu wechseln, um die Vorteile aus einem Vertrag zu maximieren. Eine kürzlich erschienene Studie hat ermittelt, dass dieser Kundenanteil in der Mobilfunkbranche rund 39,8 % ausmacht (Danaher et al. 2008). Diese beziehungsaversen Kunden lassen sich vor allem durch einen hohen Preisfokus charakterisieren. Unternehmen reagieren auf diese Gefährdung und installieren Maßnahmen, um die Abwanderung zu vermeiden. In der Literatur werden diese Aktivitäten unter dem Begriff **Churn Management** zusammengefasst. Die auf das Churn Management rekurrierende Literatur fokussiert sich vor allem auf die Identifikation von Einflussgrößen der Abwanderung und der Messung der Inaktivität eines Kunden (Rauchut 2009). Wir werden uns daher im Weiteren auf wenige Befunde zur Argumentation der Rolle von Preiskenntnis und Preiserwartungen für das Churn Management stützen müssen.

In der Telekommunikationsbranche werden zwei zentrale Strategien zur Abwanderungsprävention verfolgt: a) **Angebot einer Leistungsaufwertung zum gleichen Preis** (z. B. mehr Datentransfer) und b) **Angebot des gleichen Leistungsumfangs zu einem niedrigeren Preis** (Pick und Kannler 2009; Rauchut 2009). Bei der Mehrzahl der Präventionsgespräche werden die abwanderungsgefährdeten Kunden explizit auf ihre aktuelle Preissituation hingewiesen. Häufig wird die Preisinformation sogar als Einstieg in das Ge-

---

den beobachten, müssen daher analysieren, ob nicht die eigenen Preisaktionen für Neukunden zu dieser Unzufriedenheit geführt haben.

[28] Die Autoren bezeichnen diese Kundengruppe auch als Vorteilsmaximierer.

spräch genutzt. Insgesamt kann davon ausgegangen werden, dass derartige Präventionsmaßnahmen kurzfristig die **explizite Preiskenntnis** des Kunden erhöhen. Bisher existieren allerdings keine Studien, die darüber hinaus untersuchen, inwieweit diese explizite
Preiskenntnis wiederum die Verlängerung des Vertrags bzw. den Vertragswechsel beim
gleichen Anbieter beeinflusst. Interessant ist der Befund aus der Praxis, dass viele Kunden
offenbar keine Kenntnis über den Preis haben bzw. den Preis für Festnetzangebote z. T. sogar überschätzen (Rauchut 2009). Für die Unternehmen ist dies nur insofern eine positive
Nachricht, als die Kunden bei der Kommunikation des tatsächlichen, niedrigeren Preises
einen kurzfristigen Gewinn wahrnehmen dürften, gleichzeitig aber auch die Gefahr besteht, dass Kunden aufgrund der hohen Preiswahrnehmung den Anbieter eher verlassen
wollen.[29] Ein kurzfristiger Einfluss der Preisinformation im Rahmen von Präventionsge-
sprächen auf die **implizite Preiskenntnis** wird von uns eher nicht erwartet. Allerdings
kann die implizite Preiskenntnis die Art und Weise der Präventionsgespräche beeinflussen, in dem Sinne, dass Kunden, die sich als Preisexperten sehen, nachhaltiger und preisbezogener mit einem Anbieter verhandeln.

3.4.4 Kundenrückgewinnung

Zahlreiche Dienstleistungsbranchen sind durch hohe Kundenabwanderungsraten gekennzeichnet. Auch im Telekommunikationsmarkt sind Abwanderungsraten von bis zu 25 %
pro Jahr zu verzeichnen (Griffin und Lowenstein 2001).[30] Die Kosten pro abgewanderten
Mobilfunkkunden wurden für das Jahr 1998 auf rund 676 US-Dollar geschätzt (Kim und
Yoon 2004). Wie bereits skizziert, existieren zahlreiche Untersuchungen, die den Preis als
Abwanderungsgrund identifiziert haben.[31] Beobachtungen der Rückgewinnungspraxis
von Telekommunikationsanbietern deuten darauf hin, dass der Fokus auf preisbezogenen
Maßnahmen lag, d. h. Unternehmen haben abgewanderten Kunden konkrete Preisnach-
lässe für die Rückkehr angeboten.[32] Diese Praxis scheint sich in den letzten zwei Jahren
insofern zu verändern, als viele Anbieter durch das Konstanthalten des Preises und die
Erweiterung der Angebotspalette (Up-Grade) die Kunden zurückzugewinnen versuchen.
Die Literaturrecherche hat ergeben, dass weder wissenschaftliche noch praxisbezogene
Studien vorliegen, die berichten, inwieweit die Variablen Preiskenntnis und Preiserwartungen in das Rückgewinnungsmanagement einfließen. Daher wurde zuerst untersucht,
welche Studien zur Rückgewinnung überhaupt preisbezogene Variablen einbezogen haben.

---

[29] Mit diesem Phänomen ist das Preisimage angesprochen, das generalisierte Aussagen über das
Preisniveau eines Anbieters trifft (Diller 2008).

[30] Bspw. beträgt die derzeitige Abwanderungsrate der Deutschen Telekom weniger als 10 % p. a.,
während sie 2006 für den Bereich Festnetz noch rund 26 % betragen hat (Rauchut 2009).

[31] Siehe Abschn. 3.3. So wurde bspw. der Preis indirekt über die Variable Tarifniveau einbezogen.
Die Zufriedenheit mit dem Tarifniveau wirkt sich folglich negativ auf die Abwanderung von Telekommunikationskunden aus (Kim und Yoon 2004).

[32] Siehe dazu auch die vorherigen Ausführungen zum Churn Management.

Insgesamt widmen sich vier empirische Studien ausgewählten Preisaspekten in der Kundenrückgewinnung. In der ersten Studie wurde eine positive Wirkung der Qualität des Rückgewinnungsangebots, das als attraktiver Preis operationalisiert wurde, auf die Wahrscheinlichkeit der Rückkehr von Mobilfunkkunden festgestellt (Sieben 2002). Bezogen auf die Arten der Preiskenntnis wird mit dem attraktiven Preis die implizite Form der Preiskenntnis herangezogen. Die zweite Untersuchung hat sich mit der Wirkung konkreter Preisangebote zur Rückgewinnung auseinandergesetzt und herausgefunden, dass Kunden am ehesten mit sehr geringen Preisen zurückzugewinnen sind, aber in diesem Fall nicht lange bei dem Anbieter verbleiben (Thomas et al. 2004). Hier kann nur vermutet werden, dass die Zeitschriftenkunden die früheren Vertragspreise als Vergleichsbasis herangezogen haben, allerdings kann nicht final zwischen einer expliziten und impliziten Preiskenntnis unterschieden werden. In der dritten Studie, einer Szenario-Befragung, wurde die Bedeutung eines niedrigen Preises auf die Rückkehrabsichten untersucht (Tokman et al. 2007). In der vierten Erhebung wiederum wurde festgestellt, dass jeder zweite Befragte im Telekommunikationsmarkt normativ erwartet, dass ein früherer Anbieter ein Preisangebot im Rahmen der Kundenrückgewinnung offerieren sollte (Pick und Kannler 2009). Diese Studie von 2007 hat ergeben, dass Preiserwartungen dann am höchsten waren, wenn folgende Gründe für die Abwanderung ausschlaggebend waren: Unternehmensfehler, Ziel bessere Konditionen zu erzielen („strategisches Kündigen") und ein geringerer Preis bei den Konkurrenzunternehmen (Pick 2009). Für Telekommunikationsanbieter stellt sich konsequenterweise die Frage, ob es wirklich angebracht ist, bei der Kundenrückgewinnung am Preis anzusetzen.

Keine der aufgeführten Studien hat sich allerdings explizit der beiden Formen der Preiskenntnis angenommen. Um die Existenz von Preiskenntnis und Preiserwartungen und ihre Bedeutung für die Kundenrückgewinnung analysieren zu können, wurde im Sommer 2009 an der Freien Universität Berlin eine explorative Studie zu diesen beiden Preisfacetten für den Mobilfunkmarkt durchgeführt. Die Existenz der impliziten Preiskenntnis haben wir bereits im Abschn. 3.3 vorgestellt, daher konzentrieren wir uns im Weiteren auf die Schilderung der Befunde zu den Preiserwartungen. Das Konzept der Preiserwartungen ist auch auf jene Kunden übertragbar, die sich zur Abwanderung von einem Anbieter entschieden haben. Wie gezeigt, beziehen sich Preiserwartungen auf die Höhe des künftigen Preises. Im Rahmen der Studie haben wir untersucht, inwieweit es **Preisdiscounterwartungen**, d. h. Erwartungen hinsichtlich eines Preisnachlasses, zur Rückkehr gibt. Diese Preisdiscounterwartungen wurden in normative und antizipatorische Preisdiscounterwartungen unterschieden. Bei **normativen Preisdiscounterwartungen** erwarten Kunden, dass ihnen ein früherer Anbieter Preisnachlässe für ihre Rückkehr geben sollte. **Antizipatorische Preisdiscounterwartungen** beziehen sich indes auf die Einschätzung, ob der frühere Anbieter für die Kundenrückkehr auch Nachlässe geben wird.

Die Studie hat ergeben, dass 80,5 % der Befragten sagen, dass ihnen ein früherer Anbieter Preisnachlässe für eine Rückkehr geben sollte (normative Preisdiscounterwartungen)[33],

---

[33] Nennungen von 7–5, 7: stimme voll und ganz zu, 1: stimme gar nicht zu.

während nur 26,9 % damit rechnen, dass dies tatsächlich passiert (antizipatorische Preisdiscounterwartungen). Dies ist ein interessanter Befund, weist dies doch darauf hin, dass aus Sicht der Kunden nur wenige Telekommunikationsanbieter Preisnachlässe anbieten bzw. sie selbst damit noch keine Erfahrungen gemacht haben. Darüber hinaus wurde untersucht, ob ehemalige Kunden zwischen Nachlässen für sich und andere Kunden unterscheiden, d. h. die übrigen Kunden als weniger wichtig als sich selbst für einen Anbieter einschätzen. Hier konnten wir feststellen, dass die Höhe der normativen, gesamtkundenbezogenen Preisdiscounterwartungen mit 9,0 Prozentpunkten von den individuellen Erwartungen nach unten abweicht. Das bedeutet, dass Kunden im Durchschnitt für sich individuell höhere Nachlässe als für die übrigen Kunden beanspruchen. Dies indiziert, dass (einige) Kunden möglicherweise wissen (oder vermuten), dass Kunden von Unternehmen differenziert behandelt werden und behandelt werden sollten und sich selbst als die wertvolleren Kunden wahrnehmen.[34] Ein Indikator für den eigenen, wahrgenommenen Kundenwert für das Unternehmen könnten die monatlichen Ausgaben für einen Mobilfunkvertrag sein. Die Kreuztabellierung hat jedoch keinen signifikanten Unterschied in den normativen Preisdiscounterwartungen zwischen den einzelnen Ausgabengruppen erbracht. Das bedeutet, dass Kunden unabhängig von ihren monatlichen Ausgaben gleich hohe normative Preisdiscounterwartungen an einen Anbieter haben. Kunden mit Ausgaben unter zehn Euro pro Monat haben also vergleichbare normative Preisdiscounterwartungen wie Kunden mit Ausgaben von mehr als 50 € pro Monat.

Des Weiteren haben wir analysiert, inwieweit normative Preisdiscounterwartungen dazu führen, dass abgewanderte Kunden eine Notwendigkeit zur Preisverhandlung mit dem Anbieter sehen.[35] Die Befunde verdeutlichen einen positiv signifikanten Zusammenhang, d. h. Kunden mit hohen normativen Erwartungen schätzen auch die Verhandlungsnotwendigkeit als hoch ein. Diese Kundengruppe macht ca. 30 % der Befragten aus und ist damit ein beachtliches Kundensegment. Für Telekommunikationsanbieter ergibt sich daraus ein Ansatz zur Rückgewinnung mit Hilfe von Preisverhandlungen. In der Marketingforschung ist bisher ungeklärt, ob eine hohe oder geringe implizite Preiskenntnis den Verhandlungserfolg für beide Seiten begünstigt. Die Praxis jedenfalls setzt auf den Einsatz von Preiskorridoren zur Kundenrückgewinnung (Pick und Kannler 2009). Im Rahmen dieser **Preiskorridore** verhandeln Telekommunikationsanbieter mit dem Kunden um einen für beide Seiten optimalen Preis. Dies ist unserer Ansicht nach eine vielversprechende Art der Ermittlung der Preisbereitschaft. Der Vorteil dieses Vorgehens liegt vor allem darin, dass nicht nur Absichten erhoben werden, sondern konkretes Verhalten (über den Vertragsabschluss) beobachtbar ist. Aufgrund der Kritik von Monroe und Lee (1999) an der Erfassung der expliziten Preiskenntnis dürfte die Analyse des Preisverhaltens innerhalb der Rückgewinnung ein anschauliches Instrument sein, um an bisher un-

---

[34] Dieser Effekt scheint jedoch relativ klein zu sein. Vielmehr erwarten Kunden mit hohen normativen Preisdiscounterwartungen für sich persönlich auch höhere Nachlässe für alle Kunden. Dies weist auf einen gewissen Anspruch auf Gleichbehandlung aller Kunden hin.

[35] Zu Preisverhandlungen von Konsumenten vgl. Evans und Beltramini (1987).

bewussten Einstellungen bzgl. des (Referenz-)Preises anzusetzen. Auch bei Studien zur Kundenabwanderung und -rückgewinnung ist daher grundsätzlich in Frage zu stellen, ob die direkte Erhebung von Hauptabwanderungsgründen überhaupt angemessen ist. So ist zu erwarten, dass sich bestehende und frühere Kunden eines Anbieters durchaus bewusst sind, dass heutige Kunden preisbewusst sein sollten. Die Konsequenz wäre eine als sozial erwünscht eingeschätzte Antwort. Insofern kann die Frage nach der Wahrnehmung als Preisexperte zu einer sinnvolleren Messung der Preiskenntnis führen, da letztlich auch bei Käufen allein die persönliche Einschätzung des Kunden ausschlaggebend sein dürfte und nicht, ob eine Dienstleistung de facto teurer oder günstiger als jene beim Wettbewerber ist. Unternehmen, die an diesen unterschiedlichen Ausprägungen von Preiskenntnis und Preiserwartungen ansetzen, dürften höhere Deckungsbeiträge erzielen, da sie sich dem Preiswettbewerb und der Commoditisierung zum Teil entziehen können.

4 Zusammenfassung und Ausblick

Märkte mit standardisierten bzw. als homogen wahrgenommenen Leistungen (Commodities) sind von einem hohen Preiswettbewerb gekennzeichnet. In vielen Dienstleistungsbranchen gehen zahlreiche Unternehmen davon aus, dass der Preis das wichtigste Entscheidungskriterium für den (Wieder-)Kauf eines Kunden ist. Ein Großteil der Marketingaktivitäten bezieht sich daher auf die Betonung des Preisniveaus bzw. des Preis-Leistungs-Verhältnisses. Auch der Telekommunikationsmarkt wird den Commodity Services zugeordnet. Für die Differenzierung von Commodity Services gibt es zwei Ansätze. Während sich der erste Ansatz auf die Leistungs- bzw. Beziehungsdifferenzierung fokussiert, umfasst der zweite Ansatz die Fragestellung der Kostenführerschaft. Diese Kostenführerschaft wird angestrebt, um die Preise für die Leistungen gering zu halten und in der Konsequenz einen hohen Marktanteil zu erreichen. Allerdings bestehen weit mehr unternehmerische Möglichkeiten im Preismanagement von Telekommunikationsunternehmen als reine Preisreduktionen, um sich erfolgreich am Markt zu behaupten. In diesem Beitrag wurden die Preiskenntnis (Kenntnis der Marktpreise) und Preiserwartungen (Anforderungen an Marktpreise) als mögliche Ansatzpunkte beschrieben. Dazu wurden diese beiden Preisfacetten dahingehend untersucht, welche Rolle sie in der Kundenakquisition, Kundenbindung, dem Churn Management sowie der Kundenrückgewinnung einnehmen können.

Insgesamt kann festgehalten werden, dass Preiskenntnis und Preiserwartungen in jeweils zwei Dimensionen differenzierbar sind. Bei der Preiskenntnis kann in eine explizite und implizite Preiskenntnis unterschieden werden. Die Preiserwartungen wiederum lassen sich in normative und antizipatorische Preiserwartungen unterscheiden. In allen drei Phasen des Kundenlebenszyklus nimmt vor allem die implizite Preiskenntnis, operationalisiert als Rangreihung von Preisen oder als Preisexpertentum, eine wichtige Funktion ein. So ist davon auszugehen, dass sowohl für die Kauf-, Bindungs- und Rückkehrentscheidung von Telekommunikationskunden ihre Einschätzung, sich mit den Preisen auszukennen, relevant ist. Insbesondere dürfte die implizite Preiskenntnis im Rahmen von Preisverhand-

lungen eine wichtige Rolle einnehmen, indem Kunden mit einer hohen impliziten Preiskenntnis höhere Ansprüche an einen Anbieter stellen dürften. Bei den Preiserwartungen
wurde eine neue Facette, die Preisdiscounterwartungen, eingeführt. Es wurde empirisch
belegt, dass derartige normative Preisdiscounterwartungen offenbar bei den Telekommunikationskunden sehr hoch sind. Zwischen 50 % und 80,5 % der Befragten erwarten einen
Preisnachlass für ihre Rückkehr zu einem Anbieter. Demgegenüber stehen geringe antizipatorische Preisdiscounterwartungen. Das bedeutet, dass nur jeder Vierte tatsächlich mit
konkreten Preisnachlässen für die Rückgewinnung rechnet. Telekommunikationsanbieter,
die konkrete Preisangebote, z. B. im Rahmen einer Verhandlung, Kunden anbieten, könnten damit diese Kunden durch eine besondere Behandlung längerfristig an sich binden.
Denkbar in diesem Zusammenhang ist insofern auch die Überarbeitung der Kundenge-
winnungs- und Kundenbindungsstrategien, als bestehende Kunden von Unternehmen
nicht mehr gegenüber Neukunden preislich benachteiligt werden. Die Telekommunikationsanbieter schaffen sich bisher ihre Kundenabwanderung und hohen Aufwendungen für
eine stetige Neukundengewinnung selbst. Diese Ergebnisse weisen darauf hin, dass für die
Ableitung adäquater Marketingstrategien im Rahmen des gesamten Kundenlebenszyklus
im Telekommunikationsmarkt die Erfassung von Preiskenntnis und Preiserwartungen der
jeweiligen Zielkunden bedeutsam ist.

Literatur

Backhaus, K., & Voeth, M. (2010). *Industriegütermarketing* (9. Aufl.). München: Vahlen.
Bakay, Z. (2003). *Kundenbindung von Haushaltsstromkunden: Ermittlung zentraler Determinanten.*
    Wiesbaden: DUV.
Bauer, H. H., Neumann, M. M., & Huber, F. (2006). Die Wirkung der Preisoptik auf das Kaufverhal-
    ten. *der Markt, 45,* 183–196.
BITKOM. (2007). Kunden profitieren von zunehmendem Preiswettbewerb. Pressemitteilung
    vom 27.12.2007. http://www.bitkom.org/files/documents/BITKOM_ Presseinfo_TK-Liberalisie-
    rung_27_12_2007.pdf. Zugegriffen: 9. Feb. 2010.
BITKOM. (2008). Umsatz mit mobilen Datendiensten verdreifacht sich. Pressemitteilung vom
    24.09.2008. http://www.bitkom.org/de/presse/56204_54145.aspx. Zugegriffen: 23. Juli 2010.
BITKOM. (2013). Schub fürs mobile Breitband. Pressemitteilung vom 23.07.2013. http://www.
    bitkom.org/files/documents/BITKOM_Presseinfo_UMTS-_und_LTE-Nutzung_sowie_Mobil-
    funkmarkt_23_07_2013.pdf. Zugegriffen: 26. Juli 2013.
Brown, K. (2004). Holding onto customers. *Wireless Week, 15,* 6.
Bruhn, M. (2011). Commodities im Dienstleistungsbereich. In M. Enke & A. Geigenmüller (Hrsg.),
    Commodity Marketing: Grundlagen – Besonderheiten – Erfahrungen (2. Aufl., S. 57–77). Wiesba-
    den: Springer Gabler.
Bundesamt für Kommunikation BAKOM. (2013). *Amtliche Fernmeldestatistik 2011.* o. O.
Bundesnetzagentur. (2013). Jahresbericht 2012. Energie, Kommunikation, Mobilität: Gemeinsam
    den Ausbau gestalten. Bonn.
Congstar. (2008). Kunden wollen sparen und Freiheit bei der Vertragslaufzeit. Pressemitteilung vom
    29.10.2008. http://www.presseportal.de/pm/67391/1290919/congstar_gmbh. Zugegriffen: 24.
    Feb. 2010.

Congstar. (2009). Verbraucher wollen ungebunden bleiben. Pressemitteilung vom 03.11.2009. http://
www.presseportal.de/print.htx?nr=1504741. Zugegriffen: 24. Feb. 2010.

Danaher, P. J., Conroy, D. M., & McColl-Kennedy, J. R. (2008). Who wants a relationship anyway?
Conditions when consumers expect a relationship with their service provider. *Journal of Service
Research, 11,* 43–62.

DelVecchio, D., Krishnan, H. S., & Smith, D. C. (2007). Cents or percent? The effects of promotion
framing on price expectations and choice. *Journal of Marketing, 71,* 158–170.

Dickson, P. R., & Sawyer, A. G. (1990). The price knowledge and search of supermarket shoppers.
Journal of Marketing, 54, 42–53.

Diller, H. (1988). Das Preiswissen von Konsumenten: Neue Ansatzpunkte und empirische Befunde.
Marketing Zeitschrift für Forschung und Praxis, 10, 17–24.

Diller, H. (2000). Preiszufriedenheit bei Dienstleistungen. *Die Betriebswirtschaft, 60,* 570–587.

Diller, H. (2008). *Preispolitik* (4. Aufl.). Stuttgart: Kohlhammer.

Diller, H., & That, D. (1999). *Die Preiszufriedenheit bei Dienstleistungen. Arbeitspapier Nr. 79.* Lehrstuhl für Marketing der Universität Erlangen-Nürnberg, Nürnberg.

Estelami, H. (2003). Sources, characteristics, and dynamics of postpurchase price complaints. *Journal
of Business Research, 56,* 411–419.

Evans, K. R., & Beltramini, R. F. (1987). A theoretical model of consumer negotiated pricing: An
orientation perspective. *Journal of Marketing, 51,* 58–73.

Evanschitzky, H., Kenning, P., & Vogel, V. (2004). Consumer price knowledge in the German retail
market. *Journal of Product & Brand Management, 13,* 390–405.

Gabor, A., & Granger, C. (1961). On the price consciousness of consumers. *Applied Statistics, 10,*
170–188.

Gerpott, T. J., Rams, W., & Schindler, A. (2001). Customer retention, loyalty, and satisfaction in the
German mobile cellular telecommunications market. *Telecommunications Policy, 25,* 249–269.

Griffin, J., & Lowenstein, M. W. (2001). *Customer winback: How to recapture lost customers – and
keep them loyal.* San Francisco: Jossey-Bass.

Gutsche, J. (2006). Was die Telekommunikations-Industrie von der Airline-Industrie lernen kann. In
T. Hess & S. Doeblin (Hrsg.), *Turbulenzen in der Telekommunikations- und Medienindustrie: Neue
Geschäfts- und Erlösmodelle* (S. 153–161). Berlin: Springer.

Gutsche, J., Hahn, C., & Krostitz, I. (2007). Deutsche Telekom AG: Mit Serviceversprechen zum Erfolg. In S. Albers & A. Herrmann (Hrsg.), *Handbuch Produktmanagement: Strategieentwicklung
– Produktplanung – Organisation – Kontrolle* (S. 1069–1088). Wiesbaden: Gabler.

Hansen, R. (2006). Das Discount Modell: Umbruch im deutschen Mobilfunkmarkt. In T. Hess & S.
Doeblin (Hrsg.), *Turbulenzen in der Telekommunikations- und Medienindustrie: Neue Geschäfts-
und Erlösmodelle* (S. 59–75). Berlin: Springer.

Homburg, C. (2012). *Marketingmanagement: Strategie – Instrumente – Umsetzung – Unternehmensführung* (4. Aufl.). Wiesbaden: Springer Gabler.

Homburg, C., & Koschate, N. (2005). Behavioral Pricing-Forschung im Überblick: Teil 2: Preisinfor-
mationsspeicherung, weitere Themenfelder und zukünftige Forschungsrichtungen. *Zeitschrift für
Betriebswirtschaft, 75,* 501–524.

Homburg, C., Koschate, N., & Wiegner, D. (2006). *Customer satisfaction and time as drivers of price
knowledge after the purchase.* Mannheim: Institut für Marktorientierte Unternehmensführung.
Univ.

Huang, J., Newell, S., Poulson, B., & Galliers, R. D. (2007). Creating value from a commodity process:
A case study of a call center. *Journal of Enterprise Information Management, 20,* 396–413.

Jüttner, U., Michalski, S., & Schmid, V. (2006). The managerial implications of relationship ending
processes: Bridging the gap between research and practice. Proceedings of the 35th European
Marketing Academy Conference (EMAC). May. Athen.

Kalwani, M. U., & Yim, C. K. (1992). Consumer price and promotion expectations: An experimental study. *Journal of Marketing Research, 29,* 90–100.

Keaveney, S. M. (1995). Customer switching behavior in service industries: An exploratory study. *The Journal of Marketing, 59,* 71–82.

Kim, H.-S., & Yoon, C.-H. (2004). Determinants of subscriber churn and customer loyalty in the Korean mobile telephony market. *Telecommunications Policy, 28,* 751–765.

Kotler, P. (1972). A generic concept of marketing. *The Journal of Marketing, 36,* 46–54.

Krishna, A. (1992). The normative impact of consumer price expectations for multiple brands on consumer purchase behaviour. *Marketing Science, 11,* 266–286.

Lambrecht, A., & Skiera, B. (2006). Ursachen eines Flatrate-Bias – Systematisierung und Messung der Einflussfaktoren. *Schmalenbachs Zeitschrift für betriebswirtschaftliche Forschung, 58,* 588–617.

Levitt, T. (1980). Marketing success through differentiation - of anything. *Harvard Business Review,* 83–91.

Liang, D., Ma, Z., & Qi, L. (2013). Service quality and customer switching behavior in China's mobile phone service sector. *Journal of Business Research, 66,* 1161–1167.

Maier, A. (2013). Die Preise werden auch in Deutschland steigen. In manager magazin. Online vom 30.05.2013. http://www.manager-magazin.de/unternehmen/it/preise-fuer-surfen-und-telefonie-ren-werden-steigen-a-902730-druck.html. Zugegriffen: 1. Juni 2013.

Matzler, K., Wurtele, A., & Renzl, B. (2006). Dimensions of price satisfaction: A study in the retail banking industry. *International Journal of Bank Marketing, 24,* 216–231.

McDonald, M. H. B., de Chernatony, L., & Harris, F. (2001). Corporate marketing and service brands - Moving beyond the fast-moving consumer goods model. *European Journal of Marketing, 35,* 335–352.

Meffert, H., Burmann, C., & Kirchgeorg, M. (2012). *Marketing: Grundlagen marktorientierter Unternehmensführung: Konzepte – Instrumente – Praxisbeispiele* (11. Aufl.). Wiesbaden: Gabler.

Monroe, K. B., & Lee, A. (1999). Remembering versus knowing: Issues in buyer's processing of price information. *Journal of the Academy of Marketing Science, 27,* 207–225.

Noble, S. M., & Phillips, J. (2004). Relationship hindrance: Why would consumers not want a relationship with a retailer? *Journal of Retailing, 80,* 289–303.

o. V. (29. Mai 2012). Internetfirmen verdrängen Telefonkonzerne. In manager magazin. http://www.manager-magazin.de/unternehmen/it/a-835740-druck.html. Zugegriffen: 1. Juni 2013.

Pick, D. (2008). *Wiederaufnahme vertraglicher Geschäftsbeziehungen: Eine empirische Untersuchung der Kundenperspektive.* Wiesbaden: Gabler.

Pick, D. (2009). Kundenrückgewinnung - Was Kunden erwarten. *Marketing Review St. Gallen, 26,* 40–45.

Pick, D., & Eisend, M. (2014). Buyers' Perceived Switching Costs and Switching: A Meta-Analytic Assessment of Their Antecedents, in: *Journal of the Academy of Marketing Science, 42,* 186–204.

Pick, D., & Kannler, J. (2009). Rückgewinnungs-Pricing im Telekommunikationssektor. *Marketing Review St. Gallen, 26,* 54–59.

Pick, D., & Kannler, J. (2012). Kundenserviceintegration als Erfolgsbaustein eines Customer Experience Management-Ansatzes. In M. Bruhn & K. Hadwich (Hrsg.), *Forum Dienstleistungsmanagement: Customer Experience* (S. 107–132). Wiesbaden: Springer Gabler.

Pick, D., & Krafft, M. (2009). Status quo des Rückgewinnungsmanagements. In J. Link & F. Seidl (Hrsg.), *Kundenabwanderung: Früherkennung, Prävention, Kundenrückgewinnung: Mit erfolgreichen Praxisbeispielen aus verschiedenen Branchen* (S. 119–141). Wiesbaden: Gabler.

Rauchut, A. T. (2009): Churn Management bei der Deutschen Telekom. In J. Link & F. Seidl (Hrsg.), *Kundenabwanderung: Früherkennung, Prävention, Kundenrückgewinnung: Mit erfolgreichen Praxisbeispielen aus verschiedenen Branchen* (S. 269–290). Wiesbaden: Gabler.

Roos, I. (1999). Switching processes in customer relationships. *Journal of Service Research, 2,* 68–85.

Roos, I., Edvardsson, B., & Gustafsson, A. (2004). Customer switching patterns in competitive and noncompetitive service industries. *Journal of Service Research, 6,* 256–271.

Rundfunk & Telekom Regulierungs-GmbH. (2013). *Kommunikationsbericht 2012.* Wien.

Seo, D., Ranganathan, C., & Babad, Y. (2008). Two-level model of customer retention in the US mobile telecommunications service market. *Telecommunications Policy, 32,* 182–196.

Sharma, N., & Patterson, P. G. (1999). The impact of communication effectiveness and service quality on relationship commitment in consumer, professional services. *Journal of Services Marketing, 13,* 151–170.

Sieben, F. (2002). *Rückgewinnung verlorener Kunden: Erfolgsfaktoren und Profitabilitätspotenziale.* Wiesbaden: DUV.

Stauss, B., & Seidel, W. (2009). Preiskündiger und Qualitätskündiger: Zur Segmentierung verlorener Kunden. In J. Link & F. Seidl (Hrsg.), *Kundenabwanderung: Früherkennung, Prävention, Kundenrückgewinnung: Mit erfolgreichen Praxisbeispielen aus verschiedenen Branchen* (S. 143–161). Wiesbaden: Gabler.

Sundbo, J. (1994). Modulization of service production and a thesis of convergence between service and manufacturing organizations. *Scandinavian Journal of Management, 10,* 245–266.

Tokman, M., Davis, L. M., & Lemon, K. N. (2007). The WOW factor: Creating value through winback offers to reacquire lost customers. *Journal of Retailing, 83,* 47–64.

Thomas, J. S., Blattberg, R. C., & Fox, E. J. (2004). Recapturing lost customers. *Journal of Marketing Research, 41,* 31–45.

Vanhuele, M. (2002). How and why consumers remember price information? *Advances in Consumer Research, 29,* 142–144.

Vanhuele, M., & Drèze, X. (2002). Measuring the price knowledge shoppers bring to the store. *Journal of Marketing, 66,* 72–85.

Völckner, F. (2006). Methoden zur Messung individueller Zahlungsbereitschaften: Ein Überblick zum State of the Art. *Journal für Betriebswirtschaft, 56,* 33–60.

Pick, Doreén
Marketing Department Fachbereich Wirtschaftswissenschaft, Marketing Department,
Freie Universität Berlin, Otto-von-Simson-Str. 19,
14195 Berlin, Deutschland
E-Mail: doreen.pick@fu-berlin.de

Differenzierung von Commodities am Beispiel von Premiumkraftstoffen

Sabine Moeller und Sebastian Roltsch

Inhaltsverzeichnis

Zusammenfassung

Der Wettbewerbsdruck hat zu starken Differenzierungsbestrebungen der Mineralölgesellschaften geführt. Das Shop-Geschäft war beginnend in den 80er- und 90er-Jahren

S. Moeller (✉)
Roehampton Business School, University of Roehampton, Roehampton Lane London,
SW15 5PJ London, UK
E-Mail: sabine.moeller@roehampton.ac.uk

S. Roltsch
Senior Manager Business Partnerships, RTL interactive GmbH | RTL Mediengruppe Deutschland,
Picassoplatz 1, 50679 Köln, Deutschland
E-Mail: sebastian.roltsch@alumni.ebs.edu

M. Enke et al. (Hrsg.), *Commodity Marketing*,
DOI 10.1007/978-3-658-02925-8_18, © Springer Fachmedien Wiesbaden 2014

ein wichtiger Differenzierungsbereich. In den vergangenen zehn Jahren fand zusätzlich eine Differenzierung über Kraftstoffe statt. Heutzutage bieten vier der fünf großen
Mineralölgesellschaften auf dem deutschen Markt sogenannte Hochleistungs- oder
Premiumkraftstoffe an. Der Beitrag beschreibt und analysiert die Aktivitäten der Mineralölgesellschaften, das Commodity Kraftstoff zu differenzieren. Die Markteinführungskampagnen der Hochleistungskraftstoffe stellten besonders auf die funktionale
Produktverbesserung, insbesondere auf die Leistungssteigerung ab. Vor der Etablierung
von Premiumkraftstoffen waren die Leistungsfähigkeit oder andere differenzierende
Kriterien von Kraftstoffen (z. B. motorschonende Wirkung, Umweltfreundlichkeit) keine kaufrelevanten Kriterien. Die Tatsache, dass das Gros der Mineralölgesellschaften
heute Premiumkraftstoffe anbietet, deutet darauf hin, dass die Etablierung von neben
dem Preis weiteren kaufrelevanten Kriterien offenbar erfolgreich war. Die Positionierung der Hochleistungs-/Premiumkraftstoffe als Premiumprodukt wird durch die
Preisdifferenzierung unterstrichen. Ein höherer Preis ist dabei nur dann auf dem Markt
durchsetzbar, wenn sich die Konsumenten hinsichtlich der Preisbereitschaft voneinander differenzieren und das teurere Produkt einen höheren wahrgenommen Wert hat.
Im Rahmen des Kundenbindungsmanagements haben die Mineralölgesellschaften Anreizsysteme etabliert, um Wiederkaufverhalten zu stimulieren. Dies ist sinnvoll, weil
die Wechselbarrieren im Tankstellenmarkt besonders gering sind. Der einzige Anbieter, welcher im Rahmen seines Loyalitätsprogramms die Kunden der Hochleistungs-/
Premiumkraftstoffe in besonderer Weise anspricht, ist Shell. ARAL, Esso und Total
differenzieren im Rahmen des Loyalitätsprogramms nicht zwischen den beiden Kundensegmenten. Es ist davon auszugehen, dass durch die Programme die verhaltensbasierte Loyalität der Kunden gefördert wird. Durch den Clubcharakter und die gezielte
Ansprache der Premiumkunden im Rahmen des Clubsmart-Programms von Shell sind
darüber hinaus Effekte auf die einstellungsbasierte Loyalität zu erwarten.

1   Problemstellung und Gang der Untersuchung

Die steigenden Rohölpreise sowie die Erhöhung der Mineralölsteuer haben in den vergangenen Jahrzehnten zu einem erheblichen Preisanstieg der Kfz-Kraftstoffe in Deutschland geführt (Mineralölwirtschaftsverband 2013). Diese beiden Faktoren führen zwar zu
steigendem Umsatz pro abgesetztem Liter Kraftstoff, jedoch nicht analog zu steigendem
Ertrag für Tankstellenbetreiber. Die durch hohe Kraftstoffpreise getriebene Konsumzu-
rückhaltung und die verstärkte Entwicklung verbrauchsärmerer Fahrzeuge haben zudem
Frequenz- und Absatzeinbußen der Tankstellen nach sich gezogen (Zimmermann und
Siegel 2008). Des Weiteren haben erhebliche Umweltschutz- und Sicherheitsauflagen seit
Mitte der 80er-Jahre Investitionsdruck auf viele Tankstellenbetreiber zur Folge gehabt.
Diese Investitionen haben sich wiederum negativ auf die Erträge ausgewirkt (Eichholz-
Klein 2005). Der deutsche Tankstellenmarkt ist demzufolge durch eine zunehmend hohe
Wettbewerbsintensität gekennzeichnet.

Diese veränderten Rahmenbedingungen haben erhebliche Veränderungen auf dem Tankstellenmarkt mit sich gebracht. Viele kleine und mittelständische Tankstellen haben sich Verbänden angeschlossen, um von den Einkaufsvorteilen und der Verbundmarke zu profitieren (Zimmermann und Siegel 2008). Andere kleinere und mittlere freie Tankstellen konnten dem Wettbewerbsdruck nicht standhalten und mussten schließen. Auch die großen Mineralölgesellschaften haben aufgrund von Rentabilitätsüberlegungen diverse Stationen geschlossen. Demzufolge hat sich die Anzahl der Tankstellen in Deutschland in den letzten Jahrzehnten drastisch reduziert. Während es 1970 noch 46.000 Tankstellen in Deutschland gab, sind es im Jahr 2013 noch 14.678 (Mineralölwirtschaftsverband 2013).

Die meisten auf dem deutschen Markt verbliebenen Tankstellen sind daher eher umsatzstark. Zudem weisen sie in der Regel einen hohen Dienstleistungsanteil auf, wozu ein umfangreiches Shop-Angebot, eine Waschstraße oder ähnliche fahrzeugbezogene Leistungen gehören. Insbesondere in Deutschland trägt das Shop-Geschäft überdurchschnittlich zum Ertrag der Tankstellenbetreiber bei. Während in Gesamteuropa nur ca. 50 % der Tankstellen über ein solches Shop-Angebot verfügen, liegt dieser Anteil in Deutschland bei über 90 % (Zimmermann und Siegel 2008). Bei den verbleibenden zehn Prozent der Tankstellen ohne Shop handelt es sich meistens um Tankstellen an Supermärkten, Tankstellen, die mit einem Zweitgeschäft (z. B. Autohaus, Werkstatt) zusammen betrieben werden oder unbemannte „Billig-Tankstellen" (Eichholz-Klein 2005). Dabei besucht der überwiegende Anteil der deutschen Bevölkerung die Tankstelle nur zum Tanken (zwischen 55–63 %), ein kleiner Teil (zwischen einem bis neun Prozent) nur zum Einkaufen und die restlichen Konsumenten (zwischen 29–43 %) zum Tanken in Verbindung mit einem Einkauf (Foodstep 2009; USP market intelligence und The Nielsen Company 2008).

Das Shop-Geschäft bietet daher ein attraktives Aktivitätsfeld für Mineralölgesellschaften und deren Tankstellenbetreiber, um sich von den Wettbewerbern zu differenzieren und die Ertragssituation zu verbessern. Diese Strategie wird beispielsweise erfolgreich von ARAL praktiziert und von Konsumenten auch entsprechend wahrgenommen (Thomas et al. 2009). Obwohl die Tankstellen hinsichtlich des Shop-Geschäfts mit anderen Kanälen, wie beispielsweise Supermärkten oder Bäckereien, konkurrieren (Möller 2008a, Möller 2009; Möller und Braun 2012), konnte ARAL im Jahr 2012 insgesamt in Deutschland einen Gastronomieumsatz von 175,8 Mio. € p. a. und Shell von 103,20 Mio. € p. a. (2011) realisieren. Mit diesen Umsätzen nehmen ARAL und Shell Positionen unter den 25 wichtigsten Systemgastronomen in Deutschland ein (DEHOGA 2013).

Trotz der großen Bedeutung des Shop-Geschäfts bleibt der Kraftstoff das Kerngeschäft der Tankstellenbetreiber, da er überwiegend ursächlich für den Besuch der Tankstelle und damit ein wichtiger Frequenzbringer ist. Der Fokus vieler Anbieter auf das Shop-Geschäft Ende der 90er und zu Beginn des 20. Jahrhunderts hat die Commoditisierung des Kernmarkts der Kraftstoffe zusätzlich gefördert. Güter werden der Kategorie der Commodities zugeordnet, wenn sie als homogen, austauschbar und damit als nicht differenziert wahrgenommen werden (Enke et al. 2005). Die Entwicklung hin zu Commodity-Märkten wird durch die damals geringe Innovativität im Produktmanagement und wenig kreative Marketingkonzepte gefördert (Wiedmann und Ludewig 2005). Das wird durch eine empirische Erhebung bestätigt, die offenbart, dass mit wenigen Ausnahmen die deutschen Mineralölmarken von den Konsumenten insgesamt als wenig differenziert wahrgenommen werden (Thomas et al. 2009). Der hohe Anteil an preismotivierten Markenwechslern hin zu Billigtankstellen deutet ebenso darauf hin, dass Kraftstoff von Konsumenten nicht als differenziertes Gut wahrgenommen wird (Zimmermann und Siegel 2008).

Obwohl Kraftstoffe somit Eigenschaften von **Commodities** aufweisen und häufig dieser Güterkategorie zugeordnet werden (Adler und McLachlan 2005; Eichholz-Klein 2005; Köcher 2005), wird ihnen trotzdem, bei Verfolgen einer Innovationsstrategie, Differenzierungspotenzial eingeräumt (Adler und McLachlan 2005). Vor dem Hintergrund der oben dargestellten Problemstellung im Tankstellenmarkt ist es Ziel des vorliegenden Beitrags, das Differenzierungspotenzial von Commodities am Beispiel von Premiumkraftstoffen zu beleuchten. Zunächst wird hierfür die relevante Literatur zum Commodity Marketing aufgearbeitet. Darauf aufbauend werden anhand der auf dem deutschen Markt angebotenen Premiumkraftstoffe wie z. B. ARAL Ultimate, TOTAL Excellium, Esso Super Plus oder Shell V-Power Umsetzungsbeispiele für die Differenzierung eines Commodities erläutert. In den folgenden Absätzen werden daher zunächst die Herausforderungen und Besonderheiten des Marketings von Commodities dargelegt. Fokus wird dabei auf die Bereiche gelegt, die die höchsten Differenzierungspotenziale bieten, wozu insbesondere das Produkt- und Markenmanagement, das Preismanagement sowie das Kundenbeziehungsmanagement gehören. Aufbauend auf diesem theoretischen Gerüst werden die Vermarktungsaktivitäten der Premiumkraftstoffe der verschiedenen in Deutschland aktiven Mineralölgesellschaften dargestellt und bewertet. Der Beitrag endet mit einem Fazit.

2 Potenziale zur Differenzierung von Commodities

Produkte der Güterkategorie der Commodities zeichnen sich insbesondere dadurch aus, dass sie von Konsumenten als homogen, wenig differenziert und austauschbar wahrgenommen werden (Enke et al. 2005). Eine Differenzierung dieser Produkte erfolgt daher häufig über den Preis (Enke et al. 2005; Lurie und Kohli 2002; Mount 1969; Simon und Fassnacht 2009; und die dort zitierte Literatur). Als Beispiele von Commodities werden häufig Kraftstoffe, Strom, Gas, Wasser oder Lebensmittel wie Milch, Zucker und Getreide genannt (z. B. Adler und McLachlan 2005; Eichholz-Klein 2005; Simon und Fassnacht 2009).

Erhöhte Transparenz auf Märkten, gefördert insbesondere durch das Internet, hat zu deren erhöhter Commoditisierung geführt (Köcher 2005). Obwohl das Internet die Transparenz auf vielen Märkten erhöht hat, hat sich die anfängliche Befürchtung, alle Märkte würden sich zu Commodity-Märkten entwickeln (Lichtenthaler und Eliaz 2003), nicht bewahrheitet. Die Commoditisierung von Gütern ist häufig Ergebnis von Geschäftsstrategien und -praktiken in einzelnen Branchen. Dies trifft insbesondere für Unternehmen in gesättigten Märkten zu, die den Fokus auf Skaleneffekte und die Strategie der Kostenführerschaft legen (Wiedmann und Ludewig 2005). Zudem ist die in vielen Beiträgen implizit enthaltene Meinung kritisch zu betrachten, dass die Commoditisierung von Märkten ein Prozess ist, der nahezu ausschließlich durch die Produkteigenschaften vorgegeben ist. Die Auffassung, dass es sich bei Commodities um Produkte handelt, die durch das naturgegebene Produktcharakteristikum der Homogenität gekennzeichnet sind, ist häufig nicht zutreffend. Vielmehr führt die Strategie der Kostenführerschaft häufig zu erhöhter Wettbewerbsintensität und zu steigendem Druck auf die Anbieter, ihre dann häufig homogenen Produkte zu einem einheitlichen Preisniveau anzubieten (Simon und Fassnacht 2009).

Das **Konsumentenverhalten** für Commodities unterscheidet sich substanziell von dem Konsumverhalten für weniger austauschbare Produkte (Copeland 1923). Daher sollte auch das Marketing für Commodities an die Besonderheiten des Markts angepasst werden (Skålén et al. 2008). In der Literatur und der Unternehmenspraxis existieren bereits Ansätze und Beispiele durch gezieltes Marketing der Commodities Veränderungen im Konsumentenverhalten zu verursachen. Wiedmann und Ludewig (2005) sowie Adler und McLachlan (2005) zeigen beispielsweise Ansätze den Commoditisierungstrend durch Markenmanagement und Kundenansprache zu überwinden und Billen und Raff (2005) zeigen, wie dem Commoditisierungstrend durch Kundenbindungsmaßnahmen Einhalt geboten werden kann. Aufbauend auf bestehenden Ansätzen werden die Möglichkeiten der Differenzierung eines Commodity-Guts am Beispiel der Premiumkraftstoffe aufgezeigt und bewertet.

3 Marketing zur Differenzierung des Commodities „Kraftstoff"

3.1 Produkt- und Markenmanagement für Commodities

3.1.1 Grundlagen des Produkt- und Markenmanagements für Commodities

Commodity-Märkte werden häufig mit der Strategiealternative der **Kostenführerschaft** in Verbindung gebracht (Wiedmann und Ludewig 2005). Im Gegensatz dazu steht die Differenzierungsstrategie, die dadurch gekennzeichnet ist, dass einzelne Produkte und Dienstleistungen so gestaltet sind, dass sie von Kunden als unterschiedlich und im Idealfall als überlegen wahrgenommen werden (Herrmann und Huber 2009). Design, Markenname, Qualität oder Technologie sind häufig ausschlaggebend für diese wahrgenommene Differenz (Herrmann und Huber 2009).

Eine **Marke**, folgt man der American Marketing Association (AMA), wird definiert als „name, term, design, symbol or any other feature that identifies one seller's good or service as distinct from those of other sellers" (American Marketing Association 2013). Dies repräsentiert das eher funktionelle Markenverständnis im Gegensatz zu dem wirkungsorientierten Markenverständnis, welches zudem die Imagewirkung der Marke auf den Konsumenten mit einbezieht (Esch 2012). In Übereinstimmung mit Letzterem ist auch die Aussage zu sehen, dass es Zweck eines Markennamens ist, einzelne oder mehrere positive Eigenschaften eines Produkts zu vermitteln (Betts 1994). Ein markiertes Produkt unterscheidet sich daher von vergleichbaren nicht-markierten Produkten dadurch, dass

Konsumenten mit dem markierten Produkt bestimmte Attribute oder eine bestimmte Leistungsfähigkeit verbinden (Pennington und Ball 2009). Insbesondere in Commodity-Märkten, in denen das Involvement als gering eingeschätzt wird, reicht nach Keller (1993) ein Minimum an Markenbekanntheit, um Kaufentscheidungen auszulösen.

Neben dem Fokus einiger Anbieter auf Markenbekanntheit hat vor allem in gesättigten Märkten, in denen mehr oder weniger homogene Produkte angeboten werden, ein Strategiewechsel von produktorientierten Strategien hin zu kundenorientierten Strategien stattgefunden (Billen und Raff 2005; Melles und Gehrmann 2005; Vargo und Lusch 2004). Dies postulieren auch Wiedmann und Ludewig (2005), indem sie feststellen, dass beispielsweise Tapeten aus Sicht eines durchschnittlichen Verbrauchers ein Commodity sein mögen, aus der Perspektive eines Innenarchitekten oder Malermeisters mag diese Wahrnehmung eine gänzlich andere sein. Ansatzpunkte der Differenzierung sind daher nach Meinung der Autoren Informationen eines Experten darüber, dass das Produkt über spezifische Eigenschaften verfügt und dies im Rahmen des Markenmanagements erfolgreich kommuniziert wird.

3.1.2 Produkt- und Markenmanagement am Beispiel von Premiumkraftstoffen

Lange Zeit war Normalbenzin mit der Oktanzahl 91 der Hauptkraftstoff im deutschen Markt. In den vergangenen Jahren hat sich jedoch der Preis für Normalbenzin stetig erhöht und damit dem Preis für Super angeglichen (Statistisches Bundesamt 2010). Im Ergebnis ist die Nachfrage nach Normalbenzin eingebrochen (Mineralölwirtschaftsverband 2009), da die Kunden offenbar keinen Vorteil mehr darin sahen, Normalbenzin zu tanken. Während 2003 noch 7710 Tsd. Tonnen Normalbenzin verkauft wurden, waren es im Jahr 2009 nur noch 947 Tsd. Tonnen (Mineralölwirtschaftsverband 2009). Heute wird Normalbenzin noch nicht einmal mehr in Statistiken für Mineralölprodukte geführt (Mineralölwirtschaftsverband 2013). Als Shell im Herbst 2008 als erster großer Mineralölkonzern das Normalbenzin aus seiner Produktpalette strich, war der Presse zu entnehmen, dass Normalbenzin nur noch fünf Prozent des Absatzes aller Ottokraftstoffe bei Shell ausgemacht habe (Welt Online 2008). Demzufolge sind Diesel und Super heutzutage die sich auf dem deutschen Markt befindlichen Hauptkraftstoffe (Mineralölwirtschaftsverband 2013). Beide Produkte werden flächendeckend von allen großen Mineralölkonzernen angeboten und sind in der Regel durch die typische Eigenschaft von Commodities gekennzeichnet, nämlich der vom Konsumenten wahrgenommenen Austauschbarkeit.

Wie die folgenden Ausführungen zeigen, ist die Markierung der Kraftstoffe auch im Commodity-Markt eine praktizierte Strategie, um der Austauschbarkeit zu begegnen. Die Hauptakteure auf dem deutschen Mineralölmarkt versuchen sich als Anbieter von innovativen Kraftstoffen zu positionieren. Um diese Positionierung zu erreichen und zugleich Konsumentenbedürfnisse, wie Leistungssteigerung, aber auch Umweltfreundlichkeit bei Kraftstoffen zu bedienen, wurden verschiedene Hochleistungskraftstoffe für den deutschen Markt entwickelt (kfz.net 2010). Im Ergebnis wurde im Jahr 2003 zunächst der Hochleistungskraftstoff V-Power von Shell auf dem deutschen Markt eingeführt, gefolgt von der Markteinführung von ARAL Ultimate im Jahr 2004 und TOTAL Excellium im Jahr 2006.

Betrachtet man die fünf großen Mineralölgesellschaften auf dem deutschen Kraftstoffmarkt (Shell, BP/ARAL, Esso (Exxon Mobil), Total und JET (Conoco)), so ist unseres Erachtens bei vier Anbietern das Bestreben festzustellen, das **Commodity Kraftstoff** zu differenzieren und zu markieren. Kraftstoffe sollen von Kunden mit bestimmten Attributen, wie beispielsweise einer erhöhten Leistungsfähigkeit, einem geringeren Verbrauch, weniger Schadstoffausstoß und Motorschutz (z. B. ARAL Ultimate, www.aral.de) oder darüber hinaus höherem Fahrkomfort und leiseren Motorengeräuschen (z. B. Excellium Diesel von Total, www.total.de) oder einer geringeren Kälteanfälligkeit (z. B. V-Power Winter-Diesel, www.shell.de) in Verbindung gebracht werden. Die einzige der fünf großen in Deutschland aktiven Mineralölgesellschaften, die keinen Premiumkraftstoffe anbietet, ist JET (Conoco). JET differenziert sich allerdings schon länger sehr erfolgreich über einen geringeren Preis (AUTOBILD 2013; Thomas et al. 2009).

Die Kommunikationsmaßnahmen zur Markteinführung der Hochleistungskraftstoffe stellen vor allem auf deren funktionellen Vorteile ab. ARAL wirbt unter anderem mit dem Slogan „Die besten Kraftstoffe, die wir je hatten" bzw. einem Zusatz zu dem neu eingeführten Markennamen „ARAL Ultimate 100– Kluge Stärke" sowie „ARAL Ultimate Diesel – Mehr Kilometer, weniger Emissionen". TOTAL wirbt mit der vergleichsweise geringeren CO_2-Emission und stellt den positiven Umweltbeitrag in den Vordergrund (Impulsplus 2007). Im Gegensatz zu der eher verbal-rationalen Kommunikation von TOTAL und ARAL wirbt Shell vergleichsweise gegenständlich-emotional. Im Rahmen der Marketingkampagne zur Markteinführung wurden die Produkteigenschaften von V-Power bildlich durch einen Ferrari und einen schwarzen Hengst verdeutlicht.

Im Rahmen der Entwicklung und Vermarktung der Hochleistungskraftstoffe sind sowohl ARAL als auch Shell eine Kooperation im Bereich des Motorsports eingegangen. Beide Firmen nutzen dies im Rahmen der Kommunikation und stellen darauf ab, dass durch Hochleistungskraftstoffe auch Privatkunden von der Expertise im Motorsport profitieren können. So lässt ARAL verlauten: „Wir nutzen die DTM (Deutsche Tourenwagen-Masters) nicht nur als Werbeplattform, sondern auch, um die Leistungsfähigkeit unserer Kraftstoffe unter Extrembedingungen und in hoch entwickelten Motoren zu erproben und gleichzeitig zu demonstrieren", sagt Anja Grote-Lutter, ARAL-Fuels-Manager für Deutschland. Zusätzlich erreicht ARAL über die DTM viele ambitionierte Autofahrer, die sich für Spitzenprodukte interessieren. „Dabei erfahren sie, dass sie sich beim Tanken von ARAL Ultimate 100 in bester Gesellschaft befinden. Schließlich kommt in der DTM der gleiche Kraftstoff zum Einsatz wie an der Tankstelle – oder anders gesagt: Mika Häkkinen und Kollegen tanken mit Ultimate 100 genau den gleichen Kraftstoff wie die ARAL-Kunden an der Zapfsäule und darüber werden sie natürlich auch informiert" (www.dtm.de). Ähnlich kommuniziert Shell: „Wir arbeiten eng mit dem Formel-1-Ferrari-Team zusammen, um die Hochleistungs-Rennkraftstoffe […] zu entwickeln […]. Diese Erkenntnisse […] kommen somit Autofahrern auf der ganzen Welt in Form von höherer Leistungsfähigkeit und mehr Motorschutz zugute". Shell betont ebenso, dass die Unterschiede im Kraftstoff so minimal sind, dass ein Formel-1-Rennwagen von Ferrari problemlos an jeder gewöhn-lichen Shell-Tankstelle aufgetankt werden könnte (www.shell.de).

Seit der Markteinführung in 2003 haben sich die Kommunikationsmaßnahmen für Hochleistungskraftstoffe verändert. Anfänglich stand die **Leistungssteigerung** der so ge-nannten „Hochleistungskraftstoffe" im Vordergrund. Die Idee, dass Kraftstoffe an sich und ggf. von unterschiedlichen Anbietern besondere, d. h. differenzierende Eigenschaf-ten haben, musste erst in den Köpfen der Konsumenten etabliert werden und der ge-wählte Fokus war die Leistungssteigerung der Kraftstoffe. Sicherlich auch aufgrund der zahlreichen durchgeführten Test mit zum Teil wenig vorteilhaftem Ausgang, hat sich die Kommunikation verändert. Heute, rund zehn Jahre nach der Markteinführung des ersten Hochleistungskraftstoffs, wird deutlich differenzierter kommuniziert, zudem werden eher die höhere Qualität im Allgemeinen sowie die mittel- und langfristigen Effekte betont. Daher wird heutzutage auch eher der Begriff der Premiumkraftstoffe verwendet, der den Begriff der Hochleistungskraftstoffe zu verdrängen scheint. OMV beispielsweise betont den Schutz vor Korrosion und Ablagerungen und wirbt sogar mit einem Reinigungsef-fekt (www.omv.de). Die Werbeagentur, die diese Kampagne umgesetzt hat, hat sich für eine breite und eher unspezifische Betonung der Produktvorteile entschieden und einen emotionalen Ansatz gewählt. Sie kommentieren dies so: „Autos lösen Emotionen aus. Sie sind eben mehr als ein Fortbewegungsmittel. Deshalb haben wir auch für den Premium-kraftstoff einen emotionalen Ansatz gewählt. Es geht darum, seinem Auto etwas Gutes zu tun" (Horizont 2011). Shell betont besonders die mittel- und langfristige Wirkung: „Shell V-Power Racing mit 100 Oktan […] leistungssteigernde Komponenten führen nach und nach dazu, vorhandene Ablagerungen an den Einlassventilen zu reduzieren, um so das volle Potenzial aus dem Motor herauszuholen" (www.shell.de). Einige Experten halten den Reinigungseffekt sogar für das wichtigste Kaufargument für Premiumkraftstoffe (Wirt-schaftsblatt 2010).

Eine neuere Entwicklung im Bereich der Premiumkraftstoffe, die im Einklang mit der oben erläuterten breiteren Betonung der Vorteile von Premiumkraftstoffe über die Leis-tungssteigerung hinaus steht, ist die Winterfestigkeit von Kraftstoffen. Die Kältewelle im Januar/Februar 2012 in Deutschland bzw. Europa hat insbesondere bei Dieselfahrzeugen zu Störungen geführt (z. B. Startprobleme, ruckelnder Motor bis hin zu Ausfällen von Fahrzeugen). Dies hat zu einer erhöhten Sensitivität der Anbieter, der Konsumenten und der Gesetzgebung hinsichtlich der Kältebeständigkeit von Kraftstoffen geführt. Grund-sätzlich müssen Dieselkraftstoffe in den Wintermonaten, d. h. Mitte November bis Ende Februar nach einer neuen europaweiten Norm (EN 590) bis −20 °C filtrierbar (www.DIN. de), d. h. ohne Einschränkungen verwendbar sein. Shell war das erste Mineralölunterneh-men, welches den so genannten „Winter-Diesel" auf den Markt gebracht hat. Auch hier nimmt Shell, welches sich als Unternehmen mit besonderer Kraftstoffkompetenz positio-niert, eine Vorreiterrolle ein. Wenn die Premiumkraftstoffe ihre Premiumrolle manifestie-ren wollen, müssen diese mehr als die geforderte Norm leisten, d. h. sie sind üblicherwei-se noch kältebeständiger, z. B. Shell V-Power Winter-Diesel bis − 30 °C, OMV Maxxmotion bis − 35 °C und Aral Ultimate bis − 24 °C.

Mittlerweile bieten vier der fünf großen Mineralölgesellschaften auf dem deutschen Markt Hochleistungs-/Premiumkraftstoffe an. Shell, als erster Anbieter eines Hochleistungskraftstoffs und Vorreiter auch in anderen Bereichen konnte sich offenbar besonders damit von den anderen Anbietern differenzieren. Eine Konsumentenstudie zeigt, dass die Differenzierung der Mineralölkonzerne in den Augen des Kunden zwar insgesamt eher gering ausfällt, aber Shell besonders für Kraftstoffkompetenz wahrgenommen wird. ARAL hingegen wird von den Kunden entsprechend der Positionierung eine besonders hohe Kompetenz im Shop-Geschäft zugewiesen (Thomas et al. 2009).

3.2 Preismanagement für Commodities

3.2.1 Grundlagen des Preismanagements für Commodities

Da viele Commodities an internationalen Warenbörsen, wie der CME, EEX oder ICE gehandelt werden, entsteht der Preis durch aggregierte Angebote und Nachfragen, die durch die **Knappheit** des Commodities bestimmt werden und vom Grad der Marktkontrolle abhängen (Alhajji und Huettner 2000). Während einige Commodities, wie Erdöl, Kohle oder Zucker, weltweit zum exakt gleichen Preis gehandelt werden, unterliegen andere Commodities regionalen Preisunterschieden und werden daher dementsprechend gehandelt und bewertet. Diese strukturellen Rahmenbedingungen haben zur Folge, dass Commodity-Märkte zu den effizientesten Märkten in der Welt zählen (Berrie und Hoyle 1985).

Unter Berücksichtigung der Preisgestaltungsmöglichkeiten für Commodities identifizieren Backhaus und Voeth (2010) zwei unterschiedliche Formen der Preisbestimmung: Die **passive Preisbestimmung** beschreibt die Situation, in der Händler ihre Betriebskosten an einen vorgegebenen Richtpreis, der auf dem Markt festgelegt wurde, anpassen. Die **aktive Preisbestimmung** hingegen beinhaltet, dass die Marktteilnehmer ihre Betriebskosten und Margenziele berücksichtigen und dann aktiv einen Preisbereich festsetzen, zu welchem sie ihre Produkte oder Dienstleistungen verkaufen. Letzteres ist auf vielen Commodity-Märkten jedoch die weniger realisierbare Strategie (Simon und Fassnacht 2009), da bei hoher Markttransparenz und bei gleichzeitig hoher Preissensibilität Angebote über dem Marktpreis wenig Abnehmer finden werden. Adler und McLachlan (2005) argumentieren daher, dass Angebote über dem Marktpreis durch die Transparenz in Business-to-Business-Märkten verhindert werden. Eine Preiserhöhung von Commodities findet daher üblicherweise auf aggregiertem Niveau statt. Da Preise für Commodities in der Regel mit der Kapazitätsauslastung und daher mit Angebot und Nachfrage an den Märkten korrelieren, kann eine Preiserhöhung vor allem dann durchgesetzt werden, wenn das Gut knapp wird.

Für den üblichen Fall, dass der Preis das Hauptkriterium bei Kaufentscheidungen für Commodities ist (Bestvater 2005), sollten Firmen die Preissensibilität ihrer Zielgruppe sorgfältig untersuchen, bevor sie Preiserhöhungen initiieren. Die Preiselastizität der Nachfrageseite begrenzt den Grad der möglichen Preisänderungen. Preisdifferenzierung ist nur dann sinnvoll, wenn sich Kunden im Hinblick auf die **Preisbereitschaft** oder andere preisrelevanten Eigenschaften voneinander unterscheiden (Simon und Fassnacht 2009). Ein Preis-premium kann folglich nur dann auf dem Markt durchgesetzt werden, wenn Unternehmen in der Lage sind, ihre Produkte erfolgreich von den Wettbewerbern zu differenzieren und eine höhere Preisbereitschaft auf dem Markt durchzusetzen.

Dass dieses Vorhaben durchaus realistisch ist, zeigt sich im Rahmen einer Studie von Bestvater (2005) für den Industriegüterbereich. Sechzig Prozent der befragten Experten waren der Meinung, dass in ihrem Marktsegment durch Differenzierung die Erreichung eines Preispremiums möglich sei. Ein differenziertes Produkt geht einher mit einem Mehrwert für den Konsumenten. Nur wenn Konsumenten diesen Wertzuwachs als nutzbringend wahrnehmen, kann das Unternehmen die Preisbereitschaft der Konsumenten für den zusätzlichen Wertzuwachs ermitteln und ggf. abschöpfen (Adler und McLachlan 2005).

3.2.2 Preismanagement am Beispiel von Premiumkraftstoffen

Abgesehen von den regionalen Unterschieden der Kraftstoffpreise ist deren Vergleichbarkeit als sehr hoch einzustufen. Preisanzeigesäulen, die an den meisten Tankstellen zu finden sind, zeigen dem Konsumenten schon beim Heranfahren an eine Tankstelle, also vor Betreten des Tankstellengeländes oder -shops, die entsprechenden Kraftstoffpreise. Produktbezogene Preisdifferenzierung ist demzufolge für die Kunden sehr transparent.

Bei den Hochleistungs-/Premiumkraftstoffen wenden alle Anbieter das Instrument der produktbezogenen Preisdifferenzierung an, denn üblicherweise werden diese Premiumkraftstoffe mit einer Preisdifferenz zu den Hauptkraftstoffen von fünf bis zehn Cent pro Liter auf dem Markt angeboten (Ippen 2006). Neben den Forschungs- und Entwicklungskosten und den Kosten für das höherwertigere Produkt ist dieses Preispremium auch in Übereinstimmung mit der Produkt- und Markendifferenzierung. Der Preis unterstützt die Positionierung als Hochleistungskraftstoff und damit als **Premiumprodukt**. Der Marktanteil der Premiumkraftstoffe auf dem deutschen Markt zeigt, dass es möglich ist, Commodities durch besondere Produkteigenschaften zu differenzieren und damit auch ein Preispremium auf dem Markt durchzusetzen. Wie oben erwähnt, ist die Preisdifferenz nur dann auf dem Markt durchsetzbar, wenn sich die Kunden hinsichtlich der Preisbereitschaft voneinander differenzieren (Simon und Fassnacht 2009).

3.3 Kundenbeziehungsmanagement für Commodity-Kunden

3.3.1 Grundlagen des Kundenbeziehungsmanagements für Commodity-Kunden

Der Strategiewechsel von produktorientierten Strategien hin zu kundenorientierten Strategien (Vargo und Lusch 2004), der auch in vielen Commodity-Märkten zu beobachten ist (Billen und Raff 2005; Melles und Gehrmann 2005), wirkt sich nicht nur auf das Produkt- und Markenmanagement aus, sondern gleichermaßen auf das Kundenbeziehungsmanagement. **Beziehungsmanagement** im Allgemeinen wird definiert als alle Aktivitäten eines

Anbieters, die darauf ausgerichtet sind, eine erfolgreiche Austauschbeziehung zu etablieren, zu halten und weiterzuentwickeln (Morgan und Hunt 1994). Ist das Beziehungsmanagement auf die Anspruchsgruppe der Kunden ausgerichtet, spricht man von Kundenbeziehungsmanagement (Möller 2008b).

Für Commodity-Anbieter ist es dabei besonders schwierig, Kundenbeziehungsmaßnahmen erfolgreich durchzuführen (Billen und Raff 2005). Insbesondere, wenn man beachtet, dass Kundenbeziehungsmaßnahmen über eine reine Preisreduktion pro abgesetzter Einheit (beispielsweise ein Cent pro ausgegebenem Euro) hinaus gehen sollten, um **einstellungsbasierte Loyalität** (Verbundenheit) und nicht nur verhaltensbasierte Loyalität (Gebundenheit) zu erzeugen (Nunes und Drèze 2006). Trotz der Schwierigkeiten, Kundenbeziehungsmanagement erfolgreich durchzuführen, wird es von Commodity-Anbietern häufig als einzige Möglichkeit gesehen, neue Kunden zu werben oder bestehende Kunden zu halten (Wiedmann und Ludewig 2005).

Bei Commodity-Transaktionen eignen sich nach Billen und Raff (2005) insbesondere folgende drei Dimensionen zur Steigerung der Kundenbindung:

* Kernleistung,
* Information und
* Transaktion.

Um Kundenbindung zu erzeugen, ist hinsichtlich der Dimension der **Kernleistung** zunächst eine langfristig konstante Lieferqualität der Commodities sicherzustellen. Es ist allerdings davon auszugehen, dass eine konstante Lieferqualität des Kraftstoffs von Kunden als so genannter Basisfaktor angesehen und damit bei Nichterfüllung überhaupt erst wahrgenommen wird (Kano et al. 1984). Diese Strategie, auch als unzufriedenheitsvermeidende Strategie oder defensives Relationship Marketing bezeichnet, dient gerade auf Massenmärkten eher zur Vermeidung der Kundenabwanderung als zur aktiven Steigerung der Kundenbindung (Moeller et al. 2008). Zudem kann Kundenzufriedenheit zu Kundenbindung führen (Hallowell 1996). Kundenzufriedenheit ist allerdings häufig nur eine Basisvoraussetzung und damit ein erster notwendiger Schritt, um langfristige Kundenbindung zu etablieren.

Die **Informationsebene** zur Steigerung der Kundenbindung adressiert die Informations- und Unsicherheitsprobleme der Konsumenten im Kaufprozess (Billen und Raff 2005). Anbieter sollten bestrebt sein, durch Transparenz das wahrgenommene Kaufrisiko zu verringern. Da es sich bei Commodities jedoch um mehr oder weniger homogene Produkte handelt (Enke et al. 2005), ist davon auszugehen, dass das wahrgenommene Kaufrisiko der Konsumenten als eher gering einzuschätzen ist. Eine Strategie zur Differenzierung von Commodities ist es daher, das bisherige Leistungsangebot durch Produkteigenschaften zu ergänzen. Dadurch reduziert sich allerdings auf der Informationsebene die wahrgenommene Homogenität und zugleich erhöhen sich die Schwierigkeiten der Beurteilbarkeit der Produkte und damit das Kaufrisiko. Eine mögliche Strategie zur Positionierung des

Produkts ist derart, dass angestrebt wird, genau diese Unsicherheit durch das Produkt zu reduzieren (Billen und Raff 2005).

Im Rahmen der **Transaktionsebene** sind insbesondere Transaktionskosten und Wechselkosten relevant (Billen und Raff 2005). Transaktionskosten entstehen beim Kauf von Kraftstoffen, vor allem in Form von so genannten Anbahnungskosten, bei der Anfahrt zur Tankstelle (Williamsson 1985). Das zeigt die Bedeutung des Standorts einer Tankstelle, weil gerade bei Commodities davon auszugehen ist, dass von Kunden keine zusätzlichen Wege in Kauf genommen werden. Wechselkosten entstehen für Konsumenten bei einem Anbieterwechsel und zwar dadurch, dass spezifische Investitionen in eine Beziehung (z. B. der Aufwand bei der Suche des Anbieters, ggf. die Angabe von Kundendaten, die gelernten Prozesse des Anbieters) durch den Wechsel verloren gehen (Hinterhuber und Matzler 2009). Da private Tankstellenkunden selten vertraglich an einen Anbieter gebunden sind, sind Wechselkosten insbesondere dann relevant, wenn der Anbieter Wiederkaufverhalten belohnt, wie dies beispielsweise im Rahmen vieler Loyalitätsprogramme geschieht.

Loyalitätsprogramme sind in der Regel damit verbunden, den Kunden Kaufanreize zu bieten und diese zum Beispiel mit Preisvorteilen, Prämien oder besserem Kundenservice an das Unternehmen zu binden und so Wechselbarrieren aufzubauen (Leenherr et al. 2007; Meyer-Waarden 2007). Wie Stauss et al. (2001) spezifizieren, versuchen viele Unternehmen durch so genannte Loyalitätsprogramme Kundenbindung zu entwickeln oder zu erhöhen. Dies ist in vielerlei Branchen zu beobachten, so initiieren zum Beispiel Einzelhändler verschiedener Branchen Loyalitätsprogramme, die von den Konsumenten in Supermärkten, Bekleidungsgeschäften/Kaufhäusern oder Tankstellen genutzt werden können (Leenherr et al. 2007). Mit Loyalitätsprogrammen können insofern zusätzliche Gewinne erzielt werden, weil sie häufig die Ausgaben der Verbraucher steigern (Meyer-Waarden 2007).

Daneben liefern Loyalitätsprogramme wichtige Daten über Konsumenten und deren Konsumverhalten. Dies ermöglicht es den Commodity-Anbietern, Kundeninformationen in einem häufig sehr anonymen Markt zu generieren. Demographische Daten der Kunden oder Muster im Konsumverhalten, wie beispielsweise Anzahl und Häufigkeit der Besuche, gewählte Produkte und Dienstleistung, lassen sich durch diese Daten generieren (Rosenberg und Czepiel 1983). Auf dieser Grundlage können Analysen des Cross- und Upselling-Potenzials durchgeführt werden. Anbietern eröffnen diese Daten die Möglichkeit, sich stärker am bestehenden Kundenstamm auszurichten und damit die Kundenorientierung zu erhöhen.

3.3.2 Kundenbeziehungsmanagement der Anbieter von Premiumkraftstoffen

Neben den oben dargestellten Maßnahmen im Bereich des Produkt- und Markenmanagements zeigen die auf dem deutschen Markt aktiven Mineralölgesellschaften vielfältige Aktivitäten zur Stärkung der Kundenbindung. Dies geht einher mit einem Wechsel von einer produktorientierten Strategie hin zu einer kundenorientierten Strategie, u. a. weil diese markierten Kraftstoffe nur für kleinere Marktsegmente, teilweise mit diversen Dienstleistungen, eingeführt worden sind. So berichtet kfz.net, dass ARAL davon ausgeht, dass der Anteil der verkauften Premiumkraftstoffe am Gesamtabsatz bei unter zehn Prozent liegen wird. Damit unterscheiden sich die Premiumkraftstoffe von den Hauptkraftstoffen nicht nur hinsichtlich der Produkteigenschaften und des Markennamens (z. B. ARAL Ultimate oder TOTAL Excellium oder Shell V Power[1]), sondern teilweise auch hinsichtlich der Kundenansprache. Der Fokus auf Kunden und Kundenbindung äußert sich auch darin, dass die großen deutschen Mineralölgesellschaften entweder ein eigenes Loyalitätsprogramm aufgesetzt haben (z. B. CLUBSMART von Shell, stop&win von Total oder Esso Extras) oder sich einem bestehenden Multipartner-Loyalitätsprogramm angeschlossen haben (z. B. ARAL, Partner im Payback-Netzwerk).

Die Bedeutung der Loyalitätsprogramme liegt insbesondere an den geringen Wechselkosten und -barrieren im Tankstellenmarkt. Differenziert man, wie oben aufgeführt, zwischen einstellungs- von verhaltensbasierter Loyalität (Dick und Basu 1994), dann kann durch solche punktebasierten Loyalitätsprogramme zumindest letzteres gesteigert werden (Nunes und Drèze 2006). Gesammelte Punkte im Rahmen eines firmeneigenen Loyalitätsprogramms repräsentieren Wechselkosten, da Kunden die gesammelten Punkte nur bei dem jeweiligen Anbieter des Loyalitätsprogramms einlösen können. Diesen durch die Loyalitätsprogramme entstehenden Wechselkosten wird im Allgemeinen eine Anreizwirkung für Wiederkäufe unterstellt (Meyer-Waarden 2007).

Die einzige Mineralölgesellschaft, die mit dem Loyalitätsprogramm spezifisch die Kunden von Premiumkraftstoffen anspricht, ist Shell. Kunden, die am CLUBSMART-Loyalitätsprogramm teilnehmen, werden für jeden Liter, den sie an einer Shell-Tankstelle tanken, mit Bonuspunkten belohnt und können diese entsprechend einlösen. Der eigens geschaffene V-Power-Club ist in das CLUBSMART-Programm eingegliedert: „Der Shell V-Power Club ist das Premiumsegment von Shell CLUBSMART für alle, die ihre Leidenschaft für das Autofahren mit uns teilen" (www.shell.de). Sobald CLUBSMART-Mitglieder innerhalb von sechs Monaten 180 L V-Power 95, V-Power Racing 100 oder V-Power Diesel tanken, erhalten sie eine persönliche Einladung zum V-Power-Club, der mit diversen Serviceleistungen und Vorteilen einhergeht.

Firmeneigene Loyalitätsprogramme haben den Vorteil, dass die generierten Daten nur für den Betreiber, in diesem Fall die Mineralölgesellschaft, zugänglich sind, was unternehmensinterne Kundenanalysen und gezielte Kundenansprache vereinfacht. Zum Beispiel erlauben die firmeneigenen Daten aus dem CLUBSMART-Programm, frühzeitig Kunden anzusprechen, die knapp unterhalb der geforderten Grenze von 180 L V-Power sind, um sie gezielt über Vorteile des V-Power-Clubs zu informieren. Multipartnerprogramme haben den Vorteil, dass treuen Kunden anderer Anbieter des Netzwerks, die an dem Loyalitätsprogramm teilnehmen, ein Kaufanreiz geboten wird.

---

[1] Unter dem etablierten Markennamen V-Power wurde später der 95-Oktan-Kraftstoff verkauft. Der zunächst als V-Power eingeführte 100-Oktan-Kraftstoff wurde umbenannt in „Shell V-Power Racing".

4   Fazit

Einleitend wurde aufgezeigt, dass sich die Wettbewerbsintensität auf dem Tankstellenmarkt in den vergangenen Jahrzehnten erheblich erhöht hat. Der Wettbewerbsdruck hat dabei zu stärkeren Differenzierungsbestrebungen der Mineralölgesellschaften geführt. Mit unterschiedlichen Zeitpunkten der Markteinführung bieten heutzutage vier der fünf großen Mineralölgesellschaften auf dem deutschen Markt Premiumkraftstoffe an. Im Rahmen des Beitrags wurde anhand des Produkt- und Markenmanagements, des Preismanagements von Premiumkraftstoffen sowie des entsprechenden Kundenbeziehungsmanagements der auf dem deutschen Markt tätigen großen Mineralölgesellschaften aufgezeigt, welche Aktivitäten unternommen wurden, um das Commodity Kraftstoff zu differenzieren.

Im Rahmen des Produkt- und Markenmanagements stellten die Markteinführungskampagnen wie gezeigt besonders auf die funktionale Produktverbesserung, insbesondere auf die Leistungssteigerung ab. Da sich diese Eigenschaft aufgrund der wahrgenommenen Homogenität von Kraftstoff zuvor außerhalb des Blickfelds der Konsumenten befand, handelte es sich vor der Marktetablierung von Premiumkraftstoffen nicht um ein kaufrelevantes Kriterium. Die Tatsache, dass das Gros der Mineralölgesellschaften Premiumkraftstoffe anbietet, deutet darauf hin, dass die Etablierung von neben dem Preis weiteren kaufrelevanten Kriterien, nämlich Leistungsfähigkeit, Umweltschonung, Motorschonung etc., offenbar erfolgreich war. Es liegt in der Natur der Sache, dass die Premiumkraftstoffe einen deutlich geringeren Marktanteil haben als die Hauptkraftstoffe, dennoch ist von nicht unbeträchtlichen Ausstrahlungseffekten auf die Wahrnehmung der Kraftstoffkompetenz eines Anbieters auf dem Gesamtmarkt auszugehen.

Die Positionierung der Hochleistungs-/Premiumkraftstoffe als Premiumprodukt wird durch die produktbezogene Preisdifferenzierung unterstrichen, denn die Premiumkraftstoffe sind in der Regel fünf bis zehn Cent teurer. Eine Preisdifferenzierung ist dabei nur dann auf dem Markt durchsetzbar, wenn sich die Konsumenten hinsichtlich der Preisbereitschaft voneinander differenzieren (Simon und Fassnacht 2009) und wenn die entsprechende Preisbereitschaft für ein bestimmtes Produkt auf dem Markt realisiert werden kann.

Auch im Rahmen des Kundenbindungsmanagements haben die Mineralölgesellschaften erfolgreiche Anreizsysteme etabliert, um Wiederkaufverhalten zu stimulieren. Dies ist vor allem deshalb sinnvoll, weil die Wechselbarrieren im Tankstellenmarkt besonders gering sind. Der einzige Anbieter, welcher im Rahmen seines Loyalitätsprogramms die Kunden der Hochleistungs-/Premiumkraftstoffe in besonderer Weise anspricht, ist Shell. ARAL, Esso und Total differenzieren im Rahmen des Loyalitätsprogramms nicht zwischen den beiden Kundensegmenten. Insgesamt ist davon auszugehen, dass durch die Programme die verhaltensbasierte Loyalität der Kunden gefördert wird. Durch den Clubcharakter und die gezielte Ansprache der Premiumkunden im Rahmen des CLUBSMART-Programms sind darüber hinaus Effekte auf die einstellungsbasierte Loyalität zu erwarten.

Die Hochleistungs-/Premiumkraftstoffe sind nicht ohne Kritik geblieben. Insbesondere in der Zeit der Markteinführung wurden die neuen Kraftstoffe von unterschiedlichen Institutionen auf ihre Eigenschaften getestet. Ein von der AUTOBILD u. a. unter Beobachtung der GMA (Gesellschaft für Mineralöl-Analytik und Qualitätsmanagement) durchgeführter Test von V-Power belegt zwar Leistungssteigerungen (in Form von erhöhter PS Anzahl), aber nicht in dem angekündigten Ausmaß (AUTOBILD 2003). Ein weiterer umfangreicher Test der Hochleistungsdieselkraftstoffe wurde von der Auto Zeitung in Zusammenarbeit mit der GTÜ (Gesellschaft für technische Überwachung mbH) durchgeführt (Ippen 2006). Die Ergebnisse zeigen, dass nur ARAL Ultimate zu einer drei- bis sechsprozentigen Kraftstoffeinsparung geführt hat. Mit TOTAL Excellium konnte eine bis zu 70 % niedrigere Abgasemission verzeichnet werden. Trotz dieser Teilerfolge zieht der Autor das Gesamtfazit, dass viele Anbieter von Hochleistungsdieselkraftstoffen ihre Versprechen nicht halten können (Ippen 2006). Mineralölfirmen sind davon abgerückt, die unmittelbare Leistungssteigerung in den Fokus der Kommunikation zu rücken. Im Fokus der heutigen Kommunikationsmaßnahmen stehen eher mittel- und langfristige positive Effekte auf Umwelt und insbesondere auf den Motor: „Es geht darum, seinem Auto etwas Gutes zu tun" (Horizont 2011).

Alles in allem kann festgehalten werden, dass es offensichtlich Produkte gibt, die zwar im Allgemeinen als Commodities bezeichnet werden, aber nicht naturgemäß Commodities sind und sich daher auch nicht durch eine starke Homogenität auszeichnen. Am Beispiel von Hochleistungs-/Premiumkraftstoffen wurde gezeigt, dass es möglich ist, durch die Etablierung besonderer kaufrelevanter Kriterien aus der Masse herauszutreten und eine Differenzierung zu erreichen. Es wurde gezeigt, dass es Anbieter gibt, die aus der Commoditisierung eines Markts mit gezieltem Marketing erfolgreich ausbrechen und differenzierte Produkte anbieten. Der Begriff „Commodity" ist folglich eher eine Aussage über einen Markt als über eine bestimmte Produktgruppe.

Literatur

Adler, J., & McLachlan, C. (2005). Produktdifferenzierung durch Management der Kundenwahrnehmung. In M. Enke & M. Reimann (Hrsg.), *Commodity Marketing: Grundlagen und Besonderheiten* (S. 199–216). Wiesbaden: Gabler.

Alhajji, A. F., & Huettner, D. (2000). OPEC and other commodity cartels: A comparison. *Energy Policy, 28,* 1151–1164.

American Marketing Association. (2013). Definition of Brand. www.marketingpower.com/_layouts/dictionary.aspx?dLetter=B.

AUTOBILD. (2003, 6. Juni). Shell V-Power im Vergleichstest. AUTOBILD 23/2003. S.

AUTOBILD. (2013). Beliebteste Tankstellen 2013. www.statista.de.

Backhaus, K., & Voeth, M. (2010). *Industriegütermarketing* (9. Aufl.). München: Vahlen.

Berrie, T. W., & Hoyle, M. (1985). Treating energy as a commodity. *Energy Policy, 13,* 506–510.

Bestvater, T. (2005). Erfolgsfaktoren im Commodity Geschäft. In M. Enke & M. Reimann (Hrsg.), *Commodity Marketing: Grundlagen und Besonderheiten* (S. 35–59). Wiesbaden: Gabler.

Betts, P. (1994). Brand development: Commodity markets and manufacturer-retailer relationships. *Marketing Intelligence & Planning, 12,* 18–23.

Billen, P., & Raff, T. (2005). Kundenbindung bei Commodities – die Quadratur des Kreises? In M. Enke & M. Reimann (Hrsg.), *Commodity Marketing: Grundlagen und Besonderheiten* (S. 151–181). Wiesbaden: Gabler.

Copeland, M. T. (1923). Relation of consumers_ buying habits to marketing methods. *Harvard Business Review, 1,* 269–281.

DEHOGA. (2013). Systemgastronomie in Deutschland 2013. www.dehoga-bundesverband.de/fileadmin/Inhaltsbilder/Publikationen/Systemgastronomie/Jahrbuch_Systemgastronomie_2013.pdf.

Dick, A. S., & Basu, K. (1994). Customer loyalty: Toward an integrated conceptual framework. *Journal of the Academy of Marketing Science, 22,* 99–113.

Eichholz-Klein, S. (2005). *BBE-Handelsszenario 2015: Der deutsche Handel vor dem Aus?* Köln: BBE Unternehmensberatung GmbH.

Enke, M., Reimann, M., & Geigenmüller, A. (2005). Commodity Marketing: Definition, Forschungsüberblick, Tendenzen. In M. Enke & M. Reimann (Hrsg.), *Commodity Marketing: Grundlagen und Besonderheiten* (S. 13–33). Wiesbaden: Gabler.

Esch, F.-R. (2012). *Strategie und Technik der Markenführung* (7. Aufl.). München: Vahlen.

Foodstep. (2009). European Petrol Research. Bennecom: Foodstep, Research – Consultancy – Training produced in association with Experian Catalist.

Hallowell, R. (1996). The relationships of customer satisfaction, customer loyalty, and profitability: An empirical study. *International Journal of Service Industry Management, 7,* 27–42.

Herrmann, A., & Huber, F. (2009). *Produktmanagement: Grundlagen – Methoden – Beispiele.* Wiesbaden: Gabler.

Hinterhuber, H. H., & Matzler, K. (2009). *Kundenorientierte Unternehmensführung: Kundenorientierung – Kundenzufriedenheit – Kundenbindung* (6. Aufl.). Wiesbaden: Gabler.

Horizont. (2011). Diesel mit Emotionen. Horizont 19/11, 21.

IMPULSPLUS. (2007). Eine neue Kraftstoffgeneration: TOTAL EXCELLIUM. Impulsplus 2/2007.

Ippen, H. (2006). Viel Geld für nichts? Dieselkraftstoffe im Vergleich. *Auto Zeitung, 24*(06), 96–99.

Kano, N., Seraku, N., Takahashi, F., & Tsuji, S. (1984). Attractive quality and must-be quality. *The Journal of the Japanese Society for Quality Control, 14,* 39–48.

Keller, K. L. (1993). Conceptualizing, measuring, managing customer-based brand equity. *Journal of Marketing, 57,* 1–22.

kfz.net. (2010). Zwei neue Hochleistungskraftstoffe. www.kfz.net/autonews/zwei-neue-hochleistungskraftstoffe-609/.

Köcher, M.-M. (2005). Differenzierungsmöglichkeiten beim Online-Vertrieb von Commodity-Gütern. In M. Enke & M. Reimann (Hrsg.), *Commodity Marketing: Grundlagen und Besonderheiten* (S. 183–198). Wiesbaden: Gabler.

Leenherr, J., van Heerde, H. J., Bijmolt, T. H. A., & Smidts, A. (2007). Do loyalty programs really enhance behavioral loyalty? An empirical analysis accounting for self-selecting members. *International Journal of Research in Marketing, 24,* 31–47.

Lichtenthaler, D. J., & Eliaz, S. (2003). Internet integration in business marketing tactics. *Industrial Marketing Management, 32,* 3–13.

Lurie, R. S., & Kohli, A. K. (2002). A smarter way to sell commodities. *Harvard Business Review, 80,* 24–26.

Melles, U., & Gehrmann, M. (2005). Kundenbeziehungen im Commodity Marketing. In M. Enke & M. Reimann (Hrsg.), *Commodity Marketing: Grundlagen und Besonderheiten* (S. 257–264). Wiesbaden: Gabler.

Meyer-Waarden, L. (2007). The effects of loyalty programs on customer lifetime duration and share of wallet. *Journal of Retailing, 83,* 223–236.

Mineralölwirtschaftsverband. (2013). Jahresbericht Mineralöl-Zahlen. Berlin. www.mwv.de/upload/Publikationen/dateien/MWV_Jahresbericht_2012_2YL0kh2z76m5tPF.pdf.

Möller, S. (2008a). Convenience in Europa. Unterwegsversorgung – Motive, Ansprüche und Bedürfnisse von Konsumenten. Studie herausgegeben vom Competence Center for Convenience. Oestrich-Winkel.

Möller, S. (2008b). Customer relationship management. In H. Corsten & R. Gössinger (Hrsg.), *Lexikon der Betriebswirtschaftslehre* (S. 699–701). München: Oldenbourg.

Möller, S. (2009). Convenience in Europa. Unterwegsversorgung – Produkte, Kanäle und ihre Wahrnehmung. Studie herausgegeben vom Competence Center for Convenience. Oestrich-Winkel.

Möller, S., & Braun, C. (2012). Convenience Stores. In J. Zentes, B. Swoboda, D. Morschett, & H. Schramm-Klein (Hrsg.), *Handbuch Handel* (2. Aufl.) (S. 399–418). Wiesbaden: Springer Gabler.

Moeller S., Fassnacht, M., & Klose, S. (2008). Defensive relationship marketing: Avoiding decreasing sales from customers in consumer goods mass markets. *Journal of Relationship Marketing, 7*, 197–210.

Morgan, R. M., & Hunt, S. D. (1994). The commitment-trust theory of relationship marketing. *Journal of Marketing, 58*, 20–38.

Mount, P. R. (1969). Exploring the commodity approach in developing marketing theory. *Journal of Retailing, 33*, 62–64.

Nunes, J. C., & Drèze, X. (2006). Your loyalty program is betraying you. *Harvard Business Review, 84*, 124–131.

Pennington, J. R., & Ball, A. D. (2009). Customer branding of commodity products: The customer-developed brand. *Journal of Brand Management, 16*, 455–467.

Rosenberg, L. J., & Czepiel, J. A. (1983). A marketing approach for customer retention. *Journal of Consumer Marketing, 1*, 45–51.

Simon, H., & Fassnacht, M. (2009). *Preismanagement* (3. Aufl.). Wiesbaden: Gabler.

Skålén, P., Fellesson, M., & Fougère, M. (2008). *Marketing discourse: A critical perspective*. New York: Routledge.

Statistisches Bundesamt. (2010). Durchschnittlicher Preis für Normalbenzin in Cent pro Liter von 1950–2009. elektronisch veröffentlicht unter http://de.statista.com.

Stauss, B., Chojnacki, K., Decker, A., & Hoffmann, F. (2001). Retention effects of a customer club. *International Journal of Service Industry Management, 12*, 7–19.

Thomas, G., Hitschold, V., & Theelen, G. (2009). Perception of petrol stations. Project work within the Consumer behaviour class in the Marketing Elective at EBS Master in General Management.

USP market intelligence, & The Nielsen Company. (2008). Veränderungen des Convenience Verhaltens an Tankstellen (D-A-CH). Ergebnisse einer Online Befragung. München.

Vargo, S. L., & Lusch, R. F. (2004). Evolving to a new dominant logic in marketing. *Journal of Marketing, 68*, 1–17.

WELT ONLINE. (2008). Shell nimmt Normalbenzin vom deutschen Markt. http://www.welt.de/finanzen/article2460428/Shell-nimmt-Normalbenzin-vom-deutschen-Markt.

Wiedmann, K.-P., & Ludewig, D. (2005). Commodity Branding. In M. Enke & M. Reimann (Hrsg.), *Commodity Marketing: Grundlagen und Besonderheiten* (S. 85–120). Wiesbaden: Gabler.

Williamsson, O. E. (1985). *The economic institutions of capitalism: Firms, markets, relational contracting*. New York: Free Press.

Wirtschaftsblatt (2010). Exquisit tanken: Nischenprodukte mit Potenzial. Wirtschaftsblatt, 7. September 2010, Rubrik Business Drive, 12.

Zimmermann, K., & Siegel, J. (2008). Branchenstudie Tankstellenmarkt. Prof. Dr. Schneck Rating GmbH, eft (Einkaufsverband Freier Tankstellen e. V.), UNITI (Bundesverband mittelständischer Mineralölunternehmer e. V.).

Moeller, Sabine
Roehampton Business School, University of Roehampton, Roehampton Lane London,
SW15 5PJ London, UK
E-Mail: sabine.moeller@roehampton.ac.uk

Roltsch, Sebastian
Senior Manager Business Partnerships, RTL interactive GmbH | RTL Mediengruppe Deutschland,
Picassoplatz 1, 50679 Köln, Deutschland
E-Mail: sebastian.roltsch@alumni.ebs.edu

Ansätze zur De-Commoditisierung im Energiesektor – Das Fallbeispiel VNG

Bernhard Kaltefleiter und Oliver F. Hill

Inhaltsverzeichnis

Zusammenfassung

Der Beitrag befasst sich mit den aktuellen Herausforderungen der deutschen und europäischen Gaswirtschaft. Eine wesentliche Aufgabe für Unternehmen der Gaswirtschaft ist es, das Unternehmen selbst, aber auch seine Vertriebsprodukte differenzierbar am Markt zu positionieren.

Der Beitrag erläutert am Beispiel der VNG – Verbundnetz Gas Aktiengesellschaft, wie mittels Aufbau einer starken Unternehmensmarke zur Differenzierung des Commodities Erdgas und damit zu einer De-Commoditisierung sowie zu einer Profilierung des eigenen Unternehmens gegenüber Kunden, Wettbewerbern und anderen Zielgruppen beigetragen werden kann.

B. Kaltefleiter (✉) · O. F. Hill
VNG – Verbundnetz Gas Aktiengesellschaft, Braunstraße 7,
04347 Leipzig, Deutschland
E-Mail: bernhard.kaltefleiter@vng.de

O. F. Hill
E-Mail: oliver.hill@vng.de

M. Enke et al. (Hrsg.), *Commodity Marketing*,
DOI 10.1007/978-3-658-02925-8_19, © Springer Fachmedien Wiesbaden 2014

1 Einleitung

Die Sicherstellung einer nachhaltigen Differenzierung im Wettbewerb stellt für Unternehmen in vielen verschiedenen Industrien eine anspruchsvolle Aufgabe dar. Vor allem Anbieter von Commodities, d. h. Leistungen, welche in der Wahrnehmung der Nachfrager als austauschbar angesehen werden, stehen dabei vor großen Herausforderungen.

Ein typisches Beispiel für Commodities stellt der Energieträger Erdgas dar. Erdgas wird in nahezu identischer Beschaffenheit von verschiedenen Anbietern offeriert und ist damit in der Wahrnehmung der Nachfrager eine undifferenzierte Commodity. Mit der Bedeutungszunahme von Wind- und Solarenergie konnten sich neben Erdgas in den letzten Jahren eine Reihe neuer, vor allem regenerativer Energiequellen bei der Wärme- und Stromerzeugung im Energiemarkt etablieren. Parallel dazu ist das Bedürfnis bei Verbrauchern nach mehr Unabhängigkeit bei der Tarif- und Vertragsgestaltung, vergleichbar im Mobilfunkbereich, stetig gewachsen. Damit hat sich auch die Wettbewerbssituation für Erdgas verändert. Zusätzlich haben z. B. elektrische oder gasbetriebene Wärmepumpen, Holzpellets-Anlagen, Photovoltaik, Windkraft und Geothermie in der Strom- und Wärmeerzeugung teilweise ihr Nischendasein verlassen und leisten einen ständig wachsenden Beitrag zur Energieversorgung.

Aus den genannten Rahmenbedingungen ergeben sich für Unternehmen der Energiewirtschaft und insbesondere für Anbieter von Erdgas erhebliche Konsequenzen. So besteht bei Wettbewerbern einerseits die Notwendigkeit zur Differenzierung des eigenen Leistungsangebots innerhalb der Leistungskategorie Erdgas. Andererseits sehen sich Erdgasanbieter damit konfrontiert, das Image von Erdgas im Vergleich zu anderen Energieträgern positiv aufzuladen. Im Strombereich haben Anbieter versucht, ihre Leistung mit emotionalen und fiktiven Eigenschaften (z. B. „Yello Strom" oder „Aquapower") als Marke zu etablieren. Der Versuch, Erdgas selbst als Marke zu etablieren, wurde mehrfach unternommen – bisher allerdings mit mäßigem Erfolg.

Im Rahmen des vorliegenden Beitrags soll anhand des Fallbeispiels der VNG – Verbundnetz Gas Aktiengesellschaft (VNG) aufgezeigt werden, wie mittels Aufbau einer starken Unternehmensmarke zur Differenzierung des Commodities Erdgas und damit zu seiner De-Commoditisierung wie auch zur Profilierung des eigenen Unternehmens gegenüber Kunden, Wettbewerbern und anderen Zielgruppen beigetragen werden kann.

Der vorliegende Beitrag ist wie folgt strukturiert: Zunächst wird die Einordnung des Rohstoffs Erdgas als Commodity vorgenommen. Anschließend erfolgt eine kurze Vorstellung des Unternehmens VNG. Daran anschließend wird der Differenzierungsfaktor Unternehmensmarke am konkreten Fallbeispiel diskutiert. Der Beitrag schließt mit einer Zusammenfassung.

2   Der Energieträger Erdgas – Ein Born Commodity

Um eine Einordnung des Energieträgers Erdgas als Commodity vornehmen zu können, muss zunächst das Verständnis des Commodity-Begriffs dargelegt werden. Das Begriffsverständnis von Commodities hat sich im Laufe der letzten Jahrzehnte stark gewandelt. Im Gegensatz zur ursprünglichen Bedeutung des Begriffs Commodity als allgemeine Bezeichnung für ein „Gut" (Winzar 1992), hat sich ein neueres Verständnis des Begriffs herausgebildet, welches Commodities als Produkte oder Leistungen beschreibt, die ein hohes Maß an Austauschbarkeit aufweisen und von Nachfragern als homogen wahrgenommen werden (s. Kapitel „Commodity Marketing – Eine Einführung", S. 3ff.).

Während einigen Leistungen der Status eines Commodities von Natur aus zugesprochen wird, erlangen andere Leistungen den „Zustand" eines Commodities auf Grund eines Prozesses, der als Commoditisierung bezeichnet wird. Folglich lassen sich zwei Arten von Commodities unterscheiden: so genannte **Born Commodities** und **New Commodities** (s. Kapitel „Commodity Marketing – Eine Einführung", S. 3ff.). Wie bereits eingangs geschildert, wird Erdgas als ein klassischer Rohstoff in nahezu identischer Beschaffenheit von verschiedenen Unternehmen angeboten. In seinen charakteristischen Eigenschaften, wie umweltschonende Verbrennung, Farb- und Geruchlosigkeit, ist Erdgas unabhängig vom Anbieter stets gleichartig. Lediglich der Energiegehalt kann sich – in Abhängigkeit der Förderquelle – unterscheiden, ist aber auf Grund der sog. Konditionierung am Ende beim Verbraucher kein Unterscheidungsmerkmal. Darüber hinaus ist die Beschaffenheit von Erdgas für bestimmte Anwendungen, beispielsweise als Kraftstoff für Fahrzeuge, rechtlichen Normen unterworfen (Deutsches Institut für Normung e. V. 2008). Diese Normen und technischen Standards werden seit 150 Jahren von den Unternehmen im „Deutschen Verein des Gas- und Wasserfaches e. V." (DVGW) einheitlich festgesetzt. Das Produkt Erdgas an sich weist somit ein geringes Maß objektiver Differenzierungsmerkmale auf und wird zudem von Nachfragern als in weiten Teilen homogen und einem aus volkswirtschaftlicher Sicht zunehmend vollkommenen Markt wahrgenommen.[1] Erdgas kann daher als ein Born Commodity angesehen werden.

In diesem Zusammenhang verweist die Literatur darauf, dass der Energiesektor generell als ein traditioneller Commodity-Markt bezeichnet werden kann (z. B. Berrie und Hoyle 1985). Abbildung 1 zeigt einen Überblick über den Primärenergieverbrauch in Deutschland (2012). Mit einem Anteil von 22 % kommt Erdgas eine wesentliche Bedeutung zu.

---

[1] Zum Begriff des vollkommenen Markts vgl. Samuelson und Nordhaus (1989).

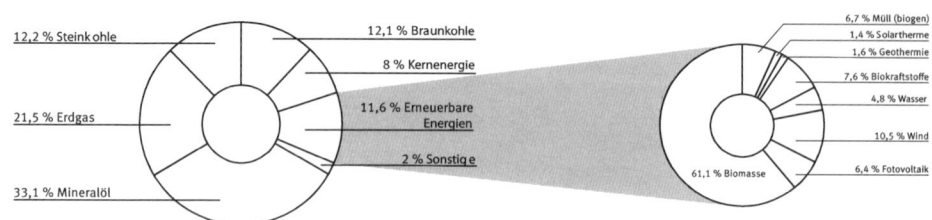

Abb. 1 Primärenergieverbrauch in Deutschland (2012). (Quelle: In Anlehnung an AG Energiebilanzen 2013)

3 Differenzierung durch den Aufbau einer starken Unternehmensmarke – Das Beispiel VNG – Verbundnetz Gas Aktiengesellschaft

3.1 Zum Unternehmen VNG – Verbundnetz Gas Aktiengesellschaft

Die Geschichte der VNG als Ferngasunternehmen reicht bis zum Juli 1958 zurück und war maßgeblich mit dem großflächigen Ausbau der ostdeutschen Ferngasversorgung verbunden.

Die Gründung eines Vorläufers von VNG in Leipzig, dem alle überregionalen Gas-Hochdruckleitungen zugeordnet wurden, war die Geburtsstunde der VNG, die in Leipzig ihren Sitz hat. Ziel war die Planung der ostdeutschen Ferngasversorgung sowie die Betriebsführung und der Ausbau aller dazu erforderlichen technischen Anlagen.

Nach der Unterzeichnung eines ersten deutsch-sowjetischen Erdgasabkommens im Mai 1968 und dem Beginn der einheimischen Gasförderung in der Altmark wuchsen die Aufgaben der Ferngaswirtschaft.

Im Sommer 1990 wurde das Gaskombinat der DDR aufgelöst und die zu ihm gehörenden Betriebe einzeln privatisiert. Unmittelbar vor der Wirtschafts- und Währungsunion im Juni 1990 erfolgte die Umwandlung des VEB zur VNG – Verbundnetz Gas Aktiengesellschaft. Binnen weniger Jahre gelang VNG ein erfolgreicher Wandel von einem rein technischen Gasversorgungsbetrieb in einen privatisierten, leistungsfähigen Erdgasimporteur mit eigenem Netz und Speichern, Gashändler und Energiedienstleister im europäischen Erdgasmarkt.

Heute ist das Unternehmen in den vier Geschäftsfeldern Exploration und Produktion, Gashandel, Gasspeicherung und Gastransport tätig. Flankiert wird dies durch verschiedene Energiedienstleitungen. Abbildung 2 zeigt einen Überblick über die Geschäftsfelder des Unternehmens VNG.

Das Unternehmen VNG hat sich als eine der großen importierenden Ferngasgesellschaften am deutschen Markt etablieren können. Auf der Grundlage von Langfristverträgen bezieht die VNG ihr Erdgas aus Russland, Norwegen und von deutschen Produzenten.

Geschäftsbereiche der VNG

Exploration & Produktion	Handel & Dienstleistung	Speicherung	Transport
- Aktivitäten in Norwegen und in Dänemark über die Töchter VNG Norge und VNG Danmark	- Importe u. a. aus Russland und Norwegen - Großhandel an europäischen Spot- und Terminmärkten - Europaweiter Gasverkauf - Vertriebs- und Dienstleitungs- produkte	- VNG Gasspeicher GmbH - Erdgasspeicher Peissen GmbH	- zweitgrößter deutscher Netzbe- treiber ONTRAS Gastransport GmbH mit 7.200 km Leitungen

Abb. 2 Geschäftsfelder der VNG – Verbundnetz Gas Aktiengesellschaft. (Quelle: In Anlehnung an VNG 2012, 2013b)

Zusätzlich handelt das Unternehmen mittlerweile eine bedeutende Erdgasmenge an den Kurzfristmärkten. Seit 2006 engagiert sich die VNG zudem selbst in der Suche und Förderung (Exploration und Produktion) von Erdgas in Norwegen und angrenzenden Gebieten.

Die Hauptkunden von VNG sind im Business-to-Business-Kontext zu finden. Dazu zählen Stadtwerke, regionale Versorgungsunternehmen, industrielle Großverbraucher und Gashändler in Deutschland sowie in weiten Teilen Europas.

3.2   Die Unternehmensmarke VNG – Verbundnetz Gas Aktiengesellschaft als Differenzierungsfaktor

Wie zu Beginn des Artikels erläutert wurde, besteht ein wesentliches Anliegen dieses Beitrags darin, am Beispiel des Unternehmens VNG aufzuzeigen, wie mit Hilfe des Aufbaus einer starken Unternehmensmarke die **De-Commoditisierung des Energieträgers Erdgas** unterstützt werden kann. In der Literatur besteht weitgehender Konsens darin, dass Marken einen wichtigen Faktor bei der Differenzierung von Leistungen unterschiedlicher Anbieter darstellen.[2]

Das Wesen des „**Differenzierungsmerkmals**" **Marke** hat sich in den vergangenen Jahren stark geändert. Eine Marke kennzeichnet nicht mehr nur das reine Produkt und seine Eigenschaften, sondern verdeutlicht darüber hinaus den Service, komplexe Lebenswelten und die grundlegenden Werte eines Unternehmens. Mit einer Marke ist ein unverwechselbares Vorstellungsbild von einem Produkt und/oder einem Unternehmen verbunden, das idealerweise fest in den Köpfen der Nachfrager verankert ist (Meffert 2000). Für Kunden bietet die Marke eine Reihe Nutzen stiftender Funktionen, wie z. B. eine Orientierungs und Entlastungsfunktion – durch Verringerung der Komplexität der Entscheidung zum Kauf – sowie die Generierung eines ideellen Nutzens (z. B. Casper et al. 2002; Riesenbeck und Perrey 2009).

Marken haben eine hohe unmittelbare wirtschaftliche Bedeutung für Unternehmen, weil sie Kaufentscheidungen beeinflussen können. Starke Marken heben die Preisbereit

---

[2] Für einen Überblick s. Kapitel „Wie wichtig sind Marken bei Commodities? Eine konzeptionelle Analyse", S. 103ff.

schaft und die Loyalität von Kunden. Deshalb sind die Investitionen in ihren Aufbau und die Pflege sehr wichtig, aber auch langfristig und umfangreich. Der Prozess der glaubwürdigen Markenbildung ist dabei vor allem durch Langfristigkeit geprägt. Schließlich geht es darum, aus ideellen und materiellen Komponenten einen einzigartigen attraktiven Wert zu schaffen und vor allem darum, ihn zu vermitteln. Eine Marke entsteht aber nicht „über Nacht"; sie muss im Bewusstsein der Kunden wachsen, sich zu einem unverwechselbaren, selbstverständlich positiven Vorstellungsbild entwickeln. Unter den dynamischen Bedingungen der Märkte müssen Marken immer schneller auf die Erwartungen der Kunden eingehen. Die Zeit, in der die Werte einer Marke so unveränderlich wie ihr Markensignet waren, ist vorbei. Den Spagat zwischen einem stabilen Markenkern und einer zeitgemäßen Entwicklung von Zusatzwerten zu schaffen, ist eine wachsende Herausforderung für das Markenmanagement.

Die Literatur zum Markenmanagement verweist darauf, dass Unternehmensmarken bei Commodities einen wichtigen Beitrag zur Differenzierung leisten können (z. B. Betts 1994; Saunders und Watt 1979). VNG versteht sich in diesem Zusammenhang als Unternehmen mit einer tiefgreifenden regionalen Verwurzelung. Dieses Merkmal macht einen zentralen Aspekt des Markenkerns aus. Es begründet sich einerseits durch die Unternehmenshistorie, andererseits dadurch, dass Kommunen wesentliche Orte der Energieanwendung und des Energieverbrauchs sind. Für VNG gilt es, das Produkt Erdgas mit seinen positiven Eigenschaften und seine Unternehmenspersönlichkeit in diesem Zusammenhang zu verbinden, ja eng zu verzahnen.

Die Mitarbeiter von VNG engagieren sich dafür, dem umweltfreundlichen Energieträger Erdgas einen führenden Platz im Energiemix sowohl heute als auch in einer ökologisch geprägten Zukunft zu sichern und ihn nachhaltig zu positionieren. Darüber hinaus nutzt VNG die Vorteile des Energieträgers Erdgas, um die eigene Unternehmensmarke über den stützenden Claim „Der Erdgasspezialist" aufzuladen. Über diesen Claim gelingt es ihr, einen maßgeblichen Teil des eigenen Markenkerns nach außen zu tragen, eine alleinstellende Positionierung des Unternehmens im Wettbewerb zu untersetzen und sich damit von Wettbewerbern abzuheben. Gleichzeitig bündelt der Claim auch den Anspruch von VNG, bei seinen vielfältigen Stakeholdern als kompetenter Partner und Berater für das Thema Energie aus Erdgas angesehen zu werden.

Dieser Anspruch wird zunächst durch die Tatsache untersetzt, dass VNG über seine vier Geschäftsbereiche und die weiteren spezialisierten Unternehmen der VNG-Gruppe sämtliche Stufen innerhalb der gaswirtschaftlichen Wertschöpfungskette besetzt (Exploration und Produktion, Handel, Gastransport und Gasspeicherung, s. a. a. O.). In der gedanklichen Fortsetzung der Spezialistenthematik wird die VNG AG, die als Muttergesellschaft der VNG-Gruppe dem Geschäftsbereich Handel übersteht, zu einem Märkte verbindenden Element für die Beschaffung und die Vermarktung von Erdgas in Deutschland und Europa. Upstream fungiert VNG als Vermarktungsspezialist für ihre Lieferanten. Downstream ist VNG für seine Kunden der Beschaffungsspezialist, dem es gelingt, die Rohstoffbeschaffung, die Energieerzeugung, den Energiehandel sowie die Energieanwen-

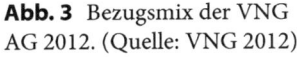 **Abb. 3** Bezugsmix der VNG
AG 2012. (Quelle: VNG 2012)

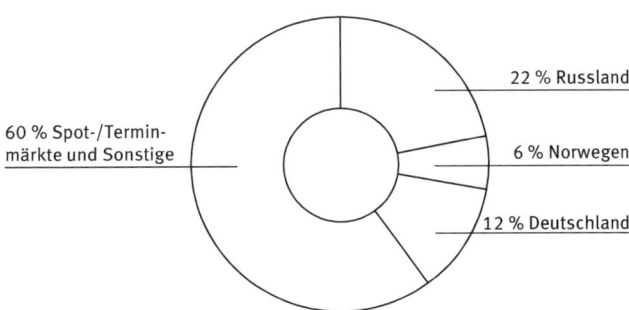

60 % Spot-/Termin-
märkte und Sonstige

22 % Russland

6 % Norwegen

12 % Deutschland

dung ihrer Partner nachhaltig zu stärken. Beide „Rollen" sollen im Folgenden noch etwas ausführlicher herausgearbeitet werden.

Im Bereich Beschaffung von Erdgas stellen die diversifizierten Beschaffungskanäle von Erdgas, die dem Kunden ein hohes Maß an Liefersicherheit bieten, ein hervorstechendes Unterscheidungsmerkmal dar. VNG setzt dabei auf einen Mix aus regional wie auch liefe-rantenseitig verschiedenen Bezugsquellen – auch um auf Marktentwicklungen zum Vorteil des Kunden jederzeit rasch reagieren zu können.

Die Bezüge über langfristige Lieferverträge sind ein wichtiger Bestandteil einer zuverlässigen und nachhaltigen Beschaffung und tragen somit zur Versorgungssicherheit bei. Auf der Grundlage von Langfristverträgen bezog die VNG AG im Jahr 2012 ihre Erdgasmengen aus Russland (60 Mrd. kWh), aus Norwegen (17 Mrd. kWh) und von deutschen Produzenten (31 Mrd. kWh). Darüber hinaus ist VNG an fast allen virtuellen Handelspunkten sowie an mehreren physischen Import- und Exportpunkten in Europa aktiv (Abb. 3).

Die Exploration und Produktion von Erdgas ist ein weiterer wichtiger Teil der Beschaffungs- und damit **Diversifizierungsstrategie** des Unternehmens. Es handelt sich hierbei um die erste Stufe der Wertschöpfung und dies stärkt die Unabhängigkeit von VNG. Mittel- bis langfristig soll ein bedeutender Anteil der jährlichen Erdgasbeschaffung aus eigenen Quellen mit einem Fokus auf Norwegen und angrenzende Regionen erbracht werden. VNG hält über die Tochtergesellschaft VNG Norge aktuell Anteile an 32 norwegischen und zwei dänischen Lizenzen und dazu drei Beteiligungen an produzierenden Feldern in Norwegen (Stand vom 31.12.2013).

Im Bereich der Vermarktung stärkt VNG durch die Vernetzung von Erdgas, Bioerdgas und anderen Formen der zukunftsorientierten Energieanwendung die Anwendungsbreite von Erdgas im Energiemix. Hauptsächliches Ziel ist dabei eine Positionierung von Erdgas in allen Segmenten der in Frage kommenden Anwendungsbereiche im Strom-, Mobilitäts-, aber vor allem im Wärmemarkt und dort als Synonym von Wärme, besetzt mit Assoziationen wie „innovativ", „bequem", „im Sinne der Umwelt" und „emotional".

Gerade der Wärmemarkt bietet ein enormes Potential für eine auf Nachhaltigkeit ausgerichtete Energieversorgung. Der Wärmemarkt hat mit 40 % den größten Anteil am Energieverbrauch Deutschlands und bietet damit großes Potential, CO_2-Emissionen zu reduzieren. Die CO_2-Einsparziele der Bundesregierung im Wärmemarkt können durch den forcierten Einsatz hocheffizienter Gasanwendungen schnell und zudem sozialverträglich erreicht werden.

Daran anknüpfend unterstützt VNG die Erforschung neuer, noch sparsamerer Anwendungstechnologien für Erdgas bis hin zur Brennstoffzelle. Ein wirklicher Meilenstein sind sogenannte Mikro-Blockheizkraftanlagen (microBHKW): Durch eine dezentrale Bereitstellung von Strom und Wärme auf der Basis von Erdgas ist es möglich, bis zu 40 % an Primärenergie und bis zu 60 % an CO_2-Emissionen gegenüber der konventionellen, getrennten Strom- und Wärmeerzeugung einzusparen. Mit dieser Technologie ergeben sich neue Perspektiven und Horizonte für die dezentrale und noch umweltfreundlichere Versorgung. VNG beteiligt sich an dieser zukunftsweisenden Form der Energieanwendung.

Daneben ist es wichtig, sich den operativen **Bedürfnissen der Kunden** in einem Markt zu stellen, der immer weniger Differenzierungsmöglichkeiten bietet. Die Kunden von VNG sind selbst einem intensiven Wettbewerb ausgesetzt und müssen sich gegenüber konkurrierenden Anbietern behaupten. VNG unterstützt sie dabei mit maßgeschneiderten Instrumenten und Dienstleistungen. So hat VNG beispielsweise mit neuen Marktteilnehmern, die auf Grund ihrer erst entstehenden Geschäftsmodelle (noch) keine hinreichende Bonität nachweisen konnten, alternative Modelle entwickelt. Durch eine solche individuelle Differenzierung im Hinblick auf Zahlungs- und Vertragsbedingungen wird den Bedürfnissen beider Seiten Rechnung getragen und eine Belieferung überhaupt ermöglicht.

Darüber hinaus tritt VNG mit individuellen Kundenservice-Konzepten der zunehmenden Commoditisierung des Produkts Erdgas aktiv entgegen. Beispielhaft genannt sei an dieser Stelle die Bereitstellung von Marktinformationen für die Kunden auf täglicher und wöchentlicher Basis, eine technische Anwendungsberatung für Industrie- und Gewerbekunden oder auch der Kunden-Zugang zum Handelsmarkt über den Tradingfloor des Unternehmens. Die Entwicklung der vergangenen Jahre hat hier gezeigt, dass zwar jeder Kunde andere Bedürfnisse hat, gleichwohl aber auch grundlegende Marktströmungen zu erkennen sind. Diese gilt es rechtzeitig zu erkennen und in Produkte umzusetzen. Insofern ist auch das Commodity Erdgas in der Praxis ein Produkt mit deutlich kürzeren Produktlebenszyklen als in der Vergangenheit geworden.

Neben dem gaswirtschaftlichen Know-how, beschrieben über die Positionierung als „Erdgasspezialist", definiert sich – wie bereits erwähnt – der zweite große Teil des VNG-Markenkerns über die kommunale Verankerung und die **regionale Identität** von VNG. Kommunen sind der Ort der Energie- bzw. Erdgasanwendung und besitzen für VNG überdies einen historischen Stellenwert. So war es VNG, die gemeinsam mit kommunalen und regionalen Gasversorgern Anfang der 1990er Jahre die Gasversorgung in den neuen Bundesländern in Rekordzeit von Stadtgas auf Erdgas umgestellt hat. Ein zweiter Punkt ist die Beteiligung von zehn ostdeutschen Kommunen innerhalb des Aktionärskreises.

Darüber hinaus definiert sich ein großer Teil der VNG-Kunden bzw. des VNG-Kundenpotentials über kommunale Stadtwerke und Versorger. Diesen kommt im Rahmen der Energieversorgung aber insbesondere auch über ihren allgemeinen wirtschaftlichen Stellenwert innerhalb der deutschen Volkswirtschaft gerade in Ostdeutschland eine herausragende Funktion zu. Diese Leuchtturmfunktion wiederum teilen die kommunalen

Versorgungsunternehmen mit VNG. Es ist bis heute das einzige eigenständige Unternehmen unter den TOP 100 Unternehmen in Deutschland, welches seinen Konzernsitz in den neuen Bundesländern hat. In Kenntnis dieser spezifischen wirtschaftlichen Rahmenbedingungen sowie im Einklang mit dem unternehmerischen Selbstverständnis sieht sich VNG in besonderem Maße verpflichtet, gesellschaftliche Verantwortung zu übernehmen und sich in kommunalen Handlungsfeldern zu engagieren.

Das Engagement konzentriert sich dabei im Wesentlichen auf Projekte und Maßnahmen, die klassisch dem Ansatz der **Corporate Social Responsibility** (CSR) zuzuordnen sind. Da die Corporate Identity (CI) nicht nur die visuelle Erscheinungsform einer Marke umfasst, sondern auch das unsichtbare Element ‚Emotionen‘ enthält, positioniert sich VNG in seinen CSR-Aktivitäten in regional verwurzelten und langfristig nachhaltigen Projekten, welche dem Wohle der Gesellschaft dienen sollen.

Auch dabei agiert VNG nachhaltig. Durch Partizipation am Diskussionsforum für ostdeutsche Kommunalpolitik, dem „**Verbundnetz für kommunale Energie**" (VfkE), engagiert sich VNG in Handlungsfeldern, die für die Zukunftsfähigkeit von Kommunen von besonderer Bedeutung sind. Unter Berücksichtigung dieser Ergebnisse hat VNG eine Auswahlstrategie für CSR-Projekte entwickelt, die passgenau Maßnahmen im Spektrum gesellschaftspolitischer, wirtschaftlicher und sozialer Themen adressieren. Mit diesen Projekten positioniert sich VNG als ein modernes Unternehmen in der Mitte der Gesellschaft, das die Belange einer lebendigen Zivilgesellschaft aktiv mitgestaltet.

So unterstützt es gezielt soziale Projekte und übernimmt darüber hinaus häufig gemeinsam mit kommunalen Partnern in mehreren langfristig angelegten Projekten eine aktive Rolle in der Gesellschaft. Insbesondere mit den langfristig angelegten „Verbundnetz"-Initiativen fördert VNG gesellschaftspolitische, kommunalpolitische, soziale, sportliche und kulturelle Projekte in den neuen Bundesländern.

Beispielsweise hatte das Projekt „**Verbundnetz für den Sport**" unter anderem das Ziel, möglichst viele junge Nachwuchsathleten aus dem Spitzensport über die Schwelle vom Nachwuchssport in den Erwachsenenbereich zu begleiten. Organisiert über die ostdeutschen Olympiastützpunkte ist es hierbei gelungen, viele junge Athletinnen und Athleten erfolgreich zum Leistungssport und zu Olympischen Spielen (zuletzt bei den Olympischen Winterspielen 2014 in Sotschi) zu bringen. Momentan wird das „Verbundnetz für den Sport" konzeptionell überarbeitet, um eine stärker auf den Breitensport fokussierte Ausrichtung zu erzielen. Vor allem die meist ehrenamtliche Tätigkeit im Kinder- und Jugendsportbereich soll mit den Maßnahmen des neuen Konzepts gestärkt werden. Das Ziel ist eine Unterstützung von Projekten im Breitensport, welche in der Zusammenarbeit mit regionalen Landessportverbänden und der Kommunalverwaltung erfolgen soll. VNG möchte sich mit dem neuen Ansatz des „Verbundnetzes für den Sport" als Partner der Menschen in der Region und als Partner des Kinder- und Jugendsports positionieren. Sport fördert Gesundheit, integriert Menschen, dient dem Verständnis für Fairplay und vermittelt die Grundsätze des Miteinanders in einer funktionierenden Gesellschaft. Diese Wertevermittlung über den Sport sieht das Unternehmen als zentrales Element für sein Engagement im Kinder und Jugendsport.

Mit der im Jahre 2001 gegründeten Initiative „**Verbundnetz der Wärme**" fördert VNG die Stärkung ehrenamtlicher Strukturen in den Kommunen der neuen Bundesländer und in Berlin. Das „Verbundnetz der Wärme" fungiert dabei zunächst als öffentliche Plattform, welche dem Ehrenamt zu mehr Verständnis, Aufmerksamkeit und Unterstützung in der Gesellschaft und in den Medien verhilft. In Zusammenarbeit mit den regionalen Kommunal- bzw. Stadtverwaltungen in den neuen Bundesländern und Berlin hat das Netzwerk bisher mehr als 200 Mitglieder gewinnen können und liefert neben einer konkreten Förderung ausgewählter Projekte und Initiativen einzelner Verbundnetz-Mitglieder vor allem aber oft Hilfe zur Selbsthilfe, indem es Fragen und Probleme ehrenamtlich Engagierter aufgreift und Lösungen vermittelt. Durch gezielte Öffentlichkeitsarbeit animiert das „Verbundnetz der Wärme" darüber hinaus auf breiter Basis andere, sich ehrenamtlich in lokalen Vereinen und Projekten zu engagieren bzw. eigene Ehrenamtsinitiativen zu starten. Um vor allem Kinder und Jugendliche frühzeitig an das Thema Ehrenamt heranzuführen, hat das „Verbundnetz der Wärme" das Projekt „Engagement macht Schule" entwickelt. Bei diesem Projekt wird das Klassenzimmer zur Erlebniswelt; die Schüler bekommen durch gezielte Projekte Einblicke in die Vielfalt des Ehrenamts.

Das „**Verbundnetz für kommunale Energie**" hingegen versteht sich als überparteiliche öffentliche Diskussionsplattform für Entscheidungsträger aus kommunalen Verwaltungen und Unternehmen. Gemeinsam mit diesen Beteiligten wirkt VNG über das „Verbundnetz für kommunale Energie", das sich als Ergänzung zu den kommunalen und kommunalwirtschaftlichen Spitzenverbänden sieht, auf eine Verbesserung der Rahmenbedingungen für die wirtschaftliche Betätigung ostdeutscher Kommunen hin. Im Kern werden dabei zentrale Fragen der kommunalpolitischen und kommunalwirtschaftlichen Betätigung unter wissenschaftlicher Begleitung thematisiert und im Kontext aktueller Rahmenbedingungen und Herausforderungen diskutiert (z. B. demographische Entwicklung, interkommunale Kooperationen, intrakommunale Synergien).

Die „**Wissensfabrik**" wiederum ist ein Unternehmensnetzwerk von mehr als 100 Unternehmen und Stiftungen, welche mit integrierten Bildungsprojekten junge Menschen für die MINT-Fächer begeistern und somit den Standort Deutschland im globalen Wettbewerb stärken wollen. VNG engagiert sich zudem in Zusammenarbeit mit einer Leipziger Schule an dem Bildungsprojekt „**Power4School**". Schüler der Sekundarstufe II beschäftigen sich dabei mit generellen Fragen die Energie- bzw. Erdgasversorgung betreffend. VNG bietet als Praxispartner spannende Einblicke rund um das Thema Erdgas, zum Beispiel anhand einer Exkursionen in eine Biogasanlage der VNG-Gruppe.

Mit der Gründung der **VNG-Stiftung** im Jahre 2009 hat VNG viele ihrer Aktivitäten in den Bereichen Bildung, Soziales, Kunst und Kultur gebündelt. Mit der Förderung des „**VNG Campus**" im Bereich Bildung unterstützt das Unternehmen zudem seit vielen Jahren Hochschulkooperationen zwischen regional verbundenen Universitäten und internationalen Partneruniversitäten. Mit der Vergabe von Stipendien und der Unterstützung von Hochschulprojekten unterstützt VNG aktiv die regionale Hochschulkultur. Aber auch Kunst und Kultur haben einen hohen Stellenwert in unserer Gesellschaft. Deshalb fördert VNG ausgewählte Projekte über ihre firmeneigene Stiftung, wie zum Beispiel einen

Jugendkunstpreis oder das internationale Jugend-Kulturprojekt „Openworld" und leistet damit seinen Beitrag zu einem größeren Kulturangebot in der Region.

Insgesamt ist festzuhalten, dass die Bildung eines klaren Vorstellungsbilds von der Leistung des Primärenergieträgers Erdgas in Verbindung mit der Persönlichkeit des Unternehmens VNG – Verbundnetz Gas Aktiengesellschaft eine echte Herausforderung ist. Durch ein systematisches und **strukturiertes Produkt- und Kommunikationsmanagement** gelingt es, die Unternehmensmarke VNG erfolgreich zu positionieren, zu profilieren und mit dem Commodity Erdgas zu verknüpfen, um letztlich eine Differenzierung und Individualisierung zu erzielen. Im Markenkern von VNG ist das soziale Engagement verankert, es ist Teil seiner Identität.

4   Zusammenfassung

Der Beitrag hat verschiedene Ansätze zur De-Commoditisierung und Möglichkeiten der Differenzierung des Commodities Erdgas aufgezeigt. Auch andere Branchen, besonders aber der Energiesektor, stehen vor der Herausforderung, der zunehmenden Commoditisierung entgegenzutreten und sich vom Wettbewerb abzuheben. Dem wirkt grundsätzlich entgegen, dass das Produkt Erdgas mit seinen Eigenschaften klar der Definition eines Born Commodities entspricht.

Durch soziale Initiativen, das Engagement in der Erforschung und Entwicklung umweltschonender Technologien, der regionalen Verbundenheit und einer hohen Kundenorientierung hat es VNG geschafft, eine starke Unternehmensmarke aufzubauen und sich dadurch am Markt zu etablieren. Es zeigt sich, dass eine De-Commoditisierung durch den Aufbau einer etablierten Unternehmensmarke möglich ist und damit eine Profilierung gegenüber dem Wettbewerb und eine Differenzierung gegenüber den Kunden vollzogen werden kann. Dies muss einhergehen mit einem Spektrum an Dienstleistungen und individuellen Produktausgestaltungen, welche das Commodity Erdgas veredeln und damit im Wettbewerb differenzieren.

Literatur

AG Energiebilanzen. (2013). Bundesministerium für Wirtschaft und Technologie. Energiedaten. Ausgewählte Grafiken. http://www.bmwi.de/DE/Themen/Energie/energiedaten.html. Zugegriffen: 9. Aug. 2013.

Berrie, T. W., & Hoyle, M. (1985). Treating energy as a commodity. *Energy Policy, 13,* 506–510.

Betts, P. (1994). Brand development: Commodity markets and manufacturer-retailer relationships. *Marketing Intelligence & Planning, 12,* 18–23.

Bundesministerium für Wirtschaft und Technologie. (2013). http://www.bmwi.de/DE/Themen/Energie/Energiedaten/energietraeger.html. Zugegriffen: 9. Aug. 2013.

Caspar, M., Hecker, A., & Sabel, T. (2002). Markenrelevanz in der Unternehmensführung -Messung, Erklärung und empirische Befunde für B2B-Märkte. Arbeitspapier Nr. 4. Marketing Centrum Münster & McKinsey & Company. Münster.

Deutsches Institut für Normung e. V. (2008). Norm DIN 51624: Kraftstoffe für Kraftfahrzeuge - Erdgas - Anforderungen und Prüfverfahren. Berlin.

Meffert, H. (2000). *Marketing: Grundlagen marktorientierter Unternehmensführung: Konzepte - Instrumente - Beispiele* (9. Aufl.). Wiesbaden: Gabler.

Riesenbeck, H., & Perrey, J. (2009). *Power brands: Measuring, making, managing Brand success* (2. Aufl.). Weinheim: Wiley-VCH.

Samuelson, P., & Nordhaus, W. (1989). *Economics*. Singapore: McGraw-Hill.

Saunders, J. A., & Watt, F. A. W. (1979). Do brand names differentiate identical industrial products? *Industrial Marketing Management, 8,* 114–123.

VNG (2013a). Chronik der Verbundnetz Gas AG. http://www.vng.de/VNG-Internet/de/1_Unternehmen/geschichte/index.html. Zugegriffen: 9. Aug. 2013.

VNG (2013b). Geschäftsfelder der Verbundnetz Gas AG. http://www.vng.de/VNG-Internet/de/2_Geschaeftsfelder/index.html. Zugegriffen: 9. Aug. 2013.

Winzar, H. F. (1992). Product classifications and marketing strategy. *Journal of Marketing Management, 8,* 259–268.

Kaltefleiter, Bernhard
VNG – Verbundnetz Gas Aktiengesellschaft, Braunstraße 7,
04347 Leipzig, Deutschland
E-Mail: bernhard.kaltefleiter@vng.de

Hill, Oliver F.
VNG – Verbundnetz Gas Aktiengesellschaft, Braunstraße 7,
04347 Leipzig, Deutschland
E-Mail: oliver.hill@vng.de

Teil IV
Commodity Marketing – Eine internationale Perspektive

An International Perspective on Commodity Marketing

Michael Czinkota and Margit Enke

Contents

M. Czinkota (✉)
McDonough School of Business, Georgetown University, 37th O Streets, N.W., 402 Hariri Building, Washington D.C., 20057, USA
e-mail: czinkotm@georgetown.edu

M. Enke
Lehrstuhl für Marketing und Internationalen Handel, Fakultät für Wirtschaftswissenschaften, insbesondere Internationale Ressourcenwirtschaft,
Technische Universität Bergakademie Freiberg, Lessingstraße 45, 09599 Freiberg, Germany
e-mail: margit.enke@bwl.tu-freiberg.de

M. Enke et al. (Hrsg.), *Commodity Marketing,*
DOI 10.1007/978-3-658-02925-8_20, © Springer Fachmedien Wiesbaden 2014

Abstract

International marketing is forced to consider multiple general conditions of international business. Therefore, both consumer-related and environmental peculiarities have to be taken into account. Marketing specialists in particular are responsible for identifying these market conditions and formulating matching strategies. This article shows that the general anchor points of international marketing can be adapted to commodities because commodity marketing is based on similar global and local environmental conditions as international marketing. Based on the encompassing definition of "commodities," this article delivers nine theses that underline the strong relationship between international and commodity marketing.

1 The Power and Responsibility of International Business

The rapid expansion of globalization has been driven in large part by international business. As economic liberalization has opened the door for billions of people to enter the world marketplace from countries like China, India, and the former Soviet Union, there has been dramatic growth in disposable income and quality of life in these markets and others. Along with the rapid economic expansion have come revolutionary improvements in communications and transportation systems. Thereby, world trade has increased exponentially in the past several decades. International business has never been more important or more powerful. Yet there are also fears and challenges emanating from the field and its activities. Just like the Roman God Janus, who had two faces and has come to embody the notion of contradiction to modern thinkers, international business brings both good and bad to the global marketplace (Czinkota and Skuba 2011). Exploitation of factory workers by global apparel and footwear companies or by electronics and computer brands, exemplifies the negative consequences of globalization.

The role of global businesses and marketers in the financial crises that began in 2008 has led to public anger and increased scrutiny by society, particularly those who experienced great hardships. As a consequence of the financial crisis, there have been recent legislative efforts to increase regulation of business such as curbs on bank bonuses in the EU. These efforts have a moral foundation in the need by societies to ensure social justice while also promoting prosperity.

1.1 Recognizing Challenges and Dilemmas

With increased power comes increased concerns and responsibility. International businesses are playing a leading role in societies and the lives of people around the world. There are serious social impacts that need consideration. If firms do not respond to these, governments will impose their own rules.

There are many who, in times of transition, have come new to market and even new to marketing. Changes have made life more complex, both for marketers and those to whom they market. For example, some slogans offered routinely to customers in markets with some experience of marketing promotion, such as "you may have won a new car," may be interpreted quite differently by newcomers to the marketing world. Their high expectations may lead to disappointments and even hostility. Because marketers are the initiators of new practices, it is their responsibility to avoid causing harm.

As economic growth in emerging and developing markets allows millions of people to enter the middle class, it brings great new opportunities for them to experience and enjoy a better quality of life with goods and services that help them in many ways. It also exposes them to the challenge of rising aspirations with limited income. Indeed, the gap between the rich, the rising middle class and the poor presents practical and ethical dilemmas. New international consumers must learn how to manage their aspirations as they experience emotional marketing appeals for products and services that might not be considered practical or "good for them." Philip Kotler has posed three dimensions of **"the marketing dilemma"**: (1) What if the customer wants something that is not good for him or her? (2) What if the product or service, while good for the customer, is not good for society or other groups? (3) How consumers, businesses, and societies manage that dilemma in international markets will need to be resolved on a country-by-country and culture-by-culture basis?

All too often cultures are insufficiently studied or wrongly interpreted by newly entering outsiders. Cultural differences continue to challenge international businesses and can significantly affect the success or failure of deals. Though there is frequent talk about how we understand each other so much better than in the past, the reality looks different. The actual overlap between societies is typically miniscule. There may be a number of Chinese industry leaders who have been to the United States or Europe and have developed a clear understanding of Western cultures, but they represent a very small fraction of the Chinese population. The average Chinese person may knowledgeably understand as much about Columbus, Ohio as the average Buckeye State resident knows about Tianjin. The consequence of that limitation is a danger of misunderstandings and susceptibility to hostility.

One key Western business dimension is the glory of victory in competition. Such an adherence to victory often means that there is no mercy for the vanquished. This plays out in particularly harsh dimensions in regard to the loss of jobs and feelings of security about a way of life for many employees of Western firms. Not everywhere are such approaches supported, desired or accepted. In some regions, the goal becomes for the victor to mend fences, reinvigorating a feeling of togetherness and provide a cause for standing together. In many societies it is expected that one should not take advantage of what could be done, but rather consensually do what ought to be done, particularly given the cultural importance of long-term relationships. Such context makes it far less acceptable to practice what we have called "vampire marketing", where the airline or hotel or communications company extracts bloodsucking prices for additional services or products from its captive audience after the major purchase decision has been made. Perhaps global businesses can learn valuable lessons from this context and consequently make themselves more valuable to their customers (Skuba 2011)?

International business and societal orientation interact closely. For example, in the United States, the individual is considered the key component of society. But such a perspective is not uniformly taken around the world. In socialist or tribal societies, it is typically the group that receives preference over the individual and the family is accorded top billing. In such cases, just imagine how different emphases in making financial decisions can be re-interpreted in various settings. What may be corruption and bribery to some may turn out to be filial devotion to others.

The saying goes that "distance makes the heart grow fonder". But in international business, distance can also provide temptation for the abdication of responsibility. Businesses sometimes clearly demonstrate their desire not to know. When host country regulations have been less demanding than those in home countries, some firms sell products that may not meet home country expectations in terms of quality or benefit. As developing nations develop greater regulatory capability and more expectations of the responsibility of firms, irresponsible marketers may encounter a less tolerant face in host countries. The chairman of a multinational corporation may feel removed from local issues. Due to the evolution of a firm through mergers and acquisitions, he or she may see actions as being strictly business issues. However, the locals take all of the firm's actions very personally.

International businesses will confront dilemmas and challenges. How well they pursue the confluence of highly effective marketing and ethical practices and social responsibility will inevitably be reflected in the loyalty of customers and the judgment of host governments (Czinkota and Skuba 2011).

1.2 The Increased Role of Government

Ongoing with the described dilemmas, today, there is also a substantial transformation characterized by the response of governments to the failures and weaknesses in the global economy and financial system that triggered the economic crisis in 2008. In the developed economies, public anger and frustrations arising from the crisis led to massive government interventions to prevent systemic collapse, stabilize financial markets, and reinvigorate economic activity. Political pressures to correct currency and trade imbalances have also increased in many countries. Policy and regulatory efforts to "reform" the system to correct mistakes and abuses that were seen to have caused the crisis, will have continuing major implications for the private sector in the coming years. Governments have increased regulation of complex financial instruments and require greater securitization for banks. There are limitations on the size of banks and the extent of their activities.

Ironically, while the financial and economic crisis caused a loss of confidence in "American-style capitalism", it may have also worked to demonstrate the resilience and underlying strength of market economics. It certainly revealed the importance of emerging markets and showed the extent of interconnectedness among markets worldwide. Emerging markets and developing countries have a "greater say" in the global economic system. This means that they must expect that the system is working in their interests and not just the interests of the developed economies. The gap between rich and poor nations and the potential for developing countries to close that gap will play a more important role going forward on the global economic stage.

Leaders of the G20 nations have pledged to work together to grow the global economy, avoid protectionism and strengthen international systems and institutions. They promised to avoid the mistakes made during the Great Depression of the 1930's when protectionist legislation in the United States led to similar actions by other countries and escalating trade sanctions. The G20 nations intend to focus on the private sector. In the November 2011 G20 Leaders Summit in Cannes, France, the leaders specifically pledged to work together to reform the financial sector and enhance market integrity. They promised: "We will not allow a return to pre-crisis behaviors in the financial sector and we will strictly monitor the implementation of our commitments regarding banks, OTC markets and compensation practices"(G20 Leaders Summit 2011). A tangible sign of this being practiced is the Basel Committee on Banking Supervision, the forum based at the Bank for International Settlements in Geneva, Switzerland for regular international cooperation on banking supervision. This committee develops guidelines and standards for implementation by individual countries. Basel III is the set of reform measures that this committee developed to strengthen the "regulation, supervision, and risk management for the banking sector" in response to the financial crisis that began in 2008. In 2013, half of the G20 countries had issued regulations to implement Basel II with the remainder committed to do so within the year (Communiqué 2013).

Increased government involvement will also be manifested in interrelated efforts to tackle climate change, energy consumption, environmental damage, poverty, malnutrition, and food security. The G20 leaders have specifically committed to "improving energy markets and pursuing the fight against climate change" (G20 Leaders Summit 2011).

Whenever "new sources of funding" comes up in government circles, it is likely to have a major impact on private sector firms since it refers to either higher taxes or greater voluntary funding expectations. Governments cannot be expected, for the sake of the theoretical ideals of "free trade" and "laissez faire economics" to sit back and watch the disadvantages and detrimental effects that capitalism and international marketing often bring alongside their benefits. In every country, there is deep suspicion among many powerful interest groups about market economics. The most that can be expected from leaders and legislators in the major economies is that they will permit an open-market orientation subject to the needs of domestic policy. Such open-market orientation will be maintained only if governments can provide reasonable assurances to their own citizens and firms that the openness applies to foreign markets as well. Therefore, unfair trade practices such as governmental subsidization, dumping, and industrial targeting will be examined more closely, and retaliation for such activities is likely to be swift and harsh. When firms are seen to violate societal norms through their customer, labor, and environmental practices, they are likely to face stern government reaction and stiff penalties. International businesses must be increasingly sensitive to issues that might trigger governmental involvement in any country. Government is now a key player in the international business environment, much more than in the past several decades, and is likely to remain that way.

1.3 Diminished Trust

The size and scope of global corporations in the twenty-first century is unprecedented. Global corporations have vast reach and enormous economic power. The Coca Cola Company sells it branded products in over 200 countries (The Coca Cola Company 2012). With operations in 80 countries, Procter & Gamble estimates that 4 billion of the world's 7 billion people buy P&G brands in 180 countries every year (Procter & Gamble 2012). If one were to equate the annual revenues of the largest global corporations with the size of the world's leading economies, many firms would rank among the top economic powers. Wal-Mart Stores, with 2010 revenues of approximately $ 422 billion would rank as the 23rd largest economy in the world, ahead of countries like Norway and Venezuela, while Royal Dutch Shell would rank 26th, ahead of Austria, Saudi Arabia, Argentina, and South Africa. This analysis also reveals that 45 companies would be listed in the top 100 economies (World Bank 2010).

With such economic power come greater expectations for corporate governance, responsibility, and ethics across many fronts from many stakeholder audiences. Businesses do not have impunity in the global economy. The capitalist system and the corporations that it creates exist at the will of the societies and nations in which and across which they operate. The tolerance of these nations for allowing market capitalism latitude is always subject to their confidence that good business brings good benefits to societies. Business does not enjoy carte blanche at any time and especially when societies evidence distrust in the truthfulness and responsibility of business to perform for the greater good.

Public trust in business may be seen as a measurement that corresponds to the willingness of societies to allow international firms greater leeway to do business. Since 2000, the public relations firm Edelman has been conducting a global survey of public trust towards government, business, and other institutions—the Edelman Trust Barometer. Observing the findings of that survey since its inception, one can conclude that trust in business is generally stronger when a greater number of people are realizing the benefits of business. The level of trust in businesses in the developed economies was severely shaken by the economic disruptions caused by the financial crisis and recession. Trust in business in developed economies reached a nadir in the depths of the crisis in early 2009 with less than 40 % of respondents in the United States, Germany, and France indicating that they trusted business "to do what is right" (Financial Times 2011). In 2013, although trust in business had rebounded from its 2009 lows, trust in government had dropped. Public frustrations resulting from the continuing euro currency crisis, the anemic economic growth rates in the developed economies, the daunting debts of governments, and the inability of political leaders to work together effectively to solve problems in the United States had damaged the credibility of governments.

2 Curative International Marketing

2.1 New Steps for Marketers

What are the new steps marketers should concentrate on, to remain important in setting societal direction, and improving the state of the world? **"Curative international marketing"** is the answer and indicates a new direction in international marketing in the spirit of social responsibility. It is 'curative' in the sense of restoring and developing health, for all of us. 'Restoring' is to indicate that there is something lost which was once there, but no longer is sufficiently present. 'Developing' refers to new issues and areas which have to be addressed with help of new tools and frames of reference. The use of the word 'health' in turn positions the issue as important to our overall lives, for which a marketing orientation has created difficulties, stress, and problems, and which a marketing orientation needs to address, resolve and improve. Marketing can do so by aiming beyond its traditional focus of consumer, cost and price, communication and distribution, by incorporating in its activities a determination of joy, contribution to pleasure, fulfillment, safety and personal growth, and also its advancement towards a better society. The international part, of course, indicates the need to think across borders, and to take joint actions.

Curative international marketing lets us look back to problems which have been generated by marketing, and will allow us to use the discipline in moving beyond globalization. It will redefine our interaction with individuals and the world, and inspire us to reach a new level of contentment. The goal is to have international marketing, with all its capabilities to analyze, to inform and to persuade move away from holding us hostage to ongoing increases in consumption. Rather it should us the way to achieve satisfaction where quality outdistances quantity. Curative marketing should increase the wellbeing of the individual on a global level.

Addressing global problems requires a global approach. It demands the bringing together of a variety of disciplines and understanding the dynamics of their interaction and consequences when we analyze market forces. Curative international marketing needs to cover jurisprudence, cultural anthropology, philosophy and history. Such a broad perspective acknowledges that there is more to life than markets. Marketing is too important to be left to marketers. Marketers are not the only ones calling the tune—nor should they be. Even Keynes questioned in 1948 "how and whether economics should rule the world."

There are two perspectives which urgently need to be addressed by international marketers. One concerns the looking back, checking on what marketing had wrought on people. International marketers need to identify and amalgamate processes between disciplines, their effects, and the risk of mistakes. There also needs to be a key focus on past errors and mistakes inflicted by international marketing. These need to be addressed in the spirit of reparation or restitution. So, we all tend to expect more, citius, altius, fortius (faster, higher, stronger) may be a great motto for the Olympics, but can lead to unexpected repercussions when applied to marketing.

All these negative effects have come about either due to proactive misleading of consumers by marketing or due to simple neglect. On a global level, the consumer's interest in and preparation for marketing are not evenly distributed. Crucially, it is the obligation of international marketing to understand local conditions and to limit possible damages. Whenever new practices are initiated by marketers, it is their responsibility to avoid causing harm and to make up for any damages. Not everything that can be done should be done. There needs to be the marketing equivalent of the Hippocratic Oath of medical personnel which is: "First do no harm." And then marketers need to do everything possible to make people better off and actually feel better.

In consequence of these problem areas which have been generated by the marketing discipline, those in it need to have as their key concern the outlook for the future—how can marketing make up for its past transgressions and set things right again?

2.2 The Five Pillars of International Marketing

Based on previous explanations, there are five core areas for international marketing to use as its pillars and hoist itself up in a shining position: These are truthfulness, simplicity, depressurization, expanded participation and personal responsibility.

2.2.1 Truthfulness

There have been many occasions where international marketing has either actively mislead consumers, or left its participants with a sense of substantial ambiguity. Marketing must base its activities and pronouncements on fact rather than emotions, on insights rather than speculation, and do so within the context of environmental changes. Many social science truths may not be eternal but rather subject to change over time. Every time a customer feels gauged by marketing, the infrastructure of the discipline is weakened. This responsibility of each action for the position of the entire field places a burden of honesty on each marketing actor.

To all this, we must bring a holistic perspective of linkages and consequences to bear. We must do so with the understanding that there are many people who are either not interested in or not cognizant of differences, or who think that 'they all want to be like us'. When made aware of key differences the reaction might even be a questioning of intent, dedication, or even patriotism. How to bring the cultural dimension closer to them, without making them feel threatened, needs to be a key marketing concern.

2.2.2 Simplicity

We must recognize and understand ways to simplify life, to let institutions understand what consequences their actions might have, and to let us all see the impact of decisions. Research shows that simplicity adds value. The Global Brand Simplicity Index states that up to 23 % of consumers are now willing to spend extra for an uncomplicated experience. Simplification is also crucial for communicating the whole truth about our approaches and making sure that people understand the implications. It is hard to be truthful about something one does not understand. Truth and simplicity therefore go hand in hand. The understanding of how a product or even a system works and is interconnected is a valuable product attribute in itself.

We need to use systems thinking, where in an overarching way we tie together the activities, requirements and needs of our suppliers, their suppliers, our customers and their clients so that we can achieve results which are reasonable, or even good for all, rather than just for one party. We need to recognize and eliminate incongruities. For example, it makes little sense and creates little warmth when we make a phone call to a supplier and spend much time on hold, but regularly hear the message that 'your call is important to us'. If the call were truly important, then the firm would hire more employees to answer the phones. The best firms understand the value of customer relationships and avoid jeopardizing them with such inconveniences. If they don't, their competitors will. Customer service expectations will then increase further.

2.2.3 Depressurization

International marketing needs to be truly international in its outlook. English, albeit the language of many international marketing transactions, is not the only storehouse of knowledge. It pays to heed the historic lesson that power waxes and wanes depending on the support, input, and actions of allies. There have been many turns at being a winner—the Incas, the Greeks, the Romans, the Icelanders, the Americans, the Chinese, the Japanese, the Iraqis, the Persians, the Turks—were all leaders once, and probably never ready to believe that there was a need to prepare for transition between leaders and their future allies, or to transfer allegiance from one leader to another. Such marketing preparation, however, allows us all to convert crashes into soft landings.

2.2.4 Expanded Participation

We must also communicate much more with the field's critics. Opponents are a constituency that must be brought into the tent. For example, there is an innate human tendency to focus on and celebrate winners. Nonetheless, not everyone touched by international marketing will come out a winner. International marketing relies heavily on market forces, which implies a competitive race for limited resources. That in turn requires a fundamental belief into the virtues of risk, competition, profit and private property. Not everyone considers these four dimensions as crucial or even acceptable. The international marketing field must increase its focus on those who are less likely to emerge victorious from the battle of the marketplace. Our future rests on working with the underserved majority.

2.2.5 Responsibility

Personal involvement is crucial. The best international marketers take this very seriously and actively work to improve factor conditions, such as distribution networks, improved health systems for communities near production facilities, technical education infrastructure, and governance capabilities that benefit both the firm and host countries.

As this article explains, governments are playing a new and growing role in international marketing. In part this has been the outgrowth of global crises which had not been anticipated or addressed by market forces. Today there are new global regulations and restrictions. However, we have not yet established what indicators are more accurate, the siren calls of the market place with its market signals or the plans and sometimes even mandates of governments. We know that markets are not always successful in their constraints and self-regulation. We also realize that governments are not always free from fault and ambition. The marketing discipline must help us understand the advantages and disadvantages of following one direction over the other.

Curative Marketing has as its key component the goal to have marketing help us all, doing so by assisting us in how to overcome past shortcomings and how to avoid future ills. Of course, that would mean it is also important to preserve space for compassion, and sometimes even for overpayment. We should base part of our decisions on the notion that we all are just trying to make it through life with honor and dignity. We should forcefully profess our perspectives and views of curative marketing. We are the agents of change and need to be directly involved in change. As the great Ludwig von Wittgenstein stated: "A philosopher who is not taking part in discussions is like a boxer who never goes into the ring."

There are new mountains to climb and new frontiers to cross. International marketers should be at the center of social change and become the architects of improvements in the quality of life, so that for our discipline, the best is yet to come.

3 The Leadership Challenge—Aligning Strategy, Products and Societal Interests

Apart from already discussed trust- and governmental-related changes, the confluence of multiple global trends such as population growth, demographic shifts, disparity in incomes, endemic poverty, urbanization, resource scarcity, climate change, natural disasters, endemic diseases, cultural clashes, and the threats of terrorism, piracy, and cyber-attacks and ongoing technological and scientific advances requires high level leadership qualities among government, societal and business leaders. The World Economic Forum poses the problem in terms of the risks that leaders must manage: "We are living in a new world of risk. Globalization, shifting demographics, rapidly accelerating technological change, increased connectivity, economic uncertainty, a growing multiplicity of actors and shifting power structures combine to make operating in this world unprecedentedly complex and challenging for corporations, institutions and states alike" (World Economic Forum 2012).

It is no longer sufficient for a business CEO to "mind the store". Among the major challenges and opportunities for international businesses is the choice of leaders with the skills and capabilities to lead an organization with its multiple customer, employee, and other stakeholder audiences towards a competitive vision for the future.

Companies like IBM, GE, and Siemens are aligning their corporate strategies as well as their product offerings with societal interests and the global trends that are impacting societies. Many of their largest customers are national, state, and municipal governments that are confronted with complex challenges. With product and service offerings in areas like healthcare, aviation, energy, electrical distribution, railroad engines, water treatment, and lighting, GE has a large intersection with societal interests. GE's marketing positioning reflects the needs of its government customers and is centered on the notion of using imagination and innovation "to solve the world's biggest problems". The company claims that "GE works on things that matter. The best people and the best technologies taking on the toughest challenges. Finding solutions in energy, health and home, transportation and finance. Building, powering, moving and curing the world" (GE 2013). Similarly, as a major competitor to GE, Siemens provides products and services in areas like energy, healthcare, rail systems, power grids, construction, information technology, transportation and logistics management, and infrastructure logistics. Siemens is a huge global employer with over 360,000 employees from over 140 countries in operations in 190 regions (Siemens 2013). Siemens positions itself as "a pioneer of our time" to "reap particular benefit from the megatrends demographic change, urbanization, climate change and globalization" (Ibid 2013). One of Siemens newest initiatives is its "Infrastructure & Cities sector" which is specifically designed to bring its product and service offerings to address the needs of global urban governments and to meet societal goals.

Not all companies make products that directly contribute to meeting societal goals. However, all international businesses have an integral relationship with the home and host countries in which they do business. Part of that relationship is a responsibility of the company to act as a responsible citizen. We must appreciate that governments are playing a new and growing role in international businesses. In part this has been the outgrowth of global crises which had not been anticipated or addressed by market forces. Today there are new global regulations and restriction. However, we have not yet established what indicators are more accurate, the siren calls of the market place with its market signals or the plans and mandates of governments. We know that governments are not always free from fault and ambition (Czinkota and Skuba 2012). International businesses must learn the advantages and disadvantages of following one direction over the other. They must understand new paths to follow in order to operate successfully in different countries. International business in the twenty-first century requires a new kind of leader to see and navigate these unfamiliar paths. At the end, a firm is nowadays forced to internalize its responsibility for the society.

4   Summary and Implicated Propositions for Commodity Marketing

As shown in this article, international businesses are playing a leading role in societies and the lives of people around the world. There are serious social impacts of business operations that need consideration by firms. If firms do not respond to them, governments will impose their own rules. These conditions can be adapted to commodities, which Enke et al. (s. Chapter "Commodity Marketing - Eine Einführung", p. 3ff.) define as goods and services, which are perceived as homogeneous by the majority of the consumers despite existence of more or less objectively differentiating product features.

Following the explanations of this article, commodity firms are forced to adjust their international business activities to changing business conditions. Therefore, from a marketing perspective, commodity marketing activities have to be adjusted, too.

As already defined in the introduction chapter of this textbook, commodity marketing includes two levels (s. Chapter "Commodity Marketing - Eine Einführung", p. 3ff.). In the narrow sense, commodity marketing refers to the development and realization of strategies and instruments that differentiate homogenous goods and services especially in the areas of industrial and agricultural goods (the so-called "born commodities"). In a wider sense, it is a question of market oriented decision behavior referring to goods and services that are exposed to the loss of differentiating features due to commoditization. These products are perceived as substitutable by consumers (the so-called "new commodities"). From an international perspective, commodity marketing has to focus on basic conditions of international business. In respect of the line of reasoning presented above, we put forward the following propositions that should summarize the article's key approaches from a commodity marketing point of view:

1. **Cultural and knowledge-based differences between customers stimulate the direction of commodity marketing in international business.** This proposition relies on the close relationship between international marketing and customers' respective societal orientation. The source of a firm's international business is customers' desires and needs. These desires and needs can diverge based on cultural and knowledge based differences. Therefore, the marketing department of commodity firms as the "speaking tube of the customers" has to generate, interpret and spread customer information within the firm. Although, there are just minor differences between the products available on a commodity market, customers' needs differ regarding promotion, pricing, and distribution aspects. Therefore, marketing departments of commodity firms are forced to identify these differences and implement matching marketing strategies. Additionally, these commodity marketing strategies have to be formulated in consideration of differences in international commodity markets.
2. **Continuing and emerging governmental regulations directly influence commodity marketing.** Based on the concept of the strategic triangle, commodity marketing is influenced by internal as well as external market conditions. Internal market conditions are customer-, competitor- or company-related. On the other hand, external conditions

reflect the environmental conditions of the market. While commodity marketing is forced to take political and legal frameworks into account, it has to consider technological,
economical, and societal restrictions, too. Those governmental political regulations can
make the difference between similarly oriented firms on a commodity market. Without
keeping them in mind in the course of strategy formulation, negative performance consequences become likely.

3. **The key objectives of commodity marketing are directly influenced by societal goals
that firms have to meet.** Customers can be regarded as key objects of all local or international business activities. Customers should be considered as both consumers and as
opinion leaders. No firm is actively trying to lose customers or alarm opinion leaders.
Therefore, commodity marketing is forced to align its strategies as well as its operative
activities with societal interests and the global trends that are impacting societies. From
a commodity marketing perspective, that task is even more difficult than it appears to
be because commodity firms do not have a plethora of starting points to differentiate
from competitors—therefore, forfeiting connection with the society might destroy a
firm's international business.

4. **The general orientation of "curative marketing" influences the orientation of commodity marketing.** We already explained that we understand 'curative' in the sense of
restoring and developing health, for all of us. 'Restoring' indicates that there is something
lost—'developing' refers to new issues and areas which have to be addressed with help
of new tools and frames of reference—and 'health' positions the issue as important to
our overall lives. Based on the special characteristics of commodity firms, commodity
marketing should think outside the traditional box that just focuses on consumer, cost
and price, communication and distribution, but does not incorporate in its activities a
determination of joy, contribution to pleasure, fulfillment, safety and personal growth,
and also its advancement towards a better society. At the same time, commodity marketing has to recognize the need to think across borders, and to take joint actions.

5. **Commodity marketing must be driven by truthfulness.** As Enke et al. (s. Chapter
"Commodity Marketing - Eine Einführung", p. 3ff.) define in the introductory article,
commodities are undifferentiated goods that are generally perceived as homogenous.
Based on these product characteristics, commodity marketing is challenged to ensure
that the firm stands out from the crowd of competitors that offer almost identical products. However, this product homogeneity makes it difficult to get embedded in the
memory of potential customers. In turn, this difficulty leads to commodity marketing
activities which are more often rather based on emotions and speculations than on facts
and insights. Particularly from a communication point of view, commodity firms often
present themselves on an emotional level because, from an objective fact level, there
are few design approaches that are based on facts and insights and that are simultaneously attractive, stimulating, and promotional. However, establishing a relationship
with (potential) customers based on missing facts and insights can be bad for the firm's
image. Therefore, commodity firms, and particularly their marketing managers, are

forced to establish serious relationships with (potential) customers that are found on truthfulness, honesty and emotion.

6. **Commodity marketing will be perceived as more valuable if it follows the guiding idea of simplicity.** All too often, marketing campaigns are launched that do not reach customers due to problems with recognition and understanding. Particularly, commodity firms try to differentiate from competitors by using stimulating ads. However, these ads lead to misunderstandings and simultaneously dissatisfied customers that do not know whether the ad is confusing or addresses more intelligent people. So, the real task is to launch ads that activate, motivate and stimulate but that do not cause misunderstandings. Although, as is very complicated to implement this task on the local market level, it becomes even more complicated as the marketing department of a commodity firm is forced to take international conditions into account. So, internationalized commodity marketing has to implement simple but promising campaigns.

7. **Anticipating changes in international commodity marketing trends early is crucial for sustained success.** International commodity marketing has to become more international. Actually, the US marketing community dominates international marketing orientations—both in non-commodity and commodity markets. However, purely concentrating on marketing trends that were created in the USA might someday generate a momentous crash. In order to convert that crash into a soft landing, commodity marketing managers should pick up nation specific approaches in the course of formulating successful and sustainable marketing strategies. Particularly, commodity marketing managers have to be trend-setting to differentiate a commodity from competitors. Therefore, they should not be too concentrated on trends developed in the USA but rather focus on local and culture-specific conditions.

8. **Commodity marketing's focus on performance-related strategy dimensions beyond financial targets is one of the key drivers of business success.** Often, daily business on international markets is driven by risk, competition, profit and proprietory products. Also, commodity marketing tries to orient its business direction on those aspects. On the one hand, commodity marketing wants to give customers the continuous feeling that a business relationship with the firm is characterized by private property instead of risk. On the other hand, in the course of a firm's market orientation, the marketing department fosters a companywide orientation on competitors. The extracted information allows firms to better position and to increase profit. However, there are more than just four dimensions that are important for commodity firms and for commodity marketing activities. Nowadays, non-financial performance figures become more important—sure, without profit generation, a firm cannot survive—but marketing objectives related to potential and market success determine a firm's financial objectives. Therefore, commodity marketing managers should be aware of non-financial performance figures like image, brand awareness, market share etc. and implement these figures in the process of strategy formulation.

9. **Commodity marketing has to focus on employees' desires and needs to guarantee an effective and efficient business environment.** All too often, marketing managers are blended by customer and competitor orientation and forget to guarantee a professional environment within the firm. Particularly in commodity firms in which products do not show a high differentiation level, the employees are forced to be creative and motivated to find at least small differentiation factors that can be used to be silhouetted against competitors. Therefore, commodity marketing should capture the level of employee satisfaction as well as employee performance. Based on this information, key factors should be identified that would increase the employees' satisfaction and performance. By doing so, the most important resource, the employee, will become more valuable which increases overall firm performance.

References

Communiqué. (2013). Meeting of finance ministers and central bank governors, Washington, April 2013. http://www.g20.org/documents/. Accessed 6 June 2013.

Czinkota, M., & Skuba, C. J. (2011). The two faces of international marketing. *Marketing Management, 20,* 14–16.

Czinkota, M., & Skuba, C. J. (2012). A contextual analysis of legal systems and their impact on trade and foreign direct investment. *Journal of Business Research.*

Financial Times. (2011, October 24). Capitalism and its global malcontents. Editorial.

G20 Leaders Summit. (2011). Final Communiqué, November 3–4, 2011, pp. 12–17. http://www.g20.org/documents/#p2. Accessed 6 June 2013.

GE. (2013). http://www.genewscenter.com/. Accessed 6 June 2013.

Ibid. (2013). http://www.siemens.com/about/en/values-vision-strategy/strategy.htm. Accessed: 6 June 2013.

Procter & Gamble. (2012). http://za.pg.com/about. Accessed 27 Jan 2012.

Siemens. (2013). http://www.siemens.com/about/en/worldwide.htm. Accessed 6 June 2013.

Skuba, C. J. (2011, 11 July). Consumers can shine sunlight on exploitative vampire brands. Letter to the Financial Times.

The Coca Cola Company (2012). http://www.thecoca-colacompany.com/ourcompany/index.html. Accessed 27 Jan 2012.

World Bank. (2010). Gross Domestic Product. http://siteresources.worldbank.org/DATASTATISTICS/Resources/GDP.pdf. Accessed 27 Jan 2012.

World Bank. (2011). Fortune Global 500. http://money.cnn.com/magazines/fortune/global500/2011/full_list/. Accessed 27 Jan 2012.

World Economic Forum. (2012). Global Risks. http://www.weforum.org/issues/global-risks. Accessed 27 Jan 2012.

Czinkota, Michael
McDonough School of Business, Georgetown University, 37th O Streets, N.W., 402 Hariri Building, Washington D.C., 20057, USA
e-mail: czinkotm@georgetown.edu

Enke, Margit
Lehrstuhl für Marketing und Internationalen Handel, Fakultät für Wirtschaftswissenschaften, insbesondere Internationale Ressourcenwirtschaft,
Technische Universität Bergakademie Freiberg, Lessingstraße 45, 09599 Freiberg, Germany
e-mail: margit.enke@bwl.tu-freiberg.de

Market Orientation in Commodity Marketing: The Necessary Link Between Marketing and Production

Victoria L. Crittenden and William F. Crittenden

Contents

Abstract

A perusal of online information about commodities results in a wealth of information related to the global commodity markets. However, little, if any, of the information provides insight into the actual marketing that occurs in the commodity markets. Since success in commodity marketing relies upon a delicate blending of supply and demand variables, the strategic approach employed in this paper is to explore commodity marketing within the context of customer intimacy, value differentiation, coordinated de-

V. L. Crittenden (✉)
Marketing Division, Babson College, Malloy Hall, Suite 211,
02457 Babson Park, USA
e-mail: vcrittenden@babson.edu

W. F. Crittenden
D'Amore-McKim School of Business, Northeastern University, 305 Hayden Hall,
Boston MA 02115, USA
e-mail: w.crittenden@neu.edu

M. Enke et al. (Hrsg.), *Commodity Marketing,*
DOI 10.1007/978-3-658-02925-8_21, © Springer Fachmedien Wiesbaden 2014

cision making, and operational excellence. The example provided in the paper shows how supply and demand for a commodity product were examined simultaneously at a relatively large agricultural firm headquartered in South America. Mapping these elements of a market orientation onto this example from an agriculture business shows that commodity markets can have a market orientation even though the product itself has few aspects of differentiation. When implemented successfully, this market orientation will help create margins often lacking in commodity businesses.

1 Introduction

A perusal of online information about commodities will result in a wealth of information related to the global commodity markets. This information will likely describe various peaks and declines in commodity prices and the growth outlook for a wide range of commodity products (e.g., energy, metals, raw materials, agriculture) within various economies (i.e., developed, emerging), and most will be framed within a financial markets orientation. Little, if any, of the information provides insight into the actual marketing that occurs in the commodity markets. We proffer, however, that every variable presented and discussed within the financial markets is driven by commodity marketing. Yet, little is known about commoditization as a rapidly evolving marketing competition (Reimann et al. 2010).

Greenstein (2004) refers to commodities as products that are available "without distinction" from vendors and refers to what he calls a commodity paradox. The paradox is, of course, that businesses in any commodity industry must differentiate their commodity product(s) without making them so unique that they are no longer competitive product offerings. Reimann et al. (2010) issue a call for guidance on how businesses can design effective marketing strategies so as to compete in markets in which commodity-like offerings are becoming more and more the norm.

2 Agricultural Markets and the Marketing Function

In the late 1990s, Christopher Ritson, then president of the Agricultural Economics Society, focused on the topic of 'marketing' in his presidential address at the society's annual conference. Later written as a journal article, Ritson (1997) inferred that marketing as a subject area was "embracing issues and approaches long familiar to agricultural marketing" (p. 279). Interestingly, the study of agricultural marketing has been around much longer than the study of business marketing within our academic institutions. The roots of our study of marketing as a functional business are derived from the study of the processes by which the farming sector brought products to market (Webster 1992). Thus, it is not surprising that two decades prior to these comments by both Ritson and Webster, Breimyer (1973) referred to the "uncertainty of identity" (p. 115) within the marketing of farm products. In this treatise on agricultural marketing, three schools of thought were identified:

(1) the 'what happens' to farm products once they leave the farm, (2) the allocative and distributional efficiency of the plant or firm, and (3) the operating efficiency of the production system.

Specific marketing research in commodity markets has tended to largely follow two approaches. In one approach, researchers explore traditional marketing concepts within the context of commodity markets. In particular, focus has been related to product homogeneity and price sensitivity (Reimann et al. 2010). The study of branding within the commodity market context is not surprising, particularly since Mudambi et al. (1997) suggest that branding plays a powerful role in markets in which meaningful differentiation is difficult based on product quality or price. For example, Morrison and Eastburn (2006) examined consumer behavior factors (e.g., self-image congruence, consumer involvement) that influence brand equity in the Australian domestic beef market. Within a different commodity market context, Remaud and Lockshin (2009) sought to understand brand equity within a commodity-based wine region. Price has long been the focus within agricultural marketing research since price is the major variable in the efficient market hypothesis, particularly as related to the grain marketplace (Anderson and Brorsen 2005; Tomek and Peterson 2005). Additionally, price wars have historically been a mainstay of any commodity industry (Heil and Helsen 2001), and price sensitivity and significant price fluctuations are paramount in commoditized environments (Shapiro 1987a). Ritson (1997) contends that the food marketing sector, in particular, offers considerable opportunity for understanding business activities in relation to consumer needs:

> ...as we move from farmer to consumer through marketing channels...advantages by manipulation of the marketing mix progressively increase; and in the case of branded food products, marketing techniques have been as sophisticated...as in any sector of the economy. (p. 289)

Another approach to exploring marketing issues within the commodity domain is from a broad, strategic perspective. This strategic perspective explores commodity marketing within the context of value related to customer intimacy, product leadership, and operational excellence (Treacy and Wiersema 1993). According to Jacques (2007), understanding customers is the key to creating value in commodity markets. While the empirical analysis by Reimann et al. (2010) showed that firms that leverage operational excellence and product leadership drives performance to a much lower extent than customer intimacy in highly commoditized markets, the research also suggested that firms could create value by leveraging customer intimacy to enhance operational efficiency. This linkage between customers and operational efficiency in a commodity market is examined below.

3   The Cut Flower Industry

While fresh cut flowers are considered a disposable, commoditized item, floriculture is a multi-billion dollar growth market, with production taking place in a variety of countries (Society of American Florists 2013; Flowers & Plants Association 2011; Holt and Watson

2008). As such, marketing terminology and concepts are used extensively to aid in the understanding of consumer behavior and business practices in the floral marketplace (Behe 1993).

From a consumer behavior perspective, Hunt (1972) and Yue and Hall (2010) suggest that flowers serve little, if any, utilitarian purpose and, instead, are used mainly as expressions of sentiment, ornament, and symbolic meaning. Doyle et al. (1994) go so far as to contend that there is a language of flowers—that flowers communicate both information and emotion. Recently, however, Rihn et al. (2011) report that floral product demand has been decreasing over the past years among Generation X and Y consumers. Of course, floral market demand has frequently gone through various ebbs and flows since the tulip mania of the 1630s.

While marketers will continue to communicate to potential markets and attempt to differentiate flower options within the consumer decision-making process so as to create customer intimacy (Huang and Yeh 2009), concepts of crop quality and its management (i.e., operational efficiency) are critical to success in the fresh-cut flower marketplace (Kappert and Balas 2007). The production and marketing of fresh-cut flowers, including cost structure, delivery guarantees, and operational constraints are important strategic considerations for customer satisfaction (Chatterjee et al. 2002; Jahan 2009).

Interestingly, even strategic marketing has neglected to include several key variables that are especially evident in many commodity markets: (1) high fixed costs, (2) perishable products, (3) fixed volume, (4) multiple products, (5) time lags, and (6) indirect variable costs. For example, most product and pricing planning processes assume that fixed costs are negligible, and product and price have been the focus of the agricultural marketing research. As well, Bonoma et al. (1988) found that high-fixed, low-variable cost firms appealed to consumer values when setting prices. Thus, it would seem that there is a gap in both the consumer behavior and strategic marketing research as related to commodity markets since key variables related to pursuing consumer value are absent in the analysis.

4   Linking Crop Production and Customer Intimacy in the Floriculture Marketplace

Success in commodity marketing relies upon a delicate blending of supply and demand variables. However, Shapiro (1987b) suggested that few companies understand the intricacies of product mix decisions (supply) and customer selection (demand). In the floriculture marketplace, neither the crop production information nor consumer demand rank higher than the other in the profit equation (Behe 1993). The example provided here shows how supply and demand for a commodity product were examined simultaneously at a relatively large agricultural firm headquartered in Colombia, South America.

4.1 Floriculture Firm Situation

Floral Farms (pseudonym) grew and marketed fresh-cut flowers (Crittenden and Crittenden 2002). The company's mission statement was as follows:

> We are in the business of growing floral products. We will grow high-quality products, of a wide variety, and distribute these products worldwide. We will have the reputation as a high-quality producer. As well, we will seek to optimize investments, maximize long-term profits, and develop human resources.

The privately-owned business operated farms in Colombia, South America and distributed the products worldwide. The company was attempting to do a better job of balancing supply and demand by aligning its marketing and production functional areas.

4.1.1 The Marketing Side of the Firm

Customers Floral Farms' customers included: (1) local wholesalers in different cities, accounting for 95 % of the company's sales, (2) direct-to-supermarket retail chains, and (3) direct-to-consumer via a company-owned retail operation in New York City (USA). The USA and Canada accounted for 95 % of the company's total sales, with the remaining 5 % to select importers in Europe, the Caribbean, and South America.

Products The company produced 11 major products, and each product had one to four grades (e.g., low to high quality):

1. Alstromeria
2. Carnations
3. Miniature carnations
4. Freesia
5. Gerbera
6. Gypsophila
7. Lilies
8. Pompons
9. Roses
10. Spider mums
11. Statice

The quality of Floral Farms' products was considered very high. Some lines had received various floral awards for consecutive years. While the company did use the company name as the brand name on all of its products, there was no name recognition among end consumers.

Prices As in most commodity markets, price is an exogenous variable determined solely by the marketplace. Fresh-cut flower prices followed a seasonal pattern. In reality, the market-determined price received for each unit of the products varied by the minute. However, historical weekly pricing patterns exhibited consistency. For example, rose and carnation prices were highest around February 14, while pompon prices were lowest during the summer months (May–July). Not surprisingly, there was an inverse relationship between supply (both industry and Floral Farms) and prices for all products.

Distribution All products, packed in cardboard boxes of 100–1,000 units depending upon the variety and packing size, were air-shipped to Miami (USA), clearing customs at the Miami International Airport. The products were then reshipped via airfreight or trucking companies to the next point of destination.

Marketing Communications As noted previously, buyers and sellers with the business-to-business marketplace knew and recognized the company's name. However, name recognition was reflected in the pricing strategy of all firms in the commodity market. The company did not engage in any trade or consumer advertising or promotion.

4.1.2 The Production Side of the Firm

Floral Farms was one of around 200 floral growers in Colombia and was one of the largest and most respected operations. The company owned three farms, located in Las Palmas and Jardines de Colombia. Each of the three farms had a general manager who reported to the company's vice president for production.

The company had approximately 175 ha available for flower production. Table 1 provides the typical production cycle for the 11 major products grown by the company. Due to year-round demand for floral products and company's reputation as a full-line supplier, production for any of the products could never be zero. Yet, the company sought to have the most product volume available when product prices were highest in the marketplace (e.g., demand for roses on Valentine's Day).

Production-wise, the company experienced a fixed volume constraint since it grew its own product and did not outsource production. As well, product output could not be increased by hiring more workers or purchasing more/better equipment. If new capacity was brought online (e.g., if more hectares were purchased), the time period before flower product availability (i.e., the "vegetative period") varied by product type. For example, one product might take 12 weeks from planting to product availability while another product 24 weeks. However, the fixed capacity of 175 ha meant that planting more of one product would reduce the available production capacity of another product.

4.2 Linking Crop Production and Customer Intimacy

Crittenden (1992) describes the intricacies of the simulation model that enabled production and marketing at Floral Farms to begin to work together so as to create a market-orientation within a commodity market. In brief, the model results showed that, if driven

Table 1 Production cycle of major crops

Flower crop	Vegetative period (weeks)	Production period (weeks)	Number of plants per square meter	Production per square meter by production cycle
Alstroemeria	24	156	2.84	590 stems
Carnations	21	83	22.82	380 flowers
Mini carnations	21	83	21.64	42 bunches
Freesia	19	6	53.3	5.26 bunches
Gergera	16	88	5.1	255 flowers
Gypsophila	13	10	3.42	9 bunches
Lilies	14	2	65	61 flowers
Pompons	12	1	68.9	9 bunches
Roses	18	520	5.58	900 flowers
Spider mums	12	2	58	5.6 bunches
Statice	16	36	4.62	24 bunches

by a production-oriented approach to the marketplace, the firm would realize a lower contribution per capacity unit across all product offerings than if driven by a market-oriented approach. Developing a decision support system that enabled marketing and production to incorporate demand (when are particular fresh-cut flower products desired by consumers?), supply (what flower products are currently in the vegetative state?), and profit considerations into an easy-to-use tactical model provided a tool for the agricultural, commodity company to understand the profit implications for various planting scenarios.

5   On Becoming Market-Oriented in a Commodity Market

The Floral Farms example portrays the efforts of an agricultural firm to become more market-oriented. The development and operationalization of the decision support system, as well as the subsequent discussion about the simulated results with the marketing and production managers, led to improved cross-functional decision-making within the firm (Crittenden and Woodside 2006). Thus, the example provides a managerial experience that helped decision makers manage and market a commodity product in a much more profitable manner.

However, the Floral Farms story does much more than just offer an example of successful cross-functional decision making. It shows that commodity marketing can and does benefit from a strategic orientation. Many years ago, Bonoma (1985) said that successful marketing relied on both good formulation and good implementation. Even in the world of agricultural marketing, the "what" of the marketing strategy formulation comes through from the viewpoint of what goods to produce to satisfy customer demands, while the "how" of marketing strategy implementation is prevalent in the efforts to bring these

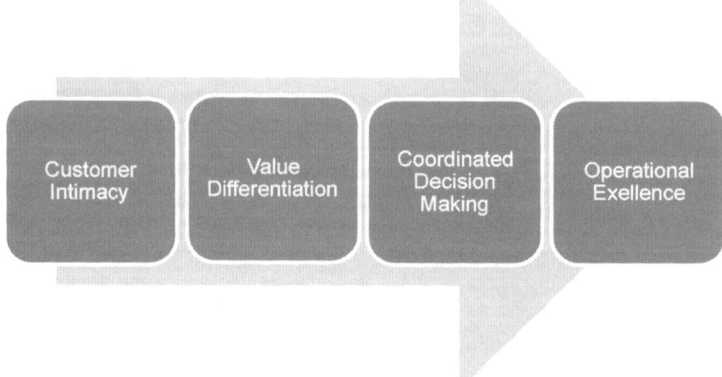

Fig. 1 Implementing a strategic market orientation in a commodity market. (For further discussion of strategy implementation, see Crittenden and Crittenden 2008)

products to market in such as way so as to provide both customer satisfaction and firm profitability.

Kohli and Jaworski (1990) defined a market orientation as the implementation of the marketing concept, identifying three core themes: customer focus, coordinated marketing, and profitability. Shapiro (1988) described a market orientation as a set of internal processes that enabled a company to focus on the customer. These internal processes included: information on all important buying influences permeates every corporate function, strategic and tactical decisions are made interfunctionally and interdivisionally, and divisions and functions make well-coordinated decisions and execute them with a sense of commitment.

Mapping these elements of a market orientation onto this example from an agriculture business shows that commodity markets can have a market orientation even though the product itself has few aspects of differentiation. Value differentiation for a commodity product can be created and delivered to the customer via the firm's operational excellence which can then allow the firm to bypass concerns over product differentiation—a concern that has plagued commodity products for decades. The customer receives value through the delivery of a high quality commodity product at just the right time, while the agricultural firm receives value via its ability to produce and deliver the right product so as to enable receipt of the highest margin at the particular point in time. Figure 1 captures these elements of a strategic market orientation through the lens of strategy implementation.

Increasingly, managers offering products with seemingly uniform equivalence will need to have a multi-faceted strategic orientation. This orientation will require a detailed understanding of the customer that goes beyond price and basic quality. This customer intimacy must lead to customer-valued differentiation, coordinated decision making, and operational excellence. When implemented successfully, this market orientation will help create margins often lacking in commodity businesses.

References

Anderson, K. B., & Brorsen, B. W. (2005). Marketing performance on Oklahoma farmers. *American Journal of Agricultural Economics, 87,* 1265–1270.

Behe, B. K. (1993). Floral marketing and consumer research. *HortScience, 28,* 11–14.

Bonoma, T. V. (1985). *The marketing edge: Making strategies work.* New York: Free Press.

Bonoma, T. V., Crittenden, V. L., & Dolan, R. J. (1988). Can we have rigor and relevance in pricing research? In T. DeVinney (Ed.), *Issues in pricing research* (pp. 337–359). Lexington: Lexington Books.

Breimyer, H. F. (1973). The economics of agricultural marketing: A survey. *Review of Marketing and Agricultural Economics, 41,* 115–165.

Chatterjee, S., Slotnick, S. A., & Sobel, M. J. (2002). Delivery guarantees and the interdependence of marketing and operations. *Production and Operations Management, 11,* 393–410.

Crittenden, V. L. (1992). Close the marketing/manufacturing gap. *Sloan Management Review, 33,* 41–52.

Crittenden, V. L., & Crittenden, W. F. (2002). Floral farms. In D. W. Cravens, C. W. Lamb, & V. L. Crittenden (Eds.), *Strategic marketing management cases* (pp. 479–485). Burr Ridge: McGraw-Hill/Irwin.

Crittenden, V. L., & Crittenden, W. F. (2008). Building a capable organization: The eight levers of strategy implementation. *Business Horizons, 51,* 301–309.

Crittenden, V. L., & Woodside, A. G. (2006). Mapping strategic decision-making in cross-functional contexts. *Journal of Business Research, 59,* 360–364.

Doyle, K. O., Hanchek, A. M., & McGrew, J. (1994). Communication in the language of flowers. *HortTechnology, 4,* 3211–3216.

Flowers & Plants Association. (2011). The UK flowers and plants industry. http://www.flowersand-plants.org.uk/industry-facts/facts-a-figures.html. Accessed 2 Sept 2013.

Greenstein, S. (2004). The paradox of commodities. *IEEE Micro, 24,* 73–75.

Heil, O. P., & Helsen, K. (2001). Toward an understanding of price wars: Their nature and how they erupt. *International Journal of Research in Marketing, 18,* 83–98.

Holt, D., & Watson, A. (2008). Exploring the dilemma of local sourcing versus international development—The case of the flower industry. *Business Strategy and the Environment, 17,* 318–329.

Huang, L.-C., & Yeh, T.-F. (2009). Floral consumption value for consumer groups with different purchase choices for flowers. *HortTechnology, 19,* 563–571.

Hunt, A. (1972). The marketing of flowers in the United Kingdom. *European Journal of Marketing, 6,* 98–106.

Jacques, F. M. (2007). Even commodities have customers. *Harvard Business Review, 85,* 110–119.

Jahan, H. (2009). Production, post harvest handling and marketing of cut-flowers in Bangladesh: An agribusiness study. *SAARC Journal of Agriculture, 7,* 1–14.

Kappert, R., & Balas, J. (2007). Dimensions of quality of cut-flowers in horticultural supply chains. *USAMV-CN Bulletin, Horticulture, 64,* 712.

Kohli, A. K., & Jaworski, B. J. (1990). Market orientation: The construct, research propositions, and managerial implications. *Journal of Marketing, 54,* 1–18.

Morrison, M., & Eastburn, M. (2006). A study of brand equity in a commodity market. *Australasian Marketing Journal, 14,* 62–78.

Mudambi, S. M.-D., Doyle, P., & Wong, V. (1997). An exploration of branding in industrial markets. *Industrial Marketing Management, 26,* 433–446.

Reimann, M., Schilke, O., & Thomas, J. S. (2010). Toward an understanding of industry commoditization: Its nature and role in evolving marketing competition. *International Journal of Research in Marketing, 27,* 188–197.

Remaud, H., & Lockshin, L. (2009). Building brand salience for commodity-based wine regions. *International Journal of Wine Business Research, 21,* 79–92.

Rihn, A. L., Yue, C., Behe, B., & Hall, C. (2011). Generations X and Y attitudes toward fresh flowers as gifts: Implications for the floral industry. *HortScience, 46,* 736–743.

Ritson, C. (1997). Marketing, agriculture and economics: Presidential address. *Journal of Agricultural Economics, 48,* 279–299.

Shapiro, B. P. (1987a). *Specialties vs. commodities: The battle for profit margins.* Harvard Business Publishing, #587120.

Shapiro, B. P. (1987b). *The new intimacy.* Harvard Business Publishing, #587121.

Shapiro, B. P. (1988). What the hell is 'market oriented'? *Harvard Business Review, 66,* 119–125.

Society of American Florists. (2013). About flowers. http://www.aboutflowers.com/about-the-flower-industry/industry-overview.html. Accessed 2 Sept 2013.

Tomek, W. G., & Peterson, H. H. (2005). Implications of commodity price behavior for marketing strategies. *American Journal of Agricultural Economics, 87,* 1258–1264.

Treacy, M., & Wiersema, F. (1993). Customer intimacy and other value disciplines. *Harvard Business Review, 71,* 84–93.

Webster, F. E. (1992). The changing role of marketing in the corporation. *Journal of Marketing, 56,* 1–17.

Yue, C., & Hall, C. (2010). Traditional or specialty cut flowers? Estimating U.S. consumers' choice of cut flowers at noncalendar occasions. *HortScience, 45,* 382–386.

Crittenden, Victoria L.
Marketing Division, Babson College, Malloy Hall, Suite 211,
02457 Babson Park, USA
e-mail: vcrittenden@babson.edu

Crittenden, William F.
D'Amore-McKim School of Business, Northeastern University, 305 Hayden Hall,
Boston MA 02115, USA
e-mail: w.crittenden@neu.edu

A Historical Review and Reconceptualization of Commodity Marketing

O. C. Ferrell, Linda Ferrell, and Jennifer Sawayda

Contents

O. C. Ferrell (✉) · L. Ferrell
Professor of Marketing and Bill Daniels Professor of Business Ethics
Anderson School of Management, University of New Mexico, 1 University of New Mexico, MSC05
3090 Albuquerque, NM 87131-0001, USA
e-mail: OFerrell@unm.edu

L. Ferrell
e-mail: LFerrell@unm.edu

J. Sawayda
Program Specialist Anderson School of Management, University of New Mexico, 1 University of
New Mexico, MSC05 3090 Albuquerque, NM 87131-0001, USA
e-mail: jjmarie@unm.edu

M. Enke et al. (Hrsg.), *Commodity Marketing,*
DOI 10.1007/978-3-658-02925-8_22, © Springer Fachmedien Wiesbaden 2014

Abstract

This review of the historical foundation of commodity marketing provides an overview of the development of this school of thought in marketing education. Marketing has been driven by management of the product. More recently, the idea of a product has been expanded to include intangible attributes associated with services or ideas that impact relevant stakeholders. We provide a framework to show that marketing strategies are used to change a core good or service into a differentiated product with unique benefits, preferences, and equity. Commoditization occurs when products become indistinguishable, from a consumer perspective, and are no longer viewed as differentiated by consumers. Commoditization is a significant challenge today due to the level of consumer information and knowledge forcing businesses to match benefits, quality, and prices. Once commoditization occurs, price becomes the key marketing variable that consumers use for decision making. Therefore, intangible attributes and resources emerge as a way to differentiate products. This history of commodity marketing covered in our review helps to highlight the contributions of early scholars who pioneered the commodity school of thought and the contributions it provides to contemporary marketing strategy.

1 Introduction

Commodity marketing is a school of thought that is used to explain how marketing is conducted from the perspective of different types of products. Many marketers strive to keep their products from becoming commodities through strategic differentiation of product, price, promotion, and distribution. Today, many minor product innovations are pushed into the marketplace to attempt to create that differentiation in consumers' minds (electronics and automotive industries, in particular). When commodity marketing thought developed, the focus was on different types of goods in the marketplace (Copeland 1923; Parlin 1912). In the development of marketing education, classification systems with categorizations of goods were used to explain different marketing activities. Parlin (1912) suggested convenience goods, emergency goods, and shopping goods. Later Copeland (1923) revised this classification system to include convenience goods, shopping goods, and specialty goods. Of all the strategic decisions made in marketing, the management of the product is the most crucial. Every organization has one or more products that define what the organization does and why it exists (Ferrell and Hartline (in press). More recently, the focus on products has switched from thinking of a product not just as a good, but in many cases as a service or idea. Vargo and Lusch (2004) expanded the idea of a product by advocating for a service-dominate logic which argues that the services that stakeholders receive from products—and not the goods themselves—are central to marketing exchanges. Therefore, the concept of a commodity may be rapidly changing with a much broader view of the product.

As many products seem to offer the same basic features at similar prices, the concept of commoditization is occurring, especially in mature industries where there are excessive product models, excess supply, and consumers with competitive information to force lower prices. Firms are trying to avoid being just a commodity by using marketing strategy to build the brand into a product that has differentiation. The interconnectedness of the terms "product" and "service" also allows us to break free from thinking of a commodity as just a good or a category such as automobiles, agricultural products, steel, coal, or even services like healthcare and insurance.

Because the commodity school has been so significant in the development of marketing thought, we first examine the history of commodity marketing and how it fits into the major schools of thought. Therefore, we examine the institutional, functional, and commodity schools of thought from a historical perspective. We take a more in-depth look at the commodity approach to marketing, including the use of classification systems for products. We examine the rise of managerial marketing, which has the potential to integrate these three schools of thought. Then we examine the concept of commoditization related to commodity marketing. Finally, we place the role of commodity marketing into contemporary marketing strategy and provide insights to support that while the commodity marketing paradigm is much different today, there is still an opportunity to view products from this perspective. In addition, we provide a continuum to describe a pure commodity versus a differentiated product.

2 Major Schools of Marketing Thought

Major schools of thought in marketing have largely determined how marketing was viewed during certain time periods. The three major schools of early marketing thought include institutional, functional, and commodity approaches. Institutional schools of thought focus on marketing agencies such as wholesalers and resellers. Functional schools of thought study marketing by separating the different functions performed by members of the marketing process. The commodity approach examines marketing activities according to type or class of product (Jones and Monieson 1987). All three approaches have been highly influential in marketing history. Although these approaches have been largely integrated and supplanted by a strategic or managerial approach to marketing, they are still highly common in different industries. Concepts developed according to these schools of thought continue to be used to this day.

2.1 Institutional

Like its name implies, the institutional approach is concerned with specific institutions in the marketing process—namely, retailers, wholesalers, and other agencies to influence marketing (Bartels 1976). The institutional approach to marketing has its basis in institutional economics. One of the earliest books that took an institutional approach to marketing was titled **Economics of Retailing** (1915) by Paul Nystrom. Nystrom's text used an inductive approach in describing the retail industry, from the history of the retailing industry all the way down to the individual experiences of store managers (Jones and Monieson 1987). The institutional approach, which gained popularity during the middle of the twentieth century due to marketing scholars Alderson, Duddy and Revzan, and L. D. H. Weld, focused upon who is involved in the marketing process (Shaw and Jones 2005). As such, scholars that embraced an institutional marketing approach emphasized the activities of members in the supply channel, including distributors, brokers, retailers, and wholesalers (Wilkie and Moore 2003).

In 1916 L. D. H. Weld published **The Marketing of Farm Products**, a text which impacted multiple schools of marketing thought. Sheth et al. (1988) describes marketing scholar L. D. H. Weld as "the founding father of the institutional school" (p. 74). His in-depth discussion of middlemen laid the groundwork for the study of how channel members influence marketing (Shaw and Jones 2005). For the next several years scholars would argue over the classification of middlemen. For instance, while Duncan (1920) advocated for a broader classification for middlemen including all "who devote their effort to a specialized phase of business activity" (p. 7), Clark (1922) argued that the term should refer exclusively to middlemen in marketing institutions (Shaw and Jones 2005).

On the positive side, the institutional approach paved the way toward a greater understanding of the functions and value of intermediaries in the marketing supply chain. The institutional school of thought helped scholars determine the importance of marketing institutions. Stanley Hollander (1980) claims that the institutional school of thought provides a generalized view of marketing that could be beneficial. The institutional approach has also been an important contributor to public policy perspectives in marketing (Jones and Monieson 1987) and helped identify the different stakeholders in a stakeholder orientation (Ferrell et al. 2010). However, there are limitations to this approach. Shepard (1955) accentuates the fact that the approach examines marketing institutions without looking at their functions—similar to describing the components of a car without describing how it operates. These limitations led to the decline of the institutional approach to marketing as the dominant school of thought.

2.2 Functional School

If the institutional approach focuses on the who, then the functional school of thought emphasizes the what of marketing. The functional school of thought examines the different functions of the marketing process and how they add value to marketing. It has its origins in the early nineteenth century, grew in popularity in the 1920s, peaked in the 1940s, and began to fall out of favor in the 1960s (Shaw and Jones 2005). Although the functional approach has largely been discarded, its contribution to marketing is significant. Many scholars believe the functional approach was a primary influencer in the later development of the marketing concept (Faria 1983). Marketers were able to use this approach to study more specialized areas of marketing (Bartels 1962).

In one of the earliest attempts to identify marketing functions, marketing scholar Arch Shaw (1915) separated marketing into sharing of risks; transporting; financing; selling of risks; and assembling, assorting, and re-shipping. A pamphlet called "Marketing Functions" in 1919 separated marketing into standardizing, assembling, selling, transporting, storing, financing and risking, and dispersing (Elsworth and Gatlin 1919; Faria 1983). While there was no clear consensus on which functions to adopt, later scholars would emphasize the importance of advertising, selling, credit, storage, and transportation (Faria 1983).

Promotion evolved into an important part of marketing during the twentieth century. In the early years, advertising was targeted toward end-user consumers (Bartels 1962). The significance of personal selling was recognized early on as an effective promotional tool for both business and consumer markets but was originally combined with merchandising (Bartels 1962; Faria 1983). Credit was considered to be another important marketing function and was described with detail in William Prendergast's (1906) book **Credit and Its Uses**, where he described the history of credit from the ancient Romans to the twentieth century. Transportation (distribution) literature described the advantages and disadvantages of certain transportation modes, while the function of storing was deemed important but did not have much literature on it (Faria 1983). By separating these functions into subfields of marketing, the functional school of thought was able to contribute important insights to these different areas. Many marketing schools have classes that specialize in these areas, including advertising, supply chain management, and sales management.

Despite its popularity, marketing scholars could not agree on which functions comprised the marketing process, causing a lack of uniformity (Lewis and Erickson 1969). Shepard (1955) pointed out that some classifications of functions appeared inconsistent. For instance, Weld's classification of marketing functions seemed to combine marketing processes with marketing functions. Additionally, some marketing functions were hard to separate into their own categories. For these reasons, the functional school of marketing decreased in importance during the 1960s and was largely discarded during the next decade (Shaw and Jones 2005).

2.3   Commodity School

The commodity school of thought approached marketing through an emphasis on product types and classification systems. It is important to note that commodities did not mean the same thing it does today. Today commodities refer to relatively homogenous goods such as oil, coal, soybeans, and even product categories such as Android-based smartphones. At the time that the commodity school of thought emerged, commodity referred to both industrial and consumer goods and was later expanded into services (Mount 1969).

As with all major schools of thought, the commodity approach to marketing had important pioneers who advanced and developed this perspective into the marketing discipline. These pioneers helped define and popularize the commodity approach. From its historical beginnings to the development of product classification systems, the commodity school has a rich history that has vastly contributed to current marketing management practice.

2.3.1   Historical Roots of the Commodity School

Early literature using the commodity school tended to focus on agricultural products, such as corn, wheat, and oil. Although L. D. H. Weld's 1916 **The Marketing of Farm Products** incorporated elements of the institutional and functional approaches, his text also highlighted the importance of product specialization. For instance, he believed that specialization consisted of two parts: Marketing functions and marketing commodities. For years afterward, his seminal work was considered the most influential to agricultural marketing education (Converse 1959). Additionally, P. D. Converse believed the commodity approach could be used to study how goods were distributed to various customers (Zinn and Johnson 1987).

Ralph Frederick Breyer also strongly supported the commodity approach. He was most notable for expanding the commodity approach beyond agriculture to other types of products. His 1931 **Commodity Marketing** was broken up according to product class, such as coal, anthracite, automobiles, farm equipment, the industrial market, and cotton textiles. Breyer strongly believed that the commodity approach was "the only feasible method of presenting effectively a number of important aspects of marketing, e.g. the distribution channels" (Breyer 1931, p. v; Zinn and Johnson 1987, p. 136). Scholars E. A. Duddy and D. A. Revzan (1953) were also strong advocates of the commodity approach. They defined it as a method "in which the commodity serves as a focus around which to organize the details of the institutional and management aspects of marketing" (p. 15).

The commodity school of thought emphasized the importance of products and revealed the need for differentiation. However, in order for marketers to engage in product differentiation, they required some sort of classification scheme that could categorize products based on characteristics and consumer shopping habits. This focus on different types of products eventually led to the creation of classification systems still in use today.

2.3.2   Use of Classification Systems in the Commodity School

One of the major advances later integrated into managerial marketing was the development of classification systems for goods. Many principles of marketing students have likely heard of convenience, shopping, specialty, and unsought products, but not many are aware of the history behind the development of these categories. Product classifications owe their development to early commodity marketers.

Unlike many contributors to this approach, Charles Coolidge Parlin was not an academic. He headed the research department for Curtis Publishing Company and spent many years examining advertising markets and department store goods. Parlin's contributions were in the form of pamphlets such as **The Merchandising of Automobiles** (1915) and **Selling Forces** (1913) (Converse 1959). In 1912, Parlin developed a classification scheme for goods, separating them into convenience goods, shopping goods, and emergency goods (Gardner 1945; Shaw and Jones 2005). Three years later Parlin also introduced the term specialty goods to describe goods that shoppers "may go some distance out of their way to find a desired brand" (Parlin 1915, p. 298). Parlin's categories would be a major influence on Marvin T. Copeland, considered to be the greatest pioneer of the commodity approach (Shaw and Jones 2005).

Copeland was a marketing scholar who helped shift Harvard's emphasis on marketing away from "physical tasks or economic functions" and more "along the lines of business management" (McNair 1957, p. 181). In his 1924 book **Principles of Marketing**, Copeland provided definitions for convenience, shopping, and specialty goods, definitions which continue to be used to describe products in these categories. According to Copeland's definitions, convenience goods are readily accessible goods that do not require much thought from the shopper; shopping goods are goods that the consumer will spend a considerable amount of time comparing price, qualities, and other features; and specialty goods are those for which consumers will not accept a substitute and will not engage in shopping activities. Copeland also differentiated between consumer and industrial goods, but realized that consumer demand for goods generates industrial demand. Copeland developed five categories for industrial goods that are still relevant. These categories include installations, accessory equipment, raw materials, component parts, and supplies for maintenance, repairs, and operating the business (Copeland 1924). Services to support business operations were added to this classification system later (McCarthy 1960). This industrial, or business, goods classification system can be found in current principles of marketing textbooks.

Leo V. Aspinwall (1958) adopted a two-category classification scheme consisting of convenience goods and shopping goods. Aspinwall's contribution included his research on how to classify goods into these two categories using a color scheme. He used red to classify convenience goods, yellow for shopping goods, and orange for those in between. In his study of these categories, Aspinwall noted some major differences. Convenience goods are characterized by their high replacement rates, low gross margins, low amount of product adjustments or services required, low time consumption, and little time spent on search. Shopping goods are characterized by their low replacement rates, high gross margins, high amount of product adjustments or services requirements, high time consumption, and greater time spent on search.

For many years products were thought to be mainly relegated to goods. However, services and ideas must also be marketed, requiring a unique marketing mix to engage target markets. Murphy and Enis (1986) therefore argued that products can encompass goods, services, and ideas. This one-classification scheme was based on the American Marketing Association definition of marketing as "the process of planning and executing the conception, pricing, promotion, and distribution of ideas, goods, and services to create exchanges that satisfy individual and organizational objectives" (American Marketing Association 1985). Murphy and Enis (1986) claim that a one-product classification scheme is beneficial because it is buyer-oriented; generalizable across all users, sectors, and product types; recognizes the central role of the benefit/cost bundle; and uses familiar terminology. The authors also used the amount of effort needed to acquire a product and risks to add preference products to the convenience, shopping, and specialty categories. Murphy and Enis (1986) define preference products as being slightly higher in effort and risk than convenience products, but not as high as shopping products. For instance, customers may prefer a certain headache medication or soda flavor over others and may spend a small amount of effort trying to obtain the item. However, because these products have strong substitutes, consumers will readily accept a substitute if the preferred product is not available.

These classification systems recognize that products may have unique marketing strategies based on their characteristics and how consumers view them in the marketplace. The contributions of Parlin, Copeland, Aspinwall, Murphy and Enis, as well as other marketing thinkers, helped develop how we study categories of products and their impact upon marketing strategies.

Despite these major advances, the commodity approach decreased in popularity due to its limitations. For instance, using a strictly commodity approach often resulted in product repetition and did not describe the functions of marketing. However, the commodity approach continues to be used in certain industries, including healthcare and services marketing (Zinn and Johnson 1987). Product classification systems developed during the height of the commodity approach remain an important part of marketing. Elements of the commodity approach, as well as the institutional and functional approaches, have been integrated into the marketing discipline today, contributing to the rise of managerial, or strategic, marketing.

3 Managerial Marketing

Managerial marketing, also called strategic marketing, is the dominant form of marketing thought today. It emerged as a framework between 1955 and 1975. Managerial marketing is often associated with the marketing mix, first coined by Neil Borden in his 1953 address to the American Marketing Association (Borden 1965). The marketing mix helps organizations understand the best methods for marketing their products—the heart of managerial marketing. Managerial marketing is concerned with the decision making process of the marketing manager, thus examining the marketing process largely from a seller's perspective (Shaw and Jones 2005; Webster 1992).

In 1957 Wroe Alderson published **Marketing Behavior and Executive Action**, in which he devoted one-third of the text toward executive decision making in the marketing field. His book would cement his reputation as the father of modern marketing (Lazer and Pirog 2007). According to Bartels (1976), it was Alderson who "with one sweeping stroke created a new pattern for considering marketing management" as the framework for teaching (p. 178). His text used concepts of economics, anthropology, political science, psychology, and sociology to understand the marketing environment and engage in marketing decision making (Bartels 1976). William Lazer and Eugene Kelly released their groundbreaking marketing textbook **Managerial Marketing** in 1958, advocating for the adoption of a managerially-focused perspective to marketing. Their textbook as well as later revisions set the stage for a paradigm shift in marketing education (Hunt and Goolsby 1988).

Another seminal marketing principles textbook was E. Jerome McCarthy's 1960 **Basic Marketing**. McCarthy's textbook described the marketing mix in detail. He took the established concept of the marketing mix and developed the **four P's** framework that expanded the concepts' adoption in marketing education. McCarthy also discussed the marketing concept, first described in GE documents that had emerged in the late 1950s. The marketing concept emphasized a newfound focus on the consumer as a key stakeholder. According to McCarthy, the marketing concept "requires that the activities of the entire business be directed toward the satisfaction of consumer needs at a profit" (p. 680). A shift from a sales orientation to a market orientation was occurring (Tadajewski 2009; Vargo and Lusch 2004). Market orientation (MO) places competitors and customers at the forefront of marketing activities because these two groups appeared to have the greatest impact on the financial success of the organization (Ferrell et al. 2010; Narver and Slater 1990). Therefore, the primary focus of MO is on how to continuously provide "superior customer value" (Slater and Narver 1994, p. 63). The focus in MO is the market, not the product.

MO attempted to extend the marketing concept into a framework that would include organization-wide decision making. This required marketers to increase their ability to collect market information, disseminate it throughout the organization, and respond appropriately (Kohli and Jaworksi 1990). Environmental monitoring became an important part of marketing within the organization. In order to optimize the collection, dissemination, and response to market information, organizational members from different departments are required to work together to create superior value (Kohli and Jaworksi 1990). Wind and Robertson (1983) claim that an organizational culture encouraging synergy and collaboration between departments is required for a strategic approach to marketing.

Managerial marketing has evolved in the past few decades, although its emphasis continues to be on executive decision making. For instance, the MO orientation toward managerial marketing has begun to be supplanted by stakeholder orientation (SO). Unlike MO, a stakeholder orientation views stakeholders as equal, although organizations will prioritize stakeholders. Such an orientation recognizes the influence of not only customers and competitors in creating value, but also employees, regulators, suppliers, investors, regulators, and special interest groups (Ferrell et al. 2010). This shifts the emphasis to stakeholder relationships, not just products. New light has been shed on the importance of marketing to the strategic success of the firm with the development of new products and markets (Kumar 2004). Marketing has also been broadened to focus upon organizations that are not for-profit, including non-profit and government institutions (Kotler and Levy 1969). Service marketing has become a major focus as well.

Although managerial marketing has become the dominant perspective, not everyone agrees that it should be the primary focus in marketing. A major argument against the managerial marketing school of thought is that it takes a micro-marketing, rather than a macro-marketing, focus. Critics state that managerial marketing fails "to consider the broader social and economic functions and issues associated with marketing, beyond the level of the firm" (Webster 1992). A stakeholder orientation would remedy this issue and broaden marketing to a macro arena. Marketing scholars Theodore Beckman and William Davidson continued to use a functionalist approach in their textbook with some mention of the managerial viewpoint. The authors did not feel that the managerial viewpoint was sufficient to explain marketing (Beckman and Davidson 1962; Webster 1992). Other scholars questioned the applicability of the marketing concept. For example, although McNamara (1972) believed the marketing concept was being properly implemented in large companies, he felt that it was not embraced by many smaller and mid-sized firms.

4 Commodity Marketing and Commoditization

The focus on products in the first part of the twentieth century was based on the background of the early pioneers in marketing. Duncan (1920) focused on agricultural and manufactured products and analyzed the functions in the marketing of these products. Most early marketing educators came from an agricultural background, so it was only natural that they took this perspective. L. D. H. Weld personally followed the marketing channels of some agricultural commodities to classify the functions and institutions involved in the marketing system. Vaile et al. (1952) book, **Marketing in the American Economy**, focused on marketing certain products, such as used cars and airplanes.

The focus on products has continued as our definition of commodity and product has changed. The meaning of commodity and its relationship to value has been a hot topic debate for economists spanning back hundreds of years. Karl Marx was especially interested in commodities as they relate to labor. He believed that commodities were not limited to goods sold to the market but that the term also applied to goods such as artwork, natural resources, and even the human labor needed to develop the good (Marx 1967, 1986). While the term commodity is still associated with goods, Karl Marx (1986) felt that economic commodities are comprised of both goods and services, although a clear distinction is not made between goods and services.

It is very easy for products (goods or services) to lose their differentiation in the marketplace. Commoditization occurs when goods that have unique benefits, performance, and equity, and which are distinguishable, become commodities from a consumer perspective. For example, products that may have had high prices and were protected by patents can become commodities. Generic pharmaceuticals are now sold in any supermarket with almost no differentiation between brands. On the other hand, some products that were formerly thought of as commodities can be differentiated and obtain success in the marketplace by separating themselves from other products that are still labeled as commodities, such as the following example.

The sales of traditional eggs have been mostly flat or decreasing for many years. Many people view eggs as a commodity that is purchased on a convenience basis and used in a variety of food products. Now eggs are being differentiated and labeled as organic, direct from producer to consumer, extra omega-3s, color, cage free, and free range. These eggs are sold at a premium, with organic eggs being the most expensive (Nassauer 2013). Eggland markets its products as "Eggland's Best Egg." The company does research to see how chicken feed affects nutrients in eggs and tries to figure out why most calcium in eggs ends up in the shells. This example provides an excellent case for product differentiation and marketing strategy to avoid commoditization.

Commoditization is the fear of many industries today because consumers have been empowered to gain so much information concerning prices, quality, benefits, and company reputation that they can make informed decisions, requiring companies to meet almost the exact same standards or specifications. This can result in an industry where it is very difficult to differentiate products except through advertising and sales activities to stimulate demand. For example, smartphone companies attempt to duplicate benefits and features and stay price competitive to the point that products are viewed by consumers as interchangeable commodities. Automobile companies use some of the same suppliers providing the latest features and technologies, and try to differentiate their products through service, style, and promotional activities. For some college textbooks, there is general agreement on the concepts that should be covered in the text, and price becomes the main reason for using a particular author's textbook rather than unique content. Insurance is an example of a product that has undergone commoditization, partially due to regulatory requirements and the ease of price comparison enabled through the growth of e-commerce. About the only way to differentiate insurance products is through depth of coverage and pricing. For example, Geico states that 15 minutes can save you 15 % or more on your car insurance, and Progressive touts its discounts and bundling pricing tactics.

Once commoditization occurs to a product or a product category, then price becomes the key marketing variable that consumers use for decision making. This changes the nature of commodity marketing because the thinking of consumers is that the product is almost a homogenous good, service, or idea and pricing becomes central to developing marketing exchanges. However, even pure commodities can be differentiated by their services. Commodity marketing emerged from economics, and the dominant logic was based on goods that were either manufactured or existed as raw materials or agricultural products. The focus in commodity marketing initially was on tangible resources and the type of marketing strategy that needed to be customized to develop exchanges. Now marketing has evolved, and a revised logic focuses on intangible resources, the co-creation of value, and relationships. Vargo and Lusch (2004) articulated a new dominant logic for marketing in which service provision rather than goods is the foundation to economic exchange. Vargo and Lusch followed the lead of Hunt and Morgan (1996) focusing on resource-advantage theory. Resource-advantage theory recognizes that intangible attributes and resources are just as valuable as tangible goods. A firm could create a resource advantage with a strong marketing program that creates product or brand benefits, preferences, and equity.

5   Reconceptualizing Commodity Marketing for the Twenty-First Century

Figure 1 provides the key concepts and relationships in understanding the evolution of commodity marketing. The goal of marketing strategies is to change the core good or service into a product with unique benefits, preferences, and equity. Benefits go beyond the core product and consist of the symbolic and experiential features consumers experience through the consumption of the product. Consumers with a strong preference for a product exhibit a strong degree of loyalty for the product and will not readily accept a substitute. Equity refers to marketing and financial value associated with a product's strength in the market. Intangible assets including brand loyalty, product awareness, perceived product quality, and brand associations constitute brand equity. We believe that commodity mar-

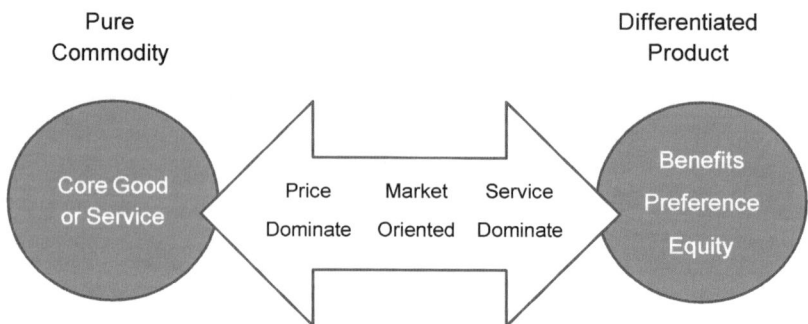

Fig. 1 Commodity Marketing Continuum

keting today should embrace all the marketing knowledge that has evolved into a focus on differentiated products. This requires a decentralized view of marketing strategy.

We also believe that the product has salient importance among the marketing mix decision variables. The product occupies the key role in most short-term strategies and is the core focal point for most long-range strategies. Therefore, a product focus would drive marketing strategy with marketing activities flowing naturally toward differentiating the product. A commodity marketing approach today could state that marketing strategy needs to have a central element in which it can be integrated through a product focus (Ferrell and Luck 1979). This requires clarifying the meaning of "product" and its relationship and significance in the marketing strategy. While market orientation or a strategic service-dominate logic strategy may be used, we believe that a product focus and the commodity approach to marketing provides a useful way of shaping the marketing mix.

Contemporary commodity marketing has evolved with the recognition that organizations grow and thrive on the success of their products. While the commodity approach has decreased in popularity, Mount (1969) argues that it is the differentiation of products that creates an advantage, rather than the institutions and functions that develop them. Therefore, to make the core good or service differentiated, the product becomes a key variable for the decentralization of strategic decisions and options. The most decentralized part of a product-focused strategy is individual responsibility of a profit center, such as what is found with the product manager. Each individual product in the product mix has the potential to be managed in relation to the entire product mix and product line. Identifying where the product fits into the constellation of products offered by the organization provides the opportunity for the decentralization of a strategy for that specific product (Ferrell and Luck 1979). This strategic decentralization of the product is what commodity marketing scholars were emphasizing.

We acknowledge that decentralizing product strategic decisions must be supportive of the corporate strategy and the overall marketing strategy. However, the evolution of commodity marketing to a differentiated product strategy can still view the product as an important building block of marketing functions within the organization. These decentralized building blocks need to be coordinated to support a successful marketing strategy (Ferrell and Luck 1979).

Much of the historical review of the commodity school of thought is consistent with viewing the product as a key focus of marketing strategy. Early scholars were focused on the product but defined the product as a commodity. Agricultural marketing and marketing strategy had not advanced to the level of viewing the good or service as a differentiated product that gains sales through unique benefits, preferences, and equity. Early in the commodity marketing approach, the good or service was expected to be sold using promotion, distribution, and pricing strategies. Pure commodities are still price dominate, but opportunities to differentiate even traditional agricultural products is increasing. Beef, pork, chicken, and most grains can be sold as organic, not genetically modified, or branded as having special attributes or benefits. Of course, the ultimate job of marketing is to keep a mature product from being viewed as a pure commodity. If products such as tires or airlines are viewed as a pure commodity, then price will be the dominate variable in the marketing mix. Commodity marketing reconceptualized to include market orientation and considerations of a service-dominate logic can be a useful framework to build marketing strategy. The product can be viewed as a key focal point or building block in both short-term and long-term strategy.

6   Conclusions

Commodity marketing can be reconceptualized as transforming the good or service into a differentiated product. Today the term pure commodity can be viewed as an undifferentiated product, and the role of marketing strategy is to move the pure commodity toward a highly differentiated product with unique benefits, preferences, and equity. Early marketing scholars contributed significant knowledge to a product-focused marketing strategy. They used the term commodity, but they were often using the term to explain how marketing is conducted using products as the organizational foundation for marketing strategy. Also, examining the marketing of pure commodities such as corn, eggs, livestock, etc., provides a framework to incorporate the unique attributes of these products.

It is the job of marketers to prevent their product from turning into commodities. Being a commodity is a continuum ranging from a pure commodity to a differentiated product. Natural gas, oil, as well as electricity may be pure commodities. However, the distribution of pure commodities may differ by service, and the service-dominate logic explains why even a pure commodity can be differentiated.

The history of commodity marketing covered in our review helps to highlight the contributions of early scholars who pioneered the commodity school of thought as a framework to teach marketing in the first part of the twentieth century. This historical review and reconceptualization of commodity marketing provides additional insights into the evolution of the commodity school of thought and the contributions it provides in helping marketers understand how it relates to contemporary marketing strategy.

As marketing strategy evolves from a market orientation focus to a stakeholder orientation, there becomes more of an emphasis on relationships as well as intangible resources and the impact on specific stakeholders. The pure commodity is now a complex bundle of attributes that must be viewed from a broad perspective. For example, the clean coal product requires power plants to look for methods to reduce emissions and comply with regulations. The core commodity comes bundled with technologies to create a desired clean coal product that is evaluated by multiple stakeholders.

Our review has used the knowledge gained from the commodity school of thought to address the contemporary issue of commoditization. This is the consequence of mature markets where products lack any means of differentiation. Customers begin to see all competing products as having roughly the same benefits and performance, with price as the only thing differentiating the product. In this environment—very much like pure commodities—price leaders with low operating costs can be successful. Southwest Airlines in the United States as well as Ryanair in Europe are examples of low-cost operators that compete on price. On the other hand, Starbucks sells a commodity but does not view that it is in the coffee business. The coffee company sees itself as focusing upon people first and then serving coffee products.

This review of commodity marketing provides a historical perspective and understanding about commodity marketing knowledge. This knowledge helps to understand the continuum between a pure commodity and a differentiated product. Any product can become a commodity, and most products can be differentiated to gain competitive advantages.

References

American Marketing Association. (1 March 1985). AMA board approves new marketing definition. *Marketing News, 19,* 1.

Aspinwall, L. (1958). The characteristics of goods and parallel systems theories. In E. J. Kelley & W. Lazer (Eds.), *Managerial marketing: Perspectives and viewpoints* (pp. 434–450). Homewood: Irwin.

Bartels, R. (1962). *The development of marketing thought.* Columbus, OH: Grid Inc.

Bartels, R. (1976). *The history of marketing thought* (2nd ed.). Columbus: Grid.

Beckman, T. N., & Davidson, W. R. (1962). *Marketing* (7th ed.). New York: The Ronald Press Co.

Borden, N. H. (1965). The concept of the marketing mix. In G. Schwartz (Ed.), *Science in marketing* (pp. 386–397). New York: Wiley.

Breyer, R. F. (1931). *Commodity marketing.* New York: McGraw-Hill.

Clark, F. (1922). *Principles of marketing*. New York: The MacMillan Company.

Converse, P. D. (1959). *The beginning of marketing thought in the United States* (pp. 36–38). Austin: Bureau of Business Research, University of Texas.

Copeland, M. T. (1923). The relation of consumers' buying habits to marketing methods. *Harvard Business Review, 1*, 282–289.

Copeland, M. T. (1924). *Principles of marketing*. Chicago: A.W. Shaw Co.

Duddy, E. A., & Revzan, D. A. (1953). *Marketing: An institutional approach*. New York: McGraw Hill.

Duncan, C. S. (1920). *Marketing: Its problems and methods*. New York: Appleton.

Elsworth, R. H., & Gatlin, G. O. (1919). *Marketing functions*. Washington, D. C.: U.S. Government Printing Office, United States Department of Agriculture, Bureau of Market and Crop Estimates, Division of Cooperative Relations.

Faria, A. J. (1983). The development of the functional approach to the study of marketing to 1940. In S. C. Hollander & R. Savitt (Eds.), *First North American workshop on historical research in marketing* (pp. 160–169). East Lansing: Board of Trustees, Michigan State University.

Ferrell, O. C., & Hartline, M. (In press). *Marketing strategy* (6th ed.). Mason: South-Western Cengage Learning.

Ferrell, O. C., & Luck, D. J. (1979). *Marketing strategy and plans*. Englewood Cliffs: Prentice-Hall.

Ferrell, O. C., Gonzalez-Padron, T. L., Hult, G. T. M., & Maignan, I. (2010). From market orientation to stakeholder orientation. *Journal of Public Policy & Marketing, 29*, 93–96.

Gardner, E. H. (1945). Consumer goods classification. *Journal of Marketing, 9*, 275–276.

Hollander, S. (1980). Some notes on the difficulty of identifying the marketing thought contributions of the early institutionalists. In C. W. Lamb & P. M. Dunne (Eds.), *Theoretical developments in marketing* (pp. 45–46). Chicago: American Marketing Association.

Hunt, S. D., & Goolsby, J. (1988). The rise and fall of the functional approach to marketing: A paradigm displacement perspective. In T. R. Nevett & R. A. Fullerton (Eds.), *Historical perspectives in marketing: Essays in honor of Stanley C. Hollander* (pp. 35–52). Lexington: Lexington Books.

Hunt, S. D., & Morgan, R. M. (1996). The resource-advantage theory of competition: Dynamics, path dependencies, and evolutionary dimensions. *Journal of Marketing, 60*, 107–114.

Jones, D. G. B., & Monieson, D. D. (1987). Origins of the institutional approach in marketing. In T. Nevett & S. Hollander (Eds.), *Marketing in three eras* (vol. 3, pp. 149–168). East Lansing: Board of Trustees, Michigan State University.

Kohli, A. K., & Jaworski, B. J. (1990). Market orientation: The construct, research propositions, and managerial implications. *Journal of Marketing, 54*, 1–18.

Kotler, P., & Levy, S. (1969). Broadening the concept of marketing. *Journal of Marketing, 33*, 10–15.

Kumar, N. (2004). *Marketing as strategy: Understanding the CEO's agenda for driving growth and innovation*. Cambridge, MA: Harvard Business School Press.

Lazer, W., & Pirog, S. (2007). Wroe Alderson: Father of modern marketing. *European Business Review, 19*, 440–451.

Lewis, R. J., & Erickson, L. G. (Oct 1969). Marketing functions and marketing systems: A synthesis. *Journal of Marketing, 33*, 10–14.

Marx, K. (1967). *Capital: Volume I*. New York: International Publishers.

Marx, K. (1986). *Outlines of the critique of political economy (Rough Draft of 1857-1857)*. In Collected Works of Karl Marx and Frederick Engels, 28. New York: International Publishers.

McCarthy, E. J. (1960). *Basic marketing: A managerial approach*. Homewood: Irwin.

McNair, M. P. (1957). Committee on biographies: Melvin T. Copeland. *Journal of Marketing, 22*, 181–184.

McNamara, C. P. (1972). The present status of the marketing concept. *Journal of Marketing, 36,* 50–57.

Mount, P. R. (1969). Exploring the marketing approach in developing marketing theory. *Journal of Marketing, 33,* 62–64.

Murphy, P. E., & Enis, B. M. (1986). Classifying products strategically. *Journal of Marketing, 50,* 24–42.

Narver, J. C., & Slater, S. F. (1990). The effect of marketing orientation on business profitability. *Journal of Marketing, 54,* 20–35.

Nassauer, S. (8 Nov 2013). The hunt for a perfect egg. *The Wall Street Journal,* D1–D2.

Nystrom, P. H. (1915). *The Economics of Retailing.* New York, NY: Ronald Press.

Parlin, C. C. (1912). *Department store lines.* Philadelphia: University of Pennsylvania.

Parlin, C. C. (1915). The merchandising of textiles, a speech delivered to the National Wholesale Dry Goods Association, Philadelphia. In H. C. Barksdale (Ed.), *(1964). Marketing and progress* (pp. 297–312). New York: Holt.

Prendergast, W. A. (1906). *Credit and its uses.* New York: Appleton.

Shaw, A. (1915). *Some problems in market distribution.* Cambridge: Harvard University Press.

Shaw, E. H., & Jones, D. G. H. (2005). A history of schools of marketing thought. *Marketing Theory, 5,* 239–281.

Shepard, G. (1955). The analytical problem approach to marketing. *Journal of Marketing, 20,* 173–177.

Sheth, J. N., Gardner, D. M., & Garrett, D. E. (1988). *Marketing theory: Evolution and evaluation.* New York: Wiley.

Slater, S. F., & Narver, J. C. (1994). Does competitive environment moderate the market orientation-performance relationship? *Journal of Marketing, 58,* 46–55.

Tadajewski, M. (2009). Eventalizing the marketing concept. *Journal of Marketing Management, 25,* 191–217.

Vaile, R. S., Grether, E. T., & Cox, R. (1952). *Marketing in the American economy.* New York: Ronald Press.

Vargo, S. L., & Lusch, R. F. (2004). Evolving to a new dominant logic in marketing. *Journal of Marketing, 68,* 1–17.

Webster, F. E. Jr. (1992). The changing role of marketing in the corporation. *Journal of Marketing, 56,* 10–17.

Weld, L. D. H. (1916). *The marketing of farm products.* New York: The MacMillan Company.

Wilkie, W. L., & Moore, E. S. (2003). Scholarly research in marketing: Exploring the '4 eras' of thought development. *Journal of Public Policy & Marketing, 22,* 116–146.

Wind, Y., & Robertson, T. S. (1983). Marketing strategy: New directions for theory and research. *Journal of Marketing, 47,* 12–25.

Zinn, W., & Johnson, S. D. (1987). The commodity approach in marketing research. In T. Nevett & S. Hollander (Eds.), *Marketing in three eras* (vol. 3, pp. 135–148). East Lansing: Board of Trustees, Michigan State University.

Ferrell, O. C.

Professor of Marketing and Bill Daniels Professor of Business Ethics

Anderson School of Management, University of New Mexico, 1 University of New Mexico, MSC05 3090 Albuquerque, NM 87131-0001, USA

e-mail: OFerrell@unm.edu

Ferrell, Linda
Professor of Marketing and Bill Daniels Professor of Business Ethics
Anderson School of Management, University of New Mexico, 1 University of New Mexico, MSC05
3090 Albuquerque, NM 87131-0001, USA
e-mail: LFerrell@unm.edu

Sawayda, Jennifer
Program Specialist Anderson School of Management, University of New Mexico, 1 University of
New Mexico, MSC05 3090 Albuquerque, NM 87131-0001, USA
e-mail: jjmarie@unm.edu

Fairtrade and De-commoditization

Afonso Carneiro Lima and José Augusto Giesbrecht da Silveira

Contents

Abstract

Commodities may be defined as products that are undifferentiated, offering little or no perceived attributes between competitive offerings, presenting high levels of substitutability and straightforward price discovery. The purpose of this essay is analyzing how Fairtrade and Fairtrade certification may be a strategic choice for de-commoditizing food products. This approach may be vindicated in the face of increasing ecological literacy and escalating demand for more ethical products. Fairtrade is grounded on two initiatives: Guaranteeing a fair price and fair working conditions for both producers and suppliers, supporting in this way equitable and lasting trading contracts. There are criti-

A. C. Lima (✉)
Springer Fachmedien Wiesbaden GmbH, Abraham-Lincoln-Str. 46,
65189 Wiesbaden, Deutschland
e-mail: afonsolima@usp.br

J. A. Giesbrecht da Silveira
Springer Fachmedien Wiesbaden GmbH, Abraham-Lincoln-Str. 46,
65189 Wiesbaden, Deutschland
e-mail: jags@usp.br

M. Enke et al. (Hrsg.), *Commodity Marketing*,
DOI 10.1007/978-3-658-02925-8_23, © Springer Fachmedien Wiesbaden 2014

ques to Fairtrade, however. An association of Fairtrade with niche markets with limited potential and attractiveness and dependence on consumers to feel that they have the ability to "make a difference" are some of the issues that need to be further researched in Fairtrade and de-commoditization.

1 Introduction

The economics and marketing literature describe commodities as products for the most part undifferentiated that offer little or no perceived attributes between competitive offerings of products or services, presenting high levels of substitutability and straightforward price discovery.

From the statement above, it is clear that commodities encompass much more than raw materials such as orange juice, gasoline, meat and cotton that are traded in commodities exchange. Under a broader scope, the process of how products become commodity, or commoditization, is likely to happen to various types of products and services, from food and electronic products to construction materials, from banking to education services. Furthermore, the pace in which many products and services undergo commoditization has been increased by global competition.

With a focus on the agribusiness industry, this essay aims at analyzing how Fairtrade and Fairtrade certification may be a strategic choice for de-commoditizing food products. This approach may be vindicated in the face of discontinuities in agriculture and in the world food system: In the midst of increasing ecological literacy, advances in technology, energy and climate concerns, there are changing desires in society and new organizational strategies (Bindraban and Rabbinge 2012). Doane (2001) and Shaw et al. (2006), for instance, provide evidence of a crescent consumer awareness of environmental and social impact of their own consumption and this, in turn, has created an equal escalating demand for more ethical products. Furthermore, Boehlje et al. (2011) cite major alterations in the global food and agribusiness sector which enhance the effect of such discontinuities, specifically the need of assertive responses to changes in industry structure and industry boundaries to the maintenance of market position. In such circumstances, Fairtrade is an option for businesses and producers.

Fairtrade is grounded on two initiatives: Guaranteeing a fair price and fair working conditions for both producers and suppliers, supporting in this way equitable and lasting trading contracts. According to Shaw et al. (2006), the past two decades have witnessed extensive expansion of Fairtrade food products and this growth has been significantly aided not only by labelling certification through the Fairtrade Foundation mark and the availability of such product in various markets, but also by the benefits for all the actors involved in Fairtrade agribusiness chains.

This essay is divided in three sections. The first section presents an overview of the competitive landscape of agribusiness and producers and the argument behind Fairtrade as means of competitiveness and de-commoditization; the second section gives a thorough perspective on the Fairtrade movement and Fair Trade certification; finally, the third section presents managerial implications and criticisms to Fairtrade as a strategy for decommoditization.

2   The Competitive Environment of Agribusiness and Food Producers and the Case for Fairtrade

In describing the competitive environment of food producers worldwide, various threats and challenges are put in perspective by the literature: Globalization, the free market system, deregulation and major changes in distribution and consumption.

Wright and Heaton (2006), for instance, cite the economic disproportion between wages paid at subsistence and at lower levels to producers in underdeveloped countries compared with the profits made by rich western retailers and distributors in the food supply chain. Correspondingly, free market system has posed imbalances and high costs to developing countries as a result of trade restrictions and subsidies in wealthy countries (Stiglitz and Charlton 2005; Wright and Heaton 2006).

Boehlje et al. (2011) on the other hand consider major and increasing changes in the global food and agribusiness industry: Changes in product characteristics, in worldwide distribution and consumption, in technology, in size and structure of firms in the industry, and in geographic location of production and processing. These changes may put forward three noteworthy concerns for the sector: First, escalating risk and uncertainty in the managerial decision making process; second, an extreme dependence of long-term financial performance based on the adoption and co-development of technologies; and third, an urgent need for responsiveness toward changes in industry structure, competitive arena and industry boundaries in order to maintain market position.

Table 1 presents a more clarifying picture of such major strategic issues faced by agribusiness industry and producers based on Boehlje et al. (2011) and Detre et al. (2006).

Another pattern of important strategic issues for the agribusiness sector is provided by Smithers and Johnson (2004) in a research with family farms development in Canada. The authors list six main external agricultural conditions operating at global, national, provincial and regional scales that farmers should be aware of: Biophysical—climate, soils, etc.; economic—globalization, market fluctuation, etc.; social—environmentalism, personal health, etc.; political—regulation, support programs, free trade, etc.; technology—biotechnology, genetically modified organisms (GMO's), machinery, etc.; and information—media agencies, institutions, etc. Locally, in the sphere of communities, Smithers and Johnson (2004) point out the following circumstances to be considered: Land use restrictions, neighbors, agricultural support infrastructure, tradition and norms, grassroots organizations, local media/newspapers, local labor markets, non-farm development, socioeconomic composition, land values and tourism potential.

In this realm of strategic issues and challenges, there are those involving organizational relationships and market conditions and, to those, economics and marketing literatures offer many viewpoints on new production and marketing of products. However, according to McLeay et al. (1996), "in the agricultural literature the marketing activities of individual farmers are not adequately described, and it is often assumed that the strategic behavior of farmers is relatively homogeneous". Likewise, the farm management discipline does not emphasize the marketing behavior of farmers. This contrasts with the business manage-

Table 1 Strategic uncertainties in agribusiness. (Source: Boehlje et al. 2011; Detre et al. 2006)

Categories of strategic uncertainty		Examples of	
		Potentials	Exposures
Business/operational	Operations and business practices, people and human resources, strategic positioning and flexibility	Superior cost control/ operational efficiency, superior workforce, creating synergies through scope	Business interruption, loss of key employees
Financial	Financing and financial structure, financial markets	Strong financial position, access to equity funds/investors, attractive financing terms (amounts and terms), financial reserves (pursue unanticipated opportunities, weather, financial shocks, etc.)	Rising interest rates, loss of lender, highly leveraged
Market conditions	Market prices and terms of trade, competitors and competition customer relationships, reputation and image	Strong brand, strong complementary products and bundling potential, first mover advantages, create high switching costs (create loyalty)	Pricing pressure/discounting by competitors, loss of market share, consolidation of customer industry, hyper-competition
Technology	Technological change	Speed of innovation and commercialization, niches not attractive to others, enhanced learning capacity	Limited acceptance of biotechnology, slow to commercialize new products, competitor has preferred standards/platform
Business relationships	Business partners and partnerships, distribution systems and channels	Strong market position of distributors, strong relationship with processors, enhanced learning, access to future opportunities	Dependence on distributors, not a preferred supplier to processor, not a key account to suppliers
Policy & Regulation	Political climate, regulatory and legislative climate	Increasing market from more open trade, patent protection, speed of approval	Changes in intellectual property law, changes in industry subsidies or tax policies, local limits on technology adoption

ment literature that places considerable emphasis on the marketing and strategic activities of individual firms.

In order to be effective in aiding businesses and food producers to gain sustainable economic performance, marketing and organizational governance strategies require a change in business culture, "from a producer-dominated to a consumer-responsive culture". The role of marketing and governance in this industry is relevant not only in allowing food and agribusiness enterprises (manufacturers, producers and retailers) develop sound marketing strategies and craft and adapt products and promotion programs more effectively (and thus sustaining product differentiation), but also in identifying key areas for policy support.

One particular strategy that has gained increasing popularity for providing answers to several of the competitive environment variables aforementioned is Fairtrade.

Fairtrade may be defined as a partnership trade based on transparency and respect. It seeks social inclusion of producers and workers who are marginalized or exploited by conventional governance arrangements; it allows for the setting of terms of interaction by producers with the Fair Trade Minimum Price, along with the Fair Trade Premium (Barrat Brown 1993; FINE 2001; Nicholls and Opal 2005). This social approach to trade aims at providing market opportunities and developing the Northern market for products from underprivileged producers in developing countries and has reached relevance primarily as a niche market though continuously growing in scale and influence (Altmann 2010).

The very definition of Fairtrade, according to Redfern and Snedker (2002), denotes its multiple social concerns: To improve the well-being of producers through strengthening producer organizations and, at the same time, providing continuity in the trading relationship. For these authors, the development of opportunities is mainly related to women and indigenous people, including the avoidance of child labor in production processes, not to mention other social improvements in the sphere of modern slavery (Macdonagh 2002). Consistent to the social sphere, there is a strong need in raising awareness among consumers about the economic imbalance between conventional trade: It is very important that they exercise their purchasing power positively. Altogether, these tasks can only be effective through dialogue, transparency and respect, while campaigning for changes in the rules and practice of discrepant international trade.

To Doane (2001) and Shaw et al. (2006), the expanding awareness among consumers of both environmental and social impression of their own habits has led to a greater demand for more principled product choices. Ethical concerns, however, are very wide-ranging and in some way valid to every product and service, including societal and people, animal and environmental issues. Despite recent media attention and increased levels of consumer concern, Fairtrade has been a topic neglected in marketing research. Pertinent to marketing strategy are the decisions surrounding how organizations respond to such consumer concerns, and the resultant impact on the management of both short and long term organizational objectives (Shaw et al. 2006).

But how does exactly Fairtrade may be a strategy for product differentiation? Firstly, to answer this question it is necessary to understand what exactly is Fairtrade achieving or endorsing to consumers and, in this sense, product and process quality play a leading role.

According to Brunsø et al. (2002) there is a research tradition on consumers' food choice and quality perception and, recently, there has been a revitalization due to crescent debates on ethics in the context of food production and quality, food scandals and the resulting food scares among consumers, genetic modification of foods, and animal welfare, "which has made questions regarding food quality and consumers' supposedly rational or irrational food choices even more urgent". In this way, Brunsø et al. (2002) provide a clarifying four-type categorization of quality concerning food products:

- **Product-oriented quality** encompasses to all the features of the product per se that give a precise description of the specific food product (e.g. fat percentage and muscle size of meat, cell content in milk, starch content in potatoes, and alcohol strength of beer).
- **Process-oriented quality** covers transformation or how the food product has been produced (e.g. deprived of pesticides, without growth inhibition, by organic production, according to regulations about animal welfare, etc.). Descriptions based on these aspects provide information about the procedure used to make the product, and these aspects may not necessarily have any effect on the product's physical properties.
- **Quality control** is described as the standards a product has to meet in order to be approved for a specific quality class (e.g. the standard for the weight of eggs for various size classifications, the EUROP classification of meat, etc.). Quality control deals with the adherence to specific standards for product and process-oriented quality, irrespective of at which level or fraction of the product/process these have been defined. In this way, product-oriented quality and process-oriented quality deal with the level of quality, whereas quality control deals with the dispersion of quality around a predetermined level. Quality certification schemes like ISO 9000, for instance, are essentially aimed at quality control.
- **User-oriented quality** is related to subjective quality perception from a user perspective; this user may be the end-user or an intermediate channel in the food chain such as a retailer.

Businesses and producers engaged in Fairtrade must commit not only to product-oriented quality, through achieving the necessary minimum requirements set by regulatory standards in order to be commercialized, but also a process-oriented quality system, although a Fairtrade certification process also demands quality control. Finally, Fairtrade engaged businesses and producers may or may not have its operations also aimed at user-oriented quality; this, in turn, would depend on the level of involvement with consumers or marketing channels.

Fairtrade commitment to quality signals to consumers an engagement, an extra—but not exclusive—profit effort of businesses and producers in improving socioeconomic conditions of communities in their geography. This signaling brings further awareness to consumers and, in accordance to Hennessy (1996), consumers' value attributable to product characteristics—in this case, socioeconomic development—may be enhanced by a premium based on the distinguished capability of supplying a benefit-charged product. Marketing effort, on the other hand, should be focused on the recognition and reward for quality. This is an important argument: At times, consumers or market segments don't have an established value reference attributable to products holding certain quality aspects until its producer or marketing channel elucidate such qualities and link them to certain needs or desired attributes that are implicitly valued by consumers.

Ethical consumers believe that by making ethical choices they have the power to encourage and support businesses that avoid exploiting or harming workers. Under this consideration, Smith (2009) states that they make evident their beliefs and opinions through their buying decisions and, in this way, their buying decisions may be compared to a vote.

Another important aspect of process-oriented quality is the expectation that the socioeconomic benefits through marketing and governance mechanisms will not only perform under strict rules, but also endure over time. However, it may be the case in which consumer expectation of socioeconomic performance or endurance are not met. In addressing this situation, a private or public label or certification granted by a third party would be the answer (Akerloff 1970). Whereas producers associations have a key role in agricultural marketing, private and public institutions that certify product quality are key means of making information available to consumers and certification becomes a voluntary strategy for businesses and producers to signal product and process quality (Marette et al. 1999).

A certification may be a very important asset: Not only is a credible source of information about a business or producer but it is frequently a basis for building reputation—an intangible asset that solely or in combination with other assets, gives an organization an edge over its rivals. To both food companies and producers, being able to communicate certain qualities and desirable characteristics and to have corresponding positive consumer awareness about their products over time is an important reputational aspect. Fairtrade reputation is basically built on the continuous assurance of both product and process quality and governance mechanisms for social change, however it entails a consumer compromise as well as producers' and organizations' involved in this governance.

As a strategic choice for businesses and producers, Fairtrade is not an easy task. In the context food product de-commoditization, a major initiative to engage in Fairtrade is to decide which consumers not to serve. Though reducing market share, focusing on segments of more profitable customers may improve overall profitability.

Another argument relates to marketing activities. Once differentiation in consumer goods or food products is most readily apparent in branding and packaging, it requires producers, particularly, to build marketing competencies or establish partnerships with communication and marketing agencies. As Wright and Heaton (2006) point out:

> Advances in telecommunications, increasing air travel, media engagement, rising levels of literacy and standards of living in many countries provide good reasons to be optimistic. Unethical business behaviour is regularly exposed by the media, internet chat sites and by the

activities of not-for-profit organizations. The result has been increased demand for fair trade products and retail outlets to satisfy consumer need. The Fair Trade Foundation mark has come a long way since its conception by Oxfam, CAFOD, New Consumer, Traidcraft, Christian Aid and The World Development Foundation.

By qualifying and supporting developing country producers to access and compete in markets the Fairtrade movement has played a very important role of business development. The experience and relationships accumulated throughout the years derive from field researches, consulting and auditing and services within trading relationships as well as other initiatives such as the difficult provision and facilitation of business services outside a trading relationship. The focus on marketing and market access and the importance of this field are key reasons why Fairtrade has a contribution to make in broader development today.

3   The Fairtrade Movement and Fairtrade Certification

According to the Fair Trade Foundation (2013), in 2012 only in the UK Fairtrade products accounted for 1.5 billion pounds in sales and yearly, in the span of 10 years, it shows continuous double digit growth. In terms of reach, the Fairtrade system encompasses more than 1.24 million people worldwide among farmers and workers, adding up to 991 producer organizations. Also in 2012, farmers and workers from various developing and underdeveloped countries earned over 65 million € in Fairtrade Premium, a sum which should be converted into business, social and environmental projects aimed at improving their local communities. The greatness of this movement may also be described by more than 550 Fairtrade Towns, almost 900 Fairtrade Schools and 170 Fairtrade Universities.

Overall, these figures are strong evidence that consumers have embraced Fair Trade: A signal that ethical values are present in consumers' minds, despite recent economic downturns. It also illustrates that Fair Trade has become a strategic issue for many businesses: Not only it brings social improvements to a company's both external and internal environments, but it can also be a powerful marketing instrument, especially concerning brand positioning (Davies 2010; Nicholls and Opal 2005; Smith 2009).

A social point of view concerning trade is not recent (Crane 2001). According to the World Fair Trade Organization (WFTO) (2013), the Fairtrade movement can be traced to the development of the cooperative movement in late nineteenth century. However, its true format as it is known today began in the 1940s with the Mennonite Central Committee, a worldwide ministry of Anabaptist churches, and its trading with poor communities in the South. Later, in the Netherlands, it took the shape of a specific trade policy in the 1960s between that country and Nicaraguan farmers and then, through the development of a myriad of alternative trade networks in both Europe and North America. According to Raynolds and Wilkinson (2007), towards the end of the 1980s and beginning of the 1990s, many of these alternative trade groups merged their efforts within a small number of important organizations, also known as umbrella organizations, described in Table 2.

Table 2 Major fairtrade associations. (Source: FTAO 2013; FTF 2013; Raynolds and Wilkinson 2007)

Associations	Established	Type of members	Number of members/number of countries	Major regions of operation
Fairtrade Labelling Organizations International (FLO)	1997	National labeling	20 members in 21 countries	Europe; North America
International Fair Trade Association (IFAT)	1989	Alternative trading	280 members in 62 countries	Europe; North America; Asia; Africa; Latin America
Network of European World Shops (NEWS)	1994	National world shops	15 members in 13 countries	Europe
European Fair Trade Association (EFTA)	1987	Alternative trading	11 members in 9 countries	Europe
Fair Trade Federation (FTF)	1994	Alternative trading	106 members in 8 countries	North America; Asia

Product certification and labeling started as a strategy of the Fair Trade movement in the late 1980s. According to Boonman et al. (2011), certification and labeling was conceived by European alternative trade organizations (ATOs) and other fellow organizations in both Northern and Southern countries as an initiative of broadening the scope of products sold: From handicraft in specific channels to major food commodities such as coffee and fruits in conventional retail channels, a strategy that has been highly successful in increasing availability and sales of major commodity Fairtrade products.

The harmonization and consolidation of activities of various EFTA labeling groups formed the FLO umbrella group in 1997. However, the responsibility for setting standards in Fairtrade can also be attributed to IFAT. While IFAT certification is mainly related to a marketing approach, specifically, the permission to associate the IFAT brand with the organization's promotional literature, whereas FLO certification is directed towards standardization of products.

FLO has allowed more than 800,000 producers and their communities in more than 40 countries in Africa, Asia and Latin America to benefit from labeled Fairtrade, assuring that products sold worldwide with a Fairtrade label conform to Fairtrade Standards (Fairtrade International 2013). There are two types of producer standards maintained by the FLO: One intended for small farmers and smallholders or agents that integrate participative organizations such as cooperatives and another one aimed at factories and workers in large cultivated areas.

Basic FLO standards are mainly related to food products and take into account producer and product standards involving Southern producers in their settings. Some of the products that are under FLOs' standards are: Bananas, cocoa, coffee, fresh fruit, honey, juices, rice, sugar, tea and sports balls; nevertheless, standards for new products are constantly under study.

The certification of these standards is performed by an independent unit within FLO in accordance to the ISO 65 standards for certification bodies. However, Raynolds (2002) and Moore (2004) emphasize the importance of producer involvement in easing the obstacles intrinsic to certification processes; this natural involvement requires formal managerial control from FLO certification additionally to formal standards and inspections.

Known as the global umbrella organization for 19 national Fair Trade certification organizations, FLO is responsible for setting worldwide standards, certifying the compliance of producer groups with Fair Trade standards through rigorous inspection. With this mission, FLO has authorized over 1 million producers in 50 countries to join in Fair Trade. The Fair Trade mark through which FLO licenses businesses and producers indicates that the standards have been met for a chosen food product. In this way, a constant mission of FLO is to monitor and secure the reliability of not only the Fair Trade mark, but also of its various adjacent processes, to promote sustainable business relationships for its members as well as consultancy services.

Concerning the advantages to an organization of undergoing fair trade certification, it is agreed that the labeling of their products is associated with broader consumer awareness in terms of its global reach, for they are put together through a broader brand. Furthermore, Fairtrade products mean lobbying opportunities and a way to foster creative strategies and strategic partnerships.

A clear view on the functioning of this complex set of agents and transactions is provided by Moore (2004), who distinguishes four groups of organizations involved in Fair Trade: Producer organizations that supply the products; buying organizations, located mostly in Northern countries acting as importers; wholesalers and retailers of the products purchased from the Southern producer organizations; the umbrella bodies.

Fair Trade products are sold through three main channels: Dedicated retail outlets, also known as world shops; supermarkets; and mail order. In Europe there are over 2,700 'world shops'—the name conventionally adopted by these dedicated retail outlets. Fair Trade products are also available in over 43,000 supermarkets throughout Europe. In the U.S. and Canada there are at least 7,000 retail outlets for Fair Trade products. In terms of alternative channels, mail order channels that once accounted for less than 10 % are increasing with the development of online retailing; at the same time, other channels are continuously emerging (Boonman et al. 2011; Moore 2004).

These are evidences that Fairtrade and ethical behavior have gained the attention of consumers who are making their purchase decisions more consciously and thus, consciously developing their social role. This approach makes consumers discover their new purchasing power and the power their consciousness has over products and services provided by many business organizations around the world. In turn, this ethical form of trade has become relevant not only to the communities targeted. To many businesses, it might trigger innovation processes, differentiation strategies in a global context or to others, a way of strategic change in a declining industry (McWilliams et al. 2006).

Classic examples of Fairtrade strategies are those of companies such as The Body Shop and Ben and Jerry's described in Crane (2001), and more recently, that of Cadbury (Cameron 2009). They were based on relationships rigidly framed by an extensive agenda and requirements accredited by international Fairtrade organizations in the form of public recognition. In other words, in order to effectively manage these relationships and adequately communicate a business strategy or business values to both local and global markets, it is central the need for a recognized trademark.

4 Criticisms and Managerial Implications of Fair Trade as a Strategy for Decommoditization

A list of criticisms and implications to managers are evident concerning Fairtrade. Grieg-Gran (2006), for example, though acknowledging certification as an effective approach to address problems of commodity markets, emphasizes the association of certification with niche markets with limited potential and attractiveness. Secondly, the author argues that certification may be a distortion of its true purpose: It may be transformed into an additional requirement for market access and a "burden for small producers rather than an opportunity". Finally, if on the one hand the growth of the number of certification schemes for certain products has brought hope to new emerging sustainable strategies for commodities, on the other, it has puzzled consumers with growing complexity of ethical and environmental claims, resulting in a sense of relativity of standards, a concern also shared by Hudson et al. (2003) who argue about a possible skepticism of consumers about the informational legitimacy of a label.

A managerial implication that needs more consideration is related to certification costs. Comparing Fairtrade to other kinds of certification, Grieg-Gran (2006) affirms that once the former focuses particularly in small producers and businesses, both the direct costs (application and audit) and indirect costs (changing practices to meet requirements) are low. In opposition, Moore (2004) and Raynolds (2000) state that producers are often required to pay "as much as five percent of their sales value, and since these products are then sold in highly volatile world markets and in competition with conventional products", there is very low guarantee of a satisfactory return from the investment. In accordance to such arguments, Redfern and Snedker (2002) elucidate that "certification is costly and while FLO can rightly claim that producers do not pay for certification, only one of the registers actually covers its costs from the license fees paid".

Another important implication expressed by Boulstridge and Carrigan (2000) and by Wright and Heaton (2006) is the requirement of consumers to feel that they have the ability to "make a difference". This is a prerequisite in linking purchase intention and concrete purchase behavior. Moreover, a sustained and wide-ranging approach to communicate the benefits of Fairtrade to actual and potential consumers would appear to be an essential element in gaining consumer commitment to purchase.

Additionally, a criticism toward certification is "whether it is worth-while for consumers to buy certified products or whether certification is simply a distraction from more fundamental changes needed in the workings of commodity markets" (Grieg-Gran 2006); how is the price premium charged by the products being absorbed and invested by the bureaucratic structure necessary to support the Fairtrade system (Henderson 2008; Smith 2009)?

Smith (2009) and Henderson (2008) consider as perhaps the greatest counterpoint to Fairtrade a problem of market mechanics; once minimum prices above the level of the world market are guaranteed, a stimulus to production should be expected; "once this output cannot be sold within the Fairtrade system it will be dumped in conventional markets, compounding the problem of oversupply and leading to a further decline in international prices" (Smith 2009).

Other punctual implications to management in the realm of Fairtrade are described by Wright and Heaton (2006):

- The purchasing behavior of ethical consumers is still in need of scrutiny; according to the qualitative inquiry of Wright and Heaton (2006) in Fairtrade clothing—and pertinent to food products—, "consumers may be unwilling to fully support this sector due to more traditional product choice criteria", such as availability. Furthermore, the ethical principle should be deeply rooted into the organization's culture.
- There is a need for greater transparency and reasoning to explain the higher price consumers pay for ethically produced goods, as the premium is to benefit Fairtrade producers.
- The paramount difficulty to Fairtrade is to attain real growth in the conventional market setting; public's lack of information and indifference are paramount obstacles in this sense. Consumer awareness about issues regarding exploitation by businesses and governments may be enhanced by contemporary communications, such as internet, mobile phones and social medias. Nevertheless, even a general understanding about Fairtrade products and the need to support them are not necessarily converted into purchases of such products by all consumers in accordance to researchers.
- Branding, as a strategy to differentiate products, companies and to build economic value for both the consumer and the brand owner, requires consumers to understand the concept of Fairtrade, empathize with it and make the rational choice of buying under the Fairtrade banner. Moving buyers up the loyalty ladder from being prospects to being customers, to being clients and finally to being advocates of the brand is a strategy that the Fairtrade movement, as a whole, very much needs to work on. This is particularly bearing in mind the importance of word of mouth communications and building synergies with like-minded organizations on a limited budget.
- A key issue is the reluctance of those involved in Fairtrade to align with any charity image. This stems from the perception that consumers align charity purchases with poor quality. Wright and Heaton (2006) also found that while this link, to some extent exist in the minds of consumers, it is not as deeply entrenched in consumers' attitudes, as Fairtrad organizations would believe. To this point, to actively play down the charity

side of Fairtrade may be to miss out on an important consumer motivation. Clearly, further work needs to be done to build upon to the altruistic satisfaction gained by consumers when purchasing Fairtrade goods. Consistent quality should in this sense work alongside altruism as a motivator and not negate it. An important issue in both consumer and organizational research is the need to bring Fairtrade to life, to replace the 'dull and worthy image' with a 'happy and energetic image'. This would get Fairtrade out of the 'ethical ghetto'. One way of doing this would be to focus more on marketing the differentiation aspects of Fairtrade.

The main structural changes faced by agribusiness, especially small and medium sized producers and partnering organizations poses two demands: The first one relates to a strategic approach in evaluating competitive arenas, industry boundaries and the necessary managerial skills in order to take action in cooperative strategies and adjust current products into new and related market demands. In this aspect, smaller value chains may be more responsive than large agribusiness chains or food companies, especially concerning local and regional demands and preferences.

References

Akerloff, G. A. (1970). The market for 'lemons': Quality uncertainty and the market mechanism. *The Quarterly Journal of Economics, 34,* 488–500.

Barrat Brown, M. (1993). *Fair trade: Reform and realities in the international trading system.* London: Zed Books.

Bindraban, S., & Rabbinge, R. M. (2012). Megatrends in agriculture-views for discontinuities in past and future developments. *Global Food Security, 1,* 99–105.

Boehlje, M., Roucan-Kane, M., & Bröring, S. (2011). Future agribusiness challenges: Strategic uncertainty, innovation and structural change. *International Food and Agribusiness Management Review, 14,* 53–81.

Boehlje, M., T. Doehring, & S. Sonka (2005). Farmers of the future: Market segmentation and buying behavior. *International Food and Agribusiness Management Review, 8,* 52–68.

Boonman, M., Huisman, W., Sarrucco-Fedorovtsjev, E., & Sarrucco, T. (2011). *Fair trade facts and figures – a success story for producers and consumers.* Dutch Association of Worldshops. Retrieved September 5th, 2013, from http://www.european-fair-trade-association.org/efta/Doc/FT-E-2010.pdf.

Boulstridge, E., & Carrigan M. (2000). Do consumers really care about corporate responsibility? Highlighting the attitude-behavior gap. *Journal of Communication Management, 4,* 355–368.

Brunsø, K., Fjord, T. A., & Grunert, K. G. (2002). Consumers' food choice and quality perception. Working paper no 77. The Aarhus School of Business.

Cameron, R. (2009). *International trade forum. 4,* 14.

Crane, A. (2001). Unpacking the ethical product. *Journal of Business Ethics, 30,* 361–373.

Davies, I. A., & Ryals, L. J. (2010). The role of social capital in the success of fair trade. *Journal of Business Ethics, 96,* 317–338.

Detre, J., Briggeman, B., Boehlje, M., & Gray, A. (2006). Scorecarding and heat mapping: Tools and concepts for assessing strategic uncertainty. *International Food and Agribusiness Management Review, 9,* 1–22.

Doane, D. (2001). *Taking flight: The rapid growth of ethical consumerism*. London: New Economics Foundation.

FTAO (2013). *The fair trade movement*. Retrieved September 17th, 2013 from http://www.fairtrade-advocacy.org/about-fair-trade/the-fair-trade-movement.

FTF (2013). *History of fairtrade*. Retrieved September 16th, 2013 from http://www.fairtradefederation.org/history-of-fair-trade-in-the-united-states/.

Fairtrade Foundation (2013). *Why is fairtrade unique?*. Retrieved September 16, 2013 from http://www.fairtrade.org.uk/what_is_fairtrade/fairtrade_is_unique.aspx.

Fairtrade International (2013). *Annual report 2011-12*. Retrieved October 1st, 2013 from http://www.fairtrade.net/annual-reports.html.

Grieg-Gran, M. (2006). *Consumer policy review*. 16, 75–78.

Henderson, D. (2008). Fair trade is counterproductive and unfair. *Economic Affairs, 28*, 62–64.

Hennessy, D. A. (1996). Information asymmetry as a reason for food industry vertical integration. *American Journal of Agricultural Economics, 78*, 1034–1043.

Hudson, M., Hudson, I., & Fridell, M. (2013). *Fair trade, sustainability, and social justice*. Palgrave Macmillan.

Marette, S., Crespi, J. M., & Schiavina, A. (1999). The role of common labeling in a context of asymmetric information. *European Review of Agricultural Economics, 26*, 167–178.

McDonagh, P. (2002). Communicative campaigns to effect anti-slavery and fair trade. The cases of Rugmark and Café Direct. *European Journal of Marketing, 36*, 642–646.

McLeay, F., Martin, S., & Zwart, T. (1996). Farm business marketing behavior and strategic groups in agriculture. *Agribusiness, 12*, 339–351.

McWilliams, A., Siegel, D., & Wright, P. (2006). Corporate social responsibility: Strategic implications. *Journal of Management Studies, 43*, 1–18.

Moore, G. (2004). The fair trade movement: Parameters, issues and future research. *Journal of Business Ethics, 53*, 73–86.

Nicholls, A., & Opal, C. (2005). *Fair trade: Market-driven ethical consumption*. London: Sage.

Raynolds, L. T. (2000). Re-embedding global agriculture: The international organic and fair trade movements. *Agriculture and human values, 17*, 297–309.

Raynolds, L. T. (2002). Consumer/producer links in fair trade coffee networks. *Sociologia Ruralis, 42*, 404–422.

Raynolds, L. T., & Wilkinson, J. (2007). Fair trade in the agriculture and food sector-analytical dimensions. In L. T. Raynolds, D. L. Murray, & J. Wilkinson (Eds.), *Fairtrade: The challenges of transforming globalization*. London: Routledge.

Redfern, A., & Snedker, P. (2002). Creating market opportunities for small enterprises: Experiences of the fair trade movement. *SEED Working Paper No. 30*. International Labour Office: Geneva.

Sandy, W. (1990). Link your business plan to a performance plan. *The Journal of Business Strategy, 11*, 4–8.

Shaw, D., Hogg, G., Wilson, E., Shui, E., & Hassan, L. (2006). Fashion victim: The impact of fair trade concerns on clothing choice. *Journal of Strategic Marketing, 14*, 427–440.

Smith, A. M. (2009). Fair trade, diversification and structural change: Towards a broader theoretical framework of analysis. *Oxford Development Studies, 37*, 457–478.

Smithers, J., & Johnson, P. (2004). The dynamics of family farming in North Huron County, Ontario: Part I: Development trajectories. *Le Géographe Canadien, 48*, 191–208.

Stiglitz, J. E., & Charlton, A. (2005). *Fair trade for all: How trade can promote development*. Oxford: Oxford University Press.

World Fair Trade Organization (2013). *Where did it all begin?*. Retrieved September 16th, 2013 from http://www.wfto.com/index.php?option=com_content&task=view&id=10&Itemid=12&limit=1&limitstart=1.

Wright, L. T., & Heaton, S. (2006). Fair trade marketing: An exploration through qualitative research. *Journal of Strategic Marketing, 14*, 411–426.

Lima, Afonso Carneiro
Springer Fachmedien Wiesbaden GmbH, Abraham-Lincoln-Str. 46,
65189 Wiesbaden, Deutschland
e-mail: afonsolima@usp.br

Giesbrecht da Silveira, José Augusto
Springer Fachmedien Wiesbaden GmbH, Abraham-Lincoln-Str. 46,
65189 Wiesbaden, Deutschland
e-mail: jags@usp.br

The Contribution of the London Metal Exchange (LME) as a Base Metal Trading Platform towards Professional Marketing of Base Metals

Jan-Henrich Florin

Contents

Abstract

The production, processing, merchandising and trading of base metals is essential for most products of our daily comfort around the world. As one aspect of this chain of added value this paper covers the main aspects of the contribution of the London Metal Exchange (LME) as a commodity trading platform towards the professional and successful marketing of base metals in this industry.

J.-H. Florin (✉)
Gastprofessur für Energiewirtschaft, Faculty of Business Administration and the International Resource Industry, Technische Universität Bergakademie Freiberg, Lessingstr. 45, 09599 Freiberg, Germany
e-mail: jan-henrich.florin@bwl.tu-freiberg.de

M. Enke et al. (Hrsg.), *Commodity Marketing*,
DOI 10.1007/978-3-658-02925-8_24, © Springer Fachmedien Wiesbaden 2014

The paper highlights on the transparency of pricing, timing and availability of the six basic industrial metals of copper, aluminium, nickel, lead, zinc and tin as being traded at the LME. This delivery of transparency on the level of a commodity exchange is essential for the liquidity and success of business-to-business commodity marketing efforts on the level of single commercial transactions. The knowledge of the functioning and the utilisation of the LME trading platform contribute to a lower financial risk exposure for both business-to-business partners. As a result, trust and the minimisation of financial risk make a commodity transaction simple and direct in a market often being characterised with asymmetric information. The professional business-to-business marketing of base metals is therefore ideally accompanied by a professional training to utilise the commodity trading platform of the LME.

1 Introduction

Base metals or non-ferrous metals as copper, aluminium, nickel, lead, zinc and tin are seldom used in its pure form in daily applications for single human beings. Therefore, marketing activities of these metals predominantly applies to the business-to-business (B-to-B) segment of industry:

Mining companies producing metal ore trade with industrial smelters which deliver metal ingots as base metals to the metal processing industry. Metal merchants, physical traders as well as financial brokers link trading gaps between producers, smelters and processors.

All these market participants maintain individual marketing efforts to optimise their market performance. So far, there does not exist a standardised marketing concept for base metals as they have been developed for other industries. Often the sourcing, the pricing and the timing are very different and it requires detailed knowledge of individual market participants to understand situations at the time. Therefore, the market has imperfections (see compilation of market imperfections by Florin (2009)) which influence the behaviour of marketing activities:

1. Difference in ore quality: metal content (% g/t) and by-products. The ore body metal content as the starting point of all metal products has different given conditions
2. Difference in geological setting of ore body, e.g. depth from surface, stress and strain, country rock and overburden, hydrogeological setting influence the accessibility of the ore body
3. Difference in mining and processing technology, e.g. surface vs underground mining methods, dry vs wet processing methods demand for different technologies and production costs
4. Difference in distance to commodity markets, e.g. transport facilities, volumes and frequencies and respective costs

5. Difference in same product supply ability, e.g. number of mining operations producing same metal together with number of product clients provide for a balanced cross-subsidy of production cost

6. Product substitution, e.g. copper vs copper alloys, aluminium vs aluminium alloys influence the demand of base metals

7. Industry transparency, e.g. grade of existence of asymmetric information, existence of a trading platform, standardised commodity contracts influence the market price of base metals

8. Difference in demand dynamics, e.g. fast growing demand vs standard demand results in different product prices at different times and locations

9. Difference in ownership of metal operations, e.g. state owned operations vs privately owned operations result in different access to financing facilities

10. Difference in state regulation, e.g. compliance with national and international regulation results in distinctive administrative costs

11. Difference in national legislation results in different taxation/royalties and planning/production permission standards

12. Difference in specialised education, e.g. existence of various sources of education (universities) to learn about the industry result in a wider spread of industry knowhow

A professional commodity marketing of base metals has to take these market imperfections into account. Ideally, any marketing approach delivers transparency to as many imperfections as possible in order to build trust between market participants.

Some of these market imperfections are successfully eliminated by the London Metal Exchange (LME) which was established in the nineteenth century, therefore, being one of the oldest and most developed commodity exchanges in the world. Chapter "Commodities im Dienstleistungsbereich" of this paper has the LME in the focus.

2 Business-to-Business Marketing of Base Metals

The purchase of base metals is for most industrial consumers not an option but a requirement in order to produce their own products. Therefore, business-to-business marketing of base metals does not have to persuade the consumer that a special base metal is nice to have. Instead, marketing efforts are much more directed in order to improve (2.1) commodity pricing, (2.2) inventory management, (2.3) timing of delivery and (2.4) availability of extra services.

2.1 Commodity Pricing

It is obvious that the single major success factor for an effective business-to-business marketing of base metals is the provision of demand and supply with a base metal price which represents a win-win situation for all market participants (i.e. base metal sales price for mine/smelter, purchase price for processing facility, arbitrage/fee for business-to-business marketing agent). This requires detailed knowledge of the present situation of market participants and the ability of a business-to-business marketing agent to offer a base metal price attractive for such market participants. A price is attractive when the agent arrives to receive trust from the market participants that he is able to offer a price which represents market price levels. Transparency of market prices is therefore a requirement for all parties which look for reference prices at the time.

The LME offers such a reference price at standardised base metal quality. The daily published settlement price for base metals at the LME is unique since the LME is the only such existing exchange in the world (There are also base metal market places in the USA and Asia, however, the trading volume is by far smaller than at the LME. Actually most other market places in the world use the LME quotation for base metals.). As a result, the LME base metal quotation provides a trustful platform and reference for any business-to-business marketing of base metals. Without the LME price quotation base metal marketing efforts would be much more time consuming and uncertain.

2.2 Inventory Management

For economic reasons, both metal producers (i.e. mine and smelter) and metal processing facilities (e.g. copper wire manufacturer), intend to maintain a minimum inventory of base metal. However, the right volume of inventory is dependent on many factors and might change over time. For example, in times of low base metal prices it might make sense for the processing facility to increase the inventory in order to benefit from this additional inventory at times of high base metal prices. Further, inventory movements are naturally linked to the size of the order book pipeline, for producers and for consumers. As a result, business-to-business marketing efforts ideally mirror the precise requirements for the customer's inventory management in short, medium and long term.

2.3 Timing of Delivery

Another requirement of an effective and, hence, successful business-to-business marketing approach is the provision to deliver base metals at the right time. This is best explained with the help of an example:

A copper wire manufacturer is approached by an electricity grid operator to produce 10,000 m of copper wire for a new electricity grid extension to be delivered and paid for in 6 months. The copper wire manufacturer requires 3 months to produce and to deliver such a wire. Hence, the wire manufacturer has a copper sourcing window of 3 months: On the one hand if production facilities allow he could purchase the copper now and could start to manufacture the wire now only to be put in stock after 3 months for 3 months. On the other hand the wire manufacturer could wait for 3 months, then purchase the copper and start to produce the wire to be ready just in time for delivery and payment.

In the isolated observation of this example it appears to be most economic for the wire manufacturer to opt for the latter approach, i.e. production just in time. However, this requires that the copper can be actually physically sourced in time, just 3 months before delivery. In order to secure such a delivery in time, again, the LME provides market participants with a set of matching facilities and services which are either utilised by the manufacturer itself or by an agent. An agent which offers such solutions as a standard offer within its business-to-business marketing initiative will have bigger chances to be employed by the manufacturer.

The matching LME facilities are the standardised base metal forward market contracts of 3, 9, 15 and 27 months. Thereof, the 3 months contract is by far the most relevant. Without such forward contracts business-to-business marketing of base metals would be much less successful because the lack of transparency (high grade of asymmetric information). Again, the LME provides business-to-business marketing with fundamental and trustful information in order to provide for in-time delivery.

2.4　Availability of Extra Services

The above listed marketing aspects for base metals as there are (1) commodity pricing, (2) inventory management and (3) timing of delivery are all standard offers in today's business-to-business marketing of base metals. These three aspects also reflect the "risk management" focus of the industry which has developed detailed and professional processes for risk identification, risk definition, risk standardisation, risk monitoring, risk controlling and reporting. Key to such processes is the definition of limits in which all companies use to operate: (a) price limits, (b) volume limits, (c) time limits.

Therefore, and based on an understanding of such risk processes, an active business-to-business marketing of base metals thrives for extra services in order to distinguish itself from other marketing competitors by adding value for its customers. This is the reason for the existence of a set of extra services, e.g.:

- Hedging long or short base metal positions by an agent for a customer at the LME
- Intermediate financing of a physical delivery by an agent for a customer
- Upgrading the physical shape of a base metal being delivered from a smelter to a metal processing facility which might be inter alia metal ingot, wire, tube or sheet

As mentioned above, key to an effective and, hence, successful business-to-business marketing of base metals is the knowledge about the LME and the relevance of LME services for all market participants. Marketing without the LME would be very different, meaning in-transparent, slow and, hence, less effective.

Business-to-business marketing of base metals is to a large extent the marketing of the LME and the LME services. In this context it makes sense to focus on the marketing efforts of the LME itself.

3   The LME as a Commodity Exchange

The London Metal Exchange (LME) is the world centre for industrial metals trading and price-risk management. More than 80 % of global non-ferrous business is conducted at the exchange and the prices discovered on its trading platforms are used as the global benchmark.

The LME provides all market participants with three essential services:

- transparency on base metal pricing
- transparency on base metal socks through LME's own warehouses
- price-risk management via hedging

Contrary to many other exchanges, by trading at the LME the trader purchases or sells a (metal) warrant which entitles the holder to withdraw from or to deliver into a LME warehouse physical metal at LME specified quality (99.5 % purity). The change of stocks of base metal in LME warehouses worldwide is a transparent and representative signal of increasing or decreasing demand. Such information is available for all business-to-business marketing participants. These characteristics of the LME successfully oppose the market imperfections as described above (particularly 1–4 and 7).

The aspects of price risk management via hedging require further explanation:

The price-risk management through the LME is based on the principles of hedging: The LME offers those at all stages of the metals supply chain the opportunity to hedge their price risk and gain protection from adverse price movements. Hedging is the process of offsetting the risk of price movements in the physical market by locking in a price for the same commodity in the futures market.

There are two main motivations for a company to hedge:

- To lock in a future price which is attractive, relative to a market participant's costs
- To secure a price fixed against an external contract

When hedging, a market participant starts with price risk exposure from its physical operations, and will buy or sell a futures contract to offset that price exposure in the futures market. A market participant can decide on the amount of risk it is prepared to accept. It may wish to eliminate price risk entirely.

Hedging is the opposite of speculation as its primary purpose is to offset risk. Speculators, however, come to the futures market with no initial risk. They assume risk by taking on futures positions, which in turn provides market liquidity. Hedgers reduce or eliminate the chance of future losses or profits, while speculators risk losses in order to make profits.

To be successful, a hedging programme must be devised in conjunction with a sale or purchase plan, and all pricing must be basis of the LME Official Settlement Price in order to achieve the most effective hedge and to meet the international accounting standards.

The programme can be as simple or as complex as a company wants to make it, but it will depend on that company's appetite for risk, internal practices, pricing policies and hedging motives. Not only must a hedging programme be well devised, but it must also be managed according to the changing circumstances of a company's physical operations. Therefore, a well-defined hedging plan results in a relieved and free consumption of base metals.

The below example from the official LME website provides an overview of a typical offset hedge strategy conducted on the LME:

"An offset hedge is designed to remove the basis price risk of the physical operation by offsetting it with an equal and opposite sale or purchase of a futures contract on the Exchange. Any risk of price volatility that arises from the physical transaction is thereby eliminated.

An offset hedge is a financial operation in which the hedger (the company hedging) maintains a 'balanced book' with each physical transaction being offset by an LME transaction. In this example both the buyer and the seller choose to hedge their price risk. However, it is not necessary for both parties to the physical transaction to hedge; this will depend entirely on their organisation's internal practices and approach to risk management.

There are three main stages to the process:

Physical Transaction A producer agrees to sell a specific quantity of physical material to a consumer for a delivery date in the future. For hedging to be successful for either party, the contract must be agreed basis the current LME Official Settlement Price. Both the producer and the consumer are likely to be exposed to a change in price over the life span of the physical contract because the delivery date is in the future. Each company has the ability to hedge this exposure on the LME.

Financial Transaction Once the physical transaction has been agreed the hedger will instruct their broker to open a futures contract on the LME. This will be made up of an equal and opposite position for the same delivery date as their physical transaction. This allows the hedger to lock in the future price and delivery date to match the physical contract already agreed.

Once an LME contract, or trade, has been entered and matched by the broker, a process known as 'novation' takes place. This is when the clearing house, LCH.Clearnet, becomes the counterparty to both sides of the trade. The brokers are now no longer exposed to the credit worthiness of each other and the financial risk of default is taken on by the clearing house.

When entering into a futures contract a hedger is required to make margin payments to their broker. This includes an initial margin at the outset and variation margin throughout the life of the contract. Variation margins are a form of collateral which provide daily security against any adverse price movements of a futures position. Margins are a regulatory requirement and are calculated by LCH.Clearnet, not the broker.

Settlement 2 days before the delivery date, the hedger will instruct their broker to financially settle the LME position by buying or selling back the original futures contract at the current LME Official Settlement Price.

In parallel to the financial transaction, the producer makes the physical sale of material to the consumer as agreed at the outset. Provided that this is agreed basis the current LME Official Settlement Price, the price risk of the base product over the period is eliminated for both parties, as the profits from one transaction offsets the losses from the other, and vice versa."

In summary, hedging at the LME provides the hedger and, hence, the business-to-business marketing community with the following BENEFITS:

- Access a transparent reference price for use in physical trade negotiations
- Protection against price movements
- To offer long-term fixed price sales and lock in a margin
- Improve budget forecasts of costs and profits
- Turn inventory into cash or security for finance
- Protect physical inventory against a fall in price
- Swap physical material on a location and brand basis
- Access the Exchange's delivery mechanism as a source of material in times of extreme shortage, and as a channel to sell in times of surplus

Further to the principles of the commercial hedging at the LME it is worthwhile to provide an overview over the regulatory framework surrounding the LME. These regulations, as there are the LME's own rulebook, market surveillance, member surveillance and LME arbitration guarantee for transparency and deliver trust into the exchange, the market and commercial contracts as being relevant for business-to-business marketing of base metals.

3.1 The LME's Own Rulebook

The LME's Own Rulebook defines standards as they are relevant for trading at the LME. These standards help to clarify communication and to deliver binding character in all action of the LME and its participants. This covers membership and the obligations combined with membership as well as details of the LME trading regulations including Lending Guidance, matching, settlement and prompt dates.

The major focus of the Rulebook, however, is the regulations of all metal contracts as traded at the LME. This covers standard contracts, options, swaps, average price contracts, index contracts and the requirements for the listing of brands/products at the LME.

The third area of regulation as specified in the Rulebook compiles the regulation for LME arbitration, default regulation and LME sword regulation. In addition the Rulebook lists all LME-approved warehouses, LME-approved samplers and assayers as well as LME-approved brands.

In summary, the Rulebook delivers transparency and trust into the market and all participants and helps to provide underlying stability in all business-to-business marketing efforts as being based on the LME rules.

3.2　A Market Surveillance

A market surveillance team at the LME monitors the market to ensure that it is orderly and that trading is fair and transparent. Each day LME members electronically report all proprietary and client positions to the LME Market Surveillance team on a confidential basis. The team is then able to identify dominant holders of LME positions and ensure they comply with the LME Lending guidance rules. The team carries out daily reviews of LME published prices as well as regular analysis of underlying market fundamentals to detect unusual market or pricing anomalies.

3.3　Member Surveillance

Member Surveillance monitors LME members to ensure trading activities comply with rules around trade registration and matching. The rules are set to reflect the latest trading practices on the LME. This surveillance is secured through a Daily Trade Monitoring Programme and Member Visit Programme. Member Surveillance also acts in an advisory capacity responding to day to day queries from members regarding transaction types and registration methodologies.

Daily Trade Monitoring (DTM): Monitors the accuracy of trades submitted to the LME matching system, LME smart, and whether members are following the registration and matching rules. Exception reports are produced on a daily basis for review by the Member Surveillance analyst. Certain rule breaches are reported to the compliance officer at the member firm. Other registration anomalies are collated throughout the month and reported to the member firm's compliance officers to investigate. Through this process, compliance officers and matching personnel can continue their education in LME trade registration rules. This reduces errors and improves the quality of the information stored in the matched trades database.

Member Visit Programme: A rolling regulatory visit programme for LME trading members is carried out by Member Surveillance. These visits are used to:

- assess the processes and controls members use to govern their trading activities
- report rule breaches
- identify remedial action

The frequency of visits depends on how complex the firm's business model is. Routine visits are usually carried out every three to 4 years but may vary.

In the context of market and member surveillance the LME offers a regulatory operations training which provides an in-depth understanding of the market structure, regulatory requirements and LME rules governing trade input and matching. This course is one of several LME marketing initiatives.

3.4 LME Arbitration

LME Arbitration is a private dispute resolution system, designed to settle disputes fairly, expertly and economically, without having to resort to action in the UK or other courts. The system is designed to lead to a final enforceable award and is distinct from mediation or conciliation. The parties will have agreed that an independent decision on their dispute will be made by a third party, in the form of one, two, or even three arbitrators under the LME arbitration rules.

The LME's arbitration service is generally recognised as the best available for the metals industry, which includes physical as well as market trading.

The arbitration rules have been drawn under the framework of English law. Any awards are enforceable by the High Court and there is the possibility of appeals on points of law to that Court, although the parties may exclude such appeals by agreement after the arbitration has commenced. Awards are also enforceable in virtually all overseas countries under the New York Convention of 1958, for the Recognition and Enforcement of Foreign Arbitral Awards.

4 Open Aspects of Commodity Marketing in the Trading Environment

The biggest challenge of business-to-business marketing in the base metal industry is the provision of transparency for a purchase or sale opportunity along the market conditions in time of an anticipated transaction. Such transparency anticipates resolving or circumventing the market imperfections of the base metal industry, which are manifold (see section II. above). For a base metal purchaser or trader the LME provides the best available platform of transparency.

However, a base metal producer is most likely caught in a comprehensive interaction of market imperfections in the natural resources industry (see section II. above). The production of base metals is most often embedded in long term production processes delivering cash flows to finance initial and ongoing investments. Such investment considerations influence to a large extend the timing of base metal sales into the market, via a classic sales placement at the LME. To find the right timing to place a sales order into the market a base metal producer in general will team up with a broker at the LME (holder of a LME category

A membership). A LME broker is not a business-to-business marketing agent, however, the broker will market its services in a competitive broker environment. The services in question are all about LME services, not about the actual product itself.

The precise interaction between the base metal producer's aspect of marketing and the base metal purchaser's requirements of business-to-business marketing remains so far unsolved.

5 Conclusion

Business-to-business marketing of base metals is to a large extent the marketing of the LME as a trading platform and the LME services. The LME provides as a third party to most market participants transparency and trust in any transaction at any stage of a base metal trade. Therefore, all professional business-to-business marketing efforts should offer and include LME products and services. This requires comprehensive training for all market participants in order to gain the required know-how and to refresh the existing know-how along the latest changes in the markets. Such training is offered by the LME itself as well as other independent service providers.

Without the existence of LME products and services, base metal trading would be less effective, less trustworthy and would result in a lower consumption of base metals along with an increase in base metal prices. Therefore, the contribution of the LME as a base metal trading platform towards the professional marketing of base metals is tangible.

Further Reading

Florin, J.-H. (2009). Market imperfections in the natural resources industry. Lecture notes 2009 "Market Places in the Natural Resources and Energy Industries", University of Freiberg.
London Metal Exchange. www.lme.co.uk.
Tarring, T. (2009). Metal bulletin's guide to the London Metal Exchange—formerly Wolff's guide to the London Metal Exchange (7. Aufl.). Metal Bulletin.

Florin, Jan-Henrich
Gastprofessur für Energiewirtschaft, Faculty of Business Administration and the International Resource Industry, Technische Universität Bergakademie Freiberg, Lessingstr. 45, 09599 Freiberg, Germany
e-mail: jan-henrich.florin@bwl.tu-freiberg.de

The Commoditisation of Luxury

Marian Makkar, Sanjaya S. Gaur, and Sheau-Fen (Crystal) Yap

Contents

M. Makkar (✉) · S. S. Gaur · S.-F. Yap
Department of Marketing, Advertising, Retailing and Sales (MARS) School of Business,
Auckland University of Technology (AUT),
Private Bag 92006, 1142 Auckland, New Zealand
e-mail: mmakkar@aut.ac.nz

S. S. Gaur
e-mail: sgaur@aut.ac.nz

S.-F. Yap
e-mail: cyap@aut.ac.nz

M. Enke et al. (Hrsg.), *Commodity Marketing*,   477
DOI 10.1007/978-3-658-02925-8_25, © Springer Fachmedien Wiesbaden 2014

Abstract

Today, the term luxury has become ubiquitous. To attain aspirational attributes, products not traditionally perceived as luxurious are associating themselves with luxury, which confuses its meaning. The term is also lost when luxury brand managers are pressured between choosing to increase sales by reaching a wider range of customers where they lose sight of luxury's unique values and opting to guard their brands by adhering to its exclusivity and selectivity. This article explores the pitfalls that luxury companies face in today's competitive luxury market and how counteracting strategies may lead to the commoditisation of luxury brands. These may result in the loss of luxury brands' positioning and differentiation in the market. Recommendations to luxury goods companies are offered, presenting different tactics to avoid negative consequences of luxury brand commoditisation and methods to manoeuvre well in business environments where industries are inevitably turning brands into commodities.

1   Introduction

"Some people think luxury is the opposite of poverty. It is not. It is the opposite of vulgarity."—Coco Chanel

Luxury goods, by definition, are synonymous with exclusivity, selectivity and rarity and exactly what Coco Chanel envisioned when she spoke about what luxury meant to her. However, luxury is now everywhere. Today, the word luxury has become ubiquitous. Distribution channels of luxury brands have increased their reach into different parts of the world to cater to a larger market. Furthermore, the word luxury has been used together with products that may not normally be labelled as luxury such as soaps, taxi services and chocolates while new terms have been created to ultimately mean luxury such as indulgence, luxe, premium, masstige, "opuluxe trading-up and hyperluxury" (Kapferer and Bastien 2009, p. 311). On the one hand, the true meaning of luxury seems to be confused in the market due to the wide use of the word luxury, and on the other, luxury brand managers are torn between increasing sales by reaching more customers while losing sight of their luxury brand's value or opting to guard their brand by adhering to its exclusivity and selectivity to a few. In any case, it can be noted that marketers attach their products to the salient meanings of luxury for which consumers aspire to own.

Despite the confusion, the luxury goods industry has proven to excel in profits even in a financial recession. A recent overview of European apparel, accessories and luxury market reveal an annual growth rate of luxury sales of 1.5 % between 2008 (since the financial crisis) and 2012 with total revenues of 610.6 billion dollars in 2012. It is also forecasted to increase by 14.7 % by 2017 (Marketline Advantage 2013). This global hit is partly due to the democratisation of luxury where it is no longer reachable only by the elite but it is now consumed by other segments aspiring to belong to this niche market (Granot et al. 2013). There is a clear oversaturation of luxury brand offerings in the market. Due to these successes, it is no surprise that the luxury industry has caught the attention of practitioners and academics alike where they are trying to understand and possibly duplicate the triumphs of high profiting brands and learn from the mistakes of those that failed.

This article explores the pitfalls that luxury companies face in today's competitive luxury market and how counteracting strategies may lead to the commoditisation and democratisation of luxury brands. These may result in the loss of luxury brands' positioning and differentiation in the market. Recommendations to luxury goods companies will follow, offering different tactics to avoid the consequences of luxury brands becoming solely commodities whilst manoeuvring well in a business environment where several industries are inevitably turning their brands into commodities.

2 The Paradox of Luxury Brands

Managing luxury brands is like carrying a double-edged sword; sales of luxury goods, like any product, are expected to be high year on year which puts pressure on managers to sell more product while simultaneously these managers are to act as brand guardians maintaining luxury's exclusivity and rarity (Radon 2012). If the scarcity and uniqueness are the essence of luxury, why are luxury brands expanding with new flagship stores, brand-owned boutiques, and wholesale distribution channels across the seven continents as well as online to reach more consumers? Luxury brands are truly paradoxical and this article attempts to discuss this illogicality while identifying how certain luxury brands are successful in achieving both.

2.1 What is Luxury?

The term 'luxury' originated from the old French 'luxurie' meaning "lasciviousness, sinful, self-indulgence," as well as the Latin 'luxus' meaning "excess, extravagance" (Berthon et al. 2009, p. 46). Nueno and Quelch (1998) define luxury brands as "those whose ratio of functional utility to price is low while the ratio of intangible and situational utility to price is high" (p. 62) and yet it retains its symbolic qualities: timeless, aspirational and superfluous (Hines and Bruce 2007). Whilst luxury has been described by its physical and tangible attributes such as price, quality, exclusivity and craftsmanship (Han et al. 2008; Hieke 2010; Nia and Zaichkowsky 2000) it is vital that luxury is also understood from its intangible and symbolic attributes such as luxury's perceived authenticity and perceived uniqueness (Turunem and Laaksonen 2011, p. 473). These are the benefits that luxury brands possess which cannot be copied or imitated. Kapferer (1997) concurs with that notion when he discussed the nature of luxury brand management: "Luxury defines beauty; it is art applied to functional items. Like light, luxury is enlightening. […] They offer more than mere objects: they provide reference of good taste. […] luxury items provide extra pleasure and flatter all senses at once" (p. 253). We formulate and use the following definition of luxury throughout the rest of this chapter: Luxury entails the hedonic emotional and cognitive desires of a person to possess items with symbolic features of exclusivity and rarity as well as tangible attributes of beauty and quality. Its main functions act internally with a satisfaction of owning a unique and exquisite item as well as externally as an extension of oneself, signalling to others the desired identity of class and fine taste.

It is important to differentiate between luxury and premium brands that many researchers have failed to define in their studies (Hieke 2010; Jiang and Cova 2012) which has been a cause of confusion and misinterpretation of empirical findings. Vigneron and Johnson (1999) have clearly identified the difference with their analysis of previous literature. Prestige brands comprise of upmarket brands, premium brands and luxury brands in an increasing order of prestige. They find that many articles around this topic have not identified this difference where some researchers took a simplistic viewpoint by interpreting luxury as the opposite of necessity (Vigneron and Johnson 1999). However, it is understandable that different consumers have different understandings and perceptions of luxury for the same brand (Vigneron and Johnson 1999) as luxury is subjective and based on the consumer's judgment.

This subjectivity allows many to see luxury as a marketable industry that will increase a company's profits whilst offering social benefits to consumers such as self-expression, aesthetic needs and an ego boost (Granot et al. 2013). With these financial benefits, large luxury organisational groups such as Richemont and LVMH continue to purchase smaller luxury brands to improve their growth while middle range brands such as Hennes and Mauritz (H&M) hire luxury fashion designers (such as designer Gianni Versace SpA) to design certain collections in hopes of trading-up whilst offering luxury that appeals to the masses. Furthermore, the Indian automotive manufacturer, Tata, which produces cheap cars, found the recent economic recession as an opportunity and bought off luxury British automotive brands Jaguar and Land Rover for a mere 2.3 billion dollars from Ford Corporation (Kapferer and Bastien 2009). This cheap sale was due to the fact that both Jaguar and Land Rover offered entry-price extensions to reach a bigger market, which led to their demise as their sales eventually dropped because of its image depletion. This sale is deemed intriguing to both luxury brands as well as mass-market corporations as it highlights the notion that widely sold luxury brands is in fact an oxymoron and trading-down extensions may not always lead to successful profits for luxury brands. Mass-market corporations are always on the lookout for such failures to enable them to buy into this chunk of the market.

2.2 Motivations for Luxury Consumption

The basic understanding of luxury brands is that it is priced higher than the average product of the same or less quality and it is evident that there are many consumers willing to spend such an amount due to the steady growth of the luxury industry. Vigneron and Johnson (1999, 2004), leaders in measuring perceptions of luxury brands, have developed scales for the measurement of consumer motivations and values that drive them to such uneconomical purchases which will explain this phenomenon.

2.2.1   The Veblen Effect: Need for Power and Status Inference

Certain individuals perceive luxury and status as an item and this goes back to Theorstein Veblen (1899) who proclaimed that conspicuous consumption was used to signal wealth, status and power. Empirical evidence suggests that price is a major indicator of luxury to those Veblenian consumers (Lichtenstein et al. 1993). However, those that cannot afford the astronomical prices of some luxury items may consider imitations or the brand's entry-price products that will satisfy their conspicuous needs without paying the true price to reach these goals.

2.2.2   The Snob Effect: Need for Uniqueness

Adopting the theory of Need for Uniqueness (NFU), it has been evident in conceptual papers and limited empirical studies (for examples see Husic and Cicic 2009; Leibenstein 1950) that snob consumers would go to absolute measures to obtain items that may distinguish them from others such as exclusive limited editions that are high in value. Price does not limit them; on the contrary the higher the price (Vigneron and Johnson 1999) and the less brand prominence and signalling (Berger and Ward 2010; Han et al. 2010), the higher its value. It has been found in empirical studies that the less conspicuous a brand is, the less chances it will be imitated as consumers with a need for status are only interested in loud brands to serve their purpose of conspicuousness (Han et al. 2010; Wilcox et al. 2009).

2.2.3   The Bandwagon Effect: Need for Social Acceptance

The theory of self-concept lends itself well to this effect. Individuals choose to purchase luxury brands to conform with significant others. Consumers that patronise luxury brands are achieving a prestigious status (Bloch et al. 1993) hence why they put less importance on the value and more weight on the image it projects on them. Materialistic consumers without the financial advantage will also turn to alternatives to luxury such as imitation or fast fashion as a substitute to their life goal of acquiring materialistic goods for acceptance (Trinh and Phau 2012).

2.2.4   The Hedonic Effect: Need for Self-Actualisation

In addition to the extrinsic benefits of luxury products mentioned above, there are individuals that are more interested in intangible benefits for their sole pleasure and are not influenced by others (Vigneron and Johnson 2004). Those hedonist consumers are led by their emotional values and disfavour the notion of snobs (Dubois and Laurent 1994). Empirical evidence suggests that those consumers led by their need for self-fulfilment will refute anything that is not genuine luxury as it goes against their aesthetic needs (Truong and McColl 2011; Vigneron and Johnson 2004).

2.2.5   The Perfectionism Effect: Need for Quality Assurance

It is usually taken for granted that luxury brands are of high quality yet the price will provide an additional cue to the product's value and prestige level in addition to its general characteristics of authenticity and tradition (Vigneron and Johnson 1999). Therefore, quality and intangible benefits are seen as distinguishing factors between luxury brands and other product categories (Turunem and Laaksonen 2011) where the latter are seen as unreliable and low in quality (Nia and Zaichkowsky 2000; Penz and Stottinger 2008b).

The Bandwagon Effect and the Snob Effect are on opposite sides of the spectrum where the former reflects increases in demand when others consume a product while the latter reflects decreases in demand from some individuals as they try and dissociate themselves from the masses. Snob consumers would see the process of luxury commoditisation as a signal to distance themselves from such brands that might tarnish their image as unique individuals. Another close contender that may influence consumption habits and the perception of true luxury is the Veblen Effect. To these consumers, purchasing luxury items is a way to convey status and power but should luxury become commoditised, these qualities would not be attached to luxury brands and they would not see the need to consume them anymore. Lastly, perfectionists and hedonist consumers that value luxury's perceived intrinsic benefits and superior quality will no longer see this value should luxury fall into the commodity trap. The previously mentioned effects and motivations to consume luxury will certainly diminish with commoditisation. A few luxury brand retailers have been able to create a balance between these effects to tailor to all needs in spite of the commodity process (for examples, see last section on recommendations).

3   Commoditisation of Luxury

With the risk of losing the motivations to purchase luxury goods due to commoditisation, marketers need to formerly understand this phenomenon in order to initiate the necessary precautions to protect their brands. Commoditisation has been defined as "an increase in similarity between the offerings of competitors in an industry, an increase in customers' price sensitivity, a decrease in customers' cost of switching from one to another supplier in an industry, and an increase in the stability of the competitive structure" (Reimann et al. 2010, p. 189). The issue with commoditisation of generic brands is that the brand loses its value and market position and becomes homogenous in the minds of consumers. With luxury brands, whose essence has always been exclusivity and rarity, becoming commoditised and democratised becomes an even bigger predicament for the luxury industry. What used to be scarce and aspirational has now become achievable and commonplace. There are several reasons that the trend of commoditisation of luxury is happening which includes: desires for social status and ego boosting that leads to conspicuous consumption and the rise of masstige brands; the dilemma luxury companies face between the pressures of revenue earning and remaining exclusive, especially after the recent economic recession; luxury companies offering brand-extensions and middle to lower level companies trading up; the strong growth of counterfeit luxury goods and grey market trading; and lastly fast fashion otherwise known as imitation and 'zarafication' of the luxury fashion industry.

3.1 Dilemma Faced by Luxury Companies: Profitability Versus Exclusivity

The world has recently faced one of the toughest global economic recessions since the Great Depression in the 1930s. It has been evident that general spending has primarily decreased where consumers are more cautious of their spending where marketers are now looking for ways to reach different segments and differentiate themselves in order to gain shares of the market. The luxury goods industry is no different. Some luxury retailers have strategically positioned themselves by publicising the added value their brands offer whilst focusing more on current customers than try to reach new ones. Others have become weary of the previous losses they faced during the recession that they have become focused on short-term sales and their return on investment rather than the long-term goals and building their brand equity.

Several luxury brands have fallen into the trap of commoditisation and the need for profitability without minding that the brand may lose its value as a unique object of desire that consumers aspire to own. This need for profits and high earnings has pressured luxury brand managers to expand their market reach and manage market instability by taking strategic measures. Leading fashion houses have created diffusion brands (entry level luxury) that may be affordable to some while simultaneously luring consumers into the world of haute couture (Hines and Bruce 2007). In the case of the Armani Group, there are now six lifestyle brands under their name which range from Giorgio Armani, the main line couture brand and Emporio Armani, the younger more affordable line to Armani Collezioni, a diffusion of the main line and Armani Exchange, a younger collection with entry-price items. Several other luxury brands have taken this route to reach a different segment of the market, and giving them a taste of haute couture in hopes that preferences would translate later to the parent brand (i.e. Prada with Miu Miu, Calvin Klein with CK, and Chloe with See By Chloe). For marketers, this tactic is clever as it is designed to keep the fashion house's name untarnished whilst achieving high sales volumes, but it is questionable whether the existence of diffusion brands may tarnish the parent brand's name on the long run. Cultured consumers and patrons of high-end luxury may realise this act as a cheap tactic from the fashion house and a way to move from what was previously viewed as fine art to an industrial activity set to benefit luxury brands into solely increasing profits.

Another approach that some luxury brands have taken to increase profits is the introduction of brand extensions, which include accessible lines for the masses such as sunglasses, fragrances and accessories. These extensions could be any line that is not related to the core business of the brand, which they are not well experienced in. Reddy et al. (2008) investigated the degrees of brand adjacencies, a brand extension that shows consistency with the core brand values and belongs to a portfolio of relatable items. With regards to brand extensions of 150 studied luxury brands, they found that luxury brands that extend to non-adjacent product categories risk being perceived as 'dying stars' and less premium while brands that extend to adjacent product categories, otherwise seen as 'star brands' are perceived as premium achieving high revenues. Gucci in the 1980s fell into the segment of a dying star when they extended into diverse categories such as cigarette lighters, sunglasses and apparel—far from their expertise in leathergoods. Luxury perceptions and sales have gone down pushing management to rejuvenate the brand and become more focused. Louis Vuitton settled well into the title of a star brand as year after year they achieve high gross margins, keep control of their distribution channels and focus on marketing and quality by keeping production sites centred and controlled in France (Riot et al. 2013). Louis Vuitton also keeps a strong balance managing the paradox of exclusivity while satisfying consumer demand with their collections. They create the allure of rarity and exclusivity with their limited editions and sold out items while still encouraging consumers to buy a standard Louis Vuitton handbag that represents the limited edition designs. This product primer continually keeps Louis Vuitton's sales volume high in addition to its perceived exclusivity.

Luxury companies are also being impacted by the role competition is playing in enhancing commoditisation further in the luxury industry. Due to increased technological advances, competitors are able to recreate the same quality, design and performance that these luxury product categories are now perceived as homogenous and interchangeable in the market (Reimann et al. 2010). In this unique competitive environment, companies' operations and the industry as a whole has become fairly stable which is another sign of commoditisation at a rise (Pelham 1997).

3.2 Luxury Consumption Behaviours

Consumption is a form of classification of the self (Belk 1988) and a communication and belonging with others where part of this communication is a product's visibility factor (Berger and Ward 2010). This leads to Veblen (1899) who coined the term conspicuous consumption, describing it as the symbolic consumption of goods mainly for the display of wealth to visually ascertain a social status of the self (Berger and Ward 2010; Han et al. 2008; O'Cass and McEwen 2004). Therefore, more visible brands dominate the luxury market because of its conspicuousness (Vigneron and Johnson 1999). However, many recent researchers have questioned Veblen's theory of conspicuous consumption saying that it is incomplete (Vigneron and Johnson 1999) or misconstrued to mean status consumption is only to gain prestige (O'Cass and McEwen 2004). However, there are cases where luxury consumption is practiced inconspicuously such as wearing Calvin Klein underwear or drinking a fine bottle of wine. These concepts have been used interchangeably in the luxury literature without defining the exact meaning intended, which may cause confusion to other academics. This notion is quite different from other researchers' concepts of status consumption which they define as a means to gain respect, envy and entry into social circles via overt displays of products (Eastman et al. 1999). Understanding the differences in consumption behaviours of luxury and the motivations that lead to these differences would aid in identifying what drives consumers towards commoditisation and the need to transform the value of luxury.

There are other reasons for luxury being more affordable to many, therefore increasing its consumption, which has been identified by Fiske and Silverstein (2002). Some reasons include household sizes decreasing with an increase in family income; education rates have risen; the influence of the media and globalisation promoting luxury as a necessity; more individuals getting exposed to all levels of brands by travel; and technology and innovation have made an impact on product knowledge. Another interesting finding reveals that old luxury is for the older generation (i.e. Patek Philippe watch is for a father) while new luxury is being consumed by a younger generation that are growing in numbers, flexible in financing and "have money to burn" (Twitchell 2002, p. 272). Consumers are now able to trade-up in brands they can purchase because they can afford to, especially with those 'nouveau riche' consumers and entrepreneurs; ones with new money (Nueno and Quelch 1998; Truong et al. 2009). They probably have not been raised with cultural capital (Bourdieu 1986) and knowledge therefore they desire to consume conspicuously in order to convey to others their new wealth and social status. These are the consumers that enjoy signalling to others with 'loud' or logo-centric products to denote their position in society (Han et al. 2010) and would most likely favour conspicuous products without taking notice of its quality or aesthetic value (otherwise known as the Veblen effect). Designers are now facing pressures to design conspicuous products that may be less 'appetising' in aesthetic beauty but appealing to those with desires to signal their status and wealth to others. These desires lead to the transformation of luxury's exclusivity and tastefulness, which is luxury's core value, to 'just another brand' that appeals to the masses that need to reinforce their worth in society. This inevitably, led to luxury brands' commoditisation.

3.3 Counterfeits and Grey Markets

According to Coco Chanel, founder of Chanel luxury women's fashion brand, "luxury is a necessity that begins where necessity ends" (Husic and Cicic 2009). She was amongst the first French and Italian designers in the 1920s and 1930s to transform haute couture to luxury ready-to-wear fashion (Stewart 2005). Unfortunate for Coco Chanel, her designs were very simplistic with little material required that it was easy to copy. Imitating haute couture was strengthened back in that era of fashion and since then, technology has taken counterfeiting and imitation to a whole new level with improvements in quality and distribution.

3.3.1 Counterfeit Products

The majority of research on luxury brands and its adversary, counterfeits of luxury brands, range from studies on the impact of price (Bloch et al. 1993), luxury consumption habits (Trinh and Phau 2012), motivations and preferences in purchasing (Wilcox et al. 2009), ethics in counterfeiting (Hilton et al. 2004), the legality and lawfulness in counterfeiting (Phau et al. 2009), brand value and brand image (Hieke 2010; Nia and Zaichkowsky 2000), product features (Han et al. 2008; Han et al. 2010) and perceptions of luxury and counterfeits (Turunem and Laaksonen 2011). However, its impact on consumers' perceptions of luxury's exclusivity and rarity and how that may influence the luxury industry as a whole have not been examined.

With the increase in luxury sales it can be expected to directly impact sales of counterfeits as consumer demands increase due to their affect of luxury brands yet financial constraints, making it an inevitable economic issue (Turunem and Laaksonen 2011). The Counterfeiting Intelligence Bureau (2008) working with The International Chamber of Commerce, have estimated that overall counterfeits would exceed 600 billion dollars which is 7 % of world trade and the counterfeiting market is worth 350 billion dollars (as cited by International Anti Counterfeiting Coalition 2013; Turunem and Laaksonen 2011). With this valid yet alarming information, it is crucial to explore the factors that impact demand of counterfeits and provide further knowledge to luxury brand managers, governments and associations in an effort to change consumers' mind-sets. It may be easier to make a change from a demand perspective that will inevitably have a negative effect on the supply of counterfeits in the long run.

Turunem and Laaksonen establish that "counterfeits are regarded as the pursuit of luxury achieved by imitating its attributes" (p. 473, 2011) while Lai and Zaichkowsky (1999) define it as products that look similar to genuine goods but made illegally and are lower in quality, price, reliability and durability. Demand for counterfeit luxury brands include the obvious price factor (Bloch et al. 1993), perceived brand affiliation and product value (Nill and Shultz 1996), the adventure and risk in breaking the rules (Jiang and Cova 2012; Perez et al. 2010), its social appeal (Penz and Stottinger 2008a; Wilcox et al. 2009), as well as conformity to cultural norms (Lai and Zaichkowsky 1999). The motivations towards consuming luxury counterfeits may damage the genuine brand's sales.

Lastly, according to studies on counterfeits, the more successful and popular a brand is, the higher the probability it will have counterfeits (Jiang and Cova 2012; Nia and Zaichkowsky 2000) where it has been inferred several times in the literature that successful brands are usually those with prominent logos or emblems. This phenomenon does not necessarily apply to inconspicuous brands with low brand prominence such as Chanel, Bottega Venetta, Alfred Dunhill and Zegna, which continue to thrive in profits and popularity. Furthermore, according to Han et al.'s (2010) analysis of the price structure of high-end fashion handbags, they found that luxury brands charge a higher price tag for less prominent branded products. In any case, the existence of counterfeit luxury brands depends on the success of luxury, therefore brands with "loud luxury" recognisable by the masses are usually the products mostly imitated (Jiang and Cova 2012; Turunem and Laaksonen 2011). It has been evident in findings by Han et al.'s (2008) where they established that positive attitudes towards counterfeits with logos in comparison to counterfeits without brand prominence. Therefore, it can be inferred that counterfeits with subtle signalling do not sell well.

3.3.2 Grey Markets

Unlike counterfeits, parallel imports or grey market products are produced by a genuine manufacturer, following the exact specifications of the original designs, but the product does not accompany any warranties from the brand, and have been "illegally distributed through unauthorised channels" (Kim et al. 2009, p. 213). Grey market products are a result of surplus production of the brand lines from the original manufacturer. Consumers' intentions to purchasing parallel imports range from the expected reduced price to the legality and acceptable behaviour in some countries as well as the genuineness and authenticity of the imported goods to the original luxury products (Ang 2000).

There are 50 shades of grey markets, which exist in industries such as automotive, pharmaceuticals, cosmetics, and technology as well as luxury fashion where some are more critical to the wellbeing of humans than others. The Internet makes it easier for parallel importers to operate and distribute to different consumers around the world. The issues with grey market products is that they dilute the exclusive distribution channels that were once a core competence of luxury brands, they damage the relationship and affect the trust between manufacturers and authorised distributors as well as tamper with the reputation and lawfulness of that manufacturer (Ang 2000). They also can damage brand equity, brand image, brand value and investor attractiveness (Eagle et al. 2003).

The availability of false commoditisation such as luxury counterfeits and grey market products, and in increasing numbers, influences consumers' perceptions of the genuine product. Both kinds of consumers find that luxury is reachable and achievable by many and is no longer an object of desire. Individuals with little to a lot of money and cultural knowledge can afford to wear the same Cartier trinity bracelet that could be bought from the flagship store in Paris or a shady corner store up an alley. The exclusive value that luxury brands were once able to offer is diminishing with the rise of counterfeits and parallel imports, which is another sign of the commoditisation process of luxury brands.

The other conundrum that luxury brands may face with the existence of counterfeits and grey market goods is that certain societies find it acceptable to deal in such trade. Others have even legalised it in countries such as New Zealand and Australia making it an acceptable practice. Because of its legality and acceptance in certain countries, not purchasing such goods would be seen as odd and conspicuous in some cases (Lai and Zaichkowsky 1999). It has become apparent that certain cultures are beginning to accept such paths to commoditisation and may even have a serious role in the growth of this phenomenon in luxury as well as other industries, yet there is an insufficient amount of research studying the effects of society on the growth of commoditisation.

3.4   Fast Fashion

Another recent phenomenon to affect the luxury fashion industry is brands that are lower to middle priced labelled 'fast fashion'. Recently, it has been popularised as 'zarafication' but in this context we will continue to name it commoditisation and democratisation of luxury fashion, which led to fast fashion brands. Middle ranged apparel companies have revolutionised the fashion industry by offering consumers the opportunity to purchase an imitation of the latest haute couture designs 'hot' off the catwalk at low prices (Morgan and Birtwistle 2009). Brands like Zara, H&M, Mango, Forever 21 and Top Shop have led the up rise and popularity of fast fashion. These brands share similar characteristics where retailers across the board enjoy successful revenues from filling the gap in the market by satisfying consumer demand efficiently (highly advanced supply chain and order fulfilment systems with merchandise availability) and effectively (social benefits of wearing the latest designs), offering the look and sometimes the feel of luxury fashion brands without having to pay the actual price (Hines 2007). The constant and quick monthly turnover of collections such as Zara's business module has kept young consumers interested in this segment of the market. Collaborations between designers and fast fashion retailers has aided both entities in reaching different customers (Jackson 2007). For example, H&M's partnership with Karl Lagerfeld and Stella McCartney allowed H&M to trade up and these fashion designers to sell down without tarnishing their names.

Luxury fashion brands have been hit with the zarafication (or commoditisation) and "massclusivity" of fast fashion retailers (Willems et al. 2012) which provides another mode for consumers to express themselves borrowing the symbolic personal and social attributes and access to in-vogue styles at a minimal price. This offers fast fashion retailers with utmost power as they can influence and reach many individuals in comparison to luxury retailers that only reach a niche market. Researchers (i.e. Danzinger 2005) have time and time again warned against the blurring of the lines between fast fashion and fine fashion (ready-to-wear luxury) saying that retailers such as Mango and Zara's fast turn-over of collections from the catwalk to their store floors within 3 to 5 weeks will eventually strip away luxury brands' unique factors, thus commoditising it.

However, fast fashion brands are also seen as 'disposable fashion' where garments may be worn less than ten times before they are deemed unusable (McAfee et al. 2004). Aside from the risks that fast fashion may impose on luxury brands, there has been a recent concern that the fast disposal of cheap clothing may have a negative impact on the environment due to the unrecyclable nature of synthetics increasing waste in landfills (Morgan and Birtwistle 2009) as well as its resemblance to imitation products that questions the ethicality of copying designs of luxury fashion brands (Kim et al. 2009).

The previously mentioned influences summarise the current reality that a few researchers have embraced and called for practitioners to start including in their business strategies; customers now have the upper hand where brand co-creation has been found to be very impactful according to several empirical studies (Prahalad and Ramaswamy 2004; Tynan et al. 2010). Consumers are now looking for the best price they can get for products of equivalent features and quality (Shapiro 1987) especially when brands claiming prestige are increasing in numbers offering similar products with less differentiation that customers are aware of. Additionally, capitalist societies believe in the ability of commoditising goods, which they see as a benefit to consumers as well as organisations that will make use of resources and innovations in the market.

4   Winners and Losers of Luxury Commoditisation

Some luxury companies may see the process of commoditisation as a downward spiralling inevitability that may destroy the exclusivity of their brand. However, there are several benefits and beneficiaries from this process. The essence of commoditisation and democratisation is the movement of goods from having unique attributes and economic value to becoming common in features and similar in the eyes of consumers. The shift from differentiated to undifferentiated pricing offers consumers a perfect competition with the option to purchase goods at the lowest prices possible. In the case of luxury, consumers would be able to afford product categories that were once reserved for the elite therefore increasing equality in society and diminishing status groups.

In addition, with commoditisation comes a shift from monopolisation to equality and perfect competition therefore consumers get an expansive selection of goods to choose from. Due to the increase of aggressive competition and availability of products in addition to the accessibility of information to consumers, companies are either decreasing or eliminating their investments in marketing their brands or choosing to reduce their prices further to attract prospects. This democratisation process of luxury offers consumers from different status groups the chance to choose from a selection of luxury goods at affordable prices (Nueno and Quelch 1998).

A few luxury companies also benefit from the process of commoditisation. Luxury brands that were once for the "happy few" (Twitchell 2002) targeting select customers can now reach a wider consumer group with disposable income. There are no limits of age or social prerequisites to owning these luxury products. A good example of a luxury brand that benefited from commoditising their brand is Pierre Cardin. They may have not initially intended to commoditise their brand through extensions and price reductions but they have ultimately gained different customers that once could only dream of owning a brand made only for the elite.

However, with brands becoming even more ubiquitous, consumers are finding less value in them and may no longer be able to distinguish between brands. Luxury brands themselves are the main losers in this ordeal. As the spirit of luxury revolves around exclusivity and differentiation offering unique tangible and symbolic benefits, with commoditisation the value of the brand will be weakened, hence their command of pricing. Luxury brands that refuse to adjust or strategise in light of this rising phenomenon in luxury may essentially lose on revenues and customer loyalty. On the other hand, consumers with cultural and social capital that choose to own exclusive luxuries will be severely affected and will lose out on intangible social benefits and aesthetic appeal that they once enjoyed from owning luxury brands. With the increasing growth of consumers owning conspicuous luxury goods, non-adjacent brand extensions, counterfeits and parallel imported luxury products, the exclusivity and rarity advantages from owning luxury are diminished in the eyes of the upper class, making them either seek inconspicuous luxury goods or unbranded products to continue their dissociation motivation and distinguishing needs from the mainstream (Wilson et al. 2012).

5 Should Luxury be Commoditised?

Commoditisation seems to be an inevitable process in most industries so why should it not be one in luxury? Should luxury brands embrace it or fight it?

With the rise of similarities between luxury brands, this motivates designers and luxury brand managers to find innovative ways to move to a higher level of uniqueness and abstraction and greater diversity in aesthetic beauty and design. Despite the term's infamous characteristic, commoditisation may be perceived as a positive process on the long-term as it pushes the people behind the brand to break free from the stagnant peak they have reached and strive to innovate and recreate themselves to stand out. Burberry has been trying to embrace the chugging commoditisation train to be at the forefront of the fashion brand industry. They have entered into the world of technology using several unique tactics such as partnering with Google offering users the capability to capture and send a real kiss to anyone using kisses.burberry.com that delivers emotions and experience digitally.

On the other hand, commoditisation may not be the right and logical practice for luxury brands as it defies all classifications of what luxury stands for. Products such as luxury wine brand Haut-Brion and luxury crystal brand Lalique that stood the test of time may be harmed with the growth of democratisation as their image of authenticity and exclusivity would be diluted in the face of what commodities stand for. For these brands, commoditisation is not an option and luxury brand managers must continuously find ways to distinguish themselves from mainstream brands and 'false' commodities that may tarnish their names.

Luxury brands may urge for the de-commoditisation of their industry and resist the commodity wave, which is a respectable decision. However, they will inevitably perish if they do not realise its growing power and the need for them to continuously innovate to be able to stand out and survive the upcoming generations of demanding and technology-empowered consumers as well as upcoming brands.

6   Recommendations for Commoditisation Management

Having previously defined luxury and its perceptions and motivations, and after analysing the different stages luxury has gone through, specifically during the Industrial Revolution when more wealth was brought down to the masses and made affordable, the democratisation of luxury since the nineteenth century has spiralled in a very fast pace (Hauck and Stanforth 2007). At this stage, we are able to offer implications to marketing practitioners and present advice to those that want to strengthen their brands in the height of commoditisation and maintain the spirit of luxury.

In economic downturns, revert to quality not quantity. The economic recession has made a big impact on retailers worldwide. Results from a qualitative study have shown that despite luxury brand managers believing that consumers are more price-sensitive, discounting or running promotions should always be a last resort for high-end luxury brands (Reyneke et al. 2012). They have taken other strategies such as focusing their efforts on quality manufacturing and service as well as offering an exceptional customer experience. In times of financial distress, it is crucial for retailers to focus on current customers and strengthen that relationship rather than invest in approaching prospect customers. This can be achieved through a customer experience that would illuminate what the brand's core value proposition is (i.e. product quality and design) whilst giving the customer an extraordinary experience in the store. These could be achieved through excellent personable customer service, attractive and comforting store design, an exclusive selection of merchandise, added in-store or aftersales services and an overall exceptional store atmospheric. It is also advisable that strategies for customer relationship marketing (CRM) are designed and tailored to suit the targeted market that is based on an appreciation of current customers' loyalty by rewarding them with the brand's benefits (i.e. loyalty programmes).

Retailers may also wish to re-evaluate the products available and possibly undergo 'spring cleaning' by eliminating unnecessary product lines and keeping the focus on the core brand items and signature pieces that signify what the brand stands for. Luxury brand managers should change perceptions that increasing profits can be achieved by increasing sales volumes alone but also by promoting the brand's point of difference and added value (Kapferer and Bastien 2009); the aesthetics, quality and exclusivity of luxury. This new vision should be reflected in all communications with all stakeholders of the company.

Another strategy that might be taken by luxury retailers to avoid the commoditisation trap is to boast about their stories, history and brand identity. Using this narrative could win the appeal and emotional involvement of consumers. For instance, stories of Coco Chanel are evident in certain product lines such as 'the little black dress' collection, in-store and in communications of the brand making the consumer feel closer and wanting to own a piece of Chanel's cultural history.

These previously mentioned changes in attitude should be evident in the chief operating officer of the luxury brand down to the sales consultant. As leaders of the brand, top management must be the first to believe in this change and become advocates to the principle that quality sales are more valuable than its quantity. It is then also vital that every active member of the organisation sings the same song and communicates the same message. With this pronounced, the brand has higher chances of deflecting from being commoditised.

Extend your brand without diluting your image. Brand extensions were successful in the exploratory study by Reddy et al. (2008) when extensions are adjacent and correlate with the core brand categories. Retailers should not be seduced by short-term successes of competing brands or lured into business lines that they are not knowledgeable in. Diane von Furstenberg, world-renowned fashion designer made the mistake of introducing non-adjacent products from a technical angle (i.e. eyeglasses frames) to her fashion line which she is not an expert in. Despite her popularity, gross margins sunk and she suffered financial losses.

Furthermore, introducing diffusion brands may be a strategy luxury retailers use to create affordable products for young status-seeking brand loyal consumers as well as giving them a taste of the parent brand in order to move upwards later on in life (Phau and Cheong 2009). However, should brands choose to introduce diffusion lines, they must be careful not to promote the brand in place of their own. The diffusion brand should be held separate from the parent brand to avoid any confusion or brand image spill-over that may affect the parent brand. Also, introducing a separate brand such as a diffusion line still requires financial investment (Phau and Cheong 2009) and so it is essential that luxury brands do not depend on their brand equity alone to build the diffusion brand's portfolio but invest and market it as a separate entity.

The customer is not always right. Pressures from consumers on luxury brands to offer more affordable products increase especially when some competitors have fallen into the trap of commoditisation by lowering prices when the recession hit, offering brand extensions outside the core business and even design collections for fast fashion brands. Additionally, some consumers are status-seekers and require an increase in brand signalling in products to ascertain their status and wealth to others. Therefore, luxury brands tend to design product lines with louder logos to satisfy these needs.

However, luxury retailers must resist these temptations as they will only lead to the commoditisation and democratisation of their brands. Firstly, any act of price reduction on core products would add to the demise of the persona that luxury brands are known for. For instance, the Pierre Cardin brand which was cited as one of the early high class brands and member of the haute couture trade association Chambre Syndicale de la Couture Parisienne not only has extended the brand to unrelated categories (i.e. cigarettes, casual wear, table wine, etc.) but is now perceived as a mass product and undesirable by the fashion conscious. Despite believing that the strength of their brand name would transfer to any product they venture into, their gross margins dropped severely and they now markedly slash their prices to profit. However, this tactic destroyed their brand image and brand equity in the luxury market.

Secondly, consumers that wish to enjoy brands conspicuously desire products that will offer them this social benefit (Han et al. 2010; O'Cass and McEwen 2004) which can be found in products with more obvious brand prominence than 'quieter' brand logos. Researchers have even found that consumers with those similar desires but financial limitations may resort to counterfeit goods with the same high brand prominence to satisfy their social status and materialistic desires and needs to belong to affluent others (Han et al. 2008; Han et al. 2010; Trinh and Phau 2012; Veblen 1899). Luxury brands are advised to follow the strategies that Louis Vuitton holds dear to them, which keeps them successful and profiting. The world-renowned luxury brand has taken it upon themselves to educate and inspire consumers, lifting them from a logo culture only interested in establishing their status to others to a designer culture interested in the aesthetics, quality and craftsmanship (Radon 2012; Riot et al. 2013). By partnering with Japanese popular artist Takashi Murakami in 2003, Louis Vuitton's designer Marc Jacobs created a rare limited edition piece of art, the Murakami bag that was launched in 2003. The traditional brown LV monogram was transformed into colourful LVs with Japanese Sakura, or cherry blossom flowers and manga characters (children and animals). The partnership continued with the release of the 'multicolore' collection in 2007, which is not a limited edition and marketed for those that were unable to secure a rare piece. Since then, the Vuitton-Murakami partnership continued on by displaying Louis Vuitton art pieces in museums and exhibitions in key areas around the world. Changing consumers' mind-sets from a logo centric culture to an artistic appreciation is an excellent way to shift desires from conspicuous consumption of purely loud logos that might be seen as tasteless or a move from counterfeit purchases as fake products cannot duplicate what Louis Vuitton is offering in their limited edition Murakami bags. The authenticity, artistry, story and quality that one would get from purchasing the genuine product simply cannot be imitated.

As Kapferer and Bastien (2009) assert in their conceptual paper on luxury brand management, "in order to enter the luxury market, to build a successful luxury brand and to make it remain a luxury brand, one has to forget the classical marketing rules" (p. 312) turning traditional marketing upside down to become profitable. They advise that it is best to resist the demands of consumers and stick to the vision of designers even though this may be a recipe for disaster for mass consumption goods such as P&G who bask in the glory of their success by listening to customers' needs. They provide the example of BMW whom continuously resist requests from customers to increase legroom in the Series 5 car. They were criticised for their stubbornness but the carmaker argues that should they meet consumers' needs, the luxury car brand would lose its historical original designs and brand essence. On the other hand, sales of the Jaguar E-type decreased when the designers added two rear seats eliminating its persona as a luxury sports car.

Create the perception of exclusivity. The predicament that luxury brand managers face between choosing to increase sales or maintain the exclusivity of the brand is only a myth despite the obvious paradox. Catry (2003) believes that "like magicians, the luxury incumbents seek to perform an illusion where actually scarcity is replaced by a perceived rarity" (p. 11). This scarcity that Cantry describes previously existed with the unavailability of raw ingredients, limited production capacity, environmental constraints and distribution limitations but now with technological advancements, climate changes and globalisation, this problem no longer exists. Therefore, it is the perception of rarity that luxury brands need to create in order to maintain the sense of luxury that intensifies the desire for the product. For instance, Louis Vuitton has created the anticipation of the Murakami bags long before it was released by telling its story. Similarly, Bugatti Automobiles S.A.S. sells the Veyron EB, the fastest car in the world, before it makes it to the markets through desirability and anticipation factors of its design and incredible engine. Waiting lists and the time factor creates the anticipation that goes hand in hand with luxury consumption.

Along with the wait, designing limited edition pieces and product customisation or personalisation adds to the perception of exclusivity and aspiration. To add to the desirability factor, luxury retailers should not make these pieces available at all distribution channels and to all consumers but in key locations such as flagship stores to add to its desirability. Furthermore, the identity and charisma of the designer should be used to enrich the story of the brand as an embodiment making the brand real and desirable (Dion and Arnould 2011). Additionally, luxury brand designers may consider creating more inconspicuous products with less brand prominence to offset the chances of it being counterfeited or imitated as it has been found that conspicuous luxury are most likely imitated due to the social benefits tied to it (Han et al. 2010). These recommendations would satisfy consumers with a need for uniqueness (or Snob Effect).

Lastly, accentuating the country of origin (COO) of certain luxury brands is an important factor in value creation providing consumers with certain expectations of quality and identity (Bruce and Kratz 2007). For instance, British designers Paul Smith and Vivian Westwood are known for their classic interpretations with a twist; Italian automotive brands Lamborghini and Ferrari are known for their eccentricity and speed; French jewellers Cartier and Van Cleef and Arpels are recognised for their artisan skills and heritage. However, should the brand be manufactured in a country different from the COO, which may reflect lower quality craftsmanship or materials, luxury brands should downplay its publicity completely to avoid confusion, negative attitudes, feelings of distrust and risks of loss of reputation.

Control touch-points with luxury brands. Unstable economic periods offer luxury retailers a good opportunity to re-evaluate all consumer touch-points with the brand (boutiques, wholesalers, online) and possibly trim down the distribution network to a few locations such as brand-owned boutiques and reduce licensing to maintain financial and brand control. The construction of luxury flagship stores may be the approach some retailers might take to increase the value proposition in the luxury market by offering an extraordinary experience for customers (Manlow and Nobbs 2013).

Additionally, by limiting distribution channels, while instilling appropriate controls and checks throughout the supply chain that begins with the original manufacturer, luxury retailers could potentially mitigate the risk of overruns being used in parallel imports. These stricter control strategies may improve the perception of exclusivity and selectivity of luxury brands on the long run.

As for fast fashion brands, the best tactic is to undermine their existence. One solution that luxury retailers might choose to take is to move away from markets where fast fashion exists such as seasonal collections and focus purely on haute couture and ready-to-wear lines or classics. Another potential route luxury brands may wish to investigate is releasing collections early during private shows to avoid the quick turnaround of design imitation by stores such as Zara. A more proactive approach may be to compete with fast fashion by producing better quality products efficiently whilst communicating the disadvantages of fast fashion to stakeholders by tactfully creating clear positioning in the media using emotional narrative to educate consumers of the low quality products of fast fashion and the environmental implications of its disposal. Moreover, another strategy might be to introduce diffusion brands that can strongly compete with fast fashion brands, offering entry price luxury products without jeopardising the parent brand or losing prospect customers to the likes of Top Shop and Mango. A last resort would be to follow luxury brands owners such as Louis Vuitton, Tiffany & Co., and Rolex that have taken legal action against manufacturers of imitation, counterfeits and distributers of grey market products to counteract such illegal acts alongside governing bodies.

Do not ignore it—embrace it. As mentioned, commoditisation of industries and consumer goods is an inevitable outcome of changing economies and evolving and demanding consumers therefore it can be expected that the fate of luxury goods will follow. It is best that luxury brands dedicate time to understanding this occurrence and choose the path they would like to see their brand take in the long run. Luxury brands and other industries that are facing the commodity dilemma must research and analyse the related antecedents and find solutions to offset them or work with this reality. Driving forces towards commoditisation include factors such as the control consumers have in the market to diminish the differences between goods, creating fair competition to eventually reduce prices, emerging technology such as the Internet that offers consumers sufficient knowledge on what is available in the market and the increasing similarity of goods and imitation of brand features and benefits by counterfeiters and copy-cats and the inability of consumers to understand the unique value the brand is offering.

Once these issues have been understood in the specific industry, brands must clearly advise consumers of the qualities missing in the market, and communicate how their brand's features and tangible benefits may close the gap in the market by presenting the added value that no other brand offers. Marketers need to explain at a strategic level and clear business acumen as well as offering the emotional appeal that may sometimes be required to entice consumers towards their brand, especially if it involves luxury brands that usually depend on intangible needs such as uniqueness and status needs as well as tangible benefits such as aesthetic beauty and quality indulgence.

7   Conclusions

Recessions and changes in the economy and politics should be seen as an opportunity for luxury brand owners. In hard times, consumers re-evaluate their belongings and treasure the luxury items that they believe are valuable, functional and durable. Consumers learn to appreciate those rare items while discarding of disposable, cheap and unnecessary pieces. Once economies boom again, commoditisation and democratisation emerge and therefore luxury brands must be wary and ready for such cycles that take place. To avoid the commodity trap, luxury brands must foresee and plan for the long-term benefits of brand exclusivity and maintaining brand equity and avoid focusing on short-term returns and partaking in efforts such as price reduction or nonadjacent brand extensions. By portraying the art, culture, history, authenticity and exclusivity of the luxury brand, commodities can be transferred via the unique experiences that only luxury can present to consumers. The value proposition that a brand can offer needs to be continuously highlighted in order to remain profitable in the luxury market.

"In order to be irreplaceable one must always be different."—Coco Chanel

References

Ang, S. H. (2000). The influence of physical, beneficial and image properties on response to parallel imports. *International Marketing Review, 17,* 509–524.

Belk, R. W. (1988). Possessions and the extended self. *Journal of Consumer Research, 15,* 139–168.

Berger, J., & Ward, M. (2010). Subtle signals of inconspicuous consumption. *Journal of Consumer Research, 37,* 555–569.

Berthon, P., Pitt, L., Parent, M., & Berthon, J.-P. (2009). Aesthetics and ephemerality: Observing and preserving the luxury brand. *California Management Review, 52,* 45–66.

Bloch, P. H., Bush, R. F., & Campbell, L. (1993). Consumer "accomplices" in product counterfeiting: A demand side investigation. *Journal of Consumer Marketing, 10*, 27–36.

Bourdieu, P. (1986). The forms of capital. In J. G. Richardson (Ed.), *Handbook of theory and research for the sociology of education* (pp. 241–258). London: Greenwood.

Bruce, M., & Kratz, C. (2007). Competitive marketing strategies of luxury fashion companies. In Bruce T. H. a. M. (Ed.), Fashion marketing: Contemporary issues (2nd edn.). The Netherlands: Elsevier.

Catry, B. (2003). The great pretenders: The magic of luxury goods. *Business Strategy Review, 14*, 10–17.

Danzinger, P. (2005). *Let them eat cake: Marketing luxury to the masses-as well as the classes.* Chicago: Kaplan Publishing.

Dion, D., & Arnould, E. (2011). Retail luxury strategy: Assembling charisma through art and magic. *Journal of Retailing, 87*, 502–520.

Dubois, B., & Laurent, G. (1994). Attitudes toward the concept of luxury: An exploratory analysis. *Asia Pacific Advances in Consumer Research, 1*, 273–278.

Eagle, L., Kitchen, P. J., Rose, L., & Moyle, B. (2003). Brand equity and brand vulnerability: The impact of gray marketing/parallel importing on brand equity and values. *European Journal of Marketing, 37*, 1332–1349.

Eastman, J. K., Goldsmith, R. E., & Flynn, L. R. (1999). Status consumption in consumer behaviour: Scale development and validation. *Journal of Marketing Theory and Practice 7*, 41–52.

Fiske, N., & Silverstein, M. (2002). Trading up: The new luxury and why we need it. Boston Consulting Group. http://www.bcg.com/documents/file13925.pdf. Accessed 13 Sep 2013.

Granot, E., Russell, L. T. M., & Brashear-Alejandro T. G. (2013). Populence: Exploring luxury for the masses. *Journal of Marketing Theory and Practive, 21*, 31–44.

Han, J.-M., Suk, H.-J., & Chung, K.-W. (2008). The influence of logo exposure in purchasing counterfeit luxury goods: focusing on consumer values. DMI Conference, 14–15.

Han, Y. J., Nunes, J. C., & Dreze, X. (2010). Signaling status with luxury goods: The role of brand prominence. *Journal of Marketing, 74*, 15–30.

Hauck, W. E., & Stanforth, N. (2007). Cohort perception of luxury goods and services. *Journal of Fashion Marketing and Management, 11*, 175–188.

Hieke, S. (2010). Effects of counterfeits on the image of luxury brands: An empirical study from the customer perspective. *Brand Management, 18*, 159–173.

Hilton, B., Choi, C. J., & Chen, S. (2004). The ethics of counterfeiting in the fashion industry: Quality, credence and profit issues. *Journal of Business Ethics, 55*, 345–354.

Hines, T. (2007). Supply chain strategies, structures and relationships. In M. Bruce & C. Kratz (Eds.), *Fashion marketing: Contemporary issues* (2nd ed.). The Netherlands: Elsevier Ltd.

Hines, T., & Bruce, M. (2007). Competitve marketing strategies of luxury fashion companies. In M. Bruce & C. Kratz (Eds.), *Fashion marketing: Contemporary issues* (2nd ed.). The Netherlands: Elsevier Ltd.

Husic, M., & Cicic, M. (2009). Luxury consumption factors. *Journal of Fashion Marketing and Management, 13*, 231–245.

International Anti Counterfeiting Coalition. (2013). Facts on fakes. http://www.iacc.org/news-media-resources/media-kit.php. Accessed 5 April 2013.

Jackson, T. (2007). The process of trend development leading to a fashion season. In Bruce T. H. a. M. (Ed.), *Fashion marketing: Contemporary issues* (2nd edn.). The Netherlands: Elsevier.

Jiang, L., & Cova, V. (2012). Love for luxury, preference for counterfeits–A qualitative study in counterfeit luxury consumption in china. *International Journal of Marketing Studies 4*.

Kapferer, J.-N. (1997). Managing luxury brands. *Journal of Brand Management, 4*, 251–260.

Kapferer, J.-N., & Bastien, V. (2009). The specificity of luxury management: Turning marketing upside down. *Brand Management, 16*, 311–322.

Kim, J.-E., Jeong Cho, H., & Johnson, K. K. P. (2009). Influence of moral affect, judgment, and intensity on decision making concerning counterfeit, gray-market, and imitation products. *Clothing and Textiles Research Journal, 27,* 211–226.

Lai, K. K.-Y., & Zaichkowsky, J. L. (1999). Brand imitation: Do the chinese have different views? *Asia Pacific Journal of Management, 16,* 179–192.

Leibenstein, H. (1950). Bandwagon, snob, and veblen effects in the theory of consumers' demand. *The Quarterly Journal of Economics, 64,* 183–207.

Lichtenstein, D. R., Ridgway, N. M., & Netemeyer, R. G. (1993). Price perceptions and consumer shopping behavior: A field study. *Journal of Marketing Research, 30,* 234–245.

Manlow, V., & Nobbs, K. (2013). Form and function of luxury flagships: An international exploratory study of the meaning of the flagship store for managers and customers. *Journal of Fashion Marketing and Management, 17,* 49–64.

Marketline Advantage. (2013). Europe-Apparel, accessories and luxury goods. http://advantage.marketline.com. Accessed 5 April 2013.

McAfee, A., Dessain, V., & Sjoeman, A. (2004). *Zara: IT for fast fashion.* Boston: Harvard Business School Publishing.

Morgan, L. R., & Birtwistle, G. (2009). An investigation of young fashion consumers' disposal habits. *International Journal of Consumer Studies, 33,* 190–198.

Nia, A., & Zaichkowsky, J. L. (2000). Do counterfeits devalue the ownership of luxury brands? *The Journal of Product and Brand Management, 9,* 485–497.

Nill, A., & Shultz, C. J. (1996). The scourge of global counterfeiting. *Business Horizons, 39,* 37–42.

Nueno, J. L., & Quelch, J. A. (1998). The mass marketing of luxury. *Business Horizons, 41,* 61–68.

O'Cass, A., & McEwen, H. (2004). Exploring consumer status and conspicuous consumption. *Journal of Consumer Behaviour, 4,* 25–39.

Pelham, A. M. (1997). Market orientation and performance: The moderating effects of product and customer differentiation. *Journal of Business and Industrial Marketing, 12,* 276–296.

Penz, E., & Stottinger, B. (2008a). Corporate image and corporate similarity-assessing major demand drivers for counterfeits in a multi-country study. *Psychology and Marketing, 25,* 352–381.

Penz, E., & Stottinger, B. (2008b). Original brands and counterfeit brands-do they have anything in common? *Journal of Consumer Behaviour, 7,* 146–163.

Perez, M. E., Castano, R., & Quintanilla, C. (2010). Constructing identity through the consumption of counterfeit luxury goods. *Qualitative Market Research: An International Journal, 13,* 219–235.

Phau, I., & Cheong, E. (2009). How young adult consumers evaluate diffusion brands: Effects of brand loyalty and status consumption. *Journal of International Consumer Marketing, 21,* 109–123.

Phau, I., Sequeira, M., & Dix, S. (2009). To buy or not to buy a "counterfeit" Ralph Lauren polo shirt: The role of lawfulness and legality toward purchasing counterfeits. *Asia Pacific Journal of Business Administration, 1,* 68–80.

Prahalad, C. K., & Ramaswamy, V. (2004). Co-creation experiences: The next practice in value creation. *Journal of Interactive Marketing, 18,* 5–14.

Radon, A. (2012). Luxury brand exclusivity strategies-An illustration of a cultural collaboration. *Journal of Business Administration Research, 1,* 106–110.

Reddy, M., Terblanche, N., Pitt, L., & Parent, M. (2008). How far can luxury brands travel? Avoiding the pitfalls of luxury brand extension. *Business Horizons, 52,* 187–197.

Reimann, M., Schilke, O., & Thomas, J. S. (2010). Toward an understanding of industry commoditization: Its nature and role in evolving marketing competition. *International Journal of Research in Marketing, 27,* 188–197.

Reyneke, M., Sorokacova, A., & Pitt, L. (2012). Managing brands in times of economic downturn: How do luxury brands fare? *Journal of Brand Management, 19,* 457–466.

Riot, E., Chamaret, C., & Riguad, E. (2013). Murakami on the bag: Lous Vuitton's decommoditization strategy. *International Journal of Retail and Distribution Management, 41,* 8.

Shapiro, B. P. (1987). Specialties vs. commodities: The battle for profit margins. Working Paper No. 587-120. Harvard Business School.

Stewart, M. L. (2005). Copying and Copyrighting Haute Couture: Democratizing Fashion, 1900-1930s. *French Historical Studies, 28,* 103–130.

Trinh, V.-D., & Phau, I. (2012). The overlooked component in the consumption of counterfeit luxury brands studies: Materialism-a literature review. *Contemporary Management Research, 8,* 251–263.

Truong, Y., & McColl, R. (2011). Intrinsic motivations, self-esteem, and luxury goods consumption. *Journal of Retailing and Consumer Services, 18,* 555–561.

Truong, Y., McColl, R., & Kitchen, P. J. (2009). New luxury brands positioning and the emergence of masstige brands. *Brand Management, 16,* 373–382.

Turunem, L. L. M., & Laaksonen, P. (2011). Diffusing the boundaries between luxury and counterfeits. *Journal of Product and Brand Management, 20,* 468–474.

Twitchell, J. B. (2002). *Living it up: Our love affair with luxury.* New York: Columbia University Press.

Tynan, C., McKecknie, S., & Chhuon, C. (2010). Co-creating value for luxury brands. *Journal of Business Research, 63,* 1156–1163.

Veblen, T. (1899). *The theory of the leisure class.* New York: Penguin.

Vigneron, F., & Johnson, L. W. (1999). A review and a conceptual framework of prestige-seeking consumer behavior. *Academy of Marketing Science Review, 1,* 1–15.

Vigneron, F., & Johnson, L. W. (2004). Measuring perceptions of brand luxury. *Journal of Brand Management, 11,* 484–506.

Wilcox, K., Kim, H. M., & Sen, S. (2009). Why do consumers buy counterfeit luxury brands? *Journal of Marketing Research, 46,* 247–259.

Willems, K., Janssens, W., Winnen, G., Brengman, M., Streukens, S., & Vancauteren, M. (2012). From armani to zara: Impression formation based on fashion store patronage. *Journal of Business Research, 65,* 1487–1494.

Wilson, J. A. J., Eckhardt, G. M., & Belk, R. W. (2012). The rise of inconspicuous consumption. http://thinkethnic.com/wp-content/uploads/2012/02/the-rise-of-inconspicuous%20consumption-wilson-eckhardt-belk.pdf. Accessed 5 Oct 2013.

Makkar, Marian
Department of Marketing, Advertising, Retailing and Sales (MARS) School of Business,
Auckland University of Technology (AUT),
Private Bag 92006, 1142 Auckland, New Zealand
e-mail: mmakkar@aut.ac.nz

Gaur, Sanjaya S.
Department of Marketing, Advertising, Retailing and Sales (MARS) School of Business,
Auckland University of Technology (AUT),
Private Bag 92006, 1142 Auckland, New Zealand
e-mail: sgaur@aut.ac.nz

Yap, Sheau-Fen (Crystal)
Department of Marketing, Advertising, Retailing and Sales (MARS) School of Business,
Auckland University of Technology (AUT),
Private Bag 92006, 1142 Auckland, New Zealand
e-mail: cyap@aut.ac.nz

SIE SEHEN ERDGAS.
WIR SEHEN VERANTWORTUNG.

VNG AG – Der Erdgasspezialist. Erdgas von der VNG AG ist ein zuverlässiger Beitrag zu einer sicheren und nachhaltigen Energieversorgung. Mit unserer Kompetenz im Erdgasgroßhandel, unseren Dienstleistungsangeboten und unseren Aktivitäten in Forschung und Entwicklung schaffen wir Mehrwert für unsere Kunden und Partner. Im Rahmen unseres gesellschaftlichen Engagements übernehmen wir Verantwortung für eine starke Bürgergesellschaft und die Attraktivität der Region.

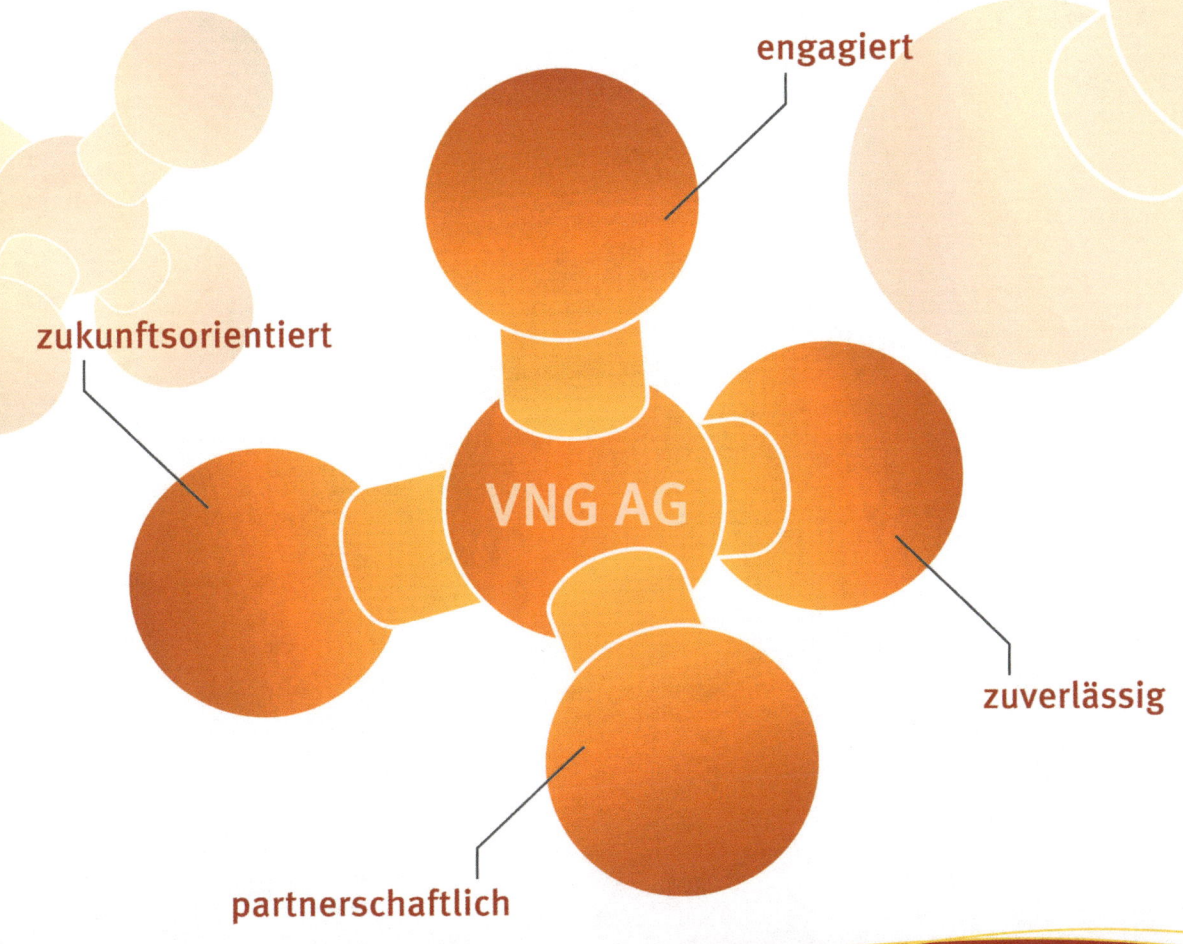

engagiert

zukunftsorientiert

VNG AG

zuverlässig

partnerschaftlich